视频教学
全新升级

五笔打字与电脑办公从入门到精通

刘婷 王峰 孟庆伟 主编

人民邮电出版社
北京

图书在版编目（CIP）数据

五笔打字与电脑办公从入门到精通 ： 超值版 / 刘婷，王峰，孟庆伟主编. -- 北京 ： 人民邮电出版社，2021.1（2021.10 重印）
ISBN 978-7-115-54678-4

Ⅰ. ①五… Ⅱ. ①刘… ②王… ③孟… Ⅲ. ①五笔字型输入法－基本知识②办公自动化－应用软件－基本知识 Ⅳ. ①TP391.14②TP317.1

中国版本图书馆CIP数据核字(2020)第164926号

内容提要

本书以零基础讲解为宗旨，用实例引导读者学习，深入浅出地介绍了五笔打字与电脑办公的相关知识和应用方法。

全书分为 5 篇，共 18 章。第 1 篇【基础入门篇】主要介绍电脑办公基础入门、Windows 10 的基础操作以及文件和文件夹的管理等；第 2 篇【五笔打字篇】主要介绍学习五笔打字前的准备工作、轻松记忆五笔字根—五笔打字的基本原理、汉字的拆分—五笔打字的拆分原则以及用五笔输入汉字—五笔打字的输入规则等；第 3 篇【Office 2019 办公篇】主要介绍 Word 基本文档的制作、Word 文档的美化与排版、制作 Excel 表格、Excel 数据计算与数据分析、PPT 基本演示文稿的制作以及幻灯片的设计与放映等；第 4 篇【网络办公篇】主要介绍办公局域网的组建以及使用电脑高效办公等；第 5 篇【高手办公篇】主要介绍远程办公、电脑的优化与维护以及办公实战秘技等。

本书附赠 33 小时与图书内容同步的视频教程及所有案例的配套素材和结果文件。此外，还赠送了相关内容的视频教程和电子书，以便于读者扩展学习。

本书不仅适合五笔打字与电脑办公的初、中级用户学习使用，也可以作为各类院校相关专业学生和电脑培训班学员的教材或辅导用书。

◆ 主　　编　刘　婷　王　峰　孟庆伟
责任编辑　李永涛
责任印制　马振武
◆ 人民邮电出版社出版发行　　北京市丰台区成寿寺路 11 号
邮编　100164　　电子邮件　315@ptpress.com.cn
网址　https://www.ptpress.com.cn
北京天宇星印刷厂印刷
◆ 开本：787×1092　1/16
印张：25
字数：640 千字　　2021 年 1 月第 1 版
印数：2 000 – 2 300 册　　2021 年 10 月北京第 2 次印刷

定价：69.90 元

读者服务热线：(010) 81055410　印装质量热线：(010) 81055316
反盗版热线：(010) 81055315
广告经营许可证：京东市监广登字 20170147 号

电脑是人类社会进入信息时代的重要标志，掌握丰富的电脑知识、正确熟练地使用电脑已成为信息时代对每个人的要求。为满足广大读者对五笔打字与电脑办公相关知识的学习需要，我们针对不同学习对象的接受能力，总结了多位电脑教育专家的经验，精心编写了本书。

本书特色

零基础、入门级的讲解

无论读者是否从事辅助设计相关行业，是否了解五笔打字与电脑办公，都能从本书中找到合适的起点。本书细致的讲解可以帮助读者快速地从新手迈向高手行列。

精选内容，实用至上

全书内容经过精心选取编排，在贴近实际应用的同时，突出重点、难点，帮助读者深入理解所学知识，触类旁通。

实例为主，图文并茂

在讲解过程中，每个知识点均配有实例辅助讲解，每个操作步骤均配有对应的插图以加深认识。这种图文并茂的方法能够使读者在学习过程中直观、清晰地看到操作过程和效果，有利于读者理解和掌握。

高手指导，扩展学习

本书以“高手支招”的形式为读者提供各种操作难题的解决思路，总结了大量系统且实用的操作方法，以便读者学习到更多内容。

双栏排版，超大容量

本书采用单双栏排版相结合的形式，大大扩充了信息容量，从而，在有限的篇幅中为读者奉送更多的知识和实战案例。

视频教程，互动教学

本书配套的视频教程与书中知识紧密结合并相互补充，帮助读者体验实际工作环境，掌握日常所需的知识和技能以及处理各种问题的方法，达到学以致用的目的。

学习资源

同步视频教程

视频教程涵盖本书所有知识点，详细讲解每个实战案例的操作过程和关键要点，帮助读者轻松地掌握书中的知识和技巧。

超多、超值资源大放送

15 小时系统安装、重装、备份、与还原教学录像、9 小时 Windows 10 教学录像、电脑技巧查询手册、移动办公技巧手册、2 000 个 Word 精选文档模板、1 800 个 Excel 典型表格模板、1 500 个 PPT 精美演示模板、Excel 函数查询手册、网络搜索与下载技巧手册、常用五笔编码查询手册、电脑维护与故障处理技巧查询手册。

扩展学习资源下载方法

读者可以使用微信扫描封底二维码，关注“职场精进指南”公众号，发送“54678”后，将获得资源下载链接和提取码。将下载链接复制到任何浏览器中并访问下载页面，即可通过提取码下载本书的扩展学习资源。

创作团队

本书由刘婷、王峰和孟庆伟主编。其中第 1~10 章由郑州师范学院刘婷编写，第 11~13 章由河南工业大学王峰编写，第 14~18 章由郑州师范学院孟庆伟编写。在编写过程中，我们竭尽所能地将优秀的讲解呈现给读者，但也难免有疏漏和不妥之处，敬请广大读者不吝指正。若读者在阅读本书过程中产生疑问，或有任何建议，均可发送电子邮件至 liyongtao@ptpress.com.cn。

目录

第1篇 基础入门篇

第1章 电脑办公基础入门 2

1.1 认识电脑办公 3

1.1.1 电脑办公的优势..............................3

1.1.2 如何掌握电脑办公..............................3

1.2 搭建电脑办公硬件平台基础 4

1.2.1 电脑基本硬件设备..............................4

1.2.2 电脑扩展硬件设备..............................8

1.2.3 其他常用办公硬件设备..............................9

1.2.4 电脑接口的连接..............................10

1.3 认识电脑办公系统平台 11

1.4 开启和关闭电脑 13

1.4.1 正确开启电脑的方法..............................13

1.4.2 重启电脑..............................14

1.4.3 正确关闭电脑的方法..............................14

1.5 使用鼠标 15

1.5.1 鼠标的正确“握”法..............................15

1.5.2 鼠标的基本操作..............................16

1.5.3 不同鼠标指针的含义..............................17

高手支招 技巧1：怎样用左手操作鼠标..............................17

技巧2：定时关闭电脑..............................18

第2章 Windows 10的基础操作 19

2.1 认识Windows 10桌面 20

2.1.1 桌面的组成..............................20

2.1.2 找回传统桌面的系统图标..............................22

2.2 窗口的基本操作 23

2.2.1 Windows 10的窗口组成..............................23

2.2.2 打开和关闭窗口..............................24

2.2.3 移动窗口的位置..............................25

2.2.4 调整窗口的大小..............................26

2.2.5 切换当前窗口..............................27

2.2.6 窗口贴边显示..............................27

2.3 “开始”菜单的基本操作 28

2.3.1 认识“开始”屏幕..............................28

2.3.2 调整“开始”屏幕大小..............................30

2.3.3 将应用程序固定到“开始”屏幕 31

2.3.4 动态磁贴的使用..............................31

2.3.5 管理“开始”屏幕的分类..............................32

2.4 桌面的个性化设置 33

2.4.1 设置桌面背景..............................33

2.4.2 设置锁屏界面..............................34

2.4.3 为桌面应用主题..............................35

2.5 Microsoft账户的设置 37

2.5.1 认识Microsoft账户..............................37

2.5.2 注册并登录Microsoft账户..............................37

2.5.3 添加账户头像..............................40

2.5.4 更改账户密码..............................40

2.5.5 使用动态锁保护隐私..............................41

2.5.6 使用图片密码..............................42

高手支招 技巧1：快速锁定Windows桌面..............................44

技巧2：调大电脑字体显示..............................44

第3章 文件和文件夹的管理 45

3.1 认识文件和文件夹......................46

3.1.1 文件..............................46

3.1.2 文件夹..............................47

3.1.3 文件资源管理功能区..............................48

3.2 文件和文件夹的基本操作 50

3.2.1 打开/关闭文件或文件夹..............................50

3.2.2 新建文件或文件夹..............................51

3.2.3 更改文件或文件夹的名称..............................52

3.2.4 选择文件或文件夹..............................53

3.2.5 复制/移动文件或文件夹..............................54

3.2.6 删除文件或文件夹..............................55

3.3 文件和文件夹的高级操作 56

3.3.1 隐藏/显示文件或文件夹..............................56

3.3.2 压缩和解压缩文件或文件夹..............................57

高手支招 技巧1：添加常用文件夹到“开始”屏幕..............................59

技巧2：如何快速查找文件..............................59

第2篇 五笔打字篇

第4章 学习五笔打字前的准备工作..........62

4.1 认识键盘结构..........63

4.1.1 主键盘区..........63
4.1.2 功能键区..........64
4.1.3 编辑键区..........65
4.1.4 辅助键区..........66
4.1.5 状态指示区..........67

4.2 熟悉键盘操作..........67

4.2.1 什么是基准键位..........68
4.2.2 十指的键位分工要明确..........68
4.2.3 电脑打字的姿势要正确..........69
4.2.4 击键要领..........69

4.3 使用金山打字通进行指法练习..........70

4.3.1 安装金山打字通软件..........70
4.3.2 字母键位练习..........71
4.3.3 数字和符号输入练习..........73

4.4 输入法的安装与卸载..........73

4.5 输入法的切换..........74

4.6 输入法的状态条..........75

4.6.1 中英文切换..........75
4.6.2 全半角切换..........75
4.6.3 中英文标点的切换..........75
4.6.4 软键盘的使用..........76

高手支招 技巧1：启用粘滞键..........76
技巧2：默认输入法的设置技巧..........77

第5章 轻松记忆五笔字根——五笔打字的基本原理..........79

5.1 了解字根与汉字间的关系..........80

5.1.1 汉字的三个层次..........80
5.1.2 汉字的五种笔画..........80
5.1.3 汉字的三种字型..........81

5.2 字根是五笔打字之本..........82

5.2.1 字根的区和位..........82
5.2.2 五笔字根的键盘分布及其规律..........82
5.2.3 认识键名字根..........85
5.2.4 认识成字字根..........85

5.3 快速记忆五笔字根..........85

5.3.1 通过口诀理解记忆字根..........85
5.3.2 通过对比分析记忆字根..........86
5.3.3 通过上机练习记忆字根..........94
5.3.4 互动记忆字根..........95

5.4 实战——通过金山打字通练习输入字根..........97

高手支招 技巧1：将五笔字型输入法设置为默认输入法..........99
技巧2：设置五笔输入法快捷键..........99

第6章 汉字的拆分——五笔打字的拆分原则..........101

6.1 字根间的结构关系..........102

6.2 掌握汉字的拆分原则..........102

6.2.1 “书写顺序”原则..........102
6.2.2 “取大优先”原则..........103
6.2.3 “兼顾直观”原则..........103
6.2.4 “能散不连”原则..........104
6.2.5 “能连不交”原则..........104

6.3 常见疑难汉字的拆分实例剖析..........105

6.3.1 横起笔类..........105
6.3.2 竖起笔类..........106
6.3.3 撇起笔类..........106
6.3.4 捺起笔类..........107
6.3.5 折起笔类..........108

6.4 实战——汉字拆分练习..........108

6.4.1 汉字的拆分原则练习..........109
6.4.2 疑难汉字拆分练习..........109

高手支招 技巧：汉字的输入方法是如何约定的..........112

第7章 用五笔输入汉字——五笔打字的输入规则..........113

7.1 输入键面汉字..........114

7.1.1 五种单笔画的输入..........114

7.1.2 键名汉字的输入......114
7.1.3 成字字根汉字的输入......115

7.2 输入键外汉字......116

7.2.1 键外汉字的取码规则......116
7.2.2 末笔区位识别码......119

7.3 灵活输入汉字......120

7.3.1 输入重码汉字......120
7.3.2 万能Z键的妙用......120

7.4 简码的输入......121

7.4.1 一级简码的输入......121
7.4.2 二级简码的输入......122
7.4.3 三级简码的输入......123

7.5 输入词组......124

7.5.1 输入二字词组......124
7.5.2 输入三字词组......125
7.5.3 输入四字词组......126
7.5.4 输入多字词组......127

7.6 实战——手动造词和自定义短语......128

高手支招 技巧：单字的五笔字根编码歌诀技巧......130

第 3 篇 Office 2019 办公篇

第8章 Word基本文档的制作......132

8.1 新建与保存Word文档......133

8.1.1 新建文档......133
8.1.2 保存文档......134
8.1.3 关闭文档......136

8.2 内容输入......137

8.2.1 输入文本......137
8.2.2 输入日期和时间......137

8.3 文本的基本操作......138

8.3.1 选择文本......138
8.3.2 移动和复制文本......139
8.3.3 查找与替换文本......140
8.3.4 删除文本......141
8.3.5 撤销和恢复文本......141

8.4 设置字体外观......142

8.4.1 设置字体格式......142
8.4.2 设置字符间距......143
8.4.3 设置文字效果......143

8.5 设置段落样式......144

8.5.1 段落的对齐方式......144
8.5.2 段落的缩进......145
8.5.3 段落间距及行距......146

8.6 使用项目符号和编号......146

8.7 插入图片......147

8.7.1 插入本地图片......147
8.7.2 插入联机图片......149

8.8 插入与绘制表格......149

8.8.1 插入表格......149
8.8.2 绘制表格......151

8.9 实战——制作企业宣传彩页......152

高手支招 技巧1：自动更改大小写字母......155
技巧2：为跨页表格自动添加表头......156

第9章 Word文档的美化与排版......157

9.1 页面设置......158

9.1.1 设置页边距......158
9.1.2 设置页面方向和大小......159
9.1.3 设置分栏......159

9.2 样式......160

9.2.1 查看和显示样式......160
9.2.2 应用样式......161
9.2.3 自定义样式......161
9.2.4 修改和删除样式......162

9.3 格式刷的使用......163

9.4 设置页眉和页脚......163

9.4.1 插入页眉和页脚......164
9.4.2 插入页码......165

9.5 设置大纲级别......165

9.6 创建目录......166

9.7 排版毕业论文 168
9.7.1 为标题和正文应用样式....................168
9.7.2 使用格式刷....................................170
9.7.3 插入分页符....................................171
9.7.4 设置页眉和页码..............................171
9.7.5 插入并编辑目录..............................172
9.7.6 打印论文..173
高手支招 技巧1：指定样式的快捷键..............175
技巧2：删除页眉分割线..............176

第10章 制作Excel表格 177

10.1 创建工作簿 178
10.2 工作表的基本操作..........................179
10.2.1 新建工作表..................................179
10.2.2 选择单个或多个工作表..................180
10.2.3 重命名工作表...............................180
10.2.4 移动或复制工作表.........................181
10.3 单元格的基本操作..........................183
10.3.1 选择单元格和单元格区域...............183
10.3.2 合并与拆分单元格.........................184
10.3.3 选择行和列...................................185
10.3.4 插入／删除行和列.........................186
10.3.5 调整行高和列宽............................186
10.4 输入和编辑数据.............................187
10.4.1 输入文本数据................................187
10.4.2 输入常规数值................................188
10.4.3 输入日期和时间.............................189
10.4.4 输入货币型数据.............................190
10.4.5 快速填充数据................................190
10.4.6 编辑数据......................................193
10.5 设置单元格 195
10.5.1 设置对齐方式................................195
10.5.2 设置边框和底纹.............................196
10.5.3 设置单元格样式.............................197
10.5.4 快速套用表格格式.........................197
10.6 制作《年度销售情况统计表》.....199
10.6.1 认识图表的特点及其构成..............199
10.6.2 创建图表的三种方法.....................201
10.6.3 编辑图表......................................202
10.7 制作《客户访问接洽表》..........207
10.7.1 设置字体格式................................207
10.7.2 制作接洽表表格内容.....................207
10.7.3 美化接洽表...................................208
高手支招 技巧1：输入以“0”开头的数字.......210
技巧2：使用【Ctrl+Enter】组合键批量输入相同数据....................210

第11章 Excel数据计算与数据分析 211

11.1 认识公式与函数.............................212
11.1.1 认识公式......................................212
11.1.2 函数的应用基础.............................215
11.1.3 函数的分类和组成.........................216
11.2 其他常用函数的使用.....................218
11.2.1 文本函数的应用.............................218
11.2.2 统计函数的应用.............................221
11.2.3 财务函数的应用.............................223
11.2.4 日期与时间函数的应用..................225
11.2.5 查找与引用函数的应用..................228
11.2.6 数学与三角函数的应用..................235
11.3 数据的筛选 240
11.3.1 自动筛选......................................240
11.3.2 高级筛选......................................242
11.4 数据的排序 243
11.4.1 单条件排序...................................243
11.4.2 多条件排序...................................243
11.4.3 自定义排序...................................244
11.5 使用条件格式 245
11.6 设置数据的有效性..........................246
11.7 制作《汇总销售记录表》 247
11.7.1 建立分类显示................................247
11.7.2 创建简单分类汇总.........................248
11.7.3 创建多重分类汇总.........................249
11.7.4 分级显示数据................................251
11.7.5 清除分类汇总................................251
11.8 合并计算《销售报表》 252
11.8.1 按照位置合并计算.........................252
11.8.2 由多个明细表快速生成汇总表.....253

11.9 制作《销售业绩透视表》..........254
11.9.1 认识数据透视表..........254
11.9.2 数据透视表的组成结构..........255
11.9.3 创建数据透视表..........256
11.9.4 修改数据透视表..........257
11.9.5 设置数据透视表选项..........258
11.9.6 改变数据透视表的布局..........258
11.9.7 设置数据透视表的格式..........259
11.9.8 数据透视表中的数据操作..........261
11.10 制作《员工年度考核》系统......261
11.10.1 设置数据验证..........261
11.10.2 设置条件格式..........263
11.10.3 计算员工年终奖金..........264
高手支招 技巧1：对同时包含字母和数字的文本进行排序..........265
技巧2：将数据透视表转换为静态图片..........266

第12章 PPT基本演示文稿的制作........267

12.1 幻灯片的基本操作..........268
12.1.1 创建新的演示文稿..........268
12.1.2 添加幻灯片..........269
12.1.3 删除幻灯片..........270
12.1.4 复制幻灯片..........270
12.1.5 移动幻灯片..........271
12.2 添加和编辑文本..........271
12.2.1 使用文本框添加文本..........271
12.2.2 使用占位符添加文本..........272
12.2.3 选择文本..........272
12.2.4 移动文本..........272
12.2.5 复制、粘贴文本..........273
12.3 设置字体格式..........274
12.3.1 设置字体及颜色..........274
12.3.2 使用艺术字..........275
12.4 设置段落格式..........275
12.4.1 对齐方式..........275
12.4.2 段落文本缩进..........276
12.5 插入对象..........276
12.5.1 插入表格..........276
12.5.2 插入图片..........278
12.5.3 插入自选图形..........278
12.5.4 插入图表..........279
12.6 母版视图..........280
12.7 实战——设计年终总结报告PPT..........281
高手支招 技巧1：使用取色器为PPT配色..........285
技巧2：减少文本框的边空..........285

第13章 幻灯片的设计与放映..........287

13.1 设计幻灯片的背景与主题..........288
13.1.1 使用内置主题..........288
13.1.2 自定义主题..........289
13.1.3 设置幻灯片背景格式..........289
13.2 为幻灯片创建动画..........290
13.2.1 创建进入动画..........290
13.2.2 创建强调动画..........291
13.2.3 创建路径动画..........292
13.2.4 创建退出动画..........292
13.2.5 触发动画..........293
13.2.6 复制动画效果..........293
13.2.7 测试动画..........294
13.2.8 移除动画..........294
13.3 为幻灯片添加切换效果..........295
13.3.1 添加切换效果..........295
13.3.2 设置切换效果..........296
13.3.3 添加切换方式..........296
13.4 创建超链接和使用动作..........297
13.4.1 创建超链接..........297
13.4.2 创建动作..........298
13.5 放映企业宣传片..........299
13.5.1 浏览幻灯片..........299
13.5.2 幻灯片的三种放映方式..........299
13.5.3 放映幻灯片..........300
13.5.4 为幻灯片添加注释..........302
13.6 设计沟通技巧培训PPT..........303
13.6.1 设计幻灯片母版..........303
13.6.2 设计幻灯片首页..........305
13.6.3 设计图文幻灯片..........306
13.6.4 设计图形幻灯片..........307

13.6.5 设计幻灯片结束页......309
高手支招 技巧1：快速定位幻灯片......310
技巧2：放映幻灯片时隐藏光标......310

第4篇 网络办公篇

第14章 办公局域网的组建......312
14.1 组建局域网的相关知识......313
14.1.1 组建局域网的优点......313
14.1.2 局域网的结构演示......314
14.2 组建局域网的准备......315
14.2.1 组建无线局域网的准备......315
14.2.2 组建有线局域网的准备......318
14.3 组建局域网......319
14.3.1 组建无线局域网......319
14.3.2 组建有线局域网......321
14.4 实战——管理局域网......322
14.4.1 网速测试......322
14.4.2 修改无线网络名称和密码......323
14.4.3 IP的带宽控制......324
高手支招 技巧1：安全使用免费Wi-Fi......325
技巧2：将电脑转变为无线路由器......325
第15章 使用电脑高效办公......327
15.1 实战——收/发邮件......328
15.2 实战——使用个人智能助理Cortana......329
15.3 实战——文档的下载......331
15.4 实战——局域网内文件的共享......332
15.4.1 开启公用文件夹共享......332
15.4.2 共享任意文件夹......333
15.5 实战——办公设备的使用......335
15.5.1 使用打印机打印文件......335
15.5.2 复印机的使用......336
15.5.3 扫描仪的使用......336
15.6 实战——使用云盘保护重要资料......337
高手支招 技巧1：打印行号、列标......339
技巧2：打印时让文档自动缩页......340

第5篇 高手办公篇

第16章 轻松学会远程办公......342
16.1 在家办公，如何远程打卡......343
16.1.1 使用外勤打卡......343
16.1.2 过了打卡时段怎么办......346
16.1.3 查看自己的考勤统计情况......347
16.2 远程办公如何开展项目......349
16.3 把日程同步给同事的方法......352
16.4 让工作高效起来——番茄工作法和任务清单......355
第17章 电脑的优化与维护......357
17.1 实战——系统安全与防护......358
17.1.1 修补系统漏洞......358
17.1.2 查杀电脑中的病毒......359
17.2 实战——优化电脑的开机和运行速度......359
17.2.1 使用“任务管理器”进行启动优化......360
17.2.2 使用360安全卫士进行优化......360
17.3 实战——硬盘的优化与管理......361
17.3.1 对电脑进行清理......361
17.3.2 为系统盘瘦身......362
17.3.3 开启和使用存储感知......363
17.4 实战——一键备份与还原系统......364
17.4.1 一键备份系统......364
17.4.2 一键还原系统......365
17.5 实战——重装系统......366
17.5.1 什么情况下重装系统......366

17.5.2 重装前应注意的事项......................367
17.5.3 重新安装系统................................367
高手支招 技巧：更改新内容的保存位置...........369

第18章 办公实战秘技.........................371

18.1 数据的加密与解密....................372

18.1.1 简单的加密与解密.........................372
18.1.2 压缩文件的加密与解密.................374
18.1.3 办公文档的加密与解密.................375

18.2 Office组件间的协作 376

18.3 使用OneDrive同步数据 378

18.4 实现电脑与手机文件互传 380

18.4.1 使用QQ文件助手..........................380
18.4.2 使用微信文档助手.........................385

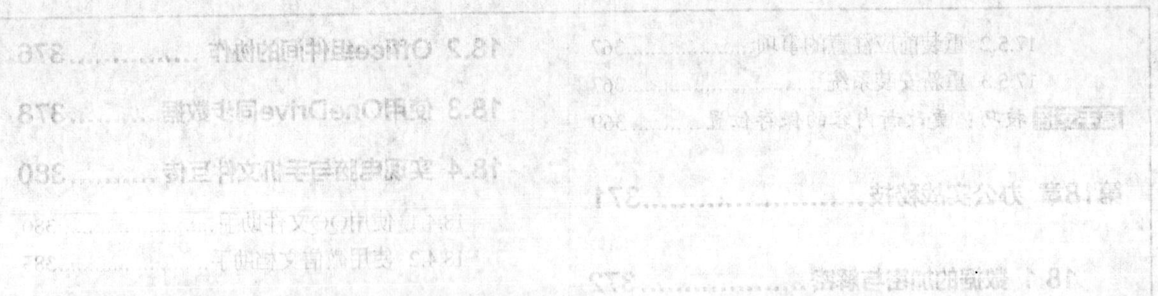

第1篇

基础入门篇

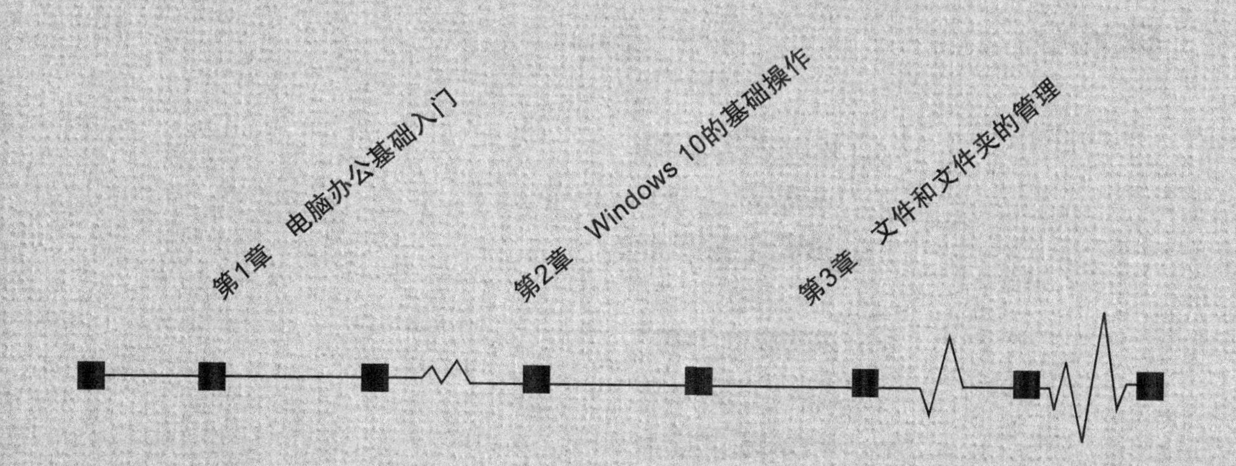

第 1 章

电脑办公基础入门

使用电脑办公不仅高效，而且节约人力成本，已经成为目前被广泛使用的办公方式。本章从电脑基础开始讲解，帮助读者全面学习电脑办公的相关知识。

学习效果

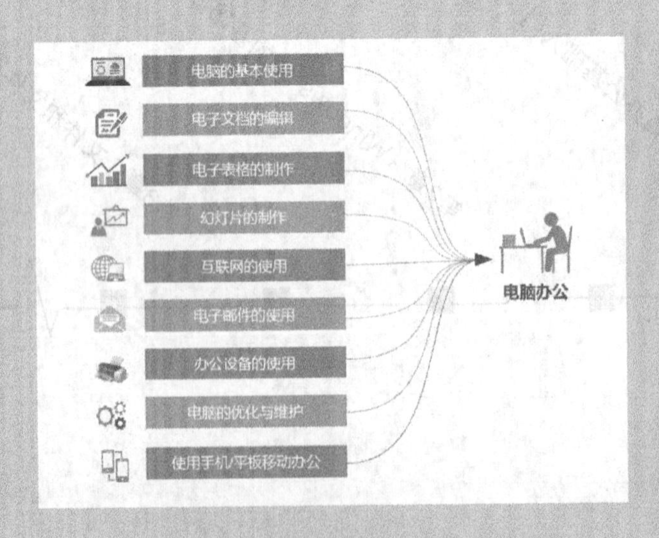

1.1 认识电脑办公

目前，电脑已成为工作中密不可分的一个重要工具，它使传统的办公方式转向了无纸化办公。

1.1.1 电脑办公的优势

与传统的办公方式相比，电脑办公有很大的优势，具体表现为以下几方面。

1.有效地提高工作效率

电脑办公的主要出发点是提高效率、信息共享、协同办公。通过电脑办公，我们可以方便、快捷、高效地工作，使原本繁杂冗余的工作，只需用鼠标轻点几下就可以轻松完成。

2.节省大量的办公费用

无纸化办公除能提高工作效率之外，降低各项费用也是一个重要的优点。利用网络进行无纸化办公，可节约大量的资源，如传真机、复印机用纸，笔墨以及订书钉，曲别针，大头针等办公耗材，从而削减巨额的办公经费。

3.减少流通的环节

网络化办公，减少了文件上传下达的中间环节，节约了发送纸质文件所需的邮资、路费、通信费和人力，不仅有效提高了办公效率，节省了大量相关办公开支，更主要的是可以将单位部分人员从“文山会海”中解脱出来，客观上节约了大量的人力和物力。

4.实现局域网办公

在建立内部局域网后，可实现局域网内部的信息和资源共享，方便了员工之间的交流互传。另外，使用局域网办公，更利于数据的安全。

1.1.2 如何掌握电脑办公

要掌握电脑办公，并不仅限于会使用电脑，它对于办公人员有更多的要求，如掌握电脑的基本使用方法、Office办公软件和办公设备的使用等。下图所示内容，有助于读者理解电脑办公的知识。

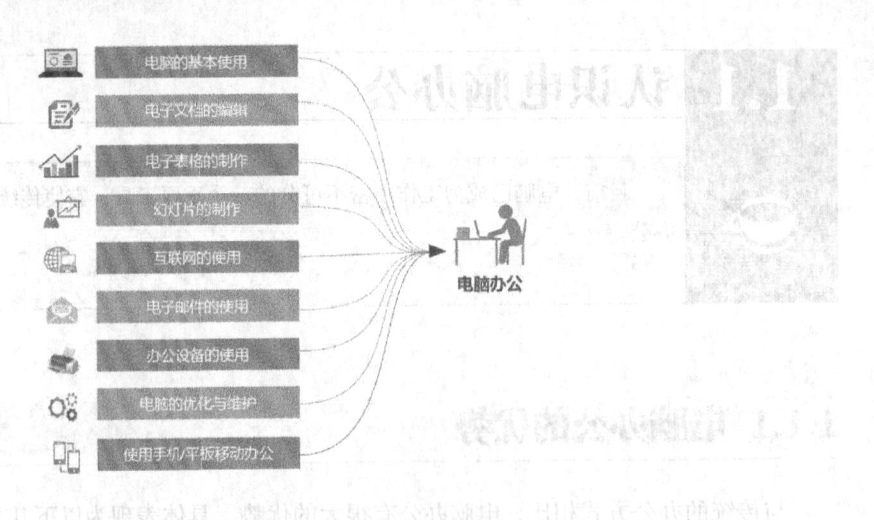

1.2 搭建电脑办公硬件平台基础

电脑系统由硬件和软件两部分组成。硬件是指组成电脑系统的各种看得见的物理部件，是实实在在的器件。本节主要介绍这些硬件的基本知识。

1.2.1 电脑基本硬件设备

通常情况下，一台电脑的基本硬件设备包括CPU、内存、硬盘、主板、显卡、显示器、键盘、鼠标、电源等。

1.CPU

CPU也叫中央处理器，是一台电脑的运算和控制核心，作用与人的大脑相似，负责处理、运算电脑内部的所有数据；主板芯片组则更像是心脏，它控制着数据的交换。CPU的种类决定了电脑所使用的操作系统和相应的软件，CPU的型号往往决定了一台电脑的性能。

目前市场上较为主流的是双核心和四核心CPU，但也不乏六核心和八核心的更高性能的CPU。Intel（英特尔）和AMD（超微）是目前较为知名的两大CPU品牌。

Intel 酷睿 i9 系列

AMD Ryzen 9 3950X

2.内存

内存储器（简称内存，也称主存储器）用于存放电脑运行所需的程序和数据。内存的容量与性能是决定电脑整体性能的一个重要因素。内存的大小及其时钟频率（内存在单位时间内处理指令的次数，单位是MHz）的高低直接影响电脑运行速度的快慢，即使CPU主频很高，硬盘容量很大，但如果内存容量很小，电脑的运行速度也快不起来。

目前，主流电脑多采用8GB的DDR4内存，一些发烧友多采用16GB × 4的DDR4内存。下图为一款容量为8GB的金士顿DDR4 2666MHz内存。

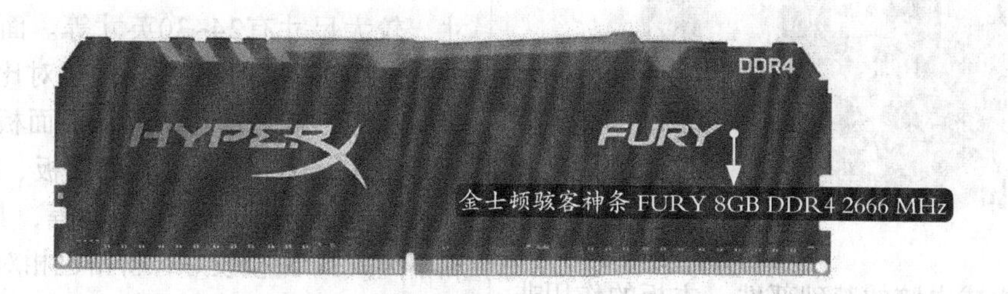

3.硬盘

硬盘是电脑最重要的外部存储器之一，由一个或多个铝制或者玻璃制的碟片组成。这些碟片外覆盖有铁磁性材料。绝大多数硬盘是固定硬盘，被永久性地密封固定在硬盘驱动器中。由于硬盘的盘片和硬盘的驱动器是密封在一起的，所以通常所说的硬盘和硬盘驱动器其实是一回事。

硬盘有固态硬盘（SSD）、机械硬盘（HDD）、混合硬盘（HHD，一种基于传统机械硬盘诞生出来的新硬盘）：SSD采用闪存颗粒来存储，HDD采用磁性碟片来存储，HHD是把磁性硬盘和闪存集成到一起的一种硬盘。

机械硬盘是最为普遍的存储硬盘，容量高且价格低，多作为资料存储硬盘。固态硬盘是一种高性能的存储器，使用寿命很长，由于价格相对高，普遍被采用为系统硬盘。

4.主板

如果把CPU比作电脑的“心脏”，那么主板便是电脑的“躯干”。几乎所有的电脑部件都是直接或间接连接到主板上的，主板性能对整机的速度和稳定性都有极大影响。主板又称系统板或母板（Mother Board），是电脑系统中极为重要的部件。

主板一般为矩形电路板，上面安装有组成电脑的主要电路系统，并集成了各式各样的电子零件和接口。下图所示即为一块主板的外观。

作为组成电脑的基础部件，主板的作用非常重要，尤其是在稳定性和兼容性方面，更是不容忽视的。如果主板选择不当，则其他插在主板上的部件的性能可能就不会被充分发挥。

5.显卡

显卡也称图形加速卡，是电脑内主要的板卡之一，基本作用是控制电脑的图形输出。由于工作性质不同，不同的显卡提供了不同的功能。

一般来说，二维（2D）图形图像的输出是必备的。在此基础上将部分或全部的三维（3D）图像处理功能纳入显示芯片中，由这种芯片做成的显卡就是通常所说的“3D显卡”。有些显卡以附加卡的形式安装在电脑主板的扩展槽中，有些则集成在主板上。下图所示即为一款显卡。

6.显示器

显示器是电脑重要的输出设备，也是电脑的“脸面”。电脑操作的各种状态、结果以及编辑的文本、程序、图形等都是在显示器上显示出来的。

液晶显示器以辐射低、功耗小、可视面积大、体积小及显示清晰等优点，成为电脑显示器的主流产品。目前，显示器主要按照屏幕尺寸、面板类型、视频接口等进行划分。如屏幕尺寸，较为普及的为21英寸、22英寸、23英寸，较大尺寸有24~30英寸等。面板类型很大程度上决定了显示器的亮度、对比度、可视度等，直接影响显示器的性能。面板类型主要包括TN面板、IPS面板、PVA面板、MVA面板、PLS面板以及不闪式3D面板等，其中IPS面板和不闪式3D面板较好，价格也相对贵一些。另外，随着技术的更新迭代，曲面显示器、5K显示器、4K显示器、触摸显示器及智能显示器等相继出现，满足了不同用户的使用需求。如下图即为一款曲面显示器。

7.键盘

键盘是电脑系统中基本的输入设备，用户可以将各种命令、程序和数据通过键盘输入到电脑中。常见的键盘主要可分为机械式和电容式两类，现在的键盘大多是电容式键盘。键盘如果按外形来划分，有普通标准键盘和人体工学键盘两类；按接口来分，主要有PS/2接口（小口）、USB接口以及无线键盘等种类。标准键盘的外观如下图所示。

在平时使用时应注意保持键盘清洁，经常擦拭键盘表面，减少灰尘进入。对于不防水的键盘，一定要注意水或油等液体的渗入，一旦液体渗入键盘内部，就容易造成键盘按键失灵。解决方法是拆开键盘后盖，取下导电层塑料膜，用干抹布把液体擦拭干净。

8.鼠标

鼠标是电脑基本的输入设备之一，用于确定光标在屏幕上的位置。在应用软件的支持下，移动、单击、双击鼠标可以快速、方便地完成某种特定的功能。

鼠标包括鼠标右键、鼠标左键、鼠标滚轮、鼠标线和鼠标插头。如下图所示，鼠标按照插头的类型可分为USB接口的鼠标、PS/2接口的鼠标和无线鼠标。

9.电源

主机电源是一种安装在主机箱内的封闭式独立部件，它的作用是将交流电通过一个开关电源变压器转换为+5 V、-5 V、+12 V、-12 V、+3.3 V等稳定的直流电，以供应主机箱内主板驱动、硬盘驱动及各种适配器扩展卡等系统部件使用。

电源的功率需求决定于CPU、主板、内存、硬盘等硬件的功率，最常见的功率需求为250~350 W。电源的额定功率越大越好，但价格也越贵，我们需要根据其他硬件的功率合理选择电源功率。下图所示即为一款电源。

1.2.2 电脑扩展硬件设备

用户在使用电脑时还可根据需要配置耳麦／麦克风、摄像头、音箱、路由器等部件。

1.耳麦／麦克风

耳麦是耳机和麦克风的结合体，是重要的电脑外部设备之一，与耳机最大的区别是加入了麦克风，可以用于录入声音、语音聊天等。用户也可以分别购买耳机和麦克风，实现更好的声音效果。另外，多媒体类型的麦克风即可满足用户的需求。下图所示为耳麦和麦克风。

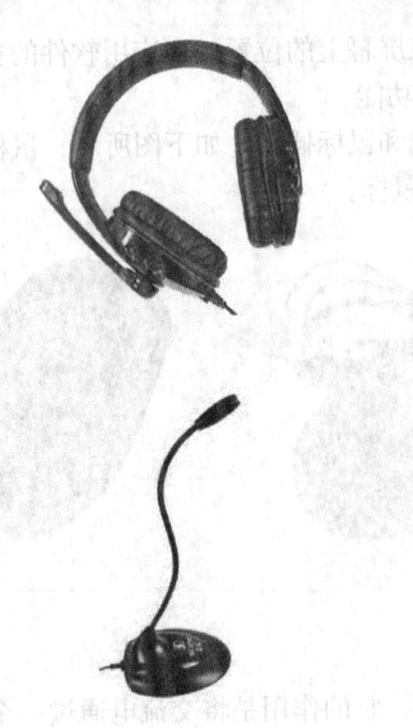

2.摄像头

摄像头又称为电脑相机、电脑眼等，是一种视频输入设备，广泛地运用于视频会议、远程医疗、实时监控等领域，用户可以通过摄像头在网上进行有影像、有声音的交谈和沟通。下图所示为摄像头。

3.音箱

音箱是整个音响系统的终端，作用是将电脑中的音频文件通过音箱的扬声器播放出来。因此，它的性能好坏影响着用户的聆听效果。在听音乐、看电影时，音箱是不可缺少的外部设备之一。

4.路由器

路由器是用于连接多个逻辑上分开的网络的设备，可以用来建立局域网，实现家庭中多台电脑同时上网，也可以将有线网络转换为无线网络。如今手机、平板电脑的广泛使用，使路由器成为不可缺少的网络设备，而智能路由器也随之出现。智能路由器具有独立的操作系统，可以实现智能化管理路由器，安装各种应用，自行控制带宽、在线人数、浏览网页、在线时间，同时拥有强大的USB共享功能等。下图所示为路由器。

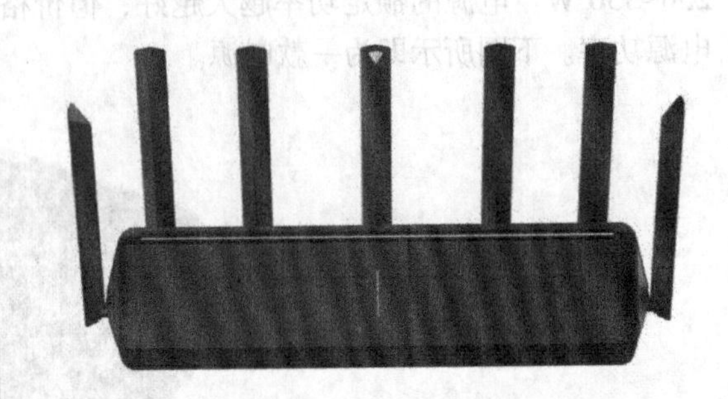

1.2.3 其他常用办公硬件设备

在企业办公中，电脑常用的外部相关设备包括可移动存储设备、打印机、复印机、扫描仪等。有了这些外部设备，人们可以充分发挥电脑的优异性能，事半功倍。

1.可移动存储设备

可移动存储设备是指可以在不同终端间移动的存储设备，方便了资料的存储和转移。目前较为普遍的可移动存储设备主要有移动硬盘和U盘。

（1）移动硬盘。

移动硬盘以硬盘为存储介质，实现了电脑之间的大容量数据交换，其数据的读写模式与标准IDE硬盘是相同的。移动硬盘多采用USB、IEEE1394等传输速度较快的接口，可以以较高的速度与电脑进行数据传输。

（2）U盘。

U盘又称为“优盘”，是一种无须物理驱动器的微型高容量移动存储产品，通过USB接口与电脑连接，可实现“即插即用”。因此，它也叫“USB闪存驱动器”。

U盘主要用于存放照片、文档、音乐、视频等中小型文件，它的最大优点是体积小，价格便宜。体积如大拇指般大小，携带极为方便，可以放入口袋中、钱包里。U盘容量常见的有16GB、32GB、64GB等，根据接口类型主要分为USB 2.0和USB 3.0两种。另外，还有一种支持插到手机中的双接口U盘。

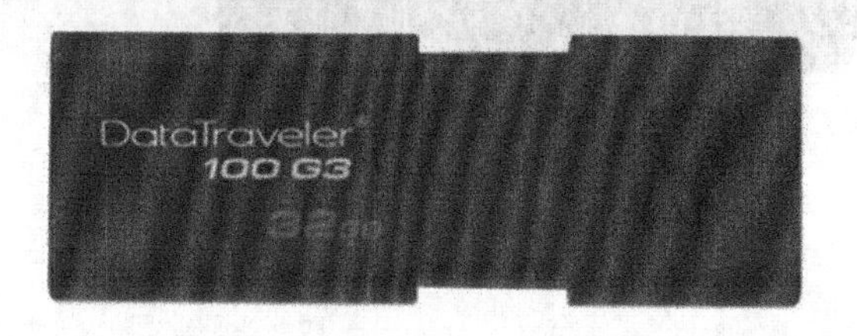

2.打印机

打印机是电脑办公不可缺少的一个组成部分，是重要的输出设备之一。通常情况下，只要是使用电脑办公的机构都会配备打印机。通过打印机，用户可以将在电脑中编辑好的文档、图片等数据资料打印输出到纸上，从而方便将资料进行长期存档或向其他部门报送等。

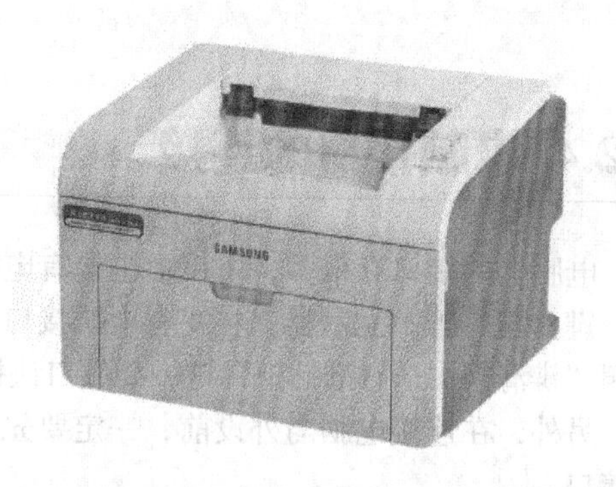

3.复印机

我们通常所说的复印机是指静电复印机，它是一种利用静电技术进行文书复制的设备。复印机是从书写、绘制或印刷的原稿得到等倍、放大或缩小的复印品的设备。复印机复印的速度快，操作简便，与传统的铅字印刷、蜡纸油印、胶印等的主要区别是无须经过其他制版等中间手段，即能直接从原稿获得复印品。

目前，绝大部分复印机与打印机集合，是集打印、复印和扫描的一体机。

4.扫描仪

扫描仪的作用是将稿件上的图像或文字输入到电脑中。如果是图像，则可以直接使用图像处理软件进行加工；如果是文字，则可以通过OCR软件，把图像文本转化为电脑能识别的文本文件，这样可节省将字符输入电脑的时间，大大提高输入速度。

1.2.4 电脑接口的连接

电脑上的接口有很多，主机上主要有电源接口、USB接口、显示器接口、网线接口、鼠标接口、键盘接口等，显示器上主要有电源接口、主机接口等。在连接主机外设之间的连线时，只要按照“辨清接头，对准插上”这一要领口诀操作，即可顺利完成电脑与外设的连接。

另外，在连接电脑与外设前，一定要先切断用于给电脑供电的插座电源。下图所示为主机外部接口。

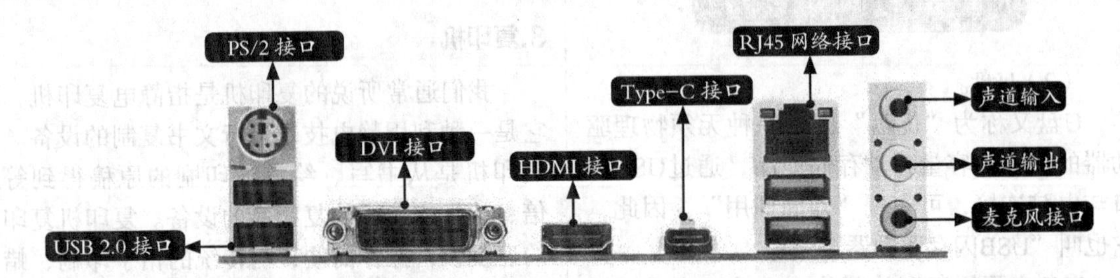

1.连接显示器

主机上连接显示器的接口在主机的后面。连接的方法是将显示器的信号线，即15针的信号线接在显卡上，插好后拧紧接头两侧的螺钉即可。显示器电源一般是单独连接电源插座的。

2.连接键盘和鼠标

键盘接口在主机的后部，是一个紫色圆形的接口。一般情况下，键盘的插口会在机箱的外侧，同时键盘插头上有向上的标记，连接时按照这个方向插好即可。PS/2鼠标的接口也是圆形的，位于键盘接口旁边，按照指定方向插好即可。

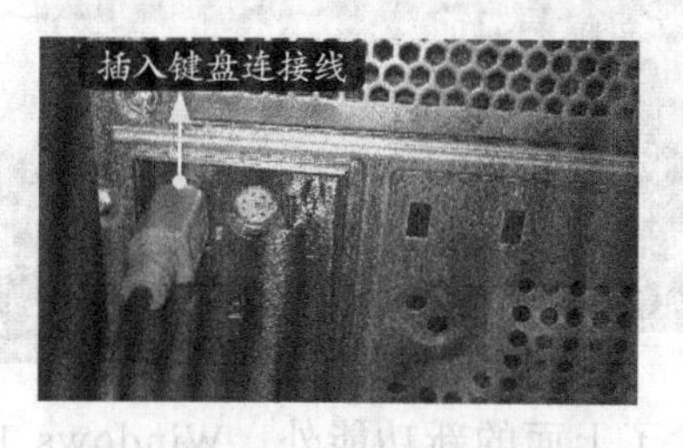

如果是USB接口的鼠标和键盘，则连接方法更为简单，直接接入主机后端的USB端口即可。

3.连接网线

网线接口在主机的后面。将网线一端的水晶头按指示的方向插入网线接口中，即可完成网线的连接。

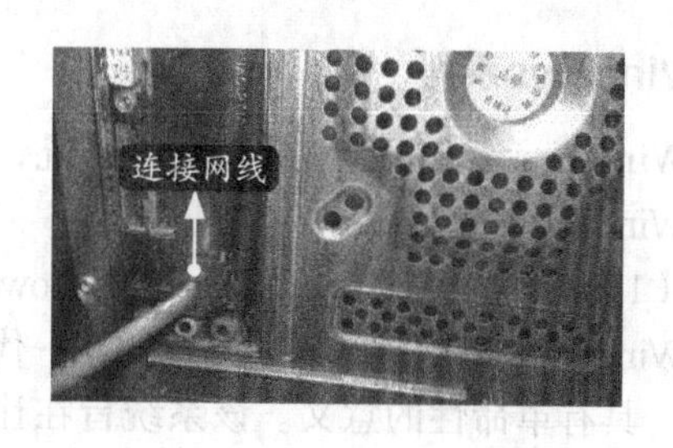

4. 连接音箱

将音箱的音频线接头分别连接到主机声卡的接口中，即可连接音箱。

5. 连接主机电源

主机电源线的接法很简单，只需要将电源线接头插入电源接口即可。

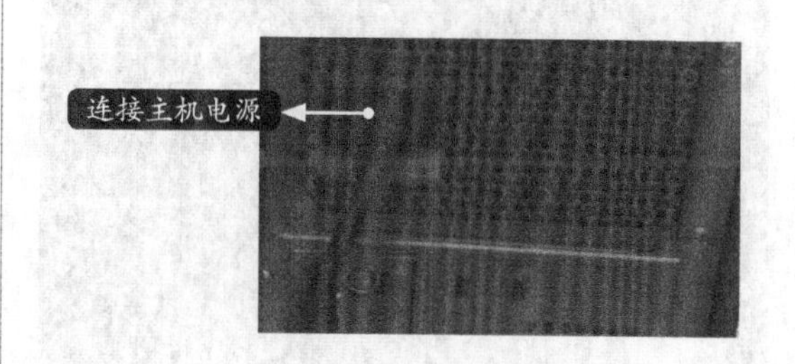

1.3 认识电脑办公系统平台

操作系统是一款管理电脑硬件与软件资源的程序，同时也是电脑系统的内核与基石。操作系统是一款庞大的管理控制程序，大致包括进程与处理机管理、作业管理、存储管理、设备管理、文件管理5个方面的管理功能。操作系统是管理电脑全部硬件资源、软件资源、数据资源，控制程序运行并为用户提供操作界面的系统软件集合。

目前，电脑操作系统的主要类型包括微软的Windows、苹果的Mac OS及UNIX、Linux等，这些操作系统所适用的用户人群不尽相同，电脑用户可以根据自己的实际需要选择不同的操作系统。下面分别对这几种操作系统进行简单介绍。

1. Windows系列

Windows系统是应用最广泛的系统，主要使用Windows 7和Windows 10等。

（1）经典的Windows系统——Windows 7。

Windows 7是由微软公司开发的新一代操作系统，具有革命性的意义。该系统旨在让人们的日常电脑操作变得更加简单和快捷，为人们提供高效易行的工作环境。

Windows 7系统与以前的系统相比，具有很多的优点：更快的速度和性能，更个性化的桌面，更强大的多媒体功能，Windows Touch带来极致触摸操控体验，Homegroups和Libraries简化局域网共享，全面革新的用户安全机制，超强的硬件兼容性，革命性的工具栏设计，等等。

不过，微软已于2020年1月14日对Windows 7停止了支持，不再提供Windows 7的服务更新、安全更新等。虽然用户还可以继续使用，但电脑遭受病毒和恶意软件攻击的风险会更大。

（2）新一代Windows系统——Windows 10。

Windows 10是微软公司最新推出的新一代跨平台及设备应用的操作系统，应用范围涵盖PC、平板电脑、手机、XBOX和服务器端等。Windows 10重新使用了【开始】按钮，采用全新的开始菜单，增加了个人智能助理——Cortana（小娜），它可以记录并了解用户的使用习惯，帮助用户在电脑上查找资料、管理日历、跟踪程序包、查找文件、聊天，还可以推送用户关注的资讯等。另外，Windows 10提供了一种新的上网方式——Microsoft Edge，它是一款新推出的Windows浏览器，用户可以更方便地浏览网页、阅读、分享、做笔记等，而且可以在地址栏中输入搜索内容，实现快速搜索浏览。

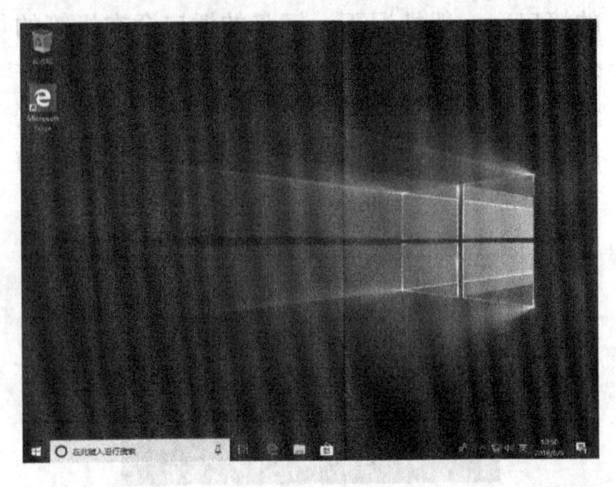

除了上面的新功能外，Windows 10还有许多功能更新，如增加了云存储OneDrive，用户可以将文件保存在网盘中，方便在不同电脑或手机中访问；增加了通知中心，可以查看各应用推送的信息；增加了Task View（任务视图），可以创建多个传统桌面环境；另外还有平板模式、手机助手等。读者可以在接下来的学习和使用中，更好地体验Windows 10新一代操作系统。

2. Mac OS

Mac OS系统是一款专用于苹果电脑的操作系统，是基于UNIX内核的图形化操作系统，系统简单直观，安全易用，有很高的兼容性，但不可安装于其他品牌的电脑上。

1984 年，苹果公司发布System 1操作系统，它是世界第一款成功具备图形图像用户界面的操作系统。在随后的十几年中，苹果操作系统经历了从System 1到7.5.3的巨大变化，从最初的黑白界面变成8色、16色、真彩色，其系统稳定性、应用程序数量、界面效果等都得到了巨大提升。1997年，苹果操作系统更名为Mac OS，此后又经历了Mac OS 8、Mac OS 9、Mac OS 9.2.2等版本的更迭。

2019年10月8日，苹果公司正式推出新的操作系统Mac OS Catalina。此系统拥有语音控制、屏幕时间控制、脱机查找设备等多项新功能，给用户带来了更直观、更完善的使用体验。

1.4 开启和关闭电脑

开启和关闭电脑是使用电脑的最基本操作。

1.4.1 正确开启电脑的方法

启动电脑的方法很简单。连通电源后，按下主机箱前面的电源开关即可启动电脑。当然，别忘了打开连接显示器的电源开关。当按下显示器的电源开关时，开关旁边的电源指示灯会亮起。通常显示器的电源开关在显示屏的下方。正确开机的操作步骤如下。

步骤 01 在显示器右下角，按下【电源】按钮，打开显示器。

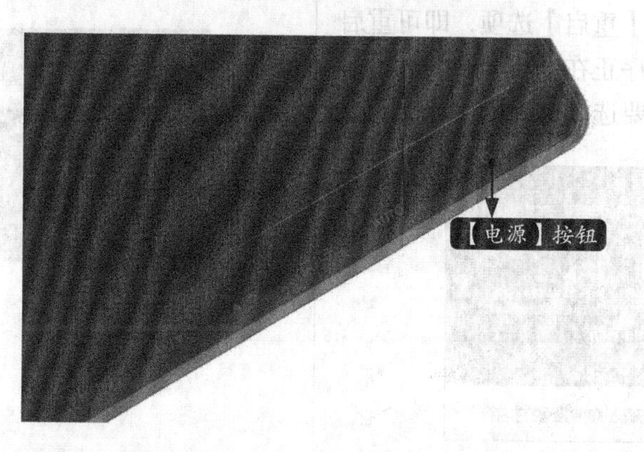

小提示

无论什么品牌的显示器，电源按钮的标识都为⏻。

步骤 02 按下主机上的【电源】按钮，打开主机电源。

步骤03 电脑启动并自检后，首先进入Windows 10的系统加载界面。

步骤04 加载完成后，系统成功进入Windows系统桌面。

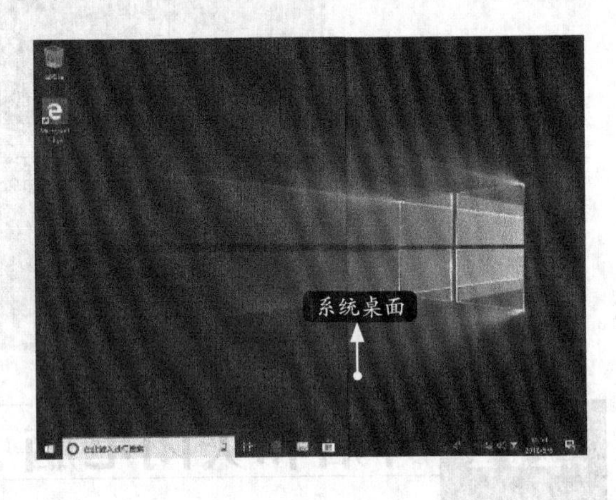

1.4.2 重启电脑

重启电脑有两种比较常用的方法。

方法一：单击屏幕左下角的按钮，打开“开始”菜单，然后单击【电源】按钮，在弹出的选项菜单中，单击【重启】选项，即可重启电脑。如果系统还有程序正在运行，则会弹出警告窗口，用户可根据需要选择是否保存。

方法二：按下主机机箱上的【重新启动】按钮，即可重新启动电脑。

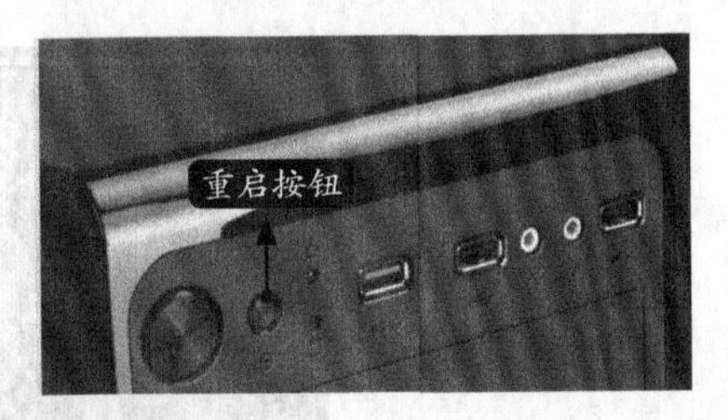

1.4.3 正确关闭电脑的方法

在使用Windows操作系统时，当电脑执行了系统的关机命令后，某些电源设置可以自动切断电源，关闭电脑。如果是使用只退出操作系统而不关闭电脑本身的电源设置，用户还需要手动按下电源开关以切断电源，实现关机操作。不过这种情况的电脑目前已不多见。正确关闭电脑有以下4种方法。

1.使用“开始”菜单

打开“开始”菜单，单击【电源】按钮，在弹出的选项菜单中，单击【关机】选项，即可关闭计算机。

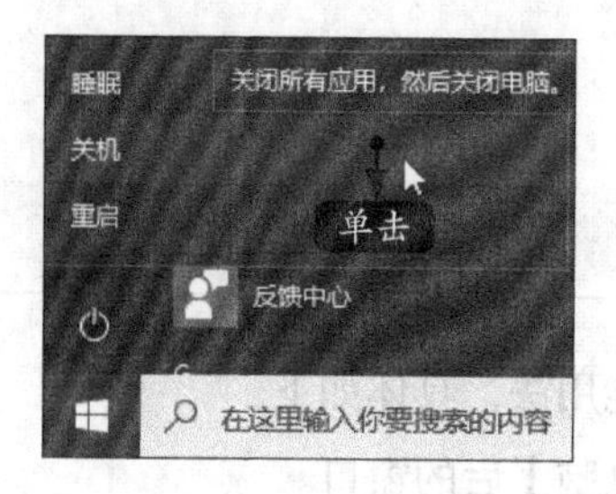

2.使用快捷键

在桌面环境中，按【Alt+F4】组合键，打开【关闭Windows】对话框，其默认选项为【关机】，单击【确定】按钮，即可关闭计算机。

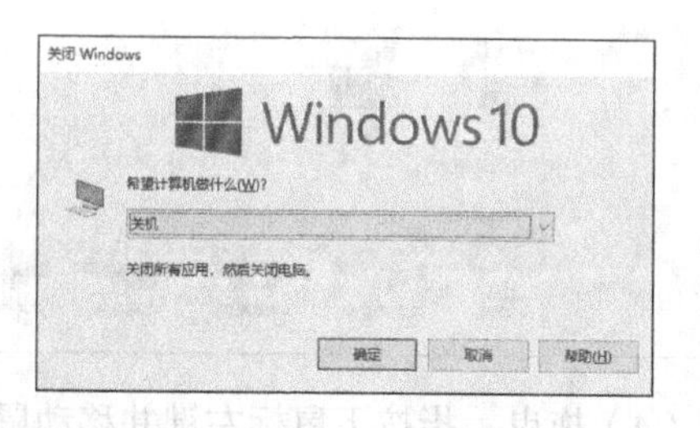

3.使用右键快捷菜单

右键单击【开始】按钮，或者按【Windows+X】组合键，在打开的菜单中单击【关机或注销】>【关机】，进行关机操作。

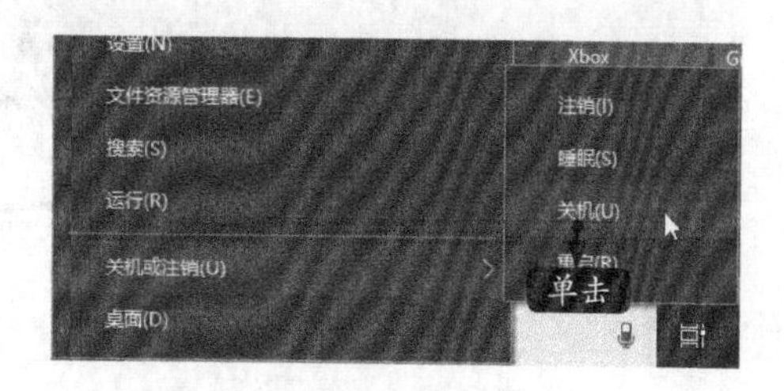

4.其他方法

在特殊情况下，如电脑无响应，可以在键盘上按【Ctrl+Alt+Delete】组合键，进入下图所示界面后单击【电源】按钮，即可关闭电脑。

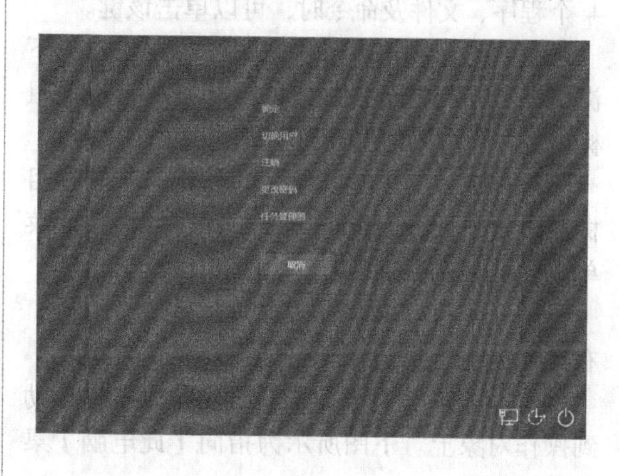

1.5 使用鼠标

鼠标用于确定鼠标指针在屏幕上的位置，在应用软件的支持下，借助鼠标可以快速、方便地完成某些特定的功能。

1.5.1 鼠标的正确“握”法

正确持握鼠标，有利于用户在长时间的工作和学习中不感觉到疲劳。正确的鼠标握法是，手腕自然放在桌面上，用右手大拇指和无名指轻轻夹住鼠标的两侧，食指和中指分别对准鼠标的左键和右键，手掌心不要紧贴在鼠标上，这样有利于鼠标的移动操作。正确的鼠标握法如下图所示。

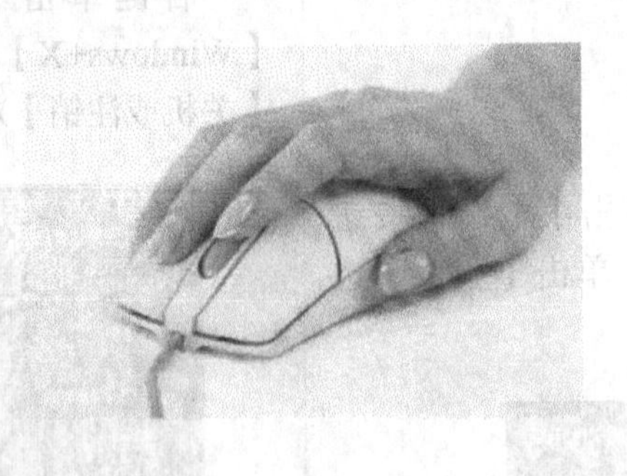

1.5.2 鼠标的基本操作

通常，鼠标包含三个功能键，每个按键都有一定的功能用法，具体如下。

- 左键："选择"作用，当用户需要选择某个程序、文件及命令时，可以单击该键。
- 中键：又称"滑轮"，主要用于"上下浏览"，当阅读较长的文件、网页时，滑动鼠标滑轮，就可以向上或向下浏览内容。
- 右键："快捷菜单"的作用，当选定目标后，单击鼠标右键，可以打开对应的快捷菜单，并可对菜单命令进行选择和操作。

鼠标的基本操作包括指向、单击、双击、右击和拖曳等。

（1）指向。指移动鼠标，将鼠标指针移动到操作对象上。下图所示为指向【此电脑】桌面图标。

（2）单击。指快速按下并释放鼠标左键。单击一般用于选定一个操作对象。下图所示为单击【此电脑】桌面图标。

（3）双击。指连续两次快速按下并释放鼠标左键。双击一般用于打开窗口或启动应用程序。右上图所示为双击【此电脑】桌面图标打开【此电脑】后的窗口。

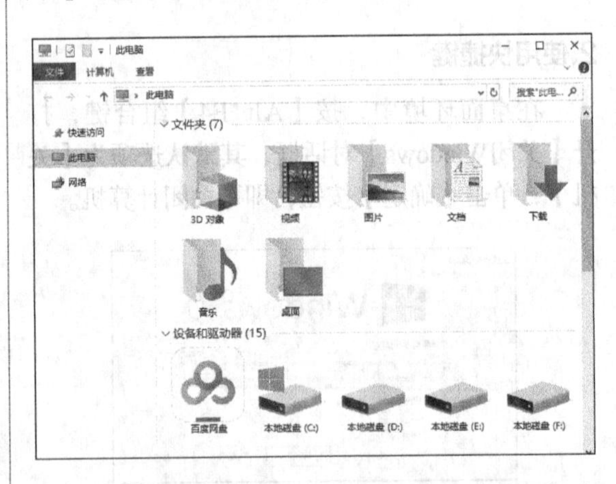

（4）拖曳。指按下鼠标左键并移动鼠标指针到指定位置，然后再释放按键的操作。拖曳一般用于选择多个操作对象、复制或移动对象等。下图所示为拖曳鼠标指针选择多个对象的操作。

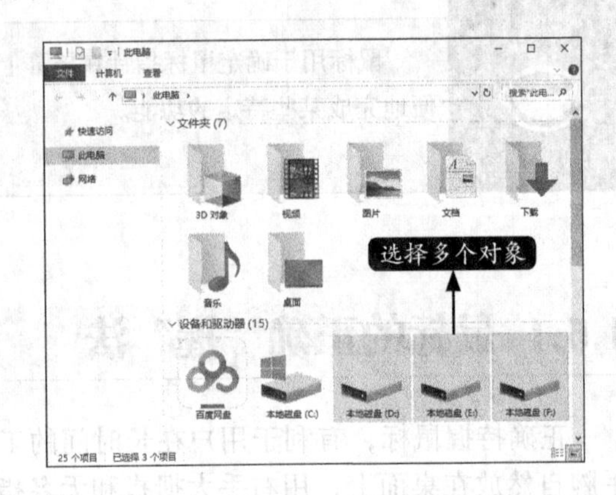

（5）右击。指快速按下并释放鼠标右键。右击一般用于打开一个与操作相关的快捷菜单。下图所示为右击【此电脑】桌面图标打开快捷菜单的操作。

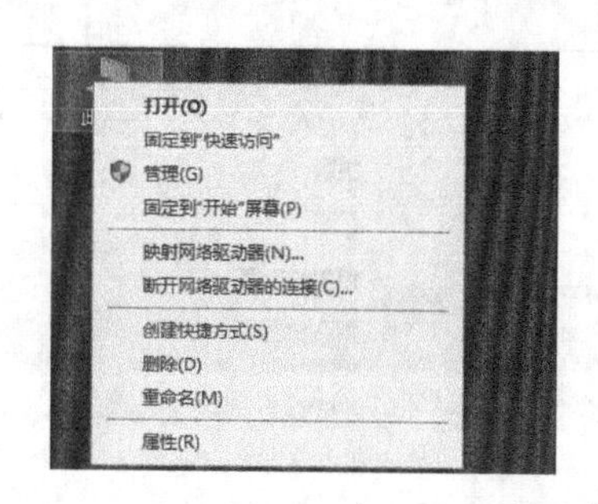

1.5.3 不同鼠标指针的含义

在使用鼠标操作电脑的时候，鼠标指针的形状会随着用户操作的不同或者系统工作状态的不同，呈现出不同的形状。因此，了解鼠标指针的不同形状，可以帮助用户方便快捷地操作电脑。下面介绍几种常见的鼠标指针形状及其所表示的状态。

指针形状	表示的状态	用途
↖	正常选择	Windows的基本指针，用于选择菜单、命令或选项等
↖○	后台运行	表示电脑打开程序，正在加载中
○	忙碌状态	表示电脑打开的程序或操作未响应，需要用户等待
+	精准选择	用于精准调整对象
I	文本选择	用于文字编辑区内指示编辑位置
⊘	禁用状态	表示当前状态及操作不可用
↕和↔	垂直或水平调整	鼠标指针移动到窗口边框线，会出现双向箭头，拖曳鼠标，可上下或左右移动边框改变窗口大小
↘和↙	沿对角线调整	鼠标指针移动到窗口四个角落时，会出现斜向双向箭头，拖曳鼠标，可沿水平或垂直两个方向等比例放大或缩小窗口
✥	移动对象	用于移动选定的对象
👆	链接选择	表示当前位置有超文本链接，单击鼠标左键即可进入

高手支招

技巧1：怎样用左手操作鼠标

如果用户习惯用左手操作鼠标，就需要对系统进行简单的设置，以满足用户个性化的需求。设置的具体操作步骤如下。

步骤01 在桌面的空白处单击鼠标右键，在弹出的快捷菜单中选择【个性化】菜单命令，在弹出的【设置】窗口左侧，单击【主题】选项，并单击右侧的【鼠标指针设置】超链接。

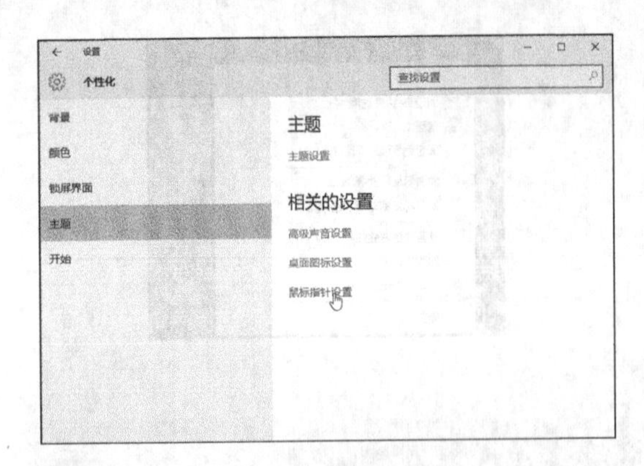

步骤02 弹出【鼠标 属性】对话框，选择【鼠标键】选项卡，然后勾选【切换主要和次要的按钮】复选框，单击【确定】按钮即可完成设置。

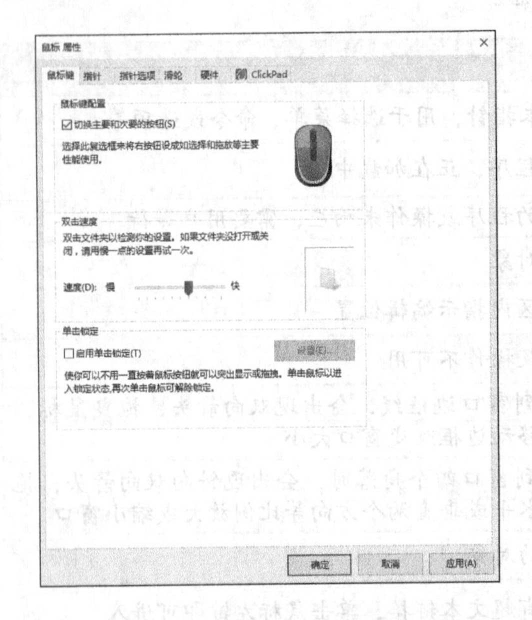

技巧2：定时关闭电脑

在使用电脑时，如果突然有事要离开，而电脑中有重要的操作，如下载和上传文件，不能立即关闭电脑，但又不希望长时间开机，此时，可以使用定时关闭电脑功能。例如，要在两小时后关闭电脑，可以执行以下操作。

步骤01 按【Windows+R】组合键，弹出【运行】对话框，在【打开】文本框中输入“shutdown -s -t 7200”，单击【确定】按钮。

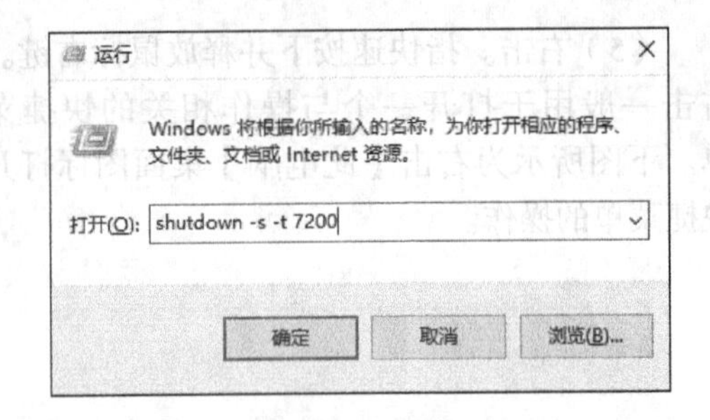

小提示

其中“7200”为秒，“shutdown -s -t 7200”表示在7200秒，即2小时后执行关机操作。如果希望1小时后关机，命令应为“shutdown -s -t 3600”。

步骤02 桌面右下角即会弹出关机提醒，并显示关机时间。

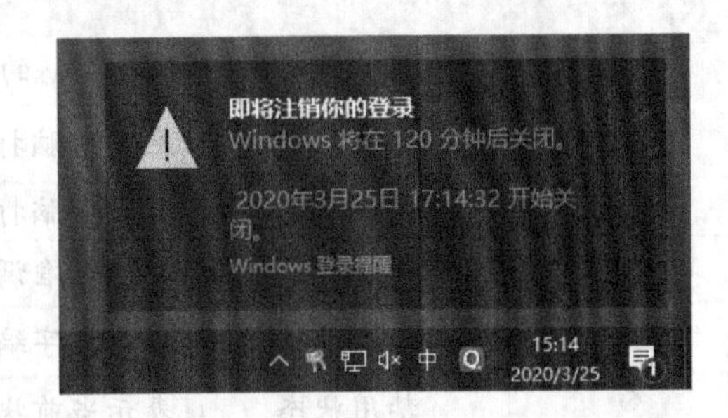

步骤03 如果要撤销关机命令，可以再次打开【运行】对话框，输入“shutdown -a”命令，单击【确定】按钮。

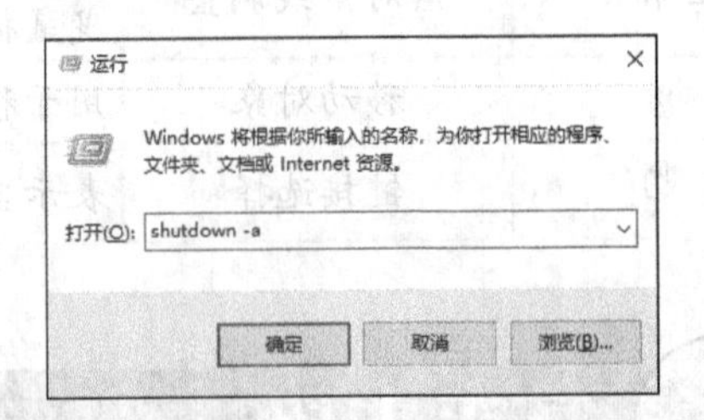

步骤04 即可终止定时关机任务，并在桌面右下角弹出如下图所示提示，通知“注销被取消”。

第2章

Windows 10的基础操作

对于首次接触Windows 10的初学者，首先需要掌握系统的基本操作。本章将主要介绍Windows 10的基本操作，包括认识Windows桌面、开始菜单和窗口的基本操作等。

学习效果

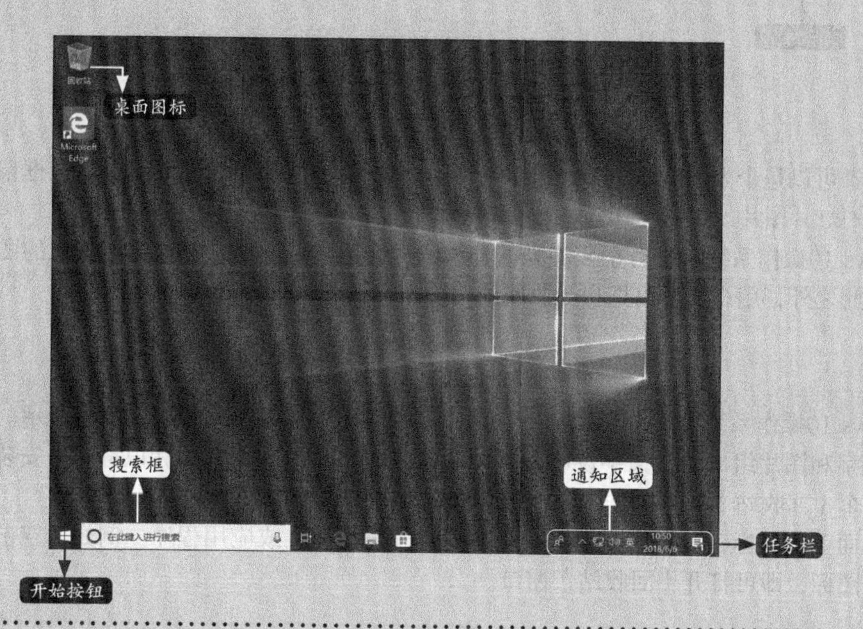

2.1 认识Windows 10桌面

进入Windows 10操作系统后，用户首先看到的是桌面，本节介绍Windows 10桌面。

2.1.1 桌面的组成

桌面的组成元素主要包括桌面背景、桌面图标和任务栏等。

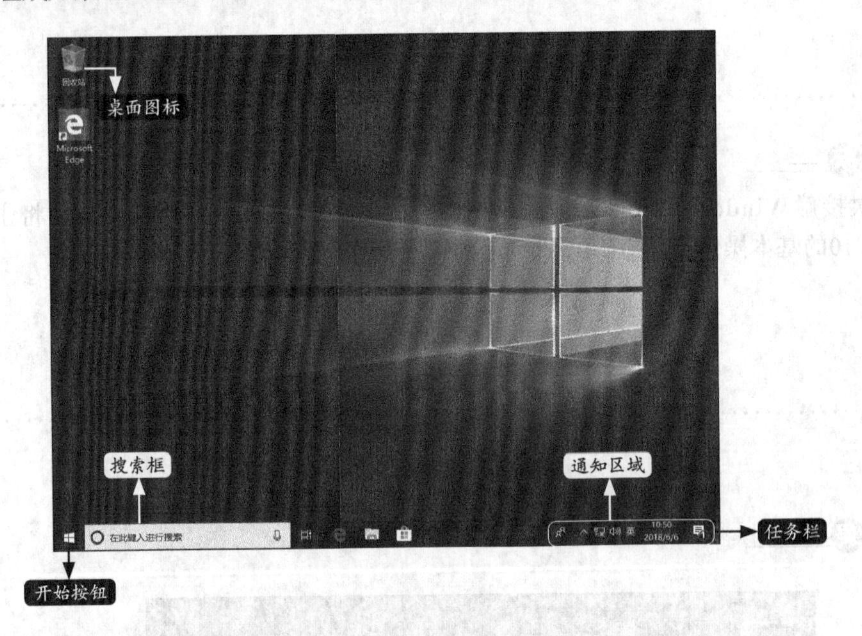

1.桌面背景

桌面背景可以是个人收集的数字图片、Windows 提供的图片、纯色或带有颜色框架的图片，也可以显示幻灯片图片。

Windows 10操作系统自带有很多漂亮的背景图片，用户可以从中选择自己喜欢的图片作为桌面背景。除此之外，用户还可以把自己收藏的精美图片设置为桌面背景。

2.桌面图标

Windows 10操作系统中，所有的文件、文件夹和应用程序等都由相应的图标表示。桌面图标一般是由文字和图片组成的，文字说明图标的名称或功能，图片是它的标识符。新安装的系统桌面中只有一个【回收站】图标。

双击桌面上的图标，可以快速地打开相应的文件、文件夹或应用程序。例如，双击桌面上的【回收站】图标，即可打开【回收站】窗口。

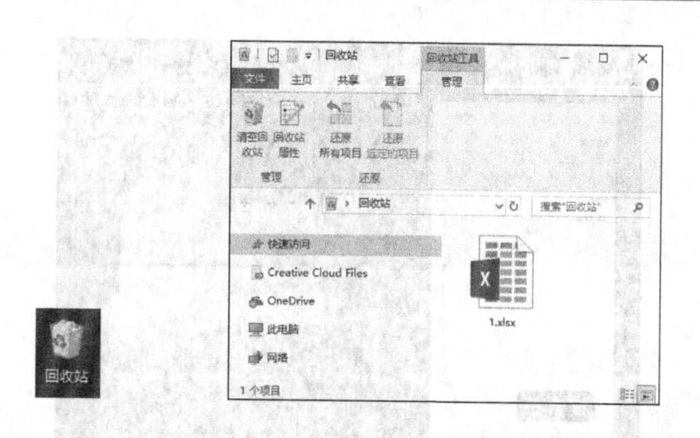

3.任务栏

【任务栏】是位于桌面最底部的长条，显示系统正在运行的程序、当前时间等，主要由【开始】按钮、搜索框、任务视图、快速启动区、系统图标显示区和【显示桌面】按钮组成。与以前的操作系统相比，Windows 10的任务栏设计得更加人性化，使用更加方便，功能和灵活性更强大。用户按【Alt +Tab】组合键可以在不同的窗口之间进行切换操作。

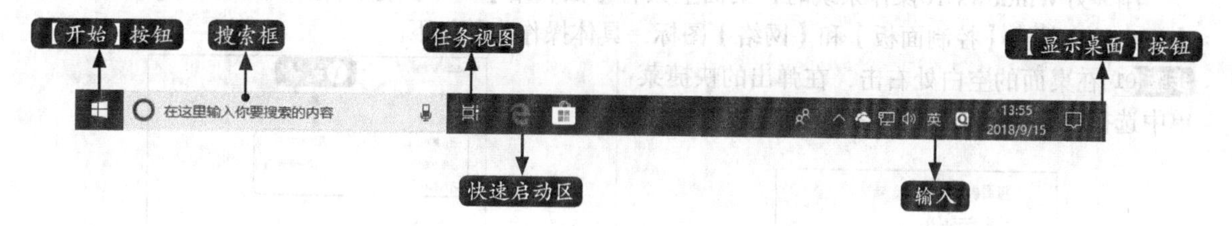

4.通知区域

默认情况下，通知区域位于任务栏的右侧。通知区域包含一些程序图标，这些程序图标提供有关传入的电子邮件、更新、网络连接等事项的状态和通知。安装新程序时，可以将新程序的图标添加到通知区域。

新的电脑在通知区域经常已有一些图标，而且某些程序在安装过程中会自动将图标添加到通知区域。用户可以更改出现在通知区域中的图标和通知，对于某些特殊图标（称为“系统图标”），还可以选择是否显示它们。

用户可以通过将图标拖曳到所需的位置来更改图标在通知区域中的顺序以及隐藏图标的顺序。

5.【开始】按钮

单击桌面左下角的【开始】按钮或者按下Windows徽标键，即可打开“开始”菜单，左侧依次为用户账户头像、常用的应用程序列表及快捷选项，右侧为“开始”屏幕。

6.搜索框

Windows 10中，搜索框和Cortana高度集成，在搜索框中直接输入关键词或打开“开始”菜单输入关键词，即可搜索相关的桌面程序、网页、资料等。

2.1.2 找回传统桌面的系统图标

刚装好Windows 10操作系统时，桌面上只有【回收站】一个图标，用户可以添加【此电脑】【用户的文件】【控制面板】和【网络】图标，具体操作步骤如下。

步骤 01 在桌面的空白处右击，在弹出的快捷菜单中选择【个性化】菜单命令。

步骤 02 在弹出的【设置】窗口中，单击【主题】➢【桌面图标设置】选项。

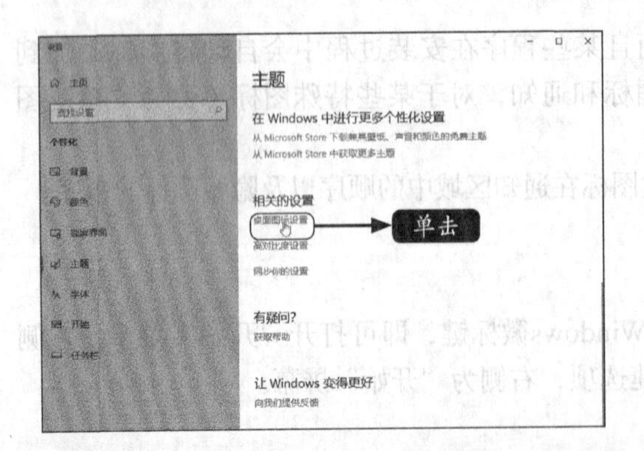

步骤 03 弹出【桌面图标设置】窗口，在【桌面图标】选项组中勾选要显示的桌面图标复选框，然后单击【确定】按钮。

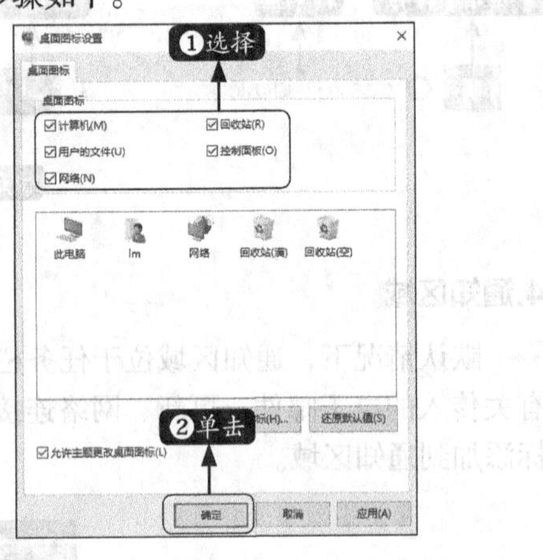

步骤 04 可以看到，桌面上已经添加所选择的图标。

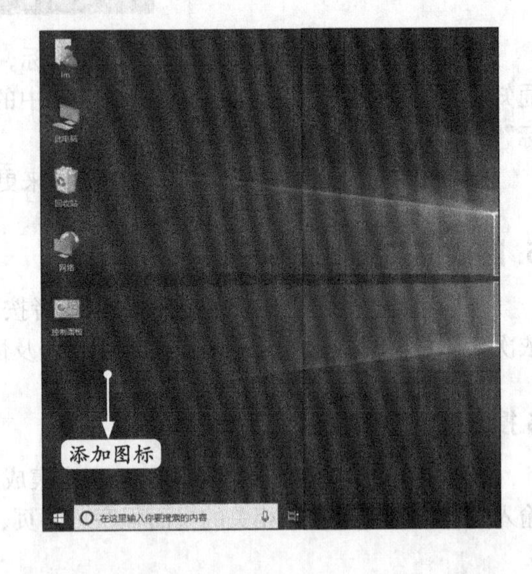

2.2 窗口的基本操作

在Windows 10中，窗口是用户界面中最重要的组成部分，对窗口的操作是最基本的操作。

2.2.1 Windows 10的窗口组成

窗口是屏幕上与一个应用程序相对应的矩形区域，是用户与产生该窗口的应用程序之间的可视界面。当用户开始运行一个应用程序时，应用程序就创建并显示一个窗口；当用户操作窗口中的对象时，程序会做出相应的反应。用户通过关闭一个窗口来终止一个程序的运行，通过选择相应的应用程序窗口来选择相应的应用程序。

下图所示是【此电脑】窗口，由标题栏、快速访问工具栏、菜单栏、地址栏、控制按钮区、搜索框、导航窗格、内容窗口、状态栏和视图按钮等部分组成。

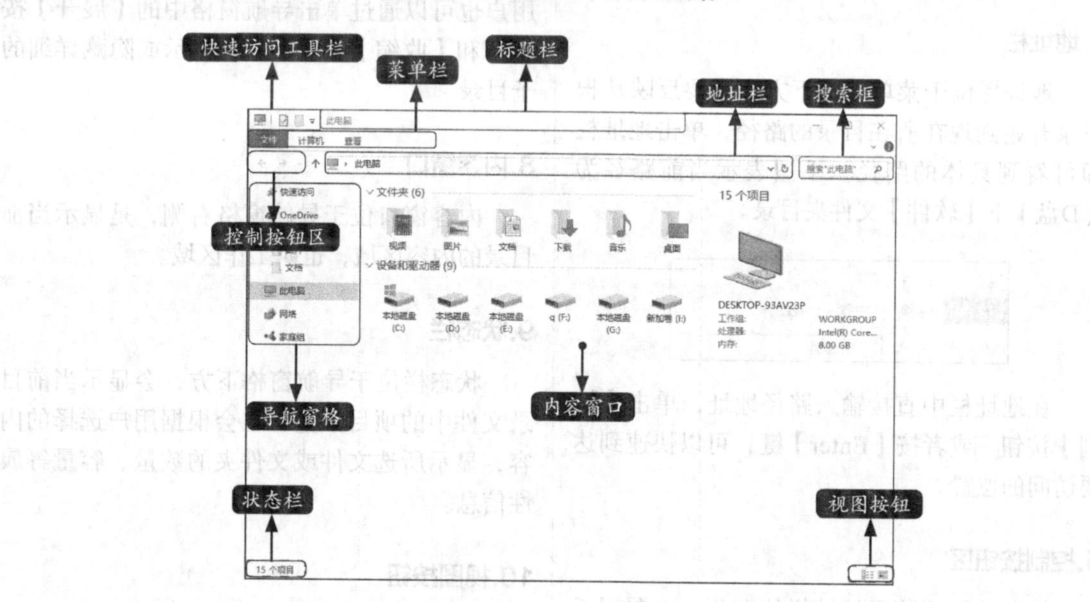

1.标题栏

标题栏位于窗口的最上方，显示了当前的目录位置。标题栏右侧分别为“最小化”“最大化/还原”“关闭”三个按钮，单击相应的按钮可以执行相应的窗口操作。

2.快速访问工具栏

快速访问工具栏位于标题栏的左侧，显示了当前窗口图标和查看属性、新建文件夹、自定义快速访问工具栏三个按钮。

单击【自定义快速访问工具栏】按钮，弹出下拉列表，用户可以勾选列表中的功能选项，将其添加到快速访问工具栏中。

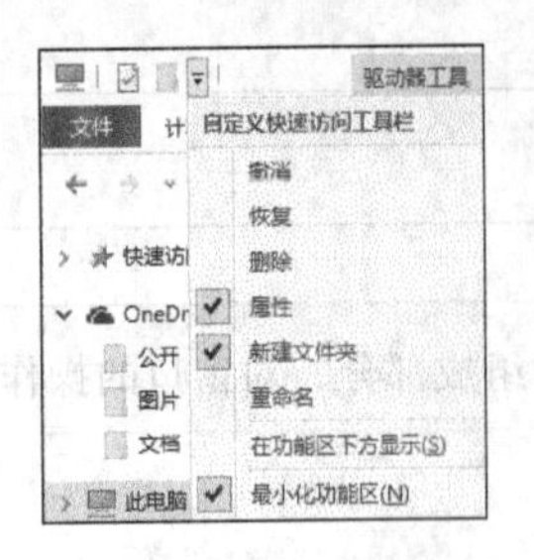

3.菜单栏

菜单栏位于标题栏下方，包含当前窗口或窗口内容的一些常用操作菜单。在菜单栏的右侧为“展开功能区/最小化功能区”和“帮助”按钮。

4.地址栏

地址栏位于菜单栏的下方，主要反映从根目录开始到现在所在目录的路径，单击地址栏即可看到具体的路径。下图表示当前路径为【D盘】下【软件】文件夹目录。

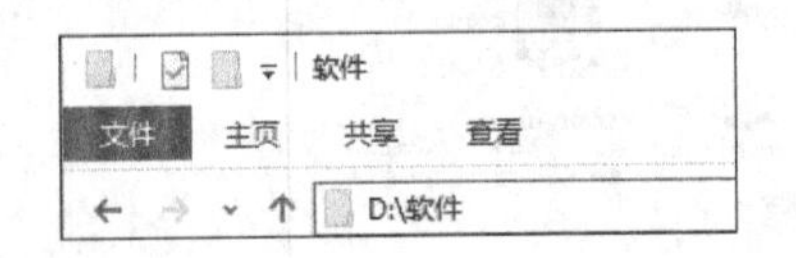

在地址栏中直接输入路径地址，单击【转到】按钮或者按【Enter】键，可以快速到达要访问的位置。

5.控制按钮区

控制按钮区位于地址栏的左侧，主要用于返回、前进、上移到前一个目录位置。单击按钮，打开下拉列表，可以查看最近访问的位置信息；单击下拉列表中的位置信息，可以快速进入该位置目录。

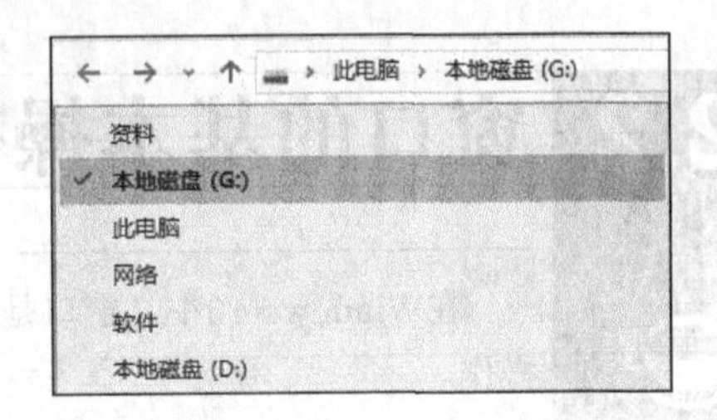

6.搜索框

搜索框位于地址栏的右侧，通过在搜索框中输入要查看信息的关键字，可以快速查找当前目录中相关的文件、文件夹。

7.导航窗格

导航窗格位于控制按钮区下方，显示了电脑中包含的具体位置，如快速访问、OneDrive、此电脑、网络等，用户可以通过左侧的导航窗格，快速定位相应的目录。另外，用户也可以通过单击导航窗格中的【展开】按钮和【收缩】按钮，来显示或隐藏详细的子目录。

8.内容窗口

内容窗口位于导航窗格右侧，是显示当前目录的内容区域，也叫工作区域。

9.状态栏

状态栏位于导航窗格下方，会显示当前目录文件中的项目数量，也会根据用户选择的内容，显示所选文件或文件夹的数量、容量等属性信息。

10.视图按钮

视图按钮位于状态栏右侧，包含了【在窗口中显示每一项的相关信息】和【使用大缩略图显示项】两个按钮，用户可以通过单击这两个按钮选择视图方式。

2.2.2 打开和关闭窗口

打开和关闭窗口是最基本的操作，本节主要介绍打开和关闭窗口的操作方法。

1.打开窗口

在Windows 10中，双击应用程序图标，即可打开窗口。在【开始】菜单列表、桌面快捷方式、快速启动工具栏中都可以打开程序的窗口。

另外，在程序图标上单击鼠标右键，在弹出的快捷菜单中，选择【打开】命令，也可打开窗口。

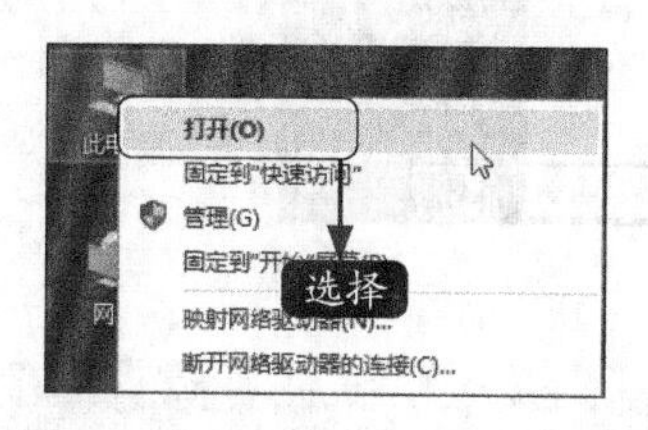

2.关闭窗口

窗口使用完后，用户可以将其关闭。常见的关闭窗口的方法有以下几种。

（1）使用关闭按钮。

单击窗口右上角的【×】按钮，即可关闭当前窗口。

（2）使用快速访问工具栏。

单击快速访问工具栏最左侧的窗口图标，在弹出的快捷菜单中单击【关闭】按钮，即可关闭当前窗口。

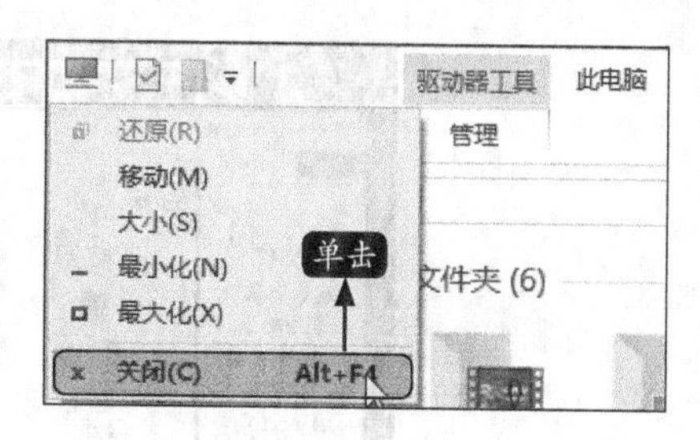

（3）使用标题栏。

在标题栏上单击鼠标右键，在弹出的快捷菜单中选择【关闭】菜单命令，即可关闭当前窗口。

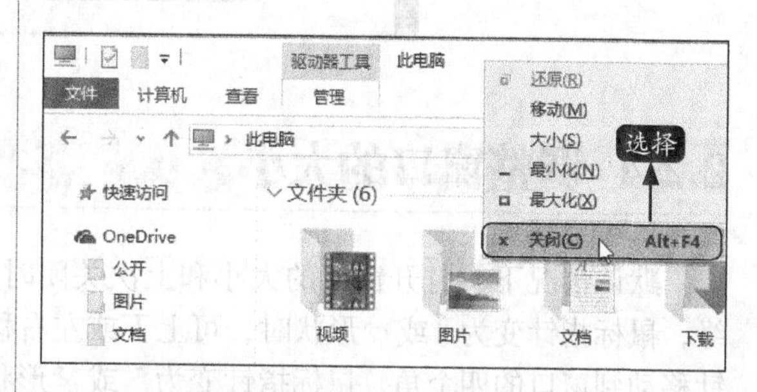

（4）使用任务栏。

在任务栏上选择需要关闭的程序，单击鼠标右键并在弹出的快捷菜单中选择【关闭窗口】菜单命令，即可关闭当前窗口。

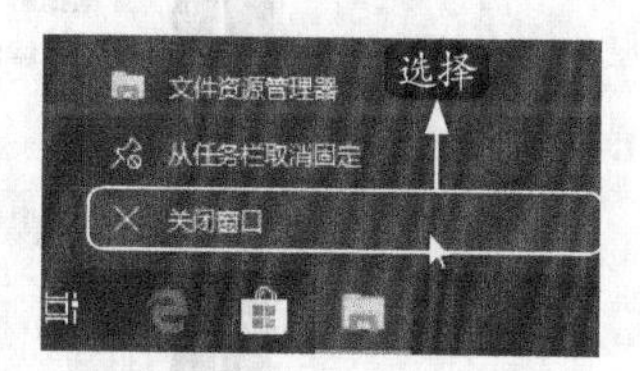

（5）使用快捷键。

在当前窗口上按【Alt+F4】组合键，即可关闭窗口。

2.2.3 移动窗口的位置

当窗口没有处于最大化或最小化状态时，将鼠标指针放在需要移动位置的窗口的标题栏上，鼠标指针此时变成 形状。按住鼠标左键不放，拖曳标题栏到需要移动到的位置，松开鼠标，即可完成窗口位置的移动。

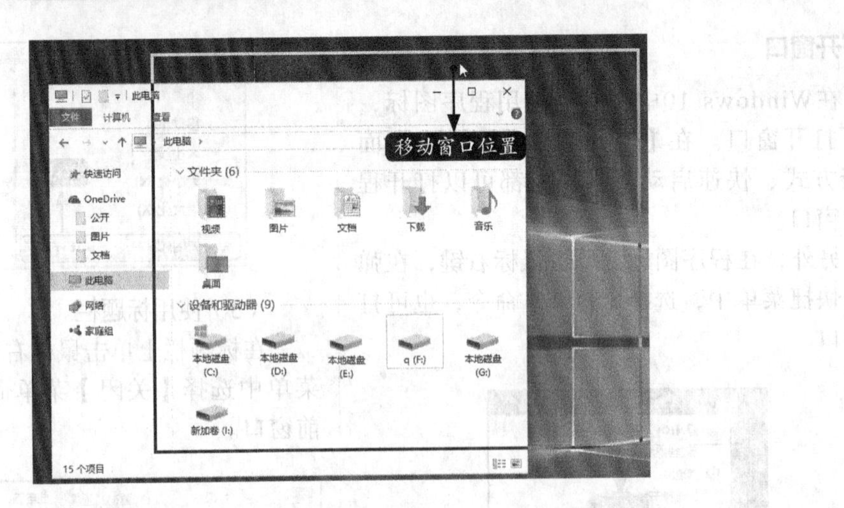

2.2.4 调整窗口的大小

默认情况下，打开窗口的大小和上次关闭时的大小一样。用户将鼠标指针移动到窗口的边缘，鼠标指针变为⇕或⇔形状时，可上下或左右移动边框以纵向或横向改变窗口大小。将鼠标指针移动到窗口的四个角，鼠标指针变为⤡或⤢形状时，拖曳鼠标，可沿水平或垂直两个方向等比例放大或缩小窗口。

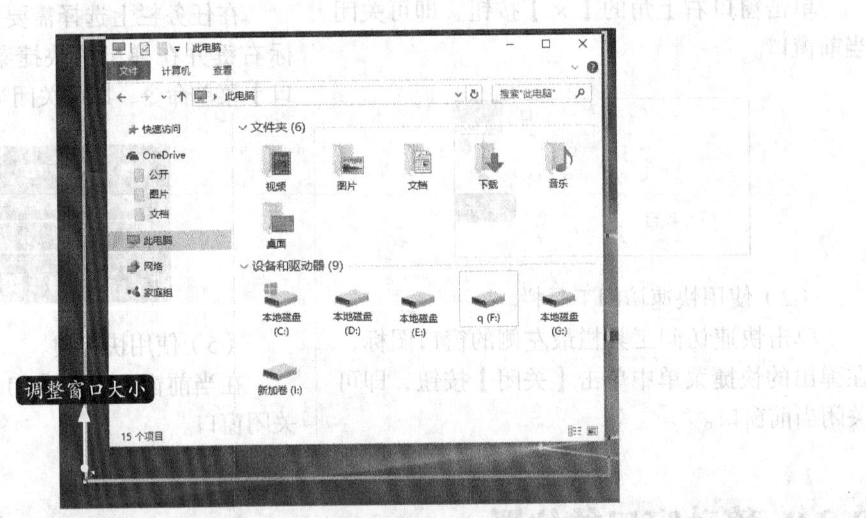

另外，单击窗口右上角的最小化按钮 − ，可使当前窗口最小化；单击最大化按钮 □ ，可使当前窗口最大化；在窗口最大化时，单击【向下还原】按钮 ⧉ ，可将窗口还原到最大化之前的大小。

小提示

在当前窗口中，双击窗口，可使当前窗口最大化；再次双击窗口，可以向下还原窗口。

2.2.5 切换当前窗口

如果同时打开了多个窗口，用户有时会需要在不同窗口之间进行切换操作。

1.使用鼠标切换

如果打开有多个窗口，使用鼠标在需要切换的窗口中的任意位置单击，该窗口即可出现在所有窗口最前面。

另外，将鼠标指针停留在任务栏左侧的某个程序图标上，该程序图标上方会显示该程序的预览小窗口，在预览小窗口中移动鼠标指针，桌面上也会同时显示该程序中的某个窗口。如果是需要切换的窗口，单击该窗口任意位置即可在桌面上显示。

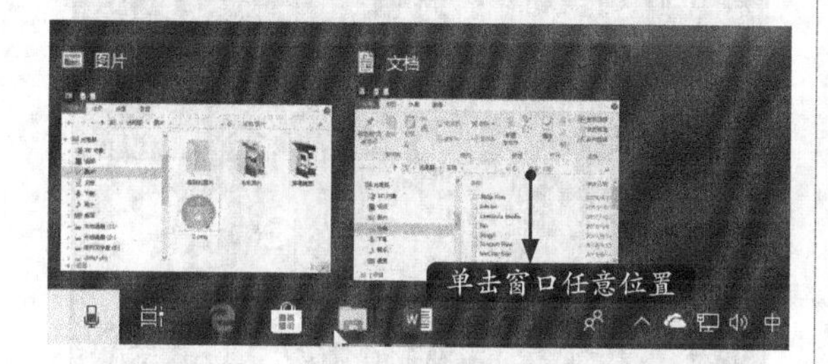

2.使用【Alt+Tab】组合键

在Windows 10系统中，按键盘上主键盘区中的【Alt+Tab】组合键切换窗口时，桌面中间会出现当前打开的各程序预览小窗口。按住【Alt】键不放，每按一次【Tab】键，就会切换一次，直至切换到需要打开的窗口。

3.使用【Windows+Tab】组合键

在Windows 10系统中，按键盘上主键盘区中的【Windows+Tab】组合键或者单击【任务视图】按钮，即可显示当前桌面环境中的所有窗口缩略图，在需要切换的窗口上单击鼠标，即可快速切换。

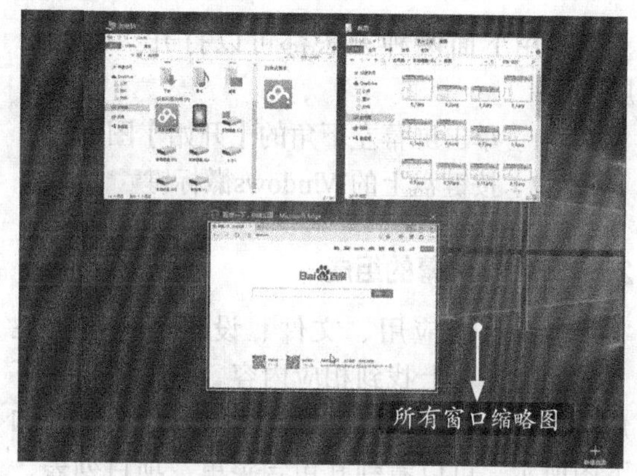

2.2.6 窗口贴边显示

在Windows 10系统中，如果需要同时处理两个窗口，可以单击一个窗口的标题栏并按住鼠标拖曳至屏幕左右边缘或角落位置，待窗口出现气泡时松开鼠标，窗口即会贴边显示。

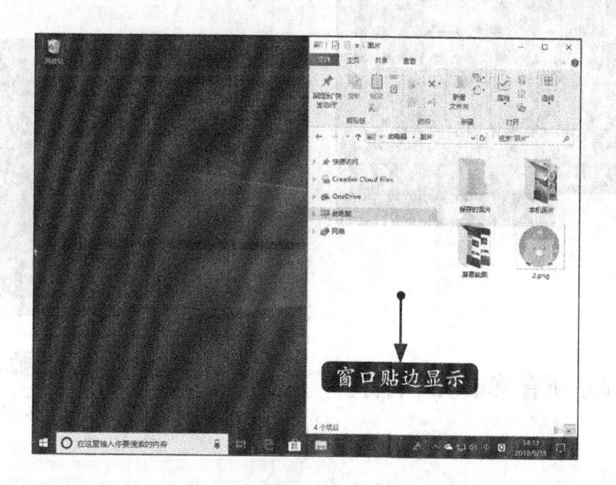

2.3 “开始”菜单的基本操作

在Windows 10操作系统中，“开始”菜单重新回归。与Windows 7系统中的“开始”菜单相比，界面经过了全新的设计，右侧集成了Windows 8操作系统中的“开始”屏幕。本节主要介绍“开始”菜单的基本操作。

2.3.1 认识“开始”屏幕

在学习“开始”屏幕的操作之前，先来认识“开始”屏幕。

1. 打开“开始”屏幕

使用下面两种方法都可以打开“开始”屏幕。

（1）单击屏幕左下角的【开始】图标。

（2）按键盘上的Windows徽标键。

2. “开始”屏幕的组成

电脑上的应用、文件、设置等都可以在“开始”屏幕上找到相应内容。单击屏幕左下角的【开始】图标，打开“开始”屏幕，如下图所示。可以看到其包含菜单、项目列表、程序列表及磁贴面板。

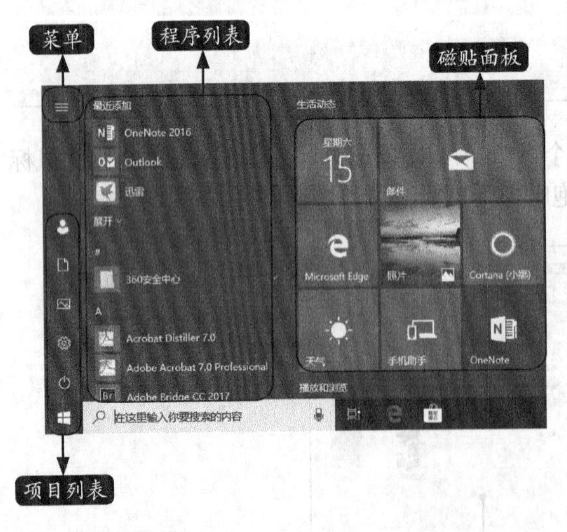

（1）菜单。

单击按钮，可以显示所有菜单项的名称。

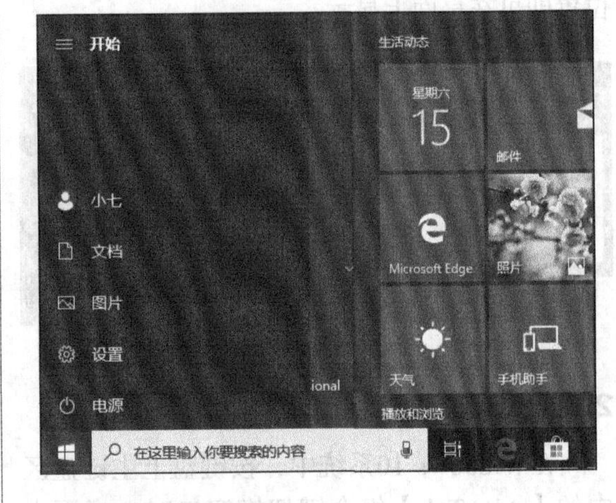

（2）项目列表。

开始“屏幕”的项目列表中，默认情况下包括用户、文档、图片、设置及电源按钮。

①【账户】按钮。

单击【账户】按钮，即会弹出如下图所示的菜单，用户可以执行更改账户设置、锁定屏幕及注销操作。

②【文档】按钮。

单击【文档】按钮，打开【文档】窗

口，可以查看电脑的“文档”文件夹中的文件或文件夹。

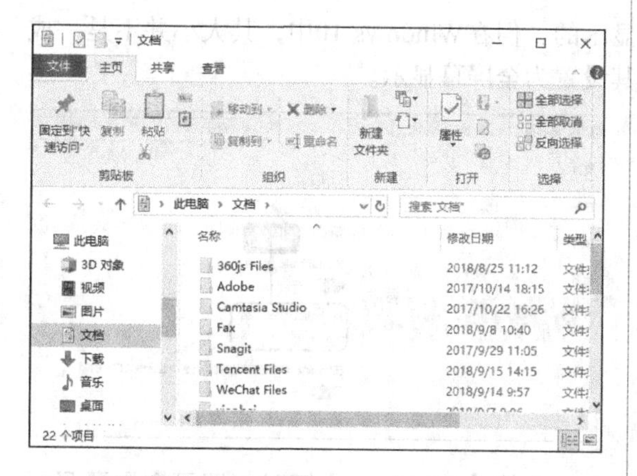

③【图片】按钮。

单击【图片】按钮，打开【图片】窗口，可以查看“图片”文件夹内的图片文件。

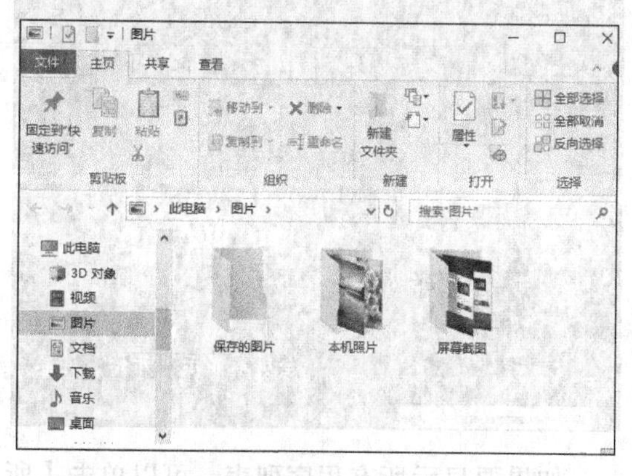

④【设置】按钮。

单击【设置】按钮，打开【设置】面板，可以选择相关的功能，对系统的设备、账户、时间和语言等内容进行设置。另外，按【Windows+I】组合键，也可以打开该面板。

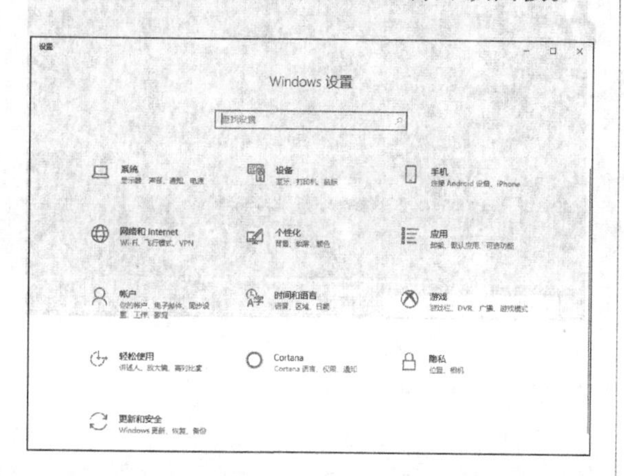

⑤【电源】按钮。

【电源】按钮主要是用来对操作系统进行关闭操作，包括【睡眠】【关机】【重启】三个选项。

（3）应用列表。

在应用列表中，显示了电脑中安装的所有应用，通过鼠标滚轮，可以浏览程序列表。

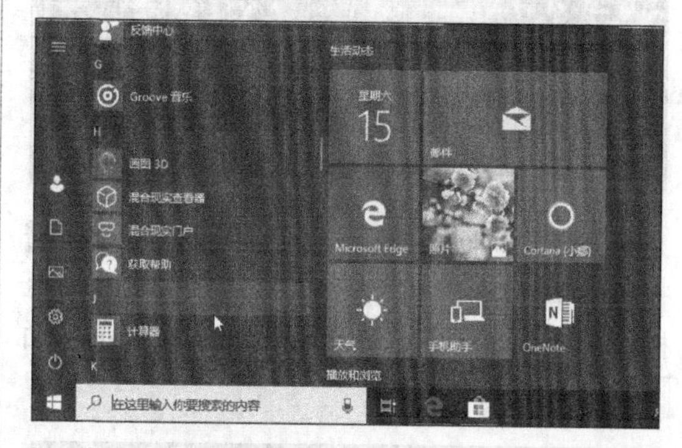

（4）磁贴面板。

Windows 10的磁贴面板中有图片、文字，用于表示和启动应用，其中的动态磁贴，可以不断更新显示应用的信息，如天气、日期、新闻等应用。

2.3.2 调整“开始”屏幕大小

在Windows 8系统中，“开始”屏幕是全屏显示的，但在Windows 10中，其大小并不是一成不变的，用户可以根据需要调整大小，也可以将其设置为全屏幕显示。

调整“开始”屏幕大小，是极为方便的。如果要横向调整“开始”屏幕大小，只需将鼠标指针放在“开始”屏幕边栏右侧，待鼠标指针变为⟺形状，即可以横向调整大小，如下图所示。

如果要纵向调整“开始”屏幕大小，只需将鼠标指针放在“开始”屏幕边栏上侧，待鼠标指针变为⇕形状，即可以纵向调整大小，如下图所示。

如果要全屏幕显示“开始”屏幕，按【Windows+I】组合键，打开【设置】对话框，单击【个性化】➢【开始】选项，将【使用全屏幕“开始”菜单】设置为“开”即可。

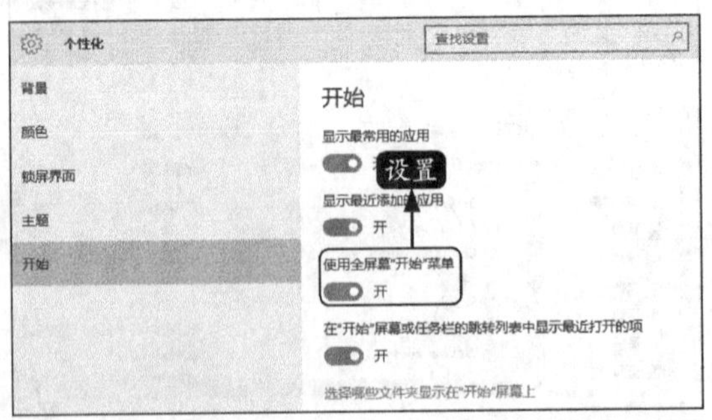

当按【Windows】键时，即可全屏幕显示“开始”屏幕，如下图所示。

如果要显示所有程序列表，可以单击【所有应用】按钮☰，如下图所示。

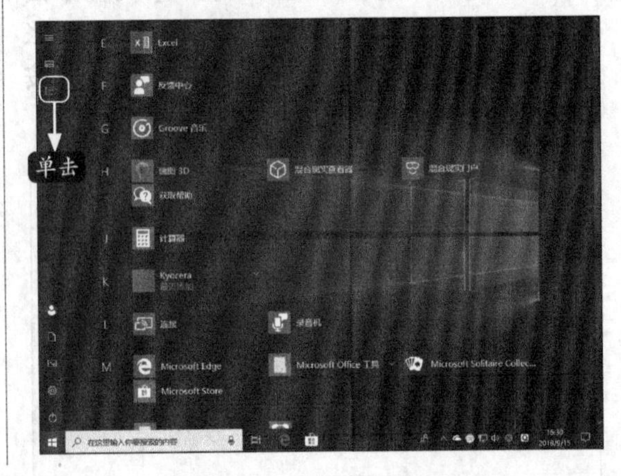

2.3.3 将应用程序固定到“开始”屏幕

系统默认下，“开始”屏幕主要包含生活动态及播发和浏览的主要应用，用户可以根据需要将应用程序添加到“开始”屏幕中。

步骤01 打开“开始”菜单，在最常用程序列表或所有应用列表中，选择要固定到“开始”屏幕的程序，单击鼠标右键，在弹出的菜单中选择【固定到“开始”屏幕】命令。

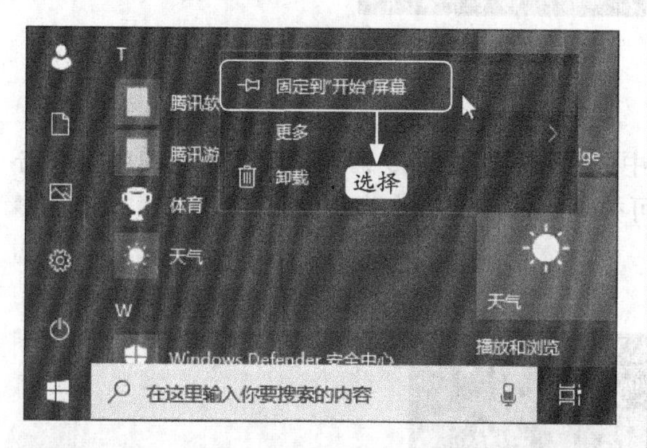

步骤02 可以看到选择的程序已被固定到“开始”屏幕中，如下图所示。

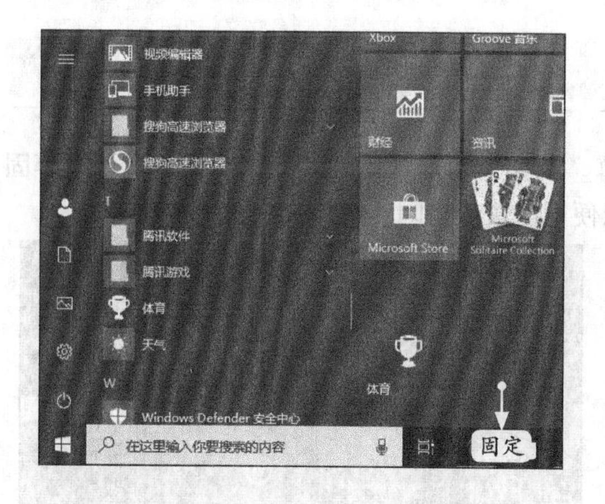

步骤03 如果要从“开始”屏幕中取消固定，在“开始”屏幕中的程序处单击鼠标右键，在弹出的菜单中选择【从“开始”屏幕取消固定】命令，即可取消固定显示。

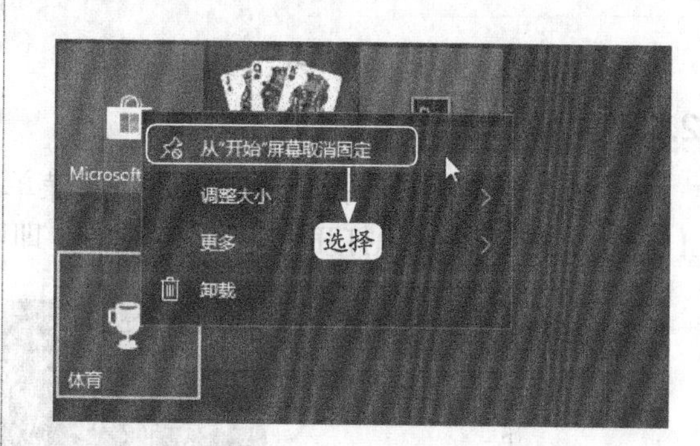

2.3.4 动态磁贴的使用

动态磁贴是“开始”屏幕界面中的图形方块，也叫“磁贴”，通过它可以快速打开应用程序。磁贴中的信息是根据时间或发展活动的，如下方左图所示即为“开始”屏幕中开启了动态磁贴的日历程序，下方右图所示则为未开启动态磁贴。对比发现，动态磁贴显示了当前的日期和星期。

1.调整磁贴大小

在磁贴上单击鼠标右键，在弹出的快捷菜单中选择【调整大小】命令，在弹出的子菜单中有小、中、宽和大4种显示方式，选择对应的命令，即可调整磁贴大小。

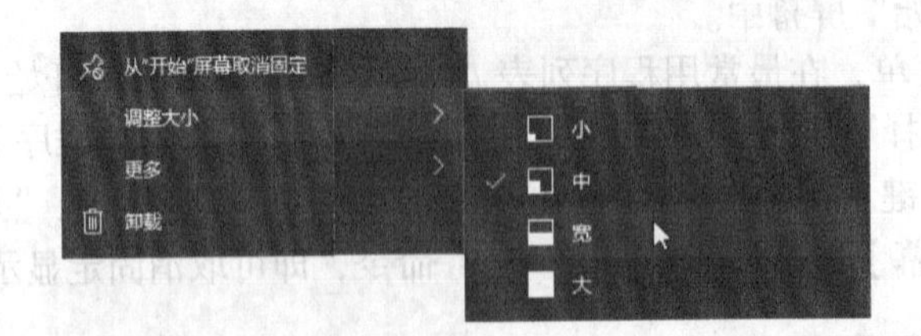

2.打开/关闭磁贴

在磁贴上单击鼠标右键，在弹出的快捷菜单中选择【更多】命令，在弹出的子菜单中，单击【关闭动态磁贴】或【打开动态磁贴】命令，即可关闭或打开磁贴的动态显示。

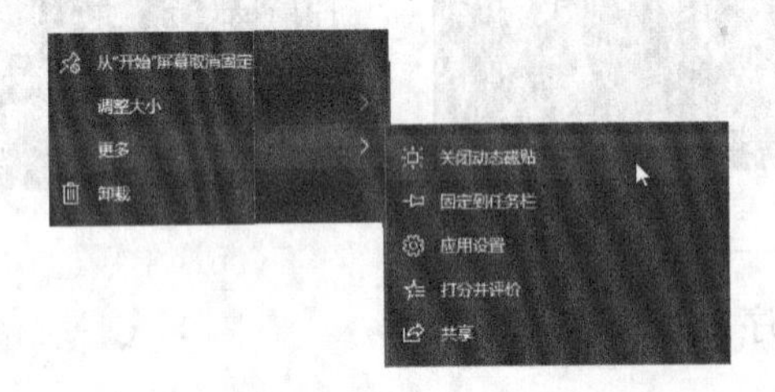

2.3.5 管理“开始”屏幕的分类

用户可以根据所需形式，自定义“开始”屏幕。例如，将最常用的应用、网站、文件夹等固定到“开始”屏幕上，并对其进行合理的分类，以便可以快速访问，也可以使其更加美观。

步骤 01 选择一个磁贴向下方空白处拖曳，即可独立一个组。

步骤 02 将鼠标指针移至该磁贴上方空白处，则显示“命名组”字样，单击鼠标，即可显示文本框。可以在框中输入名称，如输入“音乐视频”，按【Enter】键即可完成命名。

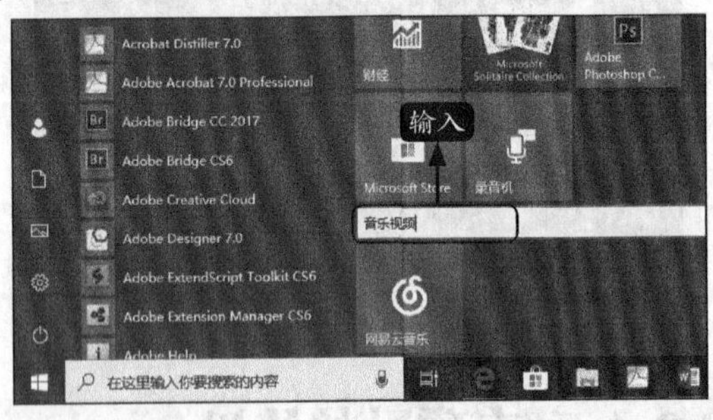

此时可以拖曳相关的磁贴到该组中，如下图所示。

用户可以根据需要，设置磁贴的排列顺序和大小。

2.4 桌面的个性化设置

桌面是打开电脑并登录Windows之后看到的主屏幕区域，用户可以对它进行个性化设置，让屏幕看起来更漂亮、更舒服。

2.4.1 设置桌面背景

桌面背景可以是个人收集的数字图片、Windows提供的图片、纯色或带有颜色框架的图片，也可以显示幻灯片图片。

Windows 10操作系统自带有很多漂亮的背景图片，用户可以从中选择自己喜欢的图片作为桌面背景。除此之外，用户还可以把自己收藏的精美图片设置为桌面背景。

步骤01 在桌面的空白处单击鼠标右键，在弹出的快捷菜单中选择【个性化】菜单命令。

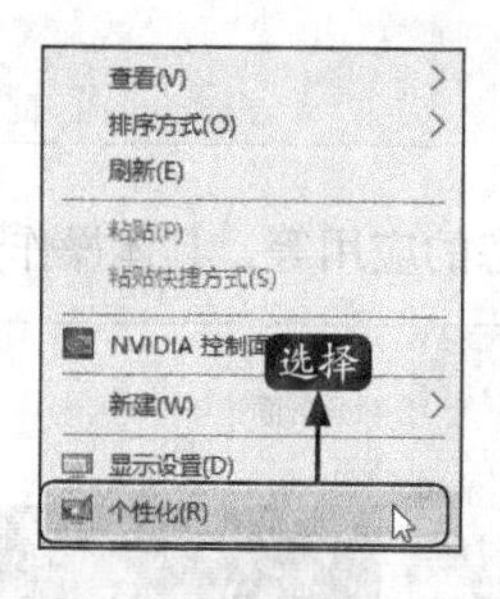

步骤02 在弹出的【个性化】窗口中，选择【背景】选项，在【选择图片】下方区域的图片缩略图中，选择要设置的背景图片，单击即可应用。

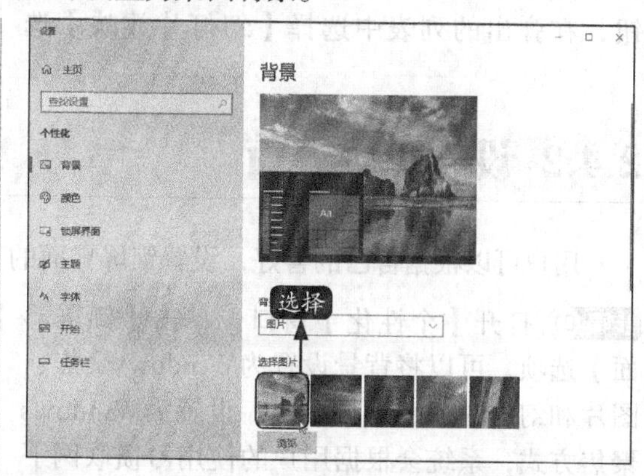

步骤03 如果用户希望把自己喜欢的图片设置为桌面背景，可以将图片存储到电脑中，然后单击上图所示界面下方的【浏览】按钮，在弹出的【打开】对话框中，单击【选择图片】按钮，即可完成设置。

步骤04 另外，用户可以使用纯色作为桌面背景。单击【背景】下拉按钮，在弹出的列表中选择【纯色】选项，然后在【选择你的背景色】区域中，单击喜欢的颜色，即可应用。

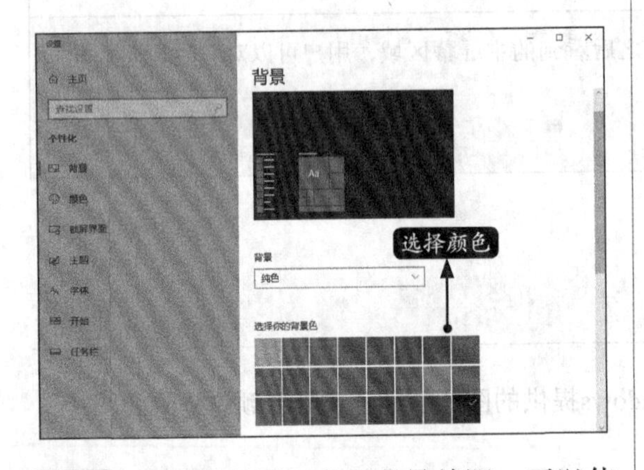

步骤05 如果觉得同一桌面背景单调，可以使用“幻灯片放映”模式。单击【背景】下拉按钮，在弹出的列表中选择【幻灯片放映】选项，然后可以在下方区域设置图片的刷新时间、播放顺序及契合度等。

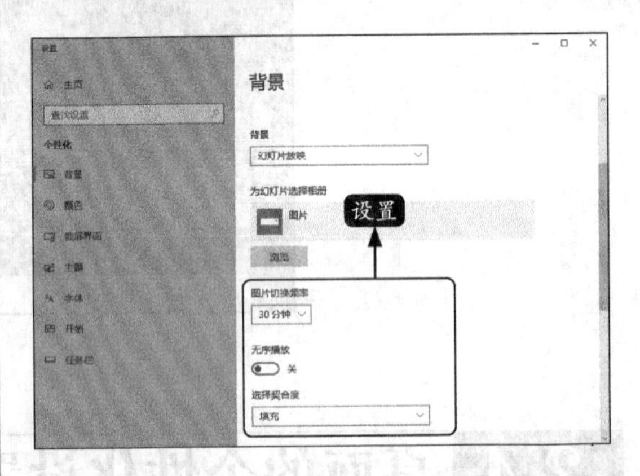

步骤06 默认选择并放映的是【图片】文件夹内图片，如果要自定义图片文件夹，可以单击【浏览】按钮，在弹出的【选择文件夹】对话框中选择图片所在的文件夹后，单击【选择此文件夹】按钮，完成设置。

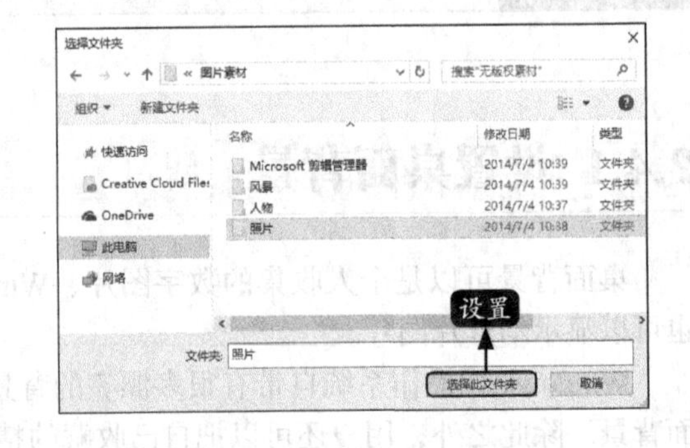

2.4.2 设置锁屏界面

用户可以根据自己的喜好，设置锁屏界面的背景、显示状态的应用等，具体操作步骤如下。

步骤01 打开【个性化】窗口，单击【锁屏界面】选项，可以将背景设置为Windows聚焦、图片和幻灯片放映三种方式。设置为Windows聚焦方式，系统会根据用户的使用习惯联网下载精美壁纸；设置为图片方式，可以选择系统自带或电脑本地的图片设置为锁屏界面；设置为幻灯片放映方式，可以将自定义图片或相册设置为锁屏界面，并以幻灯片形式展示。例如这里选择【Windows聚焦】选项。

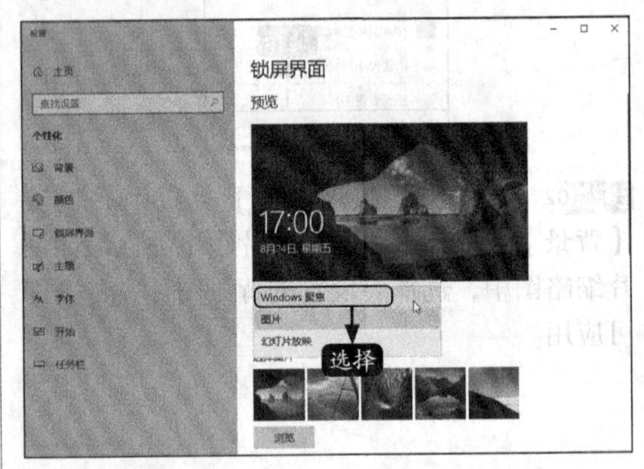

步骤 02 可以看到，系统正在联网加载壁纸，等待加载完毕后，即可看到Windows提供的壁纸效果。

步骤 03 按【Windows+L】组合键，打开锁定屏幕界面，即可看到设置的壁纸。

步骤 04 另外，也可以选择显示详细状态和快速状态应用的任意组合，向用户显示即将到来的日历事件、社交网络更新以及其他应用和系统通知。

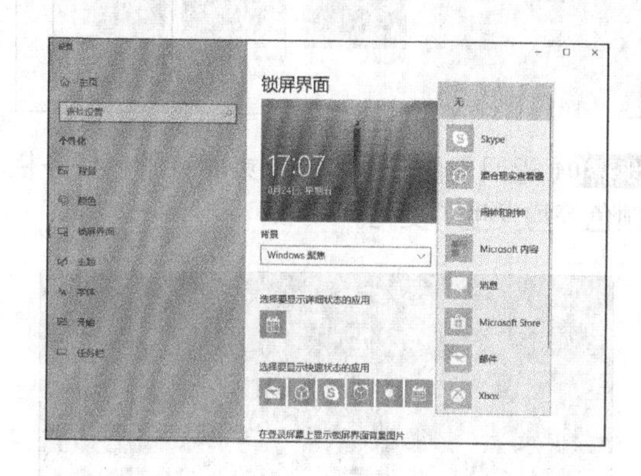

2.4.3 为桌面应用主题

系统主题是桌面背景、窗口颜色、声音及鼠标指针的组合，Windows 10采用了新的主题方案，无边框设计的窗口、扁平化设计的图标等，使其更具现代感。本节主要介绍如何设置系统主题。

步骤 01 打开【个性化】窗口，单击【主题】选项，在主题区域显示了当前主题，可单击下方的【背景】【颜色】【声音】或【鼠标光标】选项，对它们进行自定义。例如，这里单击【颜色】选项。

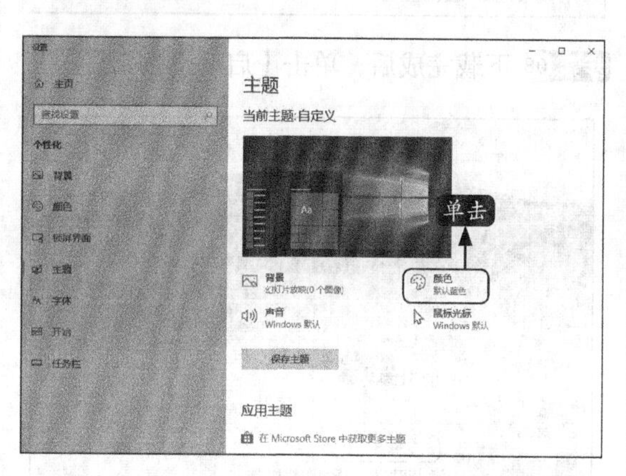

步骤 02 进入【颜色】界面，用户可以选择自己喜欢的颜色，电脑的系统颜色即会发生变化，如面板和对话框的边框、高亮显示的文字及图标等。

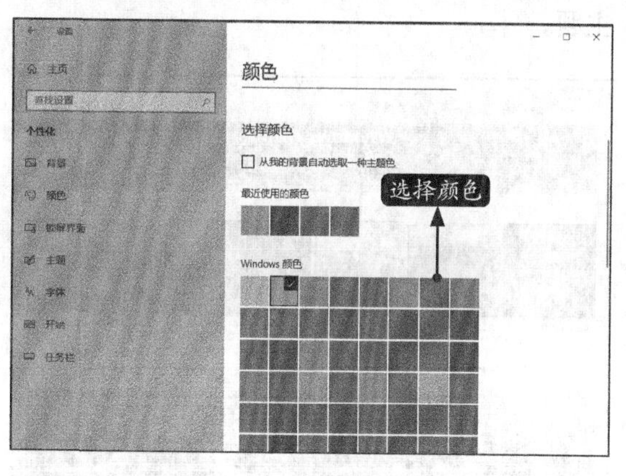

步骤 03 再次打开【主题】界面，在【应用主

题】区域，显示了当前电脑已安装的主题列表，单击主题缩略图即可应用该主题。例如，这里单击【鲜花】主题。

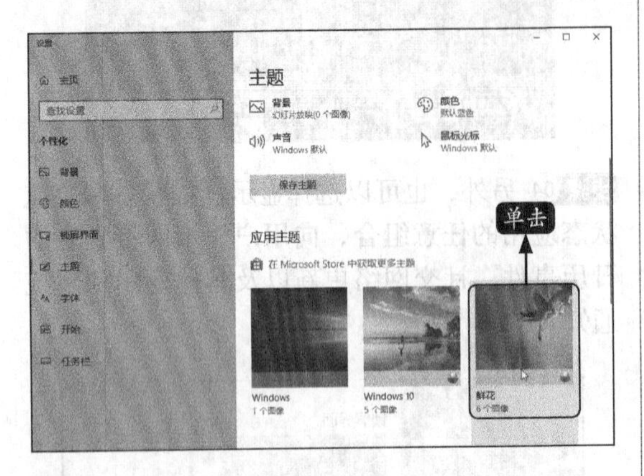

步骤 04 返回桌面，即可看到桌面背景、任务栏颜色等均发生了变化。

步骤 05 如果希望获得更多主题，可以单击【在Microsoft Store中获取更多主题】超链接。打开【Microsoft Store】程序，并显示【Windows Themes】主题列表。这里单击【In the Desert】主题。

小提示

如果希望在Microsoft Store中获取联机主题，需要登录Windows账号方可下载。

步骤 06 进入主题详情页面，单击【获取】按钮。

小提示

用户可以参照该方法，在【Microsoft Store】程序中下载并安装其他应用程序。

步骤 07 此时，即可获取认可并下载该主题，屏幕上会显示下载进度。

步骤 08 下载完成后，单击【启动】按钮。

步骤 09 此时，即可转到【主题】界面中，单击新安装的主题。

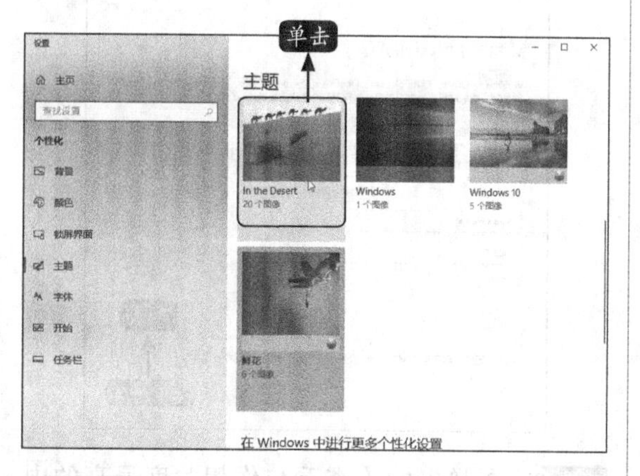

步骤 10 按【Windows+D】组合键，显示电脑桌面，可以看到应用后的效果。

小提示

对于包含多个图像的主题，在桌面空白处单击鼠标右键，在弹出的快捷菜单中单击【下一个桌面背景】命令，即可切换背景效果。

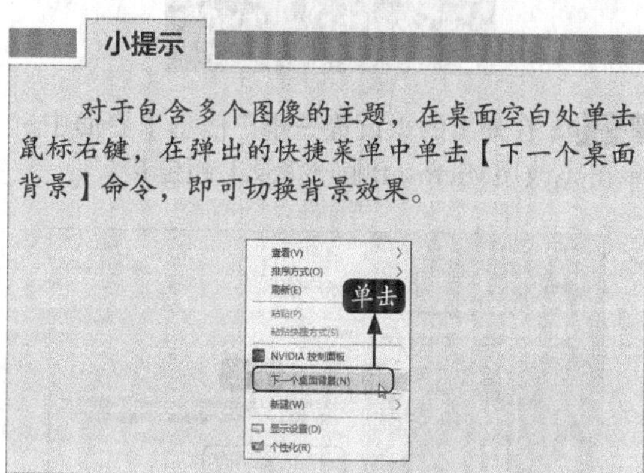

2.5 Microsoft账户的设置

管理Windows用户账户是使用Windows 10系统的第一步。

2.5.1 认识Microsoft账户

Windows 10系统中集成有很多Microsoft服务，但都需要使用Microsoft账户才能使用这些服务。

使用Microsoft账户可以登录并使用任何Microsoft应用程序和服务，如Outlook.com、Hotmail、Office 365、OneDrive、Skype、Xbox等，而且登录Microsoft账户后，还可以在多个Windows 10设备上同步设置和操作内容。

用户使用Microsoft账户登录本地计算机后，部分Modern应用启动时默认使用Microsoft账户，如Windows应用商店，使用Microsoft账户才能购买并下载Modern应用程序。

2.5.2 注册并登录Microsoft账户

在首次使用Windows 10时，系统会以电脑的名称创建本地账户，如果需要改用Microsoft账户，就需要注册并登录Microsoft账户。具体操作步骤如下。

步骤 01 按【Windows】键，弹出“开始”菜单，单击本地账户头像，在弹出的快捷菜单中单击【更改账户设置】命令。

步骤 02 在弹出的【设置—账户信息】界面中，单击【改用Microsoft账户登录】超链接。

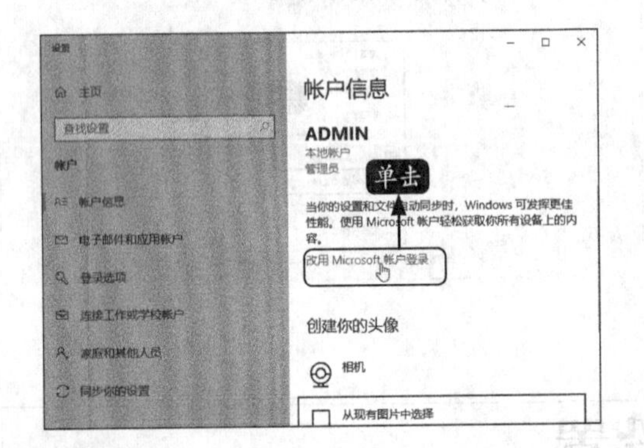

步骤 03 弹出【个性化设置】对话框，输入Microsoft账户，单击【下一步】按钮即可。如果没有Microsoft账户，则单击【创建一个】超链接。这里单击【创建一个】超链接。

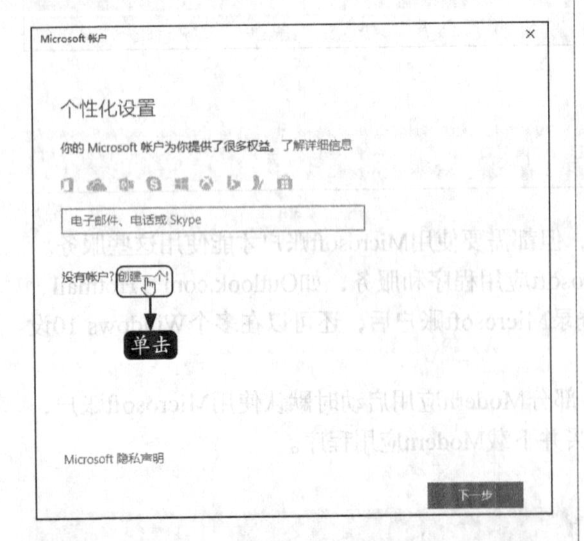

步骤 04 弹出【让我们来创建你的账户】对话框，在文本框中输入相应的信息，包括邮箱地址和使用密码等，单击【下一步】按钮。

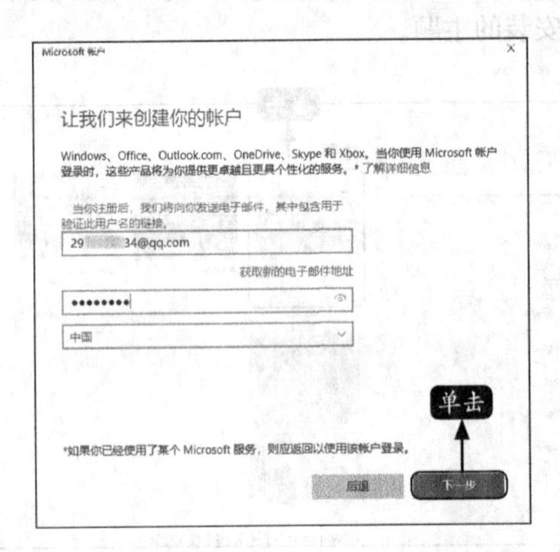

步骤 05 在弹出的【查看与你相关度最高的内容】对话框中，单击【下一步】按钮。

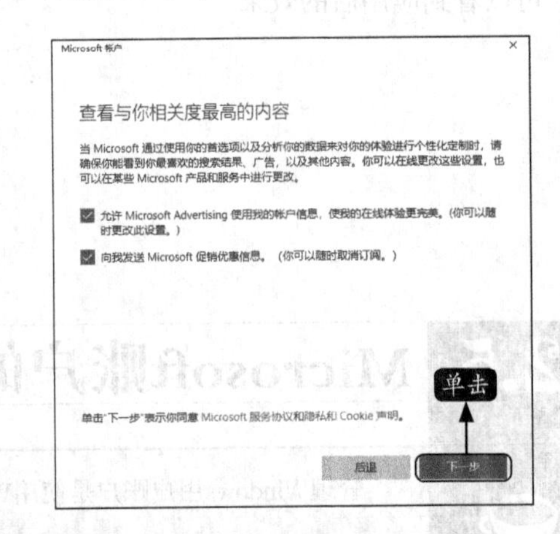

步骤 06 弹出【使用你的Microsoft账户登录此设备】对话框，在【旧密码】文本框中，输入设置的本地账户密码（即开机登录密码），如果没有设置密码，则无须填写，直接单击【下一步】按钮。

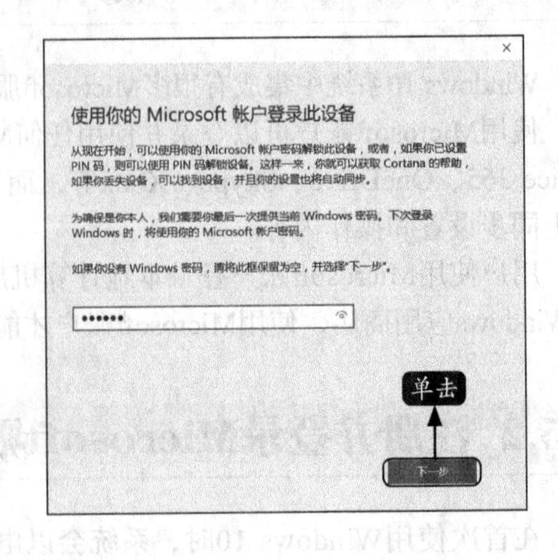

步骤 07 弹出【创建PIN】对话框，单击【下一步】按钮。

小提示

PIN是为了方便用户使用移动、手持设备登录、验证身份的一种密码措施，在Windows 8中已被使用。设置PIN之后，在登录系统时，只要输入设置的数字字符，不需要按回车键或单击鼠标，即可快速登录系统，也可以访问Microsoft服务的应用。

步骤 08 在弹出的【设置PIN】对话框中，输入新PIN码，并再次输入确认PIN码，单击【确定】按钮。

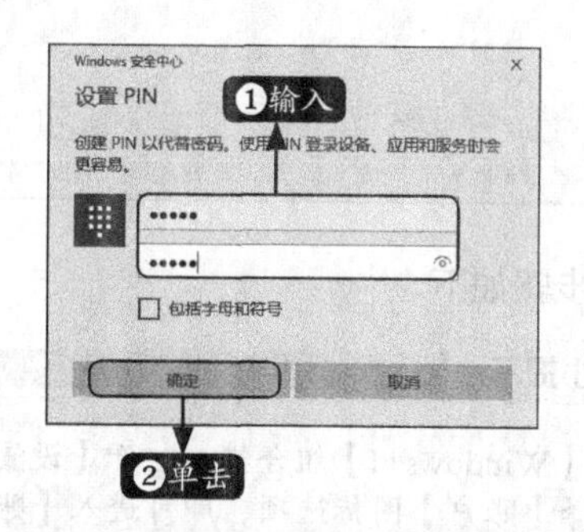

小提示

PIN码最少为4位数字字符，如果要包含字母和符号，应勾选【包括字母和符号】复选框。Windows 10最多支持32位字符。

步骤 09 设置完成后，即可在【账户信息】下看到登录的账户信息。微软为了确保用户账户的使用安全，需要对注册的邮箱或手机号进行验证，此时应单击【验证】超链接。

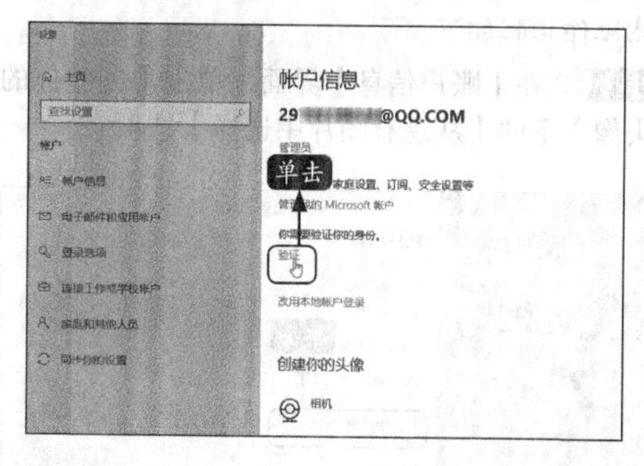

步骤 10 进入【验证你的电子邮件】对话框，输入邮箱收到的安全代码，并单击【下一步】按钮。

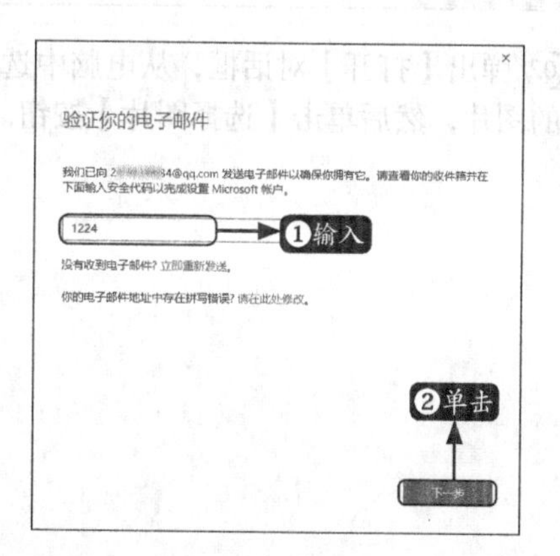

步骤 11 返回【账户信息】界面，即可看到【验证】超链接已消失，表示已完成设置，如下图所示。此时，即可正常使用该账号。

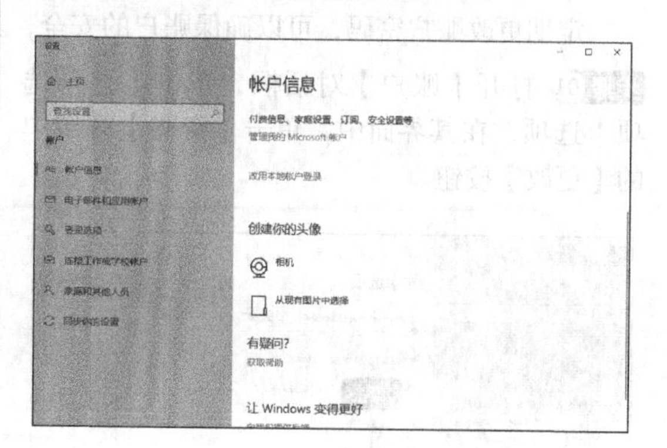

2.5.3 添加账户头像

登录Microsoft账户后，默认没有任何头像，用户可以将喜欢的图片设置为该账户的头像，具体操作步骤如下。

步骤01 在【账户信息】界面，单击【创建你的头像】下的【从现有图片中选择】选项。

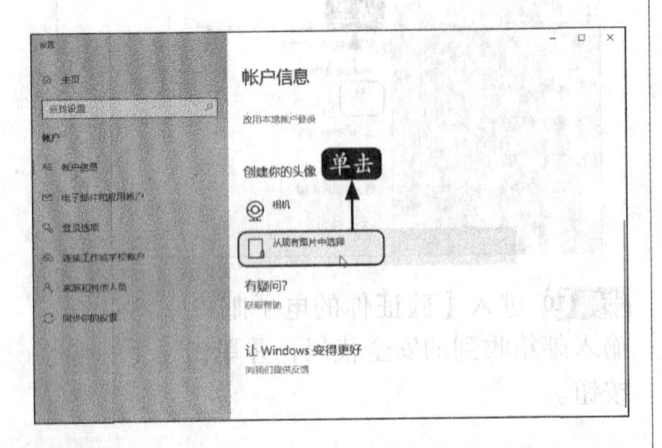

步骤02 弹出【打开】对话框，从电脑中选择要设置的图片，然后单击【选择图片】按钮。

步骤03 返回【账户信息】界面，即可看到设置好的头像。

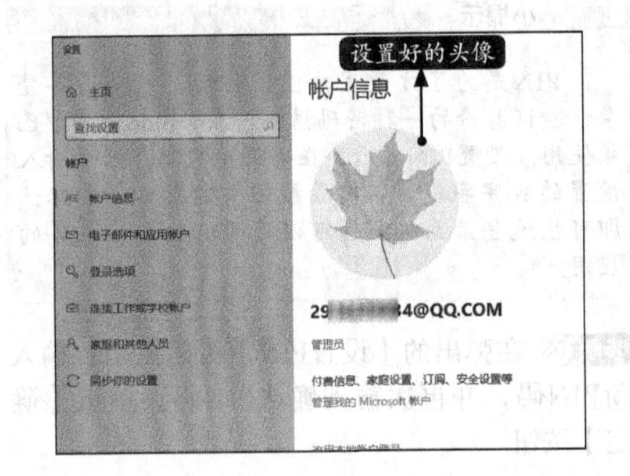

2.5.4 更改账户密码

定期更改账户密码，可以确保账户的安全，具体修改步骤如下。

步骤01 打开【账户】对话框，单击【登录选项】选项，在其界面中，单击【密码】区域中的【更改】按钮。

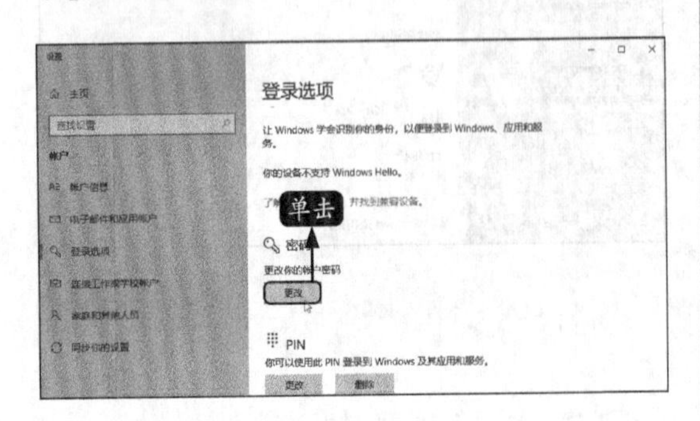

> **小提示**
>
> 按【Windows+I】组合键，打开【设置】对话框，选择【账户】图标选项，即可进入【账户】对话框。

步骤02 在弹出的如下页所示对话框中，输入PIN码。

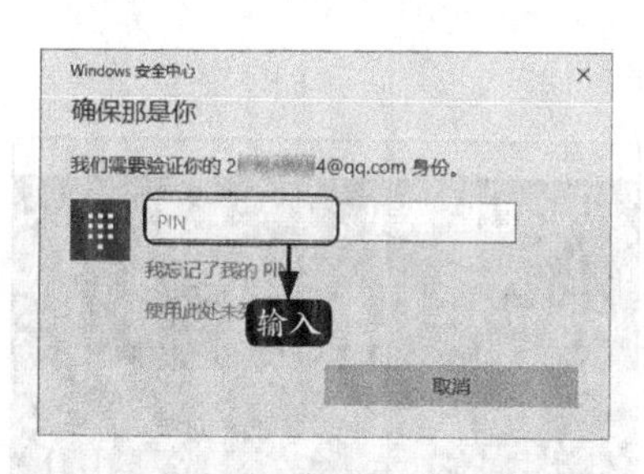

步骤03 自动进入【更改密码】界面，分别输入当前密码、新密码，并单击【下一步】按钮。

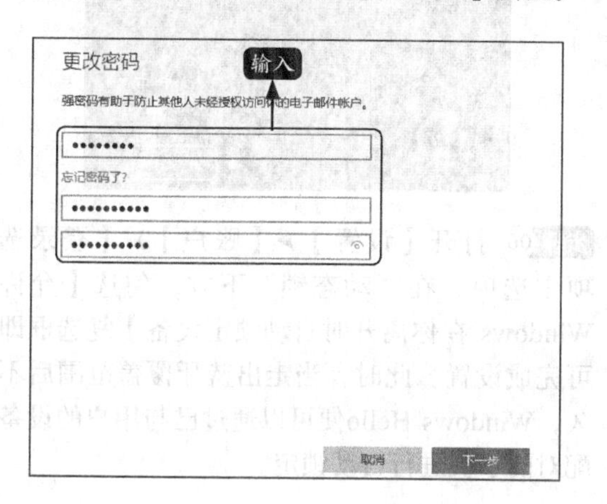

步骤04 提示更改密码成功，单击【完成】按钮。

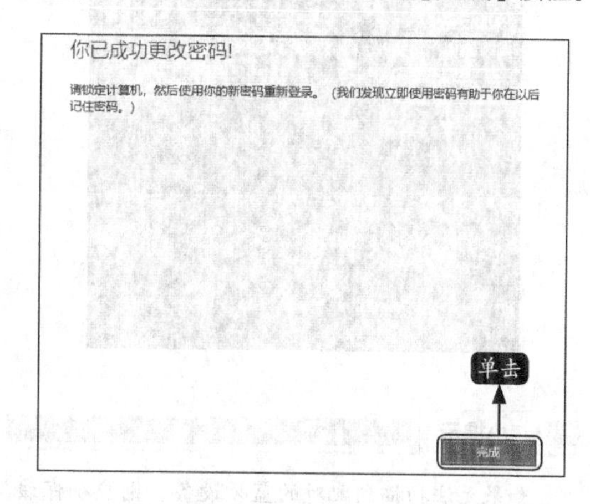

2.5.5 使用动态锁保护隐私

动态锁是Windows 10版本中更新的一个功能，它可以通过电脑上的蓝牙和蓝牙设备（如手机、手环）配对，当用户离开电脑时带上蓝牙设备，并走出蓝牙覆盖范围约1分钟后，即会自动锁定电脑。具体设置步骤如下。

步骤01 首先确保电脑支持蓝牙，并打开手机的蓝牙功能。然后打开【设置】➤【设备】➤【蓝牙和其他设备】选项，先将【蓝牙】下方的按钮设置为【开】，然后单击【添加蓝牙或其他设备】按钮。

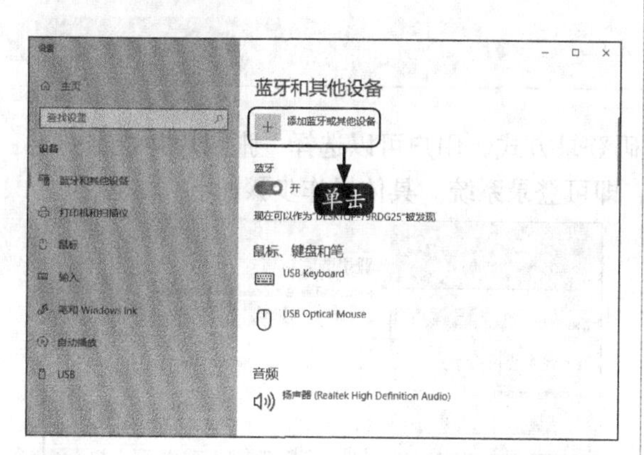

步骤02 在弹出的【添加设备】对话框中，单击【蓝牙】选项。

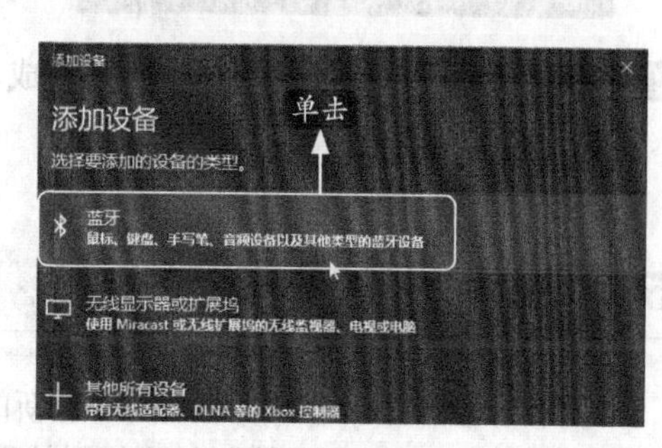

步骤03 在可连接的设备列表中，选择要连接的设备。这里选择连接手机。

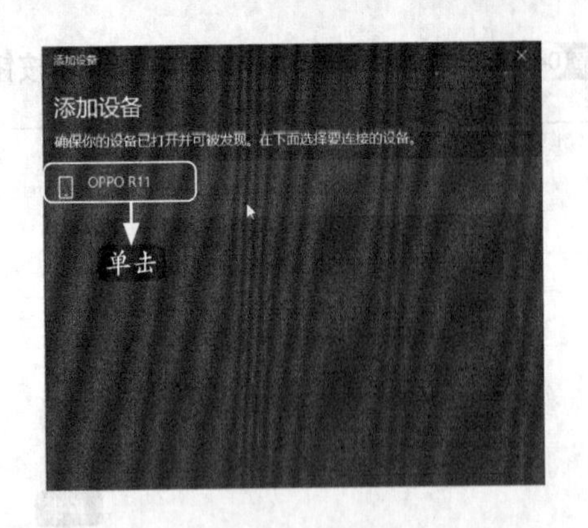

小提示

如果无法扫描到配对的蓝牙设备，则应确保该设备蓝牙功能的【可被发现】设置为“开”状态。

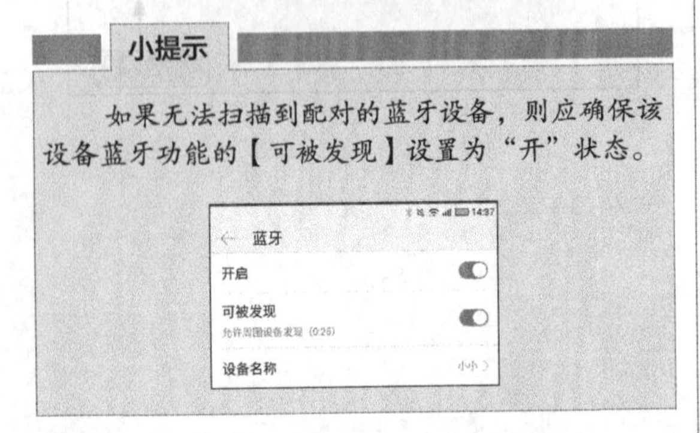

步骤 04 在弹出匹配信息时，分别单击手机和电脑上弹出对话框中的【连接】按钮。

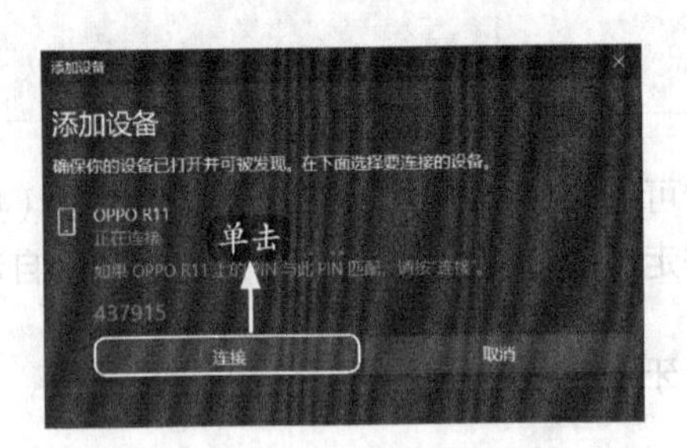

步骤 05 如果提示配对成功，则单击【已完成】按钮。

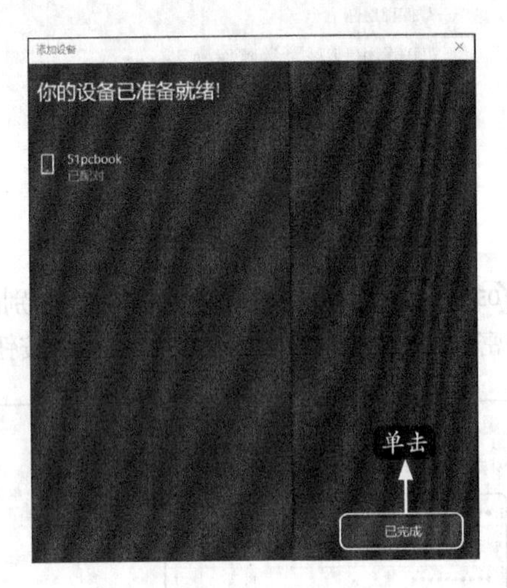

步骤 06 打开【设置】➤【账户】➤【登录选项】选项，在“动态锁”下方，勾选【允许Windows 在你离开时自动锁定设备】复选框即可完成设置。此时，当走出蓝牙覆盖范围后不久，Windows Hello便可以通过已与用户的设备配对的手机进行自动锁定。

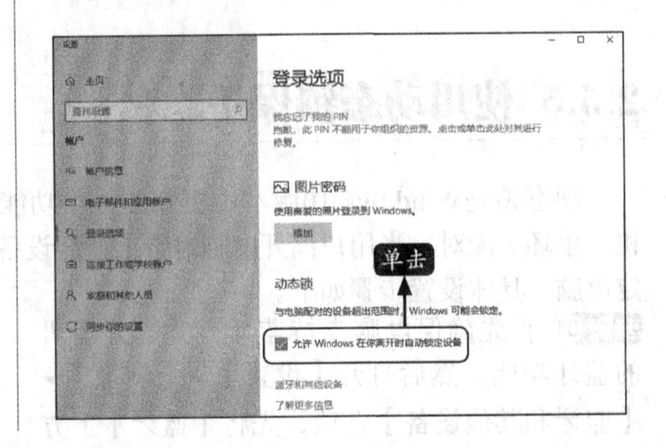

2.5.6 使用图片密码

图片密码是Windows 10中集成的一种新的密码登录方式，用户可以选择一张图片并绘制一组手势，在登录系统时，通过绘制与之相同的手势，即可登录系统。具体操作步骤如下。

步骤 01 在【账户】界面，单击【登录选项】选项，然后单击【图片密码】区域下方的【添加】按钮。

步骤 02 进入图片密码设置界面，首先弹出【创建图片密码】对话框，在【密码】文本框中输入当前账户密码，并单击【确定】按钮。

步骤 03 如果是第一次使用图片密码，系统会在界面左侧介绍如何创建手势，右侧为创建手势的演示动画。清楚如何绘制手势后，单击【选择图片】按钮。

步骤 04 选择图片后，系统会提示是否使用该图片，用户可以通过拖曳图片来确定它的显示区域。单击【使用此图片】按钮，即开始创建手势组合；单击【选择新图片】按钮，则可以重新选取图片。

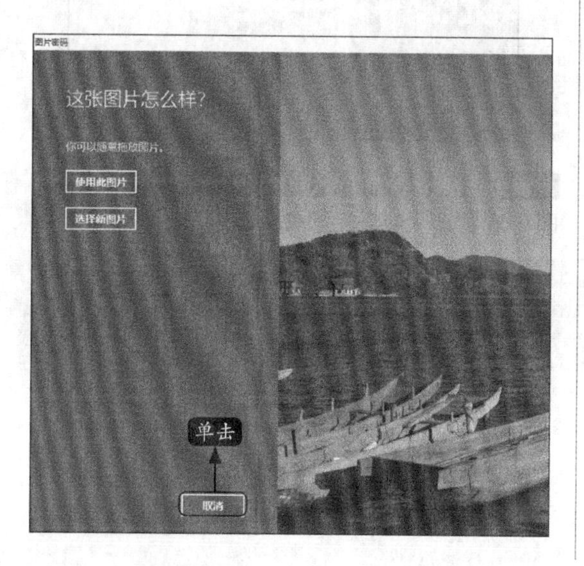

步骤 05 进入【设置你的手势】界面，用户可以依次绘制三个手势，手势可以使用圆、直线和点等。界面左侧的三个数字显示创建至第几个手势，完成后这三个手势将成为图片的密码。

步骤 06 进入【确认你的手势】界面，重新绘制手势进行验证。

步骤 07 验证通过后，会提示图片密码创建成功；如果验证失败，系统则会演示创建的手势组合，重新验证即可。提示创建成功后，单击【完成】按钮关闭该窗口，完成创建。

小提示

创建图片密码后，当重新登录或解锁操作系统时，即可使用图片密码进行登录。

用户也可以单击【登录选项】按钮，使用密码或PIN登录操作系统。如果图片密码登录输入次数达到5次，则不能再使用图片密码登录，而只能使用密码或PIN进行登录了。

高手支招

技巧1：快速锁定Windows桌面

在离开电脑时，如果我们将电脑锁屏，则可以有效地保护桌面隐私。快速锁屏的方法主要有两种。

（1）使用菜单命令。

按【Windows】键，弹出开始菜单，单击账户头像，在弹出的快捷菜单中单击【锁定】命令，即可进入锁屏界面。

（2）使用快捷键。

按【Windows+L】组合键，可以快速锁定Windows系统，进入锁屏界面。

技巧2：调大电脑字体显示

用户可以将电脑的字体调大，使阅读电脑上的内容更容易。

步骤01 在桌面的空白处单击鼠标右键，在弹出的快捷菜单中选择【显示设置】菜单命令。

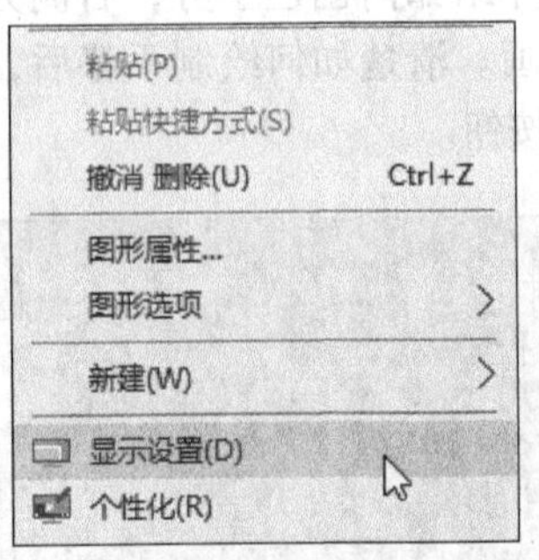

步骤02 弹出【设置-显示】窗口，单击右侧的【更改文本、应用等项目的大小】下拉按钮，在弹出的列表中选择【125%】选项。

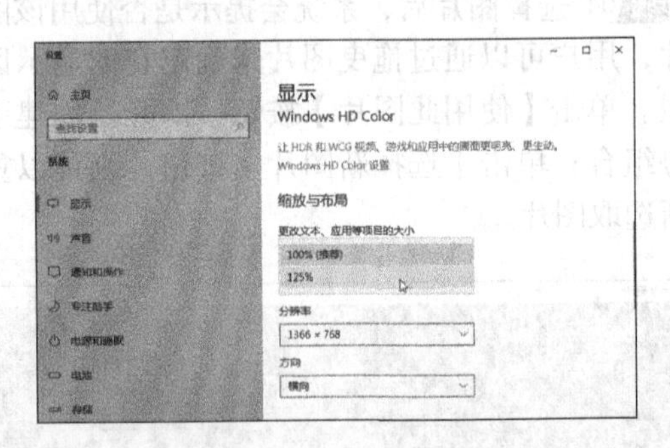

步骤03 按【Windows+D】组合键，显示桌面，即可看到调大字体后的效果。

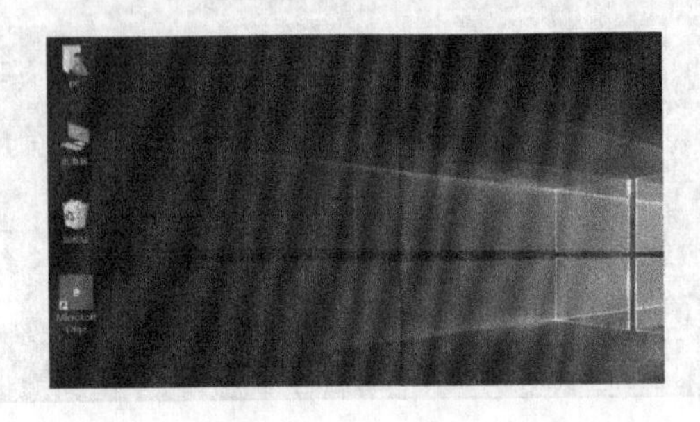

第3章

文件和文件夹的管理

学习目标

文件和文件夹是Windows 10操作系统资源的重要组成部分。用户只有掌握好管理文件和文件夹的基本操作，才能更好地运用操作系统完成工作和学习。本章主要讲述Windows 10中文件和文件夹的基本操作。

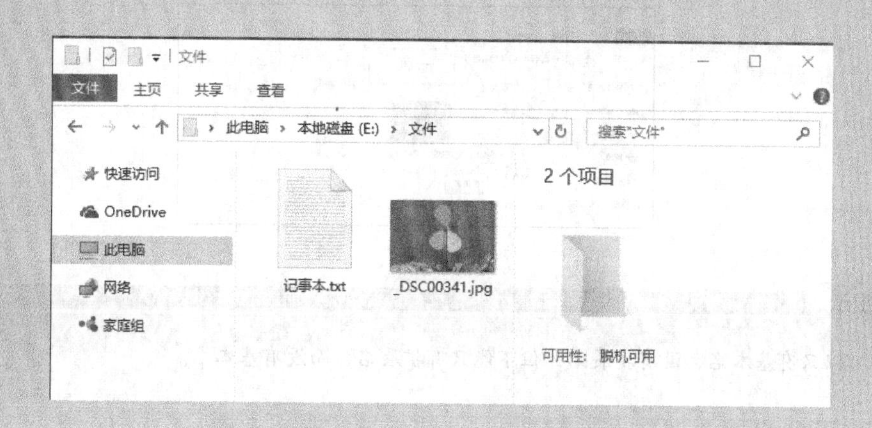

3.1 认识文件和文件夹

在Windows 10操作系统中，文件是最小的数据组织单位。文件中可以存放文本、图像和数值数据等信息。硬盘则是存储文件的大容量存储设备，其中可以存储很多文件。同时，为了便于管理文件，还可以把文件组织到目录和子目录中。目录被认为是文件夹，而子目录则被认为是文件夹的文件夹(或子文件夹)。

3.1.1 文件

文件是Windows存取磁盘信息的基本单位，一个文件是磁盘上存储的信息的一个集合，可以是文字、图片、影片或一个应用程序等。每个文件都有自己唯一的名称，Windows 10正是通过文件的名字来对文件进行管理的。

Windows 10与DOS最显著的区别就是它支持长文件名，甚至在文件和文件夹名称中允许有空格存在。在Windows 10中，默认情况下系统自动按照类型显示和查找文件。有时为了方便查找和转换，也可以为文件指定扩展名。

1. 文件名的组成

文件的种类是由文件的扩展名来标示的，由于扩展名是无限制的，所以文件的类型自然也就是无限制的。文件的扩展名是Windows 10操作系统识别文件的重要方法，因而了解常见的文件扩展名对于学习和管理文件有很大的帮助。

在Windows 10操作系统中，文件名由“基本名”和“扩展名”构成，它们之间用英文“.”隔开。例如，文件“tupian.jpg”的基本名是“tupian”，扩展名是“jpg”，文件“月末总结.docx”的基本名是“月末总结”，扩展名是“docx”。如下图即可看到一个名为“记事本”文件的文件名组成。

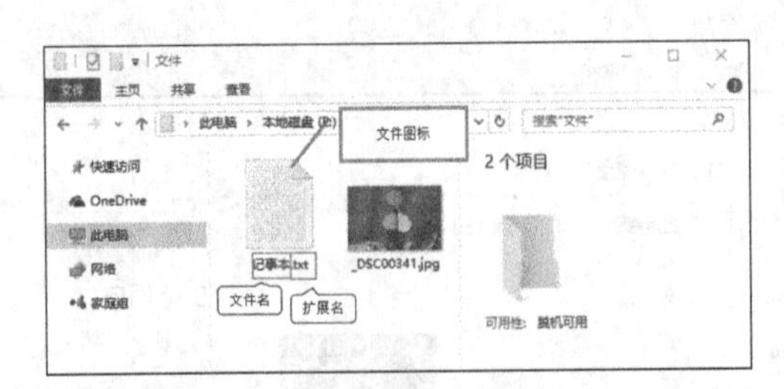

小提示

文件可以只有基本名，没有扩展名，但不能只有扩展名，而没有基本名。

2. 文件命名规则

文件的命名有以下规则。

（1）文件名称长度最多可达256个字符，一个汉字相当于两个字符。

文件名中不能出现的字符有斜线（\、/）、竖线（|）、小于号（<）、大于号（>）、冒号（：）、引号[（“）或（”）]、问号（？）、星号（*）。

小提示

不能出现的字符在电脑中有特殊的用途。

（2）文件命名不区分大小写字母，如“abc.txt”和“ABC.txt”是同一个文件名。

（3）同一个文件夹下的文件名称不能相同。

3. 文件地址

文件的地址由“盘符”和“文件夹”组成，它们之间用一个反斜杠“\”隔开，其中后一个文件夹是前一个文件夹的子文件夹。例如“ E:\Work\Monday\总结报告.docx”的地址是“E:\Work\Monday”，其中“Monday”文件夹是“Work”文件夹的子文件夹，如下图所示。

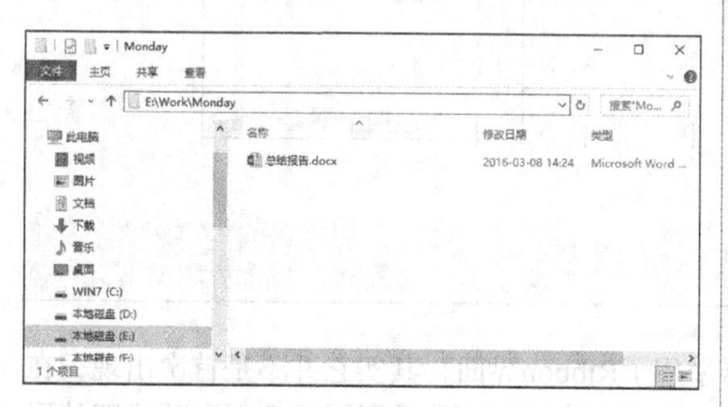

4. 文件图标

在Windows 10操作系统中，文件的图标和扩展名代表了文件的类型，而且文件的图标和扩展名之间有一定的对应关系，看到文件的图标，知道文件的扩展名，就能判断出文件的类型。例如文本文件中后缀名为“.docx”的文件图标为，图片文件中后缀名“.jpeg”的文件图标为，压缩文件中后缀名“.rar”的文件图标为，视频文件中后缀名“.avi”的文件图标为。

5. 文件大小

查看文件的大小有两种方法。

方法1：选择要查看大小的文件并单击鼠标右键，在弹出的快捷菜单中选择【属性】菜单命令，即可在打开的【属性】对话框中查看文件的大小。

小提示

文件的大小用B（Byte，字节）、KB（千字节）、MB（兆字节）和GB（吉字节）做单位。一个字节（1B）能存储一个英文字符，一个汉字占两个字节。

方法2：打开包含要查看文件的文件夹，单击窗口右下角的按钮，即可在文件夹中查看文件的大小。

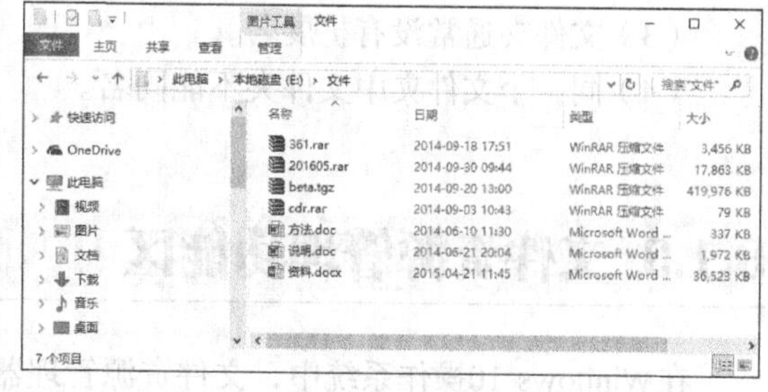

3.1.2 文件夹

在Windows 10操作系统中，文件夹主要用来存放文件，是存放文件的容器。

文件夹是从Windows 95开始提出的一个概念。它实际上是DOS中目录的概念，在过去的电脑操作系统中，习惯把它称为目录。树状结构的文件夹是目前微型电脑操作系统的流行文件管理模式。它的结构层次分明，容易被人们理解，只要用户明白它的基本概念，就可以熟练使用它。

双击桌面上的【此电脑】图标，进入任意一个本地磁盘，即可看到其中分布的文件夹，如下图所示。

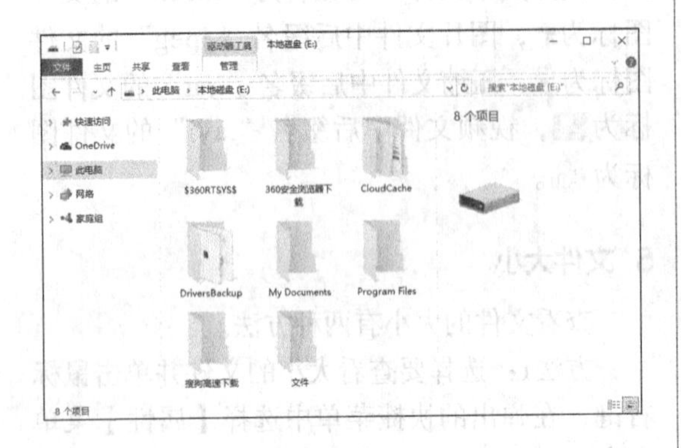

1. 文件夹命名规则

在Windows 10中，文件夹的命名有以下规则。

（1）文件夹名称长度最多可达256个字符，一个汉字相当于两个字符。

文件夹名中不能出现的字符有斜线（\、/）、竖线（|）、小于号（<）、大于号（>）、冒号（：）、引号[（“）或（”）]、问号（？）、星号（*）。

（2）文件夹名不区分大小写字母，如“abc”和“ABC”是同一个文件夹名。

（3）文件夹通常没有扩展名。

（4）同一个文件夹中文件夹不能同名。

2. 选择文件或文件夹

（1）单击即可选择一个对象。

（2）单击菜单栏中的【编辑】➢【全选】菜单命令或按【Ctrl+A】组合键，即可选择所有对象。

（3）选择一个对象，按住【Ctrl】键，同时单击其他对象，可以选择不连续的多个对象。

（4）选择第一个对象，按住【Shift】键单击最后一个对象，或拖曳鼠标指针绘制矩形框选择多个对象，都可以选择连续的多个对象。

3. 文件夹大小

文件夹的大小单位与文件的大小单位相同，但只能使用【属性】对话框查看文件夹的大小。选择要查看的文件夹并单击鼠标右键，在弹出的快捷菜单中选择【属性】菜单命令，在弹出的【属性】对话框中即可查看文件夹的大小。

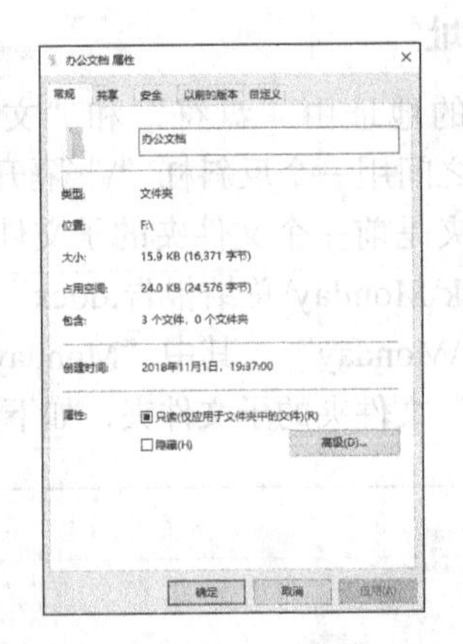

3.1.3 文件资源管理功能区

在Windows 10操作系统中，文件资源管理器采用了Ribbon界面，其实它并不是首次出现，在Office 2007到Office 2019中都采用了Ribbon界面，最明显的标识就是采用了标签页和功能区的形式，便于用户的管理。本节介绍Ribbon界面，主要目的是方便用户可以通过新的功能区，对文件和文件夹进行管理。

在文件资源管理器中，默认隐藏功能区，用户可以单击窗口最右侧的向下按钮或按【Ctrl+F1】组合键展开或隐藏功能区。另外，单击标签页选项卡，也可显示功能区。

在Ribbon界面中，主要包含计算机、主页、共享和查看4种标签页，单击不同的标签页，则包含不同类型的命令。

1.计算机标签页

双击【此电脑】图标，进入【此电脑】窗口，默认显示【计算机】标签页，主要包含对电脑的常用操作，如磁盘操作、网络位置、打开设置、程序卸载、查看系统属性等。

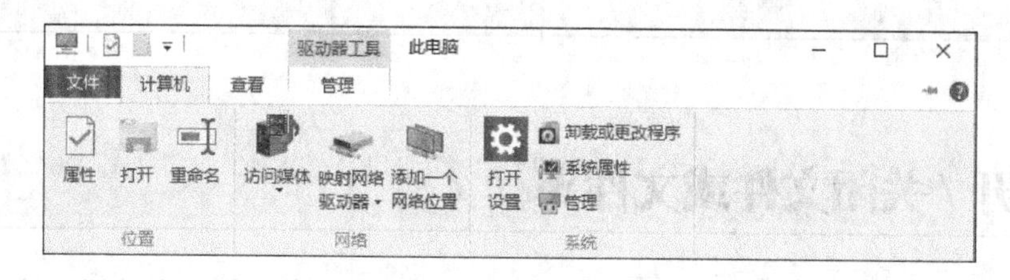

2.主页标签页

打开任意磁盘或文件夹，可看到【主页】标签页，主要包含对文件或文件夹的复制、移动、粘贴、重命名、删除、查看属性和选择等操作，如下图所示。

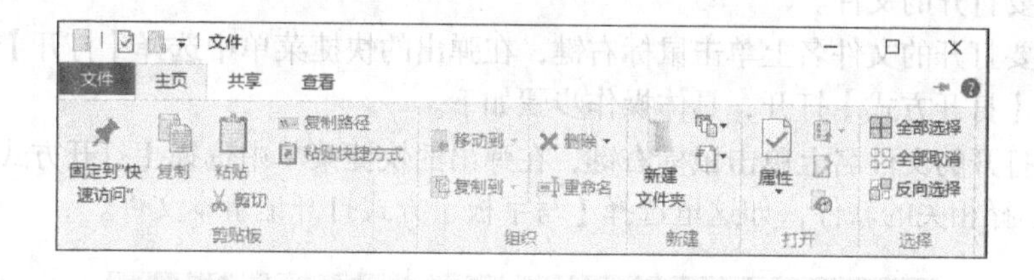

3.共享标签页

【共享】标签页中，主要包括对文件的发送和共享操作，如文件压缩、刻录、打印等。

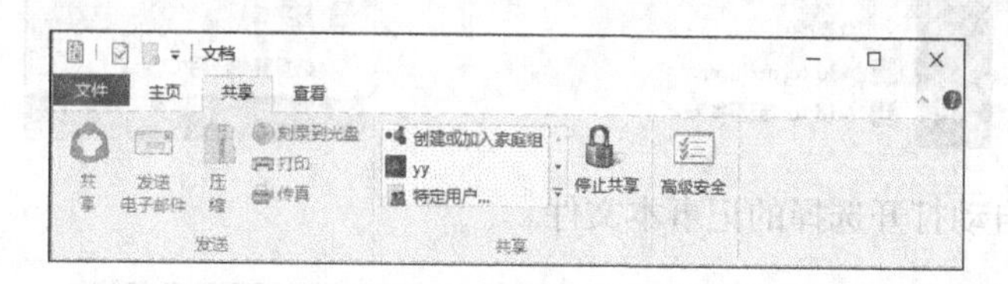

4.查看标签页

【查看】标签页中，主要包含对窗口、布局、视图和显示/隐藏等操作，如文件或文件夹显示方式、排列文件或文件夹、显示/隐藏文件或文件夹都可在该标签页中进行操作。

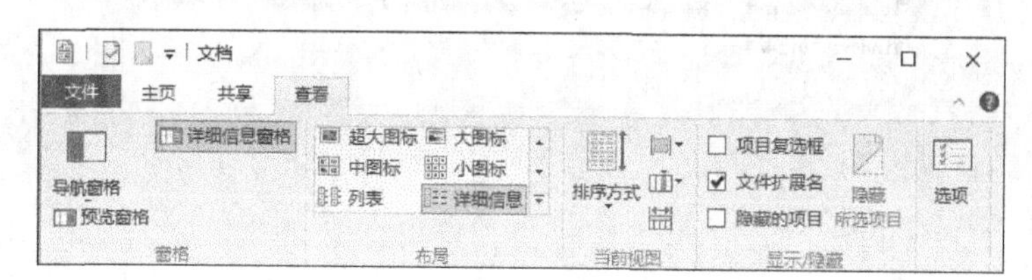

除上述主要的标签页外，当文件夹中包含图片时，则会出现【图片工具】标签页；当文件夹中包含音乐文件时，则会出现【音乐工具】标签页。另外，还有【管理】、【解压缩】、【应用程序工具】等标签页。

3.2 文件和文件夹的基本操作

文件和文件夹是Windows 10操作系统资源的重要组成部分。用户只有掌握好管理文件和文件夹的基本操作，才能更好地运用操作系统完成工作和学习。

3.2.1 打开/关闭文件或文件夹

对文件或文件夹进行得最多的操作就是打开和关闭，下面介绍打开和关闭文件或文件夹的常用方法。

打开文件

（1）双击要打开的文件。

（2）在需要打开的文件名上单击鼠标右键，在弹出的快捷菜单中选择【打开】菜单命令。

（3）利用【打开方式】打开，具体操作步骤如下。

步骤 01 在需要打开的文件名上单击鼠标右键，在弹出的快捷菜单中选择【打开方式】菜单命令，在其子菜单中选择相关的软件，如这里选择【写字板】方式打开记事本文件。

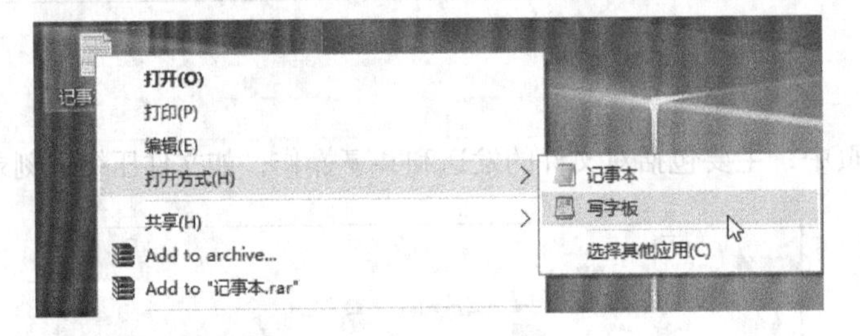

步骤 02 写字板软件自动打开选择的记事本文件。

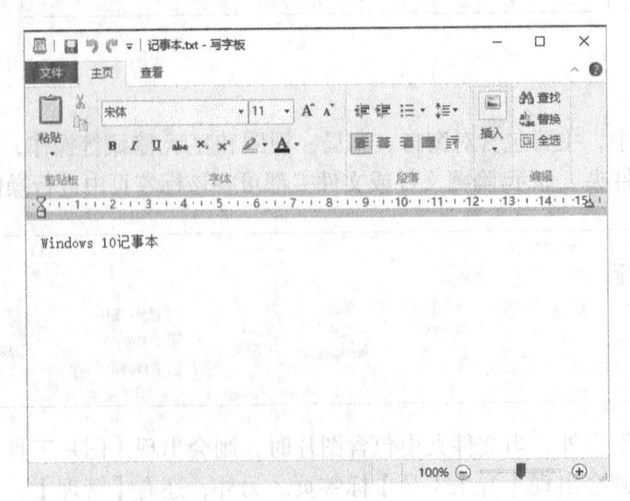

3.2.2 新建文件或文件夹

在使用电脑过程中，用户可以通过新建文件进行更多的应用操作，如新建记事本、Word文本、工作簿等文件，也可以通过新建文件夹对文件和文件夹进行分类管理。下面介绍新建文件和文件夹的操作步骤。

1.新建文件

下面以新建文本文档为例，介绍新建文件的操作方法。

步骤 01 在桌面或任意文件夹下，在空白位置单击鼠标右键，在弹出的菜单中，选择【新建】➤【文本文档】命令。

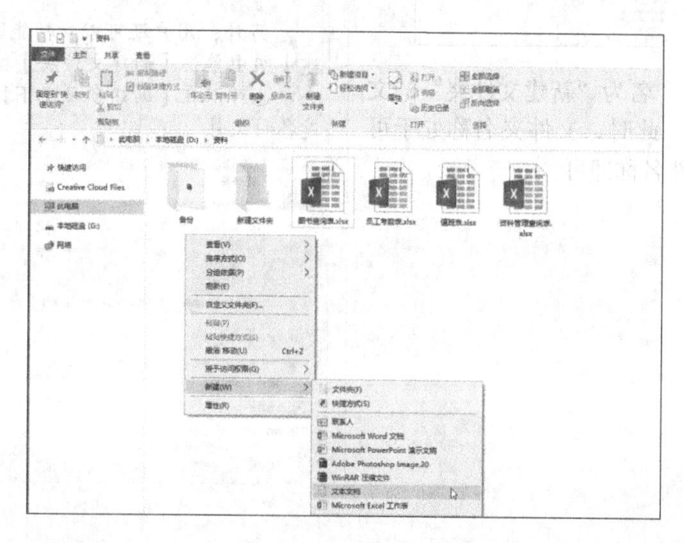

步骤 02 即可在该文件夹下创建一个“新建文本文档.txt”文件，如下图所示。此时文件名为编辑状态，输入要命名的名称即可。

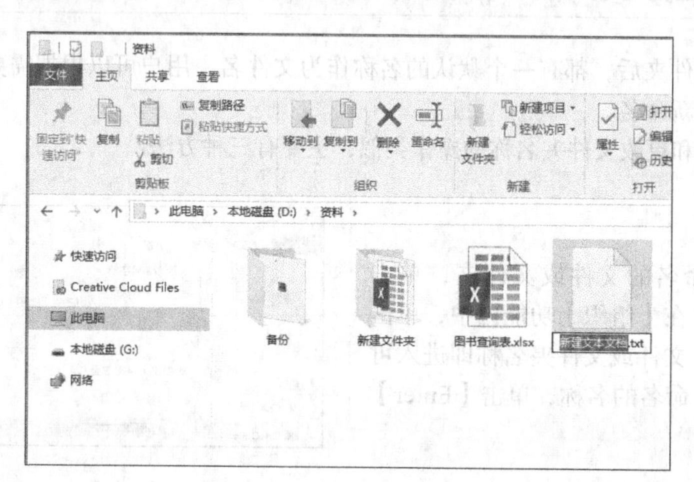

另外，可以在打开的程序中，通过【新建】命令新建文件。新建后保存到电脑中即可。

2.新建文件夹

新建文件夹的具体操作步骤如下。

步骤 01 在桌面或任意文件夹下，在空白位置单击鼠标右键，在弹出的菜单中，选择【新建】➤【文件夹】命令。

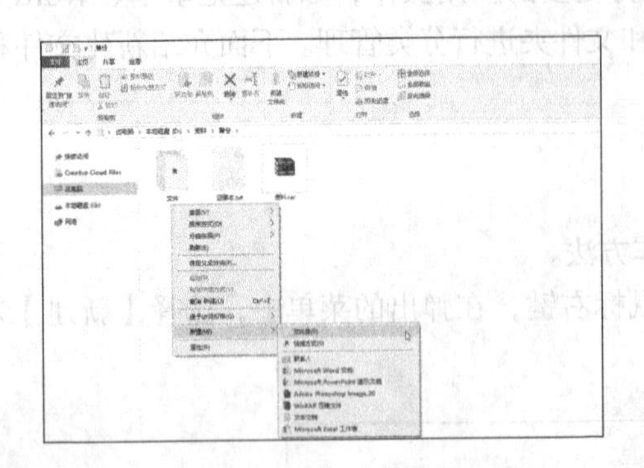

步骤 02 即可新建一个名为“新建文件夹”的文件夹，如下图所示。此时，文件夹名称处于可编辑状态，输入文件名称即可。

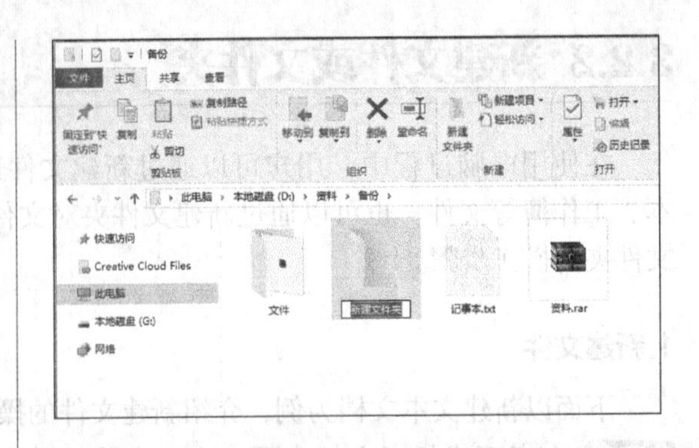

小提示

另外，用户还可以在功能区的【主页】➤【新建】组中单击【新建文件夹】按钮，快速新建文件夹。也可以在【新建项目】下拉列表中根据需要创建各种文件。

3.2.3 更改文件或文件夹的名称

新建文件或文件夹后，都有一个默认的名称作为文件名，用户可以根据需要给新建的或已有的文件或文件夹重新命名。

更改文件名称和更改文件夹名称的操作类似，主要有三种方法。

1.使用功能区

选择要重新命名的文件或文件夹，单击【主页】标签页，在【组织】功能区中，单击【重命名】按钮，文件或文件夹名称即进入可编辑状态，输入要命名的名称，单击【Enter】键进行确认。

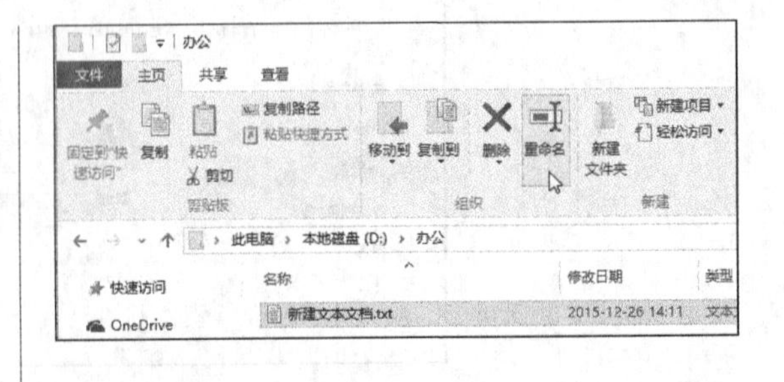

2.右键菜单命令

选择要重新命名的文件或文件夹，单击鼠标右键，在弹出的菜单命令中选择【重命名】菜单命令，文件或文件夹名称即进入可编辑状态，输入要命名的名称，单击【Enter】键进行确认。

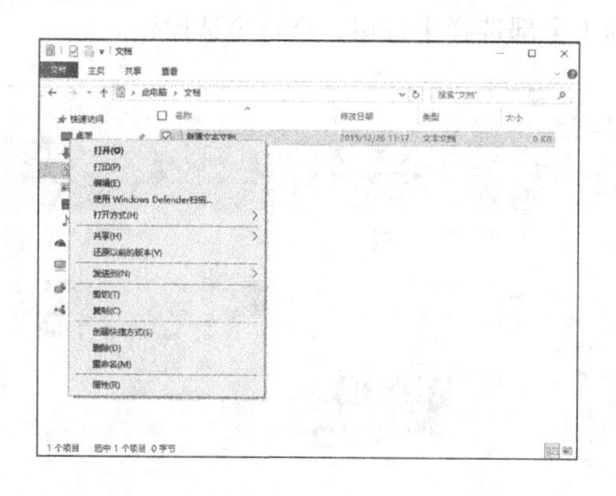

3.F2快捷键

选择要重新命名的文件或文件夹，按【F2】键，文件或文件夹名称即进入可编辑状态，输入要命名的名称，单击【Enter】键进行确认。

小提示

在重命名文件时，不能改变已有文件的扩展名，否则可能导致文件不可用。

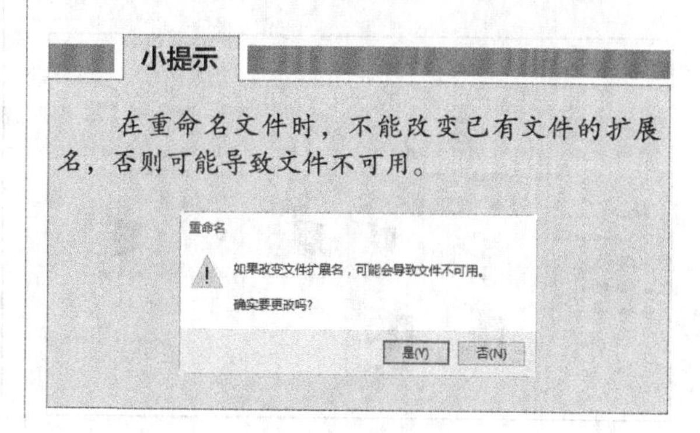

3.2.4 选择文件或文件夹

如果对某个或多个文件或文件夹进行一些操作时，如复制、移动、删除等，首先需要将文件或文件夹作为对象选定。下面介绍文件和文件夹的选择方法。

1.选择单个文件或文件夹

打开需要选择文件或文件夹的位置，使用鼠标直接单击选择文件或文件夹，即可选中。另外，也可以通过键盘上的方向按键，进行逐个选择。

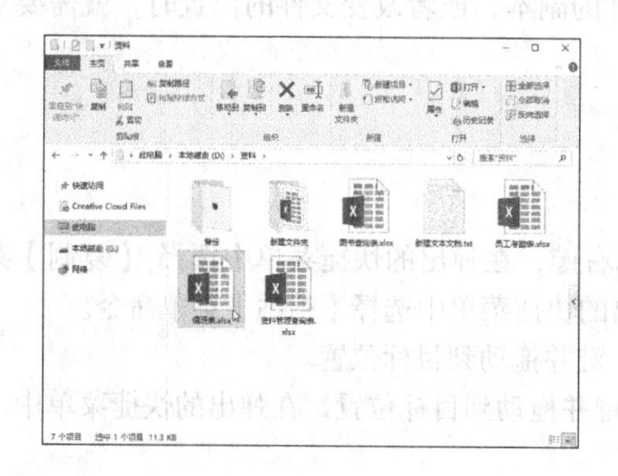

2.选择多个连续的文件或文件夹

如果要选择的文件或文件夹为连续的，可以使用以下两种方法进行选择。

（1）鼠标拖曳法。

按住鼠标左键不放，拖曳鼠标框选要选择的文件或文件夹，松开鼠标即可选择。

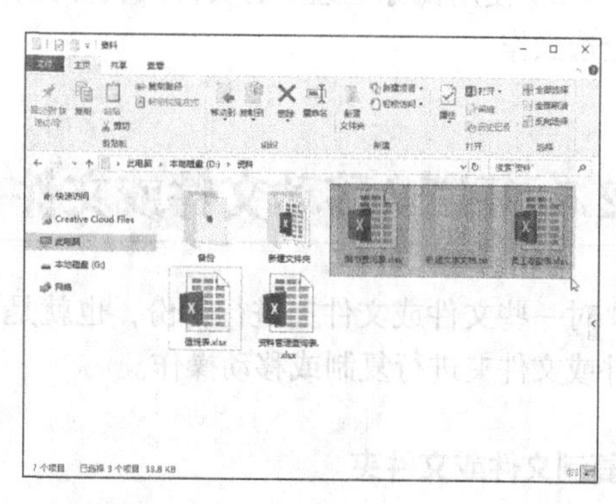

（2）使用【Shift】键选择。

使用键盘选择连续文件中的第一个文件或文件夹，按住【Shift】键的同时，单击最后一个文件或文件夹，即可选择连续的多个文件或文件夹。

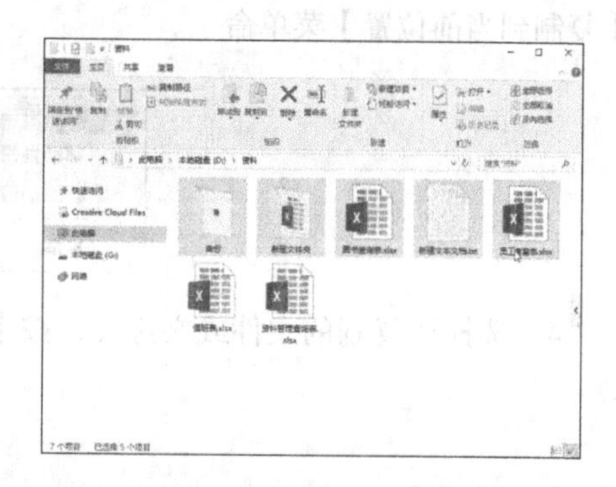

3.选择不相邻的文件或文件夹

在窗口中，先按住【Ctrl】键不放，然后使用鼠标逐个在目标文件或文件夹上单击，即可将所选文件选定。

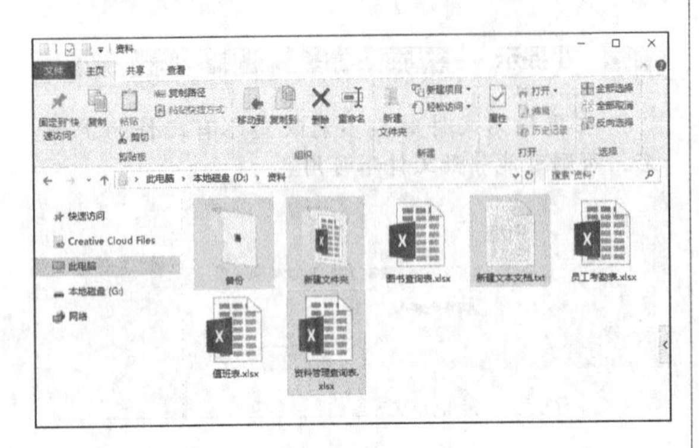

4.选择全部文件或文件夹

选择窗口中的全部文件，可以使用以下三种方法进行操作。

（1）按【Ctrl+A】组合键，可以快速全选。

（2）使用鼠标框选所有文件或文件夹，进行全选操作。

（3）单击【主页】选项卡下【选择】组中的【全部选择】按钮，进行全选操作。

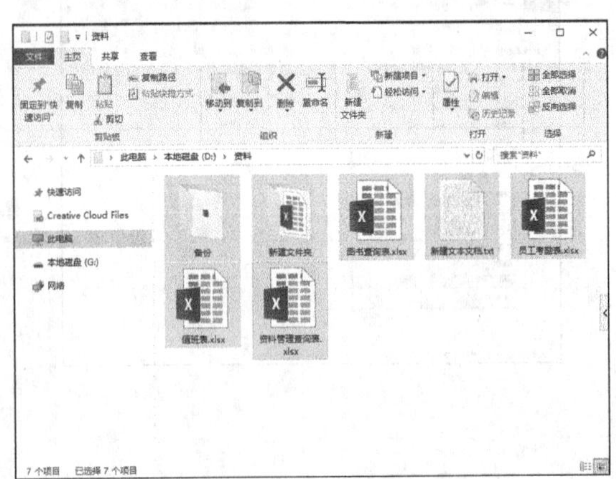

小提示

如果在多选过程中有某几个不需要的文件，先执行全选操作后，再通过【Ctrl】键取消不需要选中的文件或文件夹，可以更高效地选择文件或文件夹。

3.2.5 复制 / 移动文件或文件夹

对一些文件或文件夹进行备份，也就是创建文件的副本，或者改变文件的位置时，就需要对文件或文件夹进行复制或移动操作。

1. 复制文件或文件夹

复制文件或文件夹的方法有以下4种。

（1）在需要复制的文件或文件夹名上单击鼠标右键，在弹出的快捷菜单中选择【复制】菜单命令。选定目标存储位置，单击鼠标右键，在弹出的快捷菜单中选择【粘贴】菜单命令。

（2）选择要复制的文件或文件夹，按住【Ctrl】键并拖动到目标位置。

（3）选择要复制的文件或文件夹，按住鼠标右键并拖动到目标位置，在弹出的快捷菜单中选择【复制到当前位置】菜单命令。

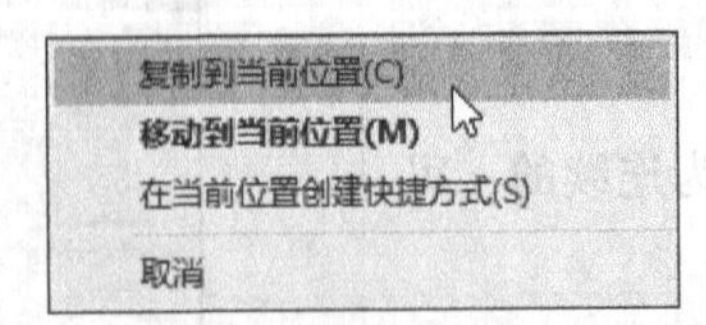

（4）选择要复制的文件或文件夹，按【Ctrl+C】组合键，然后在目标位置按【Ctrl+V】组合键。

2.移动文件或文件夹

移动文件或文件夹的方法有以下4种。

（1）在需要移动的文件或文件夹名上单击鼠标右键，在弹出的快捷菜单中选择【剪切】菜单命令。选定目标存储位置，单击鼠标右键，在弹出的快捷菜单中选择【粘贴】菜单命令。

（2）选择要移动的文件或文件夹，按住【Shift】键并拖动到目标位置。

（3）选中要移动的文件或文件夹，用鼠标指针直接将其拖动到目标位置，即可完成文件或文件夹的移动操作，这也是最简单的一种操作。

（4）选择要移动的文件或文件夹，按【Ctrl+X】组合键，然后在目标位置按【Ctrl +V】组合键。

3.2.6 删除文件或文件夹

对于不再有用的文件或文件夹可以将其删除，常用的方法有以下5种。

（1）选择要删除的文件或文件夹，按键盘上的【Delete】键。

（2）选择要删除的文件或文件夹，按【Ctrl+D】组合键。

（3）选择要删除的文件或文件夹，使用功能区【主页】选项卡下【组织】中的【删除】按钮。

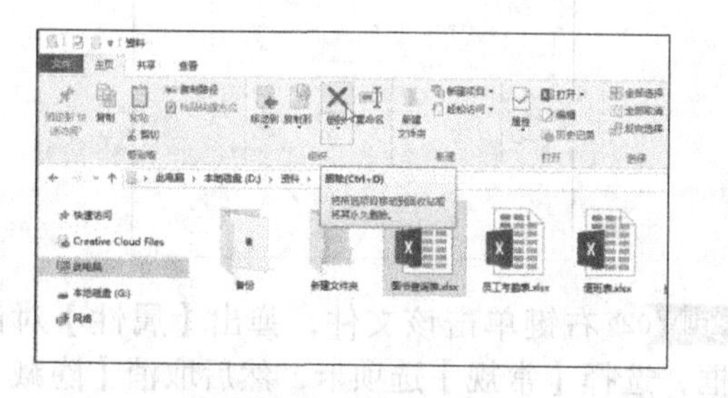

（4）选择要删除的文件或文件夹，单击鼠标右键，在弹出的快捷菜单中选择【删除】菜单命令。

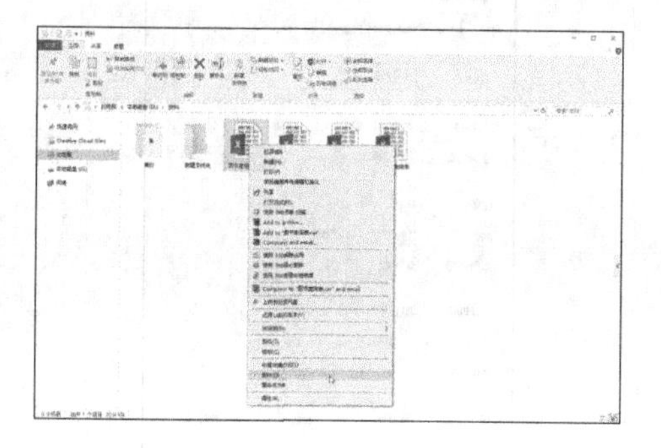

（5）选择要删除的文件或文件夹，直接拖曳到【回收站】中。

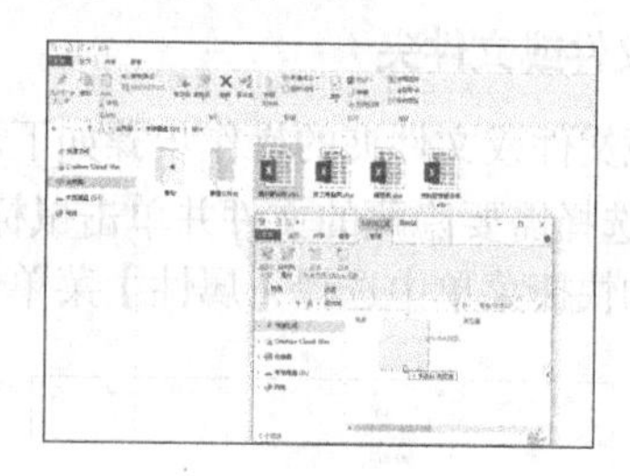

此外，如果要彻底删除文件或文件夹，可以先选择要删除的文件或文件夹，然后按下【Shift】键的同时，再按下【Del】键，在弹出的如下对话框中，单击【确定】按钮，即可将其彻底删除。这种删除方式，用户需要小心操作。

删除命令只是将文件或文件夹移入【回收站】中，并没有从磁盘上清除，如果还需要使用该文件或文件夹，可以按【Ctrl+Z】组合键撤销删除命令。另外，在【回收站】窗口中，右键单击需要恢复的文件或文件夹，选择【还原】命令，即可将其恢复到原文件夹中。

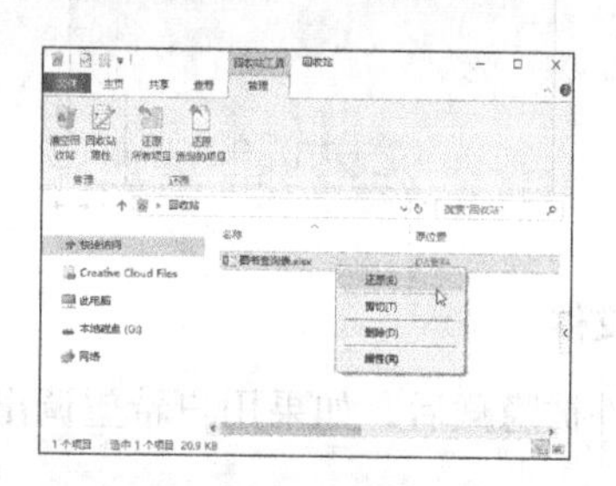

3.3 文件和文件夹的高级操作

3.3.1 隐藏/显示文件或文件夹

隐藏文件或文件夹可以增强文件的安全性，同时防止误操作导致文件或文件夹丢失。隐藏与显示文件或文件夹的操作类似，本节仅以隐藏和显示文件为例进行介绍。

1. 隐藏文件或文件夹

隐藏文件或文件夹的操作步骤如下。

步骤 01 选择需要隐藏的文件并单击鼠标右键，在弹出的快捷菜单中选择【属性】菜单命令。

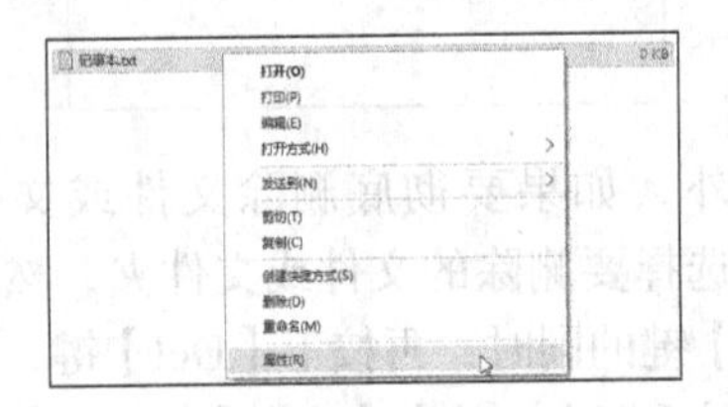

步骤 02 弹出【属性】对话框，选择【常规】选项卡，然后勾选【隐藏】复选框，单击【确定】按钮，选择的文件被成功隐藏。

2.显示文件

文件被隐藏后，如果用户希望调出隐藏文件，首先需要显示文件，具体操作步骤如下。

步骤 01 按一下【Alt】功能键，调出功能区，选择【查看】标签页，单击勾选【显示/隐藏】的【隐藏的项目】复选框，即可看到隐藏的文件或文件夹。

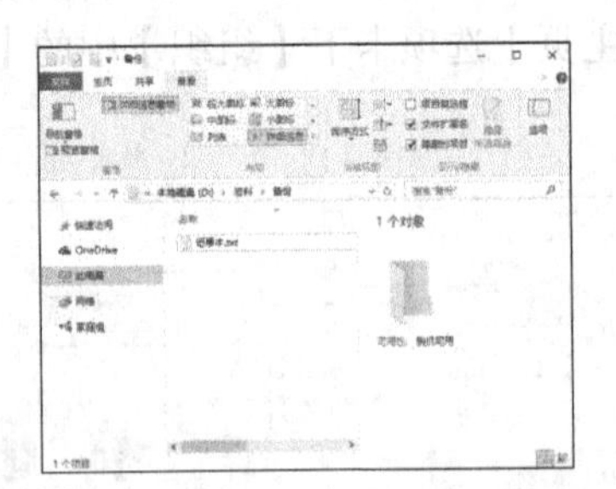

步骤 02 右键单击该文件，弹出【属性】对话框，选择【常规】选项卡，然后取消【隐藏】复选框，单击【确定】按钮，成功显示隐藏的文件。

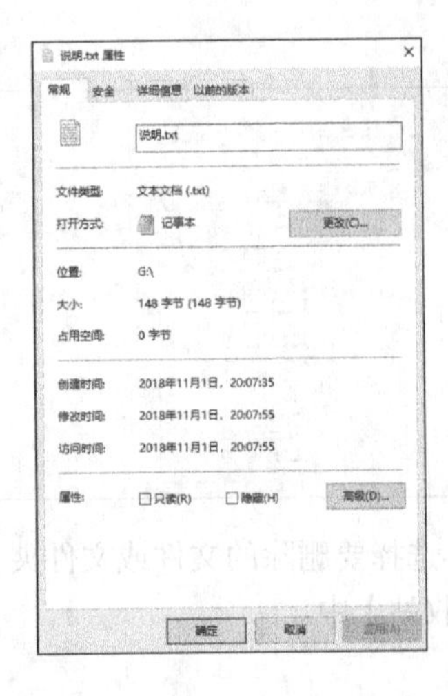

3.3.2 压缩和解压缩文件或文件夹

在进行文件发送和传输时，通过对文件和文件夹进行压缩，创建一个压缩包，不仅可以将多个文件或文件压缩为一个文件，而且可以方便携带和传输。

在Windows 10的文件资源管理功能区【共享】➢【发送】组中，包含了“压缩”功能，用户可以直接按【压缩】按钮进行压缩操作。不过，因为该压缩功能较为单一，且仅支持ZIP格式的压缩和解压缩，用户可以使用其他工具进行操作，如WINRAR、好压、360压缩等。这些工具支持多种格式的压缩，而且具有设置密码等功能。

下面以WINRAR为例，介绍如何创建压缩文件和如何解压缩文件。

1.创建压缩文件

创建压缩文件的具体操作步骤如下。

步骤 01 选择要压缩的文件或文件夹，然后单击鼠标右键，在弹出的快捷菜单中，单击【添加到压缩文件】命令。

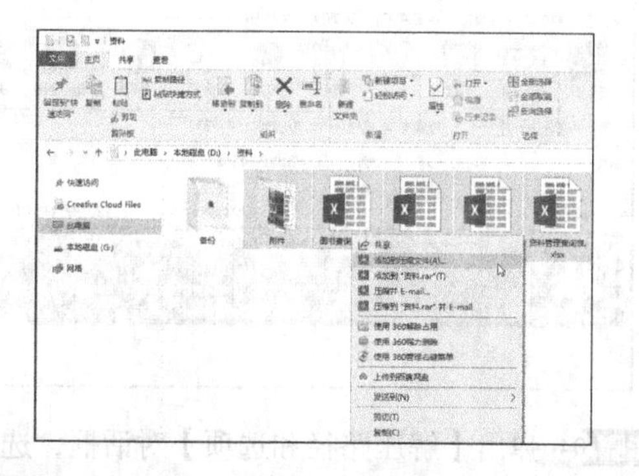

步骤 02 弹出【压缩文件名和参数】对话框，用户可以设置文件名称、压缩格式、压缩方式等。

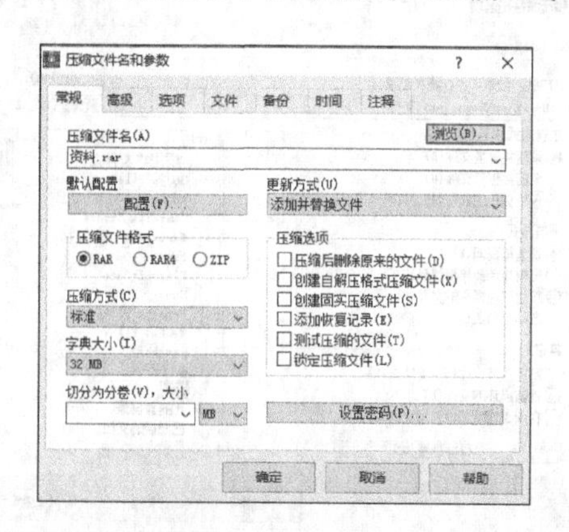

小提示

单击【浏览】按钮，可以打开【查找压缩文件】对话框，用户可以选择压缩文件的保存路径。

步骤 03 如果需要为压缩文件设置密码保护，则单击【设置密码】按钮，弹出【输入密码】对话框，输入保护密码并单击【确定】按钮即可。如果不需要为压缩文件设置密码，则直接在【压缩文件名和参数】对话框中单击【确定】按钮即可。

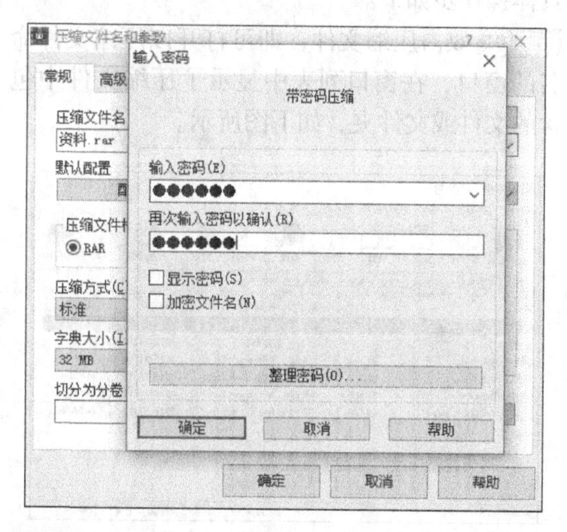

步骤 04 设置完成，并确定压缩后，即可创建压缩文件，并显示压缩进度，如下图所示。

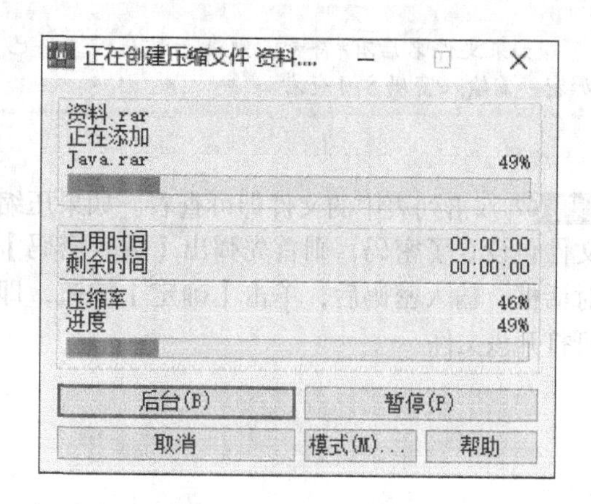

步骤 05 即可在当前文件夹下，创建一个压缩文件，如下图所示。

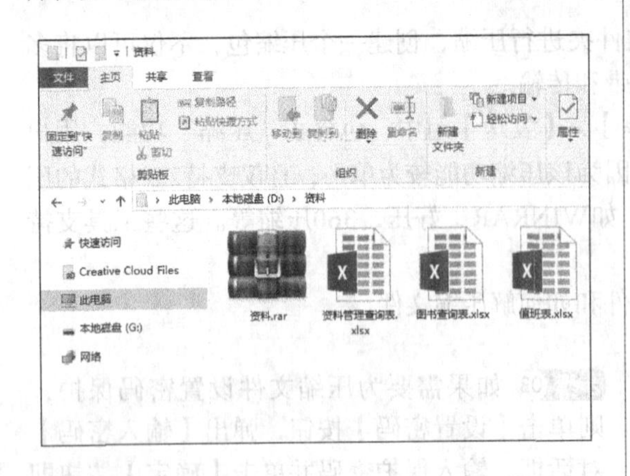

2.解压压缩文件包

用户可以使用以下方法解压压缩文件包，具体操作步如下。

步骤 01 双击压缩文件，即可打开以压缩文件命名的窗口，在窗口列表中显示了压缩文件中包含的文件或文件夹，如下图所示。

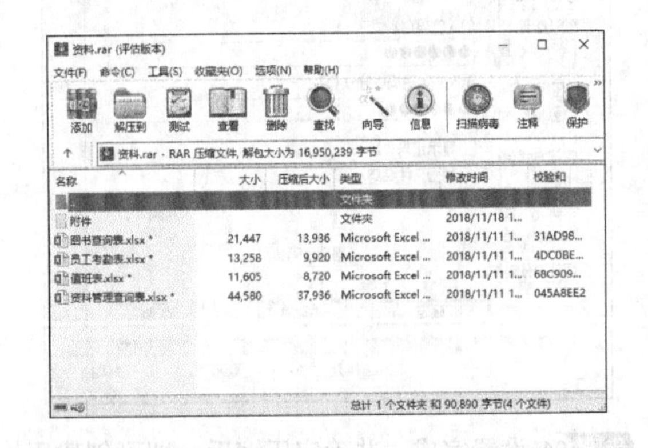

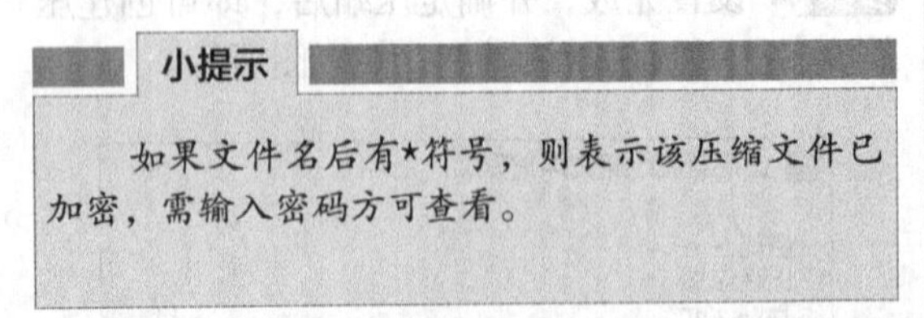

小提示

如果文件名后有*符号，则表示该压缩文件已加密，需输入密码方可查看。

步骤 02 双击列表中的文件即可查看。如果压缩文件包设置了密码，则首先弹出【输入密码】对话框，输入密码后，单击【确定】按钮，即可打开该文件。

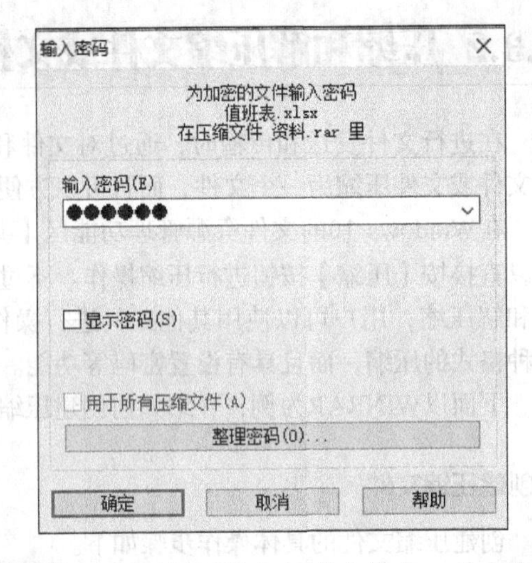

步骤 03 选择要解压的文件或文件夹，单击窗口中的【解压到】按钮。

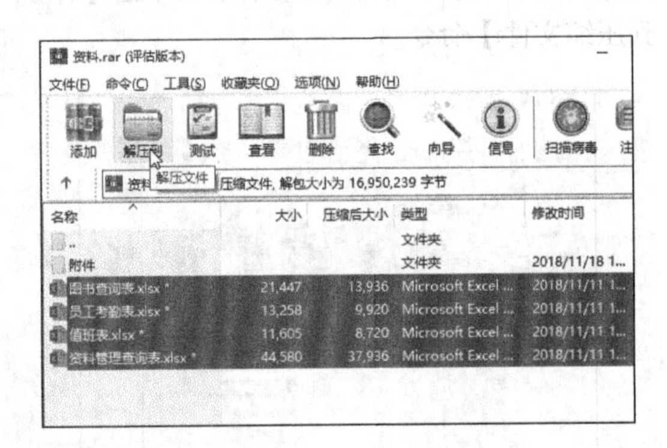

步骤 04 弹出【解压路径和选项】对话框，选择要解压的路径，单击【确定】按钮。

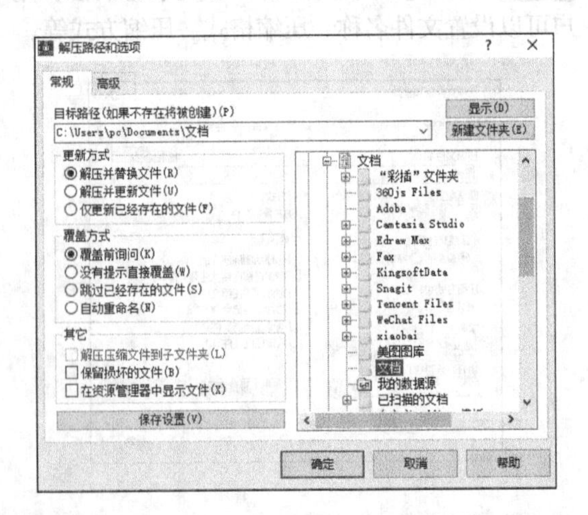

步骤 05 如果包含密码，则输入密码后即可解压压缩文件包。进入选择的压缩位置，即可看到解压缩的文件或文件夹，如下图所示。

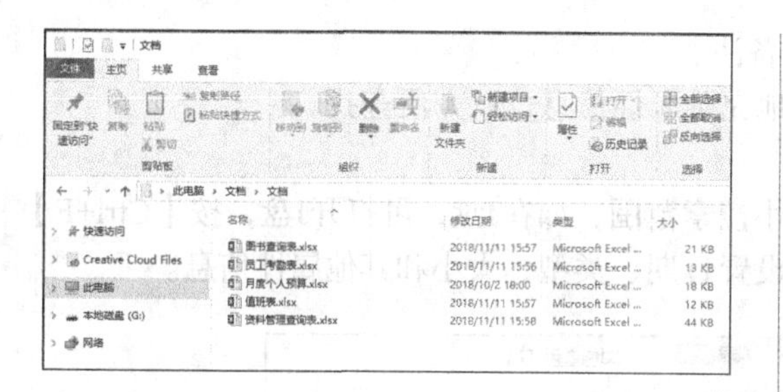

另外，选中压缩文件，单击鼠标右键，在弹出的菜单中，选择【解压文件】命令，直接打开【解压路径和选项】对话框，也可以解压压缩文件包中的所有文件。

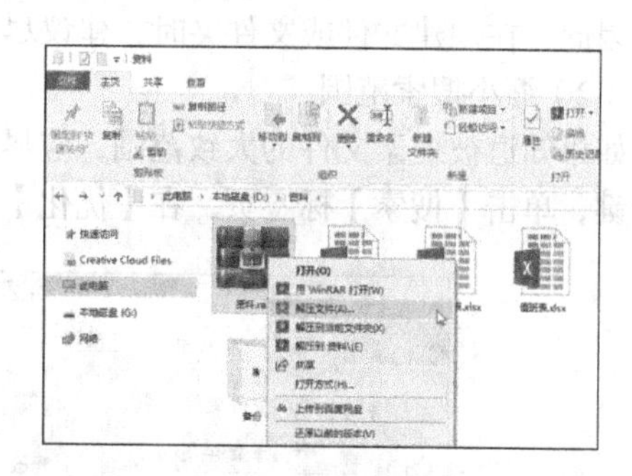

高手支招

技巧1：添加常用文件夹到“开始”屏幕

在Windows 10中，用户可以自定义“开始”屏幕显示的内容，可以把常用文件夹（比如文档、图片、音乐、视频、下载等常用文件夹）添加到“开始”屏幕上。

步骤01 按【Windows+I】组合键，打开【设置】窗口，并单击【个性化】➢【开始】➢【选择哪些文件夹显示在“开始”菜单上】链接。

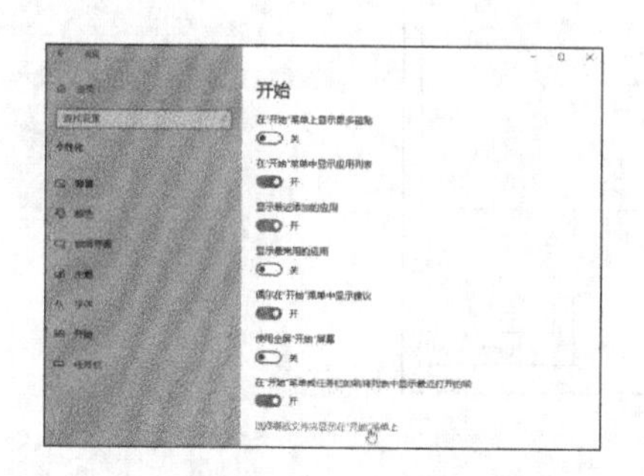

步骤02 在弹出的窗口中选择要添加到“开始”屏幕上的文件夹，这里以【文件资源管理器】为例，将【文件资源管理器】按钮设置为“开”。

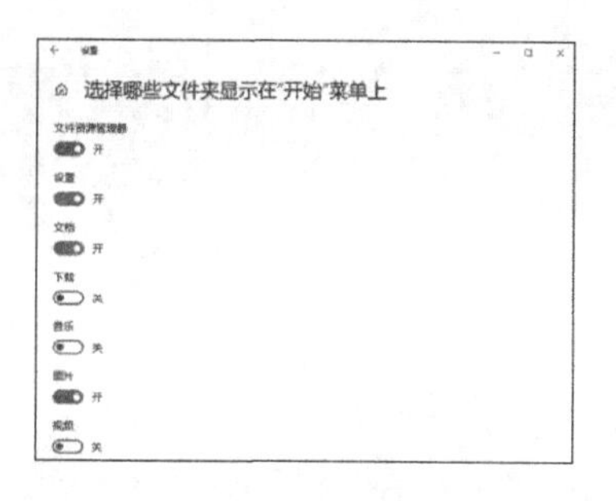

步骤03 关闭【设置】对话框，按【Windows】键，打开“开始”屏幕，即可看到添加的文件夹。

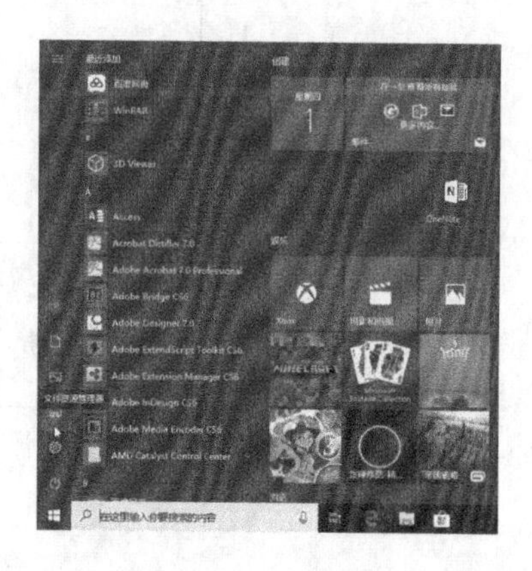

技巧2：如何快速查找文件

下面简单介绍文件的搜索技巧。

（1）关键词搜索。

利用关键词可以精准地搜索到某个文件，可以从以下元素入手，进行搜索。

① 文档搜索——文档的标题、创建时间、关键词、作者、摘要、内容、大小。

② 音乐搜索——音乐文件的标题、艺术家、唱片集、流派。

③ 图片搜索——图片的标题、日期、类型、备注。

因此，在创建文件或文件夹时，建议尽可能地完善属性信息，以方便查找。

（2）缩小搜索范围。

如果知道被搜索文件的大致范围，应尽量缩小搜索范围，如在J盘，可打开J盘，按【Ctrl+F】组合键，单击【搜索】标签页，在【优化】组中设置日期、类型、大小和其他属性信息。

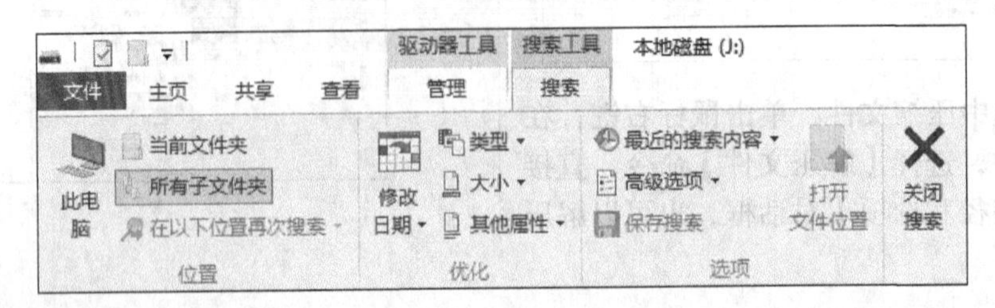

（3）添加索引。

在Windows 10系统文件资源管理器窗口中，可以通过【选项】组中的【高级选择】，使用索引，根据提示确认对此位置进行索引。这样可以快速搜索到需要查找的文件。

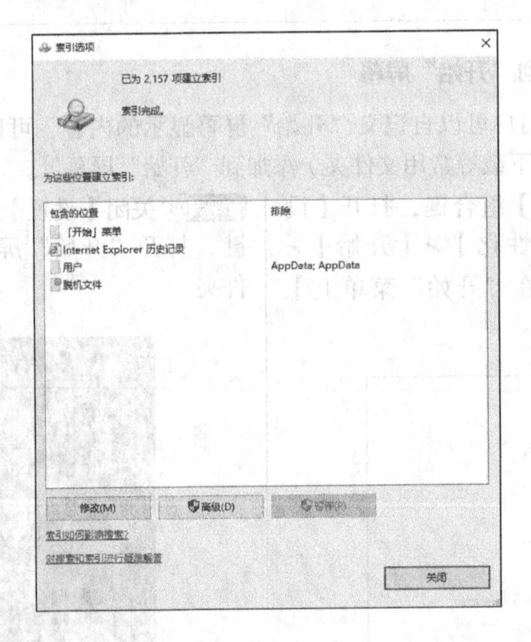

第2篇
五笔打字篇

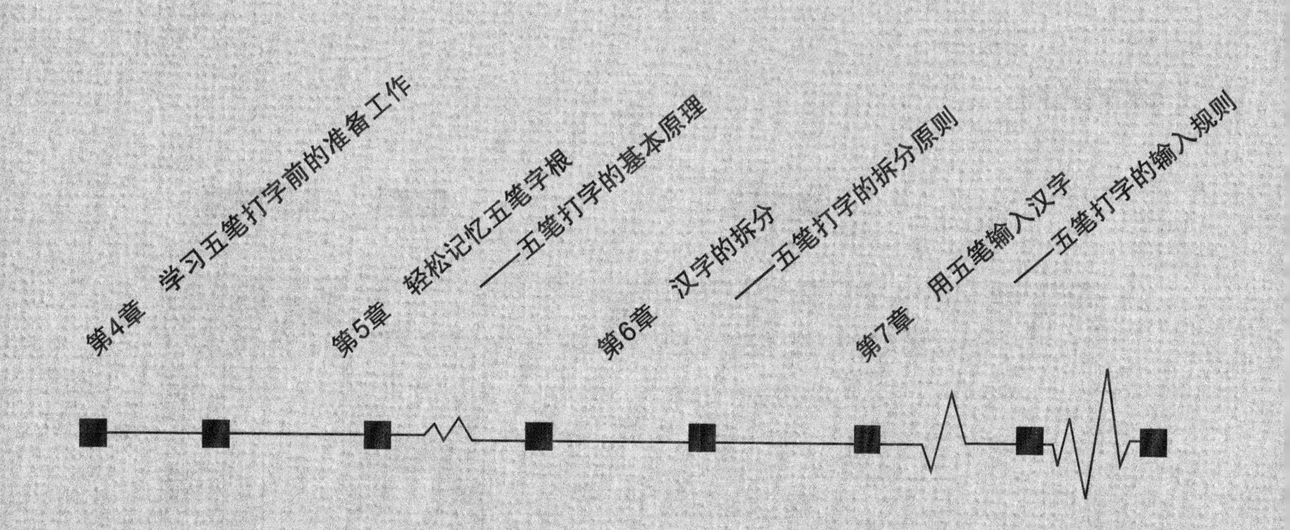

第4章　学习五笔打字前的准备工作
第5章　轻松记忆五笔字根
——五笔打字的基本原理
第6章　汉字的拆分
——五笔打字的拆分原则
第7章　用五笔输入汉字
——五笔打字的输入规则

第4章

学习五笔打字前的准备工作

学习目标

在学习五笔打字前，首先应该熟悉键盘并掌握如何正确地操作键盘，这样可以快速准确地击准键位。掌握对输入法的管理，则可以更好地利用打字工具，提高五笔的输入效率。

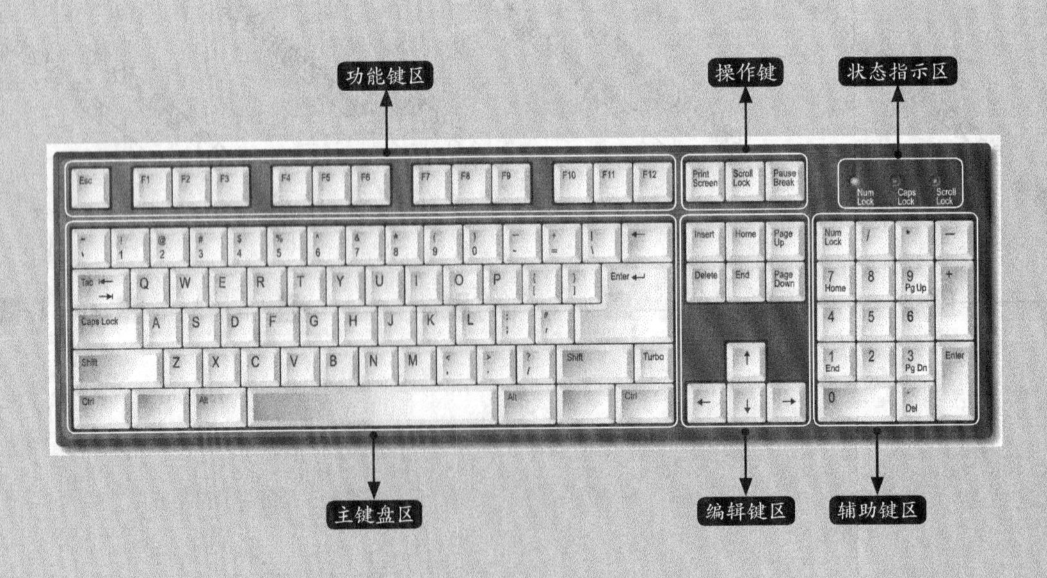

4.1 认识键盘结构

键盘是由一组矩阵方式的按键开关组成的。键盘根据应用的途径可以分为台式键盘和笔记本键盘；根据接口可分为USB接口键盘和P/S接口键盘；根据按键的多少有83、101、102、104键键盘。无论是哪种键盘，其使用原理及区域划分都有相同的规律。

我们通常把普遍使用的101键盘称为标准键盘。现在常用的键盘在101键的基础上增加了三个用于Windows的操作键，分别为【Wake Up】唤醒按钮、【Sleep】转入睡眠按钮和【Power】电源管理按钮。

下面以104键台式键盘为例介绍键盘结构。键盘主要由主键盘区、功能键区、编辑键区、辅助键区和状态指示区5个区构成，外加三个操作键，如下图所示。

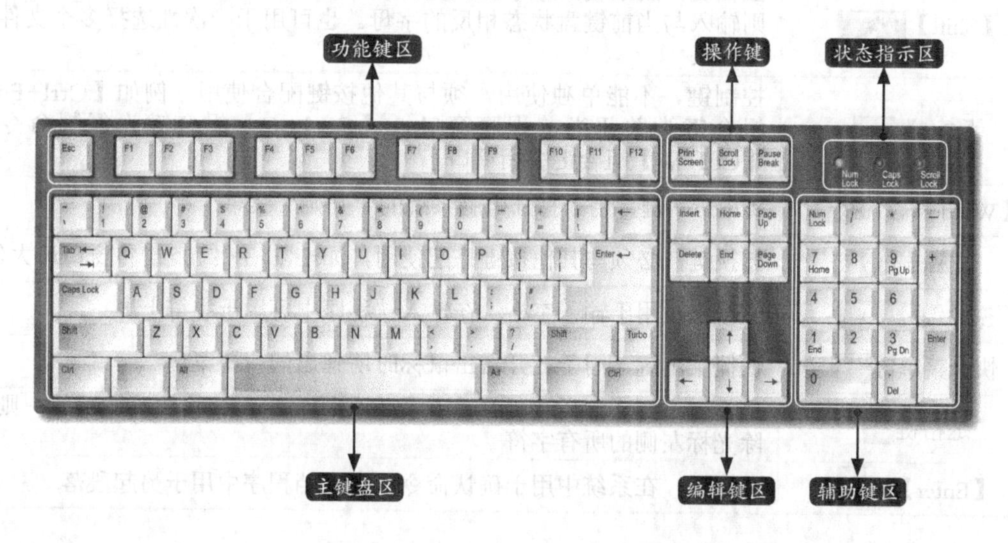

4.1.1 主键盘区

主键盘区位于键盘左下方的位置，用于文本内容的输入操作。它是键盘中区域最大的部分，也是使用频率最高的区域。如下图所示，主键盘区分为字母键、数字键、符号键和控制键等，共有61个键。

下表是主键盘区各按键的作用。

按键名称	作用
<A>~<Z>字母键（26个）	用于输入英文字母或汉字，输入时，按下编码所对应的按键，系统会根据输入法自动进行转换。当输入法为英文状态时，直接输入的为小写字母，按下【Shift】键的同时按下相应字母键即可输入大写字母
<0>~<9>数字键（10个）	用于输入数字与特殊符号。数字键中包括两种类型的按键，分别是上档符号键与下档数字键。输入下档键数字时，直接按下相应按键即可；输入上档符号时，需要在按下【Shift】键的同时按下相应数字键
标点符号键（11个）	用于输入标点符号，标点符号键中也包括上档键和下档键两种类型的符号，输入方法与数字键的输入一致
【Tab】	制表键，用于移动光标至下一个制表位的位置。与其他按键配合使用时，可以产生其他用途
【Caps Lock】	大写字母锁定键，也称换档键，用于切换英文字母的大小写输入状态。处于大写字母状态时，按键中的大写字母指示灯会处于亮的状态
【Shift】	上档键，用于输入数字键或符号键上方的符号；与字母键组合使用，则输入与当前键盘状态相反的字母。也可用于一次性选择多个文件或文件夹
【Ctrl】	控制键，不能单独使用，须与其他按键配合使用，例如【Ctrl+F4】组合键为关闭当前程序窗口，【Ctrl+C】组合键为复制命令，【Ctrl+W】组合键关闭窗口
【Windows】键	Windows键，用于打开电脑系统的“开始”菜单
【Alt】	转换键，必须与其他按键搭配使用，如<Alt>+<F10>键将窗口最大化
空格键	空格键，用于输入空格；在输入法程序中可用于字符上屏
快捷菜单键	快捷菜单键，用于打开右击鼠标时所弹出的快捷菜单
退格键	退格键，用于删除光标所在位置左侧的字符。若按住该键不放，则删除光标左侧的所有字符
【Enter】	回车键，在系统中用于确认命令；在文档程序中用于另起段落

小提示

使用符号键输入标点符号时，如果输入法处于中文状态，则输入的为中文标点符号；如果输入法处于英文状态，则输入的为英文标点符号。

4.1.2 功能键区

功能键区位于键盘最上方，由13个键组成，用于完成一些特殊的功能，对电脑的操作系统进行控制。功能键区包括【Esc】键和【F1】键~【F12】键，如下图所示。

下表是功能键区各按键的作用。

按键名称	作用
【Esc】	在操作系统中，它用来把已键入的命令或字符串作废。在一些应用程序中，常起到退出的作用
【F1】	在电脑中打开某个程序后，按下【F1】键可获取该程序的帮助信息
【F2】	在资源管理器中用于对文件或文件夹进行重命名，选定了目标文件或文件夹后，按下【F2】键即可对选定的文件或文件夹重命名
【F3】	用于打开系统的搜索窗格
【F4】	用于打开IE浏览器的地址栏列表
【F5】	用来刷新IE或资源管理器中当前所在窗口的内容
【F6】	可以快速定位资源管理器及IE的地址栏
【F7】	多数情况下在DOS系统中使用
【F8】	开机时一直按F8键，可以显示出不同的启动模式
【F9】	在某些媒体播放器中用于控制音量
【F10】	用于激活Windows系统或当前使用程序中的菜单
【F11】	用于将当前的资源管理器或IE浏览器变为全屏显示
【F12】	在Word 2007以上的版本中用于打开“另存为”对话框

小提示

在不同的软件中，可以对功能键进行不同的定义，或者是配合其他键进行定义，起到不同的作用。

4.1.3 编辑键区

编辑键区位于主键盘区的右侧，由13个键组成，主要用来移动光标和翻页，如下图所示。

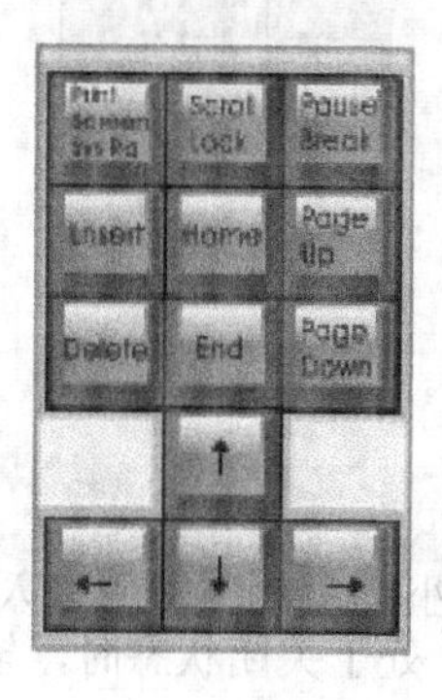

下表是编辑键区各按键的作用。

按键名称	作用
【Print Screen SysRq】	屏幕复制键，用于将屏幕上显示的画面复制到剪切板里，然后粘贴到Word、画图等软件里
【Scroll Lock】	滚屏锁定键，用于锁定/取消锁定屏幕滚动。在Excel中可以锁定方向键移动单元格，而转变为屏幕移动
【Pause Break】	暂停键。在某些操作中可暂停屏幕显示
【Insert】	插入键，用于改变输入状态。在键盘上按下该键，电脑文字的输入状态在“插入”和“改写”状态之间切换，多数情况下在文档处理程序中使用
【Delete】	删除键。用于删除光标右侧的字符
【Home】	首键。在文档处理程序中，用于将光标移至当前行的首位；按下【Ctrl+Home】组合键可将光标移到首页的行首位置
【End】	尾键，位于【Home】键下方。在文档处理程序中，用于将光标移至当前行的行尾；按下【Ctrl+End】组合键则光标移到尾页的行尾位置
【Page Up】	向上翻页键，用于对文档进行向上翻页的操作。在键盘上按下该键，则屏幕中的内容向前翻一页
【Page Down】	向下翻页键，用于对文档进行向后翻页的操作。在键盘上按下该键，则屏幕中的内容向后翻一页
↑←↓→键	方向键，位于编辑键区最下方，用于控制光标的位置。按下相应方向键后，光标会根据按键向上、左、下或右移动一个位置

4.1.4 辅助键区

辅助键区又称数字键区，也称小键盘区。该键区位于键盘的最右侧，包括17个按钮，其中数字键有10个，其余为符号键以及功能键，主要用于输入数字以及加、减、乘和除等运算符号的输入。如下图所示。

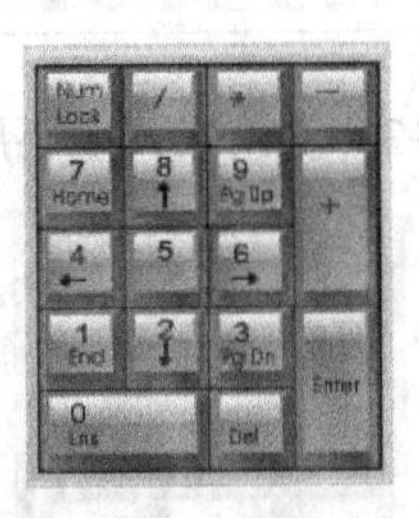

下表是辅助键区各按键的作用。

按键名称	作用
【NumLock】	用于开启/关闭小键盘数字键的输入状态。处于开启状态时，输入数字键区的上档字符；处于关闭状态时，输入下档键字符
+、–、*、/运算键	用于在使用计算器或是在Excel 工作簿中进行计算时输入运算符
<0>~<9>数字键和<.>键	用于输入数字和小数点
【Enter】	与主键盘区的【Enter】键一致。在系统中用于确认命令，在文档程序中用于另起段落

小提示

在数字键区按下【Num Lock】键，【Num Lock】数字键盘的锁定灯亮时，数字键为锁定状态，按下数字键可执行编辑键的功能。

4.1.5 状态指示区

键盘状态指示区位于数字键区上方，由三个状态指示灯组成，分别为【Num Lock】数字键盘的锁定灯、【Caps Lock】大写字母锁定灯和【Scroll Lock】滚屏锁定灯，如下图所示。

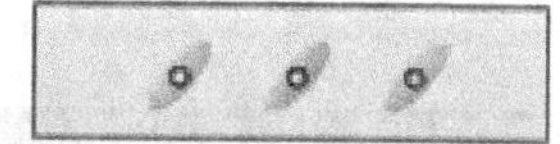

（1）【Num Lock】数字键盘的锁定灯亮：表示数字键盘的数字键处于可用状态。

（2）【Caps Lock】大写字母锁定灯亮：表示当前为输入大写字母的状态。

（3）【Scroll Lock】滚屏锁定灯亮：表示在DOS状态下可使屏幕滚动显示。

常用组合键作用如下表所示。

按键组合	作用
Ctrl+Alt+Del	在DOS下完成系统热启动；在Windows操作系统下，进入Windows任务管理器
Ctrl+Pause Break	在DOS下终止程序运行
Ctrl+Print Screen Sys Rq	抓取Windows当前活动的界面
Alt+ Print Screen Sys Rq	抓取当前显示器屏幕显示的全部内容
Ctrl+Home	在编辑软件中，光标移至文件首页首行
Ctrl+End	在编辑软件中，光标移至文件末页末行
Ctrl+X	剪切掉当前光标选择的字符内容
Ctrl+C	复制当前光标选择的字符内容
Ctrl+V	将剪切或复制的内容粘贴到光标当前位置
Alt+Tab	在当前打开窗口之间切换

4.2 熟悉键盘操作

如果准备在电脑中输入文字或输入操作命令，通常需要使用键盘进行。使用键盘时，为了防止坐姿不对造成身体疲劳，以及指法不对造成手臂疲劳的现象，用户一定要有正确的坐姿以及击键要领，劳逸结合，尽量减小使用电脑过程中造成身体的疲劳程度，达到事半功倍的效果。本节介绍使用键盘的基本方法。

4.2.1 什么是基准键位

为了保证指法的出击迅速，在没有击键时，十个手指可放在键盘的中央位置，也就基准键位上，这样无论是敲击上方的按键还是下方按键，都可以快速进行击键，然后返回。

键盘中有8个按键被规定为基准键位。基准键位位于主键盘区，是打字时确定其他键位置的标准，从左到右依次为【A】【S】【D】【F】【J】【K】【L】和【；】。在敲击按键前，将手指放在基准键位时，手指要虚放在按键上，注意不要按下按键，具体情况如下图所示。

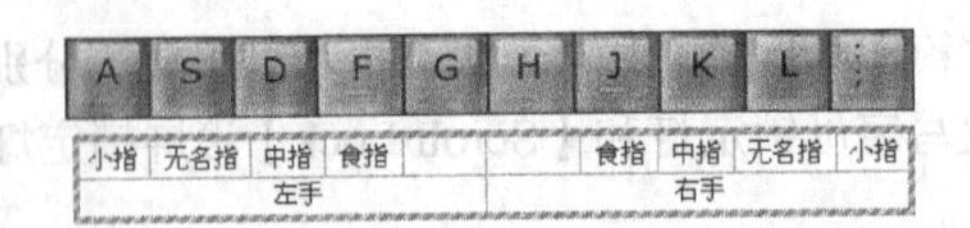

小提示

基准键共有8个，其中【F】键和【J】键上各有一个凸起的小横杠，用于盲打时手指通过触觉定位。另外，两只手的大拇指要放在空格键上。

4.2.2 十指的键位分工要明确

指法就是指按键的手指分工。键盘的排列是根据字母在英文打字中出现的频率而精心设计的，正确的指法可以提高手指击键的速度，加快文字的输入，同时减少手指疲劳。

在敲击按键时，每个手指要负责所对应基准键周围的按键，左右手所负责的按键具体分配情况如下图所示。

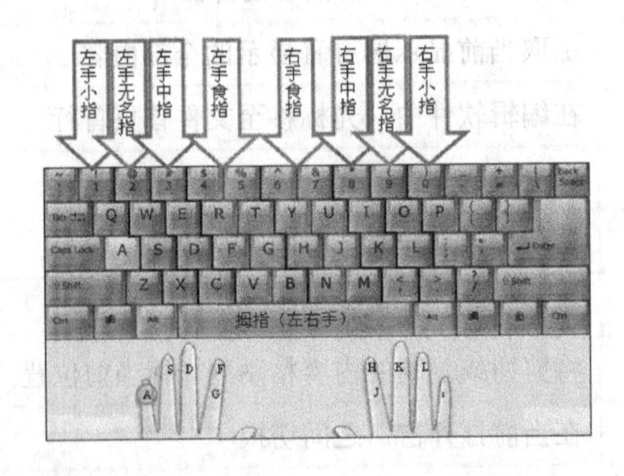

（1）左手。

食指负责的键位有4、5、R、T、F、G、V、B八个键，中指负责3、E、D、C四个键，无名指负责2、W、S、X四个键，小指负责1、Q、A、Z及其左边的所有键位。

（2）右手。

食指负责6、7、Y、U、H、J、N、M八个键，中指负责8、I、K、，四个键，无名指负责9、O、L、。四个键，小指负责0、P、；、/及其右边的所有键位。

（3）拇指。

双手的拇指用来控制空格键。

小提示

在敲击按键时，手指应该放在基准键位上，迅速出击，快速返回。一直保持手指在基准键位上，才能达到快速的输入。

4.2.3 电脑打字的姿势要正确

在使用键盘进行编辑操作时，正确的坐姿可以帮助用户提高打字速度，减少疲劳。正确的姿势应当注意以下几点：

（1）座椅高度合适，坐姿端正自然，两脚平放，全身放松，上身挺直并稍微前倾。

（2）眼睛距显示器的距离为30～40cm，并让视线与显示器保持15°～20° 的角度。

（3）两肘贴近身体，下臂和腕向上倾斜，与键盘保持相同的斜度；手指略弯曲，指尖轻放在基准键位上，左右手的大拇指轻轻放在空格键上。

（4）大腿自然平直，与小腿之间的角度为90°，双脚平放于地面上。

（5）按键时要轻敲，用力要均匀。

如下图所示的电脑操作的正确姿势。

小提示

使用电脑过程中要适当休息，连续坐了2小时后，就要让眼睛休息一下，防止眼睛疲劳，以保护视力。

4.2.4 击键要领

了解指法规则及打字姿势后即可进行输入操作。击键时要按照指法规则，十个手指各司其职，采用正确的击键方法：

（1）击键前，除拇指外的8个手指要放置在基准键位上，指关节自然弯曲，手指的第一节与键面垂直，手腕要平直，手臂保持不动。

（2）击键时，用各手指的指腹击键。以与指尖垂直的方向，向键位瞬间爆发冲击力，并立即反弹，力量要适中。要做到稳、准、快，不拖拉犹豫。

（3）击键后，手指立即回到基准键位上，为下一次击键做好准备。

（4）不击键的手指不要离开基本键位。

（5）需要同时击两个键时，若两个键分别位于左右手区，则由左右手各击相对应的键。

（6）输入按键时，喜欢单手操作是初学者的习惯，在打字初期一定要克服这个毛病，进行双手操作。

4.3 使用金山打字通进行指法练习

通过前两节的学习，相信读者已经跃跃欲试，希望快速熟练地使用键盘了，这就需要进行大量的指法练习。在练习的过程中，要注意一定要使用正确的击键方法，这对输入速度有很大帮助。下面通过金山打字通 2016进行指法的练习。

4.3.1 安装金山打字通软件

在使用金山打字通 2016进行打字练习之前，需要在电脑中安装该软件。下面介绍安装金山打字通 2016的操作方法。

步骤 01 打开电脑上的浏览器，输入“金山打字通”的官方网址，找到金山打字通的下载页面，单击页面中的【免费下载】超链接，在底部弹出的提示框中，单击【运行】按钮。

步骤 02 下载完成后，即会弹出【金山打字通 2016安装】窗口，进入【欢迎使用“金山打字通 2016”安装向导】界面，单击【下一步】按钮。

步骤 03 进入【许可协议和隐私政策】界面，单击【我接受】按钮。

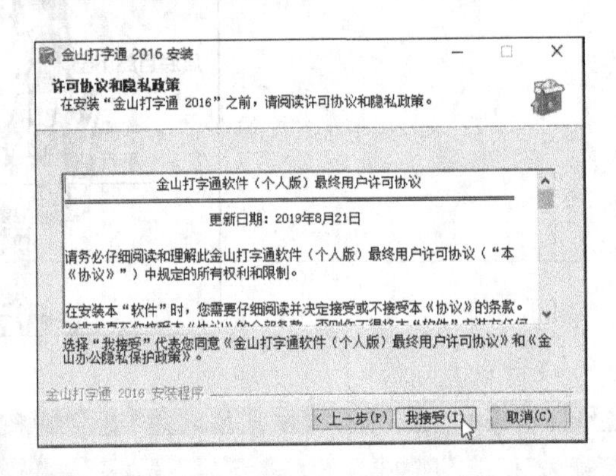

步骤 04 进入【WPS Office校园版】界面，单击【WPS Office 2019校园版，打字学习办公必备软件（推荐安装）】复选框，去除勾选该选项，单击【下一步】按钮。

步骤05 进入【选择安装位置】界面，单击【浏览】按钮，可选择软件的安装位置，设置完毕后，单击【下一步】按钮。

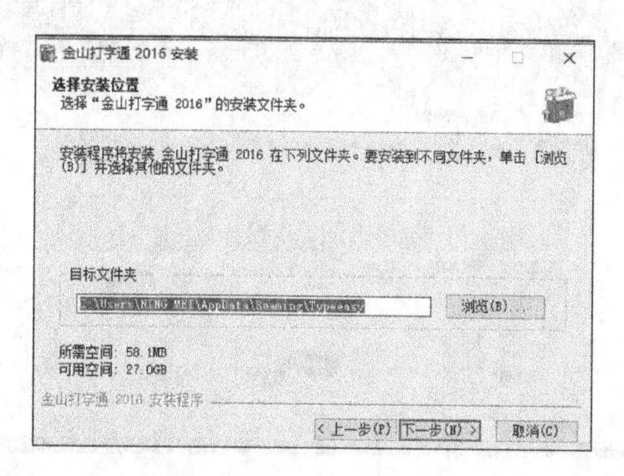

步骤06 进入【选择"开始菜单"文件夹】界面，单击【安装】按钮。

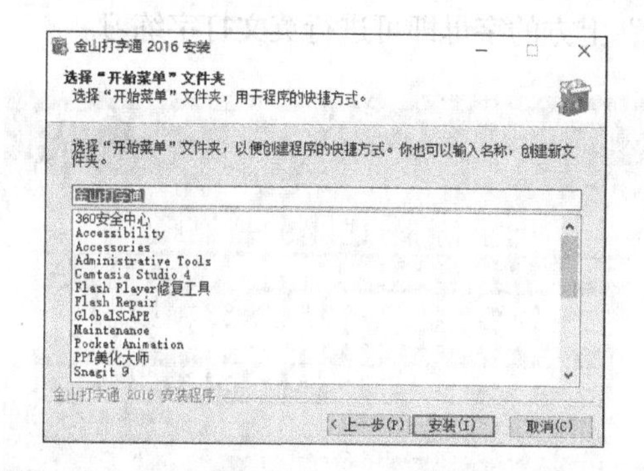

步骤07 进入【安装 金山打字通 2016】界面，可以看到安装进度条，如下图所示。

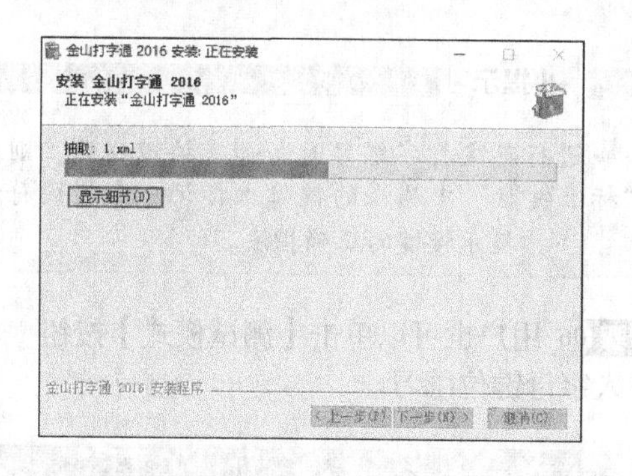

步骤08 进入【软件精选】界面，撤销推荐软件前复选框的勾选，单击【下一步】按钮。

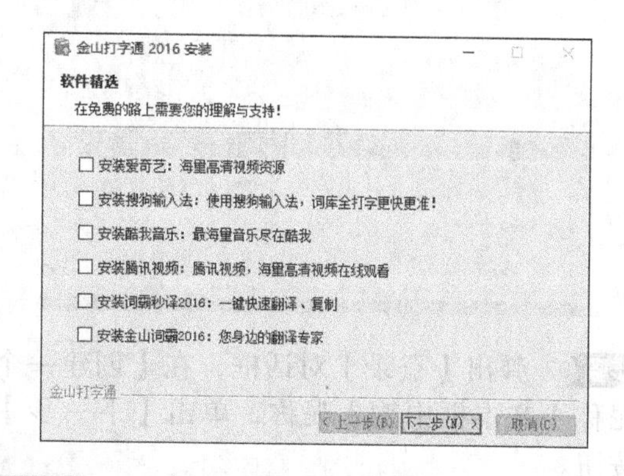

步骤09 进入【正在完成"金山打字通 2016"安装向导】界面，取消选中复选框，单击【完成】按钮，即可完成软件的安装，

至此，金山打字通2016安装完成，接下来就可以启动金山打字通软件进行指法练习。金山打字通软件的启动也有两种方法。

（1）直接双击电脑桌面的【金山打字通】快捷方式图标。

（2）单击电脑桌面左下角的【开始】按钮，在程序列表列表中单击【金山打字通】。

4.3.2 字母键位练习

对于初学者来说，进行英文字母打字练习可以更快地掌握键盘，从而快速地提高对键位的熟悉程度。下面介绍在金山打字通2016中进行英文打字的操作步骤。

步骤01 启动金山打字通2016后，单击软件主界面右上角的【登录】按钮 登录 。

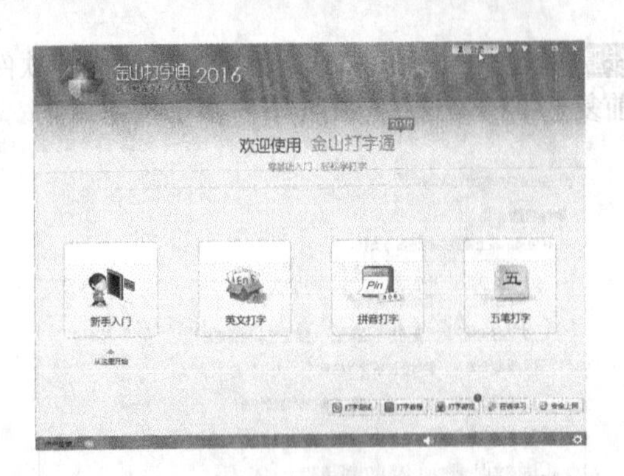

步骤02 弹出【登录】对话框，在【创建一个昵称】文本框中输入昵称，单击【下一步】按钮。

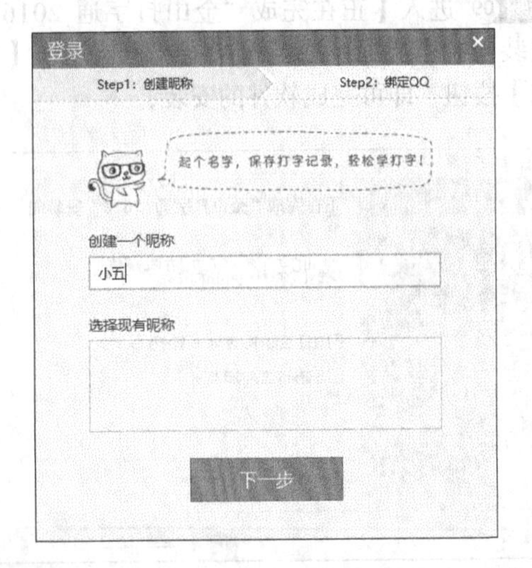

步骤03 打开【绑定QQ】页面，单击选中【自动登录】复选框和【不再提示】复选框，单击【绑定】按钮，完成与QQ 的绑定。绑定完成，将自动登录金山打字通软件。

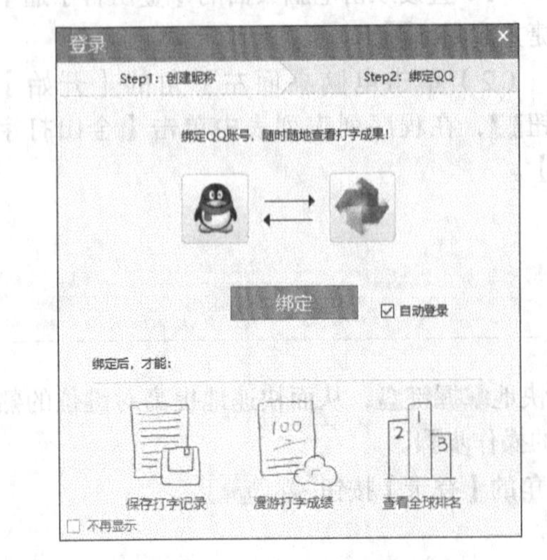

步骤04 在软件主界面单击【新手入门】按钮，进入【新手入门】界面。单击【字母键位】按钮。

步骤05 进入【第二关：字母键位】界面，根据“标准键盘”下方的指法提示，输入“标准键盘”上方的字母即可进行英文打字练习。

小提示

进行英文打字练习时，如果按键错误，则在“标准键盘”中错误的键位上标记一个错误符号 ，下方提示按键的正确指法。

步骤06 用户也可以单击【测试模式】按钮 ，进入字母键位练习。

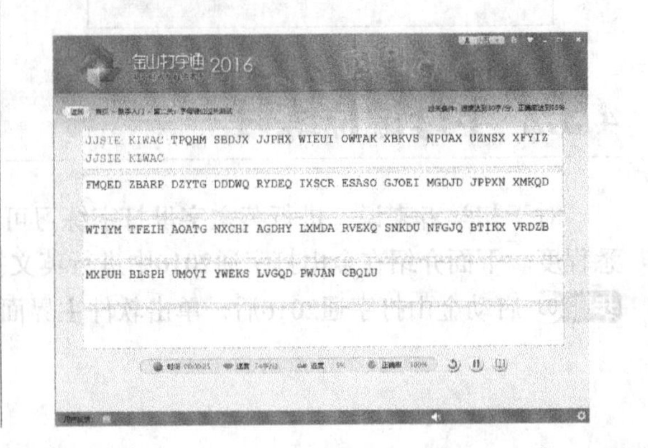

4.3.3 数字和符号输入练习

数字和符号离基准键位远而且偏一点，很多人喜欢直接把整个手移过去，这不利于指法练习，而且对以后打字的速度也有影响。希望读者能克服这一点，在指法练习的初期就严格要求自己。

对于数字和符号的输入，与英文打字类似。在【新手入门】界面的【数字键位】和【符号键位】两个选项中，可分别练习数字和符号的输入。

另外，用户在学习了后面的五笔知识后，也可以在【首页】➤【五笔打字】页面中，进行单字、词组、文章等五笔输入练习。

4.4 输入法的安装与卸载

Windows 10操作系统虽然自带有微软拼音输入法，但如果用户需要或习惯使用其他输入法，也可以下载并安装其他输入法。本节以“QQ五笔”为例，介绍输入法安装与卸载的方法。

1.安装输入法

输入法的安装方法和4.3.1小节介绍的金山打字通软件安装方法相同，用户下载并运行输入法安装包，如下图所示，执行【下一步】操作，根据提示进行操作即可完成安装。

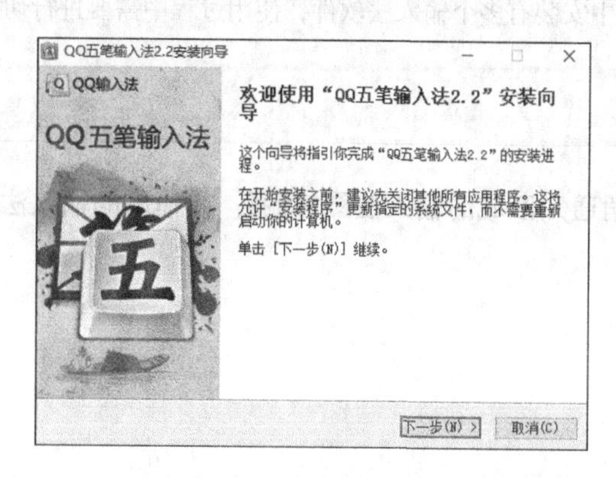

2.卸载输入法

如果不想再使用某个输入法，可以卸载已安装的输入法。本节以卸载QQ五笔为例，介绍输入法卸载的具体操作步骤。

步骤01 按【Windows+I】组合键，打开【Windows设置】面板，选择【应用】选项。

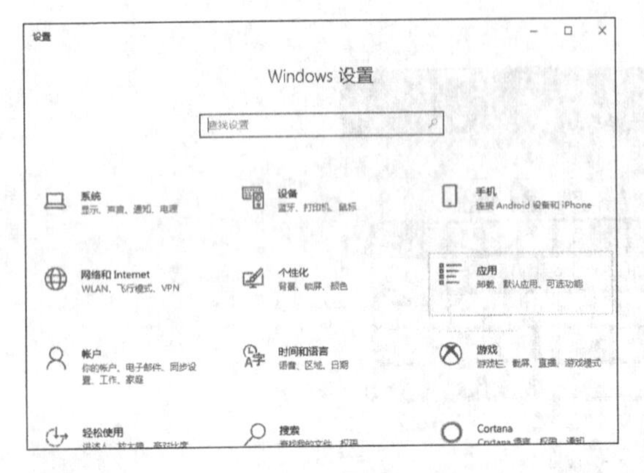

步骤02 进入【应用和功能】界面，在应用列表中，选择要卸载的软件，并单击其右下方的【卸载】按钮。

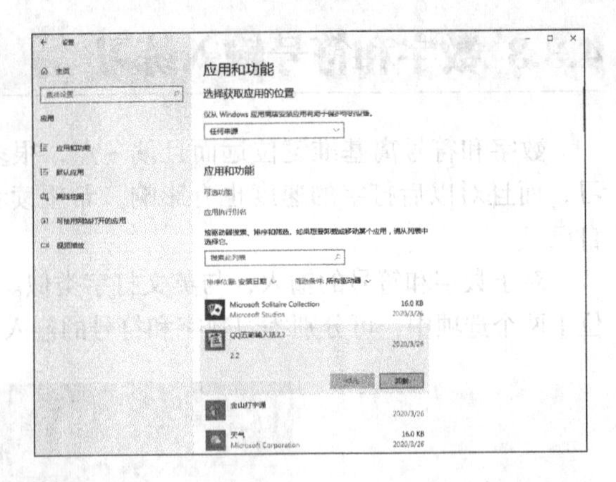

步骤03 在弹出的提示框中，单击【卸载】按钮。

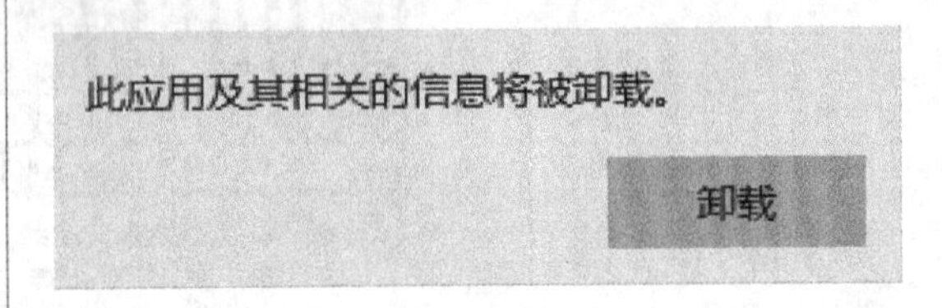

步骤04 弹出【QQ五笔输入法2.2卸载】对话框，单击【是】按钮，即可根据提示卸载该输入法。

4.5 输入法的切换

如果电脑中安装有多个输入法软件，使用过程中需要进行切换，可按【Ctrl+Shift】组合键快速完成。

另外，单击桌面右下角通知区域的输入法图标，在弹出的输入法列表中，单击鼠标进行选择，也可完成切换。

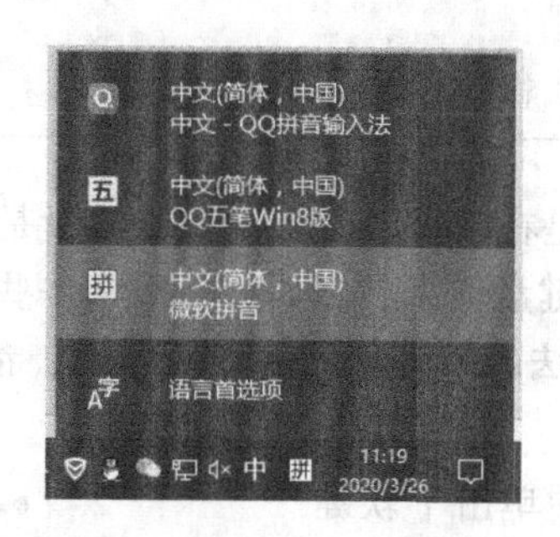

4.6 输入法的状态条

安装输入法之后，会显示输入法的状态条。状态条包含一些常用的输入法设置按钮，如中英文切换、全半角切换、软键盘等。本节以QQ五笔输入法为例介绍输入法状态条的操作。

4.6.1 中英文切换

在状态条中切换中英文的操作步骤如下。

步骤01 默认情况下，QQ五笔输入状态为中文输入。

步骤02 单击【切换中/英文】按钮中或者按【Shift】键即可切换至英文输入状态。

4.6.2 全半角切换

半角和全角主要是针对标点符号来说的，全角标点占两个字节，半角占一个字节。在QQ五笔输入法状态条中单击【全/半角】按钮或者按【Shift+Space】组合键，即可在全半角之间切换。

4.6.3 中英文标点的切换

在QQ五笔输入法中单击【中/英文标点】按钮或者按【Shift+.】组合键，即可在中英文标点之间切换。

4.6.4 软键盘的使用

软键盘并不是在键盘上，而是在“屏幕”上的，软键盘是通过软件模拟键盘通过鼠标单击输入字符，是为了防止木马记录键盘输入的密码，一般在一些银行的网站上要求输入账号和密码的地方容易看到。QQ五笔输入法的软键盘提供有PC键盘、希腊字母、俄文字母、标点符号等软键盘。

步骤01 在QQ五笔输入法状态条中单击【软键盘】按钮，在弹出的快捷菜单中选择或者按【Ctrl+Shift+K】组合键，即可打开软键盘，直接单击软键盘上的按钮，即可执行相应的命令。再次单击【软键盘】按钮即可关闭软键盘。

步骤02 在【软键盘】按钮上单击鼠标右键，将会弹出输入法软件提供的软键盘列表，这里选择【标点符号】选项。

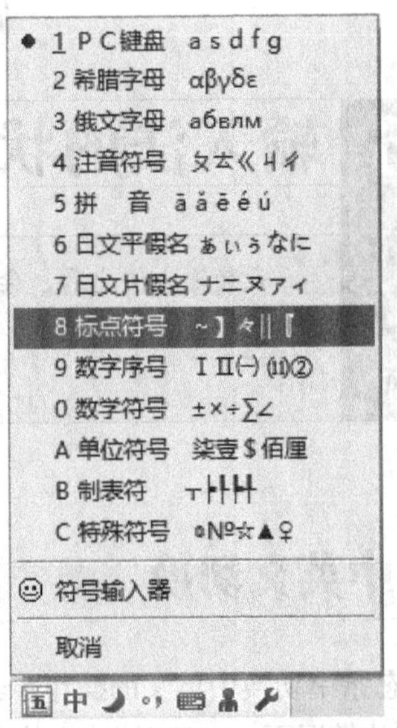

步骤03 即可显示【标点符号】软键盘，击打对应的按键，即可输入相应的标点符号，输入完成后，按【Esc】键退出软键盘。

高手支招

技巧1：启用粘滞键

Windows中的粘滞键是专为同时按下两个或多个键有困难的人设计的。粘滞键的主要功能是方便Shift、Ctrl、Windows、Alt与其他键的组合使用。

在使用热键时，例如【Ctrl+C】组合键，用粘滞键就可以一次只按一个键来完成复制的功能。

用户连续按下【Shift】键5次可以启动，弹出【粘滞键】对话框，单击【是】按钮，即可启用粘滞键功能。

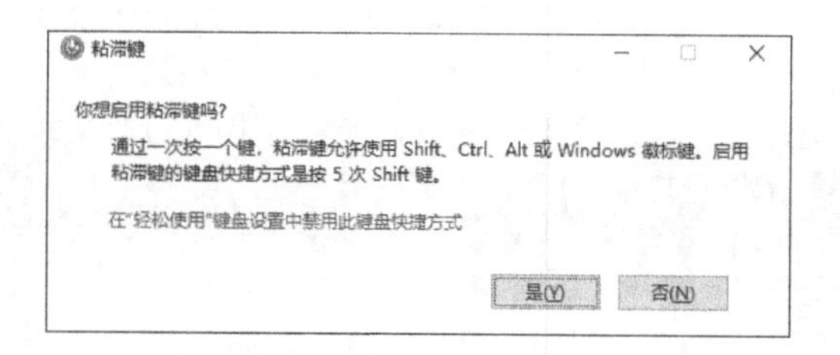

另外，用户也可以在【设置】➢【轻松使用】➢【键盘】界面的【使用粘滞键】区域下，设置是否开启粘滞键。

技巧2：默认输入法的设置技巧

用户可以自定义某个输入法设置为默认输入法，如本节将设置“QQ五笔”为默认输入法，具体操作步骤如下。

步骤01 单击桌面右下角通知区域的输入法图标 拼，在弹出的输入法列表中，单击【语言首选项】选项。

步骤02 进入【设置-语言】界面，单击【首选语言】区域【中文】语言中的【选项】按钮。

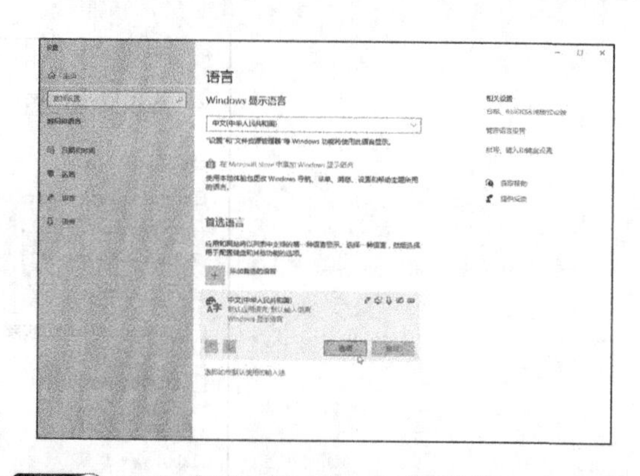

步骤03 进入【语言选项：中文(简体，中国)】界面，单击【键盘】下方的【添加键盘】按钮，在弹出的列表中，选择【QQ五笔Win8版】。

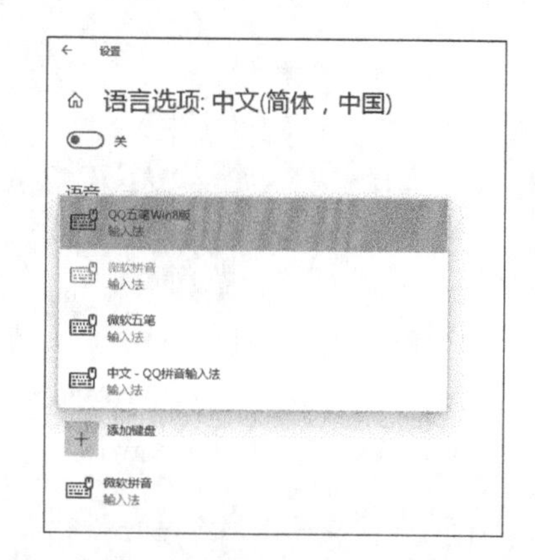

步骤04 单击界面上方的【上一页】按钮，返回上一界面，单击【选择始终默认使用的输入法】选项。

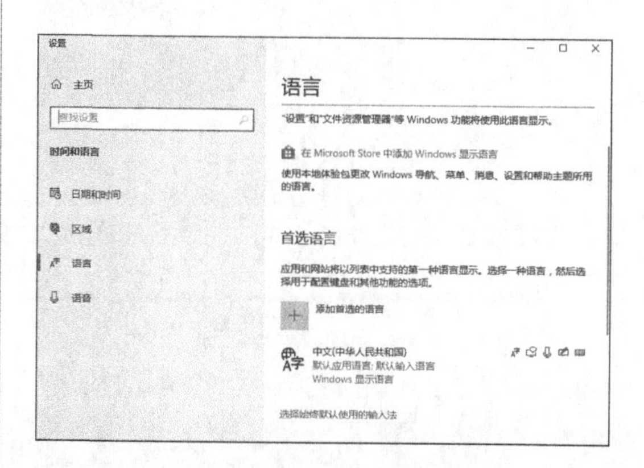

步骤05 进入【高级键盘设置】界面，在【替代默认输入法】列表中，选择要设置的输入法，如【中文(简体，中国)-QQ五笔Win8版】选项，即可将其设置为默认输入法。

设置
高级键盘设置
替代默认输入法
如果你想使用与语言列表中最靠前的输入法不同的输入法，请在此处选择
使用语言列表(推荐)
中文(简体，中国) - 微软拼音
中文(简体，中国) - QQ五笔Win8版
允许我为每个应用窗口使用不同的输入法
使用桌面语言栏(如果可用)
语言栏选项
输入语言热键
表情符号面板

第5章

轻松记忆五笔字根——五笔打字的基本原理

学习目标

五笔输入法的输入原理是将汉字拆分为独立的字根，然后输入字根所对应的按键编码。可见，字根是五笔打字之本。本章主要介绍五笔字型的基础、认识五笔字根和字根的分布等方面的知识与技巧，同时讲解快速记忆五笔字型字根的方法。在本章的最后还针对实际的工作需求，讲解了使用金山打字练习字根的方法。通过本章的学习，读者可以识记五笔字型字根，为深入学习五笔打字奠定基础。

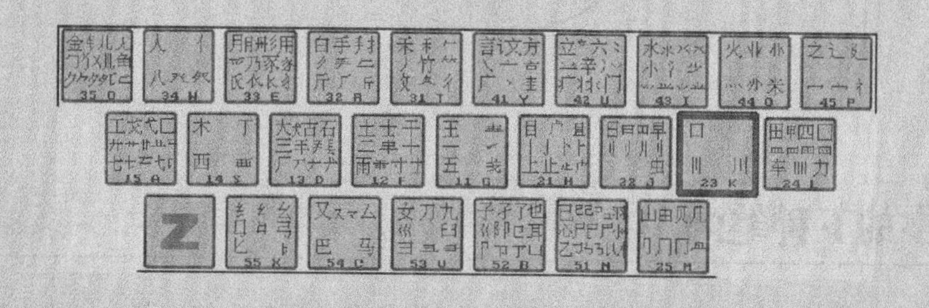

5.1 了解字根与汉字间的关系

五笔字型是以汉字的结构为依据来进行编码的，汉字的层次划分可以帮助用户了解汉字的结构，而笔画则用于划分字根的类别。所以在学习五笔字型前，应先了解汉字的层次以及笔画方面的知识。

5.1.1 汉字的三个层次

无论外形多么复杂的汉字，都是由字根组成的，而字根又是由笔画组成的，所以汉字的三个层次就可以概括为笔画、字根和单字。笔画是指在书写汉字时，不间断地一次写成的线条，如“一”“丨”和“丿”等；字根是指笔画与笔画连接或交叉形成的，类似于偏旁部首的结构，如“木”“氵”和“七”等；单字是字根按一定的位置关系拼装组合成的字，如“笔”“划”“汉”“字”和“根”等。

笔画是汉字最基本的组成单位，字根是五笔输入法中组成汉字最基本的元素。下面举例来说明这三者之间的关系。

例如，“基”字，它由“艹”“三”“八”和“土”4个字根组成，而这4个字根又由相应的笔画组成，如下图所示。

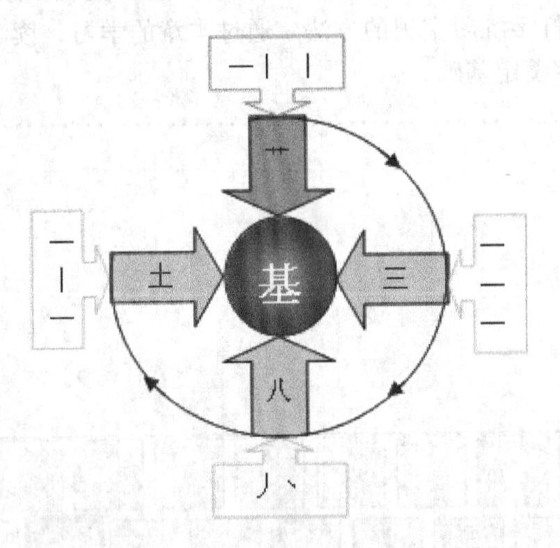

5.1.2 汉字的五种笔画

五笔输入法之所以称为五笔，并不是需要输入5次笔画（事实上绝大部分一级、二级、三级简码的汉字只需要输入一至两次即可），而是因为五笔字根表分为5类，这5类笔画分别是横（一）、竖（丨）、撇（丿）、捺（丶）和折（乙）。汉字就是由这5种基本笔画组成的。在五笔输入法中，就是按照5种基本笔画分类对字根进行划分的，并为5种笔画分别设置了相应的代码，分别是1、2、3、4和5。

在汉字的书写过程中，有些汉字的笔画会有一些变形，所以用户在确定笔画的类型时，只要根据笔画的形象以及起笔方向进行双重确定，就可以正确对其定位。下表介绍了每种笔画的起笔方向以及容易造成混淆的变形笔画。

笔画名称	代 码	笔画走向	笔 画	易混淆的变形笔画
横	1	左→右或左下→右上	一	㇀
竖	2	从上→下	丨	亅
撇	3	右上→左下	丿	—
捺	4	左上→右下	丶	—
折	5	各方向转折	乙	㇄、㇖、㇇、㇆

5.1.3 汉字的三种字型

为了尽量减少重码，在五笔输入法中引入了字型的概念。汉字的字型指的是构成汉字的各字根之间的结构关系。在五笔输入法中将所有汉字的字型划分为左右型、上下型和杂合型三类，并分别用代码1、2和3表示。

1. 左右型

左右型汉字一般可以明显地分为左右两部分（以字根来说）。虽然有些汉字的左（或右）半部分还可以再次进行划分，但从整体上来看仍属于左右型。

2. 上下型

上下型汉字一般可以明显地分为上下两部分（以字根来说）。虽然有些汉字的上（或下）半部分还可以再次进行划分，但从整体上来看仍属于上下型。

3. 杂合型

杂合型汉字是指组成汉字的各个部分之间不能明显地分为上下或左右两部分。杂合型多为独体字、半包围结构或全包围结构。另外，有一些由两个或多个字根相交而成的字，也属于杂合型。如，“必”字是由字根“心”和“丿”组成的，“毛”字是由“丿”“二”和“乚”组成的。

下表说明了汉字的三种字型和各种形态。

字 型	代 码	结 构	图 示	字 例	说 明
左右型	1	双合字	◫	汉、仁、源、扩	整字分成左右两部分或左中右三部分，并列排列，字根之间有较明显的距离，每部分可由一个或多个字根组成
		三合字	▥	倒、浏、例、湖	
		三合字	◫	流、借、始、指	
		三合字	◫	部、封、数、刮	
上下型	2	双合字	⊟	字、分、肖、芯	整字分成上下两部分或上中下三部分，上下排列，它们之间有较明显的间隙，每部分可由一个或多个字根组成
		三合字	☰	意、莫、衷、竟	
		三合字	⊞	恕、型、华、照	
		三合字	⊟	森、荡、蔓、崔	
杂合型	3	单体字	□	乙、目、口、火	整字的每个部分之间没有明显的结构位置关系，不能明显地分为左右或上下关系。如汉字结构中的独体字、全包围和半包围结构，字根之间虽有间距，但总体呈一体
		全包围	▣	回、困、因、国	
		半包围	◰	同、风、冈、凡	
		半包围	◡	凶、函	
		半包围	◲	包、匀、勾、赵	

5.2 字根是五笔打字之本

字根是由基本笔画组成的最基本的结构单元，类似于偏旁部首的结构，同时也是对汉字结构进行拆分得出的结果。在五笔字型输入法中，字根是汉字的基本组成部分，更是输入汉字的重要编码。一个汉字中至少包含一个字根，大多数汉字包括两个以上的字根。下面对字根的分布进行详细介绍。

5.2.1 字根的区和位

在学习字根的分布之前，我们先来了解字根的区和位。为了便于字根的记忆，五笔输入法将键盘中的26个字母键（Z为学习键）进行了区位划分。

区就是根据5种笔画而进行划分的横区、竖区、撇区、捺区和折区，也称为一区、二区、三区、四区和五区；位则是对各区中每个按键进行编码，例如，一区中的第一个字母G的位号就是“1”，第二个字母F的位号就是“2”；也就是说，G的区位号是“11”，F的区位号是“12”。

区位号的作用主要是对字根所在的区以及相应键位进行定位。另外，位号与每区内起始字根的分布还有以下规律：每个键位的位号就是该键位所对应的起始笔画的数量。下表是各字母按键相对应的区位号。

位号 区号		1	2	3	4	5
横区（一）	1区	G（11）	F（12）	D（13）	S（14）	A（15）
竖区（丨）	2区	H（21）	J（22）	K（23）	L（24）	M（25）
撇区（丿）	3区	T（31）	R（32）	E（33）	W（34）	Q（35）
捺区（丶）	4区	Y（41）	U（42）	I（43）	O（44）	P（45）
折区（乙）	5区	N（51）	B（52）	V（53）	C（54）	X（55）

5.2.2 五笔字根的键盘分布及其规律

字根是五笔输入法的基础，将字根合理地分布到键盘的25个键上，这样更有利于汉字的输入。根据汉字的5种笔画，将键盘的主键盘区划分为了5个字根区，分别为横、竖、撇、捺和折5区。下图所示的是五笔字型字根的键盘分布图。

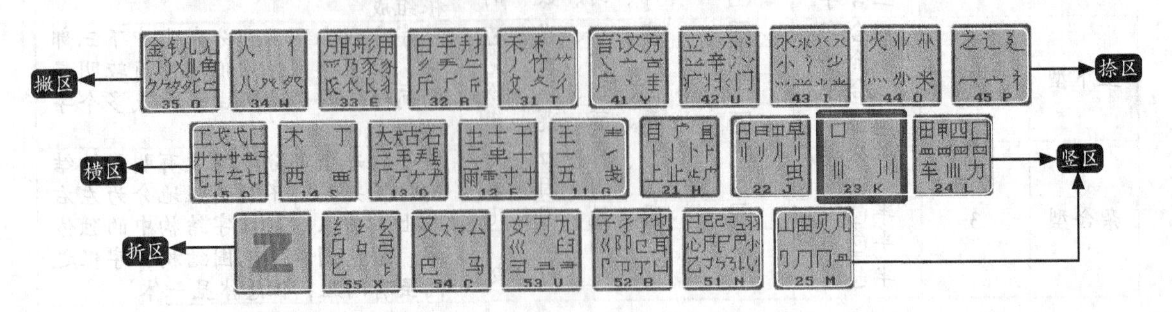

1. 五个字根区的键盘分布

（1）横区（一区）。

横是运笔方向从左到右和从左下到右上的笔画。在五笔字型中，“提（㇀）”包括在横内。横区在键盘分区中又叫作一区，包括【G】【F】【D】【S】【A】5个按键，分布着以“横（一）”起笔的字根。字根在横区的键位分布如下图所示。

（2）竖区（二区）。

竖是运笔方向从上到下的笔画。在竖区内，把“竖左钩（亅）”同样视为竖。竖区在键盘分区中又叫作二区，包括【H】【J】【K】【L】【M】5个按键，分布着以“竖（丨）”起笔的字根。字根在竖区的键位分布如下图所示。

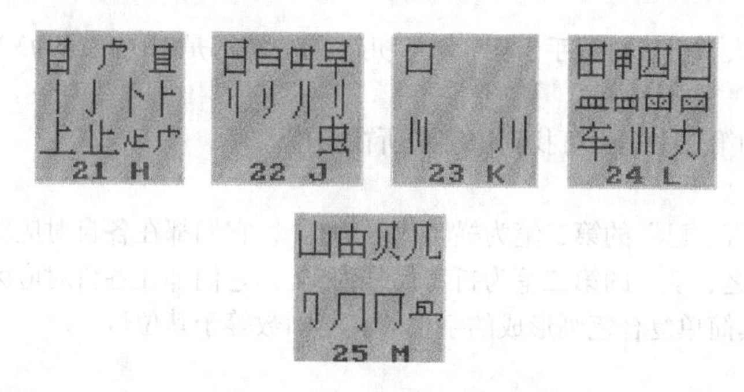

（3）撇区（三区）。

撇是运笔方向从右上到左下的笔画。另外，不同角度的撇也同样视为在撇区内。撇区在键盘分区中又叫三区，包括【T】【R】【E】【W】【Q】5个按键，分布着以“撇（丿）”起笔的字根。字根在撇区的键位分布如下图所示。

（4）捺区（四区）。

捺是运笔方向从左上到右下的笔画，在捺区内把“点（丶）”也同样视为捺。捺区在键盘分区中又叫四区，包括【Y】【U】【I】【O】【P】5个按键，分布着以“捺（丶）”起笔的字根。字根在捺区的键位分布如下图所示。

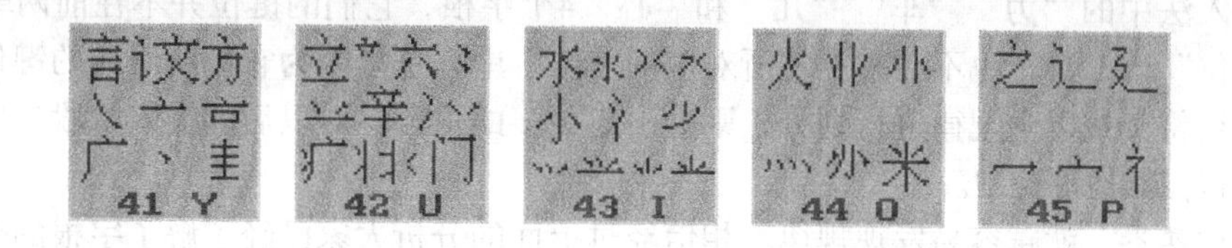

（5）折区（五区）。

折是朝各个方向运笔都带折的笔画（除竖左钩外），例如，“乙”“乚”“乛”和“乁”等都属折。折区在键盘的分区中又叫五区，包括【N】【B】【V】【C】【X】5个按键，分布着以“折（乙）”起笔的字根。字根在折区的键位分布如下图所示。

2. 五笔字根的分布规律

（1）通过字根的第一个笔画可找到该字根所在的区。

例如，

“王、土、大、木、工、五、十、古、西、戈”的首笔都是横（代号为1），它们所在键位就是第1区；

“禾、白、月、人、金、竹、手、用、八、儿”的首笔都是撇（代号为3），它们所在键位就是第3区。

（2）通过字根的第二个笔画可找到该字根所在的位。

例如，

“王、上、禾、言、已”的第二笔为横（代号为1），它们都在各自对应区的第1位；

“戈、山、夕、之、纟”的第二笔为折（代号为5），它们都在各自对应区的第5位。

（3）单笔画及其简单复合笔画形成的字根，其笔画数等于其位号。

例如，

“一、丨、丿、乙”的笔画数都是“1”，都在各自对应区的第1位；

“二、刂、冫、巜”的笔画数都是“2”，都在各自对应区的第2位；

“三、彡、氵、巛”的笔画数都是“3”，都在各自对应区的第3位。

下表是各区号与位号的规律。

区号 \ 位号	1	2	3	4
1区	一	二	三	–
2区	丨	刂	川	川丨
3区	丿	〃		–
4区	丶	冫	氵	灬
5区	乙	巜	巛	–

3. 不按以上规律划分的特殊字根

五笔输入法中的“力”“车”“几”和“心”4个字根，它们的键位并不在前两笔所对应的“区”和“位”内，甚至也不在其首笔所对应的“区”中，这是因为它们所对应的键位有大量重码，如果继续将其按以上规律进行划分，则会引起更多的重码，对以后的输入阶段造成不便，所以将它们分布在其他键位中。

对字根越熟悉，就越容易发现规律。相信经过上面的分析大家已经了解了字根的分布规律。其实，大部分字根是可以按这些规律来进行键位分析与记忆的。

5.2.3 认识键名字根

键名字根是指在五笔字型字根表中，每个字母键位上的第一个字根。键名字根共有25个，是使用频率较高的字根。在学习五笔字型输入法时，先将键名字根记住，有利于整个字根表中字根的记忆。键名字根如下图所示。

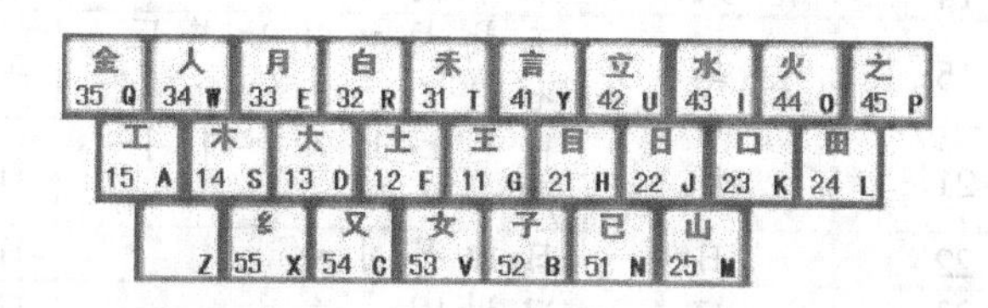

5.2.4 认识成字字根

成字字根是指在五笔字型字根表中，除键名字根以外，字根本身也是汉字的字根。成字字根见下表。

字根区	成字字根				
	1位	2位	3位	4位	5位
横区（1区）	一五戋	士二干十寸雨	犬三古石厂	丁西	戈弋廿七
竖区（2区）	卜上止丨	刂早虫	川	甲口四皿力	由贝冂几
撇区（3区）	竹攵彳丿	手扌斤	彡乃用豕	亻八癶	钅勹儿夕
捺区（4区）	讠文方广亠、	辛六疒门冫	氵小	灬米	辶廴冖宀
折区（5区）	巳己心忄羽乙尸	孑耳阝卩了也凵	刀九臼彐	厶巴马	幺弓匕

小提示

严格地讲，偏旁部首也算是成根字，用打成根字的方法基本上都能打出来，因此上表中将偏旁部首也添加进去了。

5.3 快速记忆五笔字根

五笔字根的数量众多，且形态各异，不容易记忆，是许多人学习五笔的最大障碍。在五笔的发展过程中，除了最初的五笔字根口诀外，还衍生出了很多帮助忘记的方法，本节就来讲解如何快速记忆五笔字根。

5.3.1 通过口诀理解记忆字根

为了帮助五笔字型初学者记忆字根，五笔字型的创造者运用谐音和象形等手法，编写了25句五笔字根口诀。下表是五笔字根口诀及其所对应的字根。

区	键位	区位号	键名字根	字根	记忆口诀
横区	G	11	王	王 龶 戋 五 一	王旁青头戋(兼)五一
	F	12	土	土 士 二 干 十 寸 雨	土士二干十寸雨
	D	13	大	大 犬 三 镸 古 石 厂 ナ 丆	大犬三羊(羊)古石厂
	S	14	木	木 丁 西 覀	木丁西
	A	15	工	工 戈 弋 艹 廾 廿 卄 匚 七	工戈草头右框七
竖区	H	21	目	目 且 上 止 龰 卜 丨 亅 广	目具上止卜虎皮
	J	22	日	日 曰 早 刂 虫	日早两竖与虫依
	K	23	口	口 川 川	口与川，字根稀
	L	24	田	田 甲 囗 皿 四 车 力 罒	田甲方框四车力
	M	25	山	山 由 贝 冂 几 八	山由贝，下框几
撇区	T	31	禾	禾 竹 丿 彳 攵 ⺈	禾竹一撇双人立，反文条头共三一
	R	32	白	白 手 扌 斤 厂 彡	白手看头三二斤
	E	33	月	月 彡 乃 用 豕 𧘇	月彡(衫)乃用家衣底
	W	34	人	人 亻 八 癶	人和八，三四里
	Q	35	金	金 钅 勹 乂 儿 夕 𠂉	金（钅）勹缺点无尾鱼，犬旁留乂儿一点夕，氏无七（妻）
捺区	Y	41	言	言 讠 文 方 丶 亠 广 ㇏	言文方广在四一，高头一捺谁人去
	U	42	立	立 六 辛 冫 丬 疒 门	立辛两点六门疒（病）
	I	43	水	水 氺 氵 小 ⺌ 䒑	水旁兴头小倒立
	O	44	火	火 灬 米 𣥂	火业头，四点米
	P	45	之	之 冖 宀 辶 廴 礻	之字军盖建道底，摘礻（示）衤（衣）
折区	N	51	已	已 巳 己 尸 心 忄 㣺 羽 乙 乚 乛 ㇄	已半巳满不出己，左框折尸心和羽
	B	52	子	子 孑 了 也 耳 卩 阝 㔾 凵	子耳了也框向上
	V	53	女	女 刀 九 臼 彐 巛 ⺕	女刀九臼山朝西
	C	54	又	又 巴 马 龴 厶 ㇇	又巴马，丢矢矣
	X	55	纟	纟 幺 弓 匕 𠤎	慈母无心弓和匕，幼无力

5.3.2 通过对比分析记忆字根

在五笔字型字根表中，同一字母键中的字根大多数字形相似，如果将字根口诀与字根相结合进行字根对比记忆，能够加深记忆印象，加快记忆速度。

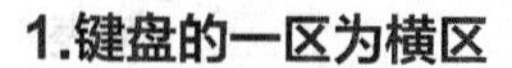

1.键盘的一区为横区

横区包括【G】【F】【D】【S】【A】5个按键，字根大多数以横“一”起笔。下表依照字根口诀，详细介绍了第一区中每个字母键中的字根。

位	记忆口诀	字根图	基本字根	字根详解
G	王旁青头戋(兼)五一	王 龶 一 ㇀ 五 戋 11 G	王 龶	“王旁”是指偏旁部首“王”，也可以作为汉字输入；青头是指“青”字上部“龶”
			戋	“戋”与括号中的“兼”同音
			五	“五”为字根“五”，与“王”字形相似
			一 ㇀	“一”为笔画字根
		注意：“王”是G键的键名字根。“一”为笔画字根，其“横”笔画数为1，区位号为11		
F	土士二干十寸雨	土 士 干 二 十 雨 寸 12 F	土 士 干 十 寸 雨	首笔为“横”，次笔为“竖”，区位号为12
			寸	“寸”与“十”字形相似
			雫	“雫”和“雨”字形相似，由“雨”演变出来
			甲	“甲”与“干”字形相似
		注意：“土”是F键的键名字根。“二”为笔画字根，其“横”笔画数为2，区位号为12		
D	大犬三羊(羊)古石厂	大 犬 古 石 三 羊 镸 厂 ナ 13 D	大 犬 石 厂	首笔“横”，次笔“撇”，区位号为13
			ナ 𠂇	“ナ”与“𠂇”字形相似，都可由“犬”演变出
			古	“古”与“石”字形相似
			镸	“羊”为“羊”字底；“镸”与“羊”字形相似
			ア	“ア”与“厂”字形相似
		注意：“大”是D键的键名字根。“三”为笔画字根，其“横”笔画数为3，区位号为13		
S	木丁西	木 丁 西 覀 14 S	木丁西	与记忆口诀相同
			覀	“覀”与“西”字形相似
		注意：“木”是S键的键名字根。“丁”在“甲、乙、丙、丁”中排第4，“西”的下部类似于“四”，这都与该键的位号一致，区位号为14		

续表

键位	记忆口诀	字根图	基本字根	字根详解
A	工戈草头 右框七	15 A	戈弋七	首笔为“横”，次笔为“折”，区位号为15
			匚	“右框”是指向右开口的方框“匚”
			𠂇	“二𠂇”与“匚”字形相似
			𠃊	“𠃊𠃊”与“七”字形相似
			艹廾廿卄	“草头”指“艹”，“廾廿卄”与“艹”字形相似
			七	“七”与“弋”字形相似
			注意：“工”是A键的键名字根。区位号为15	

2.键盘的二区为竖区

竖区包括【H】【J】【K】【L】【M】5个按键，字根大多数以竖“丨”起笔。下表依照字根口诀，详细介绍了第二区中每个字母键中的字根。

键位	记忆口诀	字根图	基本字根	字根详解
H	目具上止 卜虎皮	21 H	且	“具上”指“具”字的上部“且”
			广	“虎皮”指汉字“虎”和“皮”的外部部首“广广”
			上止⺊	首笔为“竖”，次笔为“横”，区位号为21
			𣥂	“𣥂”与“止”字形相似，由“止”演变出来
			卜	“卜”与“⺊”字形相似，由“卜”可演变出“⺊”
			注意：“目”是H键的键名字根。“丨”为笔画字根，其“竖”笔画数为1，区位号为21	
J	日早两竖 与虫依	22 J	日早	“曰⺲早”与“日”字形相似
			虫	“与虫依”指字根“虫”
			刂 ||	“两竖”是指字根“||刂||”
			刂 ||	“||刂||”与字根“||”字形相似
			注意：“日”是J键的键名字根。“||”为笔画字根，其“竖”笔画数为2，区位号为22	

续表

键位	记忆口诀	字根图	基本字根	字根详解
K	口与川，字根稀		口	键名字根，“字根稀”是指字根很少
			川 丨丨丨	由“川”可演变出“丨丨丨”
		注意：“口”是K键的键名字根。“川”为笔画字根，其“竖”笔画数为3，区位号为23		
L	田甲方框四车力		甲	“甲”与字根“田”字形相似
			口	“方框”指字根“口”
			四 皿	“四”音为4，区位号24；由“四”可联想到“皿”
			罒	“罒”与字根“四”字形相似
			丨丨丨丨	“竖”笔画数为4，区位号为24
			车 力	特殊记忆
		注意：“田”是L键的键名字根。“四”意义与该键位号一致，并且“田”为笔画字根，其“竖”笔画数为4，区位号为24		
M	山由贝，下框几		山	“山”为键名字根
			冂	“下框”指向下开口的方框“冂”
			几	“冂冂几几”与字根“冂”字形相似
			由 贝	首笔为“竖”，次笔为“折”，区位号为25
			⺲	“⺲”与字根“贝”字形相似
		注意：“山”是M键的键名字根。区位号为25		

3.键盘的三区为撇区

撇区包括【T】【R】【E】【W】【Q】5个按键，字根大多数以撇“丿”起笔。下表依照字根口诀，详细介绍了第三区中每个字母键中的字根。

键位	记忆口诀	字根图	基本字根	字根详解
T	禾竹一撇双人立，反文条头共三一		丿 亻 攵 夂	“一撇”指“丿”；“双人立”指部首“亻”；“反文”指部首“攵”；“条头”指“条”字上部“夂”
			禾 竹 𠂉	首笔为“撇”，次笔为“横”，区位号为31
			⺮	“禾”与“禾”字形相似；“⺮”与“竹”字形相似
		注意：“禾”是T键的键名字根。“共三一”指这些字根都位于代码为31的键位T上。“丿”为笔画字根，其“撇”笔画数为1，区位号为31		

续表

键位	记忆口诀	字根图	基本字根	字根详解
R	白手看头三二斤	白手手扌 彡龵𠂉 斤厂斤 32 R	龵	“看头”指“看”字上部“龵”；也可由此记忆“扌”
			白 斤	首笔为“撇”，次笔为“竖”，区位号为32
			厂 彡	“撇”笔画数为2，区位号为32
			手 扌 手	“手扌手”与“龵”字形相似，并由“手”演变出“扌”
			斤 𠂉	“斤𠂉”与“斤”字形相似，并且由“斤”可联想到“斤”
		注意：“白”是R键的键名字根。“三二”指这些字根都位于代码为32的键位R上。“彡”为笔画字根，其“撇”笔画数为2，区位号为32		
E	月彡(衫)乃用家衣底	月⺝丹彡用 ⺤乃豕豸 𠂋𧘇𧘇⺝ 33 E	月 丹 乃 用	“月”为键名字根；“丹乃用”与“月”字形相似
			豕 𧘇	“家衣底”指“家衣”字的底部“豕𧘇”
			𧘇	“豸”与“豕”字形相似；“豸𠂋𧘇”与“𧘇”字形相似
			彡	括号中的“衫”指的是字根“彡”，并可由此记忆“⺤”为一撇加三点
			⺤	“⺤”与“彡”字形相似
		注意：“月”是E键的键名字根。“彡”为笔画字根，其“撇”笔画数为3，区位号为33		
W	人和八，三四里	人 亻 八 癶 𡗗 34 W	人 八	首笔为“撇”，次笔为“捺”，区位号为34
			亻	“亻”与“人”字形相似
			癶 𡗗	“癶𡗗”与“八”字形相似
		注意：“人”是W键的键名字根。“三四里”指这些字根都在代码为34的键位W上，区位号为34		

续表

键位	记忆口诀	字根图	基本字根	字根详解
Q	金（钅）勺缺点无尾鱼，犬旁留乂儿一点夕，氏无七（妻）	35 Q	金 钅	“金”为键名字根；“钅”为与“金”音同的部首
			勹 ⺈	“勺缺点”指“勺”字无点，即字根“勹”；“无尾鱼”指“鱼”字上部“⺈”
			夕	“犬旁”指“犭”；“一点夕”指“夕”与“夕”
			乂 儿	“留乂儿”指字根“乂”和“儿”
			⺁	“氏无七”指“氏”字无七，即字根“⺁”
			儿 ⺎	“儿”首笔为“撇”，次笔为“折”，区位号为35；“⺎”与“儿”字形相似
			乂 ㄈ	“夕⺈⺈”与“夕”字形相似；“乂”与“犭”字形相似；“ㄈ”与“⺁”字形相似
		注意：“金”是Q键的键名字根。区位号为35		

4.键盘的四区为捺区

捺区包括【Y】【U】【I】【O】【P】5个按键，字根大多数以捺“、”起笔。下表依照字根口诀，详细介绍了第四区中每个字母键中的字根。

键位	记忆口诀	字根图	基本字根	字根详解
Y	言文方广在四一，高头一捺谁人去	41 Y	亠	“高头”指“高”字上部“亠”
			讠 圭	“谁人去”指“谁”字去掉“亻”，即字根“讠”和“圭”
			文 方 广	“文方广”指字根“文”“方”“广”；首笔为“捺”，次笔为“横”，区位号为41
			亠	“亠”与“亠”字形相似，由“亠”演变出来
			、 ㇏	“一捺”指“、”与“㇏”；“捺”笔画数为1，区位号为41
		注意：“言”是Y键的键名字根。“在四一”指这些字根都位于代码为41的Y键上。“、”指笔画字根，其“捺”笔画数为1，区位号为41		

续表

键位	记忆口诀	字根图	基本字根	字根详解
U	立辛两点六门疒（病）	42 U	立 六 辛	“立”为键名字根；“六 立 辛”与“立”字形相似
			丷 冫 丬 疒	“两点”指字根“丷 冫 冫”；字根“丬 䒑 疒 丬”中都包含有“两点”
			六 门 疒	首笔为“捺”，次笔为“竖”，区位号为42；“六门疒”分别指字根“六”“门”“疒”
		注意：“立”是U键的键名字根。“冫”为笔画字根，其“捺”笔画数为2，区位号为42		
I	水旁兴头小倒立	43 I	水 ⺢	“水”为键名字根；“氺 ⺀ 八”与“水”形近
			氵	“水旁”指部首“氵”
			⺍	“兴头”指“兴”字上部“⺍”和“⺍”
			小 ⺌	“小倒立”指字根“小”与“小”字的翻转字形“⺌”
			⺌	“⺌”与“⺌”字形相似
		注意：“水”是I键的键名字根。“氵”为笔画字根，其“捺”笔画数为3，区位号为43		
O	火业头，四点米	44 O	火	键名字根
			业	“业头”指“业”字上部“业”；“业 灬”与“业”字形相似
			灬 米	“四点米”指笔画字根“灬”和成字字根“米”
		注意：“火”是O键的键名字根。“灬”为笔画字根，其“捺”笔画数为4，区位号为44		
P	之字军盖建道底，摘礻（示）衤（衣）	45 P	之 冖 礻	首笔为“捺”，次笔为“折”，区位号为45
			冖 宀	“字军盖”是指“字军”字的上部“冖 宀”
			辶 廴	“建道底”是指“建道”字的下部“辶 廴”
			礻	“摘礻（示）衤（衣）”是指将部首“礻 衤”的“点画”去掉，即字根“礻”
		注意：“之”是P键的键名字根。区位号为45		

5. 键盘的五区为折区

折区包括【N】【B】【V】【C】【X】5个按键，字根大多数以横“一”起笔。下表依照字根口诀，详细介绍了第五区中每个字母键中的字根。

键位	记忆口诀	字根图	基本字根	字根详解
N	已半巳满不出己，左框折尸心和羽	51 N	已 巳 己	“已半”是指仅封口一半的字根“已”；“巳满”是指全封口的字根“巳”；“不出己”是指开口的字根“己”
			⺕	“左框”是指字根“コ”，“⺕”与“コ”字形相似
			尸 𡰯	首笔为“折”，次笔为“横”，区位号为51；由“尸”可以联想记忆“𡰯”
			乙 乚 乛 ㇄	“折”指“乙”及所有带折笔画的字根；“折”笔画数为1，区位号为51
			心 羽	“心和羽”是指字根“心羽”
			忄 ⺗	“忄”为与“心”音同的部首；“⺗”与“羽”字形相似
		注意：“已”是N键的键名字根。“乙”为笔画字根，其“折”笔画数为1，区位号为51		
B	子耳了也框向上	52 B	子 孑 了	“子”为键名字根；“孑了”与“子”字形相似
			也 卩 阝	首笔为“折”，次笔为“竖”，区位号为52
			凵	“框向上”指字根“凵”
			耳 㔾 卪	“耳”与“卩”音同；“㔾卪”与“卩”字形相似
			巜	“折”笔画数为2，区位号为52
		注意：“子”是B键的键名字根。“巜”为笔画字根，其“折”笔画数为2，区位号为52		
V	女刀九臼山朝西	53 V	女 刀 九	首笔为“折”，次笔为“撇”，区位号为53
			ヨ ⺕	“山朝西”指“山”字向朝西，即字根“ヨ”；“⺕”与“ヨ”字形相似
			巛	“折”笔画数为3，区位号为53
			臼	特殊字根
		注意：“女”是V键的键名字根。“巛”为笔画字根，其“折”笔画数为3，区位号为53		

续表

键位	记忆口诀	字根图	基本字根	字根详解
C	又巴马，丢矢矣	54 C	又ムスマ	首笔为“折”，次笔为“捺”，区位号为54
			ムスマ	“丢矢矣”指“矣”去掉“矢”，即字根“ム”；“スマ”与“ム”字形相似
			巴马	特殊字根
		注意：“又”是C键的键名字根。区位号为54		
X	慈母无心弓和匕，幼无力	55 X	幺纟纟	首笔为“折”，次笔为“折”，区位号为55
			𠂈	“慈母无心”指“母”字无中间部分，即字根“𠃊”；“𠂈”与“𠃊”字形相似
			幺纟纟	“幼无力”指“幼”字无“力”，即字根“幺”；“纟纟”与“幺”字形相似
			弓匕匕	“弓和匕”指字根“弓”和“匕”；“匕”与“匕”字形相似
		注意：“纟”是X键的键名字根。区位号为55		

5.3.3 通过上机练习记忆字根

为了能够尽快掌握五笔输入法，读者需要上机练习打字，这就需要借助一些专业的打字练习软件进行输入法的练习操作，以加深对字根的记忆，从而提高打字的速度。

目前五笔学习者比较常用的练习软件有金山打字通、快打一族、五笔打字通、打字高手和打字先锋等，下面将分别介绍这几种打字练习软件的特点。

1. 金山打字通

金山打字通是金山公司推出的系列教育软件，是学习打字的必备工具。它是一款功能齐全、数据丰富、界面友好、集打字练习和测试于一体的打字软件。金山打字通针对用户水平定制个性化的练习课程，循序渐进，提供英文、拼音、五笔和数字符号等多种输入练习；针对用户水平设置不同程度的课程，并为收银、会计和速录等职业提供专业培训；还有相应的打字游戏，寓教于乐。

2. 快打一族

快打一族软件是一款很好的练习打字软件，包括计算机基础练习、中文打字练习、英文打字练习、五笔专区、数字打字练习和自定义练习等多种练习类型，每种练习都有多篇文章，也可以自己添加文章。快打一族除了打字方式练习打字外还有游戏方式，并且带有一些实用的小软件。

3. 五笔打字通

五笔打字通是一款专为学习五笔的朋友设计的练习软件，不用看说明文档就可以进行操作，它与市面上的其他五笔学习软件最大的不同在于它提供了强大的帮助功能，使学习五笔的难度下降了一半，效率提高了一倍。有了它，用户可以不用再去翻五笔字典，特别适合五笔初学者使用。在用户打汉字的同时给予汉字拆分提示、键盘提示、声音提示和编码提示等，使五笔打字不再难，只需勤加练习，即可很快地掌握五笔输入法。

4. 打字高手

打字高手练习软件是一款集教学、测试、考核及网络监控于一体的指法及五笔字型专业培训考核软件，功能强大实用，使用简捷方便，性能稳定可靠，已广泛应用于家庭、学校及培训考核机构。该软件在教学中有许多独到之处，如指法训练的手形演示，可使初学者尽快掌握指法及规范指法。五笔教学的字根拆解为每一个爱好五笔的人提供一个极好的学习环境，让五笔练习成为一种"看得见、摸得着"的实践活动，帮助用户在极短的时间内掌握五笔输入法。同时，在学习过程中如果用户感觉到累的时候，还可以通过其设计新颖、独具创新的打字游戏来调节。

5. 打字先锋

打字先锋软件是一款简洁美观、操作方便、功能丰富、精巧、完全免费的五笔练习绿色软件。它自带五笔86版和98版输入法，用户也可以选用Windows系统输入法，它实际上还内置了五笔输入法的记事本。打字先锋包括字符、字根、单字、词组、文章等练习，每类又有细分，如单字包括各级简码、常用字、难拆字和百家姓等。练习内容丰富，而且完全随机。用户自定义练习方式包括定时、定量、自由。各练习中随时显示字数、时间、速度及正确率等统计信息；能够查询待测词组或已输入词组的五笔编码。按【F1】键，随时显示字根键位图，它是适用于各级五笔学习者的一款好软件。

本书以金山打字通为例进行练习。读者也可以选择自己喜欢的软件进行练习。

5.3.4 互动记忆字根

通过前面的学习，相信读者已经对五笔字根有了一个很深的印象。下面继续了解其规律，然后互动来记忆字根。

1.横区（一）

字根图如下图所示。

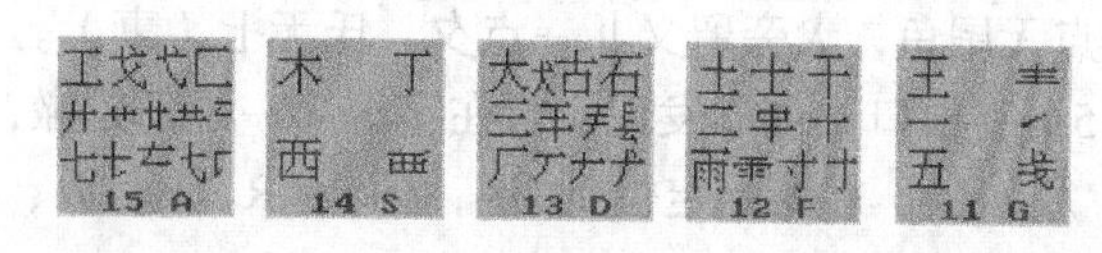

字根口诀如下。

- 11 G 王旁青头戋（兼）五一。
- 12 F 土士二干十寸雨 。
- 13 D 大犬三羊古石厂 。
- 14 S 木丁西。

- 15 A 工戈草头右框七 。

分析上面的字根图和5组字根口诀可以发现，所在字根第一画都是横，所以当看到一个以横打头的字根时，比如，土、大、王，首先要定位到1区，即G、F、D、S、A这5个键位，这样能大大缩短键位的思考时间。

2.竖区（丨）

字根图如下图所示。

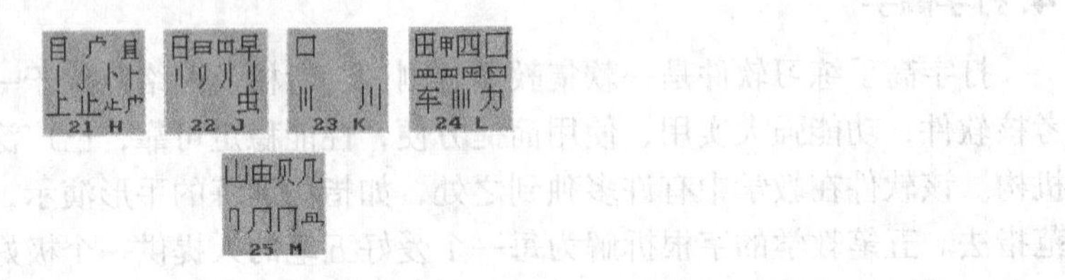

字根口诀如下。

- 21 H 目具上止卜虎皮 。
- 22 J 日早两竖与虫依 。
- 23 K 口与川，字根稀。
- 24 L 田甲方框四车力 。
- 25 M 山由贝，下框几。

分析上面的字根图和5组字根口诀可以发现，所在字根第一画都是竖，所以当看到一个以竖打头的字根时，比如，目、日、甲，首先要定位到2区，即H、J、K、L、M这5个键位，这样能大大缩短键位的思考时间。

3.撇区（丿）

字根图如下图所示。

字根口诀如下。

- 31 T 禾竹一撇双人立，反文条头共三一。
- 32 R 白手看头三二斤。
- 33 E 月彡(衫)乃用家衣底。
- 34 W 人和八，三四里 。
- 35 Q 金（钅）勹缺点无尾鱼，犬旁留乂儿一点夕，氏无七（妻）。

分析上面的字根图和5组字根口诀可以发现，所在字根第一画都是撇，所以当看到一个以撇打头的字根时，比如，禾、月、金，首先要定位到3区，即T、R、E、W、Q这5个键位，这样能大大缩短键位的思考时间。

4. 捺区（丶）

字根图如下图所示。

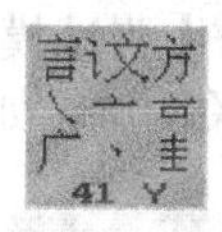

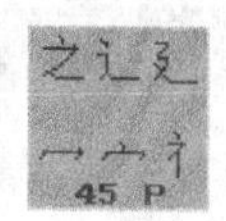

字根口诀如下。

- 41 Y 言文方广在四一，高头一捺谁人去。
- 42 U 立辛两点六门疒（病）。
- 43 I 水旁兴头小倒立 。
- 44 O 火业头，四点米。
- 45 P之字军盖建道底，摘礻（示）衤（衣）。

分析上面的字根图和5组字根口诀可以发现，所在字根第一画都是捺，所以当看到一个以捺打头的字根时，比如，文、立、米，首先要定位到4区，即Y、U、I、O、P这5个键位，这样能大大缩短键位的思考时间。

5.折区 (乙)

字根图如下图所示。

字根口诀如下图所示。

- 51 N 已半巳满不出己，左框折尸心和羽 。
- 52 B 子耳了也框向上 。
- 53 V 女刀九臼山朝西 。
- 54 C 又巴马 丢矢矣 。
- 55 X 慈母无心弓和匕，幼无力。

分析上面的字根图和5组字根口诀可以发现，所在字根第一画都是折，所以当看到一个以折打头的字根时，比如，马、女、已，首先要定位到5区，即N、B、V、C、X这5个键位，这样能大大缩短键位的思考时间。

互动记忆就是不管在何时何地，都能让自己练习字根，根据字母说字根口诀、根据字根口诀联想字根，还可以根据字根口诀反查字母等。互动记忆没有多少诀窍，靠的就是持之以恒，靠的就是自觉。希望读者在平时生活中不忘五笔，有事没事抽几分钟的时间想想，这样很快就能熟练知道键位，而且不容易忘记。

5.4 实战——通过金山打字通练习输入字根

为了尽快掌握五笔字根，读者可以借助“金山打字通”软件练习五笔字型的输入。

步骤 01 打开【金山打字通】软件，在主界面选择【五笔打字】选项，进入【五笔打字】界面。

步骤 02 单击【单字练习】图标选项，即可在输入框中输入文字，用户也可以根据下方的五笔编码提示，快速练习。

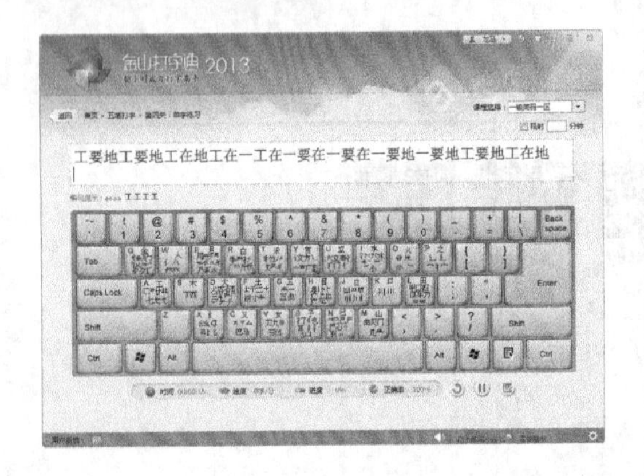

小提示

软件默认为86版五笔。如果用户使用的是98版五笔，可以单击软件底部的【设置】按钮，进行五笔版本选择。

步骤 03 单击界面右侧的【课程选择】下拉按钮，可选择课程内容，也可以自定义课程内容。

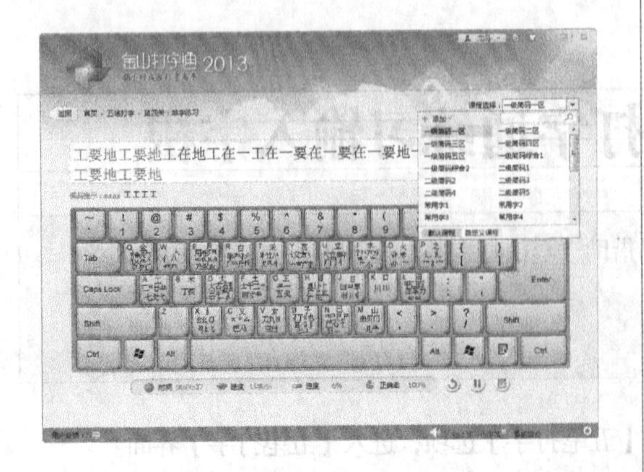

步骤 04 单击【测试模式】按钮，可以进行五笔打字过关测试，如下图所示。

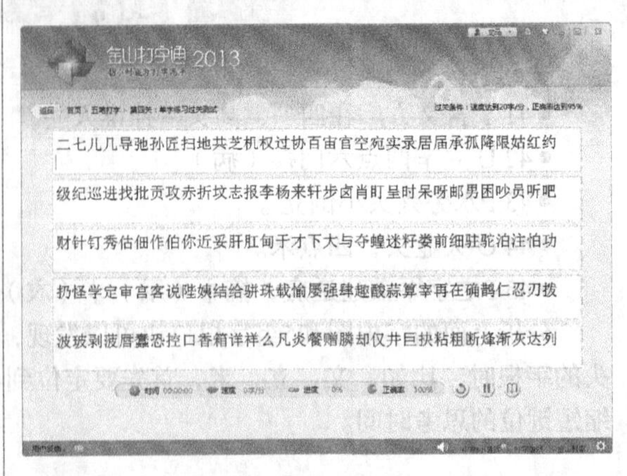

步骤 05 如果需要五笔词组练习，返回【五笔打字】界面，选择【词组练习】图标选项即可。

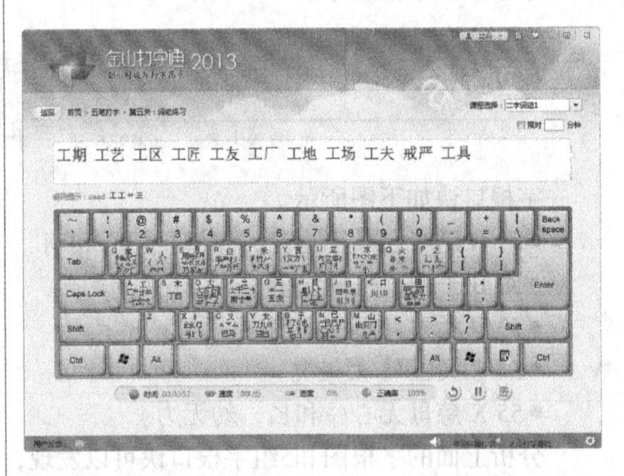

步骤 06 如果需要文章练习，返回【五笔打字】界面，选择【文章练习】图标选项即可。

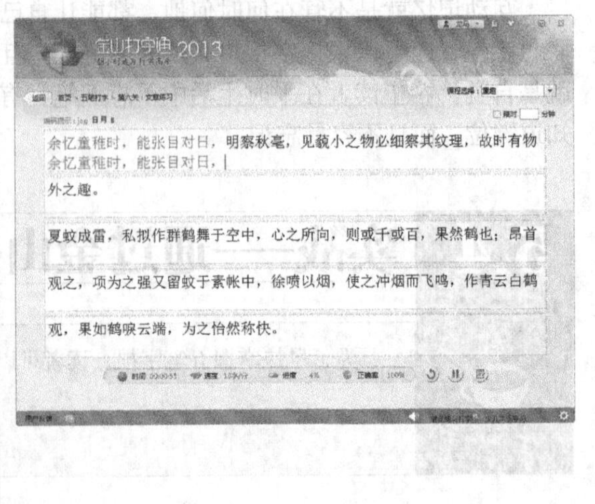

高手支招

技巧1：将五笔字型输入法设置为默认输入法

在学习五笔之时，用户经常要用到五笔输入法。但在默认的情况下，系统的输入法是“中文（中国）”输入法，这时用户就可以将系统的默认输入法更改为五笔输入法。下面以“QQ五笔输入法”为例讲解默认输入法的设置，具体步骤如下。

步骤01 进入系统桌面后，在屏幕右下角的任务栏中右键单击输入法图标，然后在弹出的快捷菜单中选中【设置】选项。

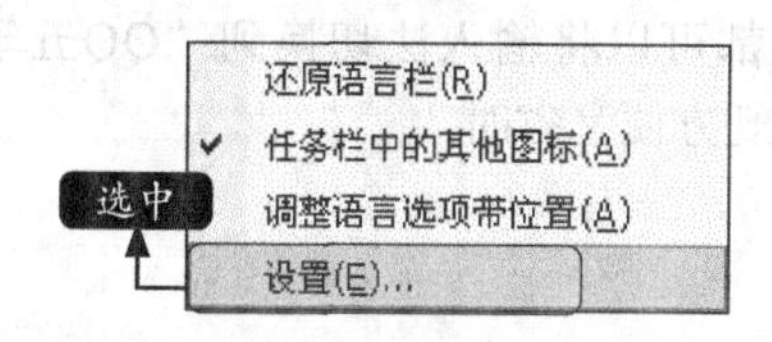

步骤02 弹出【文字服务和输入语言】对话框，在【设置】选项卡下，单击【默认输入语言】下拉框，展开列表后，单击【QQ五笔输入法】选项。

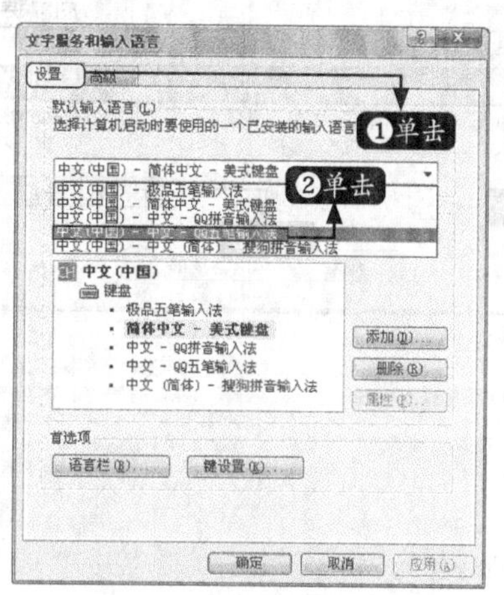

步骤03 选择默认输入法后，单击对话框中的【确定】按钮，返回系统桌面，当前默认输入法就更改为“QQ五笔输入法”。并且，每次重启系统或新打开一个文件后，所显示的输入法都将是“QQ五笔输入法”，省去了每次都要切换输入法的麻烦。

技巧2：设置五笔输入法快捷键

用户可以为常用的输入法设置快捷键，从而快速选择该输入法，节省切换时间。下面，仍以“QQ五笔输入法”为例讲解输入法快捷键的设置方法，具体步骤如下。

步骤01 进入系统桌面后，在屏幕右下角的任务栏中右键单击输入法图标，然后在弹出的快捷菜单中选中“设置”选项，如下图所示。

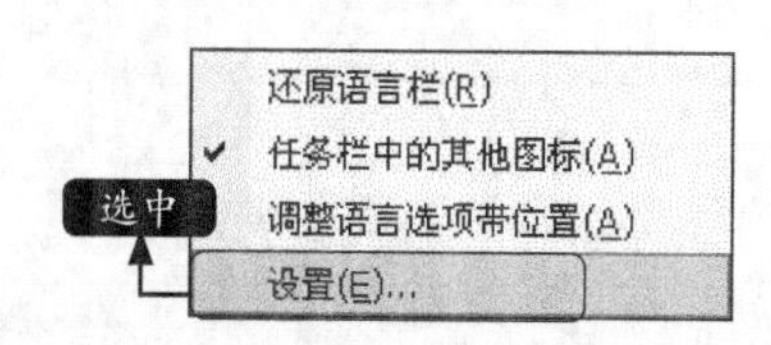

步骤02 弹出【文字服务和输入语言】对话框，在【设置】选项卡下，单击【键设置】按钮 键设置(K)...，如下图所示。

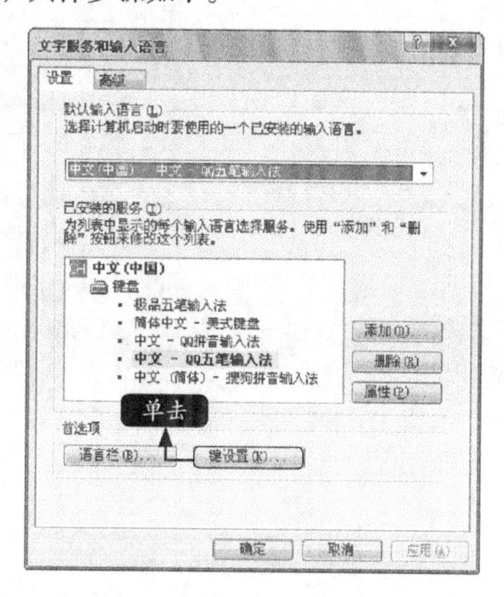

步骤03 弹出【高级键设置】对话框，在【输入语言的热键】列表框中选择准备设置快捷键的【QQ五笔输入法】选项，单击【更改按键顺序】按钮更改按键顺序(C)...。

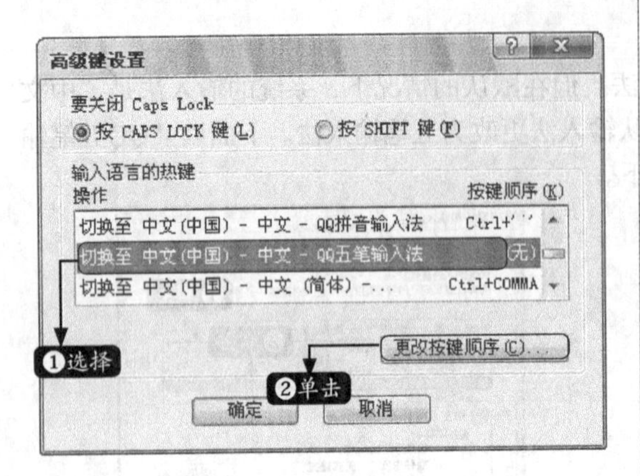

步骤04 弹出【更改按键顺序】对话框，选中【启用按键顺序】复选框以使下面的单选项变为可用状态；选中【CTRL（C）】单选项。在“键”下拉列表框中选择“1”选项。单击【确定】按钮确定即可将“QQ五笔输入法”的快速启动键设置为【Ctrl+Shift+1】。

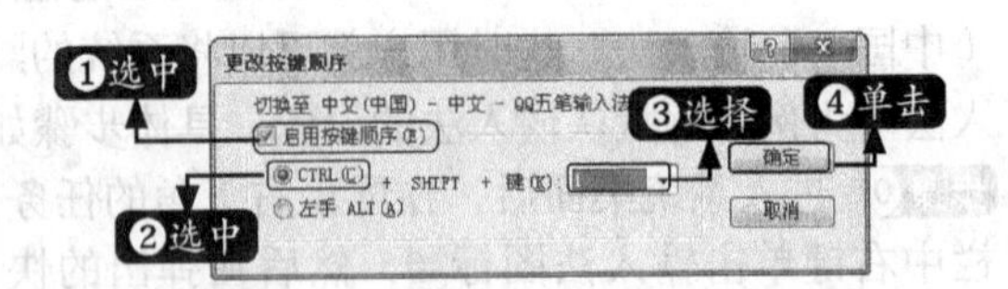

在任何情况下，只要按下【Ctrl+Shift+1】组合键都可以将输入法切换到“QQ五笔输入法”，既方便又省时。

第6章

汉字的拆分
——五笔打字的拆分原则

学习目标

经过前面的学习，读者已经掌握了打字指法以及字根的分布。但是，在使用五笔输入法时，除了这些，读者还必须掌握字根的结构划分以及汉字的拆分原则等内容，这样才能准确无误地将汉字转换为编码输入到电脑中。本章围绕字根的结构以及汉字的拆分原则等进行介绍。

亲→立（U）+ 木（S）+ 空格　　天→一（G）+ 大（D）+ 空格

6.1 字根间的结构关系

字根间的结构关系是指构成汉字的字根间的位置关系，归纳起来可分为单结构、散结构、连结构和交结构4种结构关系。下表对结构关系进行了介绍。

结构类型	定义	例子
单结构	单结构汉字指基本字根本身就是一个汉字，无法再进行拆分，也称成字字根	早、米、四、九、石、马
散结构	散结构汉字指构成汉字的字根有多个，且字根与字根之间有一定的间距，根据字根排列的位置又分为左右型散结构、上下型散结构和杂合型散结构三种字型	左右型散结构：汉、游、招 上下型散结构：字、算、森 杂合型散结构：连、团、区
连结构	连结构汉字是指汉字由一个基本字根与一单笔划相连，或带点结构的汉字	自、舌、太、术、舟、且
交结构	交结构的汉字由两个或两个以上字根组成，且字根与字根间相互交叉形成汉字	井、农、乐、击、夫、曲

6.2 掌握汉字的拆分原则

在拆分汉字的时候，通常一个汉字会有多种拆分方法，然而在使用五笔字型输入法录入汉字时，一个汉字只有一种编码是正确的，因此要准确地录入汉字，就必须掌握正确的拆分方法。正确地拆分汉字可遵循“书写顺序”“取大优先”“兼顾直观”“能散不连”和“能连不交”五大原则，下面将详细进行介绍。

6.2.1 “书写顺序”原则

“书写顺序”原则，即依照汉字在书写时从左到右、从上到下、从外到内的书写顺序进行拆分。

例如，“则”字，该字为左右结构，书写时要按照从左到右的顺序进行书写，所以要将其拆分为字根“贝”与“刂”，而不能拆分为“刂”与“贝”。如下图所示。

则→贝（M）+ 刂（J）+ 空格

“宝”字，该字为上下结构，书写时要按照从上到下的顺序进行书写，所以要将其拆分为字根“宀”“王”与“丶”。如下图所示。

宝→宀（P）+ 王（G）+ 丶（Y）+ 空格

“因”字，要按照从外到内的书写原则，将其拆分为“口”和“大”，而不能拆分为“大”和“口”，如下图所示。

因→口（L）+ 大（D）+ 空格

6.2.2 “取大优先”原则

“取大优先”原则也称“优先取大”原则，是指按照书写顺序拆分汉字的同时，拆出尽可能大的字根，从而保证拆分出的字根数量最少。能拆分为两个字根的，绝不拆分为三个字根；能拆分为三个字根的，绝不拆分为四个字根。

例如，“亲”字，可以拆分为“立”“一”“小”三个字根，也可以拆分为“立”和“木”两个字根，就要选择第二种拆法，而放弃第一种拆法，这样才能尽可能减少编码的数量，达到提高输入速度的目的。如下图所示。

亲→立（U）+ 木（S）+ 空格

“购”字，要拆分为“贝”“勹”和“厶”三个字根，而不能拆分为“冂”“人”“勹”“厶”四个字根，这样才能尽可能减少编码的数量，达到提高输入速度的目的。如下图所示。

购→贝（M）+勹（Q）+厶（C）+ 空格

“章”字，要拆分为“立”和“早”两个字根，而不能拆分为“立”“日”和“十”三个字根，如下图所示。后面的一个“J”为“章”字的末笔识别码。

章→立（U）+ 早（J）+ （J）+ 空格

6.2.3 “兼顾直观”原则

“兼顾直观”原则主要针对交结构的汉字和包围型的汉字而设立的规则，它是指在拆分汉字时要尽量照顾汉字的直观性。为了使字根的特征明显易辨，有时就要牺牲书写顺序和取大优先的原则，形成个别特殊的情况。

例如，“国”字，如按书写顺序，其字根应是“冂”“王”“丶”和“一”四个字根，但这样编码不但有违该字的字源，也不能使字根“口”直观易辨。为了直观，“国”字应该拆分为“口”“王”和“丶”，如下图所示。

国→口（L）+ 王（G）+ 丶（Y）+ 空格

“申”字，要拆分为“日”与“丨”，而不能拆分为“口”与“十”，如下图所示。后面的一个“K”为“申”字的末笔识别码。

申→日（J）+丨（H）+（K）+空格

“交”字，要折分为“六”和“乂”两个字根，而不能拆分为“亠”“八”和“乂”三个字根，如下图所示。这样既符合“兼顾直观”原则，也符合“取大优先”的原则。

交→六（U）+乂（Q）+空格

6.2.4 “能散不连”原则

“能散不连”原则是指一个汉字在拆分时，可以拆分成几个字根“散”的结构，就不要拆分成“连”的结构。有时字根之间的结构关系介于“散”和“连”之间，如果不是单笔画字根，则均按照“散”结构处理；以拆成“散”结构优先，其次为“连”结构。

例如，“午”字，能拆分为“丿”和“干”，就不要拆分为“𠂉”和“十”，如下图所示。后面的一个“J”为“午”字的末笔识别码。

午→丿（T）+干（F）+ J+空格

“非”字，拆分为“三”“刂”和“三”三个字根，由于它们都不是单笔画，应视作左右关系的“散”结构，如下图所示。

非→三（D）+刂（J）+三（D）+空格

“关”字，能拆分为“䒑”和“大”两个字根，就不要拆分为“丷”“一”和“大”三个字根，如下图所示。

关→䒑（U）+大（D）+空格

6.2.5 “能连不交”原则

“能连不交”原则是指一个汉字能同时拆分成互相“连接”的几个字根和互相“交叉”的几个字根两种情况时，就要以拆分成互相“连接”的字根为准，而不能拆分成互相“交叉”的几个字根。

例如，“天”字，可以拆分为“一”和“大”相连的两个字根，也可以拆分为“二”和“人”相交的两个字根，这时就要以相连的两个字根“一”和“大”为准，如下图所示。

天→一（G）+大（D）+空格

“于”字，可以拆分为“一”和“十”相连的两个字根，也可以拆分为“二”和“亅”相交的两个字根，这时就要以相连的两个字根“一”和“十”为准，如下图所示。

于→一（G）+ 十（F）+ 空格

“开”字，可以拆分为“一”和“廾”相连的两个字根，也可以拆分为“二”和“丨丨”相交的两个字根，这时就要以相连的两个字根“一”和“廾”为准，如下图所示。

开→一（G）+ 廾（A）+ 空格

小提示

使用五笔输入法将汉字拆分为字根时，应当兼顾几个方面的要求。拆分规则默认的优先级为书写顺序、取大优先、兼顾直观、能散不连和能连不交。一般情况下，拆分时要保证每次拆分出最大的基本字根，如果拆分出的字根数量相等，则“散”比“连”优先，“连”比“交”优先。

6.3 常见疑难汉字的拆分实例剖析

在使用五笔字型输入法输入汉字时，并不是所有汉字都容易分辨其字根，有些汉字容易被拆错，从而导致输入错误汉字。下面针对这一情况，详细介绍一些易拆错汉字和疑难汉字的拆分方法。

6.3.1 横起笔类

下表举例说明横起笔类的疑难汉字的拆分方法。

汉 字	拆分方法	汉 字	拆分方法
熬	拆分为“龶+勹+攵+灬”，而不是“龶+丿+乙+灬”，因此，该字的正确编码为GQTO	世	拆分为“廿+乙”，而不是“一+刂+一+乙”，因此，该字的正确编码为AN
曹	拆分为“一+冂+廾+日”，而不是“一+刂+日+日”，因此，该字的正确编码为GMAJ	甫	拆分为“一+月+丨+丶”，而不是“十+月+丶”，因此，该字的正确编码为GEHY
井	拆分为“二+刂”，因其字型结构为杂合型，末笔识别码为K，因此，该字的正确编码为FJK	瓦	拆分为“一+乙+丶+乙”，而不是“一+乙+乙+丶”，因此，该字的正确编码为GNYN
武	拆分为“一+弋+止”，而不是“弋+止+一”，因此，该字的正确编码为GAH	夹	拆分为“一+丷+人”，而不是“二+丷+人”，因此，该字的正确编码为GUW
黄	拆分为“龷+由+八”，而不是“艹+一+由+八”，因此，该字的正确编码为AMW	戌	拆分为“厂+一+乙+丿”，而不是“丿+戈+一”，因此，该字的正确编码为DGNT

续表

汉 字	拆分方法	汉 字	拆分方法
藏	拆分为“艹+厂+乙+丿”，而不是“艹+丿+戈+丿”，因此，该字的正确编码为ADNT	载	拆分为“土+戈+车”，而不是“十+戈+车”，因此，该字的正确编码为FAL
考	拆分为“土+丿+一+乙”，而不是“土+丿+乙+一”，因此，该字的正确编码为FTGN	其	拆分为“廾+三+八”，而不是“一+刂+三+八”，因此，该字的正确编码为ADW

6.3.2 竖起笔类

下表举例说明竖起笔类的疑难汉字的拆分方法。

汉 字	拆分方法	汉 字	拆分方法
凹	拆分为“冂+冂+一”，而不是“丨+乙+丨+一”，因此，该字的正确编码为MMG	果	拆分为“日+木”，而不是“田+木”，因此，该字的正确编码为JS
凸	拆分为“丨+一+冂”，而不是“丨+一+丨+乙+一”，因此，该字的正确编码为HGM	史	拆分为“口+乂”，而不是“口+丿+、”，因此，该字的正确编码为KQ
黑	拆分为“罒+土+灬”，而不是“罒+二+丨+灬”，因此，该字的正确编码为LFO	监	拆分为“刂+𠂉+、+皿”，而不是“刂+𥫗+皿”，因此，该字的正确编码为JTYL
里	拆分为“日+土+D”，而不是“田+土+D”，因此，该字的正确编码为JFD	县	拆分为“月+一+厶”，而不是“冂+三+厶”，因此，该字的正确编码为EGC
遇	拆分为“曰+冂+丨+辶”，而不是“曰+冂+厶+辶”，因此，该字的正确编码为JMHP	贵	拆分为“口+丨+一+贝”，因此，该字的正确编码为KHGM
电	拆分为“曰+乚”，因此，该字的正确编码为JN	禺	拆分为“曰+冂+丨+、”，而不是“曰+冂+厶”，因此，该字的正确编码为JMHY
曳	拆分为“曰+匕”，因其字型结构为杂合型，末笔识别码为E，因此，该字的正确编码为JXE	卤	拆分为“⺊+口+乂”，而不是“⺊+冂+乂+一”，因此，该字的正确编码为HLQ

6.3.3 撇起笔类

下表举例说明撇起笔类的疑难汉字的拆分方法。

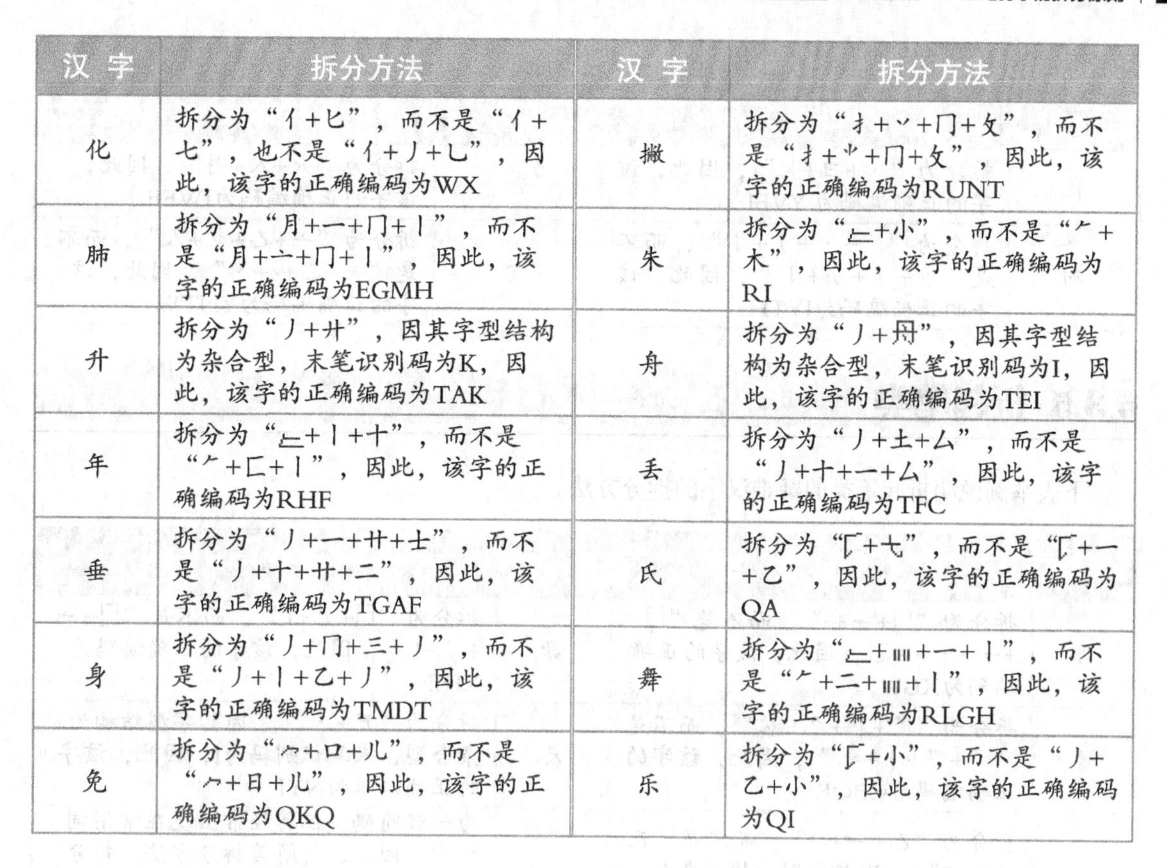

汉字	拆分方法	汉字	拆分方法
化	拆分为“亻+匕”，而不是“亻+七”，也不是“亻+丿+乚”，因此，该字的正确编码为WX	撇	拆分为“扌+丷+冂+攵”，而不是“扌+丷+冂+攵”，因此，该字的正确编码为RUNT
肺	拆分为“月+一+冂+丨”，而不是“月+亠+冂+丨”，因此，该字的正确编码为EGMH	朱	拆分为“𠂉+小”，而不是“𠂉+木”，因此，该字的正确编码为RI
升	拆分为“丿+廾”，因其字型结构为杂合型，末笔识别码为K，因此，该字的正确编码为TAK	舟	拆分为“丿+丹”，因其字型结构为杂合型，末笔识别码为I，因此，该字的正确编码为TEI
年	拆分为“𠂉+丨+十”，而不是“𠂉+匚+丨”，因此，该字的正确编码为RHF	丢	拆分为“丿+土+厶”，而不是“丿+十+一+厶”，因此，该字的正确编码为TFC
垂	拆分为“丿+一+艹+士”，而不是“丿+十+艹+二”，因此，该字的正确编码为TGAF	氏	拆分为“𠂆+七”，而不是“𠂆+一+乙”，因此，该字的正确编码为QA
身	拆分为“丿+冂+三+丿”，而不是“丿+丨+乙+丿”，因此，该字的正确编码为TMDT	舞	拆分为“𠂉+卌+一+丨”，而不是“𠂉+二+卌+丨”，因此，该字的正确编码为RLGH
免	拆分为“⺈+口+儿”，而不是“⺈+日+儿”，因此，该字的正确编码为QKQ	乐	拆分为“𠂆+小”，而不是“丿+乙+小”，因此，该字的正确编码为QI

6.3.4 捺起笔类

下表举例说明捺起笔类的疑难汉字的拆分方法。

汉字	拆分方法	汉字	拆分方法
美	拆分为“丷+王+大”再加上末笔识别码，“美”字在五笔中视为上下结构，因此，该字的正确编码为UGDU	养	拆分为“丷+𡗗+丶+丿丨”，而不是“丷+王+八+丿丨”，因此，该字的正确编码为UDYJ
为	拆分为“丶+力+丶”，而不是“力+丶+丶”，因此，该字的正确编码为YLY	涂	拆分为“氵+人+禾”，而不是“氵+人+二+小”，因此，该字的正确编码为IWTY
寒	拆分为“宀+二+刂+⺀”，而不是“宀+艹+二+⺀”，因此，该字的正确编码为PFJU	夜	拆分为“亠+亻+夂+丶”，而不是“亠+亻+夕+丶”，因此，该字的正确编码为YWTY
派	拆分为“氵+厂+𧘇”，因此，该字的正确编码为IREY	单	拆分为“丷+日+十”，而不是“丷+田+十”，因此，该字的正确编码为UJFJ
离	拆分为“文+凵+冂+厶”，而不是“亠+乂+凵+厶”，因此，该字的正确编码为YBMC	官	拆分为“宀+コ+丨+コ”，而不是“宀+丨+コ+コ”，因此，该字的正确编码为PNHN

续表

汉 字	拆分方法	汉 字	拆分方法
良	拆分为“丶+彐+𠄌”，因此，该字的正确编码为 YVEI	脊	拆分为“𠂉+人+月”，因此，该字的正确编码为IWEF
洲	拆分为“氵+丶+丿+丨”，而不是“氵+丿+丿+丨”，因此，该字的正确编码为IYTH	亥	拆分为“亠+乙+丿+人”，而不是“亠+乙+𠂢+丶”，因此，该字的正确编码为YNTW

6.3.5 折起笔类

下表举例说明折起笔类的疑难汉字的拆分方法。

汉 字	拆分方法	汉 字	拆分方法
母	拆分为“𠃋+一+⺀”，而不是“𠃋+一+丶+丶”，因此，该字的正确编码为XGU	毋	拆分为“𠃋+𠂇+E”，而不是“𠃋+一+丿+E”，因此，该字的正确编码为XDE
豫	拆分为“マ+卩+⺈+豕”，而不是“マ+乛+丨+豕”，因此，该字的正确编码为CBQE	尺	拆分为“尸+丶”，因其字型结构为杂合型，末笔识别码为I，因此，该字的正确编码为NYI
刁	拆分为“乙+一+D”，而不是“乙+丿+E”，因其字型结构为杂合型，末笔识别码为D，因此，该字的正确编码为NGD	发	为一级简码，但其经常出现在常用词组中，因此，讲解其拆分方法，拆分为“乙+丿+又+丶”，而不是“丿+尤+又+丶”，因此，该字的正确编码为NTCY
丑	拆分为“乙+土+D”，因其字型结构为杂合型，末笔识别码为D，因此，该字的正确编码为NFD	叉	拆分为“又+丶”，因其字型结构为杂合型，末笔识别码为I，因此，该字的正确编码为CYI
出	拆分为“凵+山”，而不是“山+山”，因此，该字的正确编码为BM	卫	拆分为“卩+一”，而不是“乙+丨+一”，因此，该字的正确编码为BG
既	拆分为“彐+厶+𠃊+儿”，而不是“彐+厶+一+儿”，因此，该字的正确编码为VCAQ	买	拆分为“乛+⺀+大”，因其字型结构为上下型，末笔识别码为U，因此，该字的正确编码为NUDU
乡	拆分为“幺+丿+末笔识别码E”，而不是“乙+乙+丿”，因此，该字的正确编码为XTE	练	拆分为“纟+七+乙+八”，而不是“纟+七+小”，因此，该字的正确编码为XANW

6.4 实战——汉字拆分练习

前面介绍了五笔字型的编码规则方面的知识以及一些常见的操作方法。下面通过练习操作，以达到巩固学习、拓展提高的目的。

6.4.1 汉字的拆分原则练习

在学习使用五笔字型输入法输入汉字时，掌握汉字的拆分原则是拆分汉字的关键，下表以部分汉字的拆分为例，巩固汉字的拆分原则。

汉字	拆分	识别码	编码	拆分原则
材	木 十 丿	T（31）	SFTT	书写顺序
天	一 大	I（43）	GDI	能连不交
煮	土 丿 日 灬	无	FTJO	书写顺序
平	一 䒑 丨	K（23）	GUHK	书写顺序
末	一 木	I（43）	GSI	兼顾直观
实	宀 冫 大	U（42）	PUDU	书写顺序
国	囗 王 丶	I（43）	LGYI	兼顾直观
百	丆 日	F（21）	DJF	能连不交
严	一 业 厂	R（32）	GODR	能散不连
无	二 儿	V（53）	FQV	取大优先
元	二 儿	B（52）	FQB	能散不连
卤	卜 囗 乂	I（43）	HLQI	兼顾直观
高	亠 冂 口	F（12）	YMKF	取大优先
失	𠂉 人	I（43）	RWI	取大优先

6.4.2 疑难汉字拆分练习

疑难汉字是指在拆分时不容易拆分成基本字根的汉字。有些汉字拆分时容易出错，用户可以根据下表所示的内容反复练习，加深记忆。

汉字	拆分	编码	简码	汉字	拆分	编码	简码
翱	白大十羽	RDFN	–	免	⺈口儿	QKQB	QKQ
卑	白丿十	RTFJ	–	疟	疒匚一	UAGD	–
彻	彳七刀	TAVN	–	墙	土十䒑口	FFUK	–
尺	尸丶	NYI	–	求	十水丶	FIYI	FIY
丑	乙土	NFD	–	鞠	十人人米	FWWO	–
卣	丿口夕	TLQI	–	冉	冂土	MFD	–
单	丷日十	UJFJ	–	刃	刀丶	VYI	–
蛋	乛止虫	NHJU	–	升	丿廾	TAK	–
登	癶一口䒑	WGKU	–	甩	用乚	ENV	–
发	乙丿又丶	NTCY	V	瓦	一乙丶乙	GNYN	GNY
敢	乙耳攵	NBTY	NB	万	丆乙	DNV	–

续表

汉字	拆分	编码	简码	汉字	拆分	编码	简码
官	宀コ丨コ	PNHN	PN	为	丶力丶	YLYI	O
黑	罒土灬	LFOU	LFO	毋	口ナ	XDE	–
击	二山	FMK	–	永	丶乙氺	YNII	YNI
脊	氺人月	IWEF	IWE	臾	白人	VWI	–
看	龵目	RHF	–	丈	ナ丶	DYI	–
良	丶ヨ𧘇	YVEI	YV	州	丶丿丶丨	YTYH	–
卯	𠂆丶丿丶	QYTY	QYT	着	丷龵目	UDH	–
傲	亻龶勹攵	WGQT	–	末	一木	GSI	GS
凹	几冂一	MMGD	–	年	𠂉丨十	RHFK	RH
拜	龵三十	RDFH	–	牛	𠂉丨	RHK	–
报	扌卩又	RBCY	RB	片	丿丨一乙	THGN	THG
豹	爫豸勹丶	EEQY	–	派	氵厂𧘇	IREY	IRE
捕	扌一月丶	RGEY	RGE	且	月一	EGD	–
长	丿七丶	TAYI	TA	缺	𠂉山コ人	RMNW	RMN
承	了三氺	BDII	BD	曲	冂龷	MAD	MA
翠	羽亠人十	NYWF	–	亲	立木	USU	US
叉	又丶	CYI	–	似	亻乙丶人	WNYW	WNY
成	厂乙乙丿	DNNT	DN	所	厂コ斤	RNRH	RN
乘	禾丬匕	TUXV	TUX	身	丿冂三丿	TMDT	TMD
而	丆冂刂	DMJJ	DMJ	特	丿扌土寸	TRFF	TRF
阜	亻ココ十	WNNF	–	涂	氵人禾	IWTY	IWT
饭	𠂊乙厂又	QNRC	QNR	凸	丨一冂一	HGMG	HGM
鬼	白儿厶	RQCI	RQC	舞	𠂉罒一丨	RLGH	RLG
黄	龷由八	AMWU	AMW	我	丿扌乙丿	TRNT	Q
寒	宀二刂丷	PFJU	PFJ	午	丿干	TFJ	–
换	扌𠂊冂大	RQMD	RQ	无	二儿	FQV	FQ
既	ヨ厶匚儿	VCAQ	VCA	未	二小	FII	–
巨	匚コ	ANDD	AND	象	𠂊罒豕	QJEU	QJE
久	𠂊丶	QYI	QY	牙	匚丨丿	AHTE	AH
离	文凵冂厶	YBMC	YB	夜	亠亻夂丶	YWTY	YWT
乐	𠂆小	QII	QI	豫	マ卩𠂊豕	CBQE	CBQ
练	纟七乙八	XANW	XAN	遇	日冂丨辶	JMHP	JM
每	𠂉口一丷	TXGU	TXG	优	亻ナ乚	WDNN	WDN
买	乛丷大	NUDU	–	展	尸龷𧘇	NAEI	NAEI

续表

汉 字	拆 分	编 码	简 码	汉 字	拆 分	编 码	简 码
面	ア冂刂三	DMJD	DM	舟	丿舟	TEI	–
麦	龶夂	GTU	–	拽	扌曰匕	RJXT	RJX

通过上面的练习，读者对汉字的拆分应该已经掌握得差不多了。下表再附上一些汉字和其编码，读者可以慢慢思考为什么要如此拆分以及这样拆分的道理。

汉 字	编 码	汉 字	编 码
尴	DNJL	尬	DNWJ
乌	QNG	鸟	QYNG
凹	MMGD	凸	HGMG
曹	GMA	典	MAW
舞	RLG	弓	XNG
臼	VTH	刁	NGD
甲	LHNH	乙	NNL
垂	TGA	曳	JXE
鼠	VNU	革	AF
养	UDYJ	羊	UDJ
粤	TLO	鹿	YNJ
兜	QRNQ	嗤	KBHJ
夕	QTNY	丫	UHK
兆	IQV	户	YNE
戈	AGNT	弋	AGNY
戊	DNY	戌	DGN
盛	DNNL	勤	AKGL
武	GAH	贰	AFM
竹	TTG	羽	NNY
绕	XAT	彦	UTER
般	RVNC	翘	ATGN
舆	WFL	废	YNTY

读者弄清楚这些汉字的拆分，五笔的学习之路可以说已经趋于完成，而且再也不会怕学习五笔的困难了。只要勤加练习，成为五笔打字高手指日可待。

高手支招

技巧：汉字的输入方法是如何约定的

（1）键名字的输入方法是把键名字所在的键连续按下4次。

（2）成字字根的输入方法是成字字根所在的键，再加第一、第二末笔笔画（不足四码补按空格键）。

（3）正好四码的汉字输入方法是一次输入拆完的字根即可。

（4）超过四码的汉字输入方法是取一、二、三和末笔字根取码输入。

（5）不足四码的汉字输入方法是字根输入完成后，追加末笔字型识别码，如果仍不足四码，补按空格键。

第7章

用五笔输入汉字——五笔打字的输入规则

学习目标

本章主要介绍键面汉字的输入、键外汉字的输入、重码与万能键的使用技巧，同时讲解简码的输入、词组的输入等方面的知识，最后还针对实际的工作需求，讲解了通过金山打字通来输入短文的方法。通过本章的学习，读者可以完全掌握五笔字型的输入规则，为深入学习与提高五笔打字速度奠定基础。

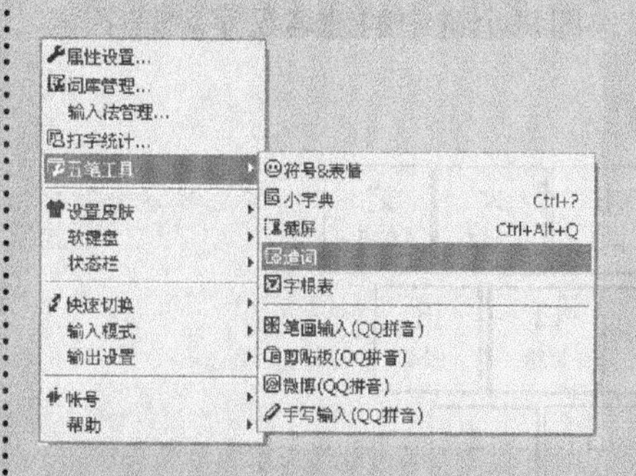

金 Q35　人 W34　月 E33　白 R32　禾 T31　言 Y41　立 U42　水 I43　火 O44　之 P45
工 A15　木 S14　大 D13　土 F12　王 G11　目 H21　日 J22　口 K23　田 L24
Z　纟 X55　又 C54　女 V53　子 B52　已 N51　山 M25　< ,

7.1 输入键面汉字

在五笔字根表中，汉字分为一般汉字、键名汉字和成字字根汉字三种。而出现在助记词中的一些字不能按一般五笔字根表的拆分规则进行输入，它们有自己的输入方法。这些字分为两类，即“键名汉字”和“成字字根汉字”。

7.1.1 五种单笔画的输入

在输入键名汉字和成字字根汉字之前，先来看一下5种单笔画的输入。

5种单笔画是指五笔字型字根表中的5个基本笔画，即横（一）、竖（丨）、撇（丿）、捺（丶）和折（乙）。

使用五笔字型输入法可以直接输入5个单笔画。它们的输入方法为：字根所在键+字根所在键+【L】键+【L】键，具体输入方法见下表。

单笔画	字根所在键	字根所在键	字母键	字母键	编码
一	G	G	L	L	GGLL
丨	H	H	L	L	HHLL
丿	T	T	L	L	TTLL
丶	Y	Y	L	L	YYLL
乙	N	N	L	L	NNLL

7.1.2 键名汉字的输入

在五笔输入法中，每个放置字根的按键都对应一个键名汉字，即每个键中的键名汉字就是字根记忆口诀中的第一个字，如下图所示。

金 Q35	人 W34	月 E33	白 R32	禾 T31	言 Y41	立 U42	水 I43	火 O44	之 P45
工 A15	木 S14	大 D13	土 F12	王 G11	目 H21	日 J22	口 K23	田 L24	
Z	纟 X55	又 C54	女 V53	子 B52	已 N51	山 M25	< ，		

键名汉字共有25个，键名汉字的输入方法为：连续按下4次键名汉字所在的键位。键名汉字的输入见下表。

键名汉字	编 码	键名汉字	编 码	键名汉字	编 码	键名汉字	编 码
王	GGGG	目	HHHH	禾	TTTT	言	YYYY
土	FFFF	日	JJJJ	白	RRRR	立	UUUU
大	DDDD	口	KKKK	月	EEEE	水	IIII
木	SSSS	田	LLLL	人	WWWW	火	OOOO
工	AAAA	山	MMMM	金	QQQQ	之	PPPP
已	NNNN	子	BBBB	女	VVVV	又	CCCC
纟	XXXX	–	–	–	–	–	–

7.1.3 成字字根汉字的输入

成字字根是指在五笔字根总表中除键名汉字以外，还有六十几个字根本身也是成字。如“五、早、米、羽……”，这些字称为成字字根。

成字字根的输入方法如下。

（1）“报户口”，即按一下该字根所在的键。

（2）再按笔画输入三键，即该字的第一、二和末笔所在的键（成字字根笔画不足时补空格键）。

即，成字字根编码=成字字根所在键+首笔笔画所在键+次笔笔画所在键+末笔笔画所在键（空格键）。

下表举例说明了成字字根的输入方法。

成字字根	字根所在键	首笔笔画	次笔笔画	末笔笔画	编 码
戋	G	一	一	丿	GGGT
士	F	一	丨	一	FGHG
古	D	一	丨	一	DGHG
犬	D	一	丿	、	DGTY
丁	S	一	丨	空格	SGH
七	A	一	乙	空格	AGN
上	H	丨	一	一	HHGG
早	J	丨	乙	丨	JHNH
川	K	丿	丨	丨	KTHH
甲	L	丨	乙	丨	LHNH
由	M	丨	乙	一	MHNG
竹	T	丿	一	丨	TTGH
辛	U	、	一	丨	UYGH
千	F	一	一	丨	FGGH
弓	X	乙	一	乙	XNGN
马	C	乙	乙	一	CNNG

续表

成字字根	字根所在键	首笔笔画	次笔笔画	末笔笔画	编 码
九	V	丿	乙	空格	VTN
米	O	丶	丿	丶	OYTY
巴	C	乙	丨	乙	CNHN
手	R	丿	一	丨	RTGH
白	V	丿	丨	一	VTHG

小提示

成字字根汉字有：一、五、戋、士、二、干、十、寸、雨、犬、三、古、石、厂、丁、西、七、弋、戈、廿、卜、上、止、曰、早、虫、川、甲、四、车、力、由、贝、几、竹、手、斤、乃、用、八、儿、夕、广、文、方、六、辛、门、小、米、己、巳、尸、心、羽、了、耳、也、刀、九、白、巴、马、弓、匕。

7.2 输入键外汉字

在五笔字型字根表中，除键名字根和成字字根外，都为普通字根。键面汉字之外的汉字叫键外汉字，汉字中绝大部分的单字都是键外汉字，它在五笔字型字根表中是找不到的。因此，五笔字型的汉字输入编码主要是指键外汉字的编码。键外汉字的输入都必须按字根进行拆分，凡是拆分的字根少于4个的，为了凑足四码，都要在原编码的基础上加上一个末笔识别码。

7.2.1 键外汉字的取码规则

一般输入汉字，每字最多键入四码。根据拆分成字根的数量可以将键外字分为三种，分别为刚好为4个字根的汉字、超过4个字根的汉字和不足4个字根的汉字。下面分别介绍这三种键外字的输入方法。

1. 刚好是4个字根的字

按书写顺序敲击该字的4个字根的区位码所对应的键，该字就会出现。也就是说，该汉字刚好可以拆分成4个字根。此类汉字的输入方法为：第一个字根所在键+第二个字根所在键+第三个字根所在键+第四个字根所在键。如果有重码，选字窗口会列出同码字供用户选择。只要按选中的字前面的序号击相应的数字键，该字就会显示出来。

下表举例说明了刚好4个字根的汉字的输入方法。

汉 字	第一个字根	第二个字根	第三个字根	第四个字根	编 码
照	日	刀	口	灬	JVKO

续表

汉 字	第一个字根	第二个字根	第三个字根	第四个字根	编 码
镌	钅	亻	主	乃	QWYE
舻	丿	丹	卜	尸	TEHN
势	扌	九	、	力	RVYL
痨	疒	艹	冖	力	UAPL
登	癶	一	口	丷	WGKU
第	竹	弓	丨	丿	TXHT
屦	尸	彳	米	女	NTOV
暑	日	土	丿	日	JFTJ
楷	木	匕	匕	白	SXXR
每	𠂉	冂	一	冫	TXGU
貌	爫	豸	白	儿	EERQ
踞	口	止	尸	古	KHND
倦	亻	丷	大	㔾	WUDB
商	亠	冂	八	口	UMWK
椆	木	门	口	口	SUKK
势	扌	九	、	力	RVYL
模	木	艹	日	大	SAJD

2. 超过4个字根的字

按照书写顺序按第一、第二、第三和最后一个字根的所在区位输入。

该类汉字的输入方法为：第一个字根所在键+第二个字根所在键+第三个字根所在键+第末个字根所在键。下表举例说明超过4个字根的汉字的输入方法。

汉 字	第一个字根	第二个字根	第三个字根	第末个字根	编 码
攀	木	乂	乂	手	SQQR
鹏	月	月	勹	一	EEQG
煅	火	亻	三	又	OWDC
逦	一	冂	、	辶	GMYP
偿	亻	⺌	冖	厶	WIPC
佩	亻	几	一	上	WMGH
嗜	口	土	丿	日	KFTJ
磬	士	尸	几	石	FNMD
龋	止	人	凵	、	HWBY
篱	竹	文	凵	厶	TYBC
嬗	女	亠	口	一	VYLG

续表

汉字	第一个字根	第二个字根	第三个字根	第末个字根	编码
器	口	口	犬	口	KKDK
警	艹	勹	口	言	AQKY
藁	艹	氵	匚	木	AIAS
蠲	丷	八	皿	虫	UWLJ
蓬	艹	夂	三	辶	ATDP

3.不足4个字根的字

按书写顺序输入该字的字根后，再输入该字的末笔字型识别码，仍不足四码的补空格键。

该类汉字的输入方法为：第一个字根所在键+第二个字根所在键+第三个字根所在键+末笔识别码。下表举例说明了不足4个字根的汉字的输入方法。

汉字	第一个字根	第二个字根	第三个字根	末笔识别码	编码
汉	氵	又	无	Y	ICY
字	宀	子	无	F	PBF
个	人	丨	无	J	WHJ
码	石	马	无	G	DCG
术	木	丶	无	K	SYI
费	弓	川	贝	U	XJMU
闲	门	木	无	I	USI
耸	人	人	耳	F	WWBF
讼	讠	八	厶	Y	YWCY
完	宀	二	儿	B	PFQB
韦	二	乛	丨	K	FNHK
许	讠	𠂉	十	H	YTFH
序	广	龴	𠄌	K	YCBK
华	亻	匕	十	J	WXFJ
徐	彳	人	禾	Y	TWTY
倍	亻	立	口	G	WUKG
难	又	亻	圭	G	CWYG
畜	亠	幺	田	F	YXLF

小提示

在添加末笔区位码中，有一个特殊情况必须记住：有走之底"辶"的字，尽管走之底"辶"写在最后，但不能用走之底"辶"的末笔来当识别码（否则所有走之底"辶"的字的末笔识别码都一样，就失去筛选作用了），而要用上面那部分的末笔来代替。例如"连"字的末笔取"车"字的末笔竖"K"，"迫"字的末笔区位码取"白"字的末笔"D"等。

对于初学者来说，输入末笔区位识别码时，可能会有点影响思路。但必须坚持训练，务求彻底掌握，习惯了就会得心应手。当学会用词组输入以后，就会很少用到末笔区位识别码。

7.2.2 末笔区位识别码

在学习五笔的字根拆分方法之前，先要学习末笔区位识别码。因为末笔识别码是部分汉字输入取码必须掌握的知识。

在五笔字根表中，汉字的字型可分为如下三类。

第一类：左右型。例如，汉、始、倒。

第二类：上下型。例如，字、型、森、器。

第三类：杂合型。例如，国、这、函、问、句。有一些由两个或多个字根相交而成的字，也属于第三类。例如，“必”字是由字根“心”和“丿”组成的，“毛”字是由“丿”“二”和“乚”组成的。

上面讲的汉字的字型是准备知识。下面让我们具体了解“末笔区位识别码”。务必记住以下8个字。

“笔画分区，字型判位”。

末笔通常是指一个字按笔顺书写的最后一笔。在少数情况下指某一字根的最后一笔。

我们已经知道5种笔画的代码：横为1、竖为2、撇为3、捺为4、折为5。用这个代码分区（下表中的行）。再用刚刚讲过的三类字型判位，左右为1，上下为2，杂合为3（下表的三列），就构成了所谓的“末笔区位识别码”。

末笔＼字型		左右型 1	上下型 2	杂合型 3
横（一）	1	G（11）	F（12）	D（13）
竖（丨）	2	H（21）	J（22）	K（23）
撇（丿）	3	T（31）	R（32）	E（33）
捺（丶）	4	Y（41）	U（42）	I（43）
折（乙）	5	N（51）	B（52）	V（53）

例如，“组”字末笔是横，区码为1；字型是左右型，位码也是1；“组”字的末笔区位识别码就是11（G）。

“笔”字末笔是折，区码应为5；字型是上下型，位码为2；所以“笔”字的末笔区位识别码为52（B）。

“问”字末笔是横，区码应为1；字型是杂合型，位码为3；所以“问”字的末笔区位识别码为13（D）。

“旱”字末笔是竖，区码应为2；字型是上下型，位码为2；所以“旱”字的末笔区位识别码为22（J）。

“困” 字末笔是捺，区码应为4；字型是杂合型，位码为3；所以“困”字的末笔区位识别码为43（I）。

7.3 灵活输入汉字

五笔字型最大的优点就是重码少，但并非没有重码。重码是指在五笔字型输入法中有许多编码相同的汉字。另外，在五笔字型中，还有用来对键盘字根不熟悉的用户提供帮助的万能<Z>键。这就需要我们对汉字编码有个灵活的输入。下面介绍重码与万能键的使用方法。

7.3.1 输入重码汉字

在五笔字型输入法中，不可避免地有许多汉字或词组的编码相同，输入时需要进行特殊选择。在输入汉字的过程中，若出现了重码字，五笔输入法软件就会自动报警，发出“嘟”的声音，提醒用户出现了重码字。

五笔字型对重码字按其使用频率进行了分级处理，输入重码字的编码时，重码字同时显示在提示行中，较常用的字一般排在前面。

如果所需要的字排在第一位，按空格键后即可输入下文。此时，这个字会自动显示到编辑位置，输入时就像没有重码一样，输入速度完全不受影响。如果第一个字不是所需要的，则根据它的位置号按数字键，使它显示到编辑位置。

例如，“去”“云”和“支”等字，输入五笔编码“FCU”都可以显示，按其常用顺序排列，如果需要输入“去”字按空格后即可输入下文；如果需要“云”和“支”等字时，按其前面相对应的序号即可，如下图所示。

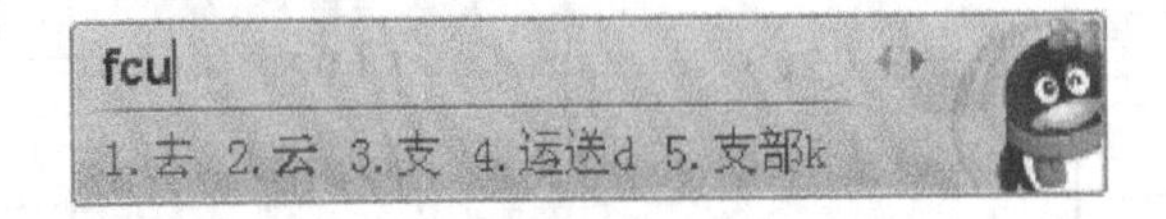

又如，

7.3.2 万能Z键的妙用

在使用五笔字型输入法输入汉字时，如果忘记某个字根所在键或不知道汉字的末笔识别码，可用万能键【Z】来代替，它可以代替任何一个按键。

为了便于理解，下面举例说明万能键【Z】的使用方法。

例如，“虽”，输入完字根“口”之后，不记得“虫”的键位是哪个，就可以直接敲入【Z】键，如下图所示。

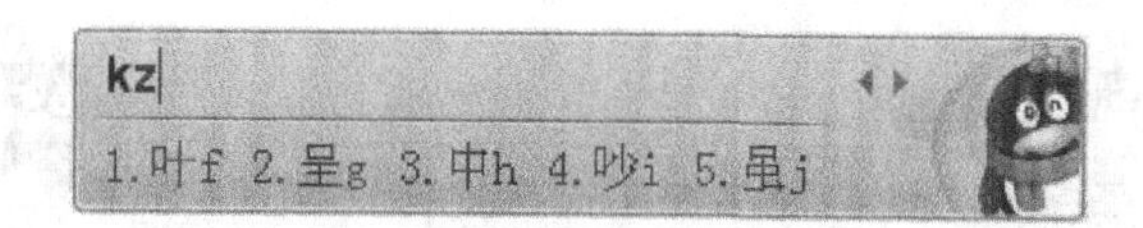

在备选字列表中，可以看到“虽”字的字根“虫”在J键上，选择列表中相应的数字键，即可输入该字。

接着按照正确的编码再次进行输入，加深记忆，如下图所示。

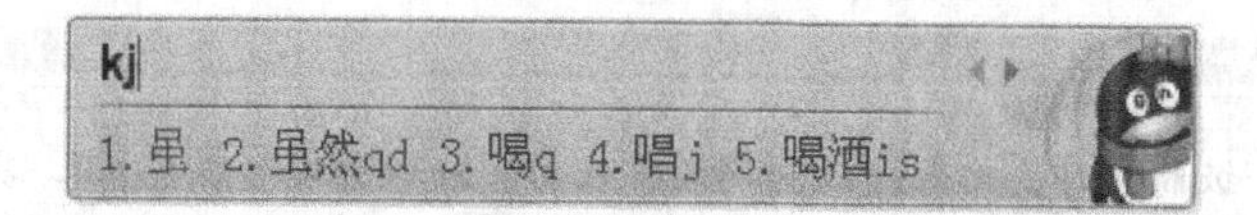

小提示

在使用万能键时，如果在候选框中未找到准备输入的汉字，可以在键盘上按下【+】键或【Page Down】键向后翻页，或者按下【-】键或【Page Up】键向前翻页进行查找。由于使用Z键输入重码率高，影响打字的速度，所以用户尽量不要依赖【Z】键。

7.4 简码的输入

为了充分利用键盘资源，提高汉字输入速度，五笔字根表还将一些最常用的汉字设为简码，只要击一键、两键或三键，再加一个空格键就可以将简码输入。下面分别介绍这些简码字的输入。

7.4.1 一级简码的输入

一级简码，顾名思义就是只需敲击一次键码就能出现的汉字。

在键盘中，根据每一个键位的特征，在5个区的25个键位（Z为学习键）上分别安排了一个使用频率最高的汉字，称为一级简码，即高频字，如下图所示。

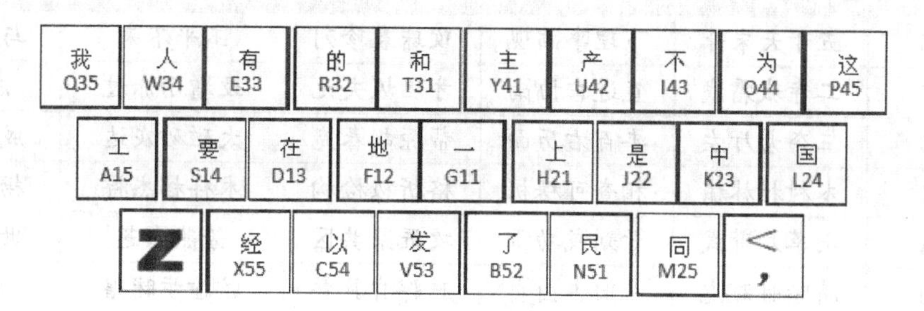

一级简码的输入方法是：简码汉字所在键+空格键。

例如，当输入“要”字时，只需要按一次简码所在键“S”，即可在输入法的备选框中看到要输入的“要”字，如下图所示。

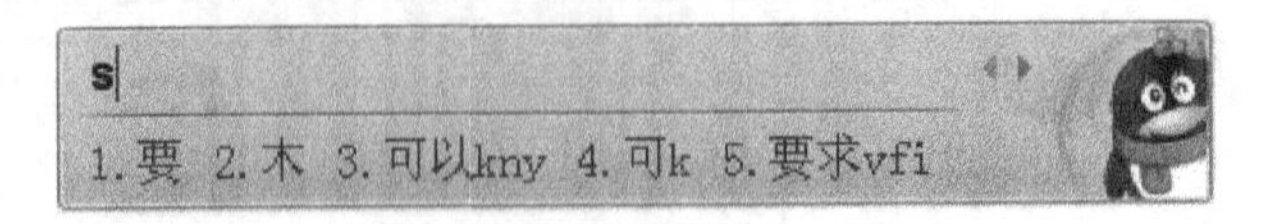

接着按下空格键，就可以看到已经输入的“要”字。

一级简码的出现大大提高了五笔打字的输入速度，对五笔学习初期也有极大的帮助。如果没有熟记一级简码所对应的汉字，输入速度将相当缓慢。

小提示

当某些词中含有一级简码时，输入一级简码的方法为：一级简码=首笔字根+次笔字根，如：地=土（F）+也（B）；和=禾（T）+口（K）；要=西（S）+女（V）；中=口（K）+丨（H）等。

7.4.2 二级简码的输入

二级简码就是只需敲击两次键码就能出现的汉字。它是由前两个字根的键码作为该字的编码，输入时只要取前两个字根，再按空格键即可。但是，并不是所有的汉字都能用二级简码来输入，五笔字型将一些使用频率较高的汉字作为二级简码。下面举例说明二级简码的输入方法。

例如，如=女（V）+口（K）+空格，如下图所示。

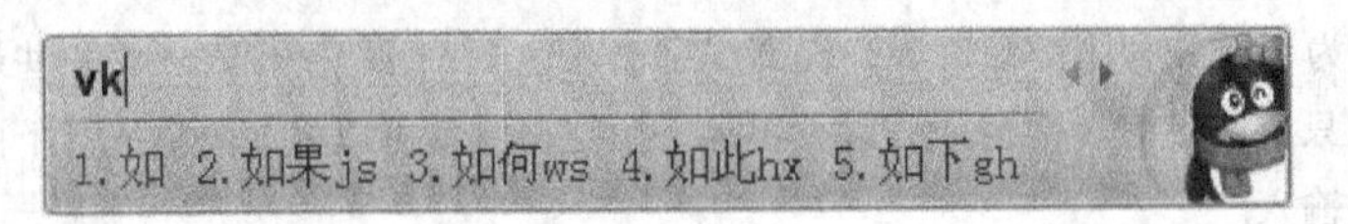

输入前两个字根，再按空格键即可输入。

同样，暗=日（J）+立（U）+空格；果=日（J）+木(S)+空格；炽=火（O）+口（K）+空格；蝗=虫（J）+白（R）+空格；等等。

二级简码是由25个键位（Z为学习键）代码排列组合而成的，共25×25个，去掉一些空字，二级简码大约600个。二级简码的输入方法为：第一个字根所在键+第二个字根所在键+空格键。二级简码表如下。

位号 \ 区号		11～15	21～25	31～35	41～45	51～55
		GFDSA	HJKLM	TREWQ	YUIOP	NBVCX
11	G	五于天末开	下理事画现	玫珠表珍列	玉平不来	与屯妻到互
12	F	二寺城霜载	直进吉协南	才垢圾夫无	坟增示赤过	志地雪支
13	D	三夺大厅左	丰百右历面	帮原胡春克	太磁砂灰达	成顾肆友龙
14	S	本村枯林械	相查可楞机	格析极检构	术样档杰棕	杨李要权楷
15	A	七革基苛式	牙划或功贡	攻匠菜共区	芳燕东芝	世节切芭药
21	H	睛睦睚盯虎	止旧占卤贞	睡睥肯具餐	眩瞳步眯瞎	卢眼皮此
22	J	量时晨果虹	早昌蝇曙遇	昨蝗明蛤晚	景暗晃显晕	电最归紧昆
23	K	呈叶顺呆呀	中虽吕另员	呼听吸只史	嘛啼吵噗喧	叫啊哪吧哟

续表

位号＼区号		11～15 GFDSA	21～25 HJKLM	31～35 TREWQ	41～45 YUIOP	51～55 NBVCX
24	L	车轩因困轼	四辊加男轴	力斩胃办罗	罚较辚边	思团轨轻累
25	M	同财央朵曲	由则崭册	几贩骨内风	凡赠峭赕迪	岂邮凤嶷
31	T	生行知条长	处得各务向	笔物秀答称	入科秒秋管	秘季委么第
32	R	后持拓打找	年提扣押抽	手白扔失换	扩拉朱搂近	所报扫反批
33	E	且肝须采肛	胩胆肿肋肌	用遥朋脸胸	及胶膛膦爱	甩服妥肥脂
34	W	全会估休代	个介保佃仙	作伯仍从你	信们偿伙	亿他分公化
35	Q	钱针然钉氏	外旬名甸负	儿铁角欠多	久匀乐炙锭	包凶争色
41	Y	主计庆订度	让刘训为高	放诉衣认义	方说就变这	记离良充率
42	U	闰半关亲并	站间部曾商	产瓣前闪交	六立冰普帝	决闻妆冯北
43	I	汪法尖洒江	小浊澡渐没	少泊肖兴光	注洋水淡学	沁池当汉涨
44	O	业灶类灯煤	粘烛炽烟灿	烽煌粗粉炮	米料炒炎迷	断籽娄烃糨
45	P	定守害宁宽	寂审宫军宙	客宾家空宛	社实宵灾之	官字安它
51	N	怀导居民	收慢避惭届	必怕愉懈	心习悄屡忱	忆敢恨怪尼
52	B	卫际承阿陈	耻阳职阵出	降孤阴队隐	防联孙耿辽	也子限取陛
53	V	姨寻姑杂毁	叟旭如舅妯	九奶婚	妨嫌录灵巡	刀好妇妈姆
54	C	骊对参骠戏	骒台劝观	矣牟能难允	驻驼	马邓艰双
55	X	线结顷红	引旨强细纲	张绵级给约	纺弱纱继综	纪弛绿经比

小提示

虽然一级简码速度快，但毕竟只有25个，真正提高五笔打字输入速度的是这600多个二级简码的汉字。二级简码数量较大，靠记忆并不容易，只能在平时多加注意与练习，日积月累慢慢就会记住二级简码汉字，从而大大提高输入速度。

7.4.3 三级简码的输入

三级简码是以单字全码中的前三个字根作为该字的编码。

在五笔字根表所有的简码中三级简码汉字字数多，输入三级简码字也只需击键4次（含一个空格键），三个简码字母与全码的前三个相同。但用空格代替了末字根或末笔识别码。即三级简码汉字的输入方法为：第一个字根所在键+第二个字根所在键+第三个字根所在键+空格键。由于省略了最后一个字根的判定和末笔识别码的判定，所以也可显著提高输入速度。

三级简码汉字数量众多，大约有4400个，在此就不再一一列举。下面只举例说明三级简码汉字的输入，以帮助读者学习。

例如，模=木（S）+艹（A）+日（J）+空格，如下图所示。

saj
1.模 2.横竖c 3.横七竖八w 4.横暴a 5.李荞明e

输入前三个字根，再输入空格即可输入。

同样，隔= 阝（B）+ 一（G）+ 口（K）+ 空格；输= 车（L）+ 人（W）+ 一（G）+ 空格；蓉= 艹（A）+ 宀（P）+ 八（W）+空格；措= 扌（R）+ 龷（A）+ 日（J）+ 空格；修= 亻（W）+ 丨（H）+ 夂（T）+ 空格；等等。

7.5 输入词组

五笔输入法中不仅可以输入单个汉字，而且提供了大规模词组数据库，使输入更加快速。用好词组输入是提高五笔输入速度的关键。

五笔字根表中词组输入法按词组字数分为二字词组、三字词组、四字词组和多字词组4种，但不论哪一种词组其编码构成数目都为四码。因此，采用词组的方式输入汉字会比单个输入汉字的速度快得多。本节介绍五笔输入法中词组的编码规则。

7.5.1 输入二字词组

二字词组输入法为：分别取单字的前两个字根代码，即第一个汉字的第一个字根所在键+第一个汉字的第二个字根所在键+第二个汉字的第一个字根所在键+第二个汉字的第二个字根所在键。下面举例说明二字词组的编码的规则。

例如，汉字= 氵（I）+ 又（C）+ 宀（P）+ 子（B），如下图所示。

当输入"B"时，二字词组"汉字"即可输入。

再如下表所示的都是二字词组的编码规则。

词 组	第一个字根 第一个汉字的第一个字根	第二个字根 第一个汉字的第二个字根	第三个字根 第二个汉字的第一个字根	第四个字根 第二个汉字的第二个字根	编 码
词组	讠	乙	纟	月	YNXE
机器	木	几	口	口	SMKK
代码	亻	弋	石	马	WADC
输入	车	人	丿	丶	LWTY
多少	夕	夕	小	丿	QQIT
方法	方	丶	氵	土	YYIF
字根	宀	子	木	⺕	PBSV
编码	纟	丶	石	马	XYDC
中国	口	丨	囗	王	KHLG

续表

词 组	第一个字根 第一个汉字的第一个字根	第二个字根 第一个汉字的第二个字根	第三个字根 第二个汉字的第一个字根	第四个字根 第二个汉字的第二个字根	编 码
你好	亻	勹	女	子	WQVB
家庭	宀	豕	广	丿	PEYT
帮助	三	丿	月	一	DTEG

小提示

在拆分二字词组时，如果词组中包含一级简码的独体字或键名字，只需连续按两次该汉字所在键位即可；如果一级简码非独体字，则按照键外字的拆分方法进行拆分即可；如果包含成字字根，则按照成字字根的拆分方法进行拆分。

二字词组在汉语词汇中占有的比重较大，熟练掌握其输入方法可有效地提高五笔打字速度。

7.5.2 输入三字词组

所谓三字词组，就是构成词组的汉字个数有三个。三字词组的取码规则为：前两字各取第一码，后一字取前两码，即第一个汉字的第一个字根+第二个汉字的第一个字根+第三个汉字的第一个字根+第三个汉字的第二个字根。下面举例说明三字词组的编码规则。

例如，计算机=讠（Y）+⺮（T）+木（S）+几（M），如下图所示。

当输入“M”时，“计算机”三字即可输入。

再如下表所示的都是三字词组的编码规则。

词 组	第一个字根 第一个汉字的第一个字根	第二个字根 第二个汉字的第一个字根	第三个字根 第三个汉字的第一个字根	第四个字根 第三个汉字的第二个字根	编 码
瞧不起	目	一	土	龰	HGFH
奥运会	丿	二	人	二	TFWF
平均值	一	土	亻	十	GFWF
运动员	二	二	口	贝	FFKM
共产党	艹	立	⺌	冖	AUIP
飞行员	乙	彳	口	贝	NTKM
电视机	日	礻	木	几	JPSM
动物园	二	丿	囗	二	FTLF
摄影师	扌	日	刂	一	RJJG
董事长	艹	一	丿	七	AGTA

续表

词 组	第一个字根 第一个汉字的第一个字根	第二个字根 第二个汉字的第一个字根	第三个字根 第三个汉字的第一个字根	第四个字根 第三个汉字的第二个字根	编 码
联合国	耳	人	口	王	BWLG
操作员	扌	亻	口	贝	RWKM

小提示

在拆分三字词组时，词组中包含一级简码或键名字，如果该汉字在词组中，只需选取该字所在键位即可；如果该汉字在词组末尾又是独体字，则按其所在的键位两次作为该词的第三码和第四码；若包含成字字根，则按照成字字根的拆分方法拆分即可。

三字词组在汉语词汇中占有的比重也很大，其输入速度大约为普通汉字输入速度的3倍，因此可以有效地提高输入速度。

7.5.3 输入四字词组

四字词组在汉语词汇中同样占有一定的比重，其输入速度约为普通汉字输入速度的4倍，因而熟练掌握四字词组的编码对五笔打字的速度相当重要。

四字词组的编码规则为取每个单字的第一码。即第一个汉字的第一个字根+第二个汉字的第一个字根+第三个汉字的第一个字根+第四个汉字的第一个字根。下面举例说明四字词组的编码规则。

例如，前程似锦= 丷（U）+ 禾（T）+ 亻（W）+ 钅（Q），如下图所示。

当输入“Q”时，“前程似锦”四字即可输入。

再如下表所示的都是四字词组的编码规则。

词 组	第一个字根 第一个汉字的第一个字根	第二个字根 第二个汉字的第一个字根	第三个字根 第三个汉字的第一个字根	第四个字根 第四个汉字的第一个字根	编 码
青山绿水	龶	山	纟	水	GMXI
势如破竹	扌	女	石	竹	RVDT
天涯海角	一	氵	氵	⺈	GIIQ
三心二意	三	心	二	立	DNFU
熟能生巧	亠	厶	丿	工	YCTA
釜底抽薪	八	广	扌	艹	WYRA
刻舟求剑	亠	丿	十	人	YTFW
万事如意	丆	一	女	立	DGVU
当机立断	⺌	木	立	米	ISUO
明知故犯	日	𠂉	古	犭	JTDQ

续表

词组	第一个字根 第一个汉字的第一个字根	第二个字根 第二个汉字的第一个字根	第三个字根 第三个汉字的第一个字根	第四个字根 第四个汉字的第一个字根	编码
惊天动地	忄	一	二	土	NGFF
高瞻远瞩	亠	目	二	目	YHFH

小提示

在拆分四字词组时，词组中如果包含一级简码的独体字或键名字，只需选取该字所在键位即可；如果含有一级简码非独体字，则按照键外字的拆分方法拆分即可；若包含成字字根，则按照成字字根的拆分方法拆分即可。

7.5.4 输入多字词组

多字词组是指4个字以上的词组，能通过五笔输入法输入的多字词组并不多见，一般在使用率特别高的情况下，才能够完成输入，其输入速度非常之快。

多字词组的输入同样也是取四码，其规则为取第一、二、三及末字的第一码，即第一个汉字的第一个字根+第二个汉字的第一个字根+第三个汉字的第一个字根+末尾汉字的第一个字根。下面举例说明多字词组的编码规则。

例如，中华人民共和国= 口（K）+ 亻（W）+ 人（W）+ 囗（L），如下图所示。

kww
1.唑 2.只会f 3.中华人民共和国l 4.哈佛x 5.只做d

当输入“L”时，“中华人民共和国”七字即可输入。

再如下表所示的都是多字词组的编码规则。

词组	第一个字根 第一个汉字的第一个字根	第二个字根 第二个汉字的第一个字根	第三个字根 第三个汉字的第一个字根	第四个字根 第末个汉字的第一个字根	编码
中国人民解放军	口	囗	人	冖	KLWP
百闻不如一见	丆	门	一	冂	DUGM
中央人民广播电台	口	冂	人	厶	KMWC
不识庐山真面目	一	讠	广	目	GYYH
但愿人长久	亻	厂	人	夕	WDWQ
心有灵犀一点通	心	𠂇	彐	龴	NDVC
广西壮族自治区	广	西	丬	匚	YSUA
天涯何处无芳草	一	氵	亻	艹	GIWA
唯恐天下不乱	口	工	一	丿	KADT

续表

词 组	第一个字根	第二个字根	第三个字根	第四个字根	编 码
	第一个汉字的第一个字根	第二个汉字的第一个字根	第三个汉字的第一个字根	第末个汉字的第一个字根	
不管三七二十一	一	⺮	三	一	GTDG

小提示

在拆分多字词组时，词组中如果包含一级简码的独体字或键名字，只需选取该字所在键位即可；如果含有一级简码非独体字，则按照键外字的拆分方法拆分即可；若包含成字字根，则按照成字字根的拆分方法拆分即可。

7.6 实战——手动造词和自定义短语

在五笔字型输入法中，如果词库中的词组不能满足输入需要，可以手动造词和自定义短语，从而丰富五笔字型词库。下面以“QQ五笔输入法”为例，介绍造词方面的内容。

1.手动造词

手动造词是指将经常使用的新词组添加到五笔字型输入法词库中，从而丰富词库内容。下面介绍手动造词的方法及步骤。

步骤 01 选择“QQ五笔输入法”后，右键单击输入法状态条。在弹出的快捷菜单中选择【五笔工具】菜单中的【造词】选项，如下图所示。

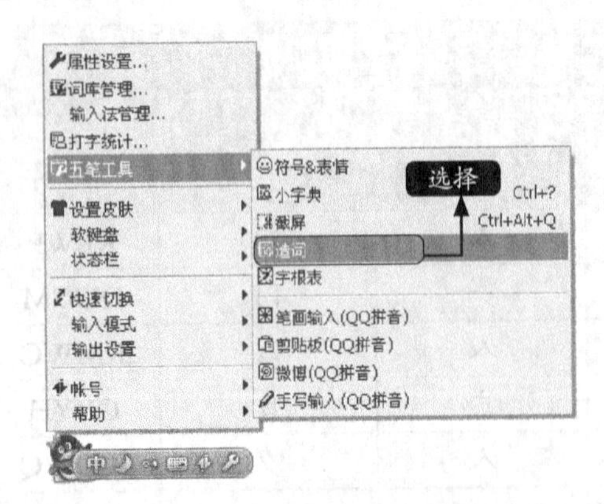

步骤 02 弹出【手动造词工具】对话框，如下图所示。

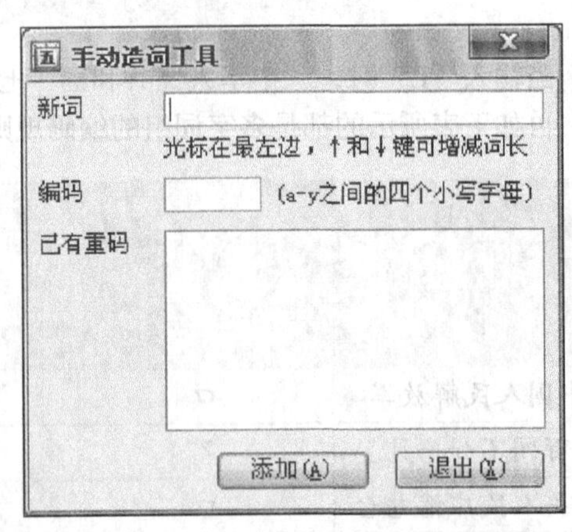

步骤 03 在【新词】文本框中输入新词组，【编码】文本框中会自动加上新词的编码；若有重码，在【已有重码】文本框中会显示已有的重码词条，这时就应该视情况而添加；如果新词条确实使用频繁就单击【添加】按钮 添加(A) 即可，反之就单击【退出】按钮 退出(X) 。

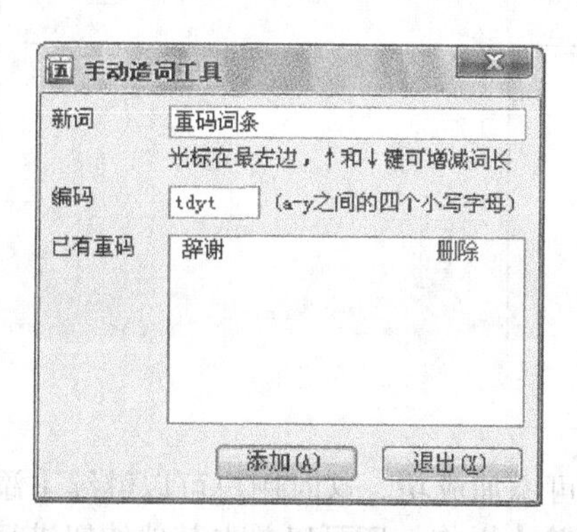

步骤04 这里选择【添加】按钮，我们可以看一下添加后的效果，同样在“新词”文本框中输入“重码词条”几个字，我们可以发现现在可以直接输入该词组了，并且“已有重码”文本框中出现该重码的词条了。

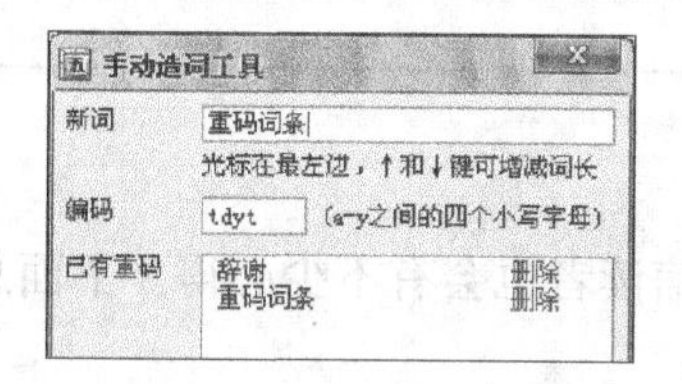

可以根据图上的说明进行操作。词长最短就是单字，最长可以达到14个字，相当于一句话；也就是说，可以加上经常要用的句子或者一些名言诗句。

2.自定义短语

自定义短语是通过特定字符串来输入自定义好的文本，设置自己常用的自定义短语可以提高输入速度。使用自定义短语可以方便地用五笔编码输入各种特殊符号、数字等。例如，可以设置“sim：13668899999”，这样，在输入手机号码时，可以输入“sim”，手机号码就显示出来了。

在这里，用户可以手动添加新短语、删除短语、导入导出短语和清空短语等。下面介绍“QQ五笔输入法”中自定义短语的操作步骤。

步骤01 右键单击QQ五笔输入法的状态栏，在弹出快捷菜单中选择【词库管理】选项。

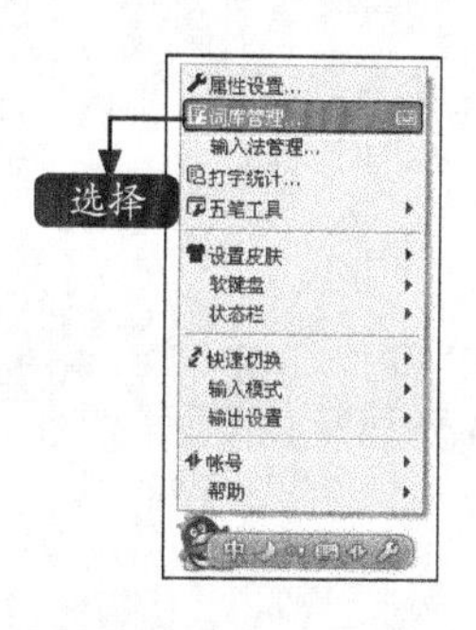

步骤02 弹出【QQ五笔词库管理】对话框，选择其中的【自定义短语】选项。

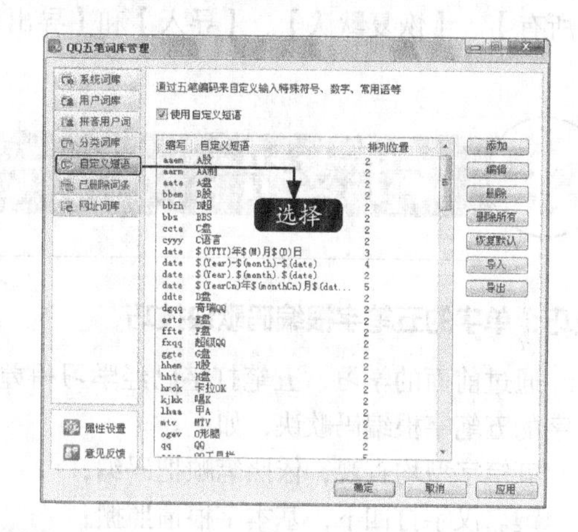

步骤03 在【QQ五笔词库管理】对话框的右边有一排按钮，用户可以选择其一进行操作，这里单击【添加】按钮，进入【编辑短语】对话框。在【缩写】文本框中添加短语的编码“olww”；在【自定义短语】中输入需要添加的短语“Office办公软件”；还可以在中间的下拉框中选择其在候选词中的位置，这里选择“3”。

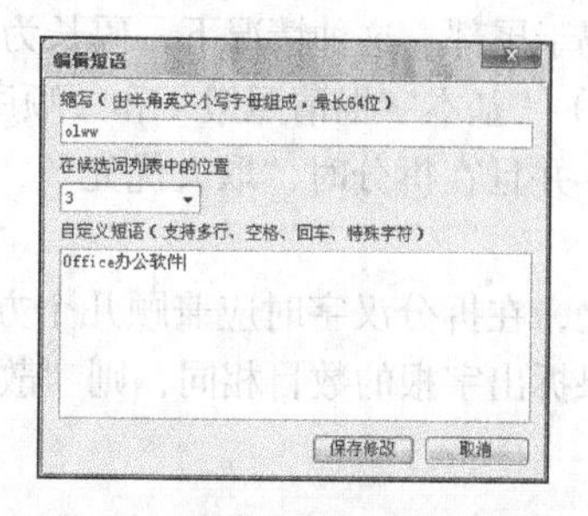

步骤04 单击【保存修改】按钮，即可返回【QQ五笔词库管理】对话框，这时可以看到刚刚添加的新短语“Office办公软件”出现在了【自定义短语】列表框图中，如下图所示。

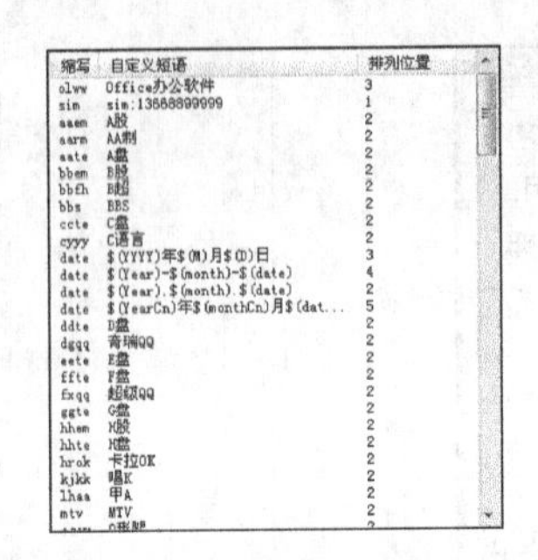

缩写	自定义短语	排列位置
olww	Office办公软件	3
sim	sim:13688899999	1
aaem	A股	2
aarm	AA制	2
aate	A盘	2
bbem	B股	2
bbfh	B超	2
bbs	BBS	2
ccte	C盘	2
cyyy	C语言	2
date	$(YYYY)年$(M)月$(D)日	3
date	$(Year)-$(month)-$(date)	4
date	$(Year).$(month).$(date)	2
date	$(YearCn)年$(monthCn)月$(dat...	5
ddte	D盘	2
dgqq	奇瑞QQ	2
eete	E盘	2
ffte	F盘	2
fxqq	超级QQ	2
ggte	G盘	2
hhem	H股	2
hhte	H盘	2
hrok	卡拉OK	2
kjkk	唱K	2
lhaa	甲A	2
mtv	MTV	2

步骤 05 单击【应用】应用或【确定】按钮确定即可添加成功。这时用户可以继续【添加】短语，也可以选择其中的某条短语进行【编辑】或【删除】操作，还可以单击其他按钮进行【删除所有】、【恢复默认】、【导入】和【导出】等相关操作，限于篇幅，此处不再赘述。

高手支招

技巧：单字的五笔字根编码歌诀技巧

通过前面的学习，五笔打字已经学习得差不多了，相信读者也会有不少心得。下面总结出了单字的五笔字根编码歌诀，如下。

五笔字型均直观，依照笔顺把码编；

键名汉字打四下，基本字根请照搬；

一二三末取四码，顺序拆分大优先；

不足四码要注意，交叉识别补后边。

此歌诀中不仅包含了五笔打字的拆分原则，而且包含了五笔打字的输入规则。

（1）“依照笔顺把码编”说明了取码顺序要依照从左到右、从上到下、从外到内的书写顺序。

（2）“键名汉字打四下”说明了25个“键名汉字”的输入规则。

（3）“一二三末取四码”说明了字根数为4个或大于4个时，按一、二、三、末字根顺序取四码。

（4）“不足四码要注意，交叉识别补后边”说明不足4个字根时，打完字根识别码后，补交叉识别码于尾部。这种情况下，码长为3个或4个。

（5）“基本字根请照搬”和“顺序拆分大优先”是拆分原则。就是说，在拆分中以基本字根为单位，并且在拆分时“取大优先”，尽可能先拆出笔画最多的字根，也就是拆分出的字根数要尽量少。

总之，在拆分汉字时应兼顾几个方面的要求。一般情况下，应当保证每次拆出最大的基本字根；如果拆出字根的数目相同，则“散”比“连”优先，“连”比“交”优先。

第3篇

Office 2019办公篇

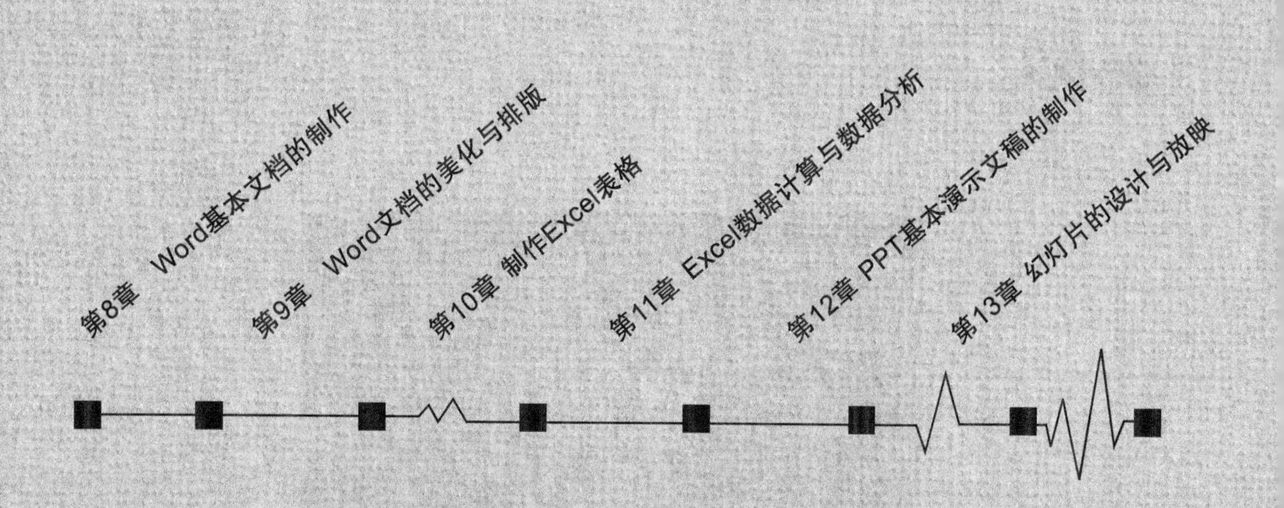

第8章

Word基本文档的制作

学习目标

Word是最常用的办公软件之一，也是目前使用最多的文字处理软件，使用Word 2019可以方便地完成各种办公文档的制作、编辑以及排版等。本章主要介绍Word 2019基本文本制作内容，主要包括Word文档的创建与保存、文本的输入、文本的基本操作、格式化文本、插入图片和表格等。

8.1 新建与保存Word文档

新建和保存Word文档，是最为基本的操作，本节主要介绍其操作方法。

8.1.1 新建文档

在使用Word 2019处理文档之前，首先需要创建一个新文档。新建文档的方法有以下两种。

1.新建普通文档

步骤01 单击电脑桌面左下角的【开始】按钮，在弹出的下拉列表中选择【Word】选项。

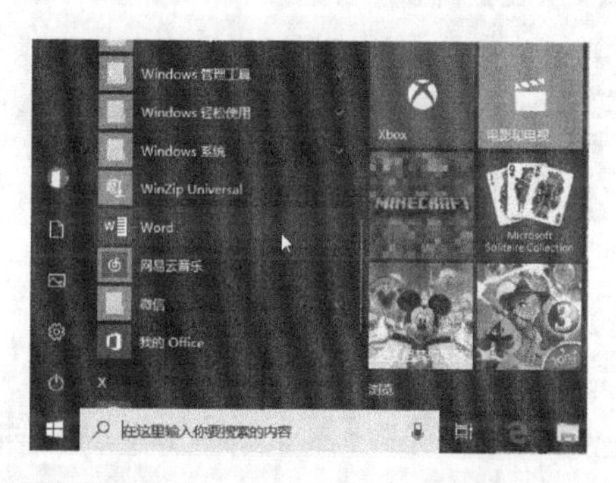

步骤02 启动Word 2019，如下图为Word 2019启动界面。

步骤03 打开Word 2019的初始界面，在Word开始界面，单击【空白文档】按钮。

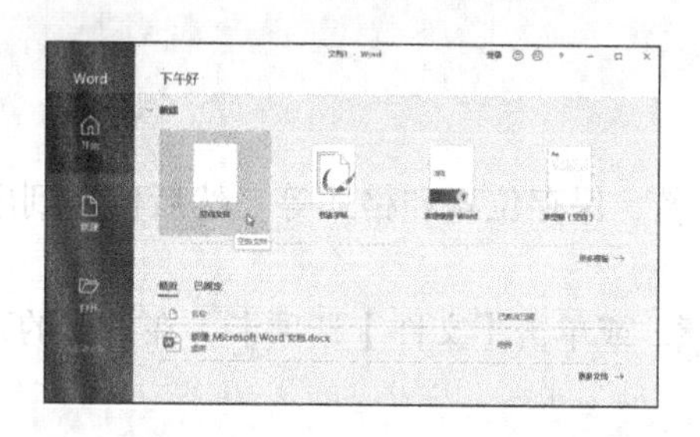

小提示

在桌面上单击鼠标右键，在弹出的快捷菜单中选择【新建】➤【Microsoft Word文档】命令，也可在桌面上新建一个Word文档，双击新建的文档图标即可打开该文档。

步骤04 创建一个名称为“文档1”的空白文档。

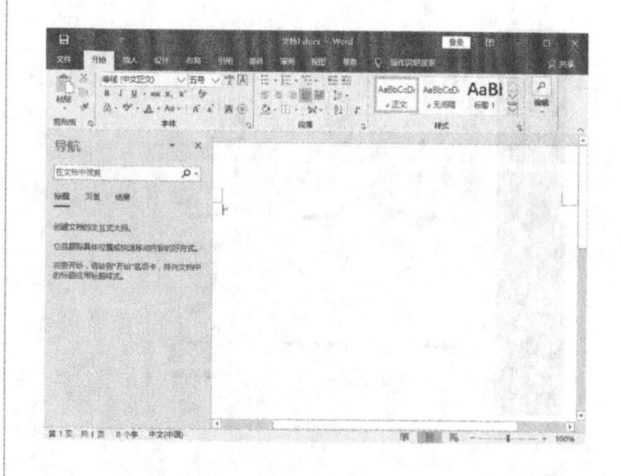

小提示

启动软件后，有以下三种方法可以创建空白文档。

（1）在【文件】选项卡下选择【新建】选项，在右侧【新建】区域选择【空白文档】选项。

（2）单击快速访问工具栏中的【新建空白文档】按钮，即可快速创建空白文档。

（3）按【Ctrl+N】组合键，也可以快速创建空白文档。

2.使用模板新建文档

使用模板新建文档，系统已经将文档的模式预设好，用户在使用的过程中，只需在指定位置填写相关的文字即可。

电脑在联网的情况下，可以在“搜索联机模板”文本框中，输入模板关键词进行搜索并下载。下面以新建“简历”联机模板为例。

步骤 01 启动Word 2019，单击【新建】选项，进入【新建】界面，在搜索框中输入要搜索的模板，如“简历”，单击【开始搜索】按钮。

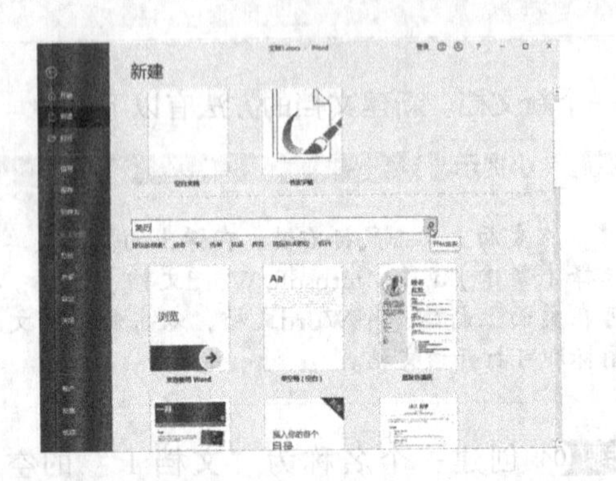

步骤 02 即可搜索出相关联机模板，如下图所示。

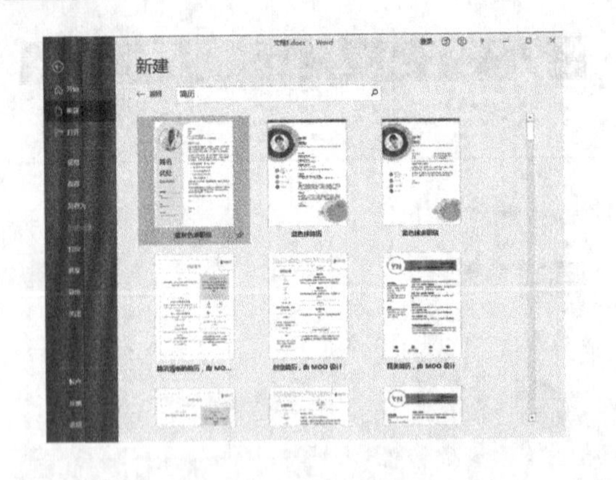

步骤 03 单击要创建的联机模板，弹出如下预览界面，然后单击【创建】按钮。

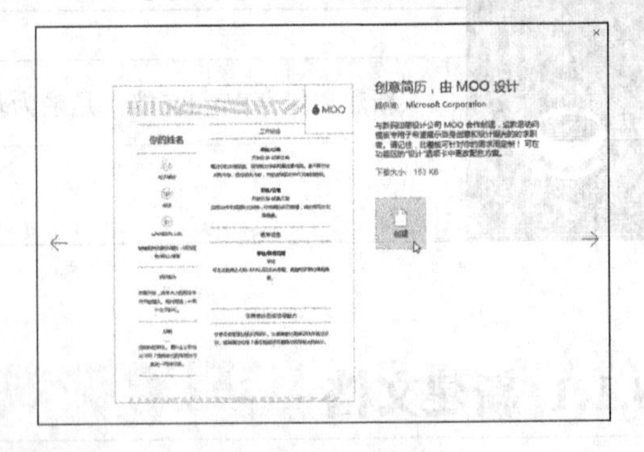

步骤 04 此时即可创建该模板，效果如下图所示。

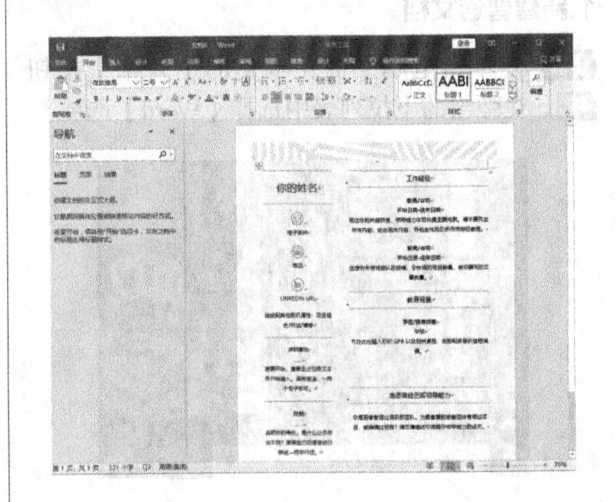

8.1.2 保存文档

文档创建或修改好后，如果不保存，就不能被再次使用，我们应养成随时保存文档的好习惯。

1.保存新建文档

在第一次保存新建文档时，需要设置文档的文件名、保存位置和格式等，然后保存到电脑中，具体操作步骤如下。

步骤 01 单击【快速访问工具栏】上的【保存】按钮，或单击【文件】选项卡，在打开的列表中选择【保存】选项。

小提示

按【Ctrl+S】组合键可快速进入【另存为】界面。

步骤02 在【文件】选项列表中，单击【另存为】选项，在右侧的【另存为】区域单击【浏览】按钮。

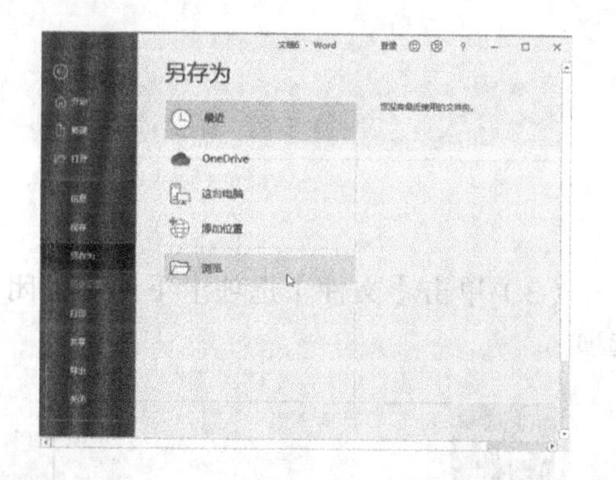

步骤03 在弹出的【另存为】对话框中设置保存路径和保存类型并输入文件名称，然后单击【确定】按钮，即可将文件另存。

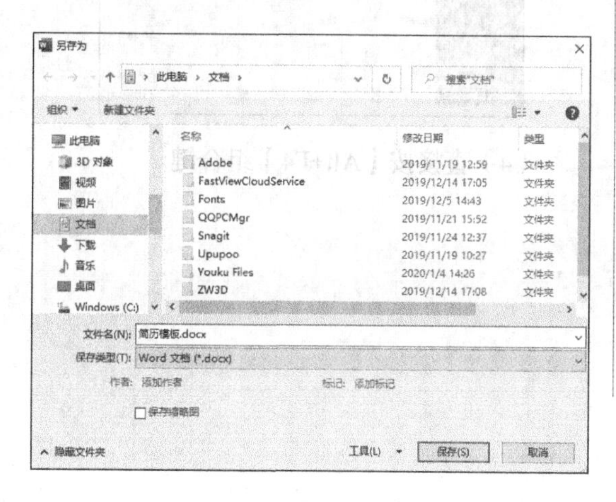

小提示

在对文档进行另存为操作时，可以按【F12】键，直接打开【另存为】对话框。

步骤04 此时文档的名称如果保存为新命名的名称，则表示保存成功，如下图所示。

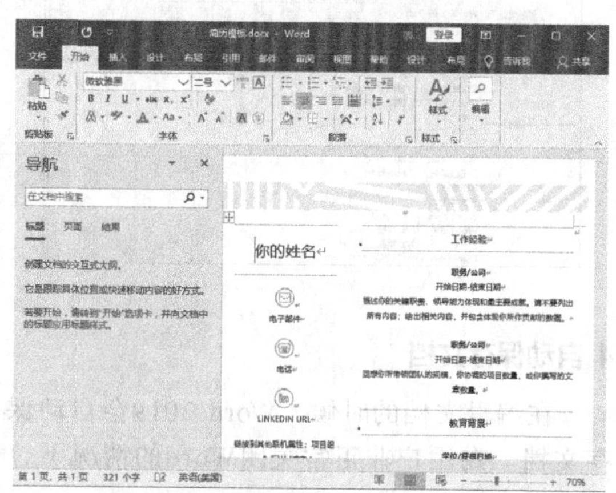

2.保存已保存过的文档

对于已保存过的文档，如果对该文档修改后，单击【快速访问工具栏】上的【保存】按钮，或者按【Ctrl+S】组合键可快速保存文档，且文件名、文件格式和存放路径不变。

3.另存为文档

如果对已保存过的文档编辑后，希望修改文档的名称、文件格式或存放路径等，则可以使用【另存为】命令，对文件进行保存。

例如将文档保存为Office 2003兼容的格式。单击【文件】➤【另存为】➤【计算机】选项，在弹出的【另存为】对话框中，输入要保存的文件名，并选择所要保存的位置，然后在【保存类型】下拉列表框中选择【Word 97-2003文档（*.doc）】选项，单击【保存】按钮，即可保存为Office 2003兼容的格式。

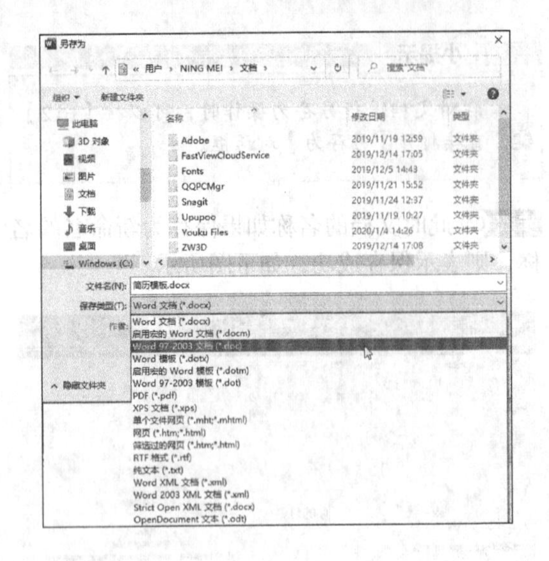

4.自动保存文档

在编辑文档的时候，Word 2019会自动保存文档。在用户非正常关闭Word的情况下，系统会根据设置的时间间隔，在指定时间对文档自动保存，用户可以恢复最近保存的文档状态。默认“保存自动回复信息时间间隔”为10分钟，用户可以单击【文件】➤【选项】➤【保存】选项，在【保存文档】区域设置时间间隔。

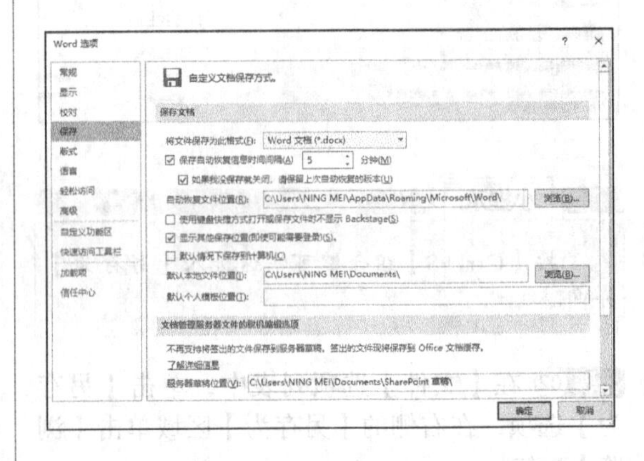

8.1.3 关闭文档

关闭Word 2019文档有以下几种方法。

（1）单击窗口右上角的【关闭】按钮。

（2）在文档标题栏上单击鼠标右键，在弹出的控制菜单中选择【关闭】菜单命令。

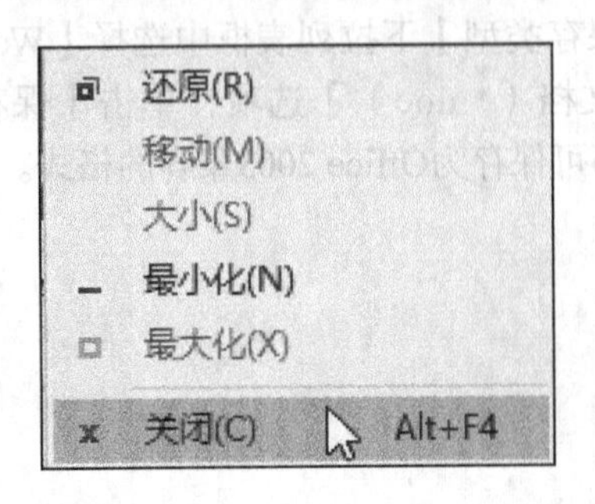

（3）单击【文件】选项卡下的【关闭】选项。

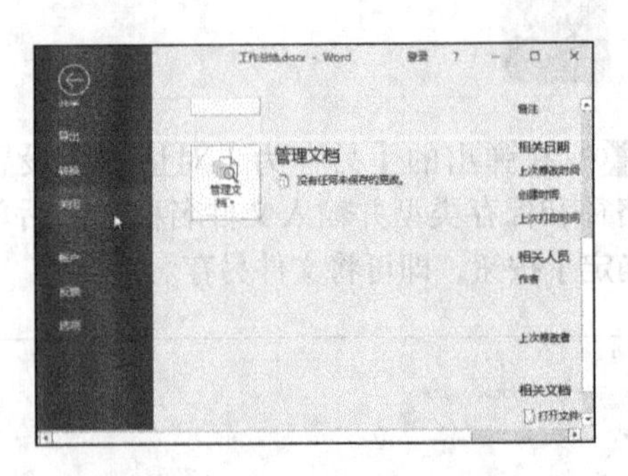

（4）直接按【Alt+F4】组合键。

8.2 内容输入

在Word文档中可以输入的内容包括文字、日期和时间。

8.2.1 输入文本

用户在对文档进行编辑时，最主要的就是输入汉字和英文字符。Word 2019的输入功能十分易用，通过前面五笔输入法的知识，掌握了中文输入就可以快速地在文档中输入文字内容。

输入文字时，如果输入错误可以按【Backspace】键删除错误的字符，然后再输入正确的字符。同时，在输入的过程中，当文字到达一行的最右端时，输入的文本会自动跳转到下一行。如果在未输入完一行时就要换行输入，则可按【Enter】键来结束一个段落，这样会产生一个段落标记“↵”。如果按【Shift+Enter】组合键来结束一个段落，这样也会产生一个段落标记“↓”，虽然此时也能达到换行输入的目的，但这样并不会结束这个段落，而只是换行输入，实际上前一个段落与后一个段落仍为一个整体，在Word中仍默认它们为一个段落。

8.2.2 输入日期和时间

日期和时间在文档中使用得很多，而且简单、明了，容易理解。在文档中输入日期和时间的具体步骤如下。

步骤01 单击【插入】选项卡下【文本】选项组中【时间和日期】按钮 日期和时间。

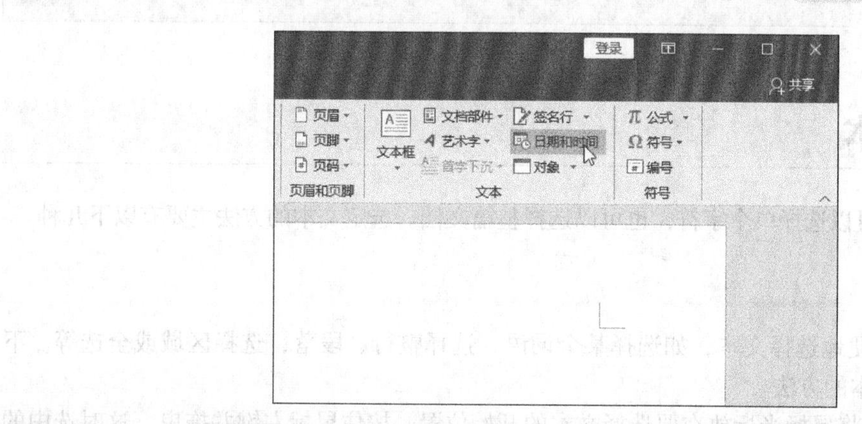

步骤02 在弹出的【日期和时间】对话框中，选择第三种日期和时间的格式，然后单击选中【自动更新】复选框，单击【确定】按钮。

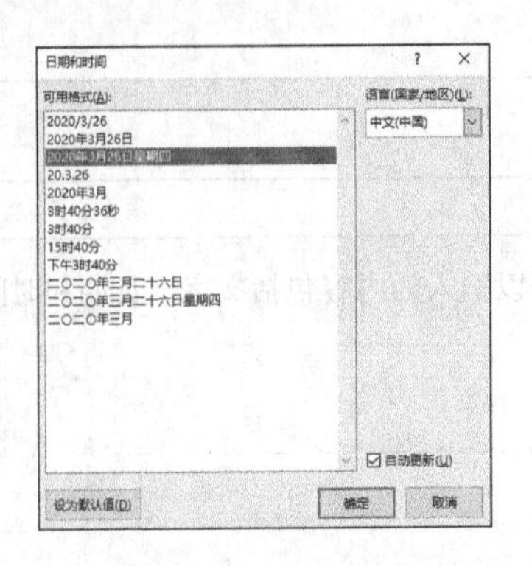

步骤 03 此时即可将时间插入文档中，且插入文档的日期和时间会根据时间自动更新。

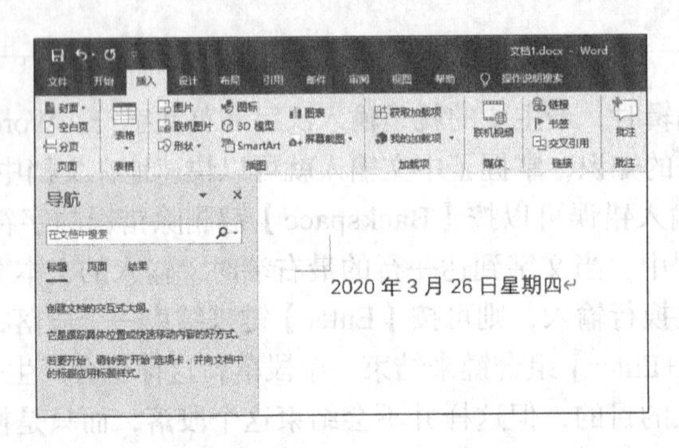

8.3 文本的基本操作

熟练掌握文本的操作方法，可以提高Word文档的编辑效率，其中包括选择文本、复制文本、剪切文本、粘贴文本、查找与替换文本等。

8.3.1 选择文本

选择文本时，既可以选择单个字符，也可以选择整篇文档。选定文本的方法主要有以下几种。

1.使用鼠标选择文本

使用鼠标可以方便地选择文本，如选择某个词语，选择整行、段落，选择区域或全选等。下面介绍用鼠标选择文本的方法。

（1）选中区域。将鼠标光标放在要选择文本的开始位置，按住鼠标左键并拖曳，这时选中的文本会以阴影的形式显示，选择完成后，释放鼠标左键，鼠标光标经过的文字即被选定。

（2）选中词语。将鼠标光标移动到某个词语或单词中间，双击鼠标左键即可选中该词语或单词。

（3）选中单行。将鼠标光标移动到需要选择行的左侧空白处，当鼠标光标变为箭头形状时，单击鼠标左键，即可选中该行。

（4）选中段落。将鼠标光标移动到需要选择段落的左侧空白处，当鼠标光标变为箭头形状时，双击鼠标左键，即可选中该段落。在要选择的段落中，快速单击三次鼠标左键也可选中该段落。

（5）选中全文。将鼠标光标移动到需要选择段落的左侧空白处，当鼠标光标变为箭头形状时，单击鼠标左键三次，则选中全文。也可以单击【开始】➤【编辑】➤【选择】➤【全选】命令，选中全文。

2.使用键盘选择文本

在不使用鼠标的情况下，我们可以利用键盘组合键来选择文本。使用键盘选定文本时，需先将插入点移动到将选文本的开始位置，然后按相关的组合键。

快捷键	功能
【Shift+←】	选择光标左边的一个字符
【Shift+→】	选择光标右边的一个字符
【Shift+↑】	选择至光标上一行同一位置之间的所有字符
【Shift+↓】	选择至光标下一行同一位置之间的所有字符
【Ctrl+ Home】	选择至当前行的开始位置
【Ctrl+ End】	选择至当前行的结束位置
【Ctrl+A】	选择全部文档
【Ctrl+Shift+↑】	选择至当前段落的开始位置
【Ctrl+Shift+↓】	选择至当前段落的结束位置
【Ctrl+Shift+Home】	选择至文档的开始位置
【Ctrl+Shift+End】	选择至文档的结束位置

8.3.2 移动和复制文本

在编辑文档的过程中，如果发现某些句子、段落在文档中所处的位置不合适或者要多次重复出现，使用文本的移动和复制功能即可避免烦琐的重复输入工作。

1.移动文本

在文档的编辑过程中，为了组织和调整文档结构，经常需要将整个文本移动到其他位置。下面介绍5种移动文本的方法。

（1）拖曳鼠标到目标位置，即虚线指向的位置，然后松开鼠标左键，即可移动文本。

（2）选择要移动的文本，单击鼠标右键，在弹出的快捷菜单中选择【剪切】命令，在目标位置单击鼠标右键，在弹出的快捷菜单中选择【粘贴】命令粘贴文本。

（3）选择要移动的文本，单击【开始】➤【剪贴板】组中的【剪切】按钮 剪切，在目标位置单击【粘贴】按钮粘贴文本。

（4）选择要移动的文本，按【Ctrl+X】组合键剪切文本，在目标位置按【Ctrl+V】组合键粘贴文本。

（5）选择要移动的文本，将鼠标指针移到选定的文本上，按住鼠标左键，鼠标指针变为形状时，拖曳鼠标到目标位置，然后松开鼠标，即可移动选中的文本。

2.复制文本

在文档编辑过程中，复制文本可以简化文本的输入工作。下面介绍4种复制文本的方法。

（1）选择要复制的文本，单击鼠标右键，在弹出的快捷菜单中选择【复制】命令，在目标位置单击鼠标右键，在弹出的快捷菜单中选择【粘贴】命令粘贴文本。

（2）选择要复制的文本，单击【开始】➤【剪贴板】组中的【复制】按钮 复制，在目标位置单击【粘贴】按钮 粘贴文本。

（3）选择要复制的文本，按【Ctrl+C】组合键复制文本，在目标位置按【Ctrl+V】组合键粘贴文本。

（4）选定将要复制的文本，将鼠标指针移到选定的文本上，按住【Ctrl】键的同时，按住鼠标左键，鼠标指针变为 形状时，拖曳鼠标到目标位置，然后松开鼠标，即可复制选中的文本。

8.3.3 查找与替换文本

查找和替换功能可以帮助读者快速找到要查找的内容，将文本或文本格式替换为新的文本或文本格式。

1.查找文本

查找功能可以帮助用户定位到目标位置，以便快速找到要找的信息。

在打开的文档中，单击【开始】选项卡下的【编辑】组中的【查找】按钮 查找 右侧的下拉按钮，选择【查找】命令，或者按【Ctrl+F】组合键，打开导航窗格。在“搜索文档”文本框中，输入要查找的关键词，即可快速显示搜索的结果，可单击【标题】、【页面】、【结果】选项卡，进行分类查看，也可以单击【上一个】按钮 或【下一个】按钮 进行查看。

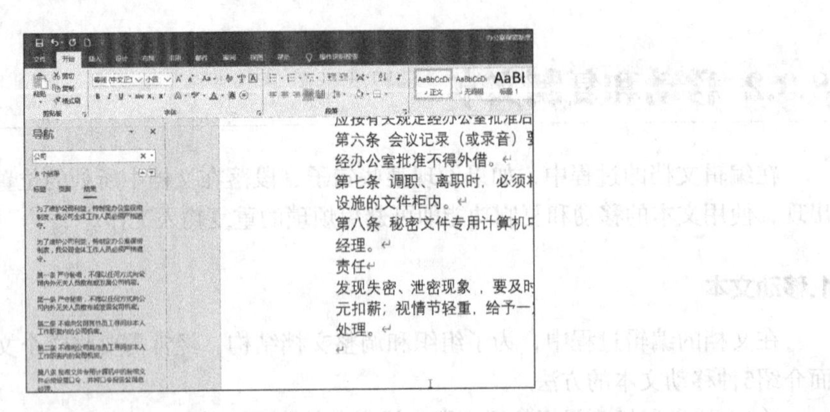

2.替换文本

替换功能可以帮助用户快捷地更改查找到的文本或批量修改相同的内容。

在打开的文档中，单击【开始】选项卡下的【编辑】组中的【替换】按钮 替换，或者按【Ctrl+H】组合键，打开【查找和替换】对话框，在【查找内容】文本框中输入需要被替换的内容，如“2020”，在【替换为】文本框中输入替换后的内容，如“2020年”，单击【查找下一处】按钮，定位到从当前光标所在位置起，第一个满足查找条件的文本位置，并以灰色背景显示，单击【替换】按钮即可替换为新的内容，并跳转至第二个查找内容。如果用户需要将文档中所有相同的内容全部替换，单击【全部替换】按钮即可替换所有查找到的内容。

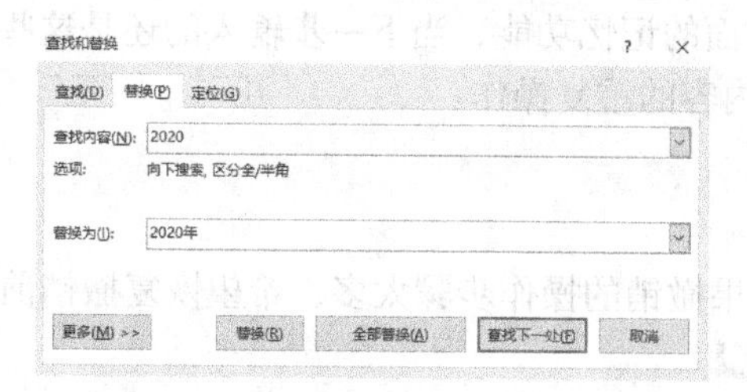

8.3.4 删除文本

删除错误的文本或使用正确的文本内容替换错误的文本内容，是文档编辑过程中常用的操作。删除文本的方法有以下几种。

1. 使用【Delete】键

删除光标后的字符。

2. 使用【Backspace】键

删除光标前的字符。

3. 删除大块文本

（1）选定文本后，按【Delete】键删除。

（2）选定文本后，单击鼠标右键，在弹出的快捷菜单中选择【剪切】命令，或单击【Ctrl+X】组合键进行剪切。

8.3.5 撤销和恢复文本

在Word 2019的快速工具栏中有三个很有用的按钮，分别是【撤销】按钮、【重复】按钮和【恢复】按钮。

小提示

重复操作是在没有进行过撤销操作的前提下重复对Word文档进行的最后一次操作。例如，改变某一段文字的字体后，也希望对另外几个段落进行同样的字体设置，则可以选定这些段落，然后使用【重复】按钮，重新对它们进行字体设置。

在进行撤销操作之后，【重复】按钮将变为【恢复键入】按钮。

1. 撤销输入

每按一次【撤销】按钮可以撤销前一步的操作；若要撤销连续的前几步操作，则可单击【撤销】按钮右边的倒三角按钮，在弹出的下拉列表中拖动鼠标选择要撤销的前几步操作。单击鼠标左键即可实现选中操作的撤销。

2. 重复键入

编辑文档时，有些内容需要重复输入或重复操作，如果按照常规一个一个地输入将是一件很费时费力的事。Word有这方面的记忆功能，当下一步输入的还是这些内容或操作相同时，可以使用【重复】按钮实现这些内容的重复操作。

3. 恢复

在进行撤销操作时，如果撤销的操作步骤太多，希望恢复撤销前的文本内容，可单击快速访问工具栏中的【恢复】按钮。

8.4 设置字体外观

在Word文档中，字符格式的设置最基本的就是对文档的字体、字号、字体颜色、字符间距和文字艺术效果等的设置。本节讲解如何在Word 2019中设置字体格式。

8.4.1 设置字体格式

在Word 2019中，文本默认为宋体、五号、黑色，用户可以根据不同的内容，对其进行修改，其主要有三种方法。

1. 使用【字体】选项组设置字体

在【开始】选项卡下的【字体】选项组中单击相应的按钮来修改字体格式是最常用的字体格式设置方法。

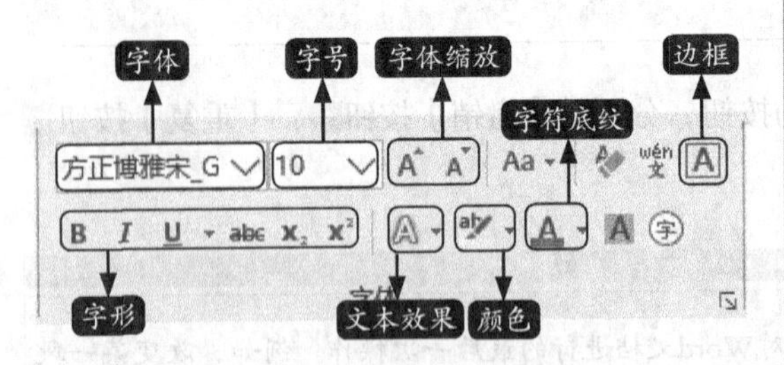

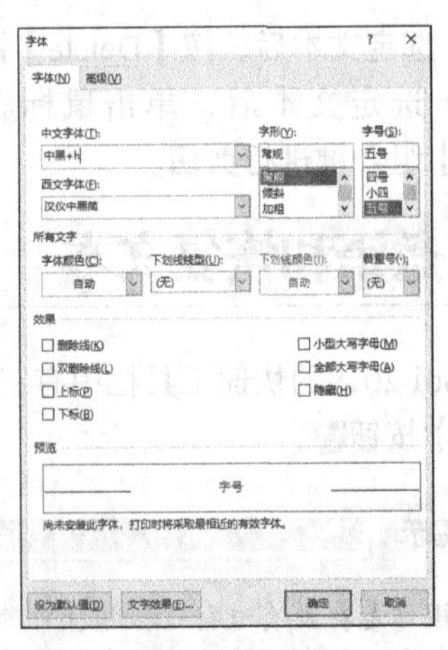

2.使用【字体】对话框来设置字体

选择要设置的文字，单击【开始】选项卡下【字体】选项组右下角的按钮或单击鼠标右键，在弹出的快捷菜单中选择【字体】选项，都会弹出【字体】对话框，从中可以设置字体的格式。

3.使用浮动工具栏设置字体

选择要设置字体格式的文本，此时选中的文本区域右上角弹出一个浮动工具栏，单击相应的按钮来修改字体格式。

8.4.2 设置字符间距

字符间距主要指文档中字与字之间的间距、位置等，按【Ctrl+D】组合键打开【字体】对话框，选择【高级】选项卡，在【字符间距】区域即可设置字体的【缩放】【间距】和【位置】等。

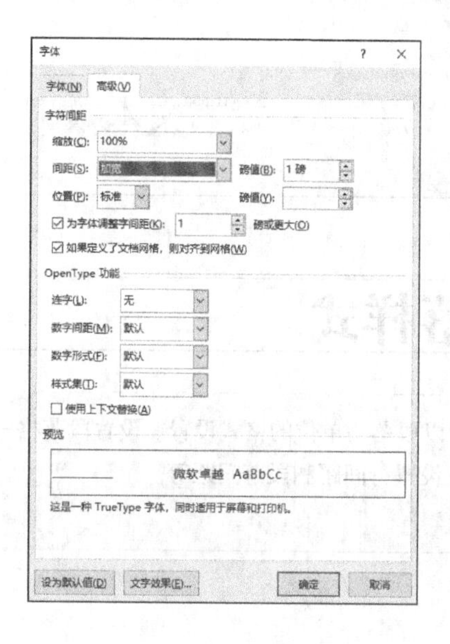

小提示

【间距】：增加或减小字符之间的间距。在【磅值】框中键入或选择一个数值。【为字体调整字间距】：自动调整特定字符组合之间的间距量，以使整个单词的分布看起来更加均匀。此命令仅适用于TrueType和Adobe PostScript字体。若要使用此功能，在【磅或更大】框中键入或选择要应用字距调整的最小字号。

8.4.3 设置文字效果

为文字添加艺术效果，可以使文字看起来更加美观。

步骤 01 选择要设置的文本，在【开始】选项卡【字体】组中，单击【文本效果和版式】按钮 A ▾，在弹出的下拉列表中，可以选择文本效果，如选择第三行第二个效果。

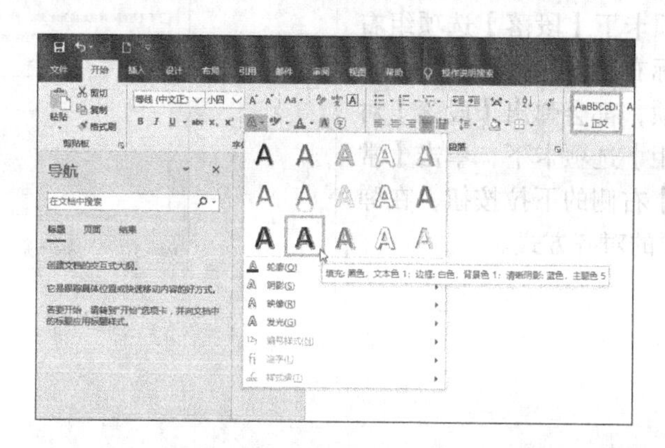

步骤 02 所选择文本内容即会应用文本效果，如下图所示。

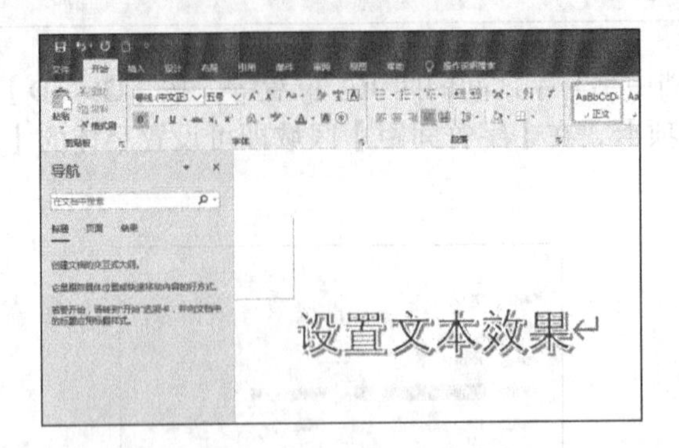

8.5 设置段落样式

段落格式是指以段落为单位的格式设置。设置段落格式主要是指设置段落的对齐方式、设置段落缩进以及设置行间距和段落间距等。

8.5.1 段落的对齐方式

整齐的排版效果可以使文本更为美观，对齐方式就是段落中文本的排列方式。Word中提供了左对齐、右对齐、居中对齐、两端对齐和分散对齐5种常用的对齐方式。

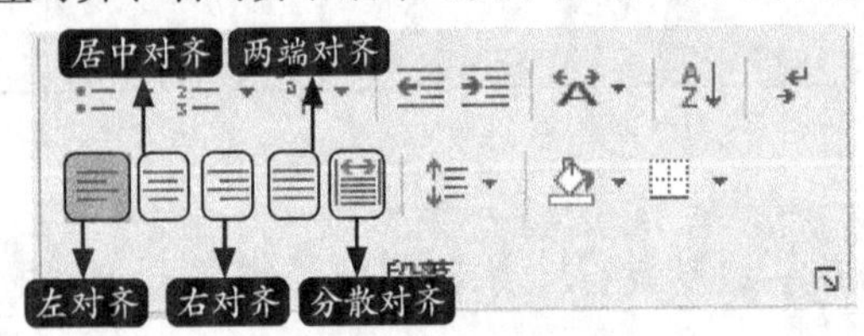

用户不仅可以通过工具栏中的【段落】选项组中的对齐方式按钮来设置对齐，而且可以通过【段落】对话框来设置对齐。

单击【开始】选项卡下【段落】选项组右下角的按钮或单击鼠标右键，在弹出的快捷菜单中选择【段落】选项，都会弹出【段落】对话框。在【缩进和间距】选项卡下，单击【常规】组中【对齐方式】右侧的下拉按钮，在弹出的列表中可选择需要的对齐方式。

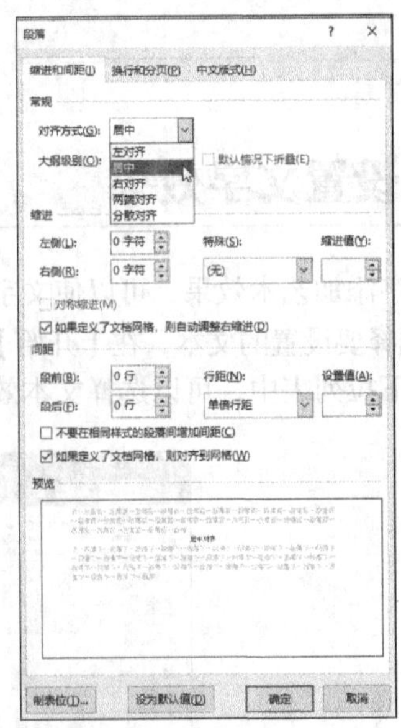

8.5.2 段落的缩进

段落缩进指段落的首行缩进、悬挂缩进和段落的左右边界缩进等。

段落缩进的设置方法有多种，可以使用精确的菜单方式、快捷的标尺方式，也可以使用【Tab】键和【开始】选项卡下的工具栏等。

步骤 01 打开"素材\ch08\办公室保密制度.docx"文件，选中要设置缩进文本，单击【段落】选项组右下角【段落设置】按钮，打开【段落】对话框，单击【特殊格式】下方文本框右侧的下拉按钮，在弹出的列表中选择【首行缩进】选项，在【缩进值】文本框输入"2字符"。

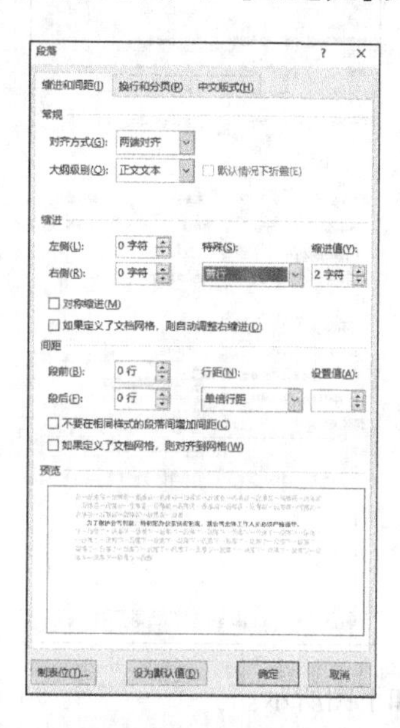

小提示

在【开始】选项卡下的【段落】选项组中单击【减小缩进量】按钮和【增加缩进量】按钮，也可以调整缩进。

步骤 02 单击【确定】按钮，段落首行即缩进两个字符，如下图所示。

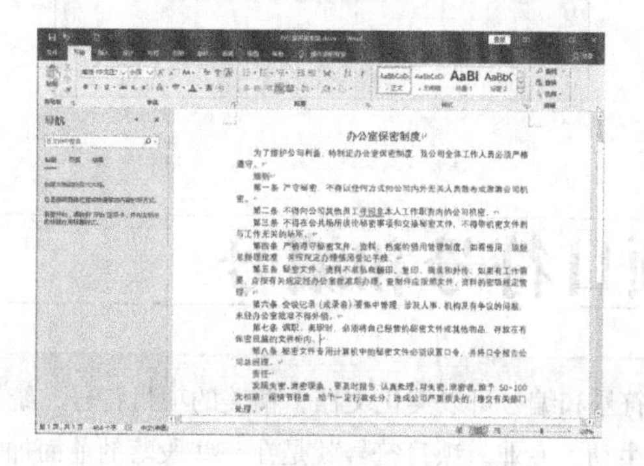

小提示

在【段落】对话框中除了可以设置首行缩进外，还可以设置文本的悬挂缩进。

8.5.3 段落间距及行距

段落间距是指两个段落之间的距离，它不同于行距，行距是指段落中行与行之间的距离。使用菜单栏设置段落间距的操作方法如下。

步骤 01 打开“素材\ch08\办公室保密制度.docx”文件，选中文本，单击【段落】选项组右下角按钮，在弹出的【段落】对话框中选择【缩进和间距】选项卡，在【行距】下拉列表中选择【1.5倍行距】选项。

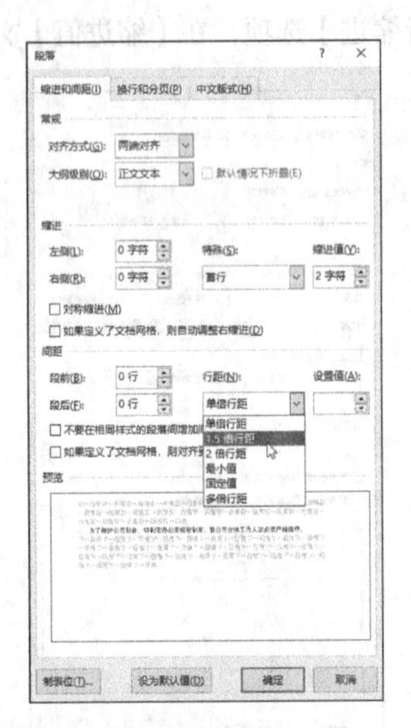

步骤 02 单击【确定】按钮，效果如下图所示。

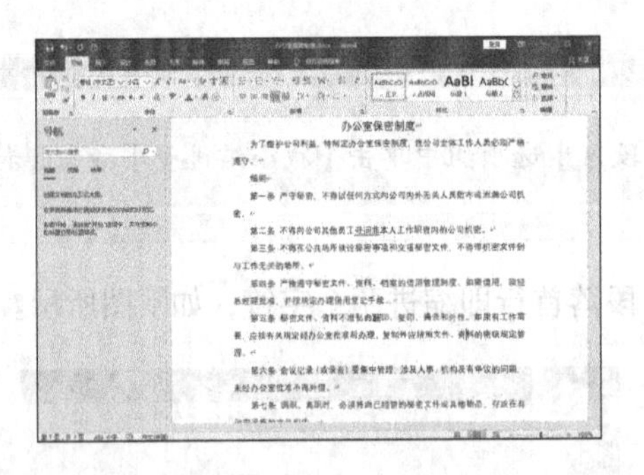

8.6 使用项目符号和编号

添加项目符号和编号可以美化文档，精美的项目符号、统一的编号样式可以使单调的文本内容变得更生动、专业。项目符号就是在一些段落的前面加上完全相同的符号。编号则是按照大小顺序为文档中的行或段落添加编号。下面介绍如何在文档中添加项目符号和编号。

步骤 01 在Word文档中，输入若干行文字并选中，单击【开始】➤【段落】组中【项目符号】按钮

☰右侧的下拉按钮，在弹出的下拉列表中选择可添加的项目符号，鼠标浮过某个项目符号即可预览效果图，单击该符号即可应用。

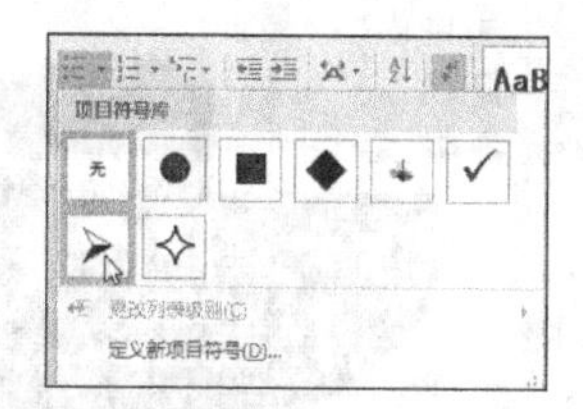

小提示

单击【定义新项目符号】选项，可定义更多的符号、选择图片等作为项目符号。

步骤 02 应用该符号后，按【Enter】键换行时会自动添加该项目符号。如果要完成列表，可按两次【Enter】键，或按【Backspace】键删除列表中的最后一个项目符号或编号。

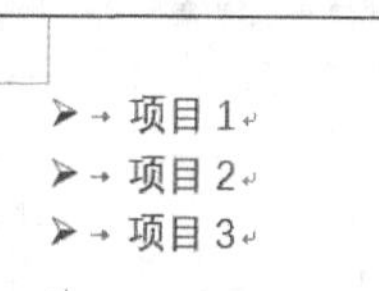

小提示

用户还可以选中要添加项目符号的文本内容，单击鼠标右键，然后在弹出的快捷菜单中选择【项目符号】命令。

步骤 03 在Word文档中，输入并选择多行文本，单击【开始】选项卡的【段落】组中的【编号】按钮☰右侧的下拉箭头，在弹出的下拉列表中选择编号的样式，单击选择编号样式，即可添加编号。

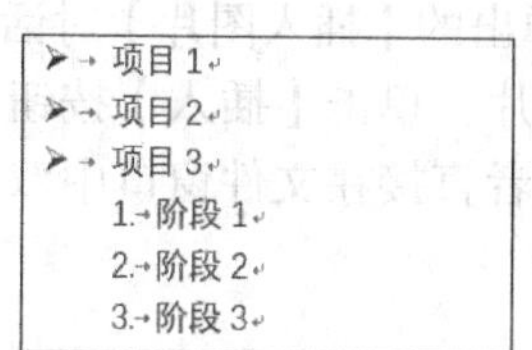

小提示

单击【定义新编号格式】选项，可定义新的编号样式；单击【设置编号值】选项，可以设置编号起始值。

8.7 插入图片

在文档中插入图片元素，可以使文档看起来更加生动、形象、充满活力。在Word文档中插入的图片主要包括本地图片和联机图片。

8.7.1 插入本地图片

在Word 2019文档中可以插入本地电脑中的图片。

1. 插入本地图片

Word 2019支持更多的图片格式，例如“.jpg”“.jpeg”“.jfif”“.jpe”“.png”“.bmp”“.dib”和“.rle”等。在文档中添加图片的具体步骤如下。

步骤 01 新建一个Word文档，将光标定位于需要插入图片的位置，然后单击【插入】选项卡下

【插图】选项组中的【图片】按钮。

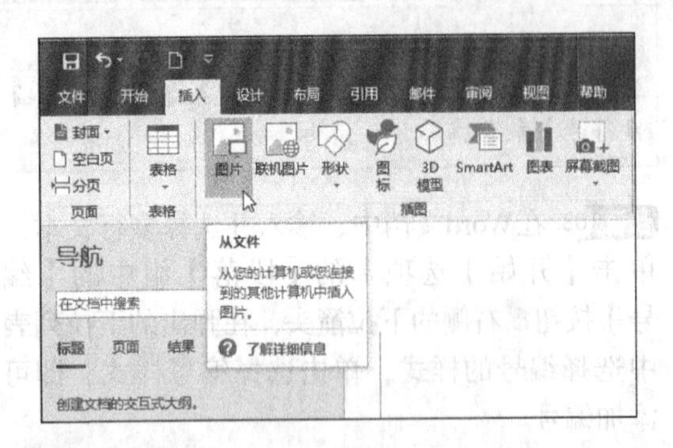

步骤02 在弹出的【插入图片】对话框中选择需要插入的图片，单击【插入】按钮，即可插入该图片。或者直接在文件窗口中双击需要插入的图片。

步骤03 在文档中光标所在的位置插入所选择的图片。

2. 更改图片样式

插入图片后，选择插入的图片，单击【图片工具】➢【格式】选项卡下【图片样式】选项组中的按钮，在弹出的下拉列表中选择任一选项，即可改变图片的样式。

3. 调整图片大小

调整图片大小的具体步骤如下。

步骤01 选择插入的图片，单击【图片工具】➢【格式】选项卡下【大小】选项组中的【裁剪】按钮。

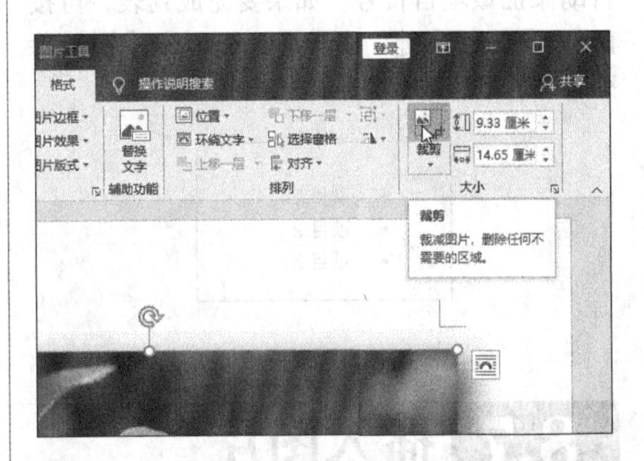

步骤02 此时图片中会显示调节8个手柄，可以拖曳手柄对图片进行裁剪。裁剪完成后，在空白处单击或按【Enter】键进行确认。

8.7.2 插入联机图片

Word 2019提供了大量的联机图片，用户可以从各种联机来源中查找和插入图片来美化文档。

步骤01 将光标定位于需要插入图片的位置，然后单击【插入】选项卡下【插图】选项组中的【联机图片】按钮。

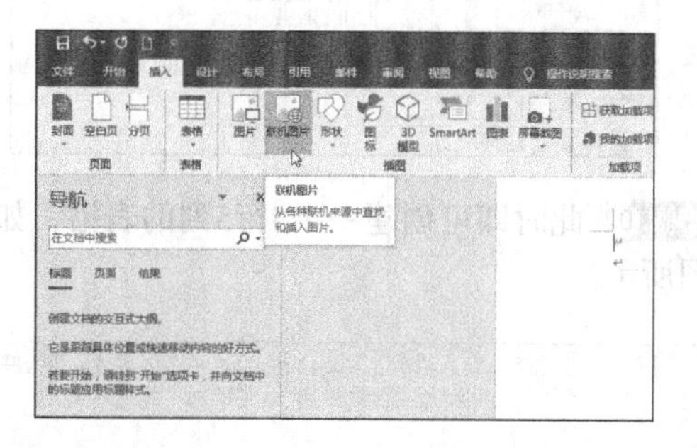

步骤02 在弹出的【联机 图片】对话框中，输入要搜索的图片名称，如“玫瑰花”，然后按【Enter】键。

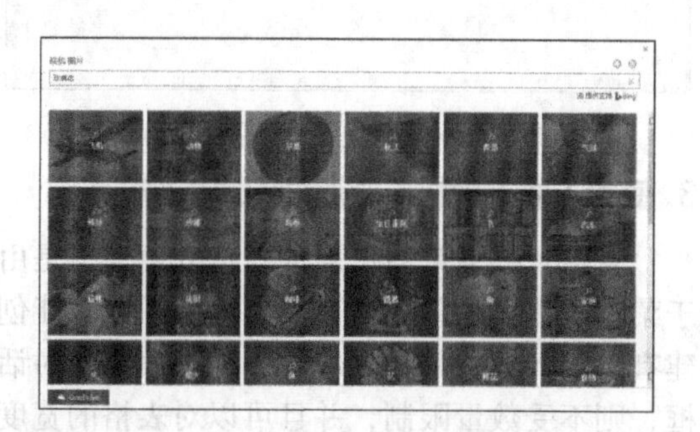

步骤03 显示搜索结果，选择需要的图片，单击【插入】按钮。

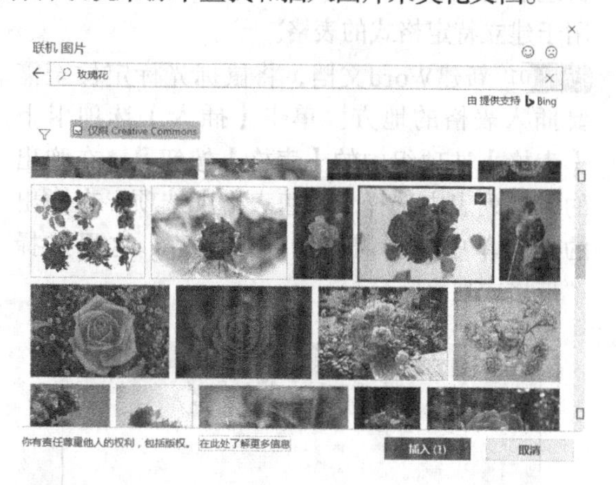

步骤04 此时即可下载该联机图片，并插入到文档中，如下图所示。

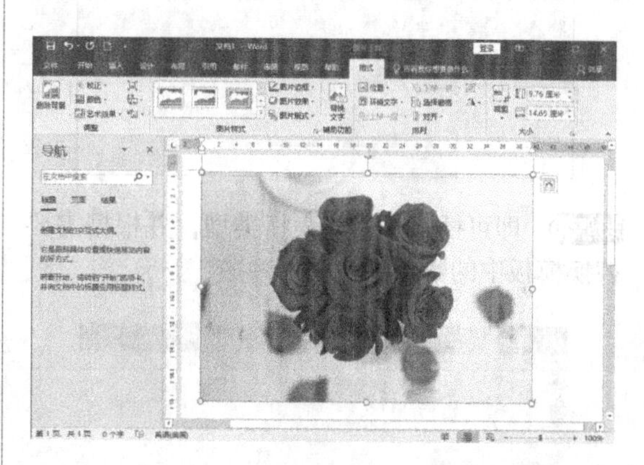

8.8 插入与绘制表格

表格是由多个行或列的单元格组成的，用户可以在单元格中添加文字或图片。在编辑文档的过程中，经常会用到数据的记录、计算与分析，此时表格是最理想的选择，因为表格可以使文本结构化、数据清晰化。

8.8.1 插入表格

Word 2019提供有多种插入表格的方法，用户可根据需要选择。

1. 创建快速表格

可以利用Word 2019提供的内置表格模型来快速创建表格，但提供的表格类型有限，只适用于建立特定格式的表格。

步骤01 新建Word文档，将鼠标光标定位至需要插入表格的地方。单击【插入】选项卡下【表格】选项组中的【表格】按钮，在弹出的下拉列表中选择【快速表格】选项，在弹出的子菜单中选择需要的表格类型，这里选择“带格式列表”。

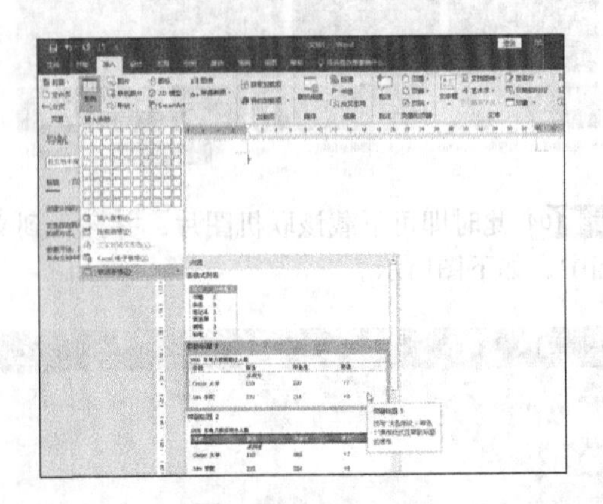

步骤02 即可插入选择的表格类型，并根据需要替换模板中的数据。

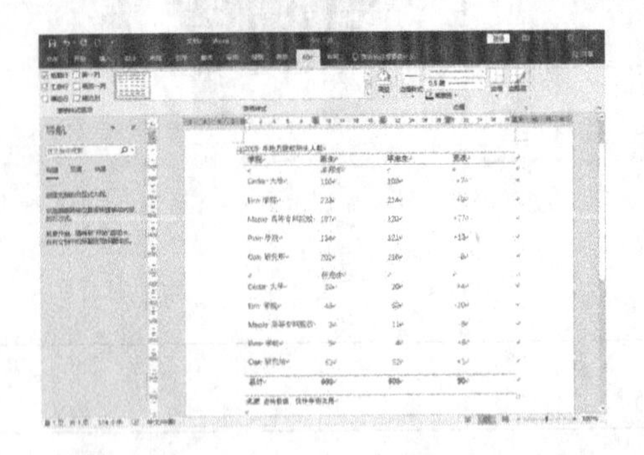

2. 使用表格菜单创建表格

使用表格菜单适合创建规则的、行数和列数较少的表格。最多可以创建8行10列的表格。

步骤01 将鼠标光标定位在需要插入表格的地方。单击【插入】选项卡下【表格】选项组中的【表格】按钮，在【插入表格】区域内选择要插入表格的行数和列数，即可在指定位置插入表格。选中的单元格将以橙色显示，并在名称区域显示选中的行数和列数，例如选择“5×5表格”。

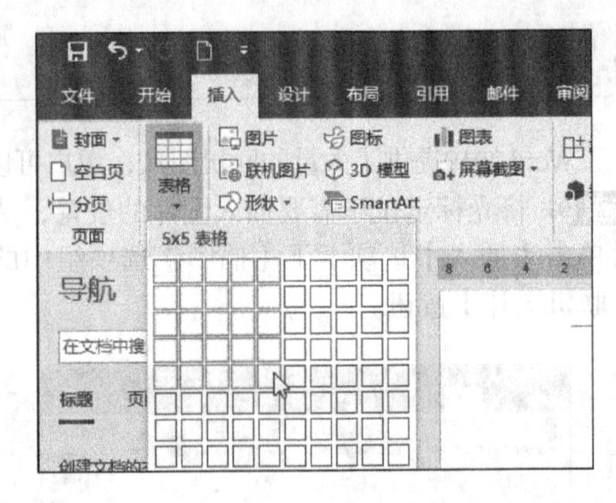

步骤02 此时即可创建一个5行5列的表格，如下图所示。

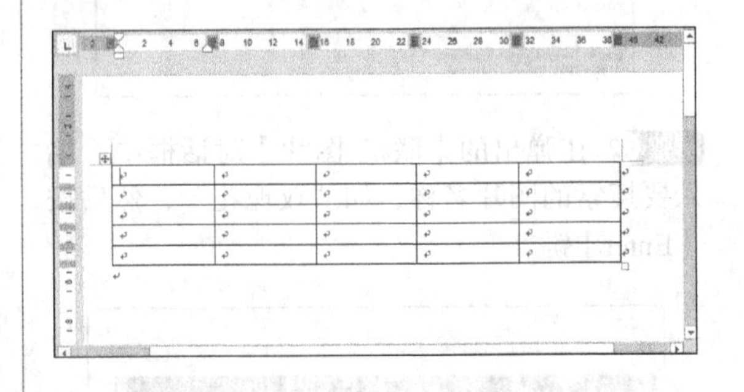

3. 使用【插入表格】对话框创建表格

使用表格菜单创建表格固然方便，但是由于菜单所提供的单元格数量有限，因此只能创建有限的行数和列数。使用【插入表格】对话框，则不受数量限制，并且可以对表格的宽度进行调整。

步骤01 将鼠标光标定位至需要插入表格的地方，单击【插入】选项卡下【表格】选项组中的【表格】按钮，在其下拉菜单中选择【插入表格】选项，在弹出的【插入表格】对话框输入列数和行数，单击【确定】按钮。

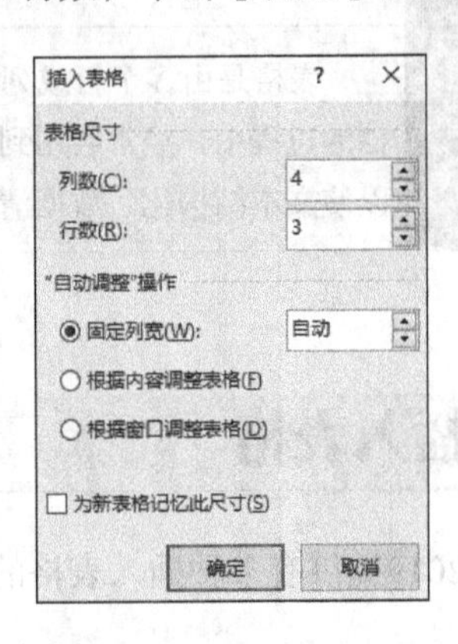

小提示

【“自动调整”操作】区域中各个单选项的含义如表所示。

【固定列宽】单选项：设定列宽的具体数值，单位是厘米。当选择为自动时，表示表格将自动在窗口填满整行，并平均分配各列为固定值。

【根据内容调整表格】单选项：根据单元格的内容自动调整表格的列宽和行高。

【根据窗口调整表格】单选项：根据窗口大小自动调整表格的列宽和行高。

【为新表格记忆此尺寸】复选框：再次插入表格时，会自动插入当前行列数的表格。

步骤 02 此时即可创建一个3行4列的表格，如下图所示。

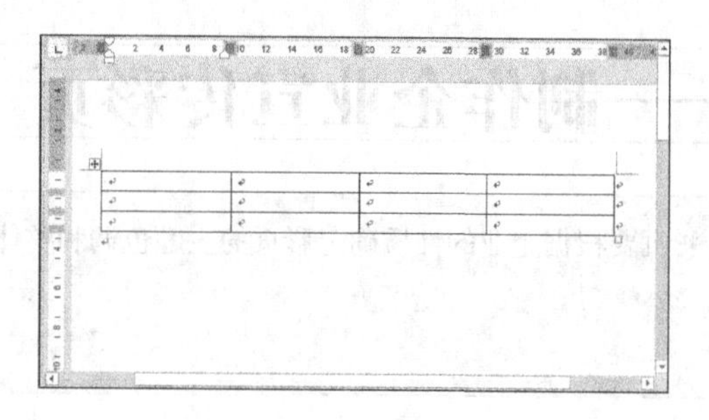

8.8.2 绘制表格

当用户需要创建不规则的表格时，以上的方法可能不再适用。此时可以使用表格绘制工具来创建表格。

1. 绘制表格

步骤 01 单击【插入】选项卡下【表格】选项组中的【表格】按钮，在下拉菜单中选择【绘制表格】选项，鼠标光标变为铅笔形状。在需要绘制表格的地方单击并拖曳鼠标绘制出表格的外边界，形状为矩形。

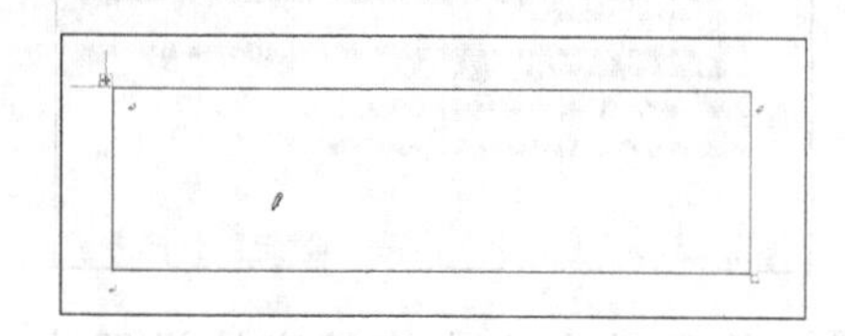

步骤 02 在该矩形中绘制行线、列线或斜线，直至满意为止。

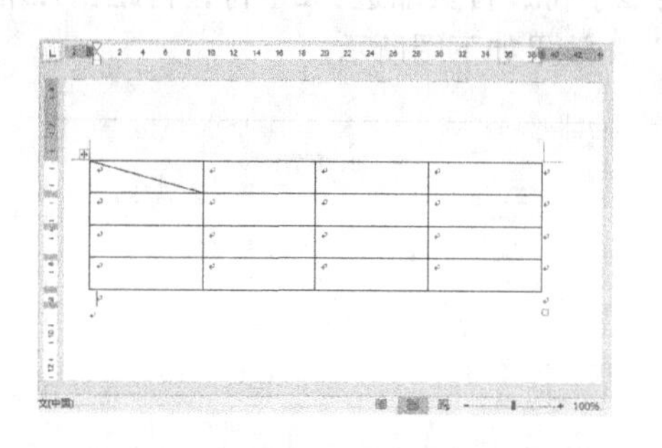

2. 使用橡皮擦修改表格

在创建表格的过程中，可以使用橡皮擦工具将多余的行线或列线擦掉。

步骤 01 在需要修改的表格内单击，单击【表格工具】➤【布局】选项卡下【绘图】选项组中的【橡皮擦】按钮，鼠标光标变为橡皮擦形状。

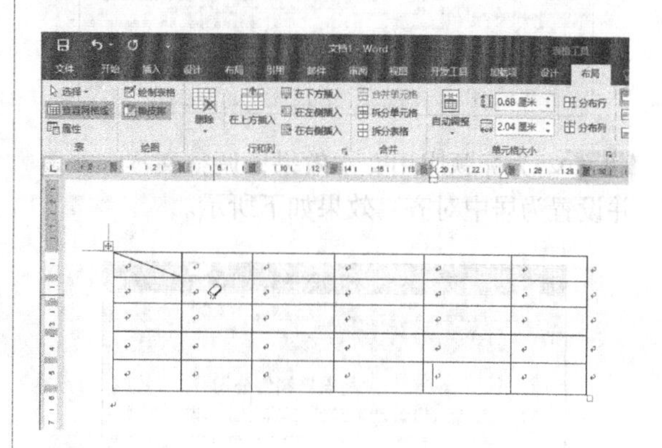

步骤 02 单击需要擦除的行线或列线即可。

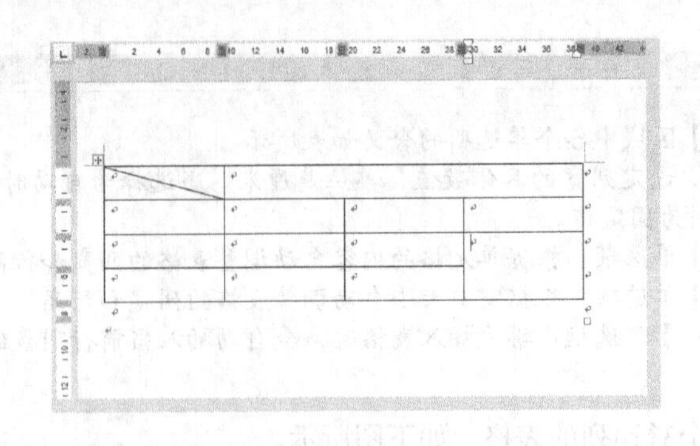

8.9 实战——制作企业宣传彩页

企业宣传彩页要根据企业的性质确定彩页的主题色调和整体风格，这样更能突出主题，吸引消费者。

第1步：使用艺术字美化标题

利用Word 2019提供的插入艺术字功能，不仅可以制作出美观的艺术字，而且操作非常简单。

步骤 01 打开“素材\ch08\公司宣传彩页.docx”文件，选择标题文本，然后单击【开始】➢【字体】组中的【文本效果和版式】按钮，在弹出的下拉列表中选择一种艺术字样式。

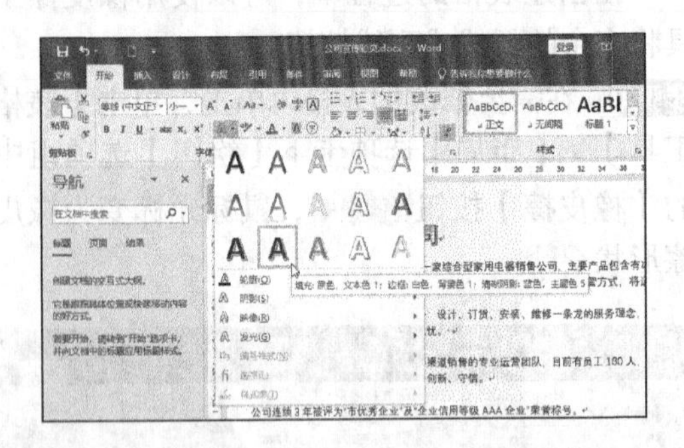

步骤 02 为标题应用文本效果，调整文本大小，并设置为居中对齐，效果如下所示。

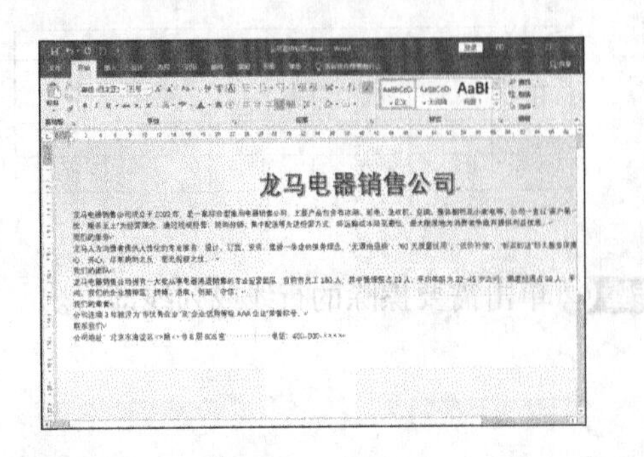

第2步：设置字体和段落格式

设置文本内容的字体和段落格式的具体步骤如下。

步骤 01 按【Ctrl】键，选择除标题以外的文本内容，如下图所示。

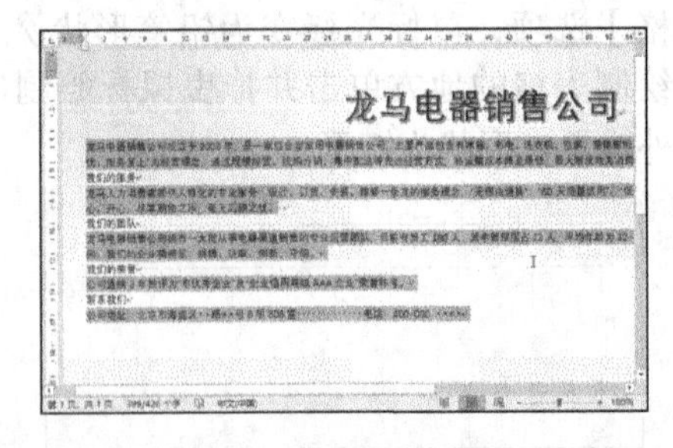

步骤 02 将所选文本内容的字体设置为“小四，等线”，段落格式设置为“左侧及右侧缩进：2字符，首页缩进：2字符，行距：1.5倍行距”，效果如下图所示。

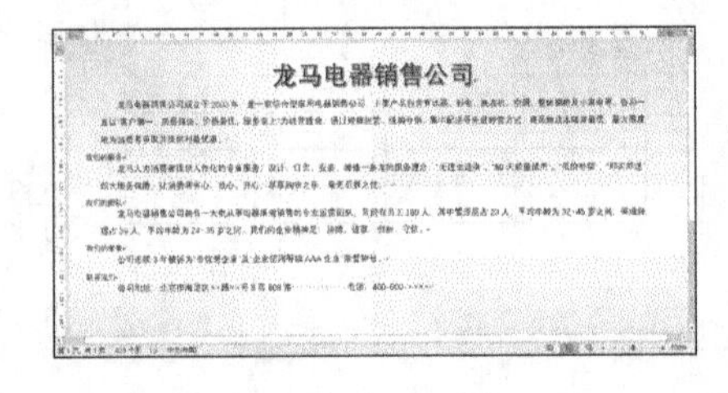

步骤 03 选择标题文字，将其字体设置为“等线，加粗，四号”，段落行间距设置为“1.5倍行距”，效果如下图所示。

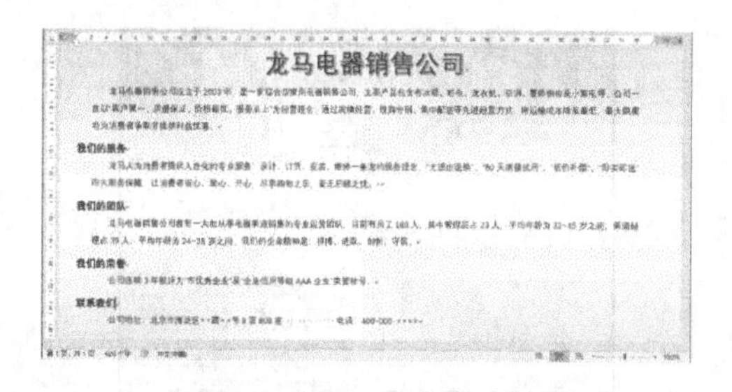

第3步：插入并调整图片

插入并调整宣传页图片的具体操作步骤如下。

步骤 01 将鼠标光标定位于要插入的图片位置，单击【插入】选项卡下【插图】选项组中的【图片】按钮。

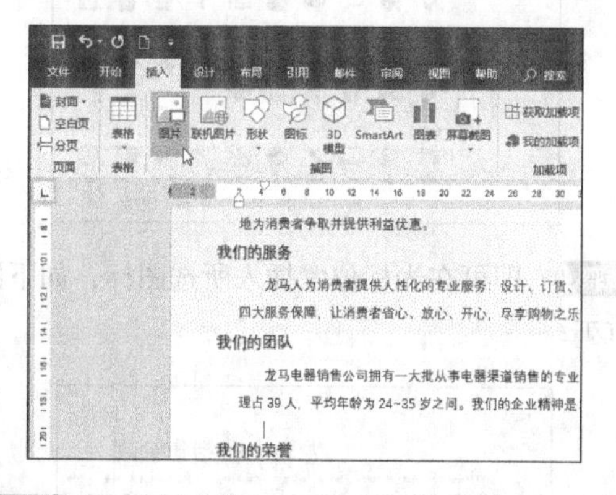

步骤 02 在弹出的【插入图片】对话框中选择需要插入的图片“素材\ch08\01.jpg”，单击【插入】按钮。

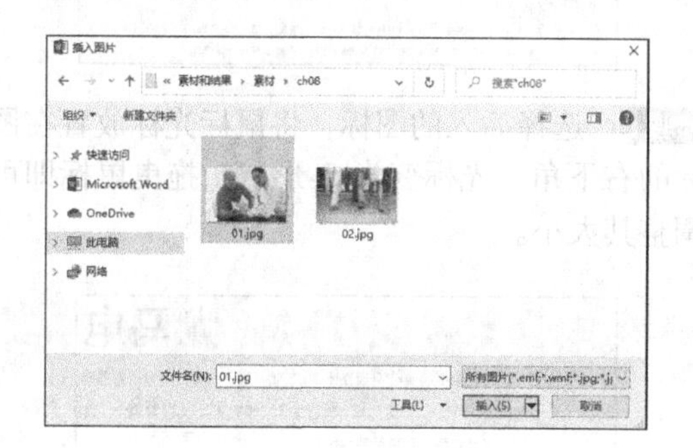

步骤 03 此时就在文档中鼠标光标所在的位置插入了所选择的图片。

小提示

单击【插入】选项卡下【插图】选项组中的【联机图片】按钮，可以在打开的【插入图片】对话框中搜索联机图片并将其插入到文档中。

步骤 04 选择插入的图片，将鼠标光标放在图片4个角的控制点上，当鼠标光标变为↖形状或↗形状时，按住鼠标左键并拖曳鼠标，调整图片的大小，效果如下图所示。

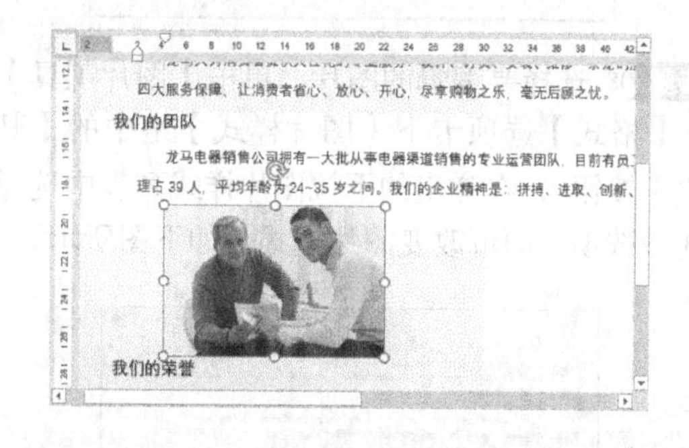

小提示

在【图片工具】➤【格式】选项卡下的【大小】组中可以精确调整图片的大小。

步骤 05 将鼠标定位至该图片后面，插入图片“素材\ch08\02.jpg”，并根据步骤 04的方法，调整图片的大小。

步骤06 选择插入的图片，将其设置为居中位置。

步骤07 在图片中间可以使用【空格】键的方式，使两张图片间留有空白。

步骤08 选择要编辑的图片，单击【图片工具】➤【格式】选项卡下【图片样式】组中的【其他】按钮，在弹出的下拉图片样式列表中选择任一选项，即可改变图片样式，如下图所示。

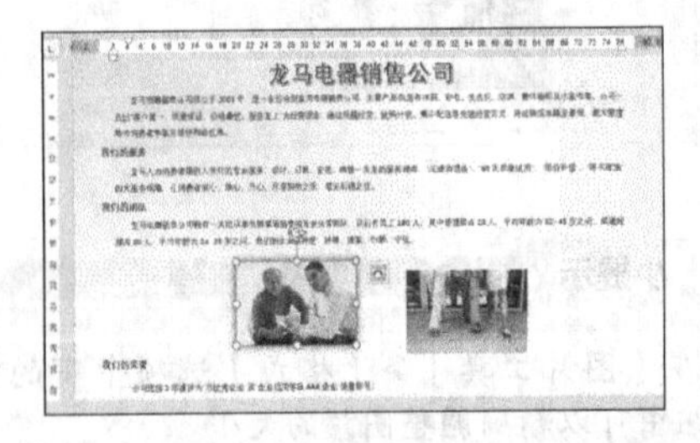

步骤09 使用同样的方法，为第二张图片应用【居中矩形阴影】效果。此时，可根据情况调整图片的位置及大小，最终效果如下图所示。

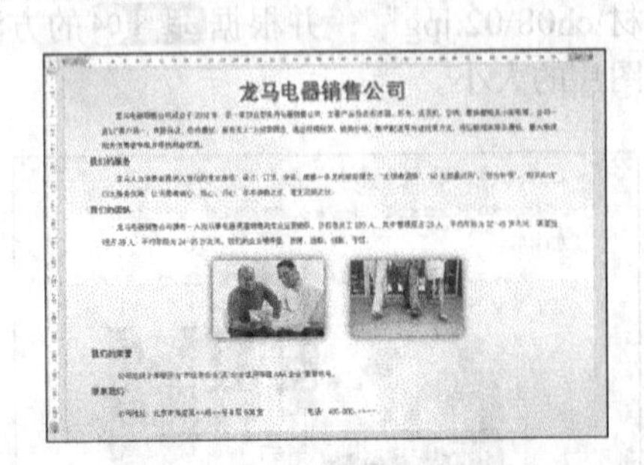

第4步：插入图标

在Word 2019中增加了【图标】功能，用户可以根据需要插入系统中自带的图标。

步骤01 将光标定位在标题前位置，并单击【插入】选项卡【插图】组中的【图标】按钮。

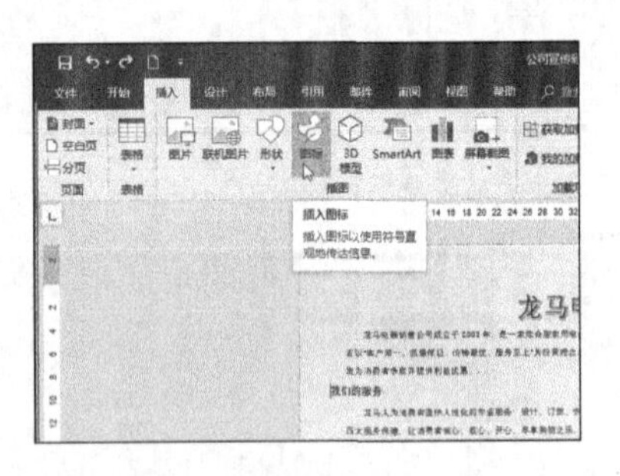

步骤02 弹出【插入图标】对话框，可以在左侧选择图标分类，右侧则显示对应的图标，如这里选择"分析"类别下的图标，然后单击【插入】按钮。

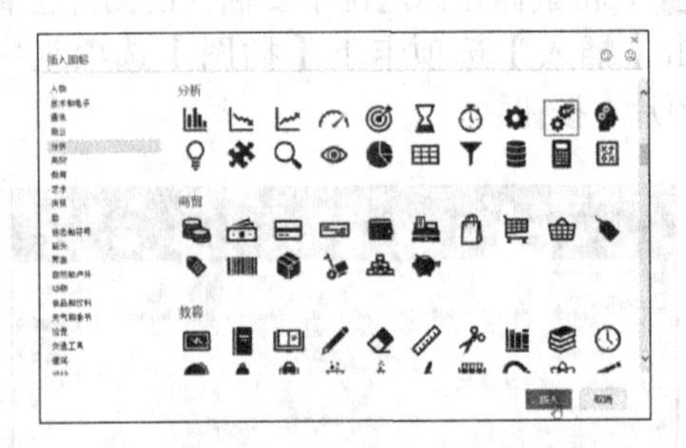

步骤03 即可在光标位置插入所选图标，如下图所示。

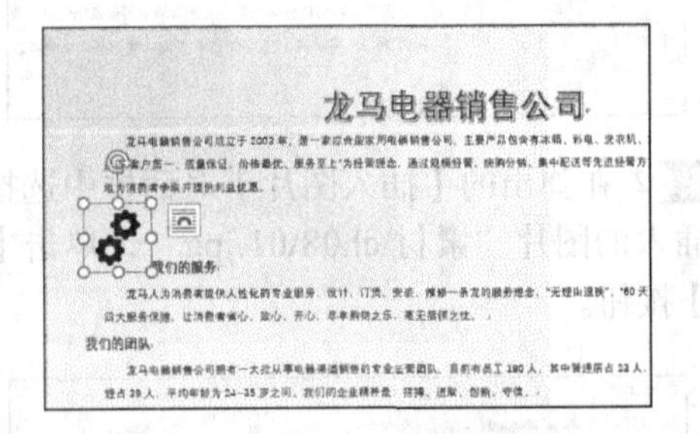

步骤04 选择插入的图标，将鼠标光标放置在图标的右下角，光标变为形状，拖曳鼠标即可调整其大小。

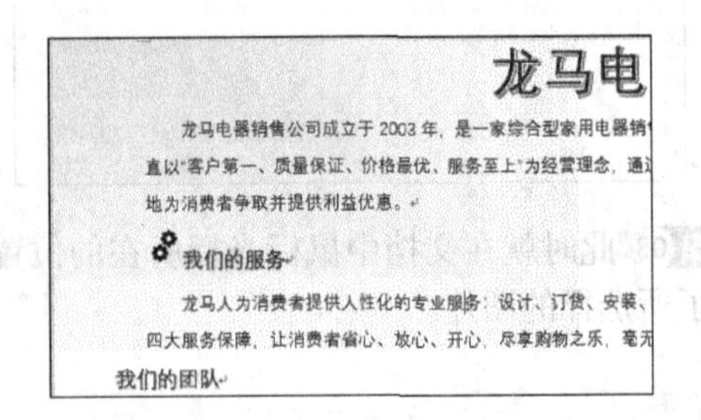

步骤05 选择该图标，则在图标右侧显示【布局选项】按钮，在弹出的列表中，选择【浮于文字上方】布局选项。

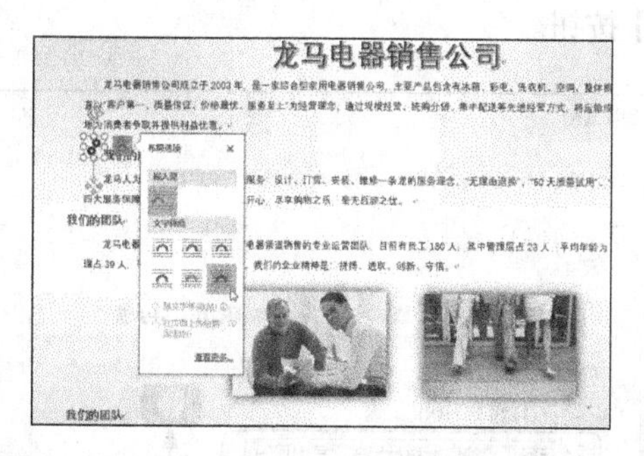

步骤06 设置图标布局后，根据情况调整文字的缩进，调整后效果如下。

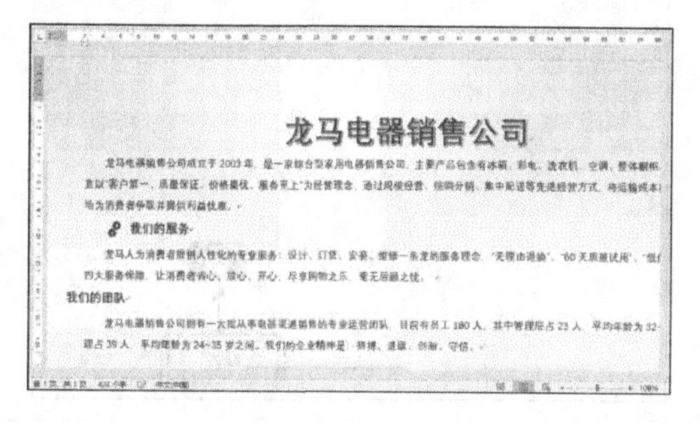

步骤07 使用同样的方法设置其他标题的图标，最终效果图如下。

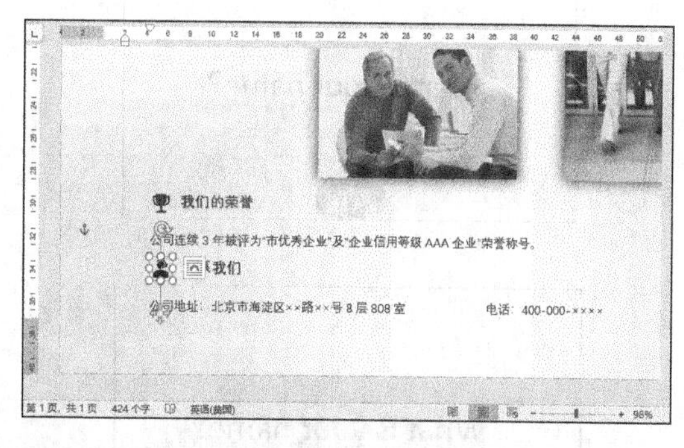

步骤08 图标设置完成后，可根据情况调整细节，并保存文档，最终效果图如下。

高手支招

技巧1：自动更改大小写字母

Word 2019提供了更多的单词拼写检查模式，例如【句首字母大写】、【全部小写】、【全部大写】、【半角】和【全角】等检查更改模式。

步骤01 单击需要更改的大小写的单词、句子或段落。在【开始】选项卡的【字体】组中单击【更改大小写】按钮，在弹出的下拉菜单中选择所需要的选项。

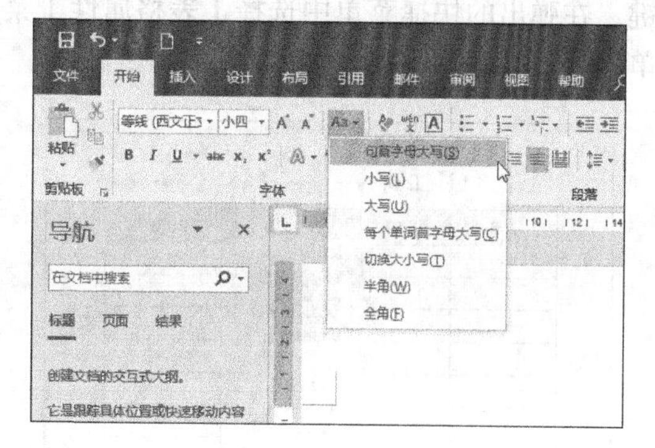

步骤02 更改后的效果如下图所示。

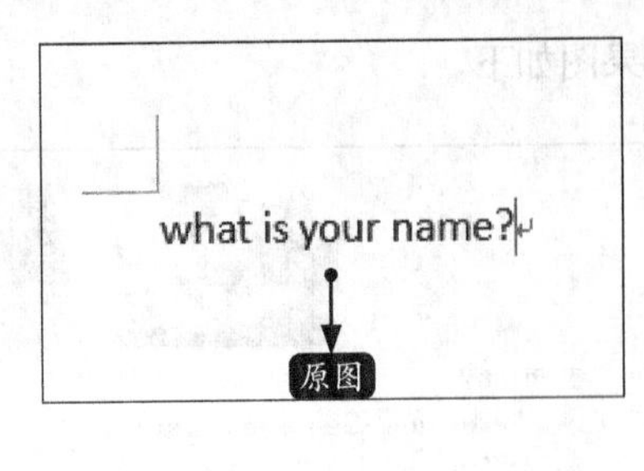

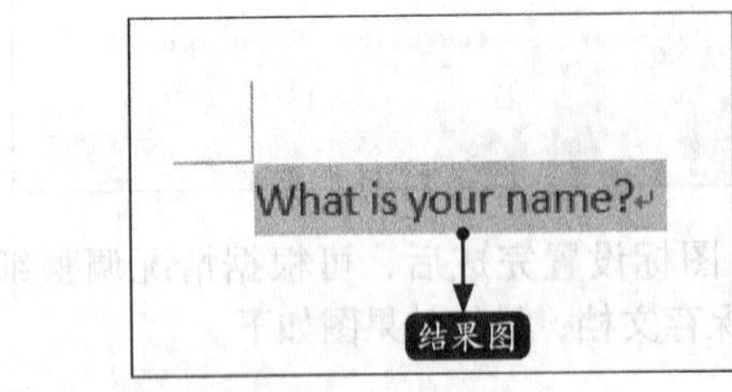

技巧2：为跨页表格自动添加表头

如果表格行较多，会自动显示在下一页中，默认情况下，下一页的表格是没有表头的。用户可以根据需要为跨页的表格自动添加表头，具体操作步骤如下。

步骤 01 打开“素材\ch08\跨页表格.docx”文件，可以看到第二页上方没有显示表头。

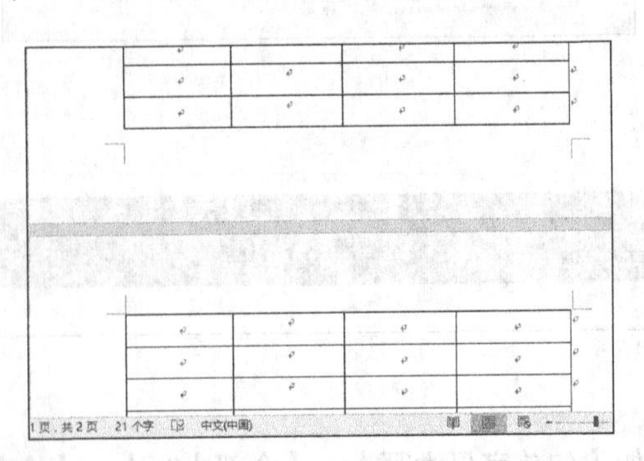

步骤 02 选择第一页的表头，并单击鼠标右键，在弹出的快捷菜单中选择【表格属性】菜单命令。

步骤 03 打开【表格属性】对话框，单击选中【行】选项卡下【选项】组中的【在各页顶端以标题行形式重复出现】复选框。单击【确定】按钮。

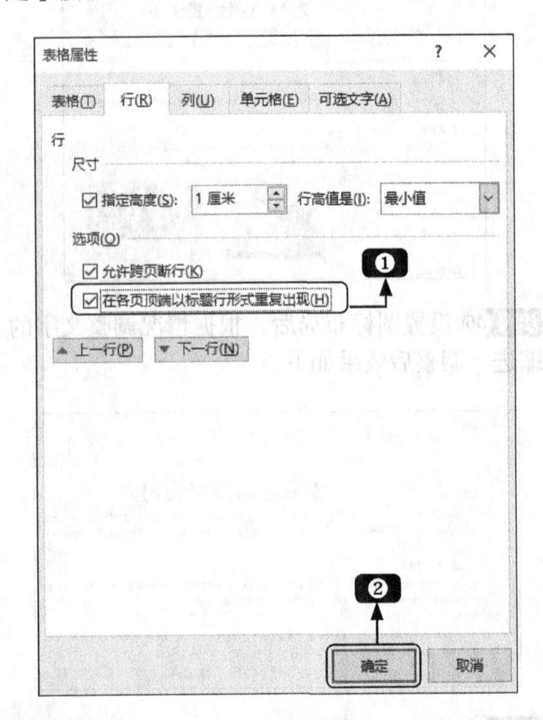

步骤 04 下一页表格首行即添加了跨页表头，效果如下图所示。

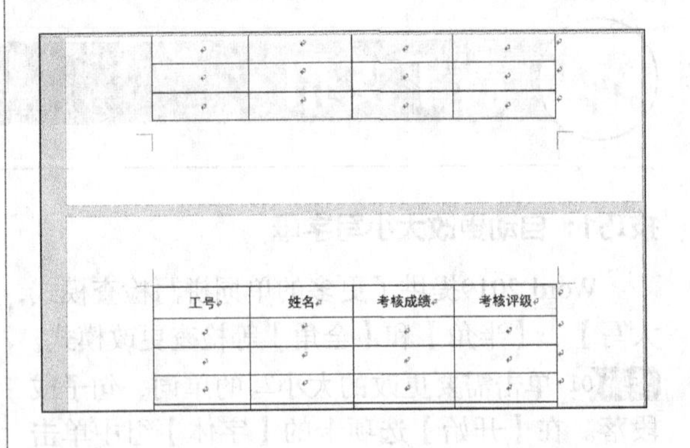

Word文档的美化与排版

Word具有强大的排版功能，尤其是处理长文档时，可以快速地对其排版。本章主要介绍Word 2019高级排版应用，主要包括页面设置、使用样式、设置页眉和页脚、插入页码和创建目录等内容。

学习效果

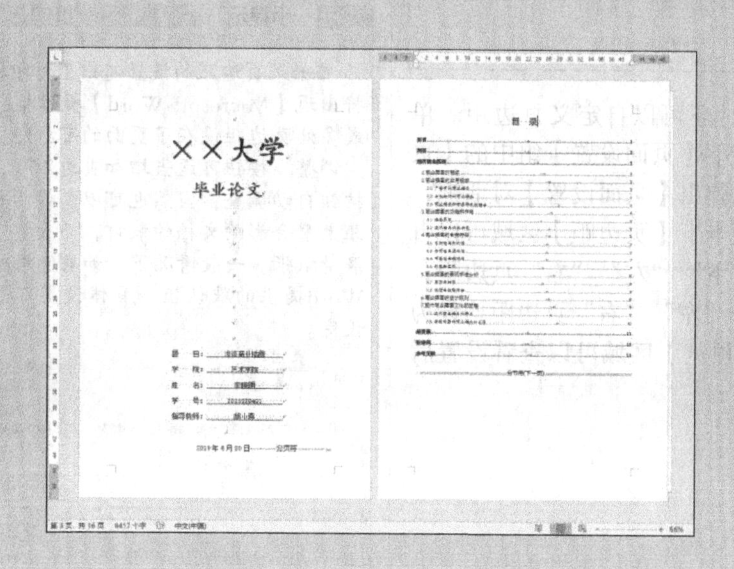

9.1 页面设置

页面设置是指对文档布局的设置，主要包括设置文字方向、页边距、纸张大小、分栏等。Word 2019有默认的页面设置，但默认的页面设置并不一定适合所有用户，用户可以根据需要对页面进行设置。

9.1.1 设置页边距

页边距有两个作用：一是出于装订的需要；二是形成更加美观的文档。设置页边距，包括上、下、左、右边距以及页眉和页脚距页边界的距离，使用该功能来设置页边距十分精确。

步骤 01 在【布局】选项卡【页面设置】选项组中单击【页边距】按钮，在弹出的下拉列表中选择一种页边距样式并单击，即可快速设置页边距。

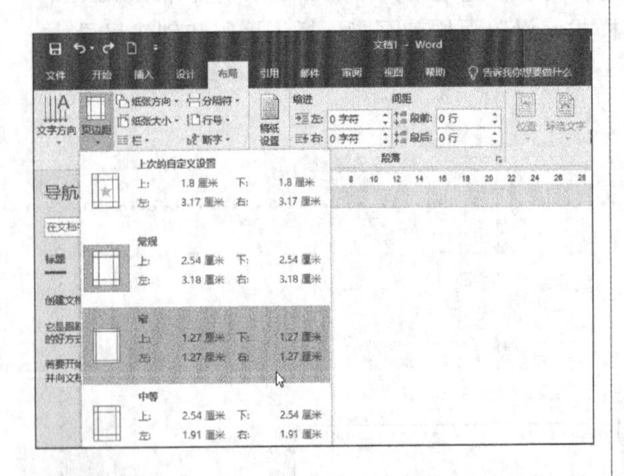

步骤 02 除此之外，还可以自定义页边距。单击【布局】选项卡下【页面设置】组中的【页面设置】按钮，弹出【页面设置】对话框，在【页边距】选项卡下【页边距】区域可以自定义设置“上”“下”“左”“右”页边距，如将“上”“下”“左”“右”页边距均设为“1厘米”，在【预览】区域可以查看设置后的效果。

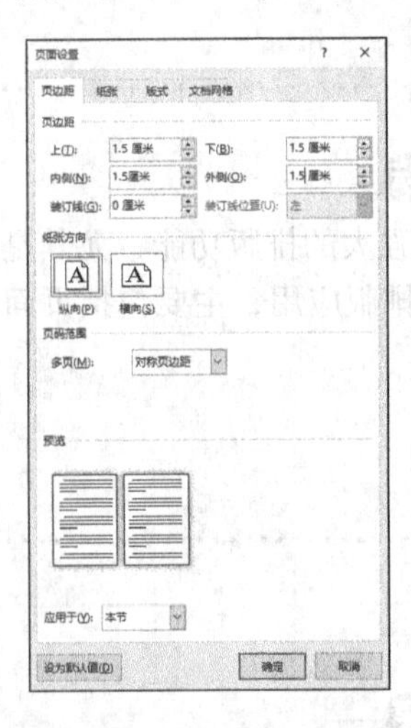

小提示

如果页边距的设置超出了打印机默认的范围，将出现【Microsoft Word】提示框，提示“有一处或多处页边距设在了页面的可打印区域之外，选择‘调整’按钮可适当增加页边距”，单击【调整】按钮自动调整，当然也可以忽略后手动调整。页边距太窄会影响文档的装订，而太宽不仅影响美观还浪费纸张。一般情况下，如果使用A4纸，可以采用Word提供的默认值，具体设置可根据用户的要求设定。

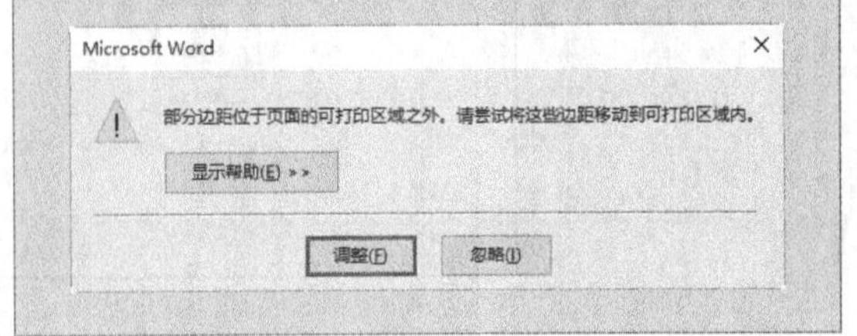

9.1.2 设置页面方向和大小

纸张的大小和纸张方向，也影响着文档的打印效果，因此设置合适的纸张在Word文档制作过程中也是非常重要的。设置纸张包括设置纸张的方向和大小，具体操作步骤如下。

步骤01 单击【布局】选项卡下【页面设置】组中的【纸张方向】按钮，在弹出的下拉列表中可以设置纸张方向为“横向”或“纵向”，如单击【横向】选项。

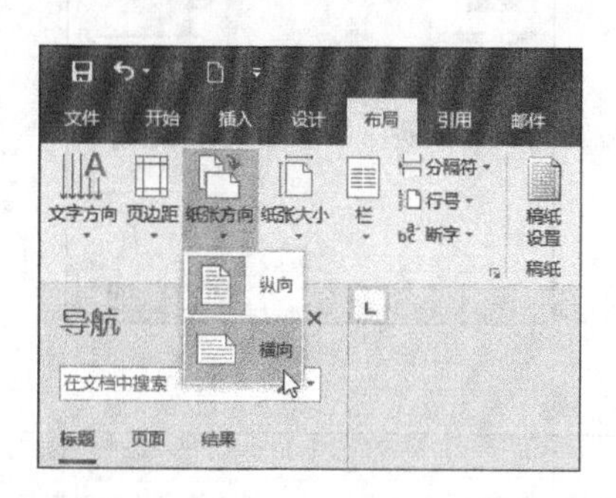

小提示

也可以在【页面设置】对话框的【页边距】选项卡中，在【纸张方向】区域设置纸张的方向。

步骤02 此时，页面方向即会横向显示，如下图所示。

步骤03 单击【布局】选项卡【页面设置】选项组中的【纸张大小】按钮，在弹出的下拉列表中可以选择纸张大小，如单击【信封DL】选项。

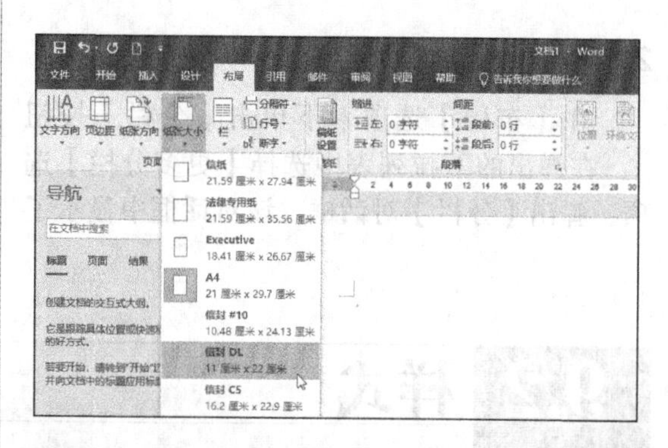

步骤04 此时页面即会显示为所设置，如下图所示。

9.1.3 设置分栏

在对文档进行排版时，常需要将文档进行分栏。在Word 2019中可以将文档分为两栏、三栏或更多栏，具体方法如下。

1.使用功能区设置分栏

选择要分栏的文本后，在【布局】选项卡下单击【分栏】按钮，在弹出的下拉列表中选择对应的栏数即可。

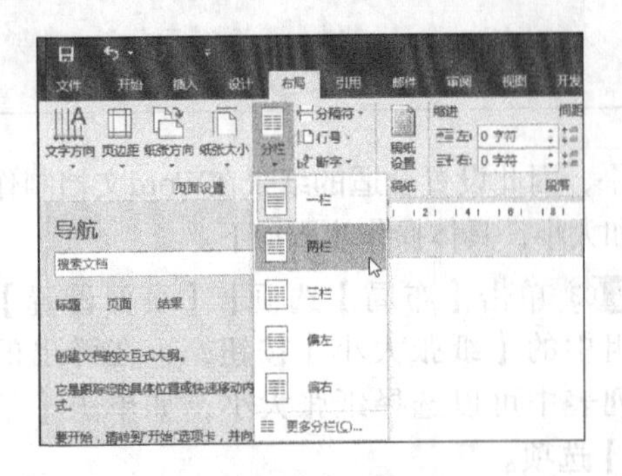

2.使用【分栏】对话框

在【布局】选项卡下单击【分栏】按钮，在弹出的下拉列表中选择【更多分栏】选项，弹出【分栏】对话框，该对话框中显示了系统预设的5种分栏效果。在【栏数（N）】微调框中输入要分栏的栏数，如输入“3”，然后设置栏宽、分隔线并在【预览】区域预览效果后，单击【确定】按钮即可。

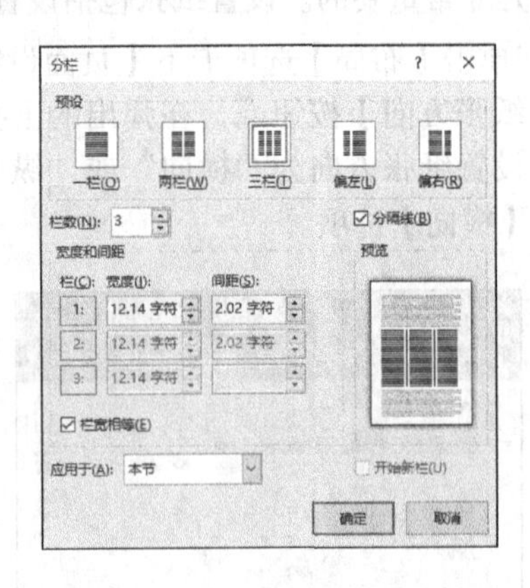

9.2 样式

样式包含字符样式和段落样式，字符样式的设置以单个字符为单位，段落样式的设置是以段落为单位。

9.2.1 查看和显示样式

样式是被命名并保存的特定格式的集合，它规定了文档中正文和段落等的格式。段落样式应用于整个文档，包括字体、行间距、对齐方式、缩进格式、制表位、边框和编号等。字符样式可以应用于任何文字，包括字体、字体大小和修饰等。

使用【应用样式】窗格查看样式的具体操作如下。

步骤 01 单击【开始】选项卡【样式】选项组中的【其他】按钮，在弹出的下拉列表中选择【应用样式】选项。

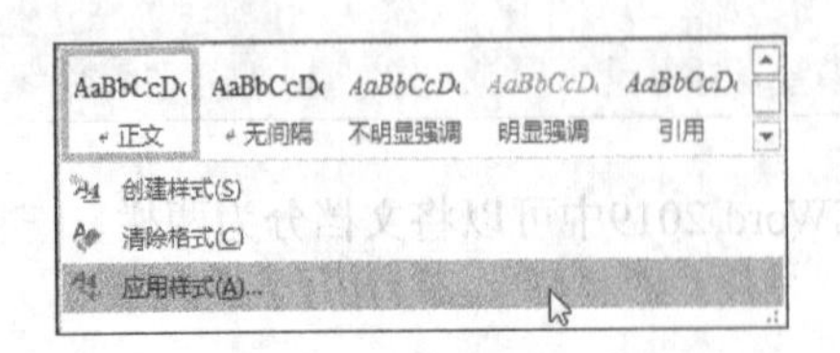

步骤 02 弹出【应用样式】窗格。

步骤 03 将鼠标指针置于文档中的任意位置，相对应的样式将在【样式名】下拉列表框中显示出来。

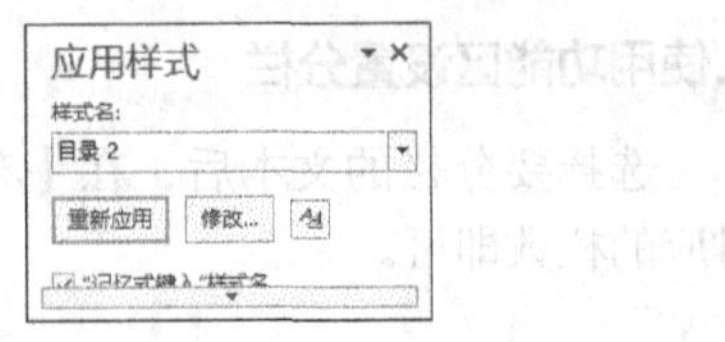

9.2.2 应用样式

应用样式包括快速使用样式和使用样式列表两种，分别介绍如下。

1. 快速使用样式

步骤01 打开“素材\ch09\植物与动物.docx”文件，选择要应用样式的文本（或者将鼠标光标定位至要应用样式的段落内）。这里将光标定位至第一段段内。单击【开始】选项卡下【样式】组右下角的按钮，从弹出【样式】下拉列表中选择【标题】样式。

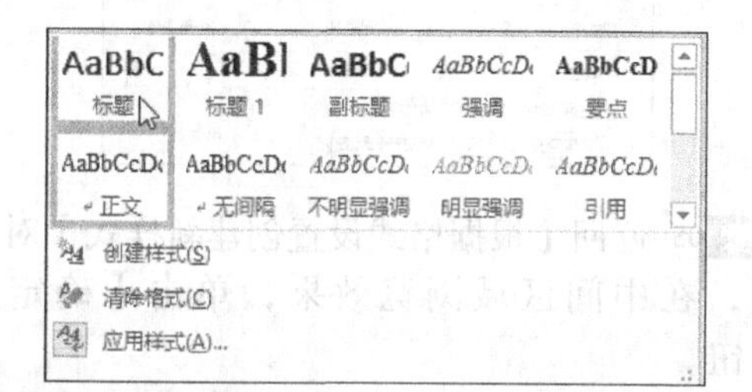

步骤02 此时第一段即变为标题样式，效果如下图所示。

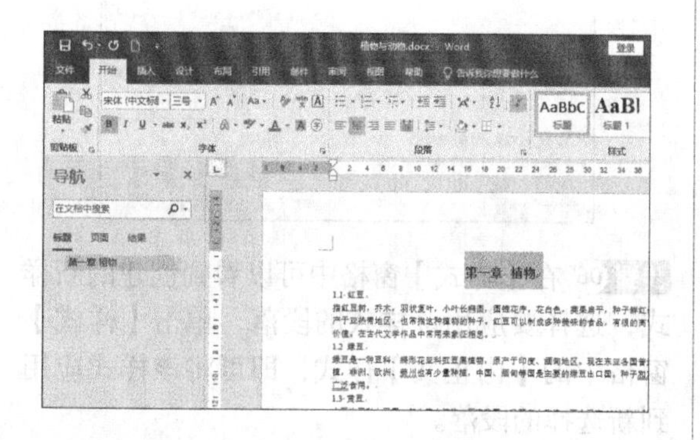

2. 使用样式列表

使用样式列表也可以应用样式。

步骤01 选中需要应用样式的文本，在【开始】选项卡的【样式】组中单击【样式】按钮。

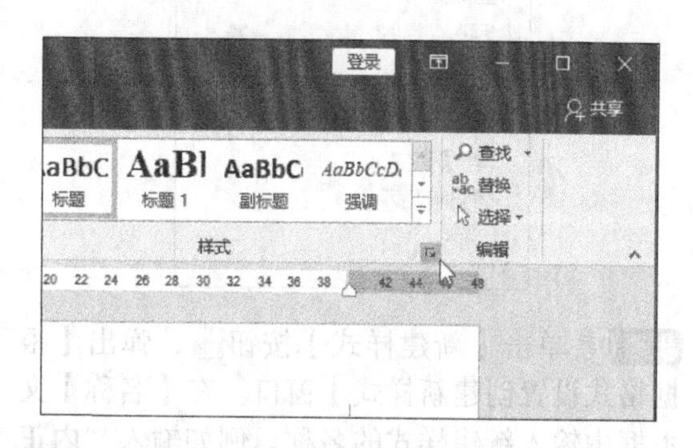

步骤02 弹出【样式】窗格，在【样式】窗格的列表中单击需要的样式选项即可，如单击【标题1】选项。

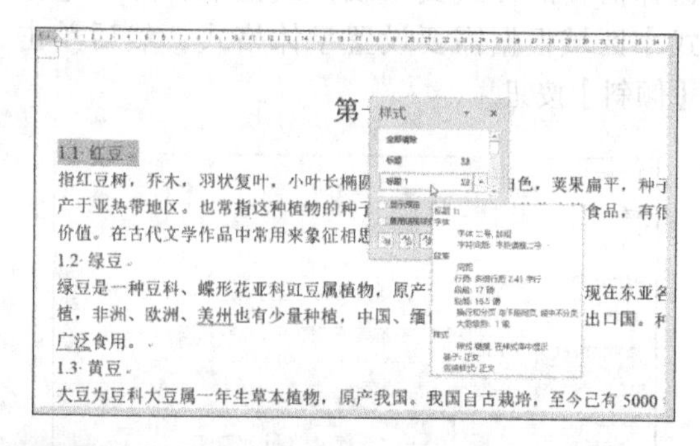

步骤03 此时即可将样式应用于文档，效果如下图所示。

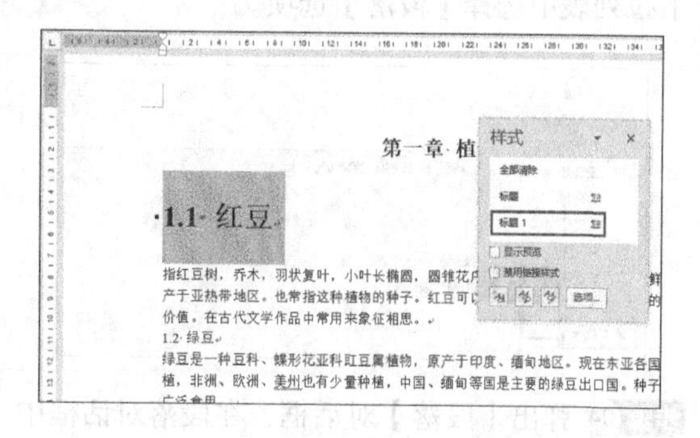

9.2.3 自定义样式

当系统内置的样式不能满足需求时，用户还可以自行创建样式。自行创建样式的具体操作步骤如下。

步骤01 打开“素材\ch09\植物与动物.docx”文件，选中需要应用样式的文本，或者将插入符移至需要应用样式段落内的任意一个位置，然后在【开始】选项卡的【样式】组中单击【样式】按钮，弹出【样式】窗格。

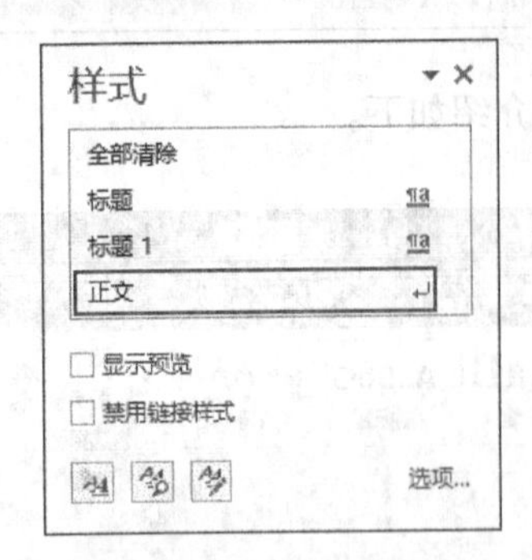

步骤02 单击【新建样式】按钮，弹出【根据格式设置创建新样式】窗口。在【名称】文本框中输入新建样式的名称，例如输入“内正文”，在【属性】区域分别在【样式类型】、【样式基准】和【后续段落样式】下拉列表中选择需要的样式类型或样式基准，并在【格式】区域根据需要设置字体格式，然后单击【倾斜】按钮。

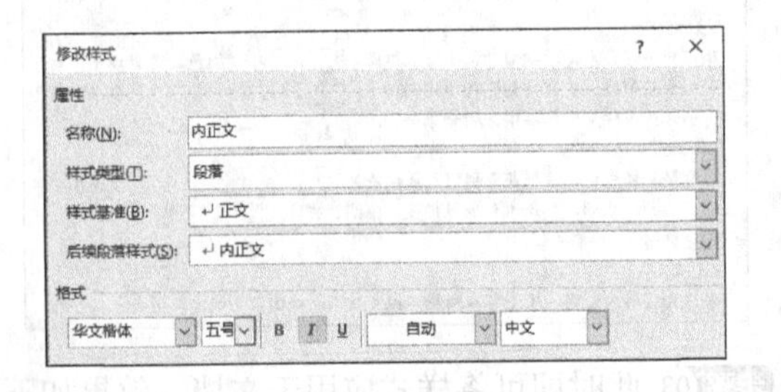

步骤03 单击左下角的【格式】按钮，在弹出的下拉列表中选择【段落】选项。

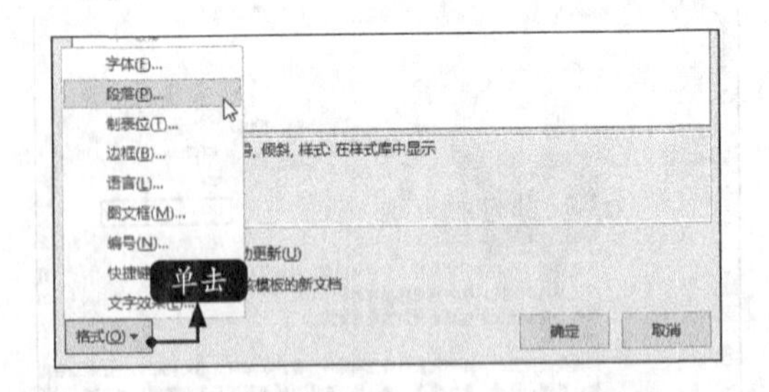

步骤04 弹出【段落】对话框，在段落对话框中设置“首行缩进，2字符”，取消勾选【如果定义了文档网格，则自动调整右缩进】和【如果定义了文档网格，则对齐到网格】复选框，单击【确定】按钮。

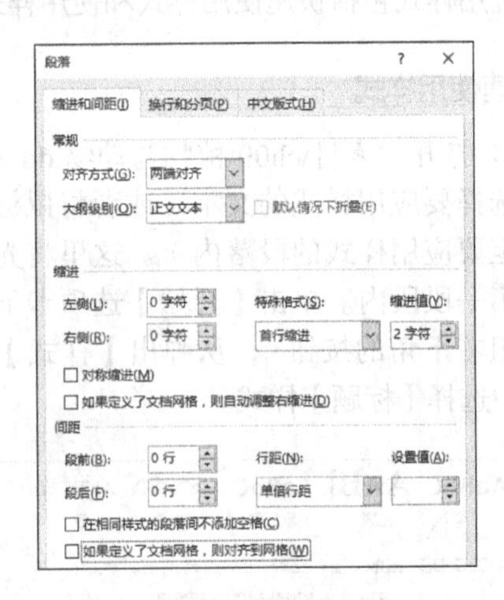

步骤05 返回【根据格式设置创建新样式】对话框，在中间区域浏览效果，单击【确定】按钮。

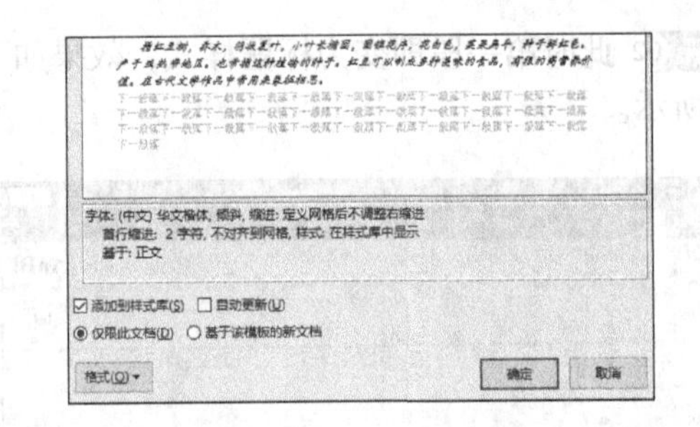

步骤06 在【样式】窗格中可以看到创建的新样式，选择要应用该样式的段落，单击【样式】窗格中的【内正文】样式，即可将该样式应用到新选择的段落。

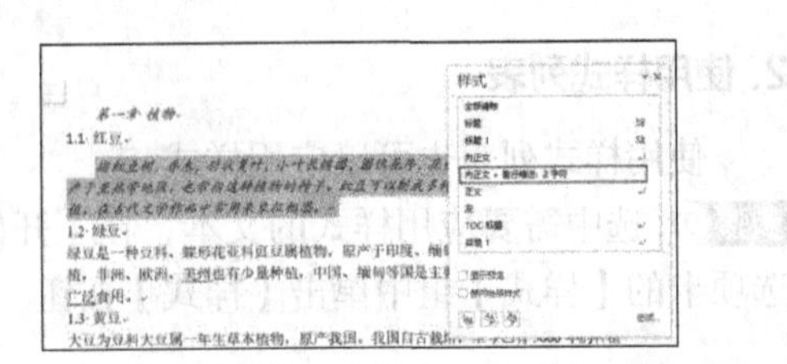

9.2.4 修改和删除样式

当样式不能满足编辑需求时，可以进行修改，也可以将其删除。在【样式】窗格中选择要修改或删除的样式，单击鼠标右键，在弹出的快捷菜单中，选择对应的操作命令，如下图所示。

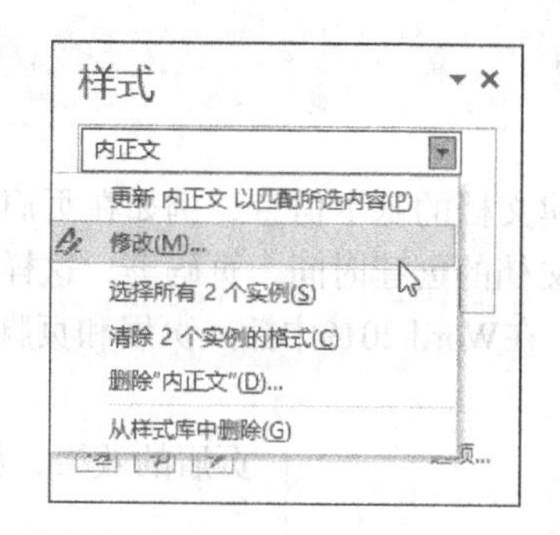

9.3 格式刷的使用

在Word中格式刷具有快速复制段落格式的功能，可以将一个段落的格式迅速地复制到另一个段落中。

步骤 01 选择要引用格式的文本，单击【开始】选项卡下【剪贴板】选项组中的【格式刷】按钮 格式刷，文档中的鼠标光标将变为形状。

格式刷的使用

使用格式刷

步骤 02 选中要改变段落格式的段落，即可将格式应用至所选段落。

格式刷的使用

使用格式刷

小提示

单击一次【格式刷】按钮 格式刷，仅能使用一次该样式，连续两次单击【格式刷】按钮，则可多次使用该样式。

用户还可以使用快捷键进行格式复制。在选中复制格式的原段落后按【Ctrl+Shift+C】组合键，然后选择要改变格式的文本，再按【Ctrl+Shift+V】组合键即可。

9.4 设置页眉和页脚

Word 2019提供了丰富的页眉和页脚模板，使用户插入页眉和页脚变得更为快捷。

9.4.1 插入页眉和页脚

在页眉和页脚中可以输入创建文档的基本信息，例如在页眉中输入文档名称、章节标题或者作者名称等信息，在页脚中输入文档的创建时间、页码等，这样不仅能使文档更美观，而且能向读者快速传递文档要表达的信息。在Word 2019中插入页眉和页脚的具体操作步骤如下。

1. 插入页眉

插入页眉的具体操作步骤如下。

步骤 01 打开“素材\ch09\植物与动物.docx”文件，单击【插入】选项卡【页眉和页脚】组中的【页眉】按钮，弹出【页眉】下拉列表。选择需要的页眉，如选择【奥斯汀】选项。

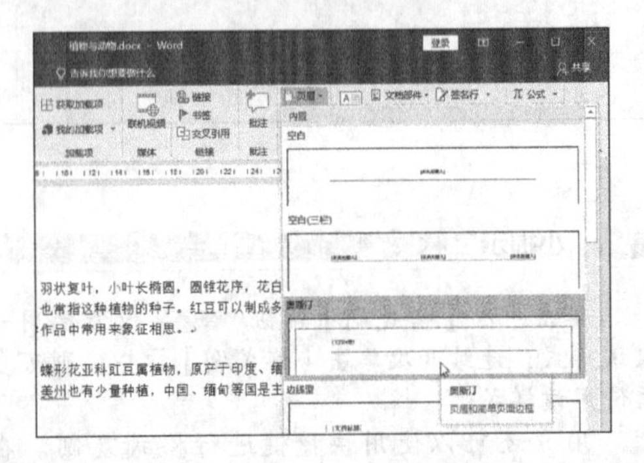

步骤 02 Word 2019会在文档每一页的顶部插入页眉，并显示【文档标题】文本域。

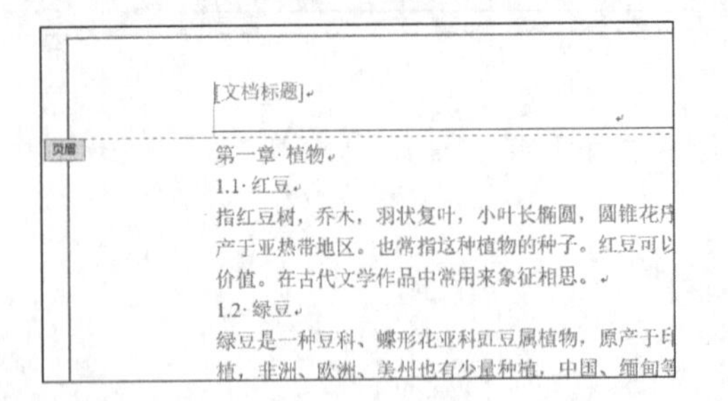

步骤 03 在页眉的文本域中输入文档的标题和页眉，如下图所示。

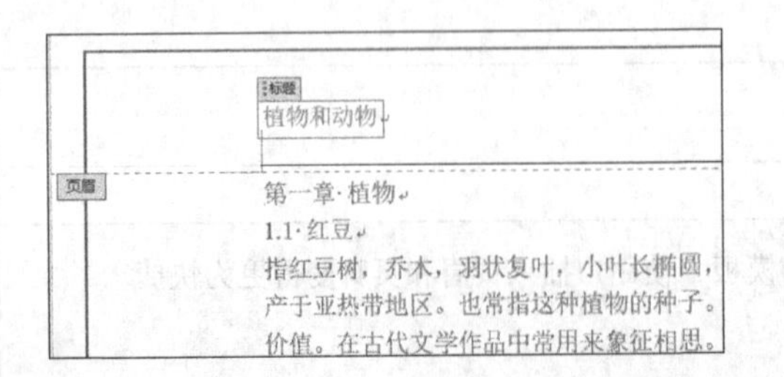

步骤 04 单击【设计】选项卡下【关闭】选项组中的【关闭页眉和页脚】按钮，即可显示插入页眉的效果，如下图所示。

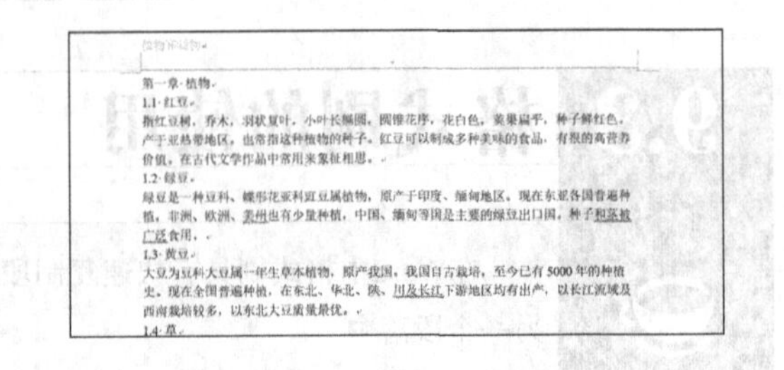

2. 插入页脚

插入页脚的具体操作步骤如下。

步骤 01 在【设计】选项卡中单击【页眉和页脚】组中的【页脚】按钮，弹出【页脚】下拉列表，这里选择【奥斯汀】选项。

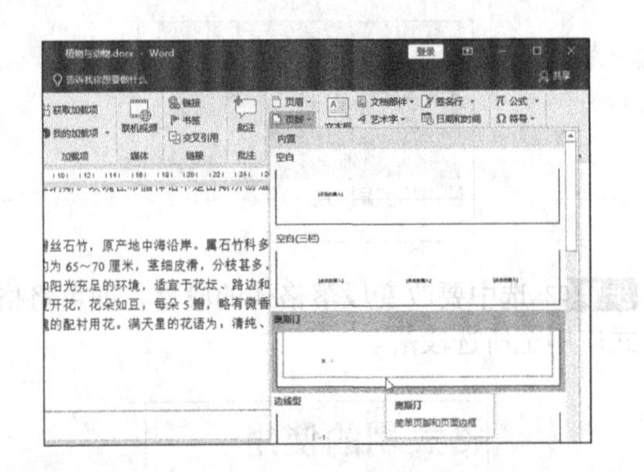

步骤 02 文档自动跳转至页脚编辑状态，即可看到插入的页脚内容，如下图所示。单击【关闭页眉和页脚】按钮，即可返回页面视图。

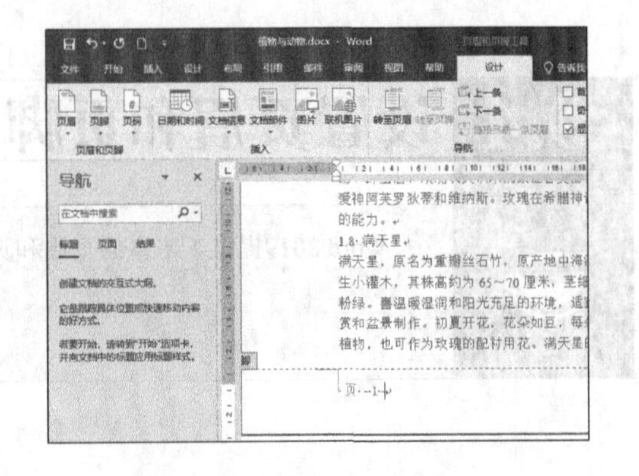

9.4.2 插入页码

在文档中插入页码，可以更方便地查找文档。在文档中插入页码的具体步骤如下。

步骤01 在打开的“素材\ch09\植物与动物.docx”文件中，单击【插入】选项卡【页眉和页脚】组中的【页码】按钮，在弹出的下拉列表中选择【设置页码格式】选项。

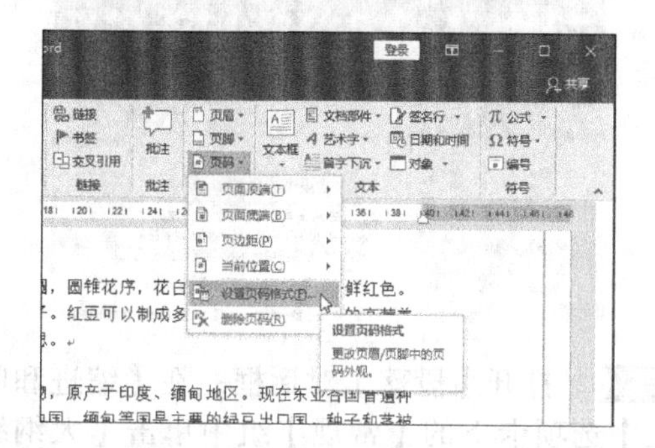

步骤02 弹出【页码格式】对话框，单击【编号格式】选择框后的按钮，在弹出的下拉列表中选择一种编号格式。在【页码编号】组中单击选中【续前节】单选项，单击【确定】按钮即可。

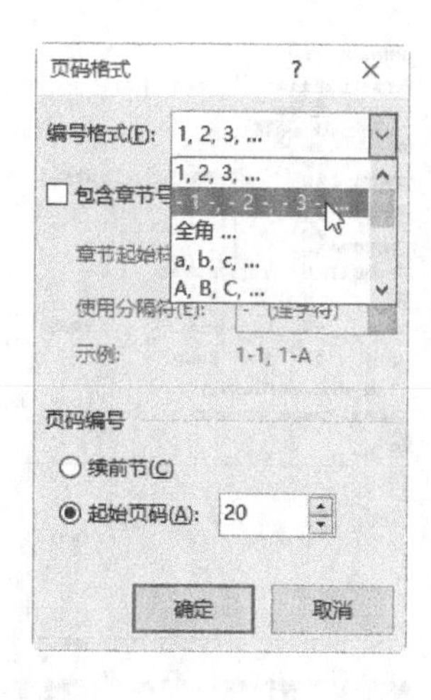

小提示

【包含章节号】复选框：可以将章节号插入到页码中，可以选择章节起始样式和分隔符。

【续前节】单选项：接着上一节的页码连续设置页码。

【起始页码】单选项：选中此单选项后，可以在后方的微调框中输入起始页码数。

步骤03 单击【插入】选项卡【页眉和页脚】选项组中的【页码】按钮。在弹出的下拉列表中选择【页面底端】选项组下的【普通数字2】选项，即可插入页码。

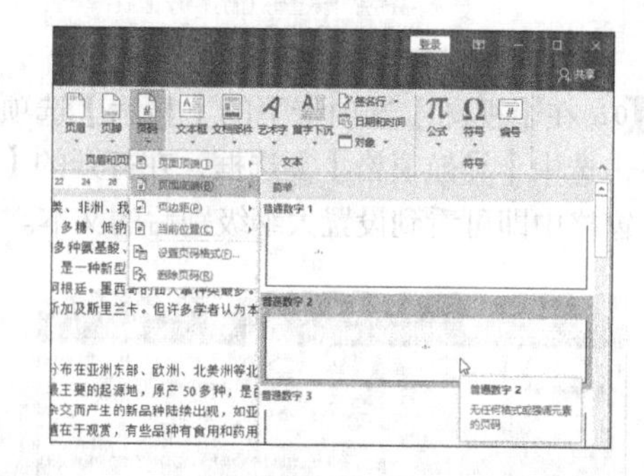

步骤04 此时即可在页脚位置插入页码，如下图所示。

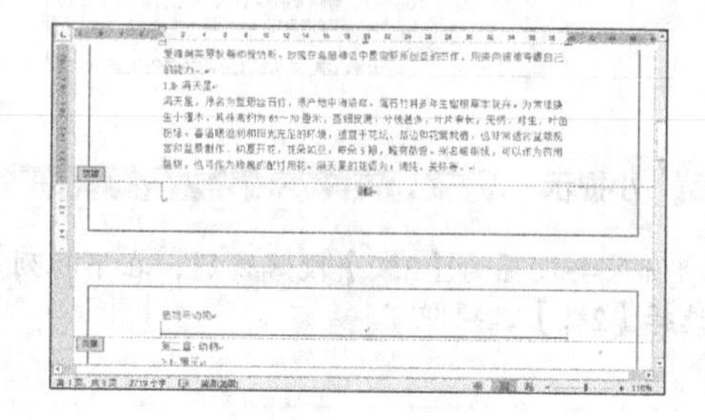

9.5 设置大纲级别

在Word 2019中设置段落的大纲级别是提取文档目录的前提。此外，设置段落的大纲级别，不仅能够通过【导航】窗格快速地定位文档，而且可以根据大纲级别展开和折叠文档内容。设置段落的大纲级别通常用两种方法。

1. 在【引用】选项卡下设置

在【引用】选项卡下设置大纲级别的具体操作步骤如下。

步骤 01 打开“素材\ch09\公司年度报告.docx”文件，选择“一、公司业绩较去年显著提高”文本。单击【引用】选项卡下【目录】选项组中的【添加文字】按钮 右侧的下拉按钮，在弹出的下拉列表中选择【1级】选项。

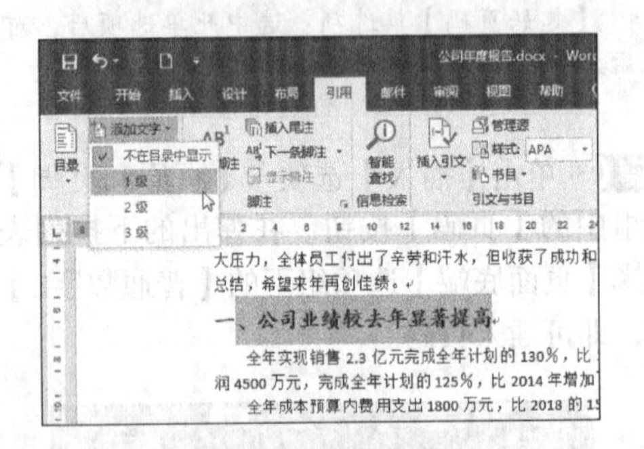

步骤 02 在【视图】选项卡下的【显示】选项组中单击选中【导航窗格】复选框，在打开的【导航】窗格中即可看到设置大纲级别后的文本。

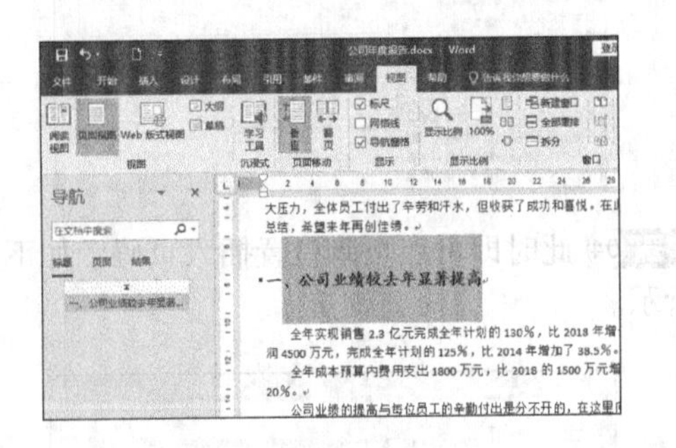

小提示

如果要设置为【2级】段落级别，在下拉列表中选择【2级】选项即可。

2.使用【段落】对话框设置

使用【段落】对话框设置大纲级别的具体操作步骤如下。

步骤 01 在打开的素材文件中选择“二、举办多次促销活动”文本，单击【开始】➤【段落】组中的【段落设置】按钮。

步骤 02 打开【段落】对话框，在【缩进和间距】选项卡下的【常规】组中单击【大纲级别】文本框后的下拉按钮，在弹出的下拉列表中选择【1级】选项，单击【确定】按钮，即可完成设置。

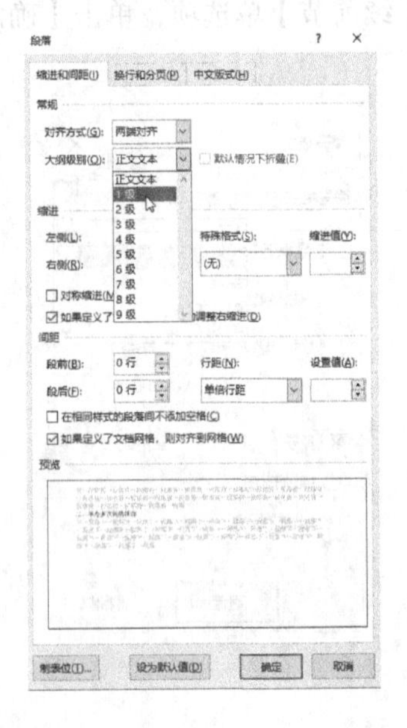

9.6 创建目录

对于长文档来说，查看文档中的内容时，不容易找到需要的文本内容，这时就需要为其创建一个目录以方便查找。

插入文档的页码并为目录段落设置大纲级别是提取目录的前提条件。设置段落级别并提取目录的具体操作步骤如下。

步骤 01 打开“素材\ch09\动物与植物.docx”文件，将光标定位在“第一章 植物”段落任意位置，单击【引用】选项卡下【目录】选项组中的【添加文字】按钮 添加文字，在弹出的下拉列表中选择【1级】选项。

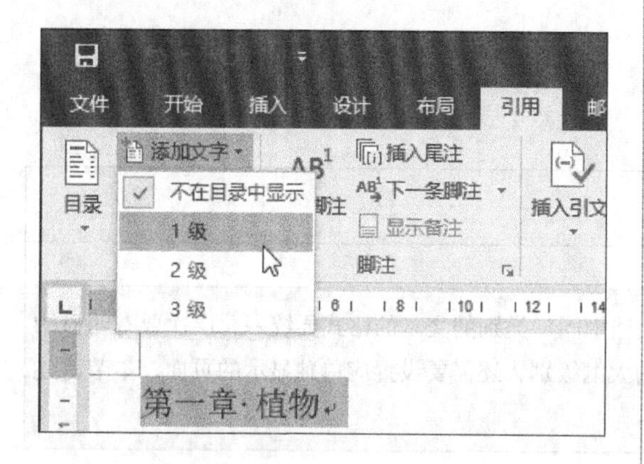

小提示

在Word 2019中设置大纲级别可以在设置大纲级别的文本位置折叠正文或低级级别的文本，还可以将级别显示在【导航窗格】中以便于定位，最重要的是便于提取目录。

步骤 02 将光标定位在“1.1 红豆”段落任意位置，单击【引用】选项卡下【目录】选项组中的【添加文字】按钮，在弹出的下拉列表中选择【2级】选项。

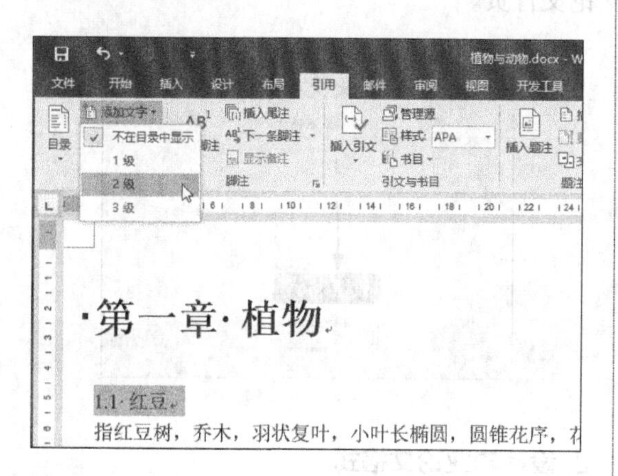

步骤 03 使用【格式刷】快速设置其他标题级别。

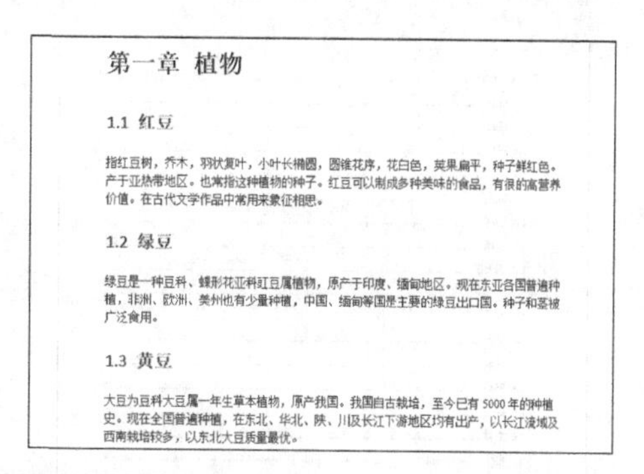

第一章 植物

1.1 红豆

指红豆树，乔木，羽状复叶，小叶长椭圆，圆锥花序，花白色，荚果扁平，种子鲜红色。产于亚热带地区。也常指这种植物的种子。红豆可以制成多种美味的食品，有很的高营养价值。在古代文学作品中常用来象征相思。

1.2 绿豆

绿豆是一种豆科、蝶形花亚科豇豆属植物，原产于印度、缅甸地区。现在东亚各国普遍种植，非洲、欧洲、美州也有少量种植，中国、缅甸等国是主要的绿豆出口国。种子和茎被广泛食用。

1.3 黄豆

大豆为豆科大豆属一年生草本植物，原产我国。我国自古栽培，至今已有 5000 年的种植史。现在全国普遍种植，在东北、华北、陕、川及长江下游地区均有出产，以长江流域及西南栽培较多，以东北大豆质量最优。

步骤 04 为文档插入页码，然后将光标移至“第一章”文字前面，按【Ctrl+Enter】组合键插入空白页，然后将光标定位在第一页中，单击【引用】选项卡下【目录】选项组中的【目录】按钮，在弹出的下拉列表中选择【自定义目录】选项。

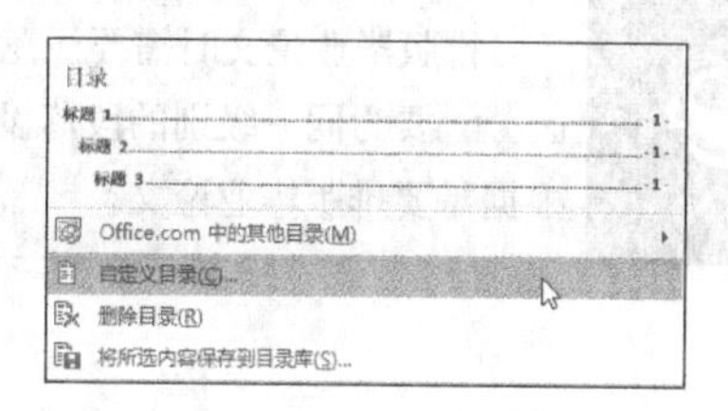

小提示

单击【目录】按钮，在弹出的下拉列表中单击目录样式可快速添加目录至文档中。

步骤 05 在弹出的【目录】对话框中，选择【格式】下拉列表中的【正式】选项，在【显示级别】微调框中输入或者选择显示级别为“2”，在预览区域可以看到设置后的效果。

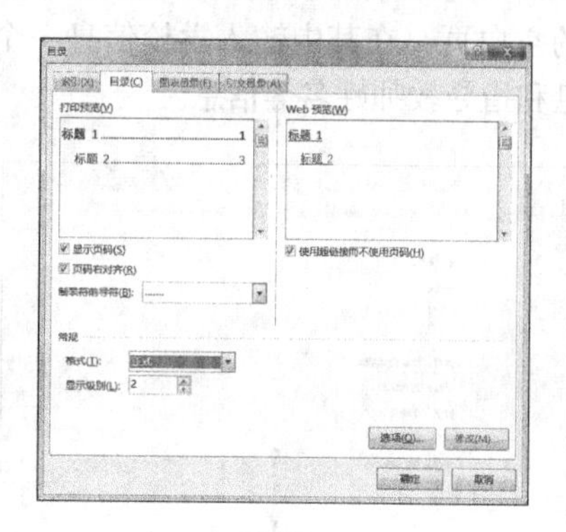

步骤 06 各选项设置完成后单击【确定】按钮，即在指定的位置建立目录。

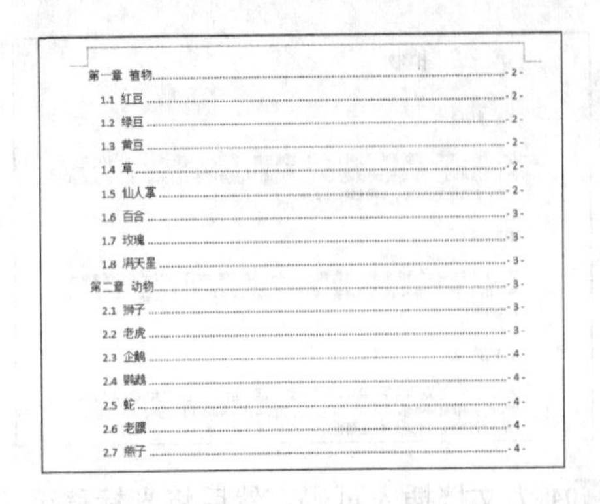

小提示

提取目录时，Word会自动将插入的页码显示在标题后。在建立目录后，还可以利用目录快速地查找文档中的内容。将鼠标指针移动到目录中要查看的内容上，按下【Ctrl】键，鼠标指针就会变为👆形状，单击鼠标即可跳转到文档中的相应标题处。

9.7 排版毕业论文

排版毕业论文时需要注意的是，文档中同一类别的文本的格式要统一，层次要有明显的区分，要为同一级别的段落设置相同的大纲级别，还需要设置应单独显示的页面，本节讲述根据需要排版毕业论文。

9.7.1 为标题和正文应用样式

排版毕业论文时，通常需要先制作毕业论文首页，然后为标题和正文内容设置并应用样式。

1. 设计毕业论文首页

在制作毕业论文的时候，首先需要为论文添加首页来描述个人信息。

步骤 01 打开“素材\ch09\毕业论文.docx”文档，将光标定位至文档最前的位置，按【Ctrl+Enter】组合键，插入空白页面。选择新创建的空白页，在其中输入学校信息、个人介绍信息和指导教师姓名等信息。

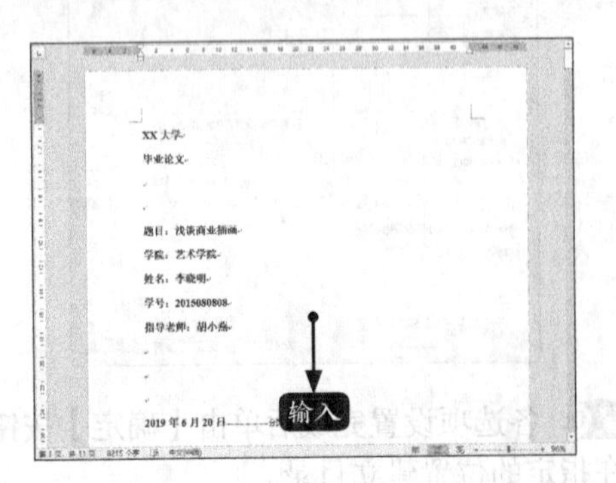

步骤 02 分别选择不同的信息，并根据需要为不同的信息设置不同的格式，使所有的信息占满论文首页。

2. 设计毕业论文格式

毕业论文通常会统一要求格式，需要根据提供的格式统一样式。

步骤01 选中需要应用样式的文本，或者将插入符移至“前言”文本段落内，然后单击【开始】选项卡【样式】组中的【样式】按钮，弹出【样式】窗格。

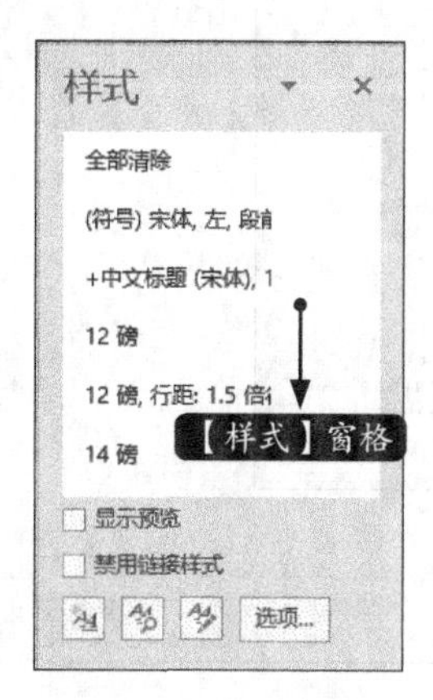

步骤02 单击【新建样式】按钮，弹出【根据格式化创建新样式】窗口，在【名称】文本框中输入新建样式的名称，例如输入“论文标题1”，在【格式】区域分别根据规定设置字体样式。

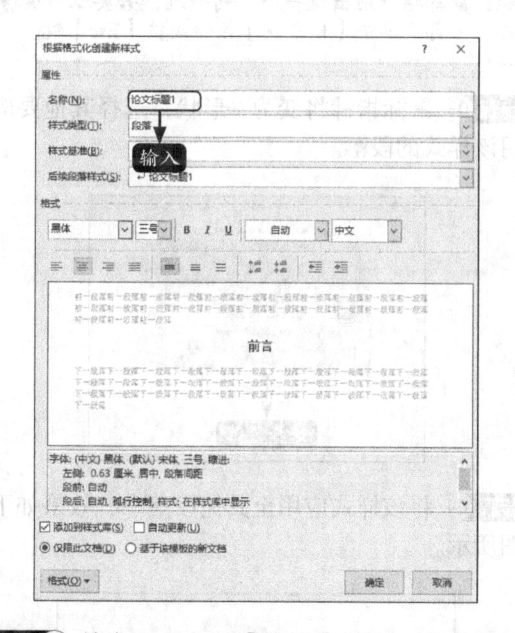

步骤03 单击左下角的【格式】按钮，在弹出的下拉列表中选择【段落】选项，打开【段落】对话框，根据要求设置段落样式。在【缩进和间距】选项卡下的【常规】区域中单击【大纲级别】文本框右侧的下拉按钮，在弹出的下拉列表中选择【1级】选项，单击【确定】按钮。

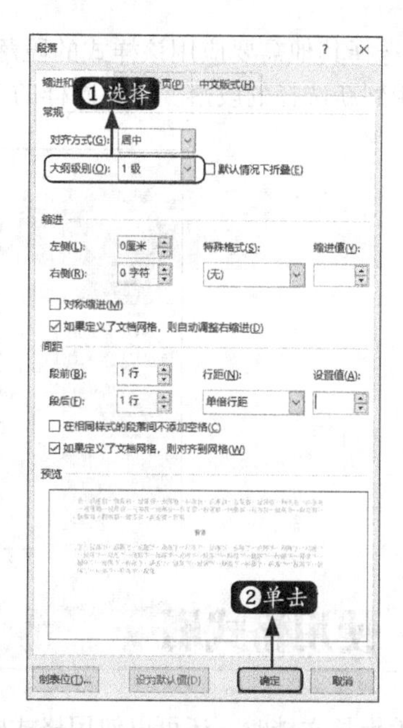

步骤04 返回【根据格式化创建新样式】对话框，在中间区域浏览效果后单击【确定】按钮。

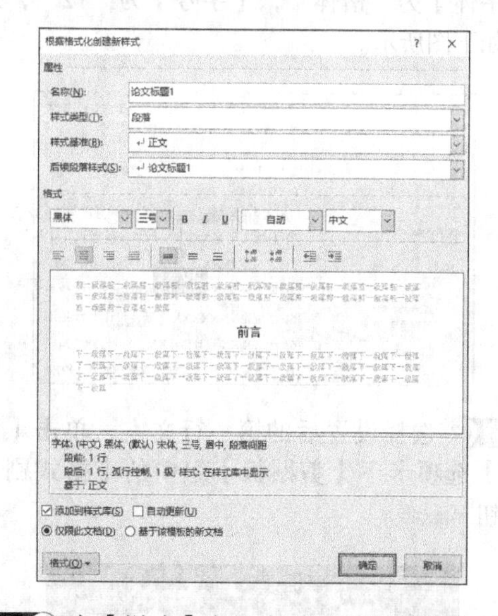

步骤05 在【样式】窗格中可以看到创建的新样式，在文档中显示的是设置后的效果。

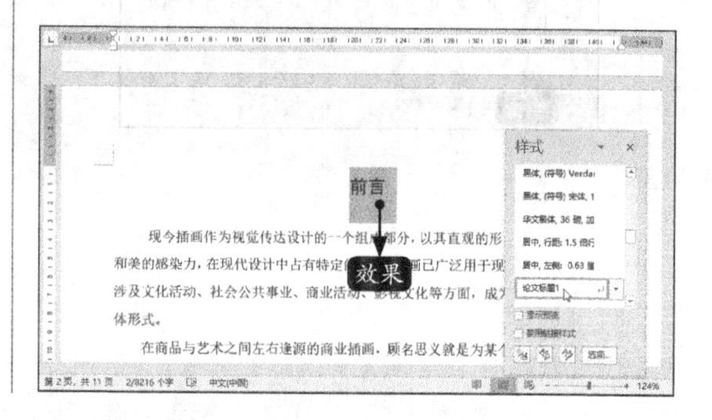

步骤06 选择其他需要应用该样式的段落，单击【样式】窗格中的“论文标题1”样式，即可将该样式应用到新选择的段落。使用同样的方法为其他标题及正文设计样式，最终效果如下图所示。

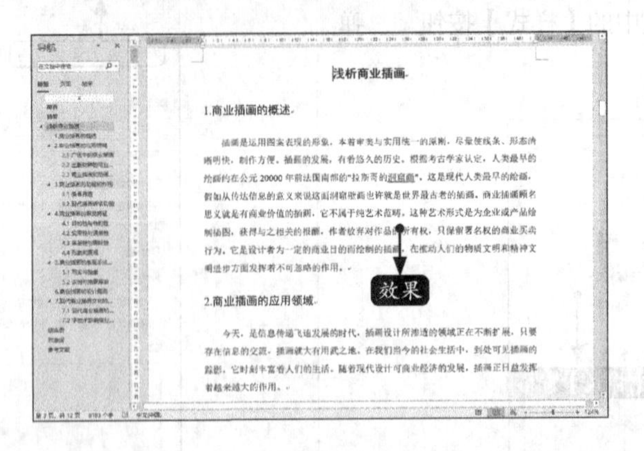

9.7.2 使用格式刷

在编辑长文档时，还可以使用格式刷快速应用样式。具体操作步骤如下。

步骤01 选择参考文献下的第一行文本，设置其【字体】为“楷体”，【字号】为“12”，效果如下图所示。

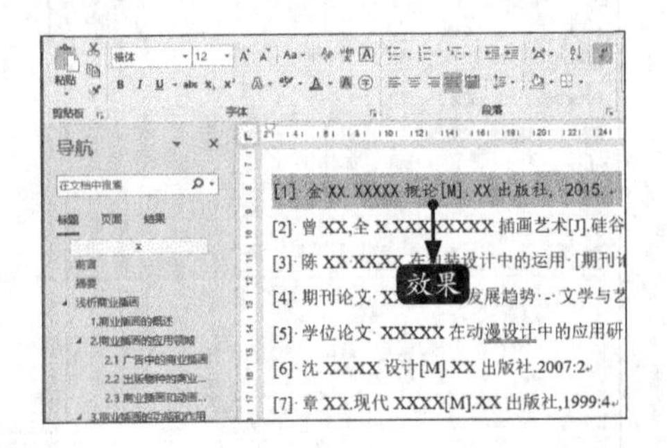

步骤02 选择设置后的第一行文本，单击【开始】选项卡下【剪贴板】组中的【格式刷】按钮 格式刷 。

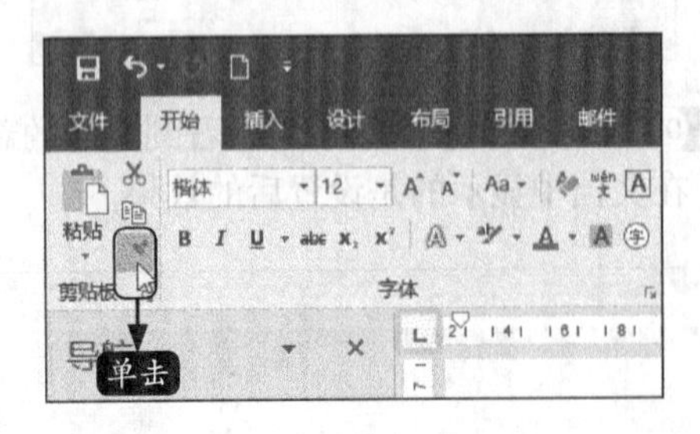

> **小提示**
>
> 单击【格式刷】按钮，可执行一次格式复制操作。如果文档中要复制大量格式，则需双击该按钮，鼠标指针则出现一个小刷子，若要取消该操作，可再次单击【格式刷】按钮或按【Esc】键。

步骤03 鼠标指针将变为形状，选择其他要应用该样式的段落。

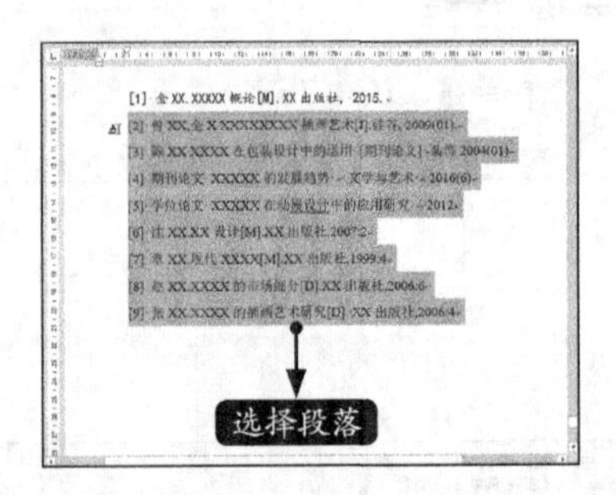

步骤04 将该样式应用至其他段落中，效果如下图所示。

9.7.3 插入分页符

在排版毕业论文时，有些内容需要另起一页显示，如前言、内容提要、结束语、致谢词、参考文献等。可以通过插入分页符的方法实现这些内容的另起一页显示，具体操作步骤如下。

步骤01 将光标放在“参考文献”文本前。

步骤02 单击【布局】选项卡下【页面设置】组中【分隔符】按钮的下拉按钮，在弹出的下拉列表中选择【分页符】➤【分页符】选项。

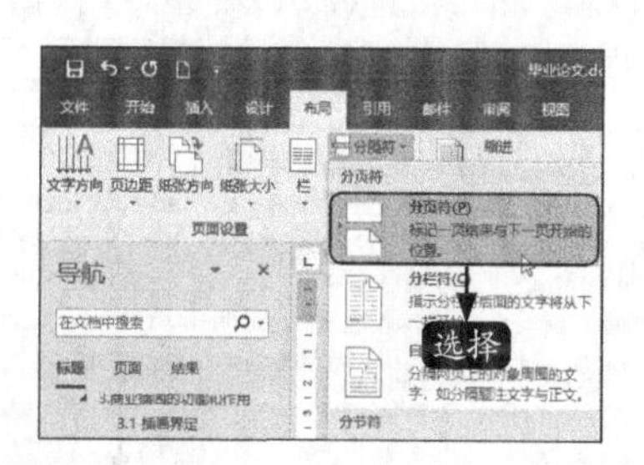

步骤03 将“参考文献”及其下方的内容另起一页显示。

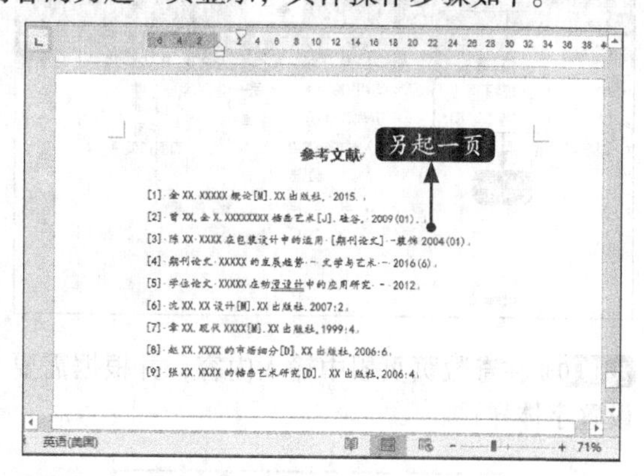

步骤04 使用同样的方法，为其他需要另起一页显示的内容另起一页显示。

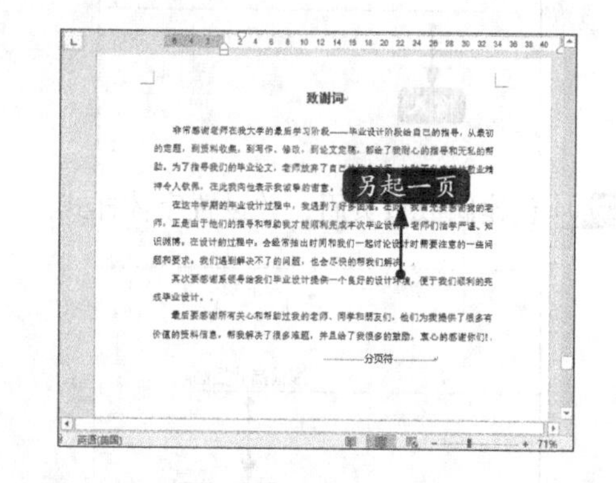

9.7.4 设置页眉和页码

在毕业论文中可能需要插入页眉，使文档看起来更美观。如果要提取目录，还需要在文档中插入页码。为论文设置页眉和页码的具体操作步骤如下。

步骤01 单击【插入】选项卡【页眉和页脚】组中的【页眉】按钮，在弹出的【页眉】下拉列表中选择【空白】页眉样式。

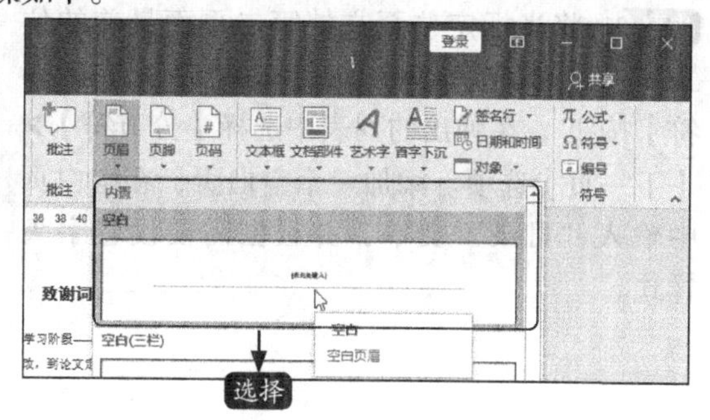

步骤 02 在【页眉和页脚工具】➤【设计】选项卡的【选项】选项组中单击选中【首页不同】和【奇偶页不同】复选框。

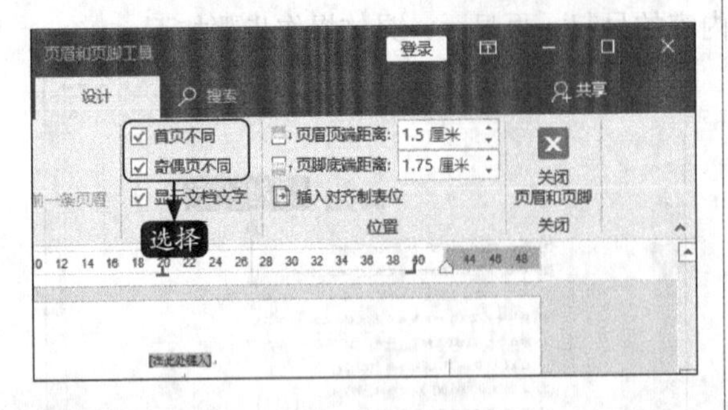

步骤 03 在奇数页页眉中输入内容，并根据需要设置字体样式。

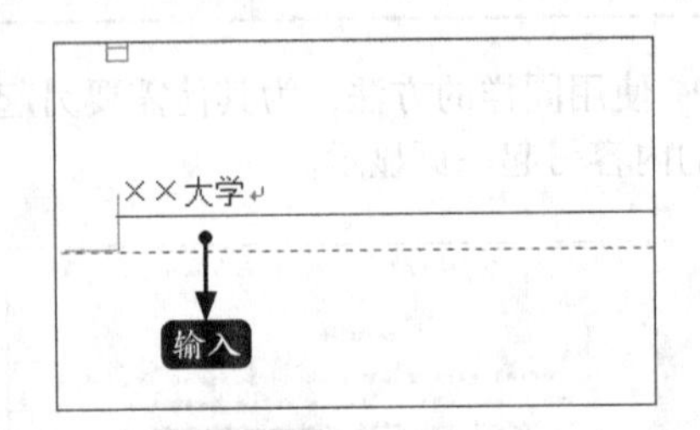

步骤 04 创建偶数页页眉，并设置字体样式。

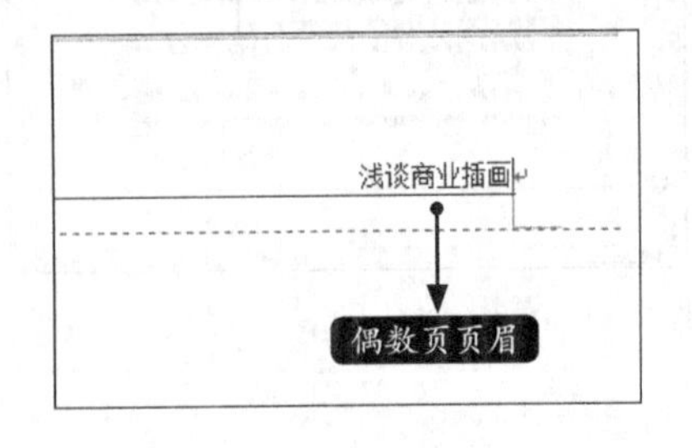

步骤 05 单击【页眉和页脚工具】➤【设计】选项卡下【页眉和页脚】选项组中的【页码】按钮，在弹出的下拉列表中选择一种页码格式。

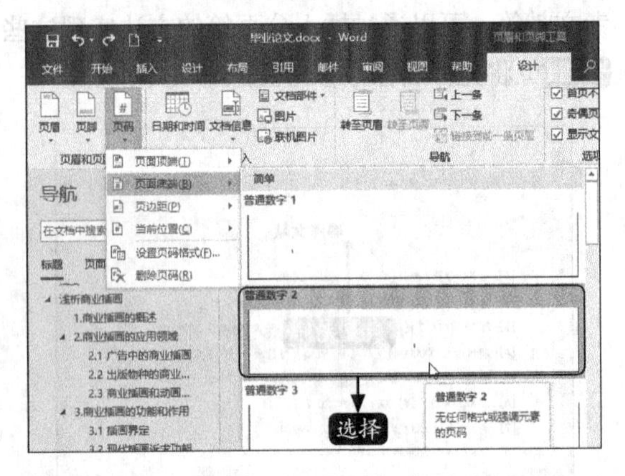

步骤 06 此时即可在页面底端插入页码，单击【关闭页眉和页脚】按钮。

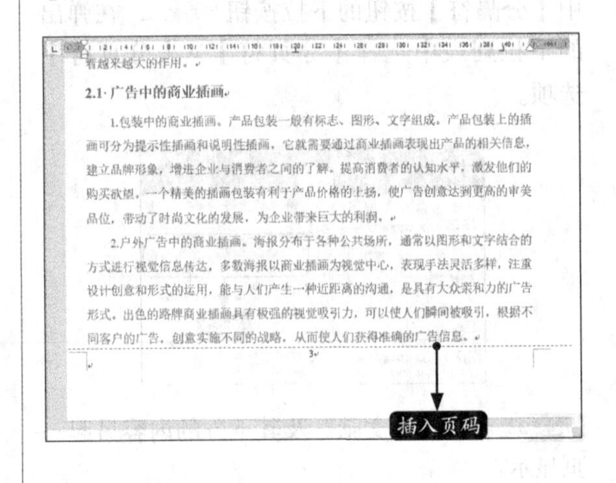

9.7.5 插入并编辑目录

格式设置完后即可提取目录，具体步骤如下。

步骤 01 将光标定位至文档第二页面最前的位置，单击【布局】➤【页面设置】➤【分隔符】按钮，在弹出的列表中选择【分节符】➤【下一页】选项。添加一个空白页，在空白页中输入“目录”文本，并根据需要设置字头样式。

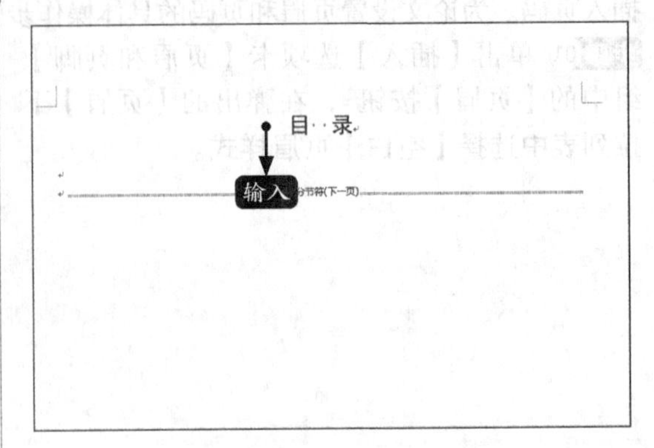

步骤02 单击【引用】选项卡的【目录】组中的【目录】按钮，在弹出的下拉列表中选择【自定义目录】选项。

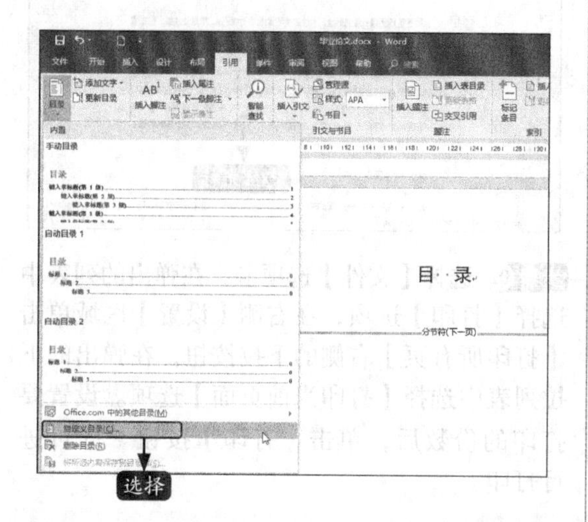

步骤03 在弹出的【目录】对话框中，在【格式】下拉列表中选择【正式】选项，在【显示级别】微调框中输入或者选择显示级别为“3”，在预览区域可以看到设置后的效果，各选项设置完成后单击【确定】按钮。

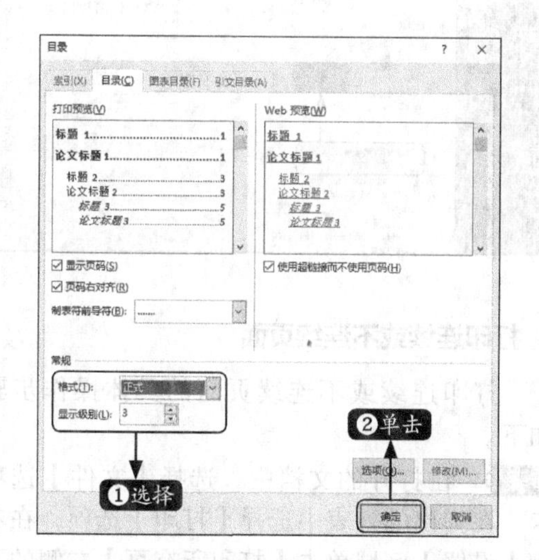

此时，就会在指定的位置建立目录。

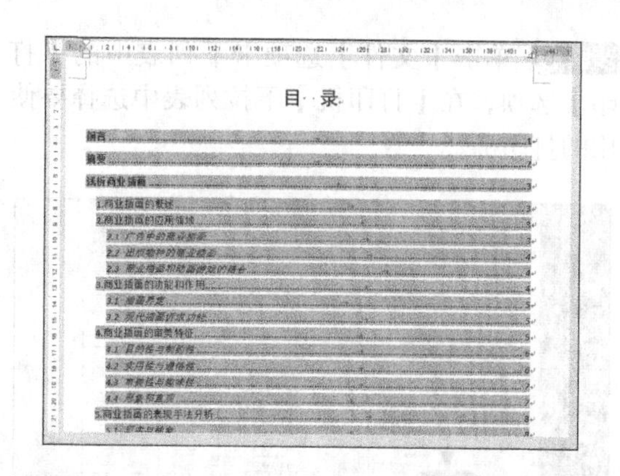

步骤04 选择目录文本，根据需要设置目录的字体格式，效果如下图所示。

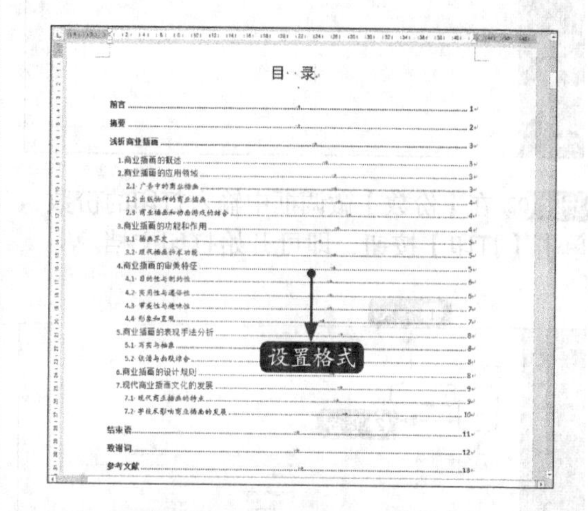

至此，排版毕业论文的操作完成。

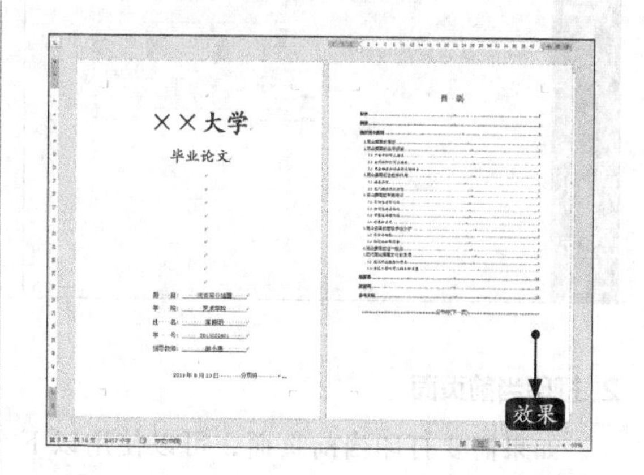

9.7.6 打印论文

论文排版完成后，可以将其打印出来。本节主要介绍Word文档的打印技巧。

1.直接打印文档

确保文档没有问题后，就可以直接打印文档。

步骤 01 单击【文件】选项卡下列表中的【打印】选项，在【打印机】下拉列表中选择要使用的打印机。

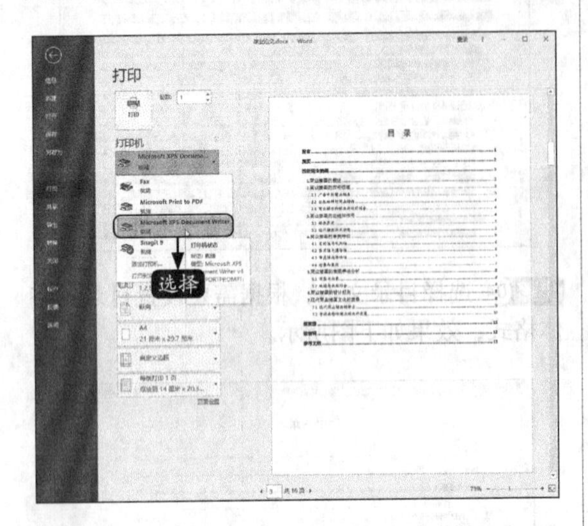

步骤 02 在【份数】微调框中输入打印的份数，单击【打印】按钮，即可开始打印文档。

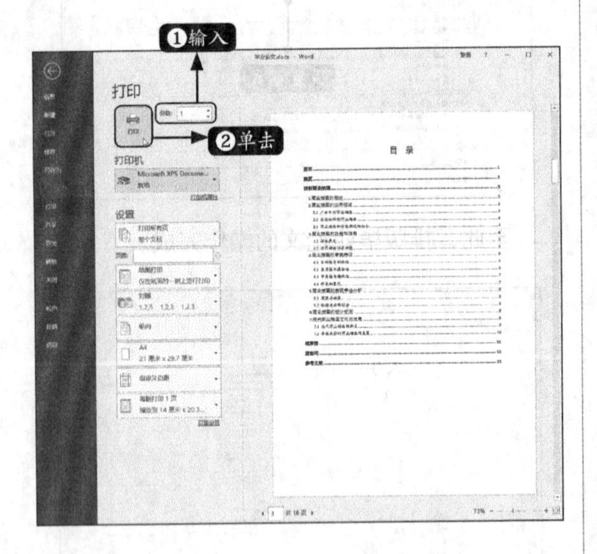

2. 打印当前页面

如果需要打印当前页面，可以使用以下步骤。

步骤 01 在打开的文档中，将光标定位至要打印的Word页面。

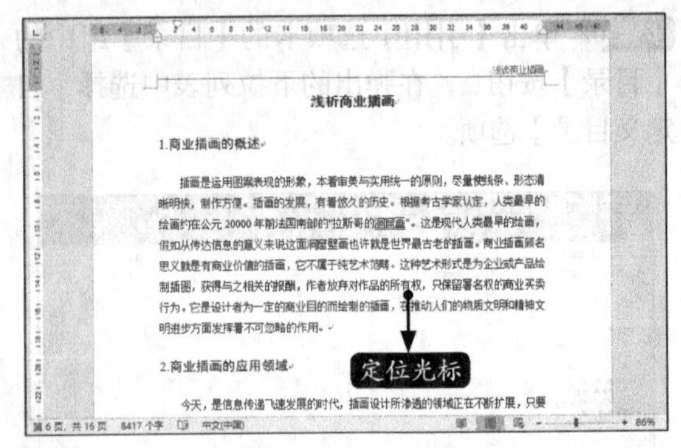

步骤 02 选择【文件】选项卡，在弹出的列表中选择【打印】选项，在右侧【设置】区域单击【打印所有页】右侧的下拉按钮，在弹出的下拉列表中选择【打印当前页面】选项。设置要打印的份数后，单击【打印】按钮 即可进行打印。

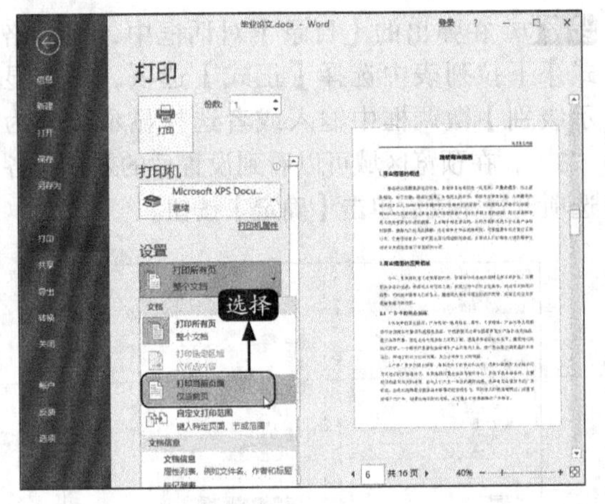

3. 打印连续或不连续页面

打印连续或不连续页面的具体操作步骤如下。

步骤 01 在打开的文档中，选择【文件】选项卡，在弹出的列表中选择【打印】选项，在右侧【设置】区域单击【打印所有页】右侧的下拉按钮，在弹出的下拉列表中选择【自定义打印范围】选项。

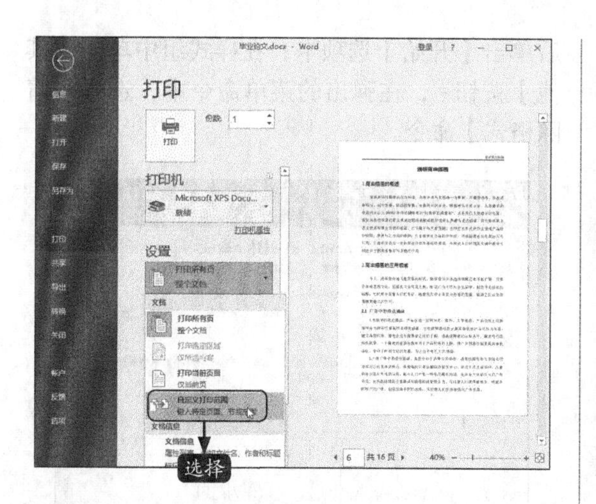

步骤02 在下方的【页数】文本框中输入要打印的页码，并设置要打印的份数，单击【打印】按钮即可进行打印。

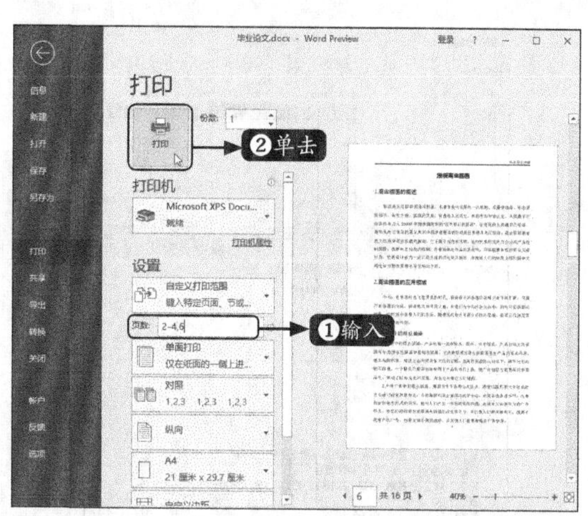

小提示

连续页码可以使用英文半角连接符连接起止页码，不连续的页码可以使用英文半角逗号分隔。

高手支招

技巧1：指定样式的快捷键

在创建样式时，可以为样式指定快捷键，只需选择要应用样式的段落并按快捷键即可应用样式。

步骤01 在【样式】窗格中单击要指定快捷键的样式后的下拉按钮，在弹出的下拉列表中选择【修改】选项。打开【修改样式】对话框，单击【格式】按钮，在弹出的列表中选择【快捷键】选项。

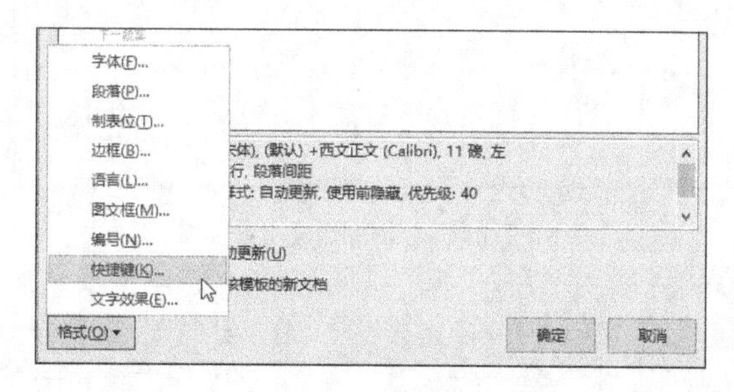

步骤02 弹出【自定义键盘】对话框，将鼠标光标定位至【请按新快捷键】文本框中，并在键盘上按要设置的快捷键，这里选择【Alt+C】组合键，单击【指定】按钮，即完成了指定样式快捷键的操作。

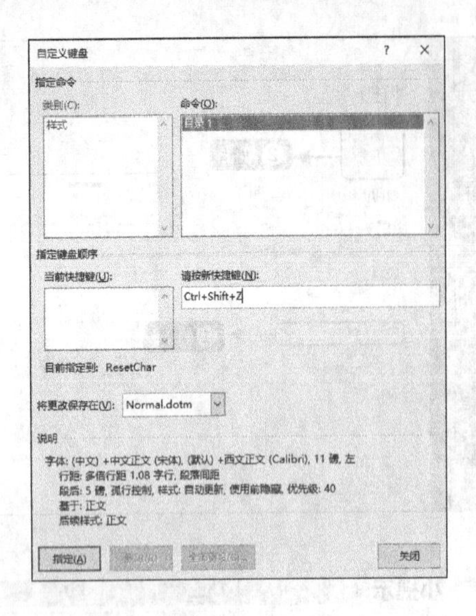

技巧2：删除页眉分割线

在添加页眉时，经常会看到自动添加的分割线，有时在排版时，为了美观，需要将分割线删除。删除页眉分割线的具体操作步骤如下。

步骤 01 双击页眉位置，进入页眉编辑状态。然后单击【开始】选项卡，在样式组中单击【其他】按钮，在弹出的菜单命令中，选择【清除格式】命令。

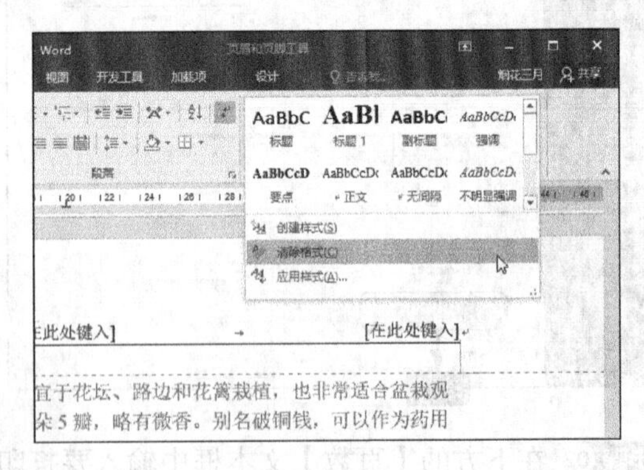

步骤 02 即可看到页眉中的分割线已经被删除。

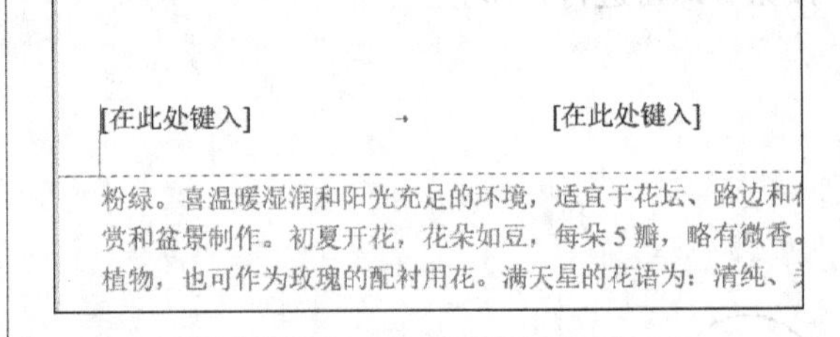

第10章

制作Excel表格

学习目标

Excel 2019是微软公司推出的Office 2019办公系列软件中的重要组件，主要用于电子表格的处理，可以高效地完成各种表格的设计，进行复杂的数据计算和分析，大大提高数据处理的效率。

客户访问接洽表

编号	客户姓名	时间	事由	结果	接洽人	备注
1						
2						
3						
4						
5						
6						
7						
8						
9						
10						
11						
12						
13						

Sheet1

10.1 创建工作簿

工作簿是指在Excel中用来存储并处理工作数据的文件。在Excel 2019中，工作簿文件的扩展名是.xlsx。通常所说的Excel文件指的就是工作簿文件。在使用Excel时，首先需要创建一个工作簿，具体创建方法有以下几种。

1.启动自动创建

步骤 01 启动Excel 2019后，在打开的界面单击右侧的【空白工作簿】选项。

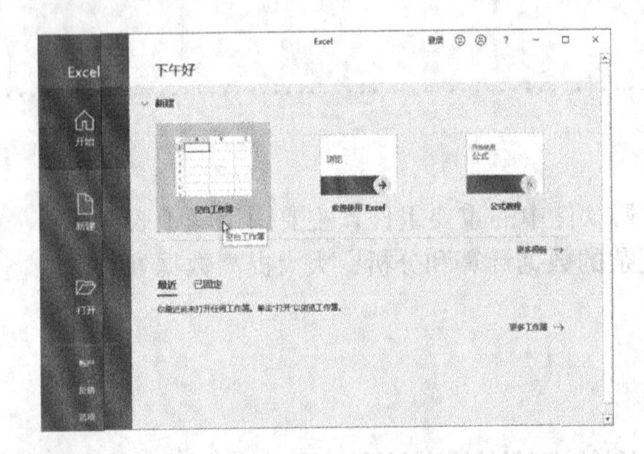

步骤 02 系统自动创建一个名称为“工作簿1”的工作簿。

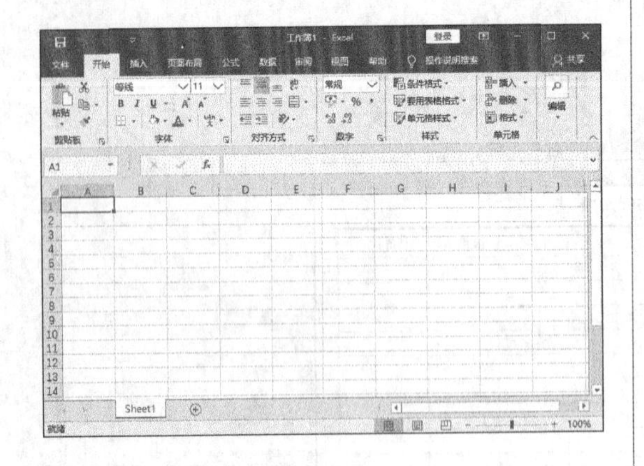

2.使用【文件】选项卡

如果已经启动Excel，可以单击【文件】选项卡，在弹出的下拉菜单中选择【新建】选项。在右侧【新建】区域单击【空白工作簿】选项，即可创建一个空白工作簿。

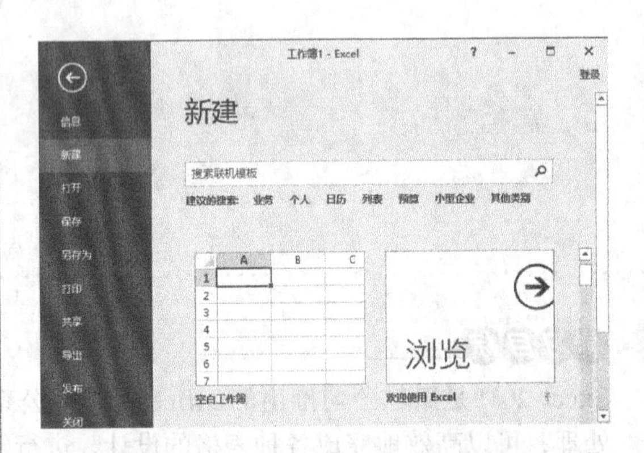

3. 使用快速访问工具栏

单击【自定义快速访问工具栏】按钮，在弹出的下拉菜单中选择【新建】选项，将【新建】按钮固定显示在【快速访问工具栏】中，然后单击【新建】按钮，即可创建一个空白工作簿。

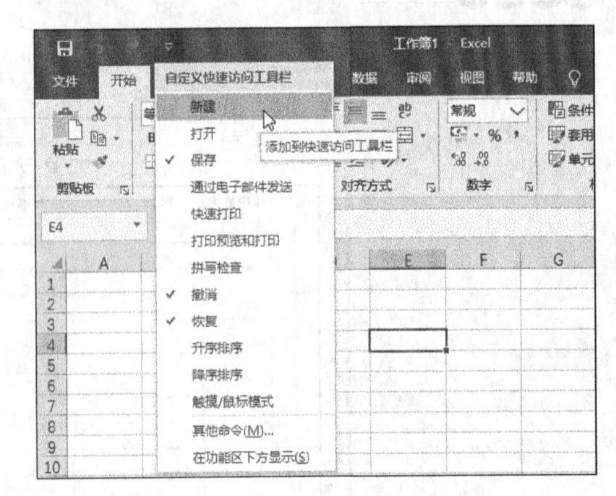

4. 使用快捷键

在打开的工作簿中，按【Ctrl+N】组合键即可新建一个空白工作簿。

10.2 工作表的基本操作

工作表是工作簿里的一个表。Excel 2019的一个工作簿默认有一个工作表，用户可以根据需要添加工作表，每一个工作簿最多可以包括255个工作表。在工作表的标签上显示了系统默认的工作表名称Sheet1、Sheet2、Sheet3。本节主要介绍工作表的基本操作。

10.2.1 新建工作表

创建新的工作簿时，Excel 2019默认只有一个工作表。如果在使用Excel 2019过程中，需要使用更多的工作表，则需要新建工作表。新建工作表主要包括以下几种方法。

1.使用【新工作表】按钮

步骤01 在打开的Excel文件中，单击【新工作表】按钮⊕。

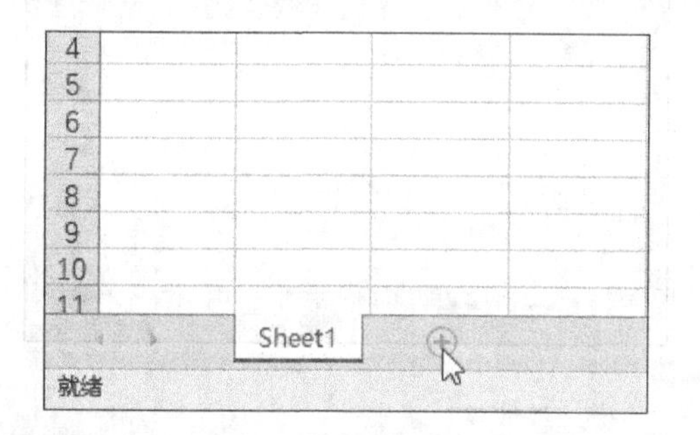

步骤02 即可创建一个新工作表，如下图所示。

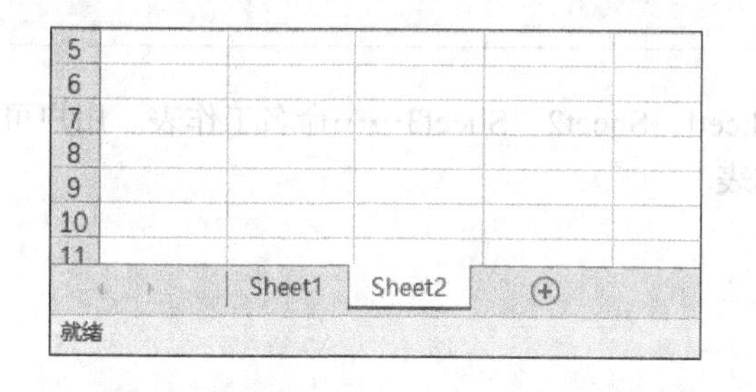

2.使用【插入】按钮

在打开的Excel文件中，单击【开始】选项卡下【单元格】组中【插入】按钮 插入 下方的下拉按钮，在弹出的下拉列表中选择【插入工作表】选项，即可创建一个新工作表。

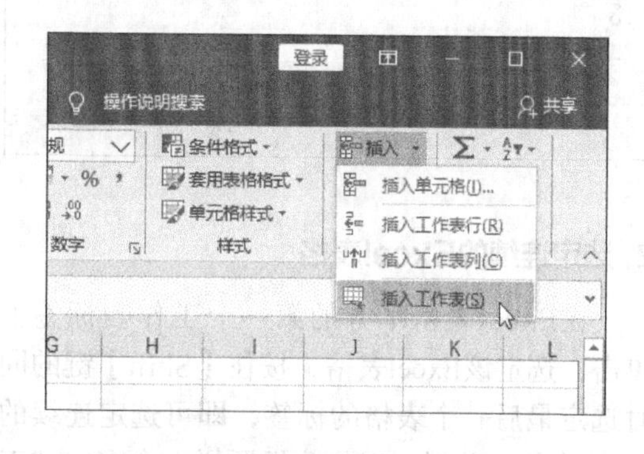

3. 使用快捷菜单插入工作表

在Sheet1工作表标签上单击鼠标右键，在弹出的快捷菜单中选择【插入】菜单命令，在弹出的【插入】对话框中选择【工作表】图标，单击【确定】按钮，即可在当前工作表的前面插入一个新工作表。

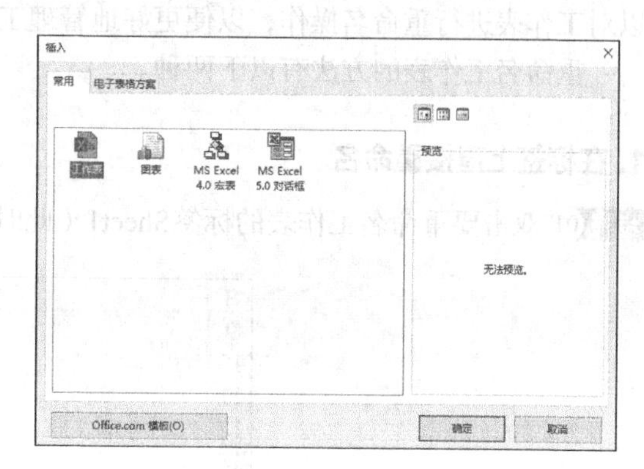

10.2.2 选择单个或多个工作表

在操作Excel表格之前必须先选择工作表。本节介绍三种情况下选择工作表的方法。

1.用鼠标选定Excel表格

用鼠标选定Excel表格是最常用、最快速的方法，只需在Excel表格最下方的工作表标签上单击。

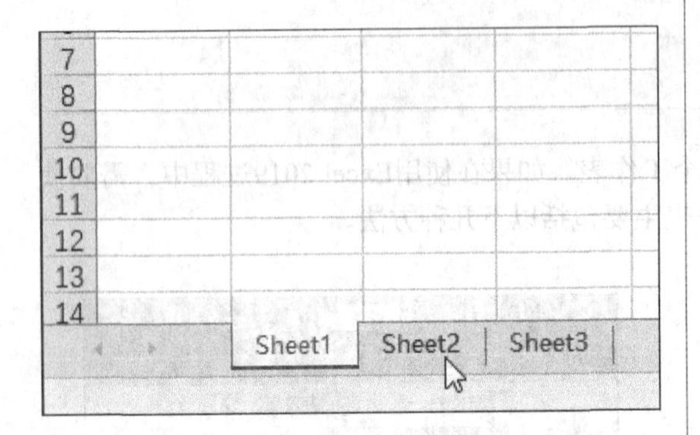

2. 选定连续的Excel表格

在Excel表格下方的第一个工作表标签上单击，选定该Excel表格，按住【Shift】键的同时选定最后一个表格的标签，即可选定连续的Excel表格。此时，工作簿标题栏上会多出“工作组”字样。

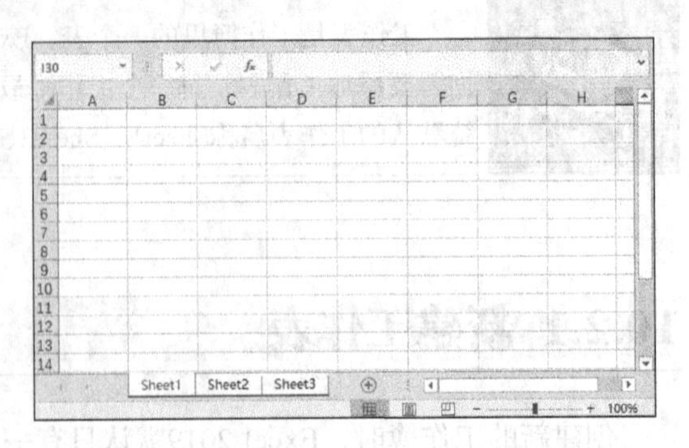

3. 选择不连续的工作表

要选定不连续的Excel表格，按住【Ctrl】键的同时选择相应的Excel表格即可。

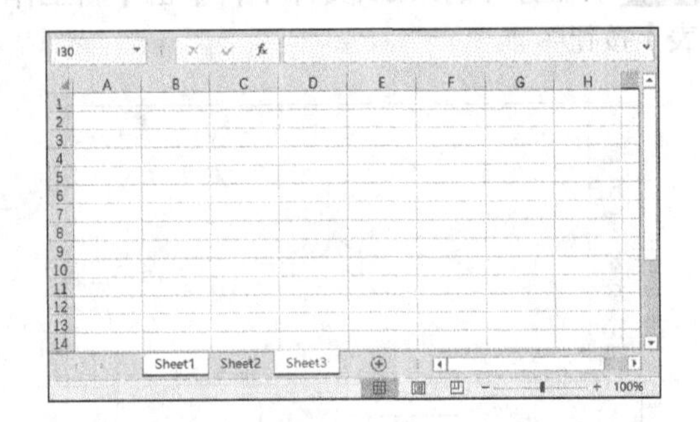

10.2.3 重命名工作表

每个工作表都有自己的名称，默认情况下以Sheetl、Sheet2、Sheet3……命名工作表。用户可以对工作表进行重命名操作，以便更好地管理工作表。

重命名工作表的方法有以下两种。

1. 在标签上直接重命名

步骤 01 双击要重命名工作表的标签Sheet1（此时该标签以高亮显示），进入可编辑状态。

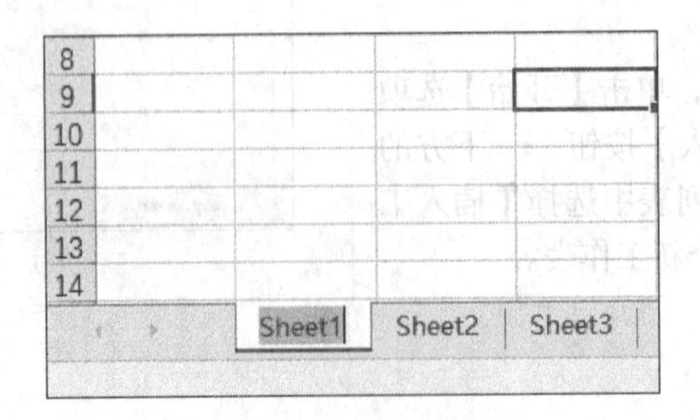

步骤02 对该工作表标签进行重命名操作。

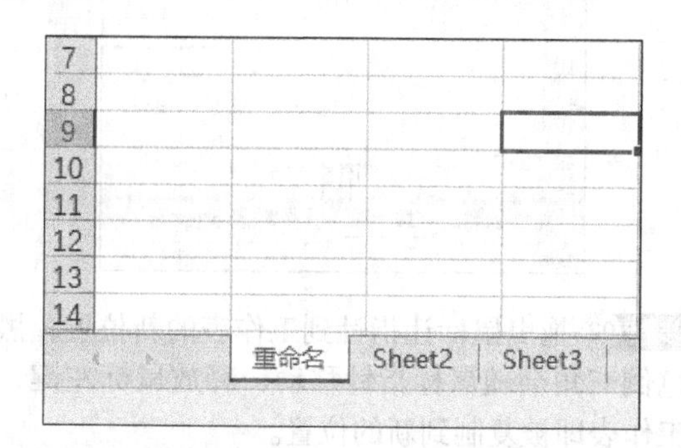

2. 使用快捷菜单重命名

步骤01 在要重命名的工作表标签上单击鼠标右键，在弹出的快捷菜单中选择【重命名】菜单项。

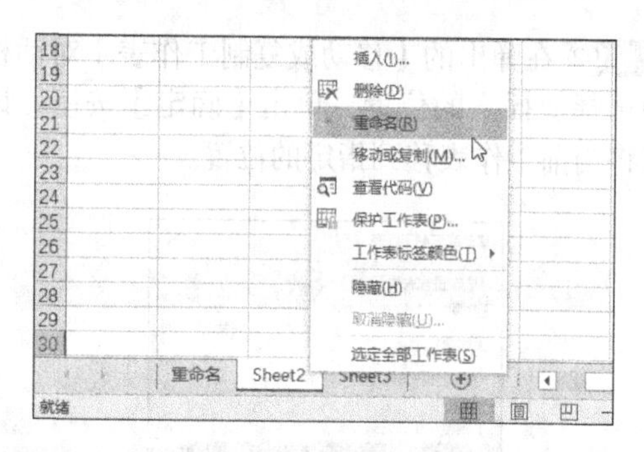

步骤02 此时工作表标签会高亮显示，在标签上输入新的标签名，按【Enter】键后即可完成工作表的重命名。

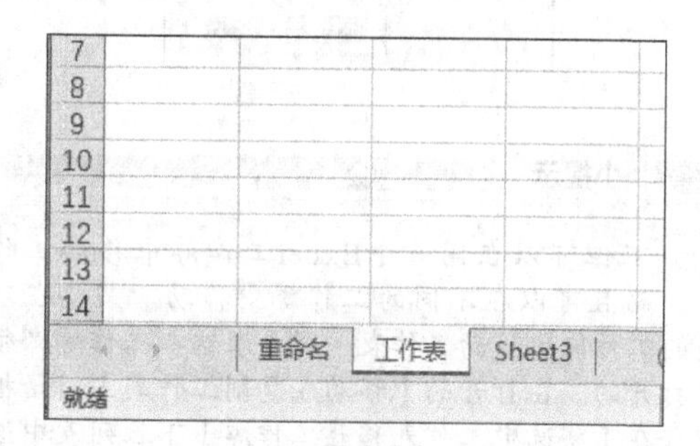

10.2.4 移动或复制工作表

复制和移动工作表的具体步骤如下。

1. 移动工作表

移动工作表最简单的方法是使用鼠标操作，在同一个工作簿中移动工作表的方法有以下两种。

（1）直接拖曳法。

步骤01 选择要移动的工作表的标签，按住鼠标左键不放。

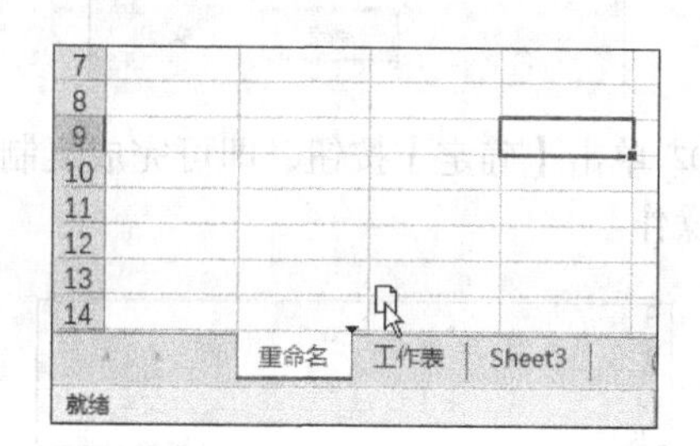

步骤02 拖曳鼠标让指针到工作表的新位置，黑色倒三角会随鼠标指针移动，释放鼠标左键，工作表即被移到新的位置。

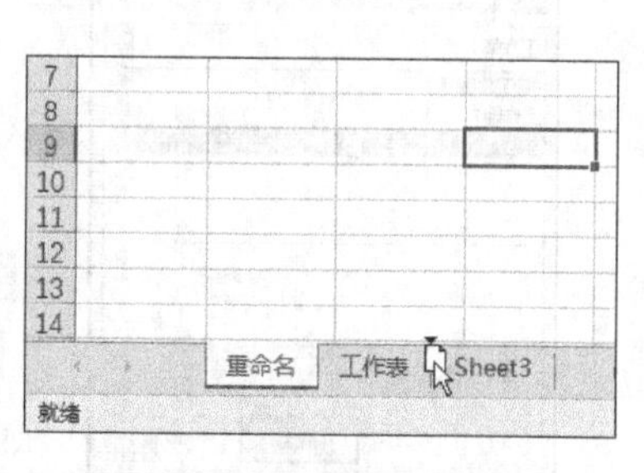

（2）使用快捷菜单法。

步骤01 在要移动的工作表标签上单击鼠标右键，在弹出的快捷菜单中选择【移动或复制】菜单项。

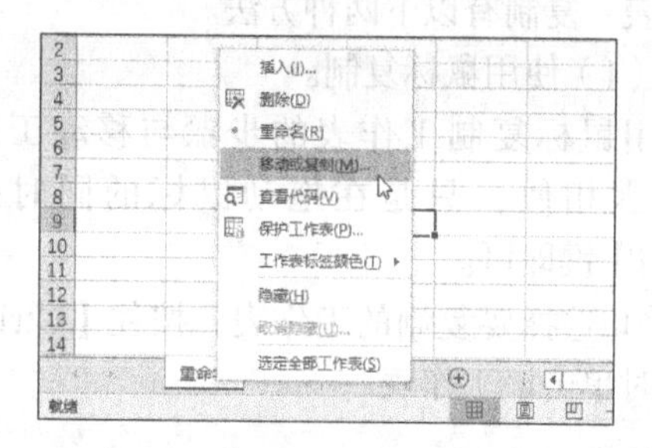

步骤 02 在弹出的【移动或复制工作表】对话框中选择要插入的位置，单击【确定】按钮，即可将当前工作表移到指定的位置。

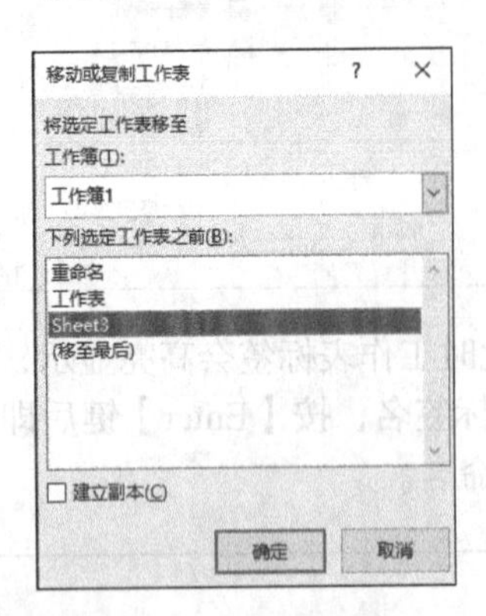

小提示

不但可以在同一个Excel工作簿中移动工作表，而且可以在不同的工作簿中移动。若要在不同的工作簿中移动工作表，则要求这些工作簿必须是打开的。在打开的【移动或复制工作表】对话框中，在【将选定工作表移至工作簿】下拉列表中选择要移动的目标位置，单击【确定】按钮，即可将当前工作表移到指定的位置。

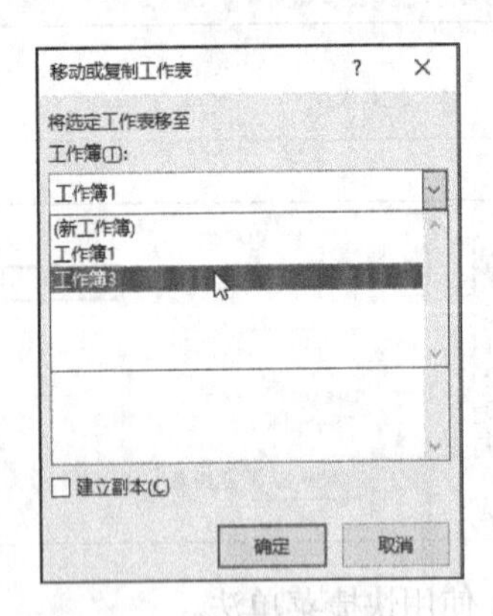

2. 复制工作表

用户可以在一个或多个Excel工作簿中复制工作表。复制有以下两种方法。

（1）使用鼠标复制。

用鼠标复制工作表的步骤与移动工作表的步骤相似，只是在拖动鼠标的同时按住【Ctrl】键即可。

步骤 01 选择要复制的工作表，按住【Ctrl】键的同时单击该工作表。

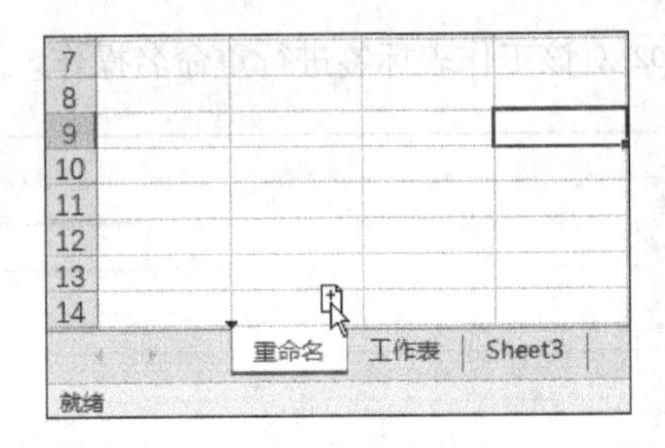

步骤 02 拖曳鼠标让指针到工作表的新位置，黑色倒三角会随鼠标指针移动，释放鼠标左键，工作表即被复制到新的位置。

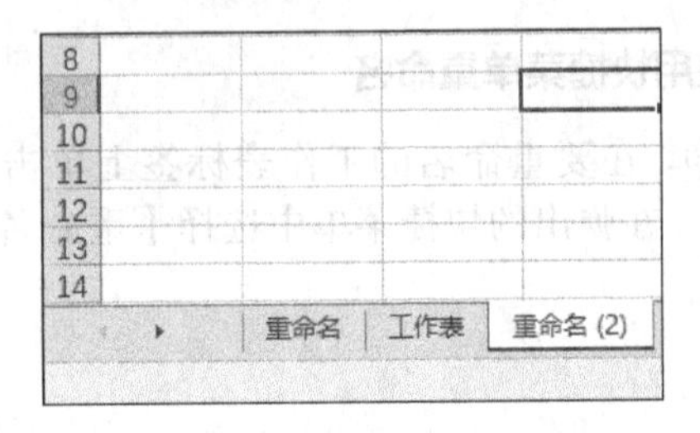

（2）使用快捷菜单复制。

步骤 01 选择要复制的工作表，在工作表标签上单击鼠标右键，在弹出的快捷菜单中选择【移动或复制】菜单项。在弹出的【移动或复制工作表】对话框中，选择要复制的目标工作簿和插入的位置，然后选中【建立副本】复选框。

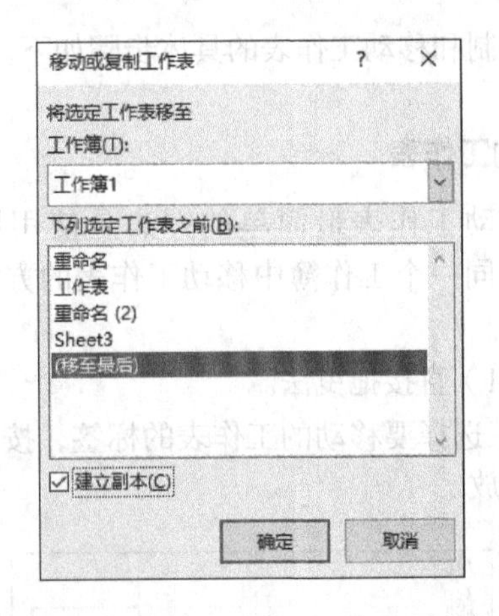

步骤 02 单击【确定】按钮，即可完成复制工作表的操作。

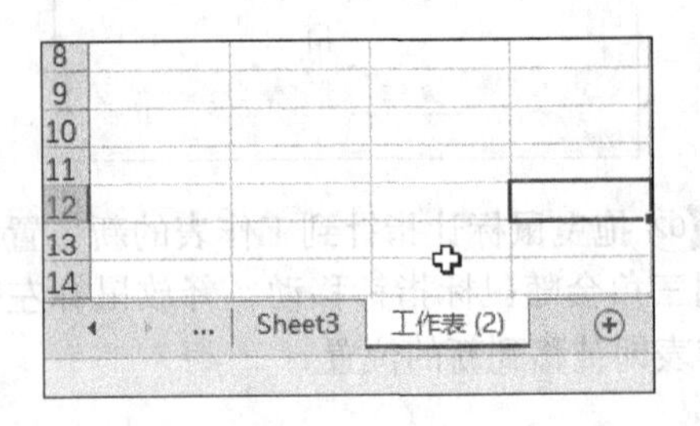

10.3 单元格的基本操作

单元格是工作表中行列交汇处的区域，可以保存数值、文字和声音等数据。在Excel中，单元格是编辑数据的基本元素。

10.3.1 选择单元格和单元格区域

对单元格进行编辑操作，首先要选择单元格或单元格区域。在启动Excel并创建新的工作簿时，单元格A1处于自动选定状态。

1.选择一个单元格

单击某一单元格，若单元格的边框线变成绿色粗线，则此单元格处于选定状态。当前单元格的地址显示在名称框中，在工作表格区内，鼠标指针会呈白色“✚”字形状。

小提示

在名称框中输入目标单元格的地址，如“B7”，按【Enter】键即可选定第B列和第7行交汇处的单元格。此外，使用键盘上的上、下、左、右4个方向键，也可以选定单元格。

2.选择连续的单元格区域

在Excel工作表中，若要对多个单元格进行相同的操作，可以先选择单元格区域。

步骤01 单击该区域左上角的单元格A2，按住【Shift】键的同时单击该区域右下角的单元格C6。

步骤02 此时即可选定单元格区域A2:C6，结果如下图所示。

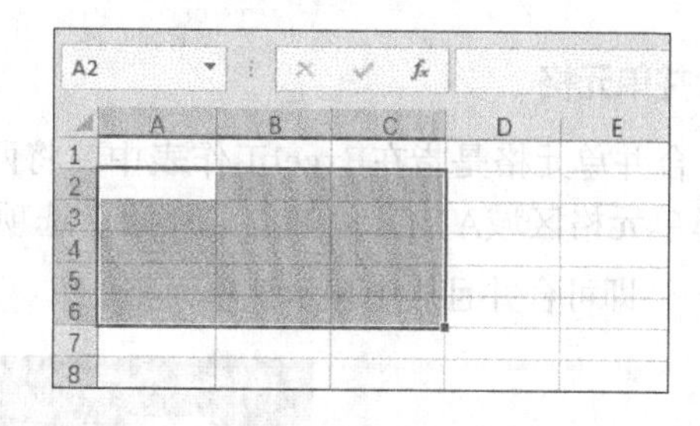

小提示

将鼠标指针移到该区域左上角的单元格A2上，按住鼠标左键不放，向该区域右下角的单元格C6拖曳，或在名称框中输入单元格区域名称“A2:C6”后按【Enter】键，均可选定单元格区域A2:C6。

3.选择不连续的单元格区域

选择不连续的单元格区域也就是选择不相邻的单元格或单元格区域，具体操作步骤如下。

步骤 01 选择第一个单元格区域（例如，单元格区域A2:C3）后。按住【Ctrl】键不放，拖动鼠标选择第二个单元格区域（例如，单元格区域C6:E8）。

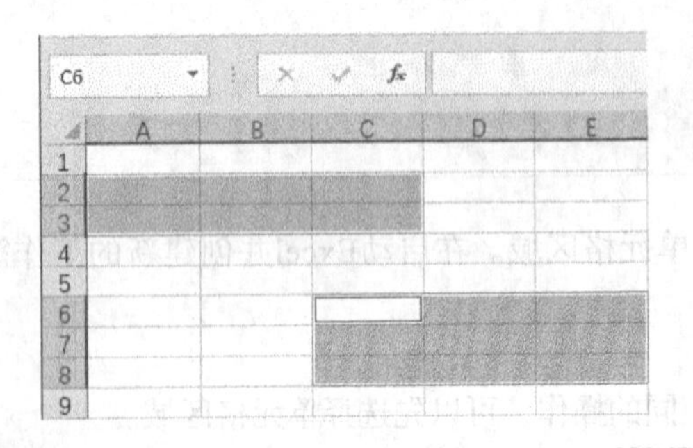

步骤 02 使用同样的方法可以选择多个不连续的单元格区域。

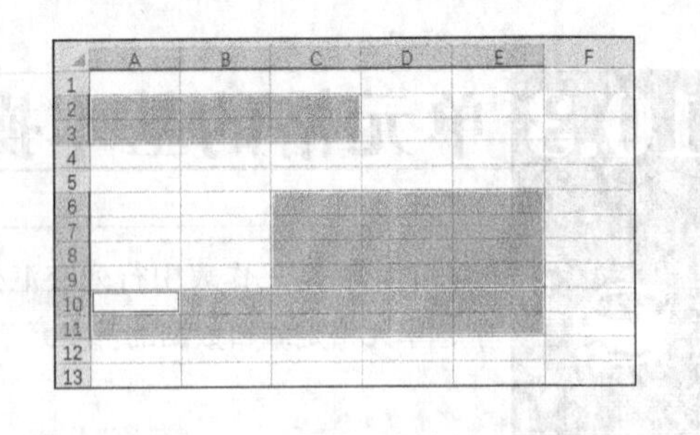

4.选择所有单元格

选择所有单元格，即选择整个工作表，方法有以下两种。

（1）单击工作表左上角行号与列标相交处的【选定全部】按钮，选定整个工作表。

（2）按【Ctrl+A】组合键选定整个工作表。

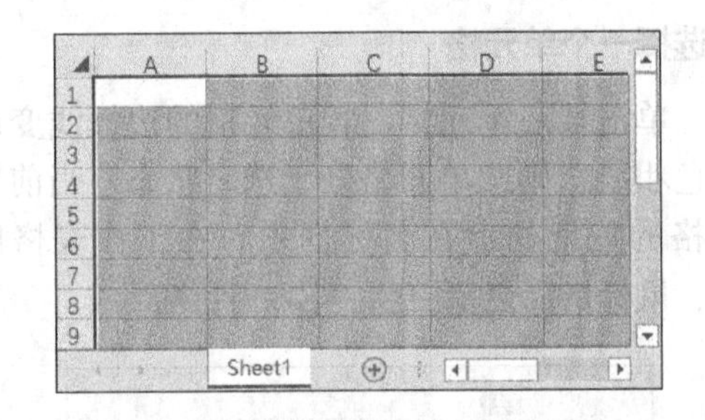

10.3.2 合并与拆分单元格

合并与拆分单元格是最常用的单元格操作，它不仅可以满足用户编辑表格中数据的需求，而且可以使工作表整体更加美观。

1.合并单元格

合并单元格是指在Excel工作表中，将两个或多个选定的相邻单元格合并成一个单元格。如选择单元格区域A1:C1，单击【开始】选项卡下【对齐方式】选项组中的【合并后居中】按钮，即可合并且居中显示该单元格。

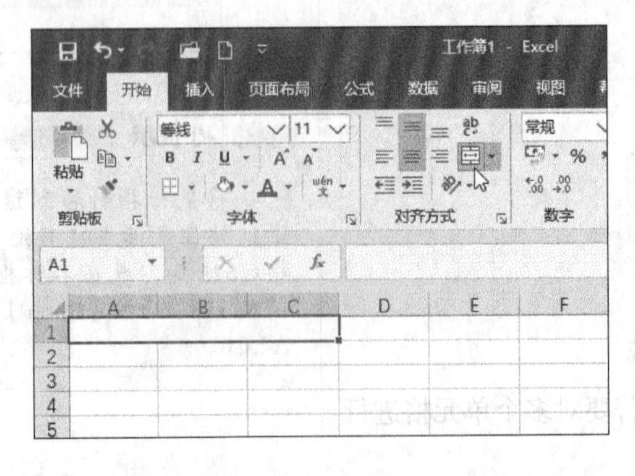

小提示

单元格合并后，将使用原始区域左上角的单元格地址来表示合并后的单元格地址。

2.拆分单元格

在Excel工作表中，还可以将合并后的单元格拆分成多个单元格。

选择合并后的单元格，单击【开始】选项卡下【对齐方式】选项组中【合并后居中】按钮右侧的下拉按钮，在弹出的列表中选择【取消单元格合并】选项。该单元格即被取消合并，恢复成合并前的单元格组合。

小提示

在合并后的单元格上单击鼠标右键，在弹出的快捷菜单中选择【设置单元格格式】选项，弹出【设置单元格格式】对话框，在【对齐】选项卡下撤消选中【合并单元格】复选框，然后单击【确定】按钮，也可拆分合并后的单元格。

10.3.3 选择行和列

将鼠标放行标签或列标签上，当出现向右箭头➡或向下箭头⬇时，单击鼠标左键，即可选中该行或该列。

	A	B	C	D
1➡				
2				
3				
4				
5				
6				
7				

	A⬇	B	C	D
1				
2				
3				
4				
5				
6				
7				

在选择多行或多列时，如果按【Shift】键进行选择，那么就可选中连续的多行或多列；如果按【Ctrl】键进行选择，可选中不连续的行或列。

10.3.4 插入/删除行和列

在Excel工作表中，用户可以根据需要插入或删除行和列，其具体步骤如下。

1. 插入行与列

在工作表中插入新行，当前行则向下移动；插入新列，当前列则向右移动。如选中第4行后，单击鼠标右键，在弹出的快捷菜单中选择【插入】菜单项，即可插入行。

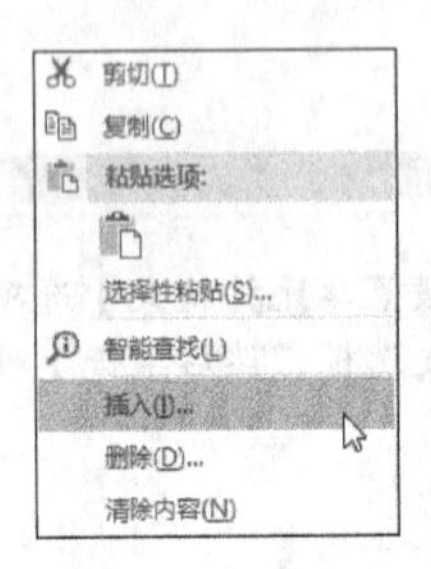

2. 删除行与列

对于工作表中多余的行或列，可以予以删除。删除行和列的方法有多种，最常用的有以下三种。

（1）选择要删除的行或列，单击鼠标右键，在弹出的快捷菜单中选择【删除】菜单项，即可将其删除。

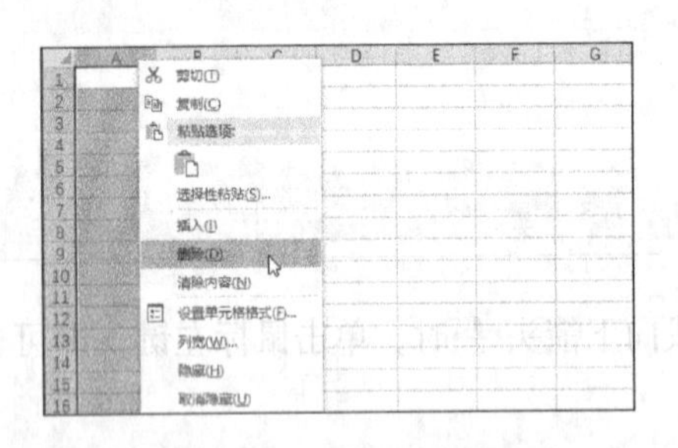

（2）选择要删除的行或列，单击【开始】选项卡下【单元格】组中【删除】按钮右侧的下拉箭头，在弹出的下拉列表中选择对应的选项，即可将选中的行或列删除。

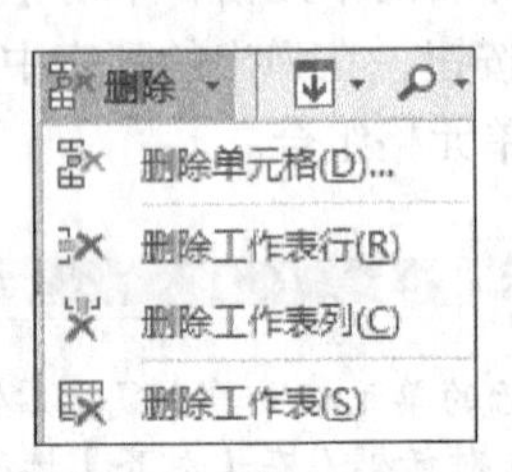

（3）选择要删除的行或列中的一个单元格，单击鼠标右键，在弹出的快捷菜单中选择【删除】菜单项，在弹出的【删除】对话框中选中【整行】或【整列】单选项，然后单击【确定】按钮即可。

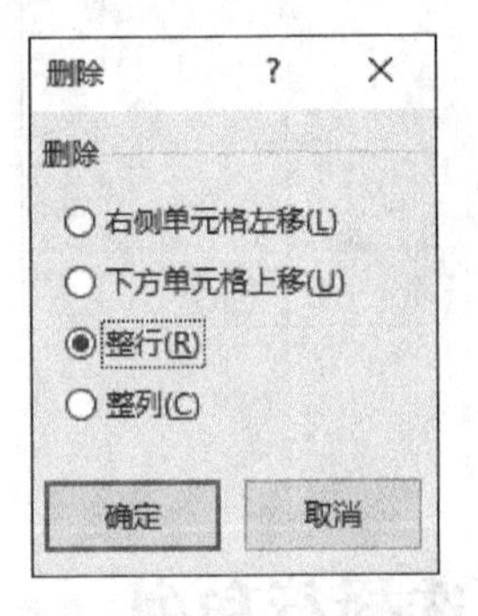

10.3.5 调整行高和列宽

在Excel工作表中，当单元格的宽度或高度不足时，会导致数据显示不完整，这时就需要调整列宽和行高。在Excel工作表中，使用鼠标可以快速调整行高和列宽，其具体操作步骤如下。

1.调整单行或单列

如果要调整行高，将鼠标指针移动到两行的列号之间，当指针变成╋形状时，按住鼠标左键向上拖动可以使行变小，向下拖动则可使行变高。拖动时将显示出以点和像素为单位的高度工具提示。如果要调整列宽，将鼠标指针移动到两列的列标之间，当指针变成╋形状时，按住鼠标左键向左拖动可以使列变窄，向右拖动则可使列变宽。

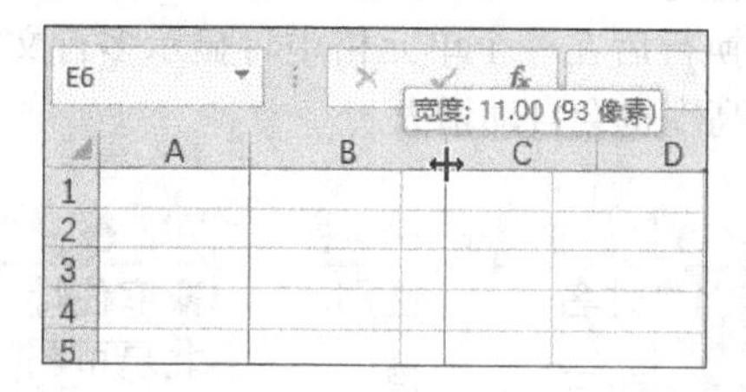

2.调整多行或多列

如果要调整多行或多列的宽度，可以选择要更改的行或列，然后拖动所选行号或列标的下侧或右侧边界，调整行高或列宽。

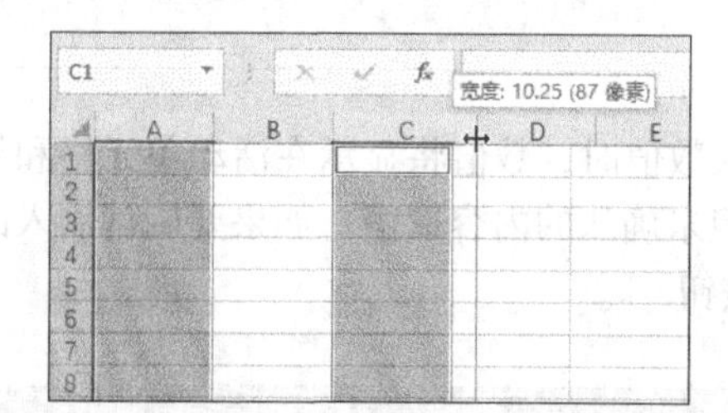

3.调整整个工作表的行或列

如果要调整工作表中所有列的宽度，可以单击【全选】按钮 ，然后拖动任意列标题的边界调整列宽。

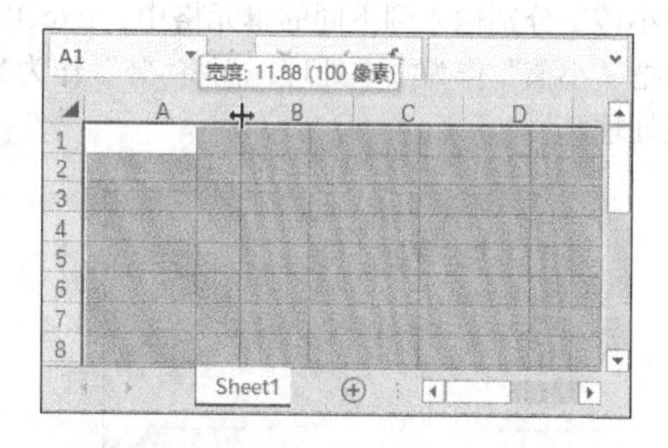

4.自动调整行高与列宽

除了手动调整行高与列宽外，还可以将单元格设置为根据单元格内容自动调整行高或列宽。在工作表中，选择要调整的行或列，如这里选择E列。在【开始】选项卡中，单击【单元格】选项组中的【格式】按钮 格式，在弹出的下拉菜单中选择【自动调整行高】或【自动调整列宽】菜单项即可。

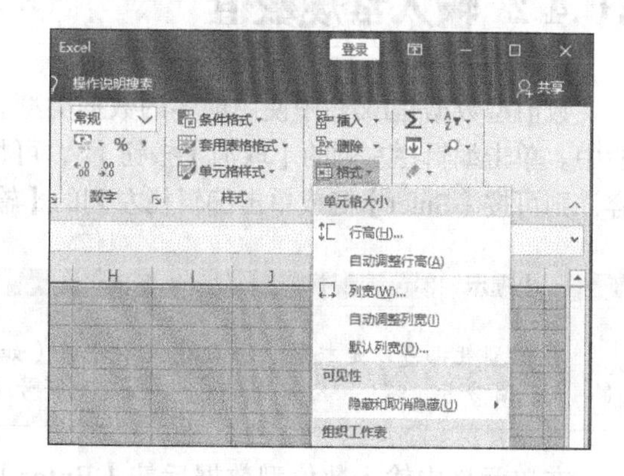

10.4 输入和编辑数据

对于单元格中输入的数据，Excel会自动地根据数据的特征进行处理并显示出来。本节介绍如何在Excel中输入和编辑这些数据。

10.4.1 输入文本数据

单元格中的文本包括汉字、英文字母、数字和符号等。每个单元格最多可包含32 767个字符。例如，在单元格中输入“5个小孩”，Excel会将它显示为文本形式；若将“5”和“小孩”分别输入到不同的单元格中，Excel则会把“小孩”作为文本处理，而将“5”作为数值处理。

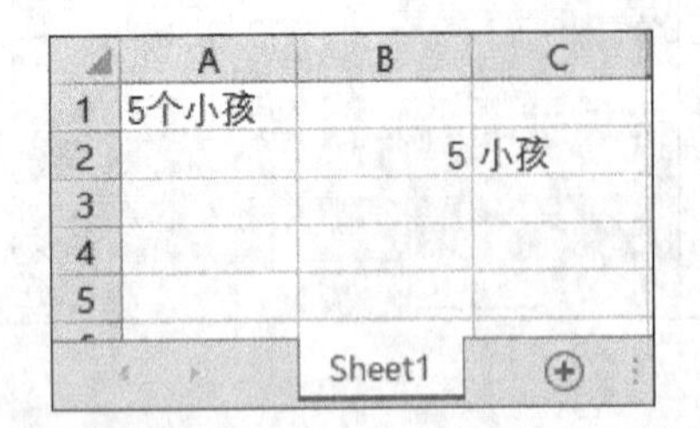

	A	B	C
1	5个小孩		
2		5	小孩
3			
4			
5			

选择要输入的单元格，从键盘上输入数据后按【Enter】键，Excel会自动识别数据类型，并将单元格对齐方式默认设置为“左对齐”。

如果单元格列宽容纳不下文本字符串，则多余字符串会在相邻单元格中显示；若相邻的单元格中已有数据，则会截断显示。

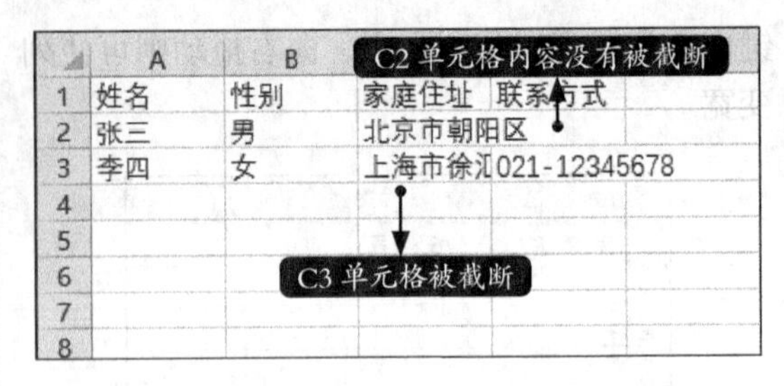

如果在单元格中输入的是多行数据，在换行处按【Alt+Enter】组合键，则可以实现换行。换行后在一个单元格中将显示多行文本，行的高度也会自动增大。

	A	B	C
1	姓名	性别	家庭住址
2	张三	男	北京市朝阳区
3	李四	女	上海市徐汇区XX号

10.4.2 输入常规数值

数值型数据是Excel中使用最多的数据类型。在输入数值时，数值将显示在活动单元格和编辑栏中。单击编辑栏左侧的【取消】按钮✕，可将输入但未确认的内容取消。如果要确认输入的内容，则可按【Enter】键或单击编辑栏左侧的【输入】按钮✔。

小提示

数值型数据可以是整数、小数或科学计数（如6.09E+13）。在数值中可以出现的数学符号包括负号（—）、百分号（%）、指数符号（E）和美元符号（$）等。

在单元格中输入数值型数据后按【Enter】键，Excel会自动将数值的对齐方式设置为“右对齐”。

	A	B	C
1	姓名	成绩	
2	张三	85	
3	李四	78	
4	王五	86	
5	赵六	92	

在Excel工作表输入数值类数据的规则如下。

（1）输入分数时，为了与日期型数据区分，需要在分数之前加一个零和一个空格。例如，在A1中输入“1/4”，则显示“1月4日”；在B1中输入“0 1/4”，则显示“1/4”，值为0.25。

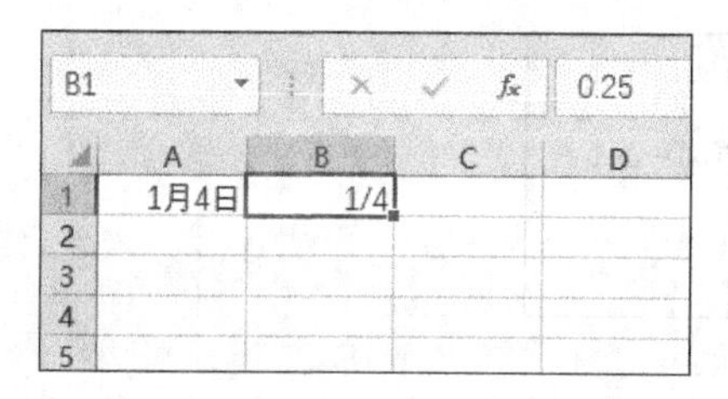

（2）如果输入以数字0开头的数字串，Excel将自动省略0。如果要保持输入的内容不变，可以先输入中文标点单引号（’），再输入数字或字符。

A3 | '0123456

	A	B	C	D	E
1	1月4日	1/4			
2					
3	0123456				
4					
5					
6					

（3）若单元格容纳不下较长的数字，则会用科学计数法显示该数据。

	A	B	C
1	1.21234E+16		
2	4.54489E+14		
3	9.82546E+16		
4			
5			
6			

10.4.3 输入日期和时间

在工作表中输入日期或时间时，需要用特定的格式定义。日期和时间也可以参加运算。Excel内置了一些日期与时间的格式。当输入的数据与这些格式相匹配时，Excel会自动将它们识别为日期或时间数据。

1. 输入日期

在输入日期时，可以用左斜线或短线分隔日期的年、月、日。例如，可以输入“2020/10/1”或者“2020-10-1”；如果要输入当前的日期，则按下【Ctrl+；】组合键即可。

	A	B	C	D
1	2020/10/1			
2	2020/10/1			
3		2020/4/28		
4				
5				
6				

2. 输入时间

在输入时间时，小时、分、秒之间用冒号（：）作为分隔符。如果按12小时制输入时间，需要在时间的后面空一格再输入字母am（上午）或pm（下午）。例如，输入“10:00 pm”，按下【Enter】键后的时间结果是10:00 PM；如果要输入当前的时间，则按下【Ctrl+Shift+；】组合键即可。

	A	B	C
1	10:00 PM		
2		22:32	
3			
4			
5			

日期和时间型数据在单元格中靠右对齐。如果Excel不能识别输入的日期或时间格式，则输入的数据将被视为文本并在单元格中靠左对齐。

	A	B	C
1	正确格式	10:30 PM	2020-2-1
2	错误格式	10:30pm	2020-2-1
3			
4			
5			

小提示

特别需要注意的是：若单元格中首次输入的是日期，则单元格就自动格式化为日期格式，以后如果输入一个普通数值，系统仍然会换算成日期格式显示。

10.4.4 输入货币型数据

输入的数据为金额时，需要设置单元格格式为“货币”，如果输入的数据不多，可以直接在单元格中输入带有货币符号的金额。

在单元格中按【Shift+4】组合键，出现货币符号，继续输入金额数值。

	A	B	C
1	￥123456		
2			
3			
4			
5			

小提示

这里的数字“4”为键盘中字母上方的数字键，而并非小键盘中的数字键。在英文输入法下，按下【Shift+4】组合键，会出现“$”符号；在中文输入法下，则出现“￥”符号。

10.4.5 快速填充数据

在输入数据时，除了常规的输入外，如果要输入的数据本身有关联性或存在某种规律，用户可以使用填充功能批量录入数据，以提高输入效率。下面介绍Excel的填充功能。

1.填充的方法

对单元格数据填充有以下三种方法。

（1）填充柄。选择有序的单元格区域，在区域的单元格中填充一组数字或日期，或一组内置工作日、周末、月份或年份等。

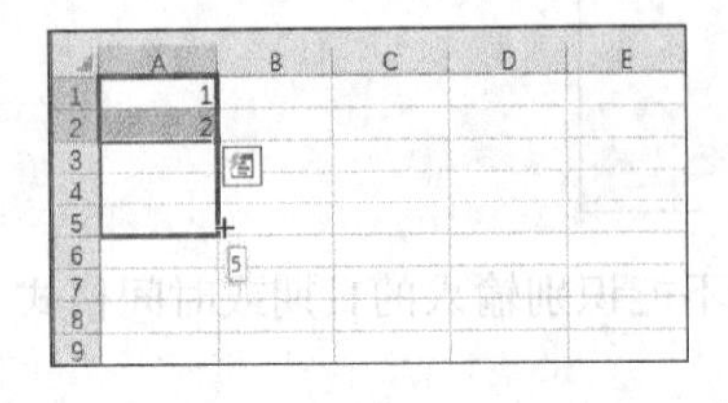

另外，单击“自动填充选项”按钮，在弹出的列表中，可以更改选定区域的填充方式。

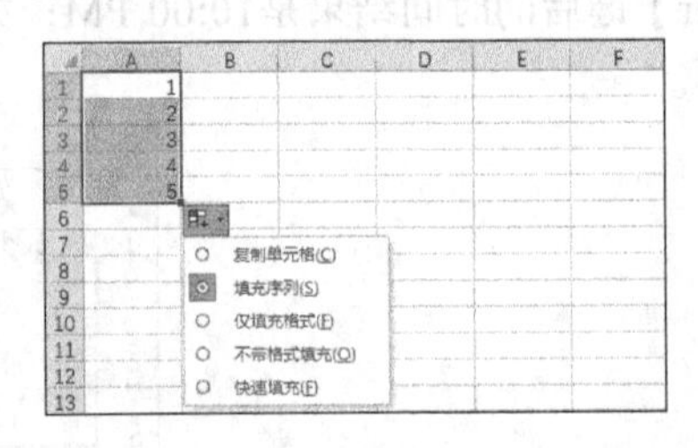

（2）快捷键。使用【Ctrl+E】组合键，可以快速填充。另外，要快速在单元格中填

充相邻单元格的内容，可以通过按【Ctrl+D】组合填充来自上方单元格中的内容，或按【Ctrl+R】组合填充来自左侧单元格的内容。

（3）功能区。单击【开始】➢【编辑】组中的【填充】按钮，单击“向下”“向右”“向上”或“向左”进行填充。

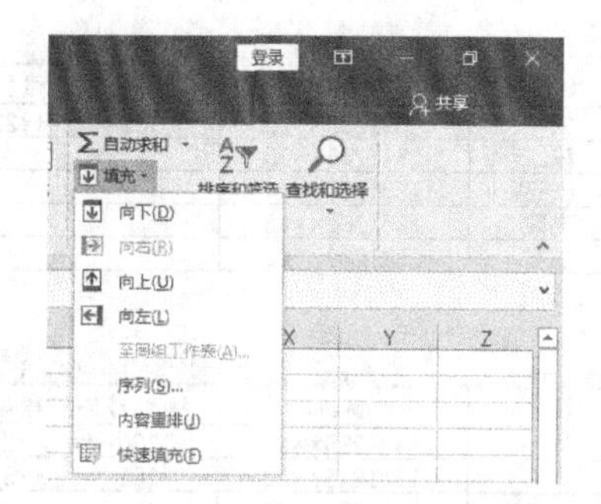

另外，单击【序列】选项，在【类型】下可以选择不同的类型。如单击【线性】单选项，可以创建一个序列，其数值通过对每个单元格数值依次加上“步长值”框中的数值计算得到；单击【等比】创建一个序列，其数值通过对每个单元格数值依次乘以“步长值”框中的数值计算得到；单击【日期】创建一个序列，其填充日期递增值在“步长值”框中，并依赖于“日期单位”下指定的单位；单击【自动填充】创建一个与拖动填充柄产生相同结果的序列。

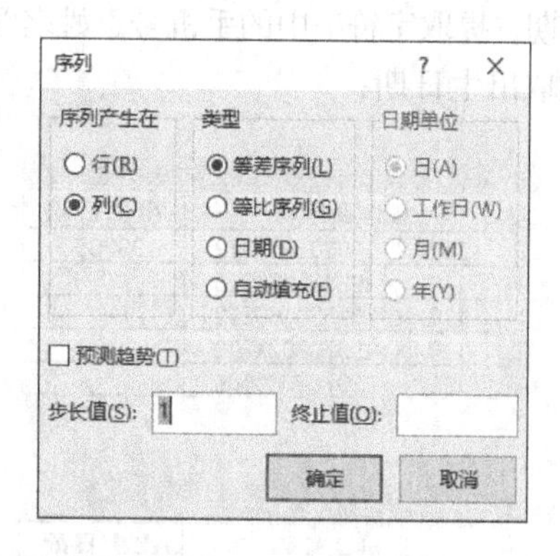

2.应用场景

（1）序列的填充。

序列填充是最为常用的操作场景，输入起始数据并选中所要填充的区域后，进行填充操作即可。

为了方便读者理解序列填充，汇总了下表的序列填充示例，以帮助理解和扩展。其中，下面表格中，用逗号隔开的项目包含在工作表上的各个相邻单元格中。

初始选择	扩展序列
1，2，3	4，5，6，…
9:00	10:00，11:00，12:00，…
周一	二，三，四，…
星期一	星期二，星期三，星期四，…
1月	2月，3月，4月，…
1月，4月	7月，10月，11月，…
2019年1月，2019年4月	2019年7月，2019年10月，2021年1月，…
1月15日，4月15日	7月15日，10月15日，…
2018，2019	2020，2021，2022，…
1月1日，3月1日	5月1日，7月1日，9月1日，…
第3季度（或Q3或季度3）	第4季度，第1季度，第2季度，…
文本1，文本A	文本2，文本A，文本3，文本A，…
第1期	第2期，第3期，…
项目1	项目2，项目3，…

（2）提取功能。

使用填充功能可以提取单元格中的信息，如出生日期，提取字符串中的手机号、姓名等。

提取出生日期：

	A	B
1	身份证号码	出生日期
2	110×××199205061212	19920506
3	110×××199411061015	
4	110×××199509060212	
5	110×××199703021222	
6	110×××199702080506	

	A	B
1	身份证号码	出生日期
2	110×××199205061212	19920506
3	110×××199411061015	19941106
4	110×××199509060212	19950906
5	110×××199703021222	19970302
6	110×××199702080506	19970208

提取手机号及姓名：

	A	B	C
1	联系人	姓名	手机
2	刘一 1301235××××	刘一	1301235××××
3	陈二 1311246××××		
4	张三 1321257××××		
5	李四 1351268××××		
6	王五 1301239××××		

	A	B	C
1	联系人	姓名	手机
2	刘一 1301235××××	刘一	1301235××××
3	陈二 1311246××××	陈二	1311246××××
4	张三 1321257××××	张三	1321257××××
5	李四 1351268××××	李四	1351268××××
6	王五 1301239××××	王五	1301239××××

（3）单元格合并。

	A	B	C
1	姓	名	名字
2	刘	一	刘一
3	陈	二	
4	张	三	
5	李	四	
6	王	五	

	A	B	C
1	姓	名	名字
2	刘	一	刘一
3	陈	二	陈二
4	张	三	张三
5	李	四	李四
6	王	五	王五

（4）插入功能。

	A	B	C
1	姓名	手机	手机号码三段显示
2	刘一	1301235××22	130-1235-××22
3	陈二	1311246××33	
4	张三	1321257××44	
5	李四	1351268××55	
6	王五	1301239××66	

	A	B	C
1	姓名	手机	手机号码三段显示
2	刘一	1301235××22	130-1235-××22
3	陈二	1311246××33	131-1246-××33
4	张三	1321257××44	132-1257-××44
5	李四	1351268××55	135-1268-××55
6	王五	1301239××66	130-1239-××66

（5）加密功能。

	A	B	C
1	姓名	手机	手机号码三段显示
2	刘一	1301235××22	130-****-××22
3	陈二	1311246××33	
4	张三	1321257××44	
5	李四	1351268××55	
6	王五	1301239××66	

	A	B	C
1	姓名	手机	手机号码三段显示
2	刘一	1301235××22	130-****-××22
3	陈二	1311246××33	131-****-××33
4	张三	1321257××44	132-****-××44
5	李四	1351268××55	135-****-××55
6	王五	1301239××66	130-****-××66

（6）位置互换。

	A	B	C
1	序号	参会名单	参会名单
2	1	小刘市场部	市场部小刘
3	2	小陈人力部	
4	3	小张技术部	
5	4	小李行政部	
6	5	小王网络部	

	A	B	C
1	序号	参会名单	参会名单
2	1	小刘市场部	市场部小刘
3	2	小陈人力部	人力部小陈
4	3	小张技术部	技术部小张
5	4	小李行政部	行政部小李
6	5	小王网络部	网络部小王

（7）大小写转换。

	A	B
1	小写	大写
2	excel	EXCEL
3	word	
4	ppt	
5	outlook	
6	onenote	

	A	B
1	小写	大写
2	excel	EXCEL
3	word	WORD
4	ppt	PPT
5	outlook	OUTLOOK
6	onenote	ONENOTE

除上面列举的Excel快速填充功能外，还有很多场景的应用，在此不一一列举。对于有规律的序列，为了提高效率，都可以尝试使用填充功能解决。

10.4.6 编辑数据

在表格中输入数据错误或者格式不正确时，就需要对数据进行编辑。数据有多种格式，接下来介绍数据的编辑。

1.修改数据

当数据输入错误时，左键单击需要修改数据的单元格，然后输入要修改的数据，则该单元格将自动更改数据。

步骤01 右键单击需要修改数据的单元格，在弹出的快捷菜单中选择【清除内容】选项。

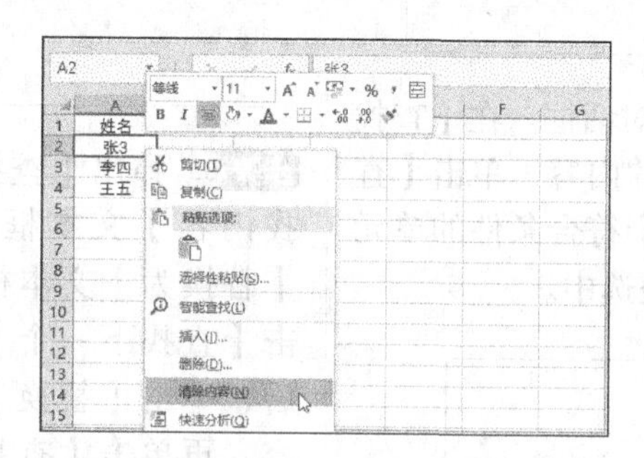

步骤02 数据清除之后，在原单元格中重新输入数据即可。

	A	B	C
1	姓名		
2	张三		
3	李四		
4	王五		
5			
6			

小提示

选中单元格，单击键盘上的【Backspace】或【Delete】键也可将数据清除。
另外，单击【撤销】按钮或按【Ctrl+Z】组合键，可清除上一步输入的内容。

2.查找和替换数据

在编辑数据中，使用查找和替换功能，可以在工作表中快速定位要找的信息，并且可以有选择地用其他值代替。在Excel中，用户可以在一个工作表或多个工作表中进行查找与替换。

小提示

在进行查找、替换操作之前，应该先选定一个搜索区域。如果只选定一个单元格，则仅在当前工作表内进行搜索；如果选定一个单元格区域，则只在该区域内进行搜索；如果选定多个工作表，则在多个工作表中进行搜索。

步骤 01 打开“素材\ch10\学生成绩表.xlsx”文件，单击【开始】选项卡下【编辑】选项组中的【查找和选择】按钮，在弹出的下拉列表中选择【查找】菜单项。

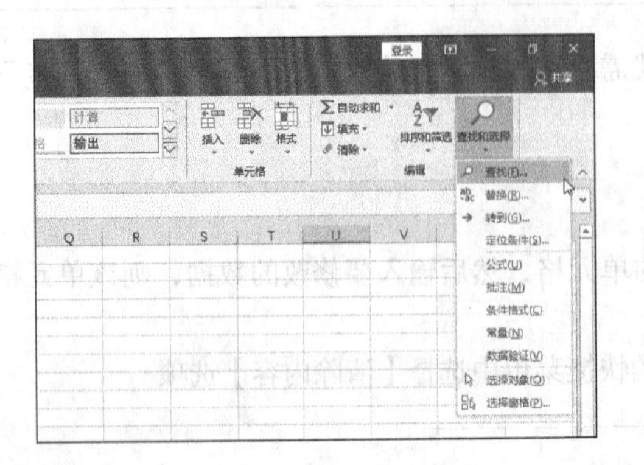

步骤 02 弹出【查找和替换】对话框。在【查找内容】文本框中输入要查找的内容，单击【查找下一个】按钮，查找下一个符合条件的单元格，而且这个单元格会自动被选中。

小提示

可以按【Ctrl+F】组合键打开【查找和替换】对话框，默认选择【查找】选项卡。

步骤 03 单击【查找和替换】对话框中的【选项】按钮，可以设置查找的格式、范围、方式（按行或按列）等。

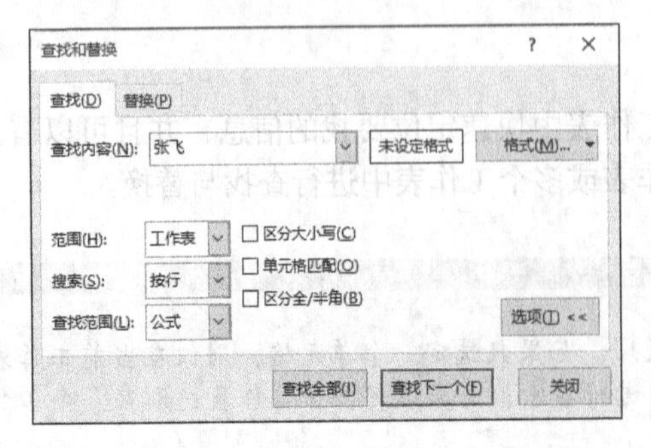

如果要替换数据，可以执行以下操作。

步骤 04 打开“素材\ch10\学生成绩表.xlsx”文件，单击【开始】选项卡下【编辑】选项组中的【查找和选择】按钮，在弹出的下拉菜单中选择【替换】菜单项。

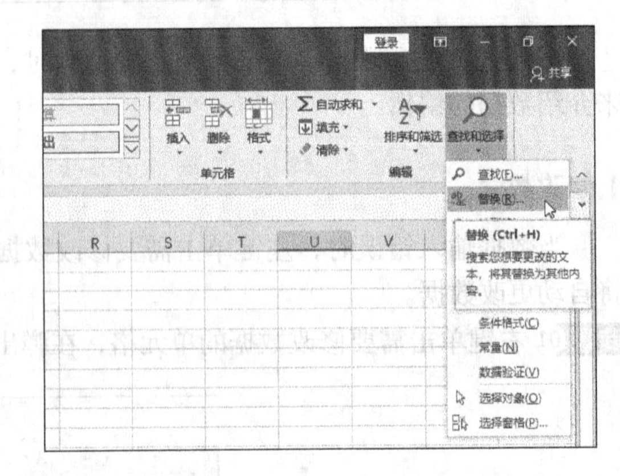

步骤 05 弹出【查找和替换】对话框。在【查找内容】文本框中输入要查找的内容，在【替换为】文本框中输入要替换的内容，单击【查找下一个】按钮，查找到相应的内容后，单击【替换】按钮，将替换成指定的内容。再单击【查找下一个】按钮，可以继续进行查找并替换。

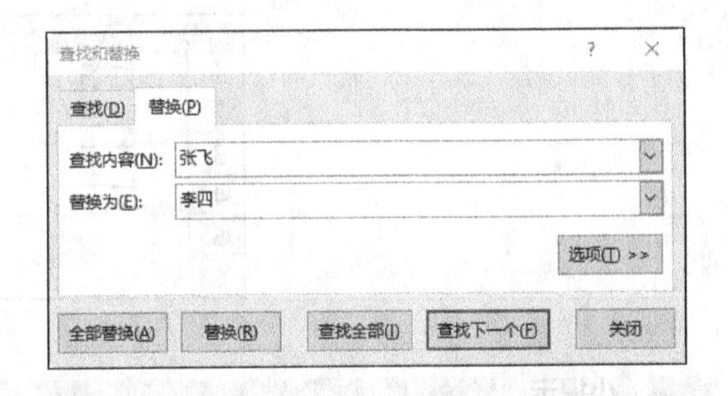

小提示

可以按【Ctrl+H】组合键打开【查找和替换】对话框，默认选择【替换】选项卡。

步骤 06 单击【全部替换】按钮，则替换整个工作表中所有符合条件的单元格数据。当全部替换完成后，会弹出如下图所示的提示框。

小提示

在进行查找和替换时，如果不能确定完整的搜索信息，可以使用通配符“？”和“*”来代替不能确定的部分信息。“？”代表一个字符，“*”代表一个或多个字符。

3.清除数据

清除数据包括清除单元格中的内容（公式和数据）、格式（包括数字格式、条件格式和边框等）以及任何附加的批注。具体操作步骤如下。

步骤 01 打开“素材\ch10\学生成绩表.xlsx”工作簿，选择要清除数据的单元格A1。

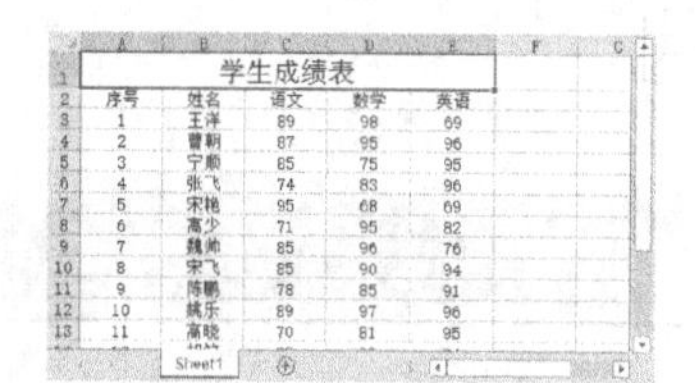

	A	B	C	D	E
1	学生成绩表				
2	序号	姓名	语文	数学	英语
3	1	王洋	89	98	69
4	2	曹朝	87	95	96
5	3	宁顺	85	75	95
6	4	张飞	74	83	96
7	5	宋艳	95	68	69
8	6	高少	71	95	82
9	7	魏帅	85	96	76
10	8	宋飞	85	90	94
11	9	陈鹏	78	85	91
12	10	姚乐	89	97	96
13	11	高晓	70	81	95

步骤 02 单击【开始】选项卡下【编辑】选项组中的【清除】按钮，在弹出的下拉列表中选择【全部清除】选项。

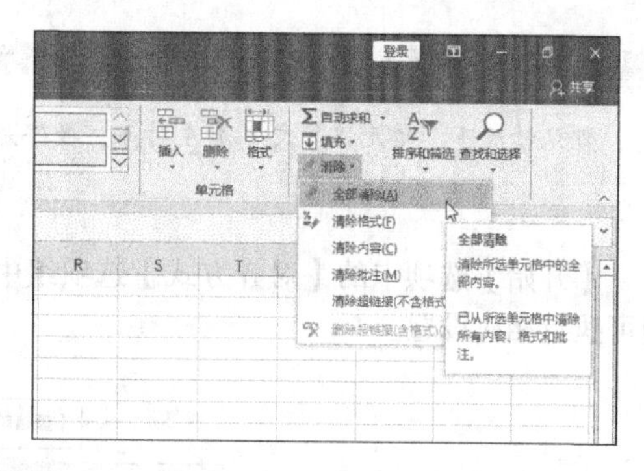

步骤 03 单元格A1中的数据和格式即被全部删除。

	A	B	C	D	E
1					
2	序号	姓名	语文	数学	英语
3	1	王洋	89	98	69
4	2	曹朝	87	95	96
5	3	宁顺	85	75	95
6	4	张飞	74	83	96
7	5	宋艳	95	68	69
8	6	高少	71	95	82
9	7	魏帅	85	96	76
10	8	宋飞	85	90	94
11	9	陈鹏	78	85	91
12	10	姚乐	89	97	96
13	11	高晓	70	81	95

小提示

如果选定单元格后按【Delete】键，仅清除该单元格的内容，而不清除该单元格的格式或批注。

10.5 设置单元格

设置单元格包括设置数字格式、对齐方式以及边框和底纹等。设置单元格的格式不会改变数据的值，只是影响数据的显示及打印效果。

10.5.1 设置对齐方式

Excel 2019允许为单元格数据设置的对齐方式有左对齐、右对齐和合并居中对齐等。

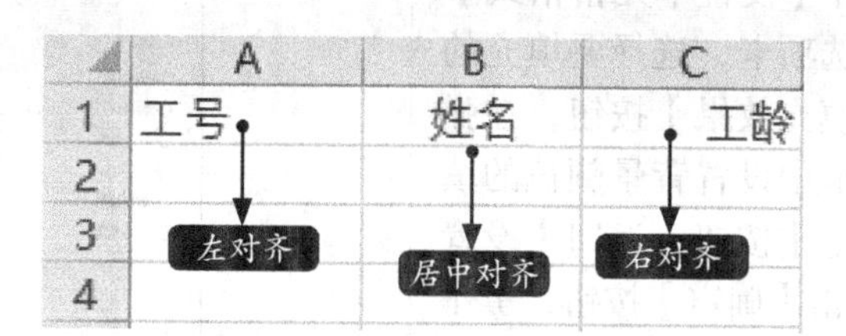

小提示

默认情况下，单元格的文本是左对齐，数字是右对齐。

【开始】选项卡的【对齐方式】选项组中，对齐按钮的分布及名称如下图所示，单击对应按钮可执行相应设置。

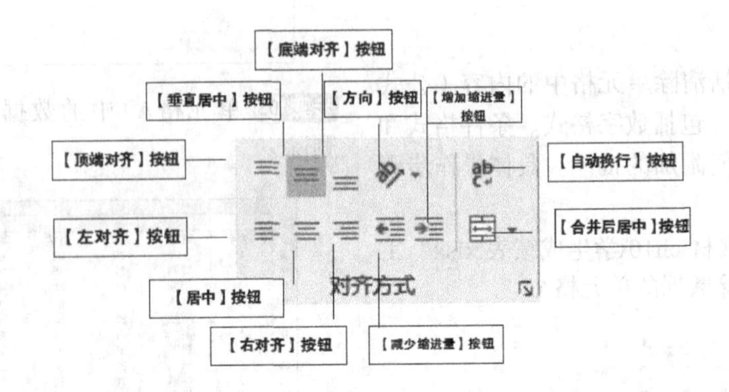

10.5.2 设置边框和底纹

在Excel 2019 中，单元格四周的灰色网格线默认是不能打印出来的。为了使表格更加规范、美观，可以为表格设置边框和底纹。

1. 设置边框

设置边框主要有以下两种方法。

（1）选中要添加边框的单元格区域，单击【开始】选项卡下【字体】选项组中【边框】按钮右侧的下拉按钮，在弹出的列表中选择【所有边框】选项，即可为表格添加所有边框。

（2）按【Ctrl+1】组合键，打开【设置单元格格式】对话框，选择【边框】选项卡，在【线条样式】列表框中选择一种样式，然后在【颜色】下拉列表中选择颜色，在【预置】区域单击【外边框】选项。使用同样方法设置【内边框】选项，单击【确定】按钮，即可添加边框。

2. 设置底纹

为了使工作表中某些数据或单元格区域更加醒目，可以为这些单元格或单元格区域设置底纹。

选择要添加背景的单元格区域，按【Ctrl+1】组合键，打开【设置单元格格式】对话框，选择【填充】选项卡，选择要填充的背景色。也可以单击【填充效果】按钮，在弹出的【填充效果】对话框中设置背景颜色的填充效果，然后单击【确定】按钮，返回【设置单元格格式】对话框，单击【确定】按钮，工作表的背景即变成指定的底纹样式。

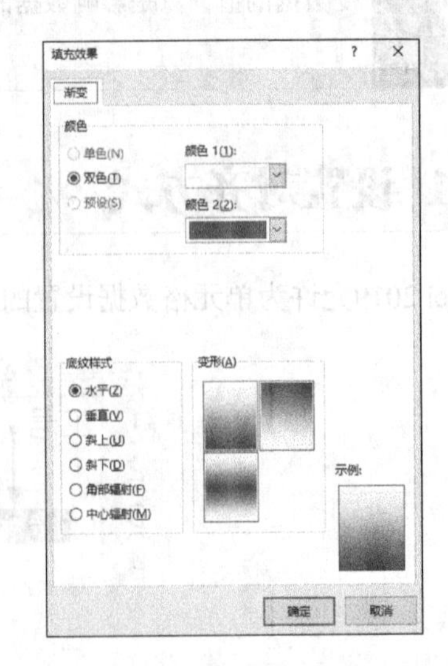

10.5.3 设置单元格样式

单元格样式是一组已定义的格式特征，使用Excel 2019中的内置单元格样式，可以快速改变文本样式、标题样式、背景样式和数字样式等。同时，用户也可以创建自己的自定义单元格样式。

步骤01 打开“素材\ch10\设置单元格样式.xlsx”文件，选择要套用格式的单元格区域A1:E1，单击【开始】选项卡下【样式】选项组中【单元格样式】按钮 单元格样式 右侧的下拉按钮。

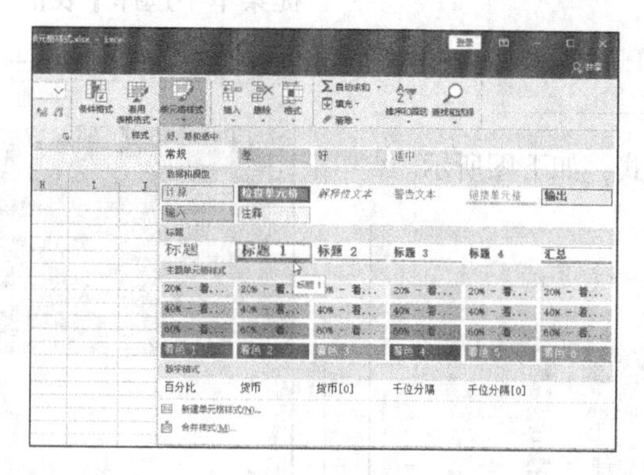

步骤02 在弹出的下拉菜单中选择一种样式，即可改变单元格中文本的样式。

	A	B	C	D	E
1	广告预算分配方案				
2	项目名称：XX系列图书广告预算方案				
3	费用单位：XX公司				
4					单位：元
5	内容	第1季度	第2季度	第3季度	第4季度
6	资讯、调研费	50000.00	60000.00	50000.00	56000.00
7	创意设计	40000.00	50000.00	40000.00	43000.00
8	制作费	80000.00	70000.00	80000.00	45000.00
9	媒体发布	100000.00	90000.00	100000.00	120000.00
10	促销售点	70000.00	60000.00	70000.00	56000.00
11	公关新闻	35000.00	35000.00	35000.00	80000.00
12	代理服务费	28000.00	28000.00	29000.00	29000.00
13	管理费	18000.00	19000.00	17000.00	17000.00
14	其他	15000.00	12000.00	14000.00	14000.00
15	合计	436000.00	424000.00	435000.00	460000.00
16					

10.5.4 快速套用表格格式

Excel预置有60种常用的格式，用户可以自动地套用这些预先定义好的格式，以提高工作效率。自动套用表格格式的具体步骤如下。

步骤01 打开“素材\ch10\设置表格样式.xlsx”文件，选择要套用格式的单元格区域A4:G18，单击【开始】选项卡下【样式】选项组中的【套用表格格式】按钮 套用表格格式，在弹出的下拉菜单中选择【浅色】选项中的一种。

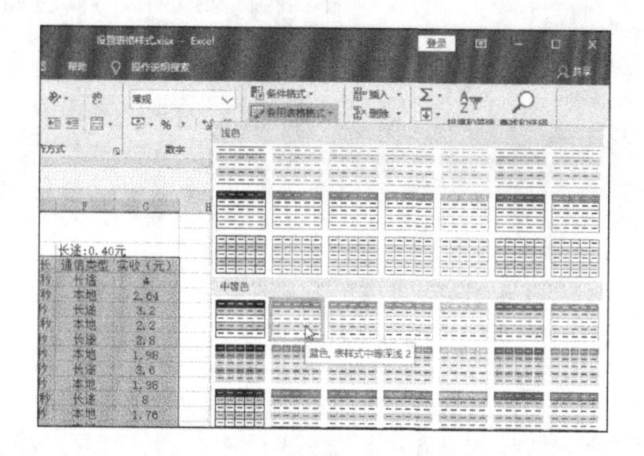

步骤 02 弹出【套用表格式】对话框，单击【确定】按钮。

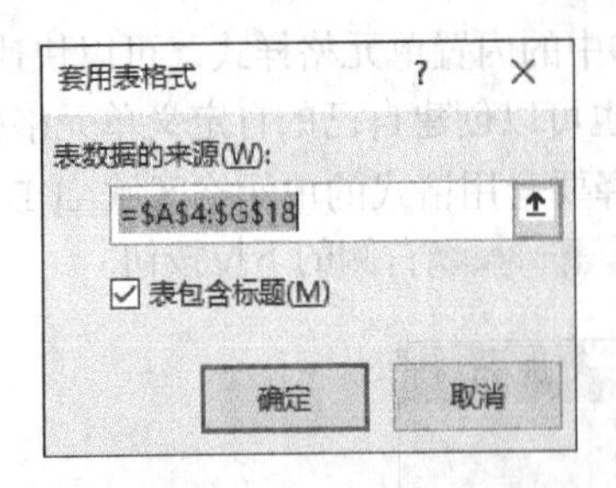

步骤 03 即可套用该浅色样式，如下图所示。

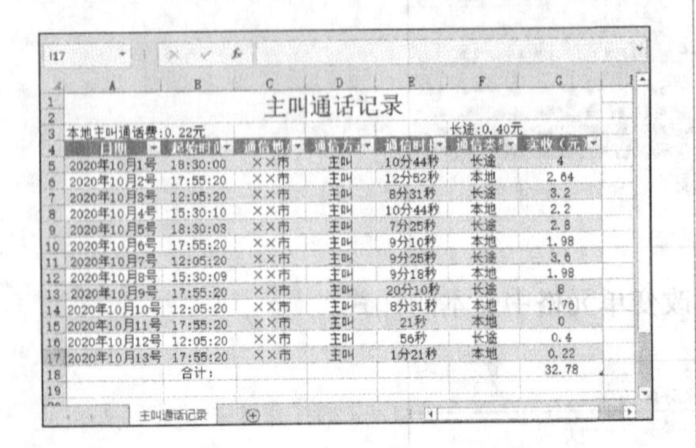

日期	起始时间	通信地点	通信方式	通信时长	通信类型	实收（元）
2020年10月1号	18:30:00	××市	主叫	10分44秒	长途	4
2020年10月2号	17:55:20	××市	主叫	12分52秒	本地	2.64
2020年10月3号	12:05:20	××市	主叫	8分31秒	长途	3.2
2020年10月4号	15:30:10	××市	主叫	10分44秒	本地	2.2
2020年10月5号	18:30:03	××市	主叫	7分25秒	长途	2.8
2020年10月6号	17:55:20	××市	主叫	9分10秒	本地	1.98
2020年10月7号	12:05:20	××市	主叫	9分25秒	长途	3.6
2020年10月8号	15:30:09	××市	主叫	9分18秒	本地	1.98
2020年10月9号	17:55:20	××市	主叫	20分10秒	长途	8
2020年10月10号	12:05:20	××市	主叫	8分31秒	本地	1.76
2020年10月11号	17:55:20	××市	主叫	21秒	本地	0
2020年10月12号	12:05:20	××市	主叫	56秒	长途	0.4
2020年10月13号	17:55:20	××市	主叫	1分21秒	本地	0.22
	合计：					32.78

步骤 04 在此样式中单击任意一个单元格，功能区就会出现【表格工具】➤【设计】选项卡，单击【表格样式】选项组中的任一样式，即可更改样式。

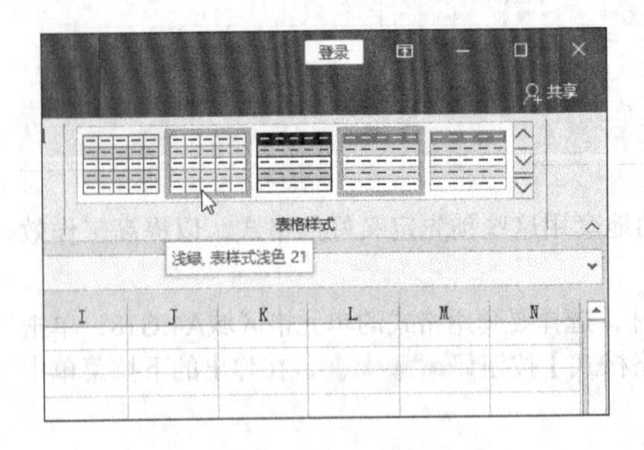

小提示

单击【表格样式】选项组右侧的下拉按钮，在弹出的列表中选择【清除】选项，也可删除表格样式。

步骤 05 在单元格中单击鼠标右键，在弹出的快捷菜单中选择【表格】➤【转换为区域】选项。

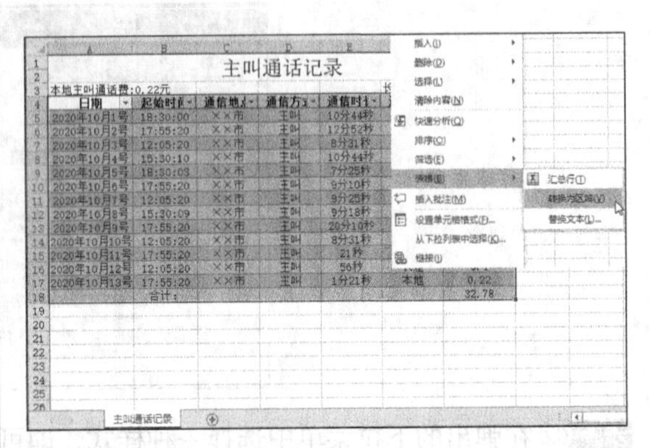

步骤 06 弹出【Microsoft Excel】提示框，单击【是】按钮。

步骤 07 即可将表格转换为普通区域，效果如下图所示。

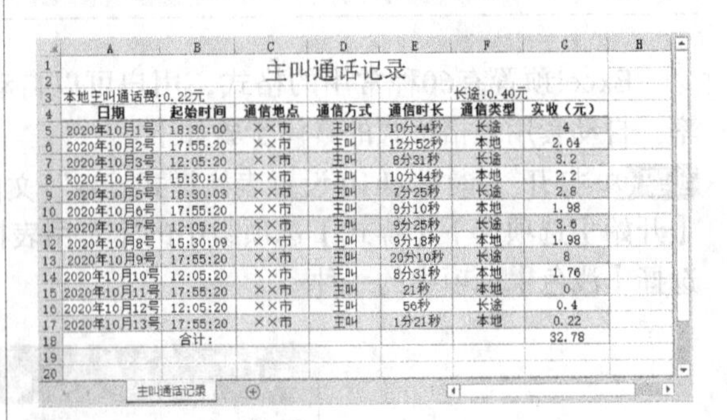

主叫通话记录

本地主叫通话费:0.22元　　长途:0.40元

日期	起始时间	通信地点	通信方式	通信时长	通信类型	实收（元）
2020年10月1号	18:30:00	××市	主叫	10分44秒	长途	4
2020年10月2号	17:55:20	××市	主叫	12分52秒	本地	2.64
2020年10月3号	12:05:20	××市	主叫	8分31秒	长途	3.2
2020年10月4号	15:30:10	××市	主叫	10分44秒	本地	2.2
2020年10月5号	18:30:03	××市	主叫	7分25秒	长途	2.8
2020年10月6号	17:55:20	××市	主叫	9分10秒	本地	1.98
2020年10月7号	12:05:20	××市	主叫	9分25秒	长途	3.6
2020年10月8号	15:30:09	××市	主叫	9分18秒	本地	1.98
2020年10月9号	17:55:20	××市	主叫	20分10秒	长途	8
2020年10月10号	12:05:20	××市	主叫	8分31秒	本地	1.76
2020年10月11号	17:55:20	××市	主叫	21秒	本地	0
2020年10月12号	12:05:20	××市	主叫	56秒	长途	0.4
2020年10月13号	17:55:20	××市	主叫	1分21秒	本地	0.22
	合计：					32.78

10.6 制作《年度销售情况统计表》

制作《年度销售情况统计表》主要是计算企业的年利润。在Excel 2019中，创建图表可以帮助分析工作表中的数据。本节以制作《年度销售情况统计表》为例介绍图表的创建。

10.6.1 认识图表的特点及其构成

图表可以非常直观地反映工作表中数据之间的关系，可以方便地对比与分析数据。用图表表达数据，可以使表达结果更加清晰、直观和易懂，为用户使用数据提供便利。

1.图表的特点

在Excel中，图表具有以下4种特点。

（1）直观形象。

利用下面的图表可以非常直观地显示市场活动情况。

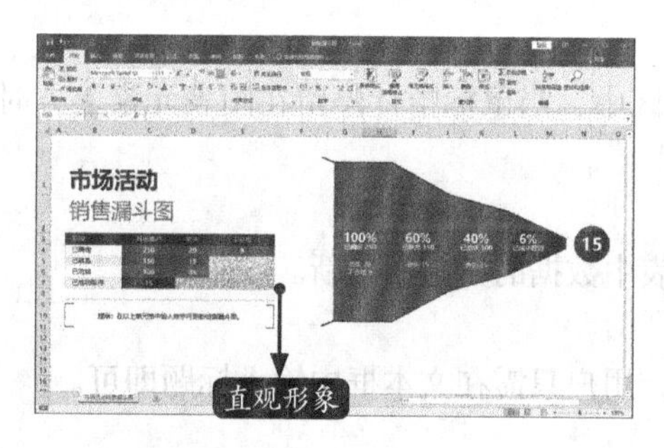

（2）种类丰富。

Excel 2019提供有16种图表类型，每一种图表类型又有多种子类型，还可以自己定义图表。用户可以根据实际情况，选择已有的图表类型或者自定义图表。

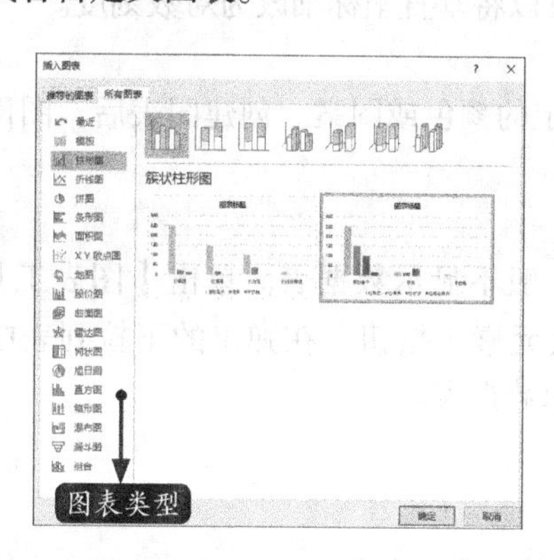

（3）双向联动。

在图表上可以增加数据源，使图表和表格双向结合，更直观地表达丰富的含义。

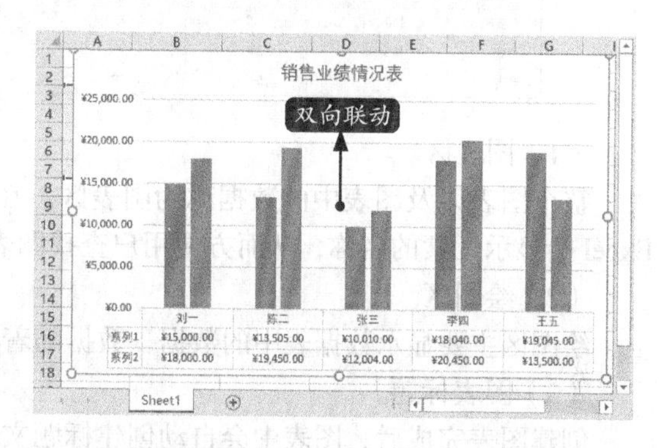

（4）二维坐标。

一般情况下，图表上有两个用于对数据进行分类和度量的坐标轴，即分类（x）轴和数值（y）轴。在x轴、y轴上可以添加标题，以更明确图表所表示的含义。

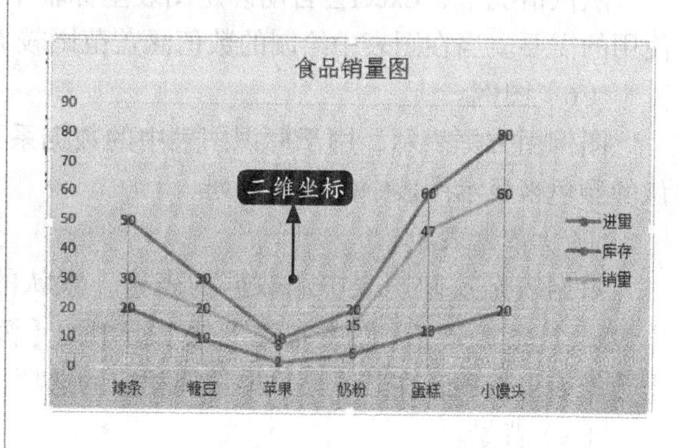

2.认识图表的构成元素

图表主要由图表区、绘图区、图表标题、数据标签、坐标轴、图例、数据表和背景组成。

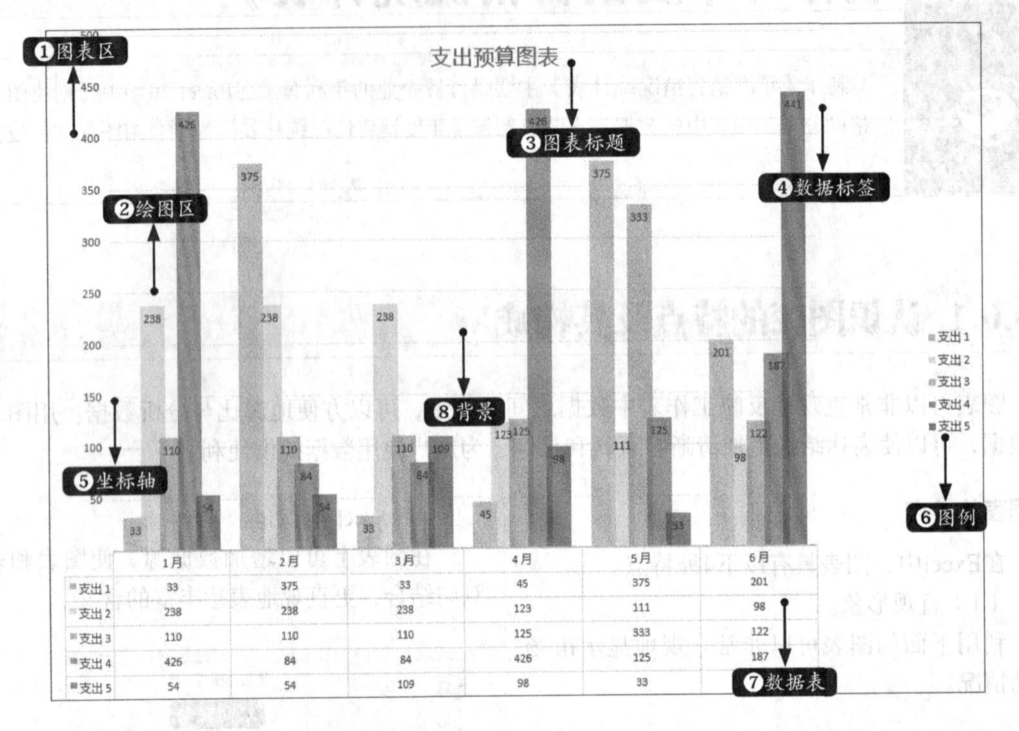

	1月	2月	3月	4月	5月	6月
支出1	33	375	33	45	375	201
支出2	238	238	238	123	111	98
支出3	110	110	110	125	333	122
支出4	426	84	84	426	125	187
支出5	54	54	109	98	33	

（1）图表区。

整个图表以及图表中的数据称为图表区。在图表区中，当鼠标指针停留在图表元素上方时，Excel 会显示元素的名称，从而方便用户查找图表元素。

（2）绘图区。

绘图区主要显示数据表中的数据，数据随着工作表中数据的更新而更新。

（3）图表标题。

创建图表完成后，图表中会自动创建标题文本框，用户只需在文本框中输入标题即可。

（4）数据标签。

图表中绘制的相关数据点的数据来自数据的行和列。如果要快速标识图表中的数据，可以为图表的数据添加数据标签，在数据标签中可以显示系列名称、类别名称和百分比。

（5）坐标轴。

默认情况下，Excel会自动确定图表坐标轴中图表的刻度值，用户也可以自定义刻度，以满足使用的需要。当在图表中绘制的数值涵盖范围较大时，可以将垂直坐标轴改为对数刻度。

（6）图例。

图例用方框表示，用于标识图表中的数据系列所指定的颜色或图案。创建图表后，图例以默认的颜色来显示图表中的数据系列。

（7）数据表。

数据表是反映图表中源数据的表格，默认的图表一般不显示数据表。单击【图表工具】➢【设计】选项卡下【图表布局】选项组中的【添加图表元素】按钮，在弹出的下拉列表中选择【数据表】选项，在其子菜单中选择相应的选项即可显示数据表。

（8）背景。

背景主要用于衬托图表，可以使图表更加美观。

10.6.2 创建图表的三种方法

创建图表的方法有三种，分别是使用组合键创建图表、使用功能区创建图表和使用图表向导创建图表。

1.使用组合键创建图表

按【Alt+F1】组合键或者按【F11】键可以快速创建图表。按【Alt+F1】组合键可以创建嵌入式图表，按【F11】键可以创建工作表图表。使用组合键创建工作表图表的具体操作步骤如下。

步骤 01 打开素材。打开“素材\ch10\年度销售情况统计表.xlsx”文件。

2019年销售情况统计表

	第一季度	第二季度	第三季度	第四季度
刘一	¥ 102,301	¥ 165,803	¥ 139,840	¥ 149,600
陈二	¥ 123,590	¥ 145,302	¥ 156,410	¥ 125,604
张三	¥ 145,603	¥ 179,530	¥ 106,280	¥ 122,459
李四	¥ 140,371	¥ 136,820	¥ 132,840	¥ 149,504
王五	¥ 119,030	¥ 125,306	¥ 146,840	¥ 125,614

打开素材

步骤 02 创建图表。选中单元格区域A2:E7，按【F11】键，插入一个名为“Chart1”的工作表图表，并根据所选区域的数据创建图表。

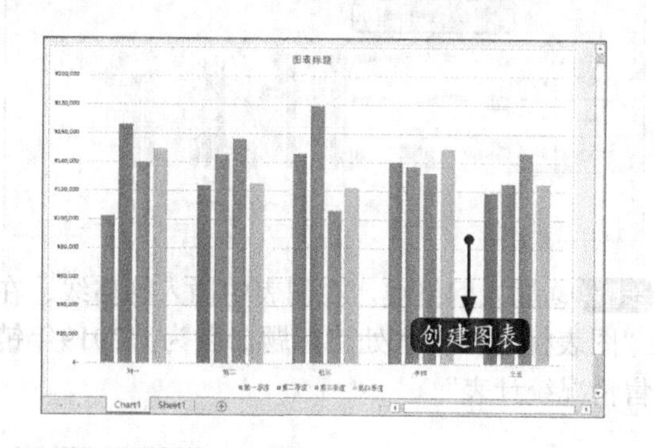

2.使用功能区创建图表

使用功能区创建图表的具体操作步骤如下。

步骤 01 选中单元格区域。打开素材文件，选中单元格区域A2:E7，单击【插入】选项卡【图表】选项组中的【插入柱形图或条形图】按钮，在弹出的下拉菜单中选择【二维柱形图】区域内的【簇状柱形图】选项。

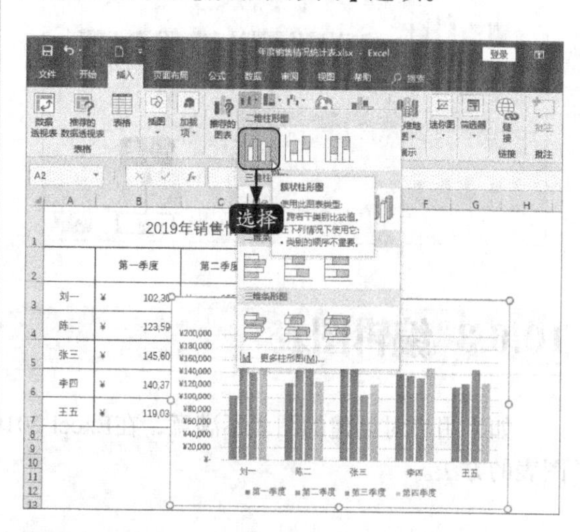

步骤 02 生成柱形图表。在该工作表中生成一个柱形图表。

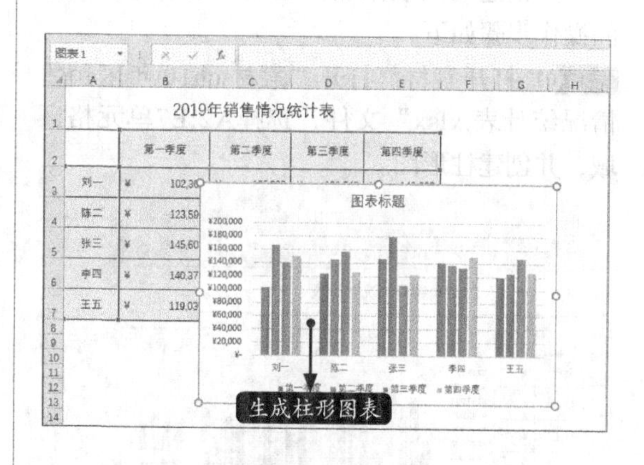

3.使用图表向导创建图表

使用图表向导也可以创建图表，具体操作步骤如下。

步骤 01 选择【簇状柱形图】选项。打开素材文件，单击【插入】选项卡【图表】组中的【查看所有图表】按钮，打开【插入图表】对话框，默认显示为【推荐的图表】选项卡，选择【簇状柱形图】选项，单击【确定】按钮。

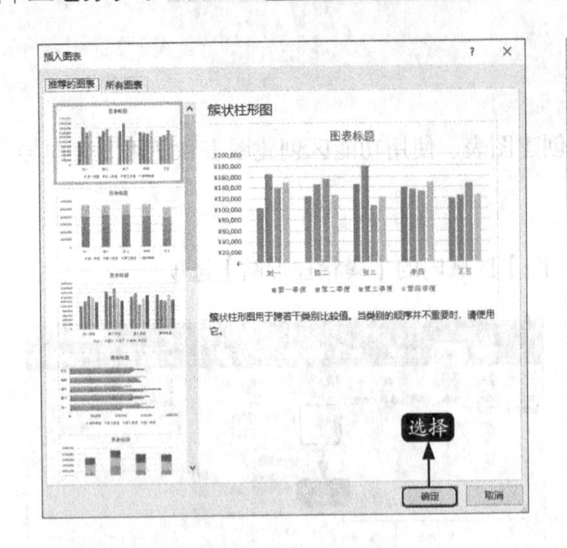

步骤02 调整图表。调整图表的位置后完成图表的创建。

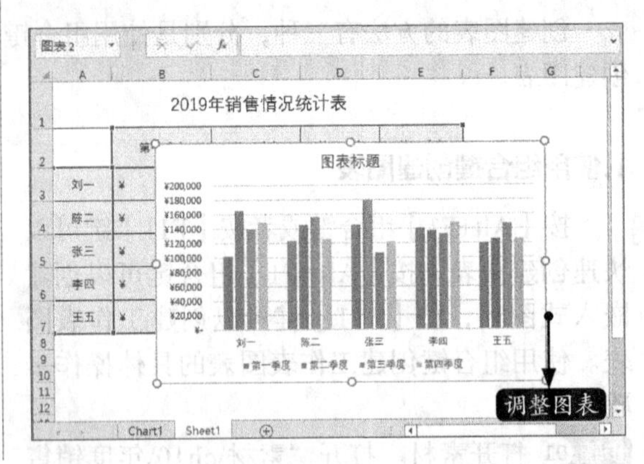

10.6.3 编辑图表

如果用户对创建的图表不满意，在Excel 2019中还可以对图表进行相应的修改。下面介绍编辑图表的方法。

1.在图表中插入对象

为创建的图表添加标题或数据系列，具体的操作步骤如下。

步骤01 打开素材。打开“素材\ch10\年度销售情况统计表.xlsx”文件，选择A2:E7单元格区域，并创建柱形图。

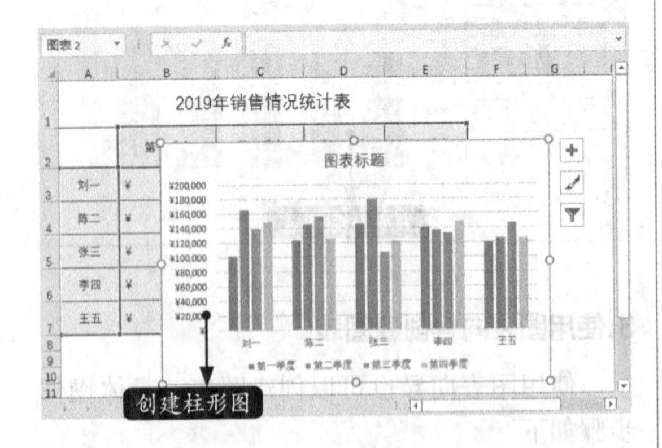

步骤02 选择图表。选择图表，在【图表工具】➤【设计】选项卡中，单击【图表布局】选项组中的【添加图表元素】按钮，在弹出的下拉菜单中选择【网格线】➤【主轴主要垂直网格线】菜单命令。

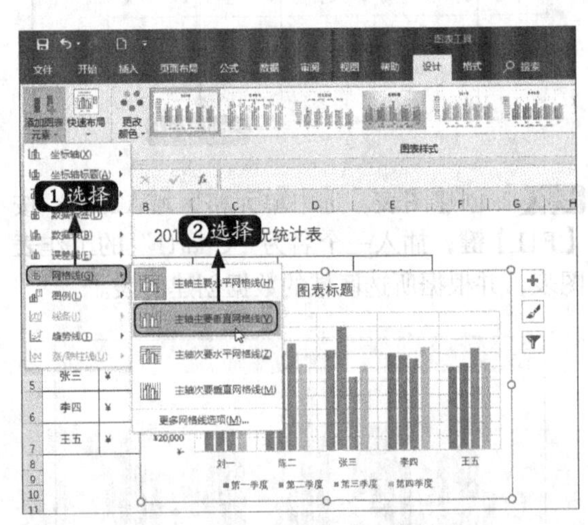

步骤03 插入网络线。在图表中插入网格线，在“图表标题”文本处将标题命名为“2019年销售情况统计表”。

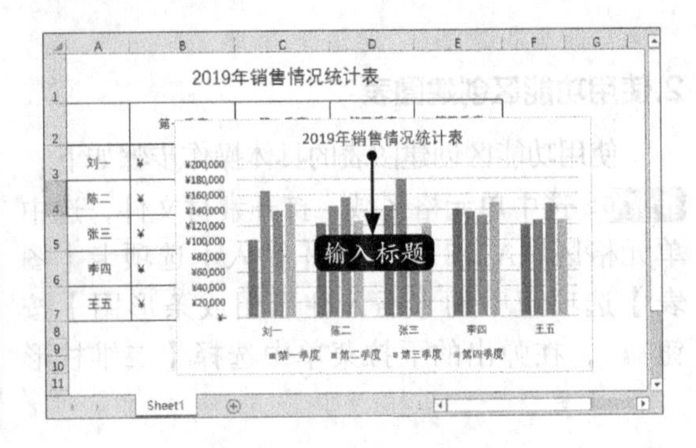

步骤04 图例项标示。再次单击【图表布局】选项组中的【添加图表元素】按钮，在弹出的下拉菜单中选择【数据表】➤【显示图例项标示】菜单项。

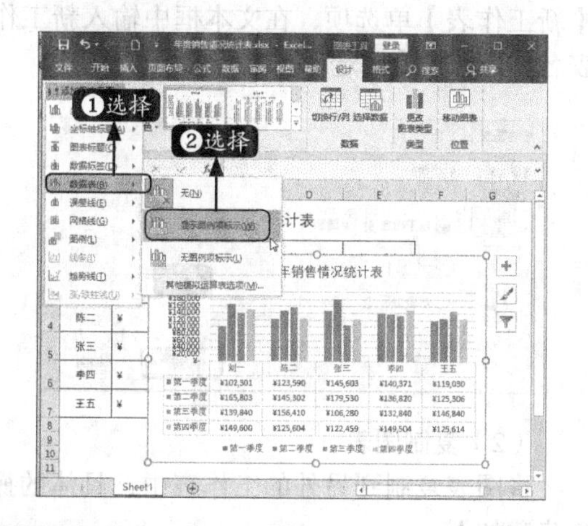

步骤05 最终效果。调整图表大小后，最终效果如下图所示。

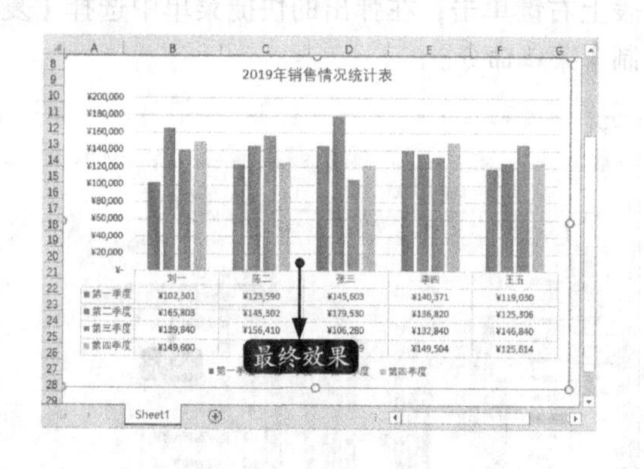

2.更改图表的类型

如果创建图表时选择的图表类型不能直观地表达工作表中的数据，可以更改图表的类型。具体的操作步骤如下。

步骤01 更改图标类型。接前面的操作，选择图表，在【设计】选项卡中，单击【类型】选项组中的【更改图表类型】按钮，弹出【更改图表类型】对话框，在【更改图表类型】对话框选择【条形图】中的一种。

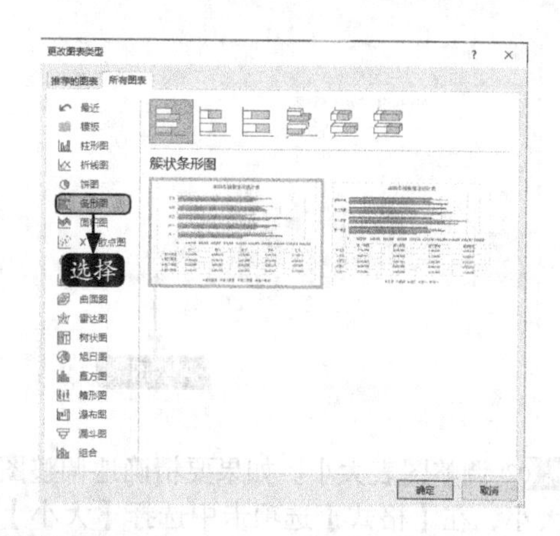

步骤02 更改条形图表。单击【确定】按钮，将柱形图表更改为条形图表。

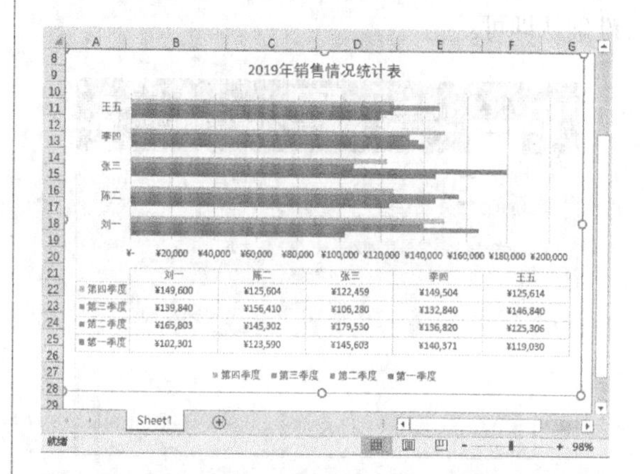

小提示

在需要更改类型的图表上单击鼠标右键，在弹出的快捷菜单中选择【更改图表类型】菜单项，在弹出的【更改图表类型】对话框中也可以更改图表的类型。

3.调整图表的大小

用户可以对已创建的图表根据不同的需求进行调整，具体的操作步骤如下。

步骤01 选择图表。图表周围会显示浅绿色边框，同时出现8个控制点，鼠标指针放到控制点上变成“↘”形状时，单击鼠标左键并拖曳控制点可以调整图表的大小。

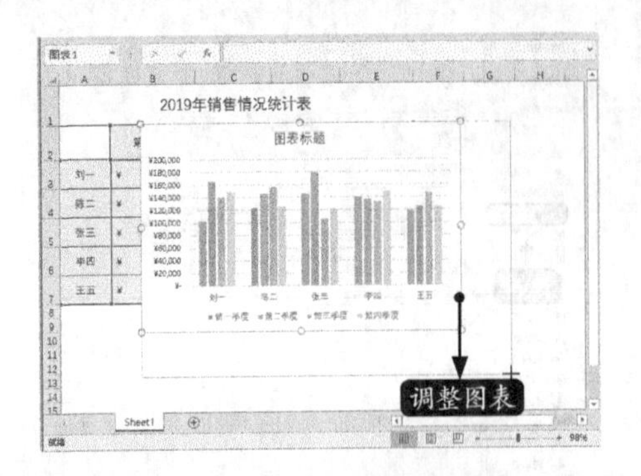

步骤 02 调整图表大小。如果要精确地调整图表的大小，在【格式】选项卡中选择【大小】选项组，然后在【形状高度】和【形状宽度】微调框中输入图表的高度和宽度值，按【Enter】键确认即可。

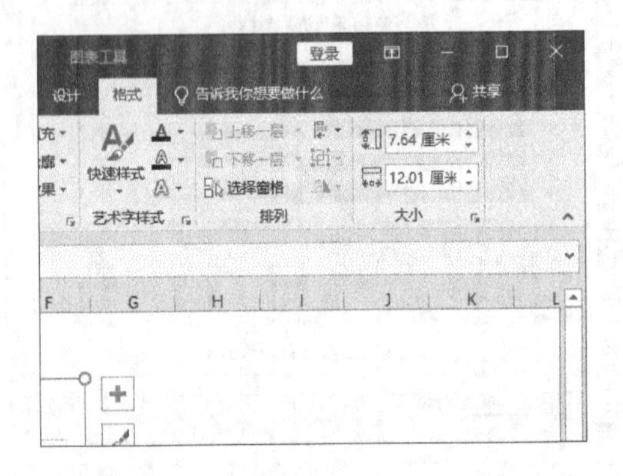

小提示

单击【格式】选项卡中【大小】选项组右下角的【大小和属性】按钮，在弹出的【设置图表区格式】窗格的【大小属性】选项卡下，也可以设置图表的大小或缩放百分比。

4.移动和复制图表

可以通过移动图表，改变图表的位置；可以通过复制图表，将图表添加到其他工作表中或其他文件中。

（1）移动图表。

如果创建的嵌入式图表不符合工作表的布局要求，比如位置不合适、遮住了工作表的数据等，可以通过移动图表来解决。

① 在同一工作表中移动。选择图表，将鼠标指针放在图表的边缘，当指针变成形状时，按住鼠标左键拖曳到合适的位置，然后释放即可。

② 移动图表到其他工作表中。选中图表，在【设计】选项卡中，单击【位置】选项组中的【移动图表】按钮，在弹出的【移动图表】对话框中选择图表移动的位置后，如单击【新工作表】单选项，在文本框中输入新工作表名称，单击【确定】按钮即可。

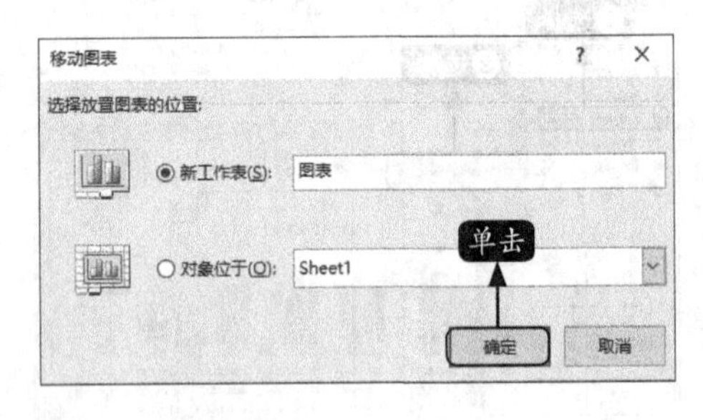

（2）复制图表。

将图表复制到另外的工作表中，具体的操作步骤如下。

步骤 01 选择【复制】菜单命令。在要复制的图表上右键单击，在弹出的快捷菜单中选择【复制】菜单命令。

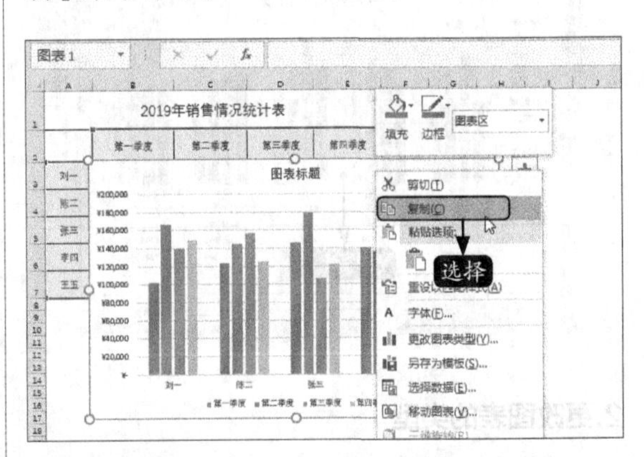

步骤 02 复制图表。在新的工作表中右键单击，在弹出的快捷菜单中单击【粘贴选项】下的【保留源格式】按钮，即可将图表复制到新的工作表中。

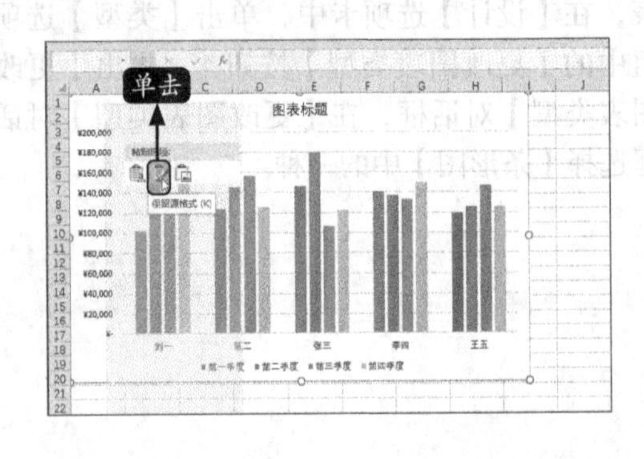

5.在图表中添加数据

在使用图表的过程中，可以对其中的数据进行修改。具体的操作步骤如下。

步骤01 输入内容。在单元格区域A2:E8中输入如图所示的内容。

2019年销售情况统计表

	第一季度	第二季度	第三季度	第四季度
刘一	¥ 102,301	¥ 165,803	¥ 139,840	¥ 149,600
陈二	¥ 123,590	¥ 145,302	¥ 156,410	¥ 125,604
张三	¥ 145,603	¥ 179,530	¥ 106,280	¥ 122,459
李四	¥ 140,371	¥ 136,820	¥ 132,840	¥ 149,504
王五	¥ 119,030	¥ 125,306	¥ 146,840	¥ 125,614
赵六	¥ 120,950	¥ 145,780	¥ 167,400	¥ 186,500

选择

步骤02 选择数据源。选择图表，在【设计】选项卡中，单击【数据】选项组中的【选择数据】按钮，弹出【选择数据源】对话框。

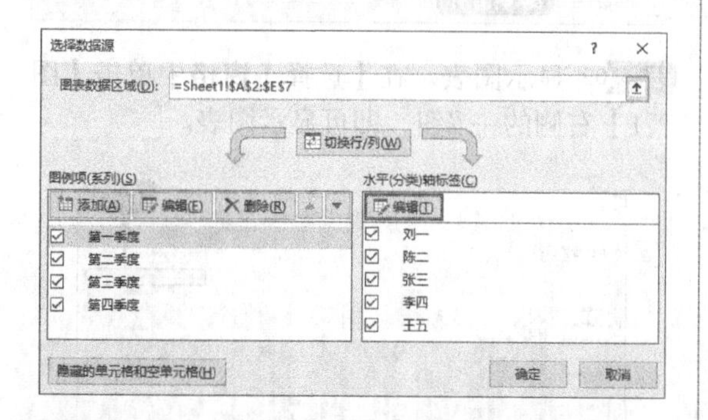

步骤03 单击【确定】按钮。单击【图表数据区域】文本框右侧的按钮，选择A2:E8单元格区域，然后单击按钮，返回【选择数据源】对话框，可以看到“赵六”已添加到【水平（分类）轴标签】列表中。

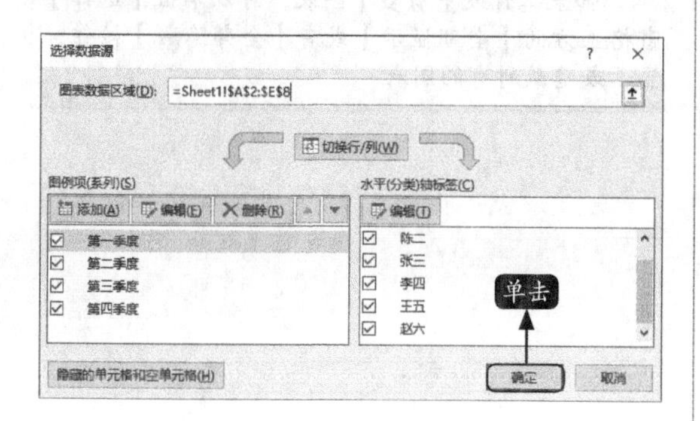

步骤04 添加数据列。单击【确定】按钮，名为“赵六”的数据系列即被添加到图表中。

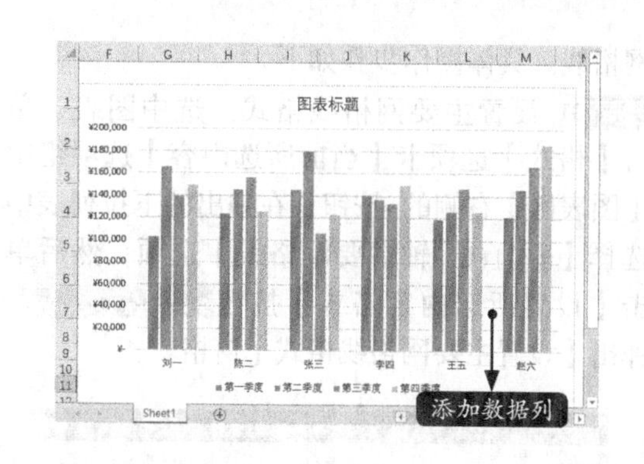

6.添加图表标题

在创建图表时，默认会添加一个图表标题，图表会根据图表数据源自动添加标题，如果没有识别，就会显示“图表标题”字样。下面讲述如何添加和设置标题。

步骤01 单击标题内容。在“图表标题”中单击标题内容，重新输入合适的图表标题文本。

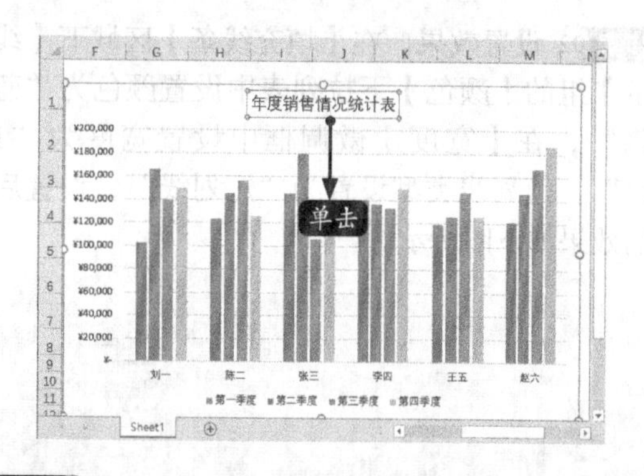

步骤02 应用文字效果。选择标题文本，单击【图表工具】➤【艺术字样式】组中的【其他】按钮，在弹出的列表中选择要应用的样式，即可应用文字效果。

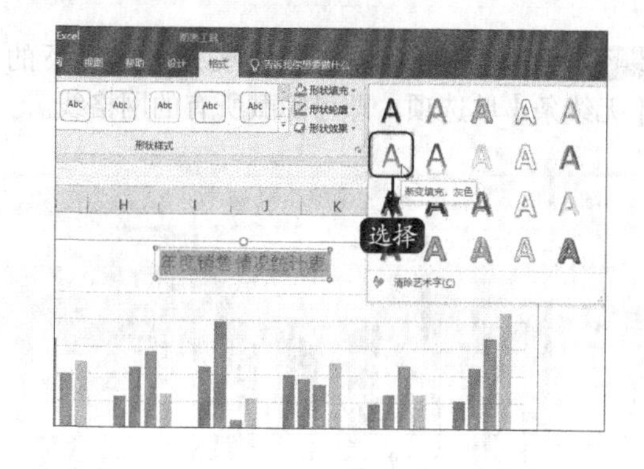

7.设置和隐藏网格线

如果对默认的网格线不满意，可以自定义

网格线。具体操作步骤如下。

步骤01 设置主要网格线格式。选中图表，单击【格式】选项卡【当前所选内容】选项组中【图表区】右侧的 按钮，在弹出的下拉列表中选择【垂直(值)轴主要网格线】选项，然后单击【设置所选内容格式】按钮 设置所选内容格式，弹出【设置主要网格线格式】窗格。

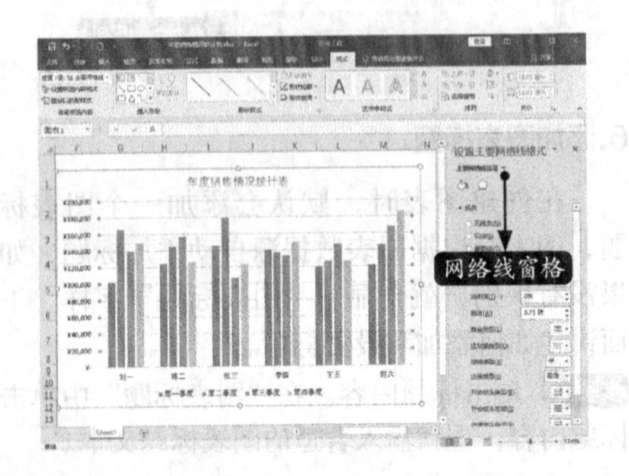

步骤02 设置效果。在【填充线条】区域下【线条】组的【颜色】下拉列表中设置颜色为“蓝色”，在【宽度】微调框中设置宽度为“1磅”，短划线类型设置为“短划线”，设置后的效果如下图所示。

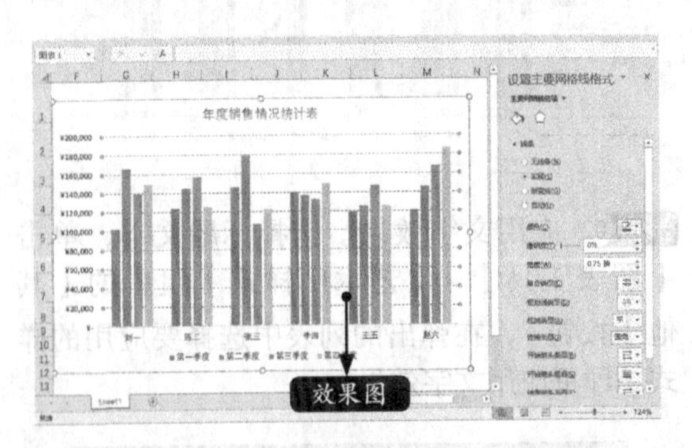

步骤03 隐藏网格线。选择【线条】区域下的【无线条】单选项，即可隐藏所有的网格线。

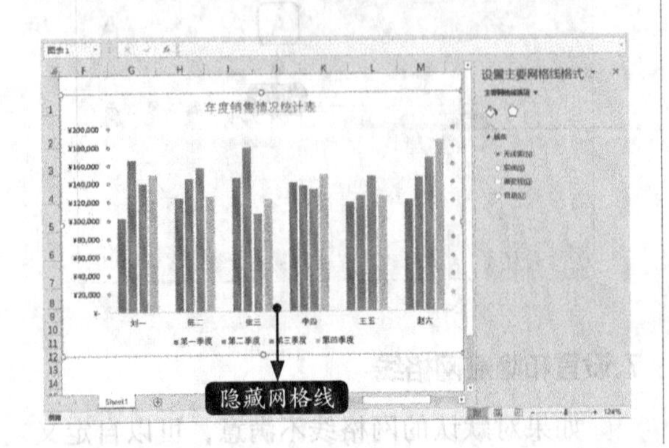

8.显示与隐藏图表

如果在工作表中已创建嵌入式图表，当只需显示原始数据时，则可把图表隐藏起来。具体的操作步骤如下。

步骤01 隐藏图表。选择图表，在【图表工具】➤【格式】选项卡中，单击【排列】选项组中的【选择窗格】按钮 选择窗格，在Excel工作区中弹出【选择】窗格，在【选择】窗格中单击【图表1】右侧的 按钮，即可隐藏图表。

	第一季度	第二季度	第三季度	第四季度
刘一	¥ 102,301	¥ 165,803	¥ 139,840	¥ 149,600
陈二	¥ 123,590	¥ 145,302	¥ 156,410	¥ 125,604
张三	¥ 145,603	¥ 179,530	¥ 106,280	¥ 122,459
李四	¥ 140,371	¥ 136,820	¥ 132,840	¥ 149,504
王五	¥ 119,030	¥ 125,306	¥ 146,840	¥ 125,614
赵六	¥ 120,950	¥ 145,780	¥ 167,400	¥ 186,500

步骤02 显示图表。在【选择】窗格中单击【图表1】右侧的 按钮，即可显示图表。

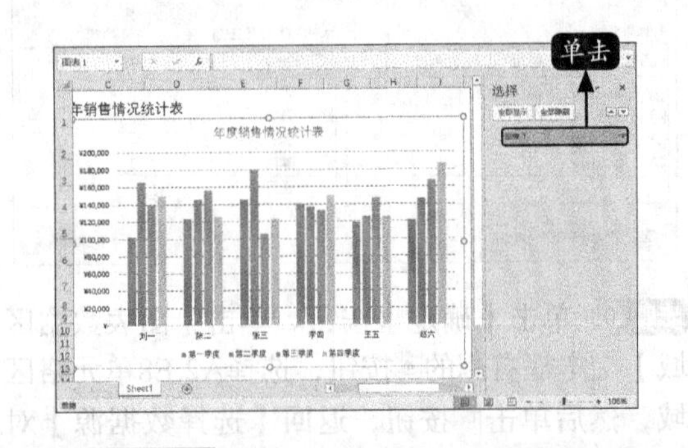

小提示

如果工作表中有多个图表，可以单击【选择】窗格上方的【全部显示】或者【全部隐藏】按钮，显示或隐藏所有的图表。

10.7 制作《客户访问接洽表》

客户访问接洽表与来客登记表、来电登记表等相比，相对正式一些，但基本类似，没有太大差别，主要是行政人员对客户的来访信息进行记录的一种表格。

不管是哪种来访或来电记录表，都会包含一些固定的信息，如来访者姓名、来访时间、来访事由、接洽人、处理结果等，这可以方便领导对这些信息进行查看和筛选，因此尤其是公司前台人员必备的表格。下面主要介绍《客户访问接洽表》的制作。

10.7.1 设置字体格式

在制作《客户访问接洽表》时，首先介绍设置表头的字体格式。

步骤01 打开Excel 2019。打开Excel 2019，新建一个工作簿，在单元格A1中输入“客户访问接洽表”。

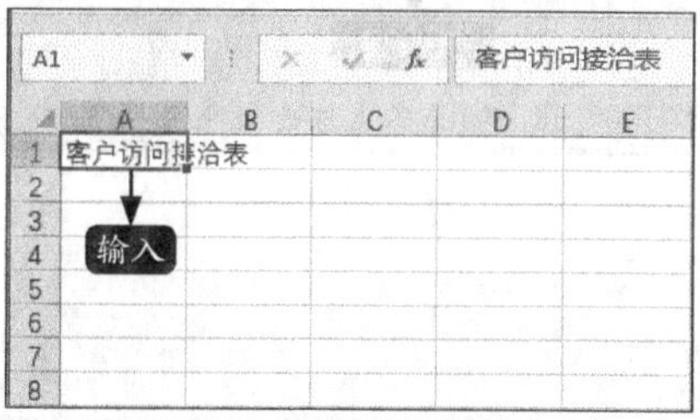

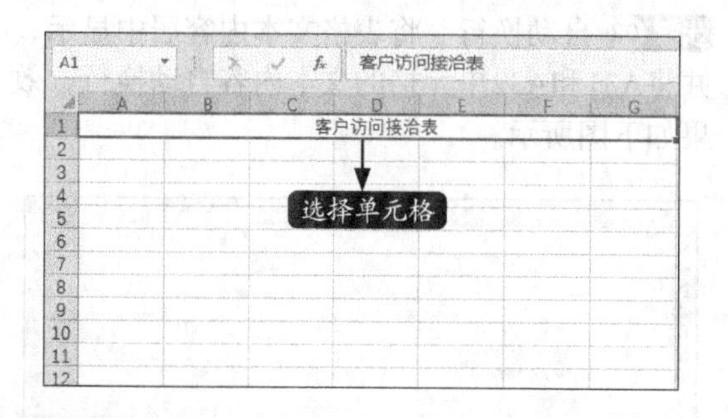

步骤02 选择单元格区域。选择单元格区域A1:G1，单击【开始】选项卡下【对齐方式】选项组中的【合并后居中】按钮。

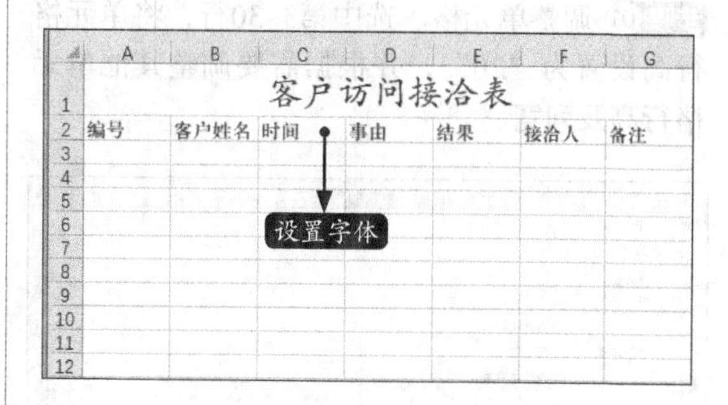

步骤03 输入文本内容。在单元格区域A2:G2中分别输入如下图所示的文本内容。

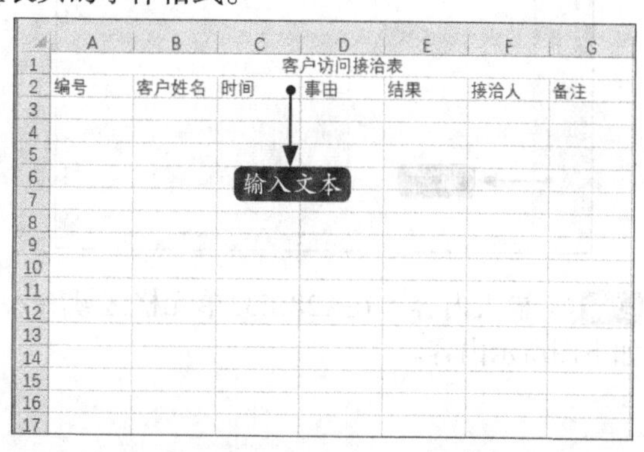

步骤04 设置字体。将A1单元格字体设置为【华文楷体】，字号为【22】。设置A2:G2单元格区域的字体为【汉仪中宋简】，字号为【12】。

10.7.2 制作接洽表表格内容

制作接洽表表格内容的具体步骤如下。

步骤01 输入数字。在单元格A3中输入数字“1”。

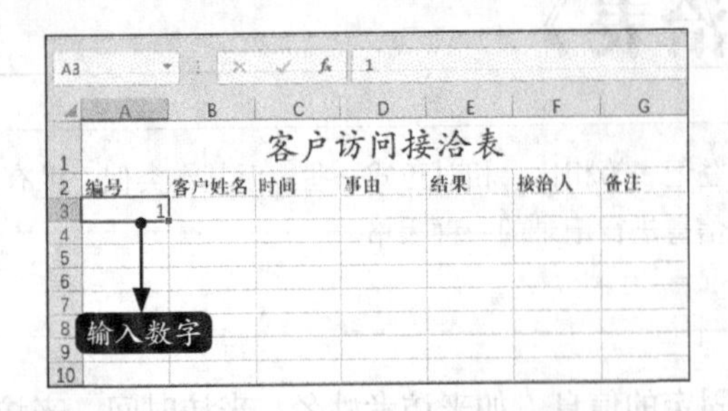

步骤02 选择A3单元格。选择A3单元格，按【Ctrl】键不放，按住鼠标左键并拖曳鼠标向下填充到“25”。

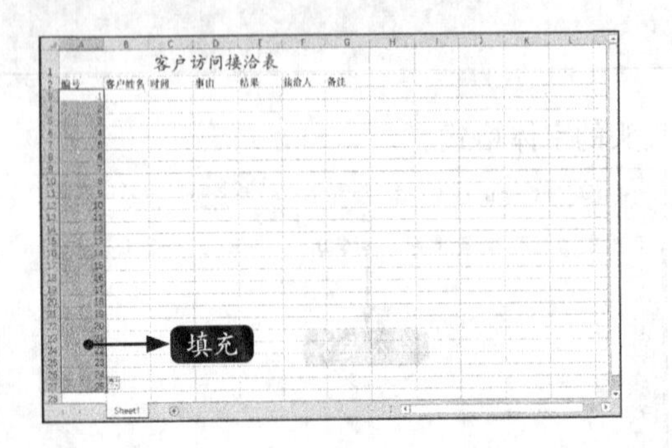

步骤03 输入内容。在A28:E33单元格区域输入如下图所示内容。

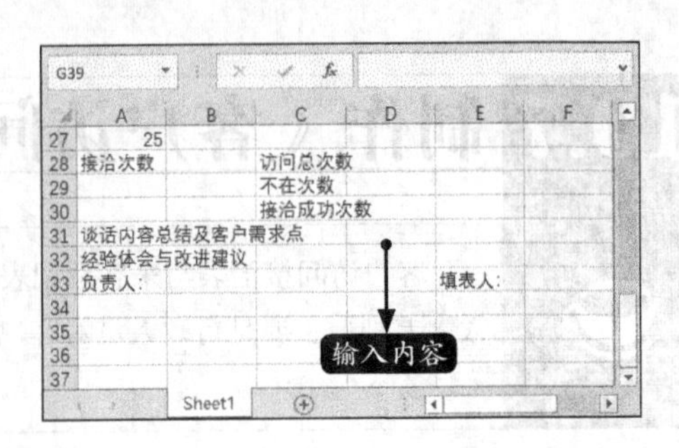

步骤04 合并单元格区域。分别合并单元格区域A28:B30、D28:G28、D29:G29、D30:G30、A31:B31、C31:G31、A32:B32、C32:G32、A33:B33、C33:D33、F33:G33，合并后的效果如下图所示。

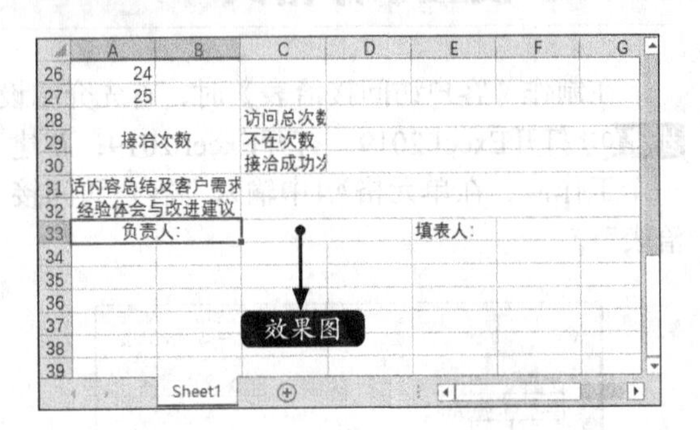

10.7.3 美化接洽表

表格内容输入完成后，可以为表格调整单元格行高和列宽、添加表框、应用表格样式等。

步骤01 调整单元格。选中第3~30行，将单元格行高设置为“20”，并根据需要调整其他单元格行高及列宽。

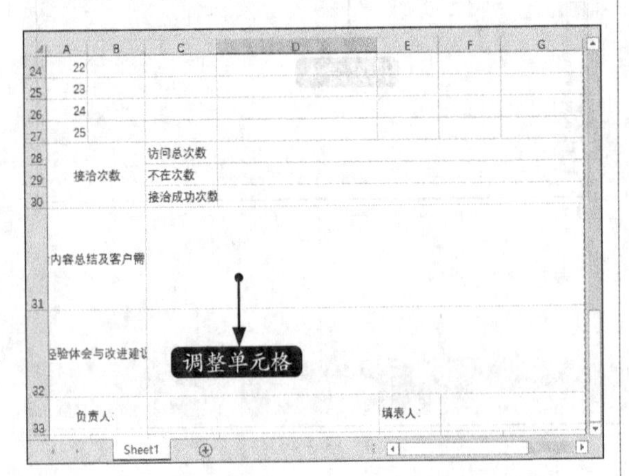

步骤02 自动换行。将表格文本内容居中显示，并将A31和A32单元格的文本内容自动换行，效果如下图所示。

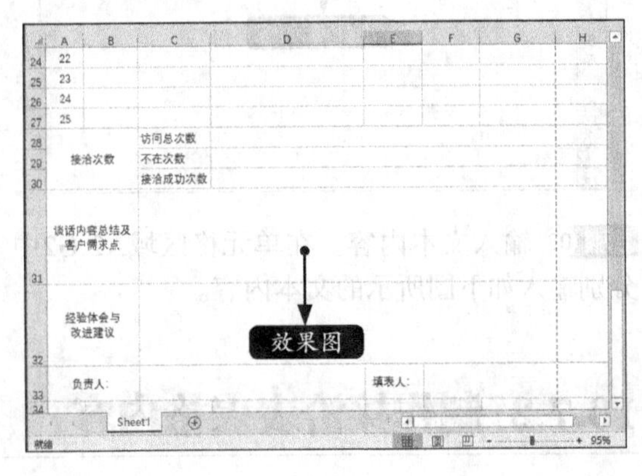

步骤03 设置字体。设置A28:G33单元格区域的

字体，如下图所示。

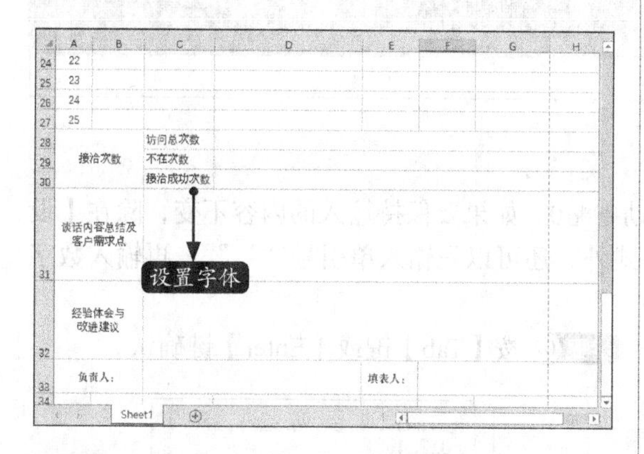

步骤04 单击【确定】按钮。选择A2:G33单元格区域，按【Ctrl+1】组合键打开【设置单元格格式】对话框，选择【边框】选项卡，设置边框样式后，单击【确定】按钮。

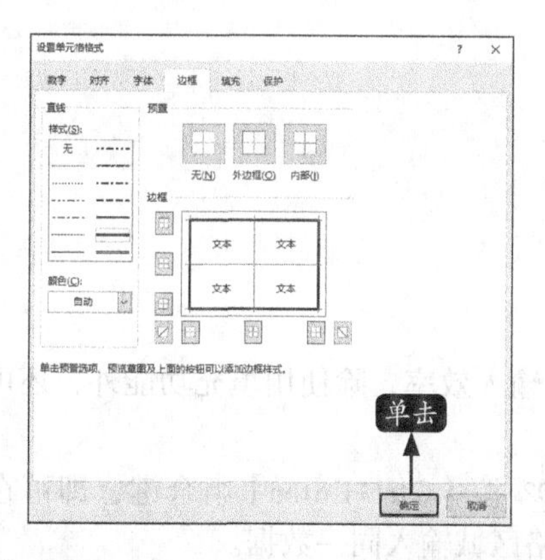

步骤05 添加边框。此时，即可为表格添加边框，如下图所示。

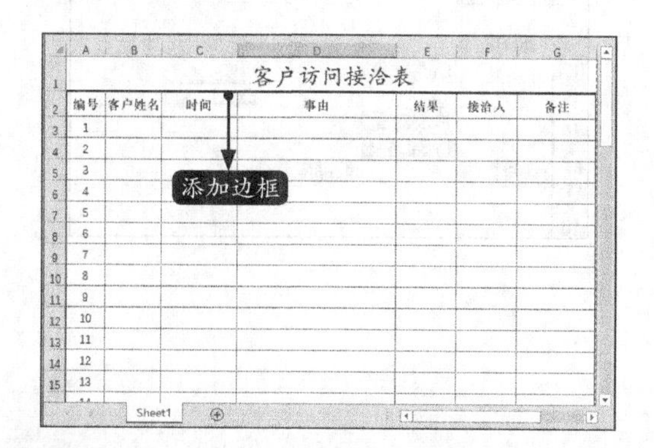

步骤06 选择列表。选择A2:G33单元格区域，单击【开始】➤【样式】选项组中的【套用表格样式】按钮，在弹出的样式列表中，选择一种列表。

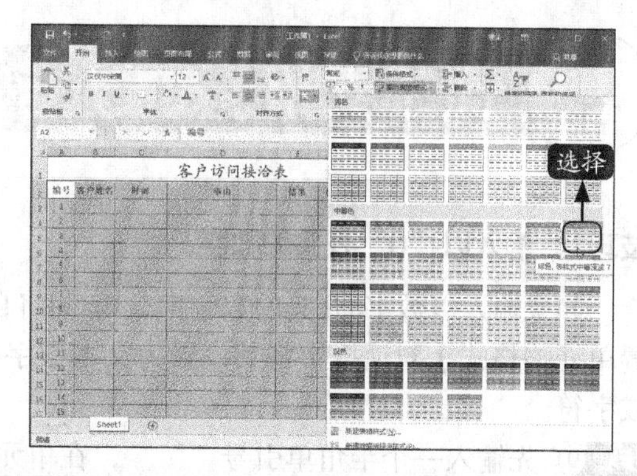

步骤07 应用表格样式。应用表格样式后，单击【表格工具】➤【设计】➤【工具】选项组中的【转换为区域】按钮，将表格转换为普通区域。

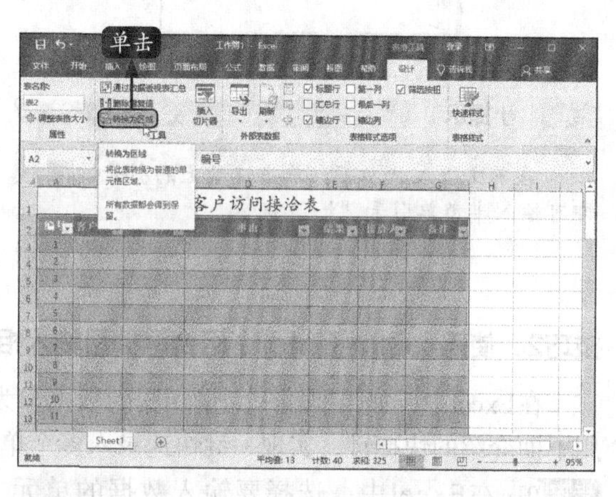

步骤08 应用表格。应用表格后，对部分合并单元格重新进行调整，即可完成表格制作，将其保存即可。

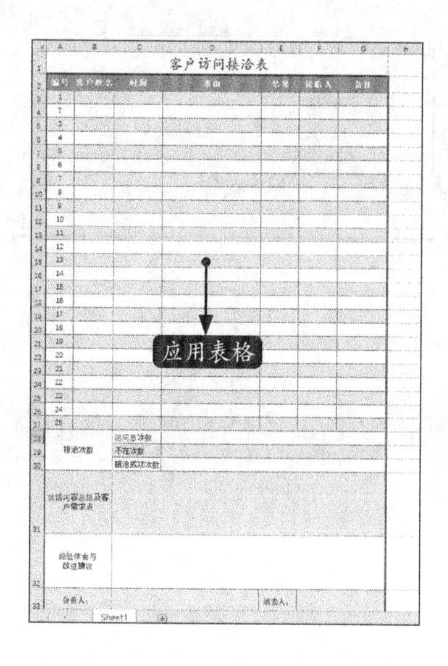

高手支招

技巧1：输入以“0”开头的数字

如果输入以数字0开头的数字串，Excel将自动省略0。如果要保持输入的内容不变，除在【设置单元格格式】对话框中将其设置为文本数字格式外，还可以先输入单引号“' ”，再输入数字或字符。

步骤 01 先输入一个半角单引号“' ”，在单元格中输入以0开头的数字。

	A	B	C
1	'0123456		
2			
3			
4			
5			

小提示

在英文输入状态下，单击键盘上的引号键█，即可输入半角单引号“' ”。

步骤 02 按【Tab】键或【Enter】键确认。

	A	B	C
1	0123456		
2			
3			
4			
5			

技巧2：使用【Ctrl+Enter】组合键批量输入相同数据

在Excel中，如果要输入大量相同的数据，为了提高输入效率，除使用填充功能外，还可以使用下面介绍的快捷键，实现一键快速录入多个单元格。

步骤 01 在Excel中，选择要输入数据的单元格，并在任选单元格中输入数据。

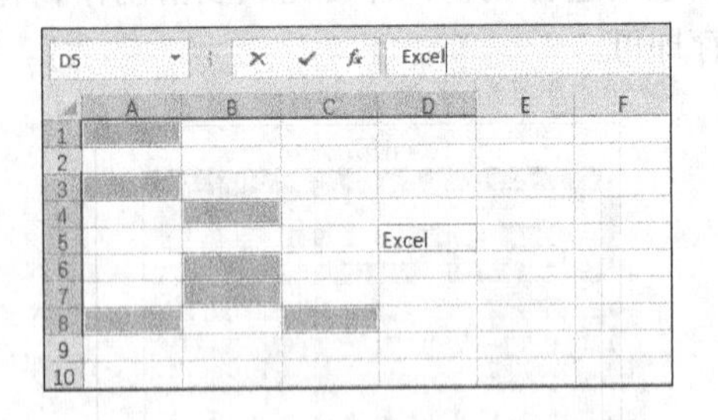

步骤 02 按【Ctrl+Enter】组合键，即可在所选单元格区城输入同一数据。

	A	B	C	D	E
1	Excel				
2					
3	Excel				
4		Excel			
5				Excel	
6		Excel			
7		Excel			
8	Excel		Excel		
9					
10					

第11章

Excel数据计算与数据分析

学习目标

使用Excel 2019可以对表格中的数据进行计算与管理，如使用公式与函数，可以快速计算表格中的数据；排序功能可以将数据表中的内容按照特定的规则排序；使用筛选功能，可以将满足用户条件的数据单独显示。本章主要讲述在Excel 2019中对数据的计算与分析。

	A	B	C
1	2020年第2季度员工销售业绩		
2	员工编号	员工姓名	销售金额（单位：万元）
3	A1001	张××	87
4	A2221	李××	158
5	A1002	王××	58
6	B1000	刘××	224
7	A1003	孙××	86
8	C0096	胡××	90
9	B1032	周××	110
10	A1007	李××	342

11.1 认识公式与函数

公式与函数是Excel的重要组成部分，有着非常强大的计算功能，为用户分析和处理工作表中的数据提供了很大的方便。

11.1.1 认识公式

在Excel中，使用公式是数据计算的重要方式，它可以使各类数据处理工作变得方便。在使用Excel公式之前，需要先了解公式的基本概念、运算符以及公式括号的优先级使用规则。

1. 公式的基本概念

首先看下图，要计算总支出金额，只需将各项支出金额进行相加。如果使用手动计算或者使用计算器，那么效率是非常低的，也无法确保准确率。

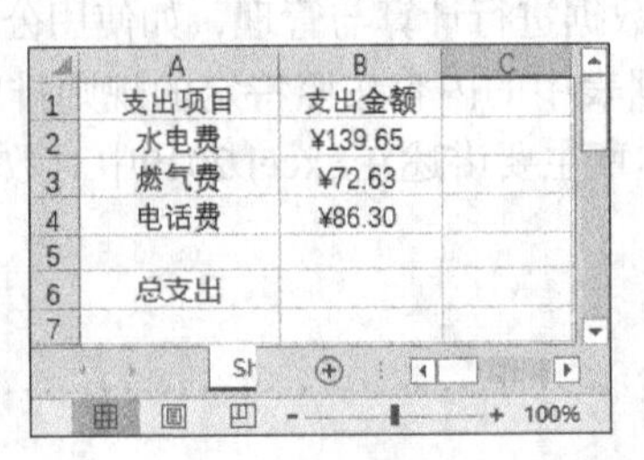

	A	B	C
1	支出项目	支出金额	
2	水电费	¥139.65	
3	燃气费	¥72.63	
4	电话费	¥86.30	
5			
6	总支出		
7			

在Excel中，用单元格表示就是B2+B3+B4，它就是一个表达式。如果使用“=”作为开头连接这个表达式，那么就形成了一个Excel公式，也可以视为一个数学公式。不过在使用公式时必须以等号“=”开头，后面紧接数据和运算符。为了方便理解，下面举几个应用公式的例子。

=2018+1

=SUM（A1:A9）

=现金收入–支出

上面的例子体现了Excel公式的语法，即公式以等号“=”开头，后面紧接着运算数和运算符，运算数可以是常数、单元格引用、单元格名称和工作表函数等。

在单元格中输入公式，就可以进行计算，然后返回结果。公式使用数学运算符来处理数值、文本、工作表函数及其他函数，在一个单元格中计算出一个数值。数值和文本可以位于其他的单元格中，这样可以方便地更改数据，赋予工作表动态特征。在更改工作表中数据的同时让公式来做这项工作，用户可以快速地查看多种结果。

小提示

函数是Excel软件内置的一段可以完成预定的计算功能的程序，或者说是一种内置的公式。公式是用户根据数据统计、处理和分析的实际需要，利用函数式、引用、常量等参数，通过运算符号连接起来的完成用户需求的计算功能的一种表达式。

输入单元格中的数据由下列几个元素组成。

（1）运算符，如“+”（相加）或“*”（相乘）。

（2）单元格引用（包含定义名称的单元格和区域）。

（3）数值和文本。

（4）工作表函数（如SUM函数或AVERAGE函数）。

在单元格中输入公式后，单元格中会显示公式计算的结果。当选中单元格时，公式本身会出现在编辑栏里。下表是几个公式的例子。

=2019★0.5	公式只使用了数值且不是很有用，建议使用单元格与单元格相乘
=A1+A2	把单元格A1和A2中的值相加
=Income−Expenses	用单元格Income（收入）的值减去单元格Expenses（支出）的值
=SUM(A1:A12)	从A1到A12所有单元格中的数值相加
=A1=C12	比较单元格A1和C12。如果相等公式返回值为TRUE，反之则为FALSE

2. 公式中的运算符

在Excel中，运算符分为算术运算符、比较运算符、文本运算符和引用运算符4种类型。

（1）算术运算符。

算术运算符主要用于数学计算，其组成和含义如下表所示。

算数运算符名称	含义	示例
+（加号）	加	6+8
−（减号）	减及负数	6−2或−5
/（斜杠）	除	8/2
★（星号）	乘	2★3
%（百分号）	百分比	45%

（2）比较运算符。

比较运算符主要用于数值比较，其组成和含义如下表所示。

比较运算符名称	含义	示例
=（等号）	等于	A1=B2
>（大于号）	大于	A1>B2
<（小于号）	小于	A1<B2
>=（大于等于号）	大于等于	A1>=B2
<=（小于等于号）	小于等于	A1<=B2

（3）引用运算符。

引用运算符主要用于合并单元格区域，其组成和含义如下表所示。

引用运算符名称	含义	示例
:（比号）	区域运算符，对两个引用之间包括这两个引用在内的所有单元格进行引用	A1:E1(引用从A1到E1的所有单元格)
,（逗号）	联合运算符，将多个单元格或范围引用合并为一个引用	A1:E1,B2:F2（引用A1:E1和B2:F2这两个单元格区域的数据）
（空格）	交叉运算符，生成对两个引用中共有单元格的引用	A1:F1 B1:B3（引用两个单元格区域的交叉单元格，即引用B1单元格中的数据）

（4）文本运算符。

文本运算符只有一个文本串连字符“&”，用于将两个或多个字符串连接，如下表所示。

文本运算符名称	含义	示例
&（连字符）	将两个文本连接起来产生连续的文本	“足球”&“世界杯”产生“足球世界杯”

3. 运算符优先级

如果一个公式中包含多种类型的运算符号，Excel会按下表中的先后顺序进行运算。如果要改变公式中的运算优先级，可以使用括号“()”实现。

运算符（优先级从高到低）	说明
：、,、（空格）	引用运算符：比号、逗号和单个空格
—（负号）	算术运算符：负号
%（百分号）	算术运算符：百分比
^（脱字符）	算术运算符：乘幂
*和/	算术运算符：乘和除
+和—	算术运算符：加和减
&	文本运算符：连接文本
=，<,>,>=，<=，<>	比较运算符：比较两个值

4. 公式中括号的优先级使用规则

如果要改变运算的顺序，可以使用括号“()”把公式中优先级低的运算括起来。注意，不要用括号把数值的负号单独括起来，而应该把符号放在数值的前面。

下面的例子中，在公式中使用了括号以控制运算的顺序，即用A2中的值减去A3的值，然后与A4中的值相乘。

有括号的公式如下。

=(A2-A3)*A4

如果输入时没有括号，Excel将计算出错误的结果。因为乘号拥有较高的优先级，所以A3会首先与A4相乘，然后A2才去减它们相乘的结果。这不是所需要的结果。

没有括号的公式如下。

=A2-A3*A4

在公式中括号还可以嵌套使用，也就是在括号的内部还可以有括号。这样Excel会首先计算最里面括号中的内容。下面是一个使用嵌套括号的公式。

=（（A2*C2）+（A3*C3）+(A4*C4)）*A6

公式中共有4组括号——前三组嵌套在第四组括号里面。Excel会首先计算最里面括号中的内容，再把它们三个的结果相加，然后将这一结果再乘以A6的值。

尽管公式中使用了4组括号，但只有最外边的括号才有必要。如果理解了运算符的优先级，这个公式可以被重新写为如下。

=（A2*C2+A3*C3+A4*C4）*A6

使用额外的括号会使计算更加清晰。

每一个左括号都应该匹配一个相应的右括号。如果有多层嵌套括号，看起来就不够直观。如果括号不匹配，Excel会显示一个错误信息说明问题，并且不允许用户输入公式。在某些情况下，如果公式中括号不对称，Excel会建议对公式进行更正，单击【是】按钮，即可接受修正。

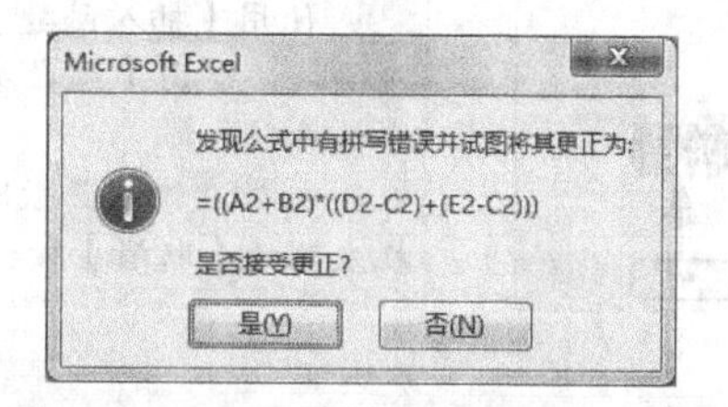

11.1.2 函数的应用基础

函数是Excel的重要组成部分，有着非常强大的计算功能，为用户分析和处理工作表中的数据提供了很大的方便。

Excel中所提到的函数其实是一些预定义的公式，它们使用一些称为参数的特定数值按特定的顺序或结构进行计算。每个函数描述都包括一个语法行，它是一种特殊的公式。所有的函数必须以等号“=”开始，它是预定义的内置公式，必须按语法的特定顺序进行计算。

【插入函数】对话框为用户提供了一个使用半自动方式输入函数及其参数的方法。使用【插入函数】对话框可以保证正确的函数拼写，以及顺序正确且确切的参数个数。

打开【插入函数】对话框有以下三种方法。

（1）在【公式】选项卡中，单击【函数库】选项组中的【插入函数】按钮。

（2）单击编辑栏中的【插入】按钮。

（3）按【Shift+F3】组合键。

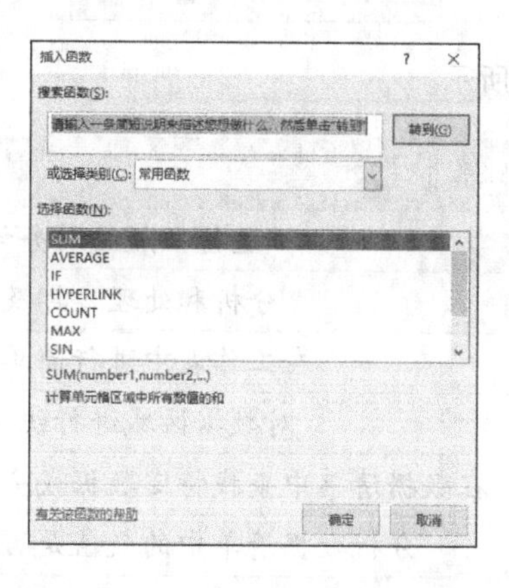

如果要使用内置函数，【插入函数】对话框中有一个函数类别的下拉列表，从中选择一种类别，该类别中所有的函数就会出现在【选择函数】列表框中。

如果不确定需要哪一类函数，可以使用对话框顶部的【搜索函数】文本框搜索相应的函数。输入搜索项，单击【转到】按钮，即会得到一个相关函数的列表。

选择函数后单击【确定】按钮，Excel会显示【函数参数】对话框。使用【函数参数】对话框可以为函数设定参数，参数根据插入函数的不同而不同。要使用单元格或区域引用作为参数，可以手工输入地址或单击参数选择框，选择单元格或区域。在设定所有的函数参数后，单击【确定】按钮即可。

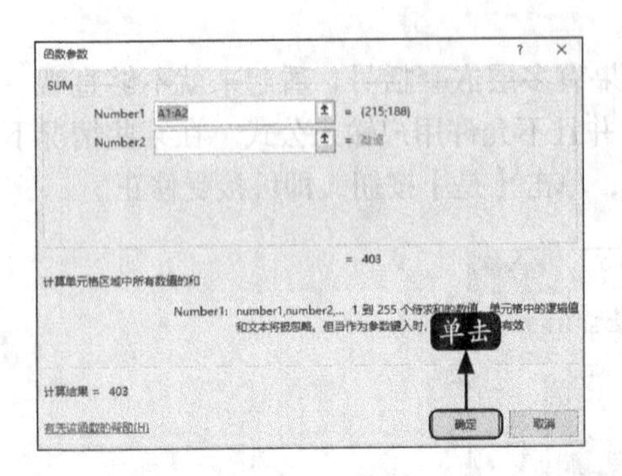

小提示

使用【插入函数】对话框可以向一个公式中插入函数，使用【函数参数】对话框可以修改单元格中的参数。

如果在输入函数时改变了想法，可以单击编辑栏左侧的【取消】按钮 ×。

11.1.3 函数的分类和组成

Excel提供了丰富的内置函数，这些函数按照功能可以分为财务函数、时间与日期函数、数学与三角函数、统计函数、查找与引用函数、数据库函数、文本函数、逻辑函数、信息函数、工程函数、多维数据集函数、兼容性函数和Web函数等13类。用户可以在【插入函数】对话框中查看这13类函数。

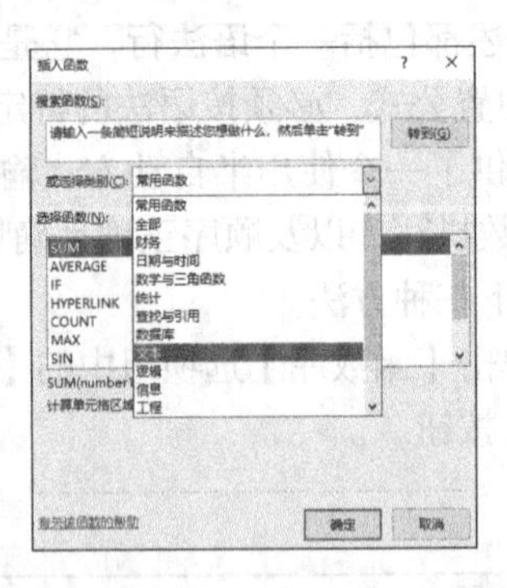

各类函数的作用主要如下表所示。

函数类型	作用
财务函数	进行一般的财务计算
日期与时间函数	分析和处理日期及时间
数学与三角函数	在工作表中进行简单的计算
统计函数	对数据区域进行统计分析
查找与引用函数	在数据清单中查找特定数据或查找一个单元格引用
数据库函数	分析数据清单中的数值是否符合特定条件

续表

函数类型	作用
文本函数	在公式中处理字符串
逻辑函数	进行逻辑判断或者复合检验
信息函数	确定存储在单元格中数据的类型
工程函数	用于工程分析
多维数据集函数	用于从多维数据库中提取数据集和数值
兼容性函数	这些函数已由新函数替换，新函数可以提供更好的精确度，且名称更好地反映其用法
Web函数	通过网页链接直接用公式获取数据

在Excel中，一个完整的函数式通常由标识符、函数名称、函数参数三部分构成，其格式如下。

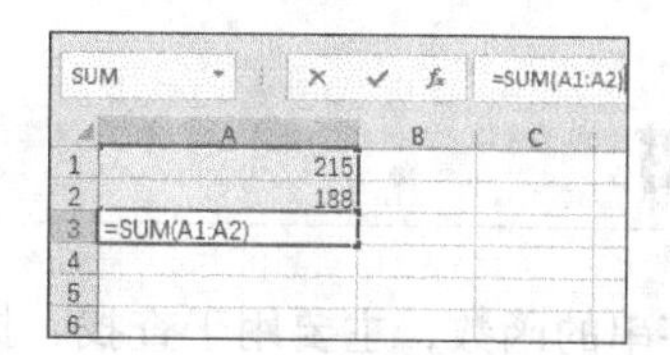

（1）标识符。

在单元格中输入计算函数时，必须先输入“=”，这个“=”称为函数的标识符。

小提示

如果不输入“=”，Excel通常将输入的函数式作为文本处理，不返回运算结果。如果输入“+”或“–”，Excel也可以返回函数式的结果，确认输入后，Excel在函数式的前面会自动添加标识符“=”。

（2）函数名称。

函数标识符后面的英文是函数名称。

小提示

大多数函数名称是对应英文单词的缩写。有些函数名称是由多个英文单词（或缩写）组合而成的，例如，条件求和函数SUMIF是由求和函数SUM和条件函数IF组成的。

（3）函数参数。

函数参数主要有以下几种类型。

① 常量。常量参数主要包括数值（如“123.45”）、文本（如“计算机”）和日期（如“2019-1-1”）等。

② 逻辑值。逻辑值参数主要包括逻辑真（TRUE）、逻辑假（FALSE）以及逻辑判断表达式（例如，单元格A3不等于空表示为“A3<>()”）的结果等。

③ 单元格引用。单元格引用参数主要包括单个单元格的引用和单元格区域的引用等。

④ 名称。在工作簿文档的各个工作表中自定义的名称，可以作为本工作簿内的函数参数直接引用。

⑤ 其他函数式。用户可以用一个函数式的返回结果作为另一个函数式的参数。这种形式的函

数式，通常称为“函数嵌套”。

⑥数组参数。数组参数可以是一组常量（如2、4、6），也可以是单元格区域的引用。

小提示

如果一个函数中涉及多个参数，可用英文状态下的逗号将每个参数隔开。

11.2 其他常用函数的使用

Excel函数是一些已经定义好的公式，大多数函数是经常使用的公式的简写形式。函数通过参数接收数据并返回结果。大多数情况下返回的是计算的结果，也可以返回文本、引用、逻辑值或数组等。本节主要介绍一些常用函数的使用方法。

11.2.1 文本函数的应用

文本函数是在公式中处理文字串的函数，主要用于查找、提取文本中的特定字符，转换数据类型以及结合相关的文本内容等。

1.使用FIND函数判断商品的类型

FIND函数是用于查找文本字符串的函数，具体功能、格式和参数如下表所示。

【FIND】函数	
功能	查找文本字符串函数。以字符为单位，查找一个文本字符串在另一个字符串中出现的起始位置编号
格式	FIND(find_text, within_text, start_num)
参数	find_text：必需参数。表示要查找的文本或文本所在的单元格。输入要查找的文本需要用双引号引起来。find_text不允许包含通配符，否则返回错误值#VALUE!
	within_text：必需参数。包含要查找的文本或文本所在的单元格。如果within_text中没有find_text，则FIND返回错误值#VALUE!
	start_num：必需参数。指定开始搜索的字符。如果省略start_num，则其值为1；如果start_num不大于0，FIND函数则返回错误值#VALUE!
备注	如果find_text为空文本("")，则FIND会匹配搜索字符串中的首字符（即编号为start_num或1的字符） find_text不能包含任何通配符 如果within_text中没有find_text，则FIND和FINDB返回错误值#VALUE! 如果start_num不大于0，则FIND和FINDB返回错误值#VALUE! 如果start_num大于within_text的长度，则FIND和FINDB返回错误值#VALUE!

例如，仓库中有两种商品，假设商品编号以A开头的为生活用品，以B开头的为办公用品。使用FIND函数可以判断商品的类型，商品编号以A开头的商品显示为“生活用品”，否则显示为“办公用品”。下面通过FIND函数判断商品的类型。

步骤01 打开“素材\ch11\判断商品的类型.xlsx”文件，选择单元格B2，在其中输入公式“=IF(ISERROR(FIND("A",A2)),IF(ISERROR(FIND("B",A2)),"","办公用品"),"生活用品")”，按【Enter】键，即可显示该商品的类型。

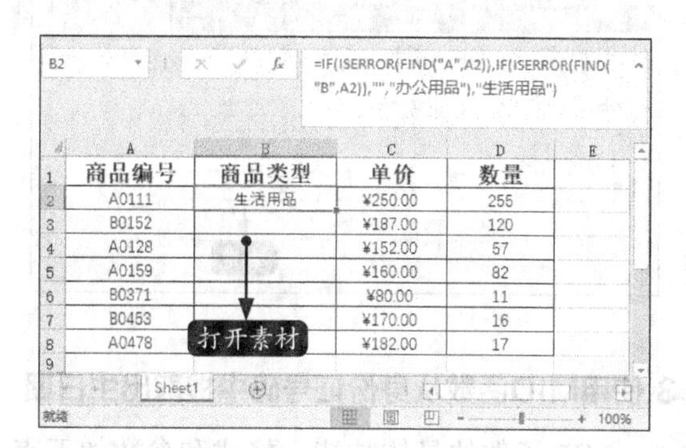

	A	B	C	D
1	商品编号	商品类型	单价	数量
2	A0111	生活用品	¥250.00	255
3	B0152		¥187.00	120
4	A0128		¥152.00	57
5	A0159		¥160.00	82
6	B0371		¥80.00	11
7	B0453		¥170.00	16
8	A0478		¥182.00	17

步骤02 利用快速填充功能，完成其他单元格的操作。

	A	B	C	D
1	商品编号	商品类型	单价	数量
2	A0111	生活用品	¥250.00	255
3	B0152	办公用品	¥187.00	120
4	A0128	生活用品	¥152.00	57
5	A0159	生活用品	¥160.00	82
6	B0371	办公用品	¥80.00	11
7	B0453	办公用品	¥170.00	16
8	A0478	生活用品	¥182.00	17

填充

2.使用LEFT函数分离姓名和电话号码

LEFT函数的具体功能、格式和参数如下表所示。

【LEFT】函数	
功能	返回文本值中最左边的字符函数。根据所指定的字符数，LEFT返回文本字符串中第一个字符或前几个字符
格式	LEFT(text,num_chars)
参数	text：必需参数。包含要提取的文本字符串，也可以是单元格引用
	num_chars：必需参数。指定要由LEFT提取的字符的数量
说明	num_chars必须大于或等于零。如果num_chars大于文本长度，则LEFT返回全部文本；如果省略num_chars，则假定其值为1

例如，在登记人员的基本信息时，有时为了方便登记，将人员的姓名和电话号码登记在了同一个单元格中。但这种情况对于后期的处理是非常麻烦的，使用LEFT函数可以将姓名和电话号码分离，在操作中还需要用到RIGHT函数和LENB函数，其基本信息如下。

【RIGHT】函数	
功能	基于指定的字符数，返回文本字符串中最后一个或几个字符
格式	RIGHT(text,num_chars)
参数	text：必需参数。包含要提取的文本字符串，也可以是单元格引用
	num_chars：必需参数。指定要由RIGHT提取的字符的数量

【LENB】函数	
功能	返回文本值中所包含的字节数。一个英文字母占一个字节数，一个汉字占两个字节数
格式	LENB(text)
参数	text：表示要查找其长度的文本，或包含文本的列。空格作为字符计数

步骤01 打开“素材\ch11\分离姓名和电话号码.xlsx”文件，在B2单元格中输入公式“=LEFT(A2,LENB(A2)-LEN(A2))”，按【Enter】键后可得出A2单元格中的姓名。

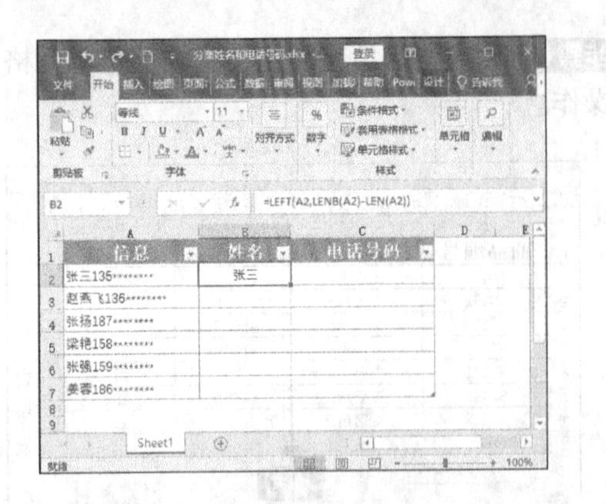

小提示

在公式“=LEFT(A2,LENB(A2)−LEN (A2))”中，“LENB(A2)”表示求出A2单元格的字节数，“LEN(A2)”表示求出A2单元格的字符数，“LENB(A2)−LEN(A2)”即可计算出LEFT函数要提取的字符个数。

步骤02 在C2单元格中输入公式“=RIGHT(A2,2*LEN(A2)-LENB(A2))”，按【Enter】键后可得出A2单元格中的姓名。

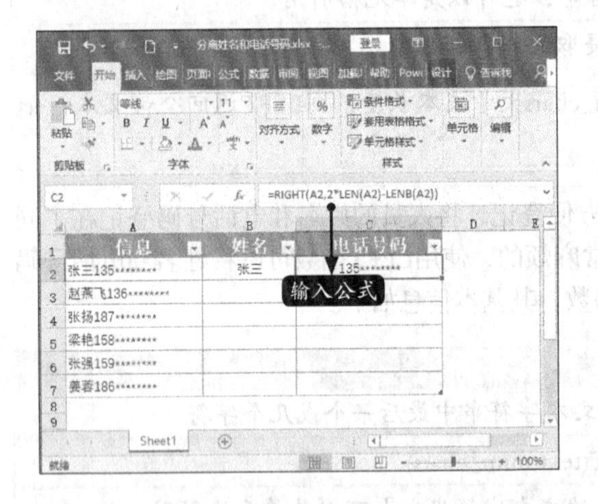

小提示

在公式“=RIGHT(A2,2*LEN(A2)− LENB(A2))”中，“LENB(A2)”表示求出A2单元格的字节数，“LEN(A2)”表示求出A2单元格的字符数，“2*LEN(A2)−LENB(A2)”即可计算出RIGHT函数要提取的字符个数。

步骤03 利用填充功能，填充其他单元格，分离出其他单元格的姓名和电话号码。

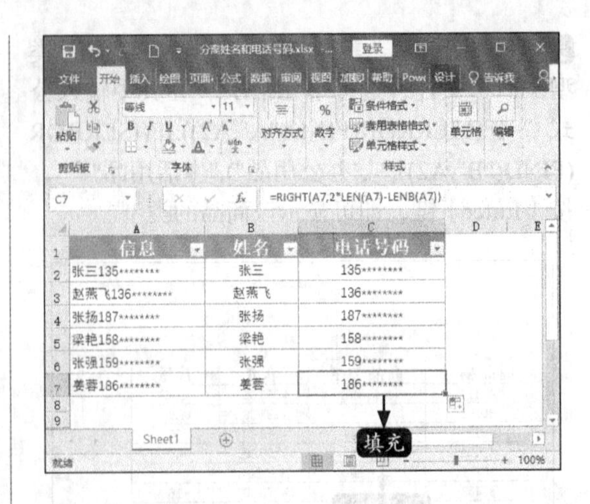

3.使用MID函数从身份证号码中提取出生日期

MID函数的具体功能、格式和参数如下表所示。

【MID】函数	
功能	返回文本字符串中从指定位置开始的特定个数的字符函数，该函数由用户指定
格式	MID(text,start_num,num_chars)
参数	text：必需参数。包含要提取的字符的文本字符串，也可以是单元格引用
	start_num：必需参数。表示字符串中要提取字符的起始位置
	num_chars：必需参数。表示MID从文本中返回字符的个数
备注	如果start_num大于文本长度，则MID返回空文本(“”) 如果start_num小于文本长度，但start_num加上num_chars超过文本的长度，则MID只返回至多直到文本末尾的字符 如果start_num小于1，则MID返回错误值#VALUE! 如果num_chars为负数，则MID返回错误值#VALUE!

例如，18位身份证号码的第7~14位，15位身份证号码的第7~12位，代表的是出生日期，为了节省时间，登记出生年月时可以用MID函数将出生日期提取出来。

步骤01 打开“素材\ch11\Mid.xlsx”文件，选择单元格D2，在其中输入公式“=IF(LEN(C2)=15,"19"&MID(C2,7,6),MID(C2,7,8))”，按【Enter】键后可得到该居民的出生日期。

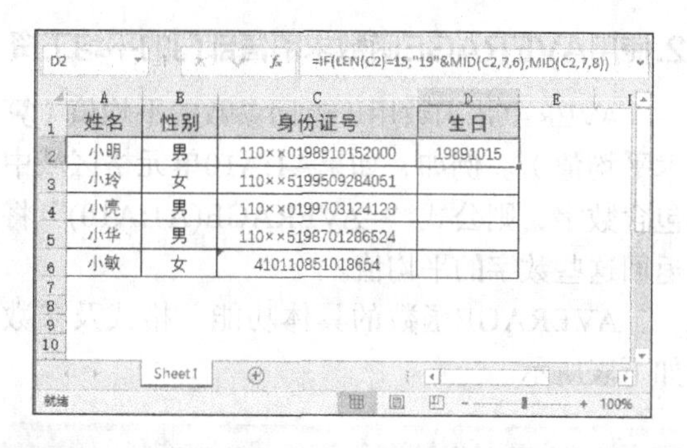

步骤02 将鼠标指针放在单元格D2右下角的填充柄上，当鼠标指针变为➕形状时按住鼠标左键并拖动鼠标，将公式复制到该列的其他单元格中。

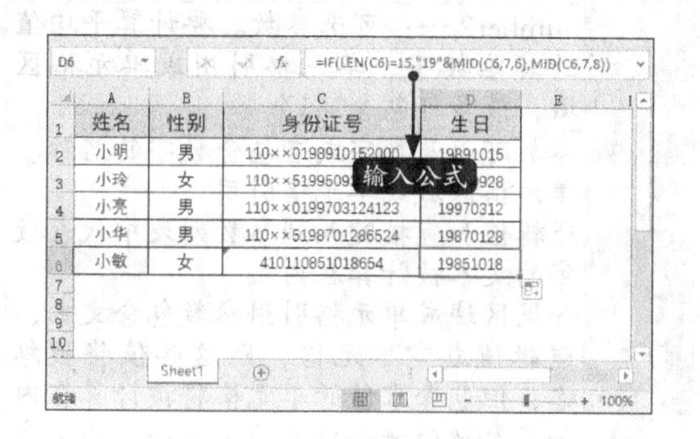

4. 使用TEXT函数根据工作量计算工资

TEXT函数可以将数值转换为文本，可以使用特殊格式字符串指定显示格式。将数字与文本或符号合并时，此函数非常有用。

【TEXT】函数	
功能	设置数字格式，并将其转换为文本函数。将数值转换为按指定数字格式表示的文本
格式	TEXT(value,format_text)
参数	value：必需参数。表示数值、计算结果为数值的公式，也可以是对包含数字的单元格引用
	format_text：必需参数。表示用引号引起来的文本字符串的数字格式。例如，“m/d/yyyy”或“#,##0.00”

例如，工作量按件计算，每件10元。假设员工的工资组成包括基本工资和工作量工资，月底时，公司需要把员工的工作量转换为收入，加上基本工资进行当月工资的核算。这需要用TEXT函数将数字转换为文本格式，并添加货币符号。

步骤01 打开“素材\ch11\Text.xlsx”文件，选择单元格D3，在其中输入公式“=TEXT(C3+D3*10,"￥#.00")”，按【Enter】键后可完成“工资收入”的计算。

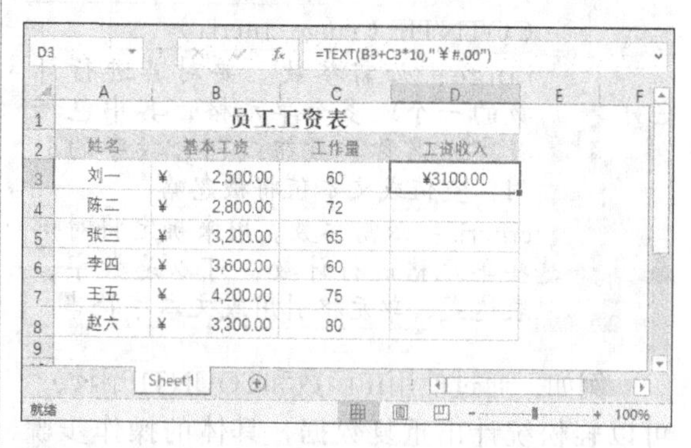

步骤02 将鼠标指针放在单元格D3右下角的填充柄上，当鼠标指针变为➕形状时按住鼠标左键并拖动鼠标，将公式复制到该列的其他单元格中。

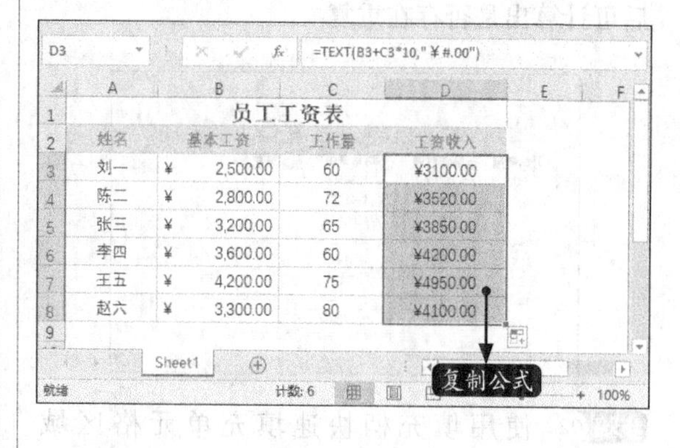

11.2.2 统计函数的应用

统计函数是从各个角度分析数据，并捕捉统计数据的所有特征。使用统计函数能够大大缩短工作时间，提高工作效率。常用于统计数据的倾向、判定数据的平均值或偏差值的基础统计量、统计数据的假设是否成立并检测它的假设是否正确。

1. 使用COUNTIF函数查询重复的电话记录

COUNTIF函数是一个统计函数，用于统计满足某个条件的单元格的数量。COUNTIF函数的具体功能、格式及参数如下表所示。

【COUNTIF】函数	
功能	对区域中满足单个指定条件的单元格进行计数
格式	COTNTIF（range,criteria）
参数	range：必需参数。要对其进行计数的一个或多个单元格，其中包括数字或名称、数组或包含数字的引用，空值或文本值将被忽略
	criteria：必需参数。用来确定将对哪些单元格进行计数，可以是数字、表达式、单元格引用或文本字符串

例如，通过使用IF函数和COUNTIF函数，可以轻松统计出重复数据，具体的操作步骤如下。

步骤01 打开“素材\ch11\来电记录表.xlsx”文件，在D3单元格中输入公式“=IF((COUNTIF($C$3:$C$10,C3))>1,"重复","")”，按【Enter】键后可计算出是否存在重复。

D3 =IF((COUNTIF($C$3:$C$10,C3))>1,"重复","")

电话来访记录表			
开始时间	结束时间	电话来电	重复
8:00	8:30	123456	
9:00	9:30	456123	
10:00	10:30	456321	
11:00	11:30	456123	
12:00	12:30	123789	
13:00	13:30	987654	
14:00	14:30	456789	
15:00	15:30	321789	

步骤02 使用填充柄快速填充单元格区域D3:D10，最终计算结果如下图所示。

电话来访记录表			
开始时间	结束时间	电话来电	重复
8:00	8:30	123456	
9:00	9:30	456123	重复
10:00	10:30	456321	
11:00	11:30	456123	重复
12:00	12:30	123789	
13:00	13:30	987654	
14:00	14:30	456789	
15:00	15:30	321789	

2.使用AVERAGE函数求销售部门的平均工资

AVERAGE函数用于返回参数的平均值（算术平均值）。例如，如果A1:A10单元格区域中包含数字，则公式“=AVERAGE(A1:A10)”将返回这些数字的平均值。

AVERAGE函数的具体功能、格式及参数如下表所示。

【AVERAGE】函数	
功能	用于返回参数的平均值（算术平均值）
格式	AVERAGE(number1,[number2],…)
参数	number1：必需参数。要计算平均值的第一个数字、单元格引用或单元格区域
	number2,…：可选参数。要计算平均值的其他数字、单元格引用或单元格区域，最多可包含255个
说明	参数可以是数字或者包含数字的名称、单元格区域或单元格引用 逻辑值和直接键入到参数列表中代表数字的文本被计算在内 如果区域或单元格引用参数包含文本、逻辑值或空单元格，则这些值将被忽略；但包含零值的单元格将被计算在内 如果参数为错误值或为不能转换为数字的文本，将会导致错误

例如，在多部门化的企业中要计算出某部门中员工的平均工资，需要使用AVERAGE函数和IF函数配合计算，具体的操作步骤如下。

步骤01 打开“素材\ch11\销售部门工资表.xlsx”文件，选中C12单元格，输入公式“=AVERAGE(IF((C3:C10="销售部"), D3:D10))”。

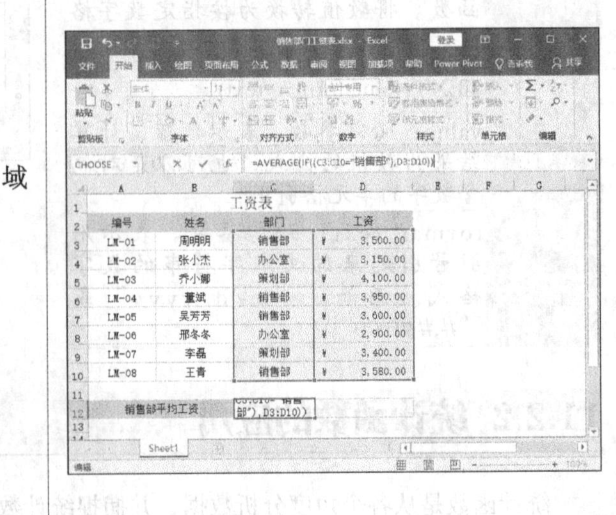

=AVERAGE(IF((C3:C10="销售部"),D3:D10))

工资表			
编号	姓名	部门	工资
LM-01	周明明	销售部	¥ 3,500.00
LM-02	张小杰	办公室	¥ 3,150.00
LM-03	乔小娜	策划部	¥ 4,100.00
LM-04	董斌	销售部	¥ 3,950.00
LM-05	吴芳芳	销售部	¥ 3,600.00
LM-06	邢冬冬	办公室	¥ 2,900.00
LM-07	李磊	策划部	¥ 3,400.00
LM-08	王青	销售部	¥ 3,580.00
销售部平均工资		C3:C10="销售部"),D3:D10))	

步骤02 按【Ctrl+Shift+Enter】组合键后可计算出销售部平均工资。

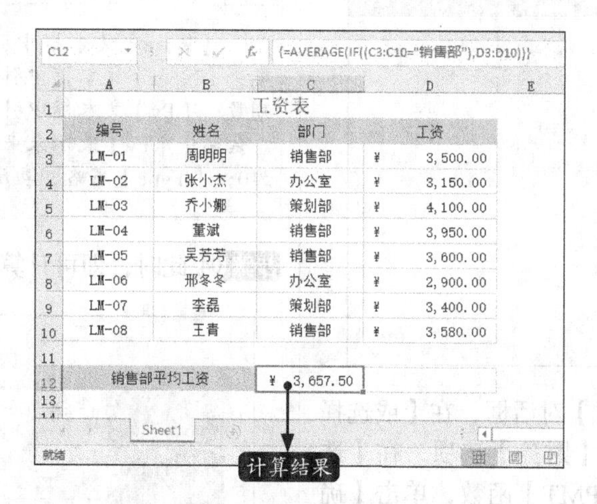

小提示

公式“IF((C3:C10="销售部"),D3:D10)”表示在单元格区域C3:C10中，部门为“销售部”的员工的工资所在的单元格，此处为数组公式。

11.2.3 财务函数的应用

使用财务函数可以进行常见的财务计算，如确定贷款的支付额、投资的未来值或净现值以及债券或息票的价值。财务函数可以帮助使用者缩短工作时间，提高工作效率。

1.使用PMT函数计算贷款的每期还款额

PMT函数是一个财务函数，用于根据固定付款额和固定利率计算贷款的付款额。PMT函数的具体功能、格式和参数如下表所示。

【PMT】函数	
功能	基于固定利率及等额分期付款方式，返回贷款的每期付款额
格式	PMT(rate,nper,pv,[fv],[type])
参数	rate：必需参数。为贷款利率
	nper：必需参数。为该项贷款的付款总期数
	pv：必需参数。为现值，或一系列未来付款的当前值的累积和，也称为本金
	fv：可选参数。为未来值，或在最后一次付款后希望得到的现金余额。如果省略fv，则假设其值为0，也就是一笔贷款的未来值为0
	type：可选参数。为数字0或1，用以指定各期的付款时间是在期初还是期末。1代表期初，不输入或输入0代表期末
说明	PMT函数返回的付款包括本金和利息，但不包括税金、准备金，也不包括某些与贷款有关的费用 应确保指定rate和nper所用的单位是一致的

例如贷款之后，可以利用PMT函数计算出所贷款的每期还款额，具体操作步骤如下。

步骤01 打开“素材\ch11\贷款还款额.xlsx”文件，单击【插入公式】按钮 fx 。

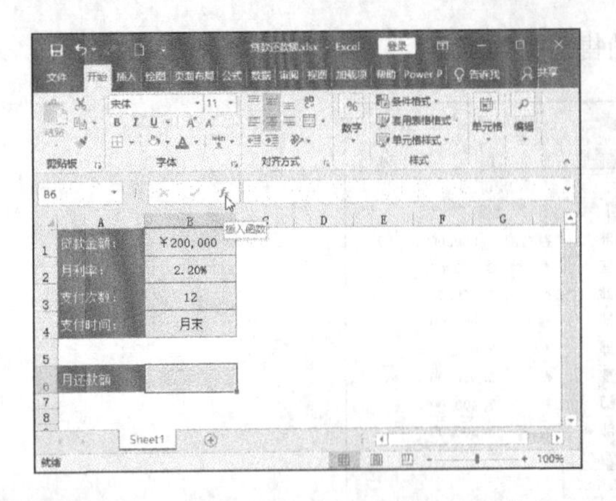

步骤 02 弹出【插入函数】对话框，在【或选择类别】下拉列表中选择【财务】选项，在【选择函数】列表中选择【PMT】函数，单击【确定】按钮。

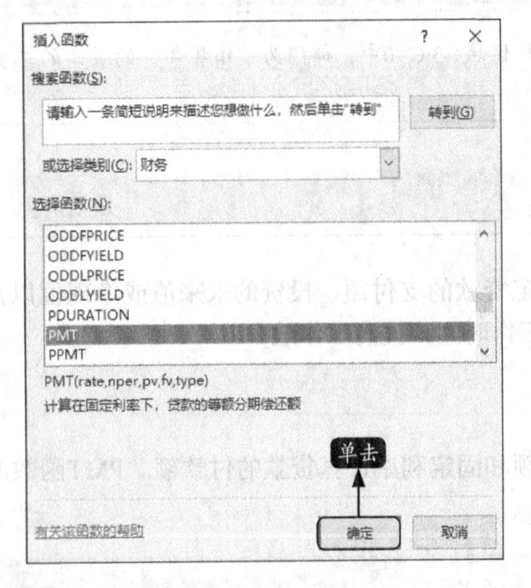

步骤 03 弹出【函数参数】对话框，在【Rate】处引用单元格B2，在【Nper】处引用单元格B3，在【Pv】出引用单元格B1，在【Fv】处输入"0"，单击【确定】按钮。

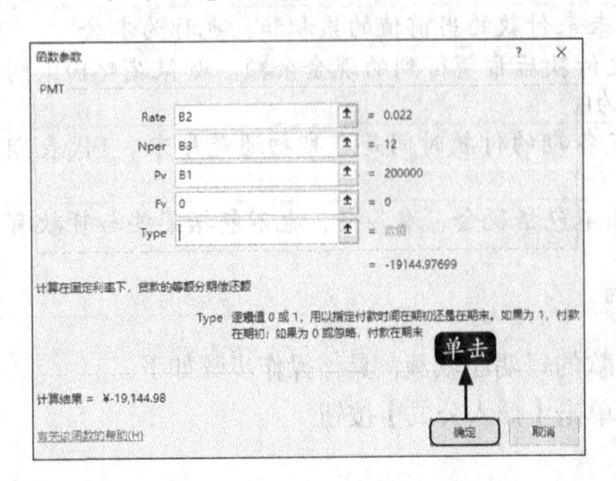

小提示

【Rate】文本框中引用单元格B2，表示月利率；【Nper】文本框中引用单元格B3，表示贷款总期数；【Pv】文本框中引用单元格B1，表示贷款的总金额；【Fv】表示未来值，还清贷款表示未来值为0；【Type】省略，表示在期末还款。

步骤 04 此时，即可计算出还款额。

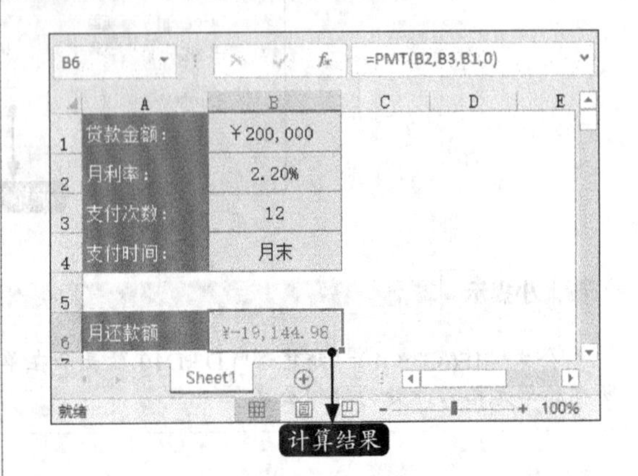

2.使用PV函数计算某项投资的年金现值

PV函数是一个财务函数，用于根据固定利率计算贷款或投资的现值。可以将PV函数与定期付款、固定付款（如按揭或其他贷款）或投资目标的未来值结合使用。

PV函数的具体功能、格式和参数如下表所示。

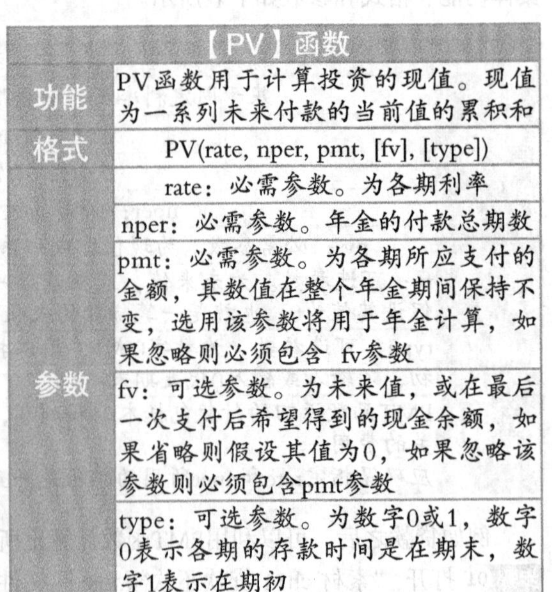

【PV】函数	
功能	PV函数用于计算投资的现值。现值为一系列未来付款的当前值的累积和
格式	PV(rate, nper, pmt, [fv], [type])
参数	rate：必需参数。为各期利率
	nper：必需参数。年金的付款总期数
	pmt：必需参数。为各期所应支付的金额，其数值在整个年金期间保持不变，选用该参数将用于年金计算，如果忽略则必须包含 fv参数
	fv：可选参数。为未来值，或在最后一次支付后希望得到的现金余额，如果省略则假设其值为0，如果忽略该参数则必须包含pmt参数
	type：可选参数。为数字0或1，数字0表示各期的存款时间是在期末，数字1表示在期初

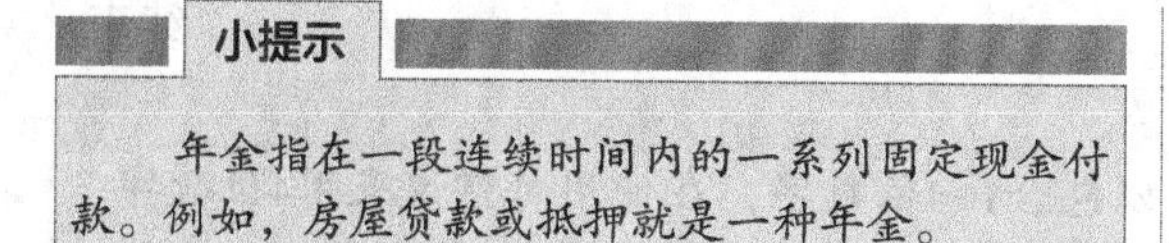

年金指在一段连续时间内的一系列固定现金付款。例如，房屋贷款或抵押就是一种年金。

例如，如果投资一项保险，每月月底支付800元，投资回报率为6.70%，投资年限为5年，使用PV函数可以计算出投资的年金现值。

步骤 01 打开“素材\ch11\年金现值.xlsx”文件，在B5单元格中输入公式“=PV(B1/12,B2*12,B3)”。

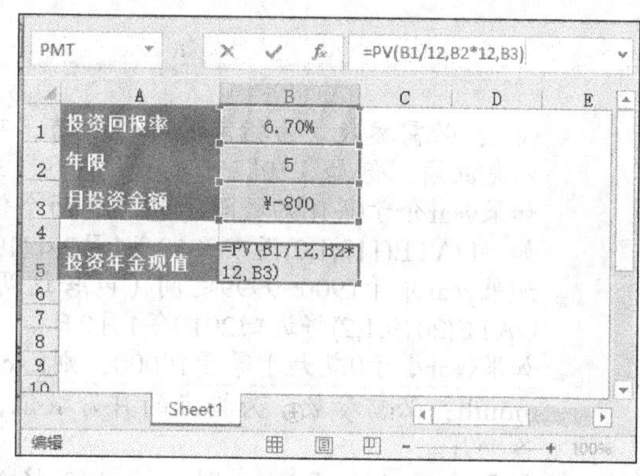

步骤 02 按【Enter】键确认后可计算出年金现值。

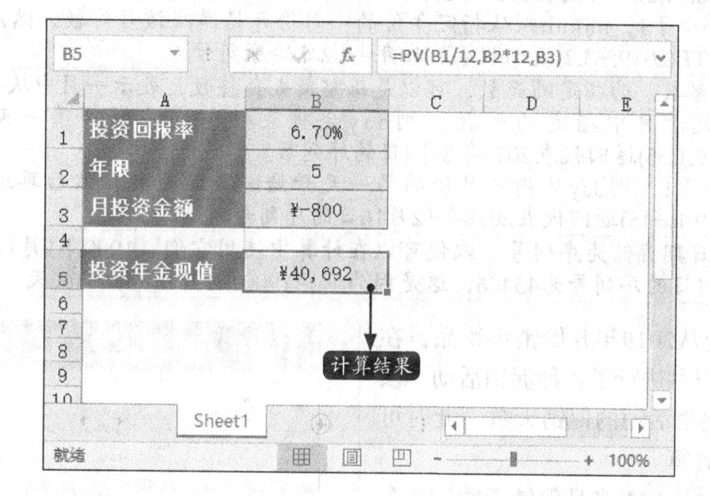

11.2.4 日期与时间函数的应用

日期与时间函数主要用来获取相关的日期和时间信息，经常用于日期的处理。其中，“=NOW()”可以返回当前系统的时间，“=YEAR()”可以返回指定日期的年份等。下面主要介绍几种常见的日期和时间函数。

1.使用DATE函数统计产品的促销天数

DATE函数是返回表示特定日期的连续序列号。在通过公式或单元格引用提供年月日时，DATE函数最为有用。例如，可能有一个工作表所包含的日期使用了Excel无法识别的格式（如YYYYMMDD）。

DATE函数具体的功能、格式和参数如下表所示。

【DATE】函数	
功能	返回特定日期的年、月、日函数，给出指定数值的日期
格式	DATE(year,month,day)

续表

【DATE】函数	
参数	year：必需参数。为指定的年份数值，可以包含1~4位数字，在使用时建议采用4位数字，以免混淆，例如“19”可表示“1919”或“2019”。 如果year介于0~1899之间（包含这两个值），则Excel会将该值与1900相加来计算年份。例如，DATE(119,1,2)返回2019年1月2日(1900+119)。 如果year介于1900~9999之间（包含这两个值），则Excel将使用该数值作为年份。例如，DATE(2019,1,2)将返回2019年1月2日。 如果year小于0或大于等于10000，则Excel返回错误值#NUM!
	month：必需参数。为指定的月份数值，可以是正整数或负整数，表示一年中从1~12月的各个月。 如果month大于12，则month会将该月份数与指定年中的第一个月相加。例如，DATE(2018,14,2)返回代表2019年2月2日的序列数。 如果month小于1，month则从指定年份的一月份开始递减该月份数，然后再加上1个月。例如，DATE(2019,−3,2)返回代表2018年9月2日的序列号
	day：必需参数。为指定的天数，可以是正整数或负整数，表示一月中从1~31日的各天。 如果day大于月中指定的天数，则day会将天数与该月中的第一天相加。例如，DATE(2019,1,35)返回代表2019年2月4日的序列数。 如果day小于1，则day从指定月份的第一天开始递减该天数，然后再加上1天。例如，DATE(2019,1,−15)返回代表2018年12月16日的序列号
注意	Excel可将日期存储为序列号，以便可以在计算中使用它们。1900年1月1日的序列号为1，2019年1月1日的序列号为43466，这是因为它距1900年1月1日有43466天

例如，某企业从2019年开始销售饮品，在2019年1月~2019年5月进行了各种促销活动，领导希望知道各种促销活动的促销天数，此时可以利用DATE函数计算。

步骤01 打开“素材\ch11\产品促销天数.xlsx”文件，选择单元格H4，在其中输入公式“=DATE(E4,F4,G4)-DATE(B4,C4,D4)”，按【Enter】键后可计算出“促销天数”。

步骤02 利用快速填充功能，完成其他单元格的操作。

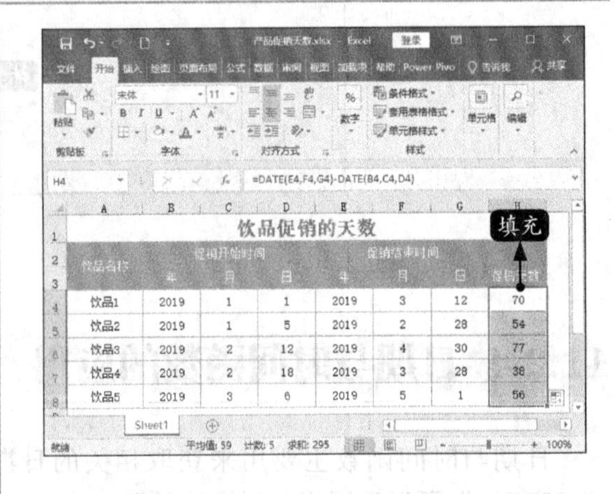

2.使用YEAR函数计算员工的工龄

YEAR函数用于返回某个日期对应的年份，具体的功能、格式和参数如下表所示。

【YEAR】函数	
功能	返回某日对应的年份函数。显示日期值或日期文本的年份，返回值的范围为1900~9999的整数
格式	YEAR(serial_number)
参数	serial_number：表示日期值，其中包含需要查找年份的日期

例如，企业一般会根据员工的工龄来发放工龄工资，可以使用YEAR函数计算出员工的

工龄。

步骤01 打开“素材\ch11\员工工龄表.xlsx”文件，在C3单元格中输入公式“=YEAR(TODAY())-YEAR(B3)”，按【Enter】键后显示结果为“1990/1/5”，这是因为单元格的默认格式是日期格式，需要设置单元格的格式。

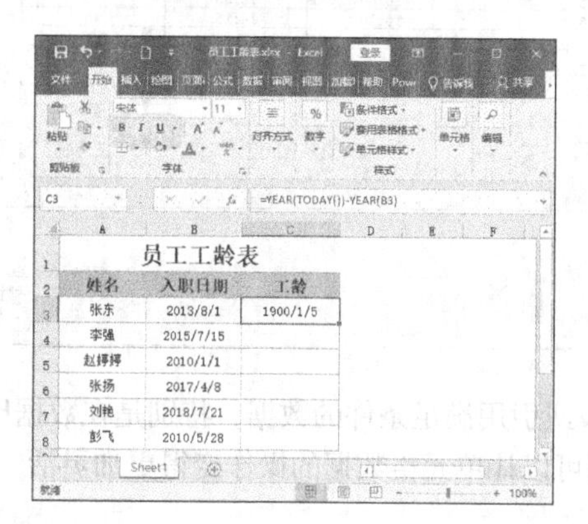

步骤02 选择C3单元格，按【Ctrl+1】组合键，打开【设置单元格格式】对话框，选择【数字】选项卡，在【分类】列表框中选择【常规】选项，单击【确定】按钮。

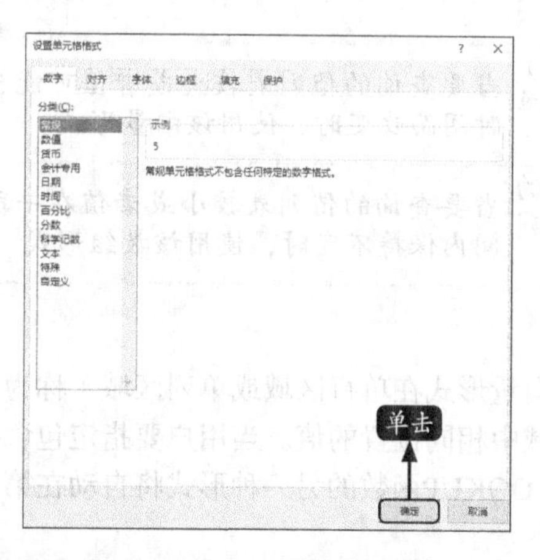

步骤03 此时，即可计算出该员工的工龄为“5”。

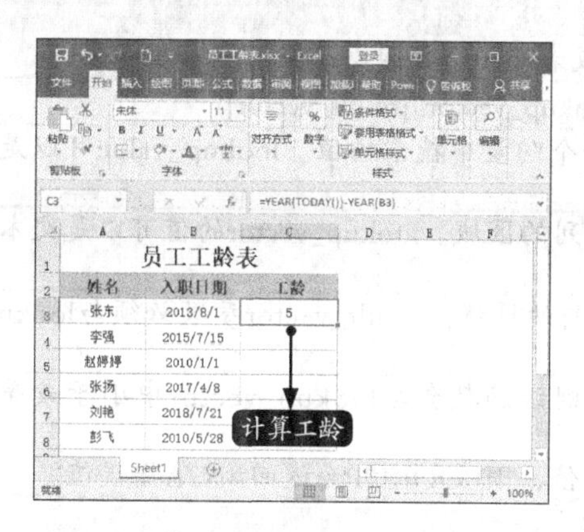

小提示

也可以使用【Ctrl+Shift+~】组合键快速将日期格式转换为常规格式。如果要将常规格式转换为日期格式，可以使用【Ctrl+Shift+#】组合键。

步骤04 利用填充功能，填充其他单元格，计算其他员工的工龄。

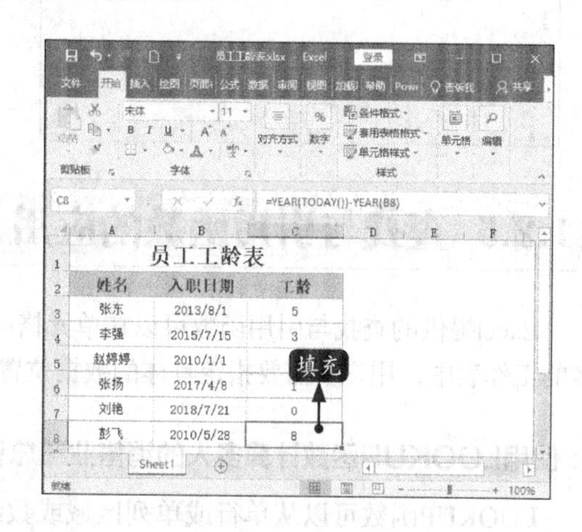

3. 使用HOUR函数计算员工当日工资

HOUR函数用于返回时间值的小时数，具体的功能、格式和参数如下表所示。

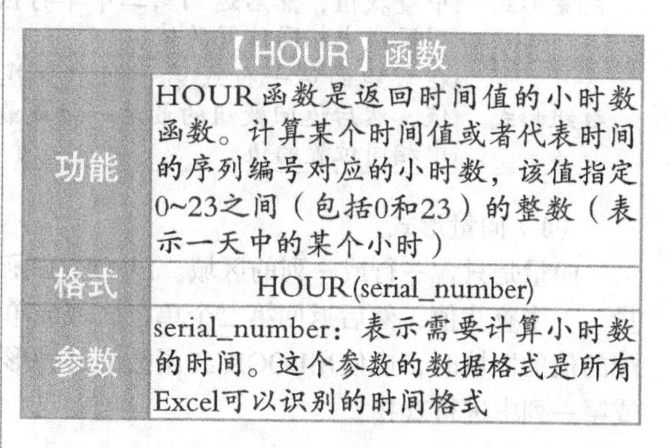

【HOUR】函数	
功能	HOUR函数是返回时间值的小时数函数。计算某个时间值或者代表时间的序列编号对应的小时数，该值指定0~23之间（包括0和23）的整数（表示一天中的某个小时）
格式	HOUR(serial_number)
参数	serial_number：表示需要计算小时数的时间。这个参数的数据格式是所有Excel可以识别的时间格式

小提示

时间值为日期值的一部分，采用十进制数表示。例如，12:00 PM 可表示为0.5，因为此时是一天的一半。

例如，员工上班的工时工资是15元/小时，可以使用HOUR函数计算员工一天的工资，具体操作步骤如下。

步骤01 打开“素材\ch11\员工工资表.xlsx”文件，设置D2:D7单元格区域格式为“常规”，在

D2单元格中输入公式“=HOUR(C2-B2)*15”，按【Enter】键后得出计算结果。

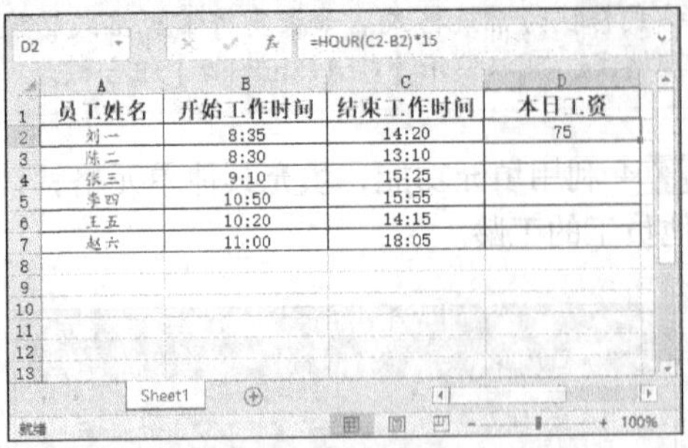

步骤 02 利用快速填充功能，完成其他员工的工时工资计算。

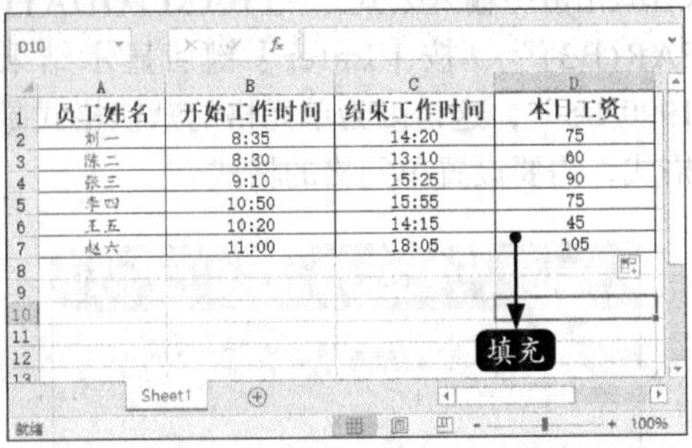

11.2.5 查找与引用函数的应用

Excel提供的查找与引用函数可以在单元格区域查找或引用满足条件的数据，特别是在数据比较多的工作表中，用户不需要指定具体的数据位置，从而可以让单元格数据的操作变得更加灵活。

1. 使用LOOKUP函数计算多人的销售业绩总和

LOOKUP函数可以从单行或单列区域或数组返回值。LOOKUP函数具有向量形式和数组形式两种语法形式。

语法形式	功能	用法
向量形式	在单行区域或单列区域（称为“向量”）中查找值，然后返回第二个单行区域或单列区域中相同位置的值	当要查询的值列表较大或者值可能会随时间而改变时，使用该向量形式
数组形式	在数组的第一行或第一列中查找指定的值，然后返回数组的最后一行或最后一列中相同位置的值	当要查询的值列表较小或者值在一段时间内保持不变时，使用该数组形式

（1）向量形式。

向量是只含一行或一列的区域。LOOKUP函数的向量形式在单行区域或单列区域（称为“向量”）中查找值，然后返回第二个单行区域或单列区域中相同位置的值。当用户要指定包含要匹配的值的区域时，应使用LOOKUP函数的这种形式。LOOKUP函数的另一种形式将自动在第一行或第一列中进行查找。

【LOOKUP】函数：向量形式	
功能	可从单行或单列区域或者从一个数组返回值
格式	LOOKUP(lookup_value, lookup_vector, [result_vector])
参数	lookup_value：必需参数。LOOKUP在第一个向量中搜索的值。lookup_value可以是数字、文本、逻辑值、名称或对值的引用
	lookup_vector：必需参数。只包含一行或一列的区域。lookup_vector的值可以是文本、数字或逻辑值
	result_vector：可选参数。只包含一行或一列的区域。result_vector参数必须与lookup_vector大小相同
说明	如果LOOKUP函数找不到lookup_value，则该函数会与lookup_vector中小于或等于lookup_value的最大值进行匹配 如果lookup_value小于lookup_vector中的最小值，则LOOKUP会返回#N/A错误值

（2）数组形式。

LOOKUP函数的数组形式在数组的第一行或第一列中查找指定的值，并返回数组最后一行或最后一列中同一位置的值。 当要匹配的值位于数组的第一行或第一列中时，应使用LOOKUP的这种形式；当要指定列或行的位置时，应使用LOOKUP的另一种形式。

LOOKUP函数的数组形式与HLOOKUP和VLOOKUP函数非常相似。区别在于：HLOOKUP在第一行中搜索lookup_value的值，VLOOKUP在第一列中搜索，而LOOKUP则根据数组维度进行搜索。一般情况下，最好使用HLOOKUP或VLOOKUP函数，而不是LOOKUP函数的数组形式。LOOKUP函数的这种形式是为了与其他电子表格程序兼容而提供的。

【LOOKUP】函数：数组形式	
功能	在数组的第一行或第一列中查找指定的值，并返回数组最后一行或组后一列内同一位置的值
格式	LOOKUP(lookup_value,array)
参数	lookup_value：必需参数。LOOKUP在数组中搜索的值。lookup_value可以是数字、文本、逻辑值、名称或对值的引用
	array：必需参数。包含要与lookup_value进行比较的数字、文本或逻辑值的单元格区域
说明	如果数组包含宽度比高度大的区域（列数多于行数），LOOKUP会在第一行中搜索lookup_value的值 如果数组是正方的或者高度大于宽度（行数多于列数），LOOKUP会在第一列中进行搜索 使用HLOOKUP和VLOOKUP函数，可以通过索引以向下或遍历的方式搜索，但是LOOKUP始终选择行或列中的最后一个值

例如，使用LOOKUP函数，在选中区域处于升序条件下可查找多个值。

步骤01 打开“素材\ch11\销售业绩总和.xlsx”文件，选中A3:A8单元格区域，单击【数据】选项卡下【排序与筛选】组中的【升序】按钮进行排序。

步骤02 弹出【排序提醒】对话框，选择【扩展选定区域】单选项，单击【排序】按钮。

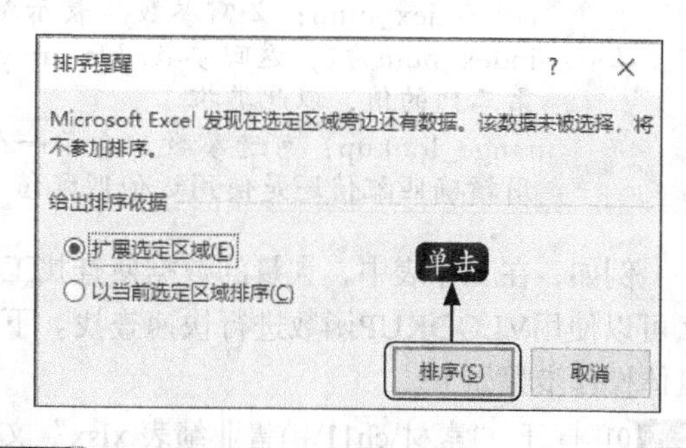

步骤03 排序结果如下图所示。

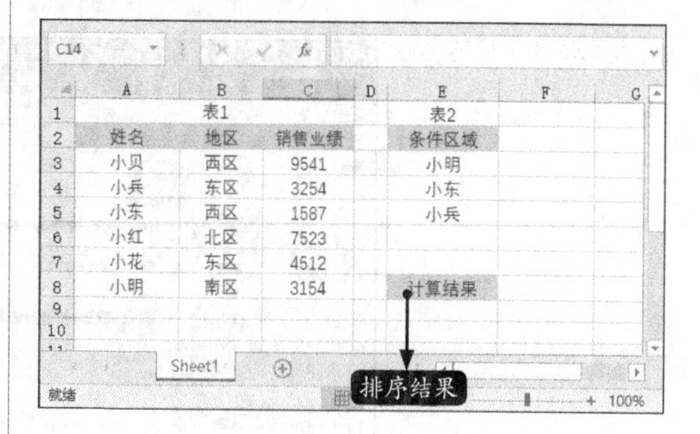

步骤 04 选中单元格F8，输入公式“=SUM(LOOKUP(E3:E5,A3:C8))”，按【Ctrl+Shift+Enter】组合键后可计算出结果。

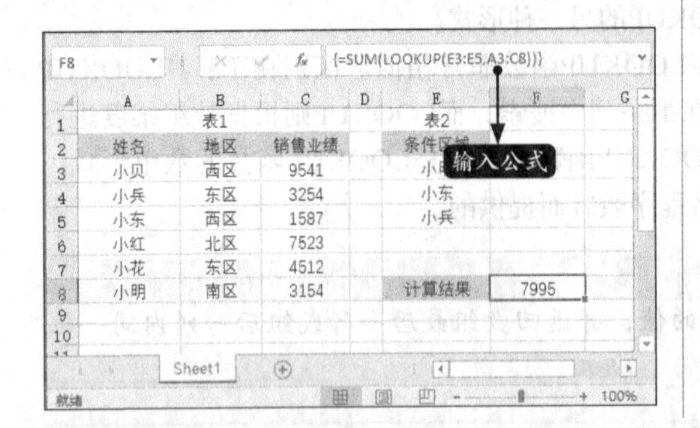

小提示

“LOOKUP(E3:E5,A3:C8)”为数组公式，需要按【Ctrl+Shift+Enter】组合键计算结果。

2.使用VLOOKUP函数查询指定员工的销售业绩

VLOOKUP函数是一个常用的查找函数，给定一个查找目标，可以从查找区域中查找返回希望找到的值。VLOOKUP函数具体功能、格式和参数如下表所示。

【VLOOKUP】函数	
功能	用于在数据表的第一列中查找指定的值，然后返回当前行中的其他列的值
格式	VLOOKUP(lookup_value,table_array,col_index_num,[range_lookup])
参数	lookup_value：必需参数。表示要在表格或单元格区域的第一列中查找的值，可以是值或引用
	table_array：必需参数。表示包含数据的单元格区域，可以是文本、数字或逻辑值。其中，文本不区分大小写
	col_index_num：必需参数。表示参数table_array要返回匹配值的列号。如果参数col_index_num为1，返回参数table_array中第一列的值；如果为2，则返回参数table_array中第二列的值，以此类推
	range_lookup：可选参数。表示一个逻辑值，用于指定VLOOKUP函数在查找时是使用精确匹配值还是使用近似匹配值

例如，在工作表中，大量的数据使查找工作进行起来很困难，如果已知第一列中的数据，那么可以使用VLOOKUP函数进行快速查找。下面使用VLOOKUP函数查询指定员工的销售业绩，具体操作步骤如下。

步骤 01 打开“素材\ch11\销售业绩表.xlsx”文件，将光标定位在B9单元格中，然后单击【插入函数】按钮，弹出【插入函数】对话框。

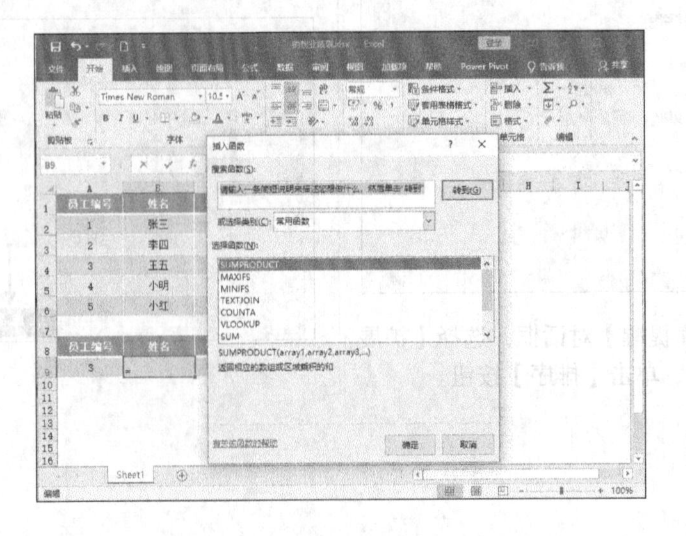

步骤02 在【或选择类别】文本框中选择“查找与引用”，在【选择函数】列表中选【VLOOKUP】，单击【确定】按钮。

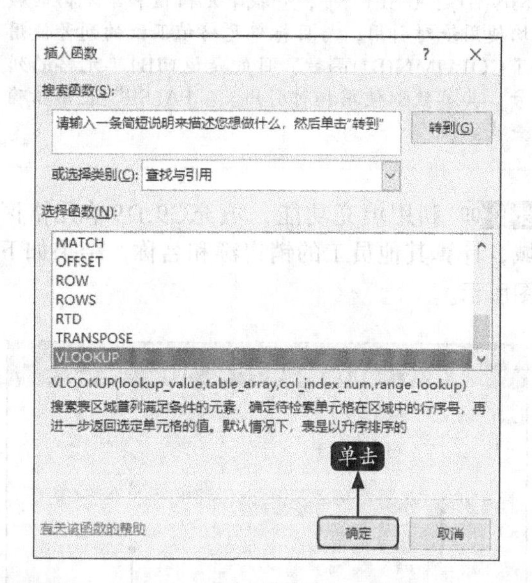

步骤03 弹出【函数参数】对话框，单击【Lookup_value】文本框右侧的【折叠】按钮，返回到Excel工作表中，单击A9单元格，再次单击【折叠】按钮，返回到【函数参数】对话框中。

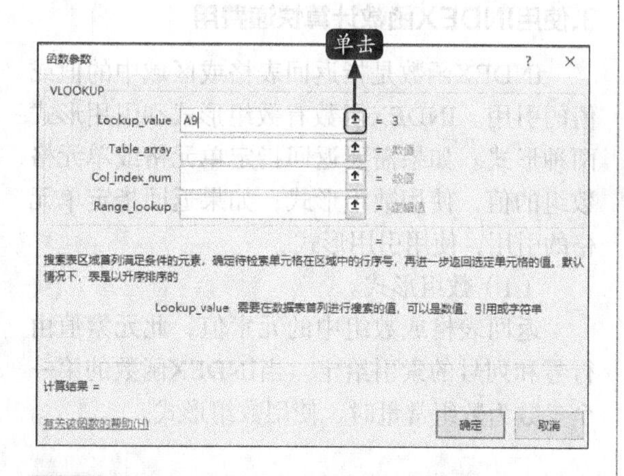

步骤04 在【Table_array】文本框中输入检索单元格区域“A2:D6”，在【Col_index_num】文本框中输入“2”，返回满足条件的单元格在数组区域的第二列的值，在【Range_lookup】文本框中输入“FALSE”，表示精确查找，单击【确定】按钮。

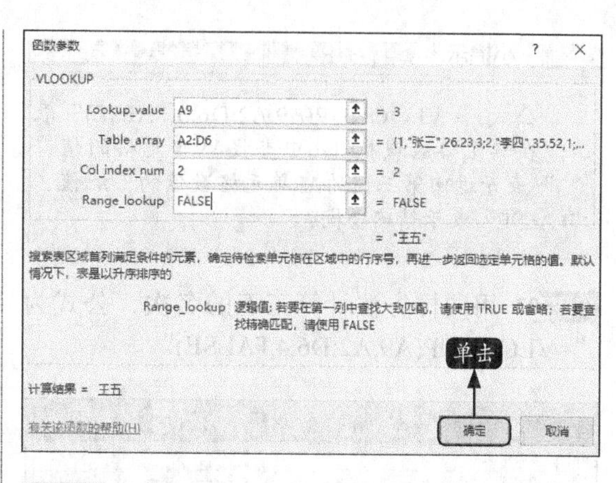

步骤05 返回到Excel表中，即可看到在B9单元格中返回“王五”。

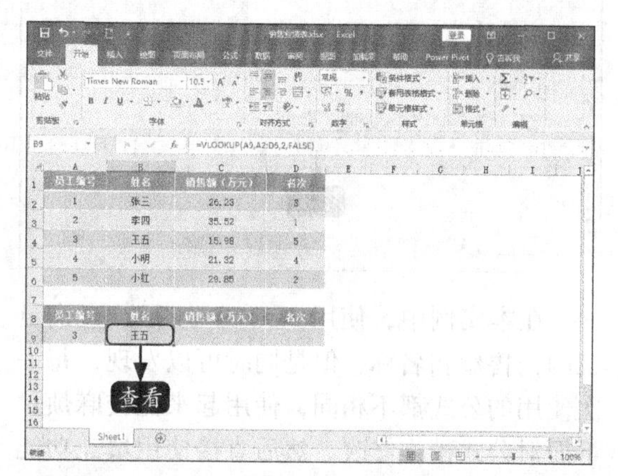

步骤06 将光标定位在C9单元格中，输入公式“=VLOOKUP(A9,A2:D6,3,FALSE)”，按【Enter】键后可返回王五的销售额。

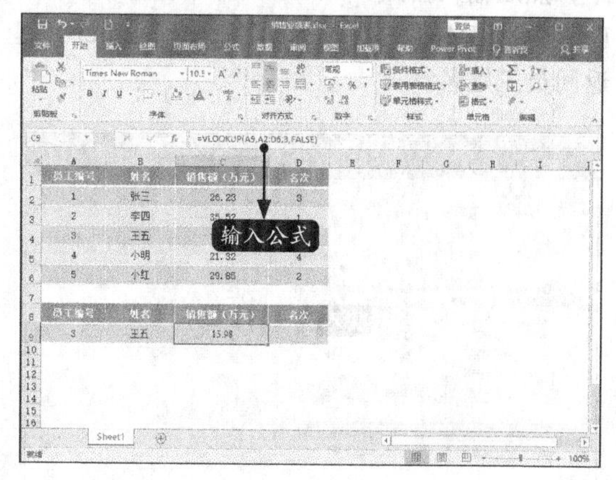

小提示

公式“=VLOOKUP(A9,A2:D6,3,FALSE)”表示，在单元格区域A2:D6中查找A9单元格的值，“3”表示返回第三列的A9单元格数值的匹配值，“FALSE”表示精确查找。

步骤 07 用同样方法计算王五的名次，公式为“=VLOOKUP(A9,A2:D6,4,FALSE)”。

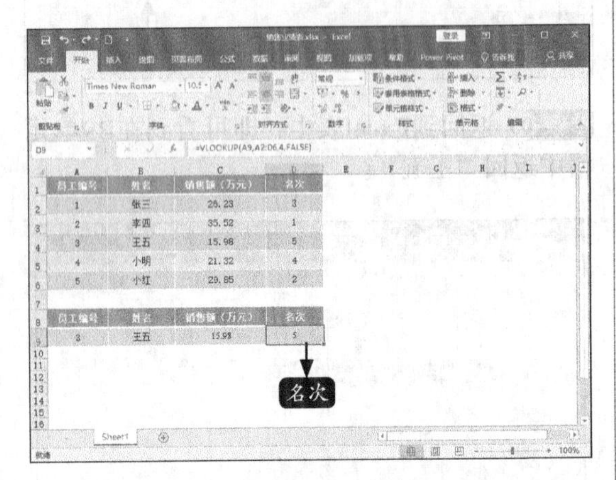

在本实例中，使用VLOOPUP函数查询员工的销售额和名称，但是同时可以发现，每一次使用的公式都不相同，使用起来比较麻烦。下面对公式稍作修改，然后直接使用填充功能计算其他单元格。

步骤 08 在打开的“销售业绩表.xlsx”中，清除B9:D9单元格内容，将光标定位在B9单元格中，然后输入公式“=VLOOKUP($A$9,$A$2:$D$6,COLUMN(B1),FALSE)”，按【Enter】键返回员工姓名。

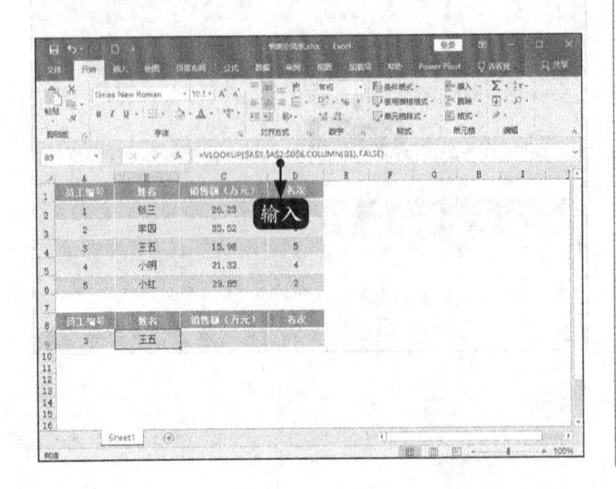

小提示

在公式“=VLOOKUP($A$9,$A$2:$D$6,COLUMN(B1),FALSE)”中，查找单元格值和单元格区域均使用绝对引用，与目标单元格值匹配的列号使用了COLUMN(B1)函数，目的是返回B1单元格的列号，其参数B1使用相对引用。“FALSE”表示精确查找。

步骤 09 利用填充功能，填充C9:D9单元格区域，计算其他员工的销售额和名称，结果如下图所示。

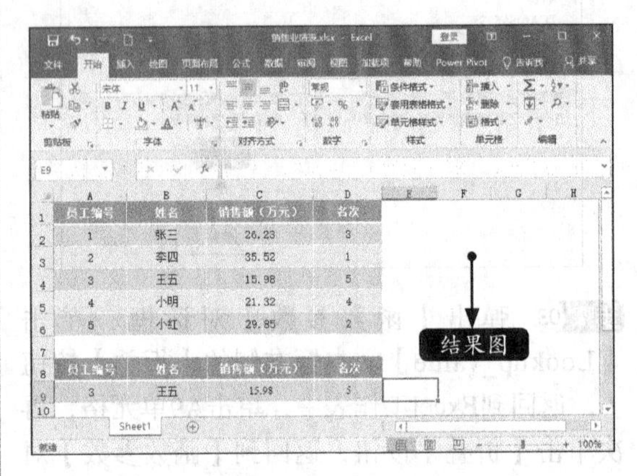

3.使用INDEX函数计算快递费用

INDEX函数是指返回表格或区域中的值或值的引用。INDEX函数有数组形式和引用形式两种形式。如果需要返回指定单元格或单元格数组的值，使用数组形式；如果返回指定单元格的引用，使用引用形式。

（1）数组形式。

返回表格或数组中的元素值，此元素值由行号和列号的索引给定。当INDEX函数的第一个参数为数组常量时，使用数组形式。

【INDEX】函数：数组形式	
功能	通常返回数值或数值数组
格式	INDEX(array, row_num, [column_num])
参数	array：必需参数。单元格区域或数组常量
	row_num：必需参数。选择数组中的某行，函数从该行返回数值。如果省略 row_num，则必须有 column_num
	column_num：可选参数。选择数组中的某列，函数从该列返回数值。如果省略 column_num，则必须有row_num
备注	如果同时使用参数row_num和column_num，INDEX函数返回row_num和column_num交叉处的单元格中的值 如果将row_num或column_num设置为0，INDEX函数分别返回整个列或行的数组数值。若要使用以数组形式返回的值，应将INDEX函数以数组公式形式输入，对于行以水平单元格区域的形式输入，对于列以垂直单元格区域的形式输入；若要输入数组公式，应按【Ctrl+Shift+Enter】组合键 row_num和column_num必须指向数组中的一个单元格，否则INDEX返回错误值#REF!

（2）引用形式。

返回指定的行与列交叉处的单元格引用。如果引用由不连续的选定区域组成，可以选择某一选定区域。

【INDEX】函数：引用形式	
功能	返回表格或区域中的值或值的引用
格式	INDEX(reference,row_num,[column_num],[area_num])
参数	reference：必需参数。对一个或多个单元格区域的引用
	row_num：必需参数。引用中某行的行号，函数从该列返回一个引用
	column_num：可选参数。引用中某列的列标，函数从该列返回一个引用
	area_num：可选参数。选择引用中的一个区域，以从中返回row_num和column_num的交叉区域

例如，通过INDEX函数可以快速计算出快递费用，具体的操作步骤如下。

步骤01 打开 “素材\ch11\配送费用表.xlsx” 文件。

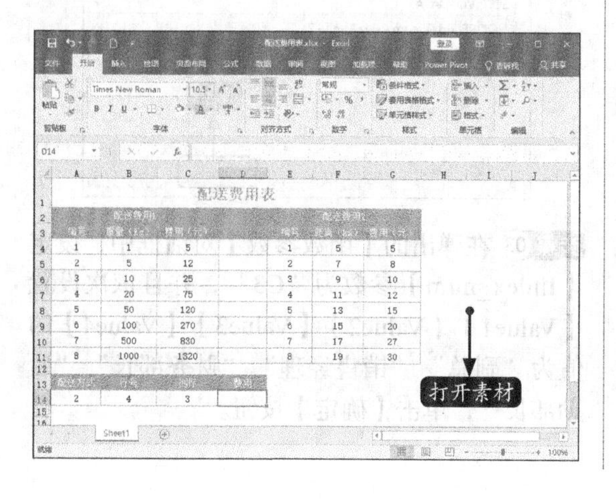

步骤02 在D14单元格中输入公式 “=INDEX((A4:C11,E4:G11),B14,C14,A14)” 后按【Enter】键即可。

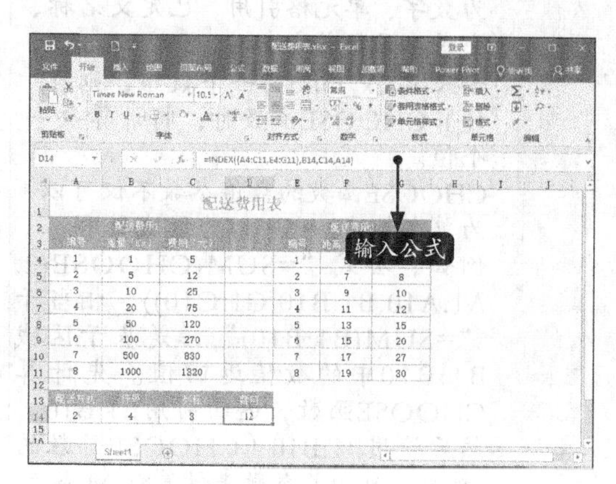

小提示

此实例中使用的是INDEX函数的引用形式。在公式"=INDEX((A4:C11,E4:G11),B14,C14,A14)"中，"(A4:C11,E4:G11)"表示对两个单元格区域的引用，B14和C14分别表示引用的行号和列标，A14表示引用的单元格区域。

如果要引用其他配送费用，只需在A14、B14、C14中修改引用的区域、行号和列标即可。

4.使用CHOOSE函数指定岗位职称

CHOOSE，英文是"选择"的意思，在Excel中，用于在列举的共有参数（给定的索引值）中选择一个参数并返回这个参数的值。CHOOSE函数的具体功能、格式和参数如下表所示。

【CHOOSE】函数	
功能	用于从给定的参数中返回指定的值
格式	CHOOSE(index_num, value1, value2,…)
参数	index_num：必需参数。数值表达式或字段，它的运算结果是一个数值，且介于1~254之间的数字。或者为公式或对包含1~254之间某个数字的单元格的引用
	value1,value2,…：value1是必需的，后续值是可选的。这些值参数的个数介于1~254之间，函数CHOOSE基于index_num从这些值参数中选择一个数值或一项要执行的操作。参数可以为数字、单元格引用、已定义名称、公式、函数或文本
说明	如果index_num为一个数组，则在计算CHOOSE函数时，将计算每一个值。 CHOOSE函数的数值参数不仅可以为单个数值，也可以为区域引用。例如，公式"=SUM(CHOOSE(2,A1:A10,B1:B10,C1:C10))"相当于"=SUM(B1:B10)"，是基于区域B1:B10中的数值返回值。先计算CHOOSE函数，返回引用B1:B10。然后使用B1:B10（CHOOSE函数的结果）作为其参数来计算SUM函数

例如，根据职位代码计算出员工的职位名称，具体的操作步骤如下。

步骤01 打开"素材\ch11\应聘人员信息表.xlsx"文件，将光标定位在D3单元格中。

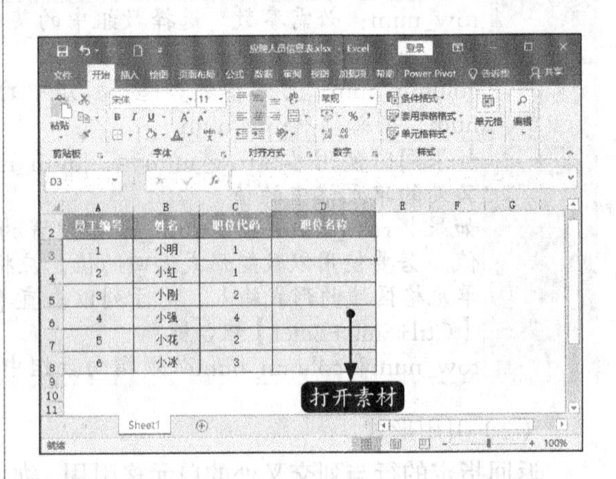

步骤02 单击【插入函数】按钮 f_x ，在弹出的【插入函数】对话框的【或选择类别】下拉列表中选择【查找与引用】选项，在【选择函数】列表中选择【CHOOSE】选项，单击【确定】按钮。

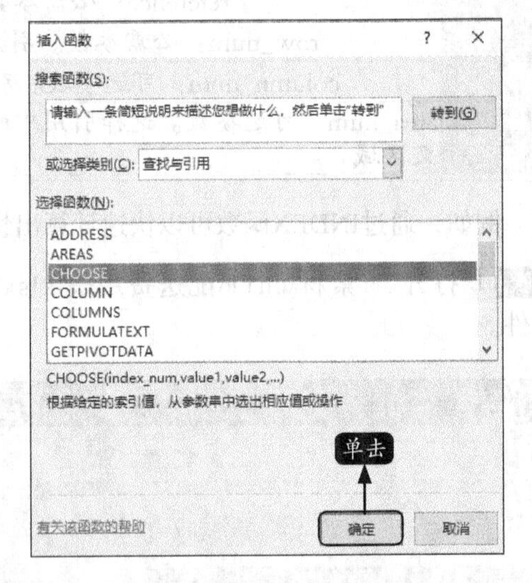

步骤03 在弹出的【函数参数】对话框中，设定【Index_num】参数为"C3"，并且依次设置【Value1】【Value2】【Value3】【Value4】的值为"副总""销售经理""财务部长""后勤部长"，单击【确定】按钮。

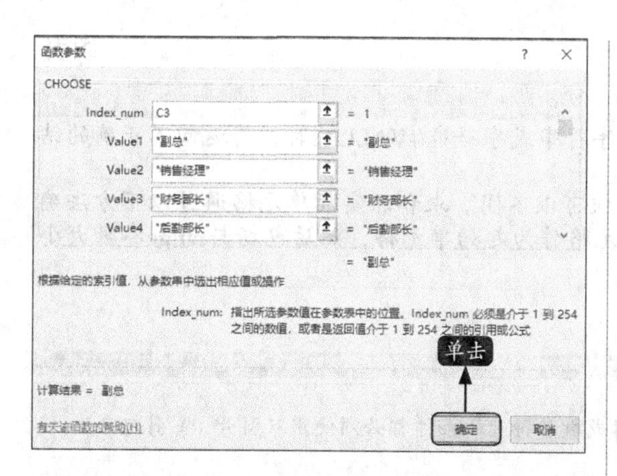

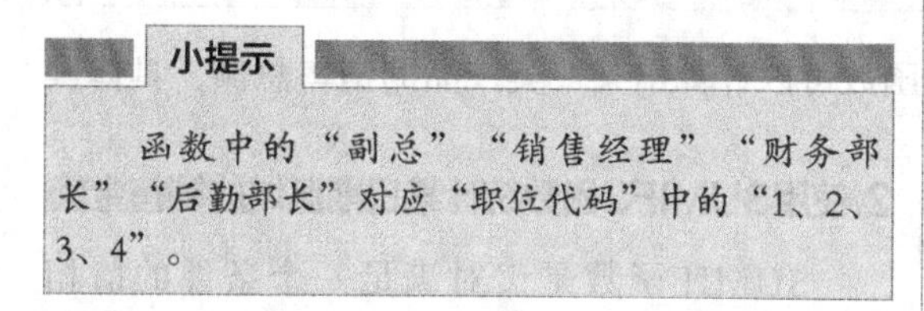

小提示

函数中的“副总”“销售经理”“财务部长”“后勤部长”对应“职位代码”中的“1、2、3、4”。

步骤04 返回到Excel工作表中可以看到D3单元格显示为“副总”。

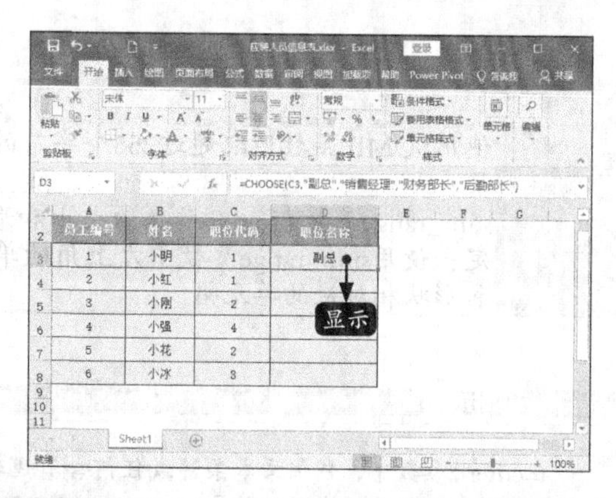

步骤05 利用填充功能，填充其他单元格，结果如下图所示。

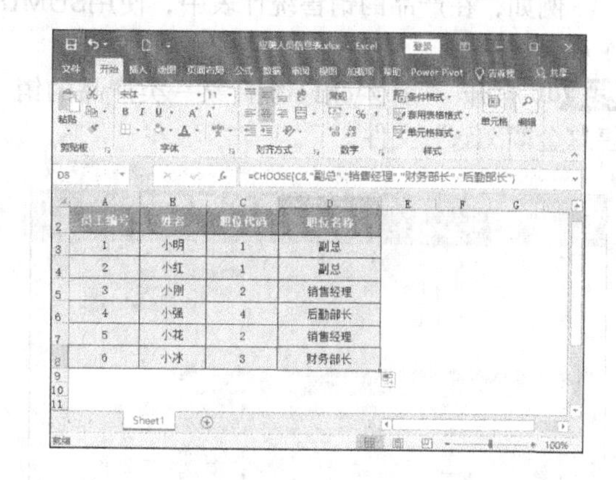

11.2.6 数学与三角函数的应用

数学与三角函数主要用于在工作表中进行数学运算，使用数学和三角函数可以使数据的处理更加方便和快捷。

1.使用SUMIF函数统计某一类产品的销售总金额

SUMIF函数与SUM函数不同的是，SUMIF函数用于对范围符合指定条件的值求和。例如，求某个类别之和。SUMIF函数具体的功能、格式和参数如下表所示。

【SUMLF】函数	
功能	对区域中满足条件的单元格求和
格式	SUMIF(range, criteria, [sum_range])
参数	range：必需参数。表示用于条件计算的单元格区域，每个区域中的单元格都必须是数字或名称、数组或包含数字的引用，空值和文本值将被忽略
	criteria：必需参数。表示用于确定对哪些单元格求和的条件，其形式可以为数字、表达式、单元格引用、文本或函数。例如，条件可以表示为“>5”“A5”“5”“苹果”或TODAY()等
	sum_range：可选参数。表示要求和的实际单元格。如果省略该参数，Excel会对参数range中指定的单元格（即应用条件的单元格）求和

续表

【SUMLF】函数	
说明	使用SUMIF函数匹配超过255个字符的字符串或字符串#VALUE!时，将返回不正确的结果 sum_range参数与range参数的大小和形状可以不同。求和的实际单元格通过以下方法确定：使用sum_range参数中左上角的单元格作为起始单元格，然后包括与range参数大小和形状相对应的单元格

小提示

在criteria参数中，任何文本条件或任何含有逻辑或数学符号的条件都必须使用双引号 (") 引起来。如果条件为数字，则无须使用双引号。

例如，在产品的销售统计表中，使用SUMIF函数可以计算出某一类产品的销售总额，具体操作步骤如下。

步骤 01 打开 "素材\ch11\统计某一类产品的销售总金额.xlsx" 文件。

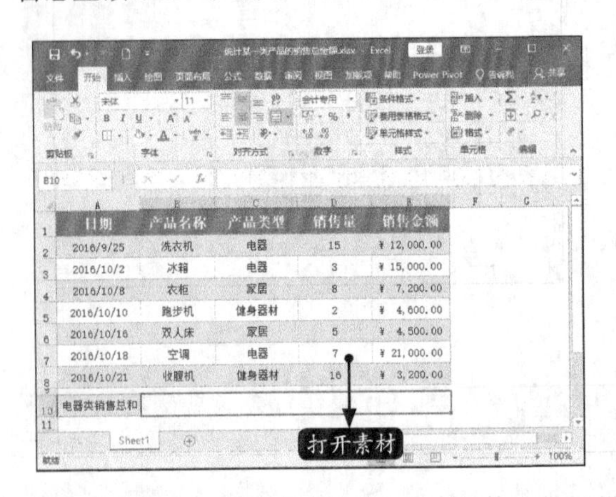

步骤 02 选择B10单元格，输入公式 "=SUMIF(C2:C8,"电器",E2:E8)"，按【Enter】键后可计算出电器的销售总额。

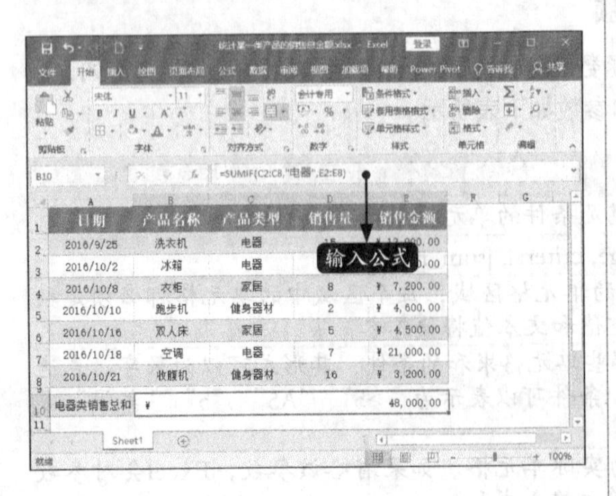

2.使用SUMIFS函数统计某日期区域的销售金额

SUMIF函数是仅对满足一个条件的值相加，而SUMIFS函数则可以用于计算其满足多个条件的全部参数的综合。SUMIFS函数具体的功能、格式和参数如下表所示。

【SUMIFS】函数	
功能	对一组给定条件指定的单元格求和
格式	SUMIFS(sum_range, criteria_range1, criteria1, [criteria_range2, criteria2], …)
参数	sum_range：必需参数。表示对一个或多个单元格求和，包括数字或包含数字的名称、名称、区域或单元格引用，空值和文本值将被忽略
	criteria_range1：必需参数。表示在其中计算关联条件的第一个区域
	criteria1：必需参数。表示条件的形式为数字、表达式、单元格引用或文本，可用来定义对criteria_range参数中的哪些单元格求和
	criteria_range2, criteria2, …：可选参数。附加的区域及其关联条件。最多可以输入 127 个区域/条件对

小提示

SUMIFS和SUMIF的参数顺序有所不同。sum_range参数在SUMIFS中是第一个参数，而在SUMIF中，却是第三个参数。在使用该函数时，应确保按正确的顺序放置参数。

例如，如果需要对区域 A1:A20 中的单元格的数值求和，同时需符合 "B1:B20 中的相应数值大于0且C1:C20 中的相应数值小于10”的条件，就可以采用如下公式。

=SUMIFS(A1:A20,B1:B20,">0",C1:C20,"<10")

例如，如果要在销售统计表中统计出一定日期区域内的销售金额，可以使用SUMIFS函数来实现。例如，要计算2019年2月1日~2019年2月10日期间的销售金额，具体操作步骤如下。

步骤01 打开“素材\ch11\统计某日期区域的销售金额.xlsx”文件，选择B10单元格，单击【插入函数】按钮 fx。

	A	B	C	D	E
1	日期	产品名称	产品类型	销售量	销售金额
2	2019-2-2	洗衣机	电器	15	12000
3	2019-2-22	冰箱	电器	3	15000
4	2019-2-3	衣柜	家居	8	7200
5	2019-2-24	跑步机	健身器材	2	4600
6	2019-2-5	双人床	家居	5	4500
7	2019-2-26	空调	电器	7	21000
8	2019-2-10	收腹机	健身器材	16	3200

打开素材

步骤02 弹出【插入函数】对话框，单击【或选择类别】文本框右侧的下拉按钮，在弹出的下拉列表中选择【数学与三角函数】选项，在【选择函数】列表框中选择【SUMIFS】函数，单击【确定】按钮。

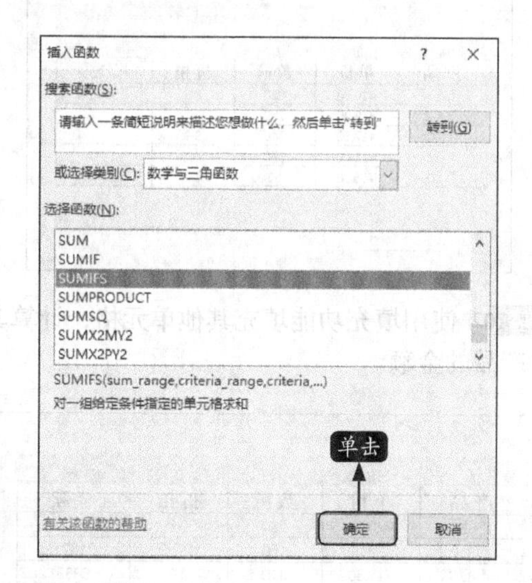

步骤03 弹出【函数参数】对话框，单击【Sum_range】文本框右侧的按钮。

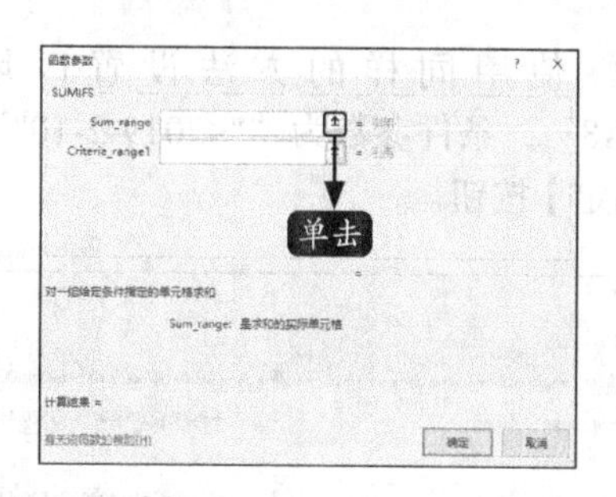

步骤04 返回到工作表，选择E2:E8单元格区域，单击【函数参数】文本框右侧的按钮。

	A	B	C	D	E
1	日期	产品名称	产品类型	销售量	销售金额
2	2019-2-2	洗衣机	电器	15	12000
3	2019-2-22	冰箱	电器	3	15000
4	2019-2-3	衣柜	家居	8	7200
5	2019-2-24	跑步机	健身器材	2	4600
6	2019-2-5	双人床	家居	5	4500
7	2019-2-26	空调	电器	7	21000
8	2019-2-10	收腹机	健身器材	16	3200
10		=SUMIFS(E2:E8)			

单击

步骤05 返回【函数参数】对话框，使用同样的方法设置参数【Criteria_range1】的数据区域为A2:A8单元格区域。

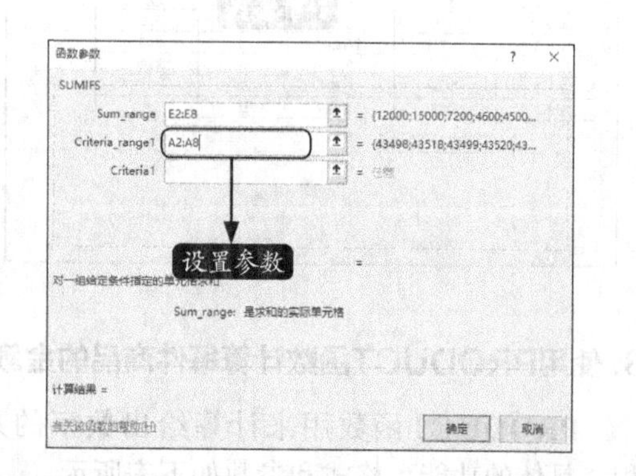

步骤06 在【Criteria1】文本框中输入“">2019-2-1"”，设置区域1的条件参数为“">2019-2-1"”。

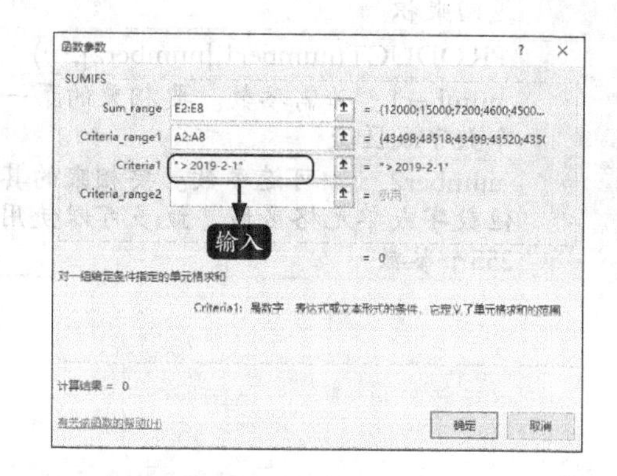

步骤 07 使用同样的方法设置区域2为"A2:A8"，条件参数为""<2019-2-10""，单击【确定】按钮。

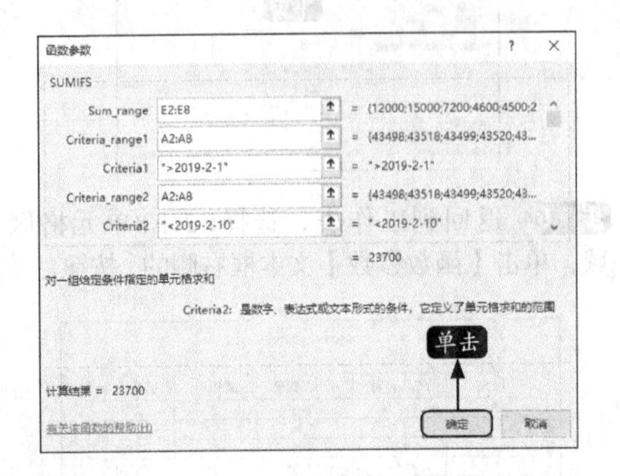

步骤 08 返回工作表，即可计算出2019年2月1日~2019年2月10日期间的销售金额，在公式编辑栏中显示出计算公式"=SUMIFS(E2:E8,A2:A8,">2019-2-1",A2:A8,"<2019-2-10")"。

日期	产品名称	产品类型	销售量	销售金额
2019-2-2	洗衣机	电器	15	12000
2019-2-22	冰箱	电		15000
2019-2-3	衣柜	家		7200
2019-2-24	跑步机	健身器材	2	4600
2019-2-5	双人床	家居	5	4500
2019-2-26	空调	电器	7	21000
2019-2-10	收腹机	健身器材	16	3200
	23700			

计算公式

3. 使用PRODUCT函数计算每件商品的金额

PRODUCT函数用来计算给出数字的乘积，具体的功能、格式和参数如下表所示。

【PRODUCT】函数	
功能	使所有以参数形式给出的数字相乘并返回乘积
格式	PRODUCT(number1,[number2],…)
参数	number1：必需参数。要相乘的第一个数字或区域
	number2,…：可选参数。要相乘的其他数字或单元格区域，最多可以使用255个参数

小提示

如果参数是一个数组或引用，则只使用其中的数字相乘。数组或引用中的空白单元格、逻辑值和文本将被忽略。

例如，如果单元格A1和A2中包含数字，则可以使用公式"=PRODUCT(A1,A2)"将这两个数字相乘。也可以通过使用乘(*)数学运算符（如"=A1*A2"）执行相同的操作。

当需要使很多单元格相乘时，PRODUCT函数很有用。例如，公式"=PRODUCT(A1:A3,C1:C3)"等价于"=A1*A2*A3*C1*C2*C3"。

如果要在乘积结果后乘以某个数值，如公式"=PRODUCT(A1:A2,2)"，则等价于"=A1*A2*2"。

例如，一些企业的商品会不定时做促销活动，需要根据商品的单价、数量以及折扣来计算每件商品的金额，使用【PRODUCT】函数可以实现这一操作。

步骤 01 打开"素材\ch11\计算每件商品的金额.xlsx"文件，选择单元格E2，在编辑栏中输入公式"=PRODUCT(B2,C2,D2)"，按【Enter】键后可计算出该产品的金额。

产品	单价	数量	折扣	金额
产品A	¥20.00	200	0.8	3200
产品B	¥19.00	150	0.75	
产品C	¥17.50	340	0.9	
产品D	¥21.00	170	0.65	
产品E	¥15.00	80	0.8	

步骤 02 使用填充功能填充其他单元格，计算其他产品的金额。

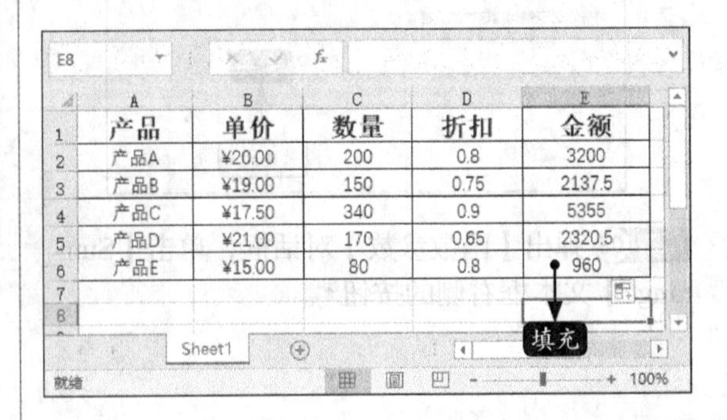

产品	单价	数量	折扣	金额
产品A	¥20.00	200	0.8	3200
产品B	¥19.00	150	0.75	2137.5
产品C	¥17.50	340	0.9	5355
产品D	¥21.00	170	0.65	2320.5
产品E	¥15.00	80	0.8	960

4.使用SUMPRODUCT函数根据单价、数量、折扣求商品的总额

SUMPRODUCT函数用于在给定的几组数组中，将数组间对应的元素相乘，并返回乘积之和。SUMPRODUCT函数具体的功能、格式和参数如下表所示。

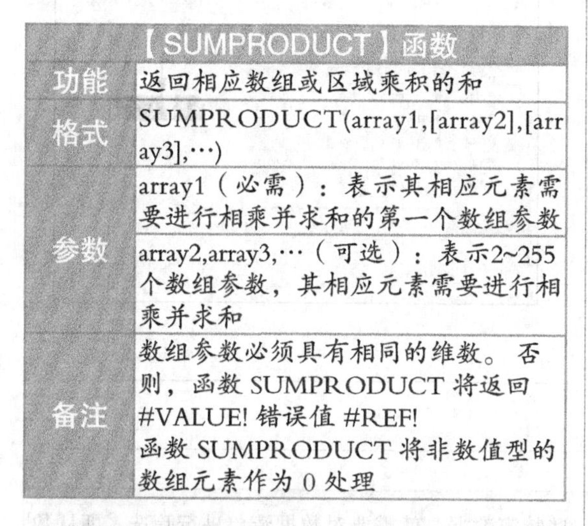

	【SUMPRODUCT】函数
功能	返回相应数组或区域乘积的和
格式	SUMPRODUCT(array1,[array2],[array3],…)
参数	array1（必需）：表示其相应元素需要进行相乘并求和的第一个数组参数
	array2,array3,…（可选）：表示2~255个数组参数，其相应元素需要进行相乘并求和
备注	数组参数必须具有相同的维数。否则，函数 SUMPRODUCT 将返回 #VALUE! 错误值 #REF! 函数 SUMPRODUCT 将非数值型的数组元素作为 0 处理

例如，使用SUMPRODUCT函数可以根据商品的单价、数量以及折扣来计算所有商品的总金额，具体操作步骤如下。

步骤01 打开“素材\ch11\计算商品的总额.xlsx”文件，选择B8单元格，单击【插入函数】按钮。

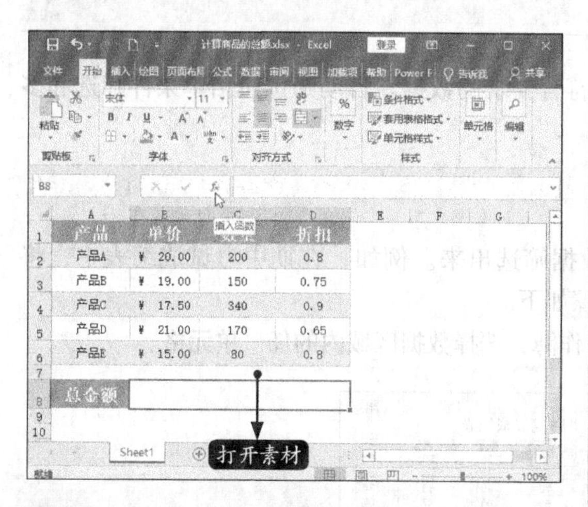

步骤02 弹出【插入函数】对话框，单击【或选择类别】文本框右侧的下拉按钮，在弹出的下拉列表中选择【数学与三角函数】选项，在【选择函数】列表框中选择【SUMPRODUCT】函数，单击【确定】按钮。

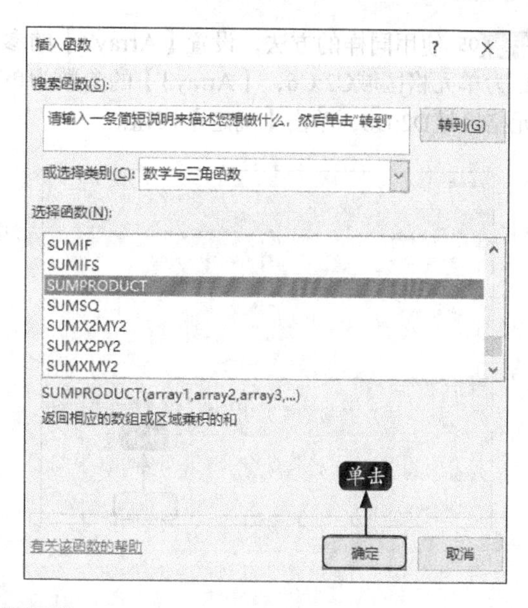

步骤03 弹出【函数参数】对话框，单击【Array1】文本框右侧的按钮。

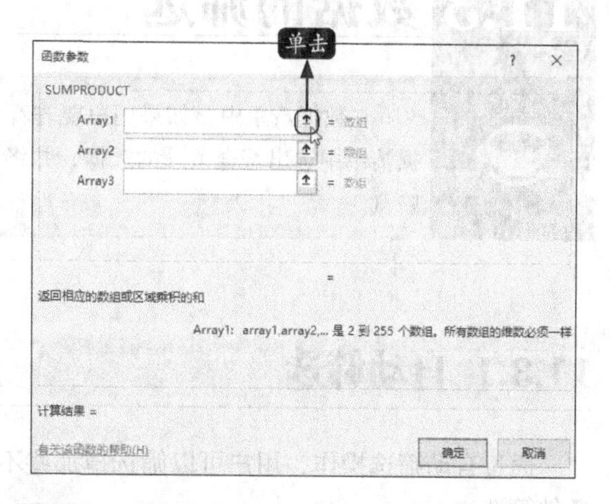

步骤04 返回到工作表，选择B2:B6单元格区域，单击【函数参数】文本框右侧的按钮。

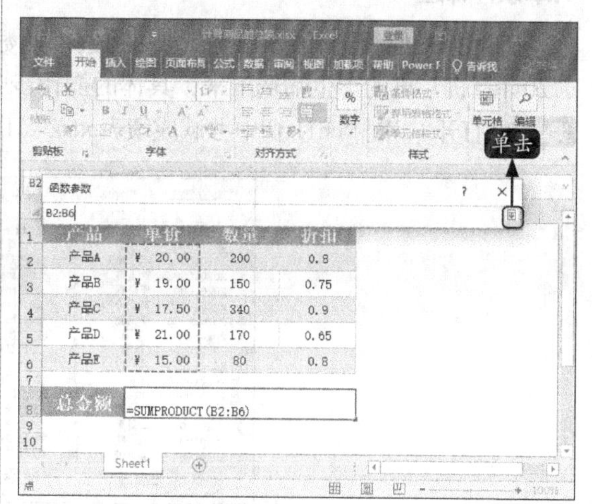

步骤 05 使用同样的方法，设置【Array2】的参数为单元格区域C2:C6，【Array3】的参数为单元格区域D2:D6，单击【确定】按钮。

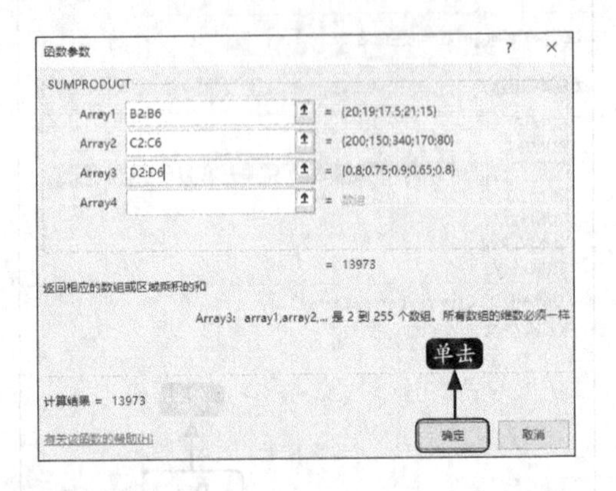

步骤 06 返回工作表，可计算出所有商品的总金额，在公式编辑栏中会显示出计算公式“=SUMPRODUCT(B2:B6,C2:C6,D2:D6)”。

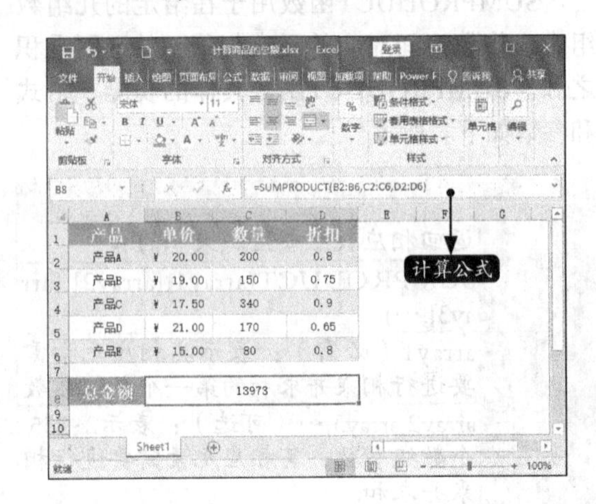

11.3 数据的筛选

在数据清单中，如果用户要查看一些特定数据，就需要对数据清单进行筛选，即从数据清单中选出符合条件的数据，并将其显示在工作表中，不满足筛选条件的数据行则自动隐藏。

11.3.1 自动筛选

通过自动筛选操作，用户可以筛选掉那些不符合要求的数据。自动筛选包括单条件筛选和多条件筛选。

1.单条件筛选

所谓单条件筛选，就是将符合一种条件的数据筛选出来。例如，在期中考试成绩表中，将“20计算机”班的学生筛选出来，具体的操作步骤如下。

步骤 01 打开 “素材\ch11\期中考试成绩表.xlsx”工作簿，选择数据区域内的任一单元格。

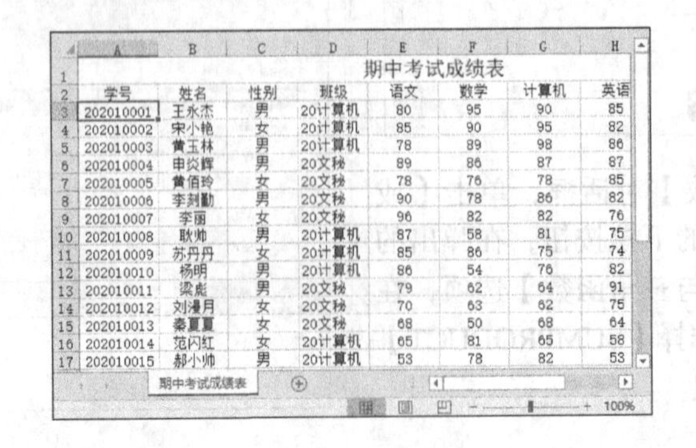

期中考试成绩表

学号	姓名	性别	班级	语文	数学	计算机	英语
202010001	王永杰	男	20计算机	80	95	90	85
202010002	宋小艳	女	20计算机	85	90	95	82
202010003	黄玉林	男	20计算机	78	89	98	86
202010004	申炎辉	男	20文秘	89	86	87	87
202010005	黄佰玲	女	20文秘	78	76	78	85
202010006	李莉勤	男	20文秘	90	78	86	82
202010007	李丽	女	20文秘	96	82	82	76
202010008	耿帅	男	20计算机	87	58	81	75
202010009	苏丹丹	女	20计算机	85	86	75	74
202010010	杨明	男	20计算机	86	54	76	82
202010011	梁彪	男	20文秘	79	62	64	91
202010012	刘漫月	女	20文秘	70	63	62	75
202010013	秦夏夏	女	20文秘	68	50	68	64
202010014	范闪红	女	20计算机	65	81	65	58
202010015	郝小帅	男	20计算机	53	78	82	53

步骤02 在【数据】选项卡中，单击【排序和筛选】选项组中的【筛选】按钮，进入【自动筛选】状态，此时在标题行每列的右侧均出现一个下拉箭头。

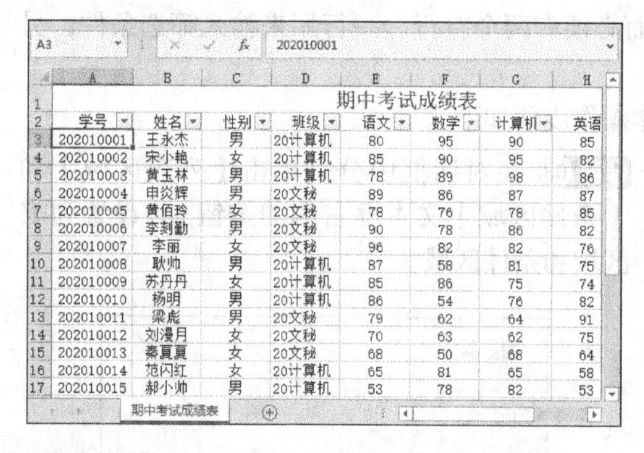

期中考试成绩表

	学号	姓名	性别	班级	语文	数学	计算机	英语
3	202010001	王永杰	男	20计算机	80	95	90	85
4	202010002	宋小艳	女	20计算机	85	90	95	82
5	202010003	黄玉林	男	20计算机	78	89	98	86
6	202010004	申炎辉	男	20文秘	89	86	87	87
7	202010005	黄佰玲	女	20文秘	78	76	78	85
8	202010006	李刻勤	男	20文秘	90	78	86	82
9	202010007	李丽	女	20文秘	96	82	82	76
10	202010008	耿帅	男	20计算机	87	58	81	75
11	202010009	苏丹丹	女	20计算机	85	86	75	74
12	202010010	杨明	男	20计算机	86	54	76	82
13	202010011	梁彪	男	20文秘	79	62	64	91
14	202010012	刘漫月	女	20文秘	70	63	62	75
15	202010013	秦夏夏	女	20文秘	68	50	68	64
16	202010014	范闪红	女	20计算机	65	81	65	58
17	202010015	郝小帅	男	20计算机	53	78	82	53

步骤03 单击【班级】列右侧的下拉箭头，在弹出的下拉列表中取消【全选】复选框，选择【20计算机】复选框，单击【确定】按钮。

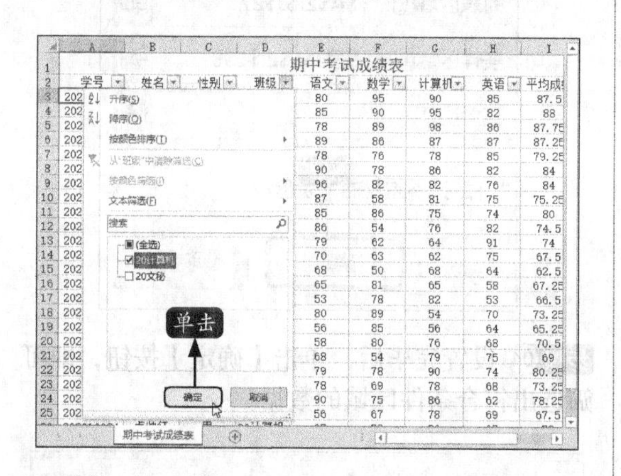

步骤04 经过筛选后的数据清单如下图所示，可以看出仅显示了“20计算机”班学生的成绩，其他记录被隐藏。

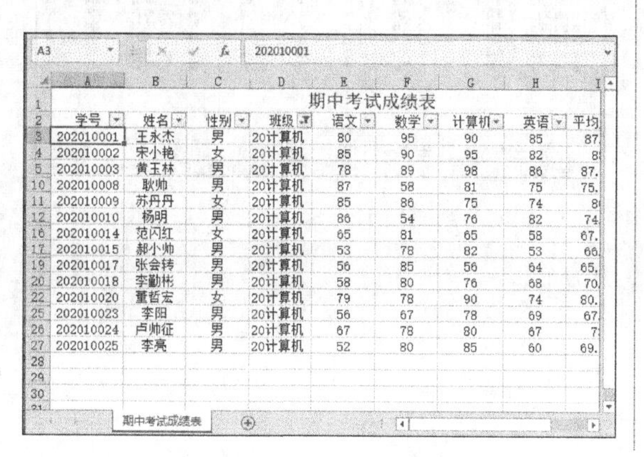

期中考试成绩表

	学号	姓名	性别	班级	语文	数学	计算机	英语	平均
3	202010001	王永杰	男	20计算机	80	95	90	85	87
4	202010002	宋小艳	女	20计算机	85	90	95	82	8
5	202010003	黄玉林	男	20计算机	78	89	98	86	87.
10	202010008	耿帅	男	20计算机	87	58	81	75	75.
11	202010009	苏丹丹	女	20计算机	85	86	75	74	8
12	202010010	杨明	男	20计算机	86	54	76	82	74
16	202010014	范闪红	女	20计算机	65	81	65	58	67.
17	202010015	郝小帅	男	20计算机	53	78	82	53	66
19	202010017	张会铸	男	20计算机	56	85	56	64	65.
20	202010018	李勤彬	男	20计算机	58	80	76	68	70
22	202010020	董哲宏	女	20计算机	79	78	90	74	80.
25	202010023	李阳	男	20计算机	56	67	78	69	67
26	202010024	卢帅征	男	20计算机	67	78	80	67	7
27	202010025	李亮	男	20计算机	52	80	85	60	69.

2.多条件筛选

多条件筛选就是将符合多个条件的数据筛选出来。例如，将期中考试成绩表中英语成绩为60分和70分的学生筛选出来的具体操作步骤如下。

步骤01 打开“素材\ch11\期中考试成绩表.xlsx”工作簿，选择数据区域内的任一单元格。在【数据】选项卡中，单击【排序和筛选】选项组中的【筛选】按钮，进入【自动筛选】状态，此时在标题行每列的右侧出现一个下拉箭头。单击【英语】列右侧的下拉箭头，在弹出的下拉列表中取消【全选】复选框，选择【60】和【70】复选框，单击【确定】按钮。

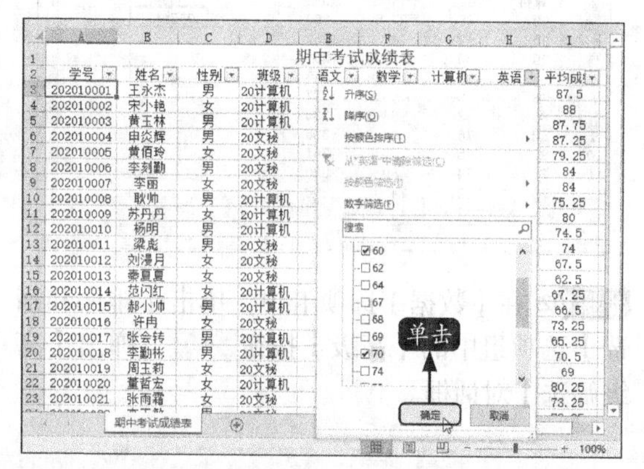

步骤02 筛选后的结果如下图所示。

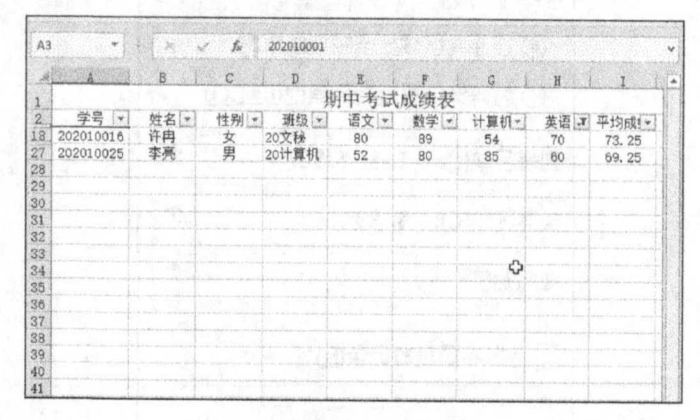

期中考试成绩表

	学号	姓名	性别	班级	语文	数学	计算机	英语	平均成绩
18	202010016	许冉	女	20文秘	80	89	54	70	73.25
27	202010025	李亮	男	20计算机	52	80	85	60	69.25

11.3.2 高级筛选

如果要对字段设置多个复杂的筛选条件，可以使用Excel提供的高级筛选功能。使用高级筛选功能之前，应先建立一个条件区域。条件区域用来指定筛选的数据必须满足的条件。在条件区域中，要求包含作为筛选条件的字段名，字段名下面必须有两个空行，一行用来输入筛选条件，另一行作为空行用来把条件区域和数据区域分开。

例如，将班级为20文秘的学生筛选出来的具体操作步骤如下。

步骤 01 打开“素材\ch11\期中考试成绩表.xlsx”工作簿，在L2单元格中输入“班级”，在L3单元格中输入公式“="20文秘"”，并按【Enter】键。

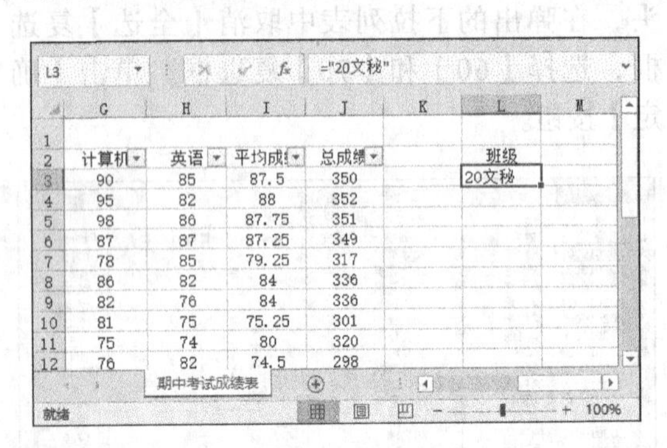

步骤 02 在【数据】选项卡中，单击【排序和筛选】选项组中的【高级】按钮，弹出【高级筛选】对话框。

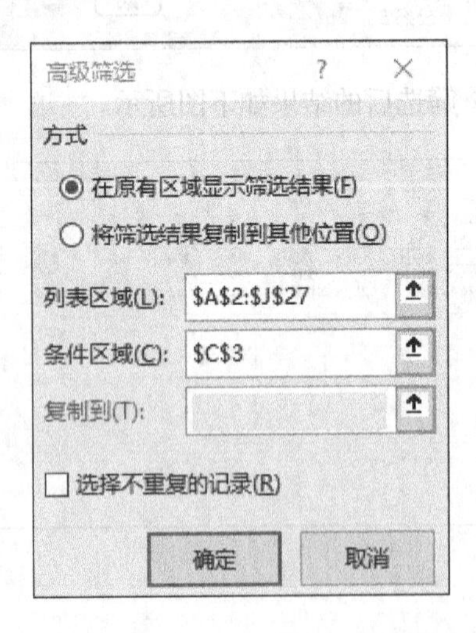

步骤 03 在对话框中分别单击【列表区域】和【条件区域】文本框右侧的按钮，设置列表区域和条件区域。

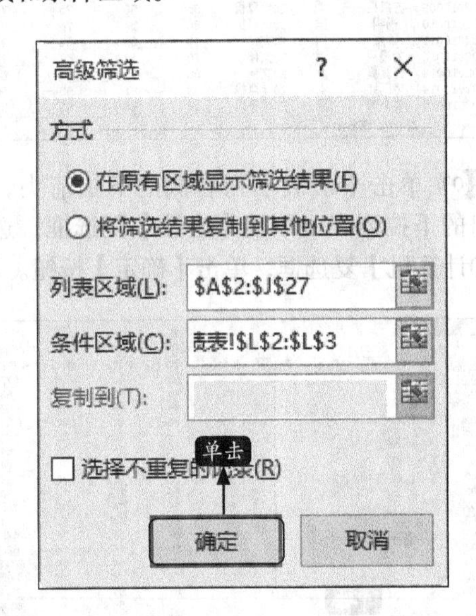

步骤 04 设置完毕后，单击【确定】按钮，即可筛选出符合条件区域的数据。

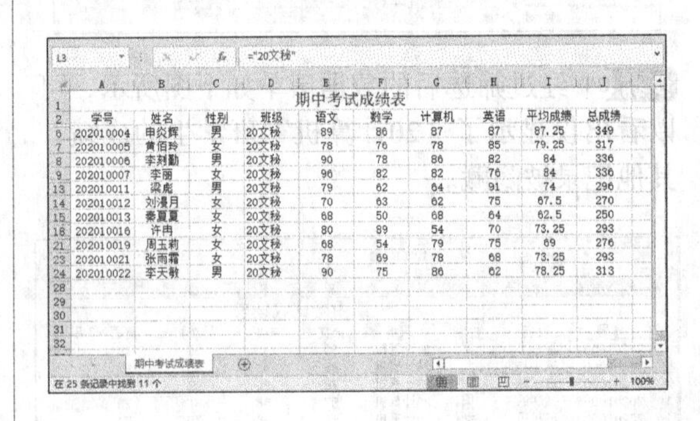

11.4 数据的排序

Excel默认的排序是根据单元格中的数据进行的。在按升序排序时，Excel使用如下的顺序。

（1）数值从最小的负数到最大的正数排序。

（2）文本按A~Z顺序。

（3）逻辑值False在前，True在后。

（4）空格排在最后。

11.4.1 单条件排序

单条件排序可以根据一行或一列的数据对整个数据表按照升序或降序的方法进行排列。

步骤01 打开 “素材\ch11\成绩单.xlsx”工作簿，如要按照总成绩由高到低进行排序，选择总成绩所在E列的任意一个单元格（如E4）。

E4 =C4+D4

期末成绩单

学号	姓名	文化课成绩	体育成绩	总成绩
1001	王亮亮	520	45	565
1002	李明明	510	42	552
1003	胡悦悦	520	48	568
1004	马军军	530	42	572
1005	刘亮亮	520	45	565
1006	陈鹏鹏	510	49	559
1007	张春鸽	510	43	553
1008	李夏莲	540	40	580
1009	胡秋菊	530	41	571

Sheet1

步骤02 单击【数据】选项卡下【排序和筛选】组中的【降序】按钮，即可按照总成绩由高到低的顺序显示数据。

期末成绩单

学号	姓名	文化课成绩	体育成绩	总成绩
1008	李夏莲	540	40	580
1004	马军军	530	42	572
1009	胡秋菊	530	41	571
1003	胡悦悦	520	48	568
1001	王亮亮	520	45	565
1005	刘亮亮	520	45	565
1010	李冬梅	520	42	562
1006	陈鹏鹏	510	49	559
1007	张春鸽	510	43	553
1002	李明明	510	42	552

Sheet1

11.4.2 多条件排序

在打开的“成绩单.xlsx”工作簿中，如果希望按照文化课成绩由高到低进行排序，而文化课成绩相等时，则以体育成绩由高到低的方式显示时，即可使用多条件排序。

步骤01 在打开的“成绩单.xlsx”工作簿中，选择表格中的任意一个单元格（如C4），单击【数据】选项卡下【排序和筛选】组中的【排序】按钮。

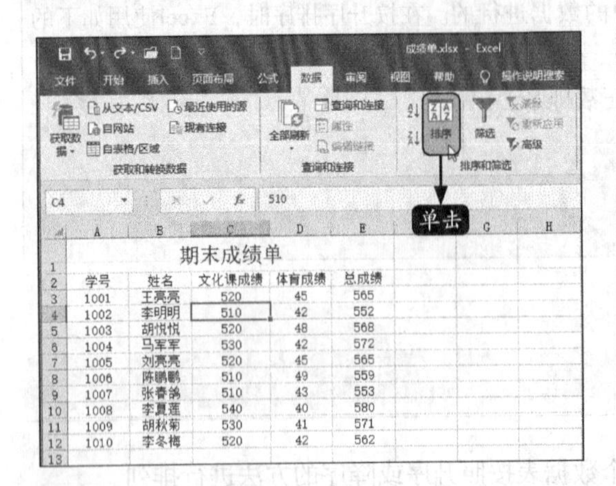

步骤02 打开【排序】对话框，单击【主要关键字】后的下拉按钮，在下拉列表中选择【文化课成绩】选项，设置【排序依据】为【数值】，设置【次序】为【降序】。

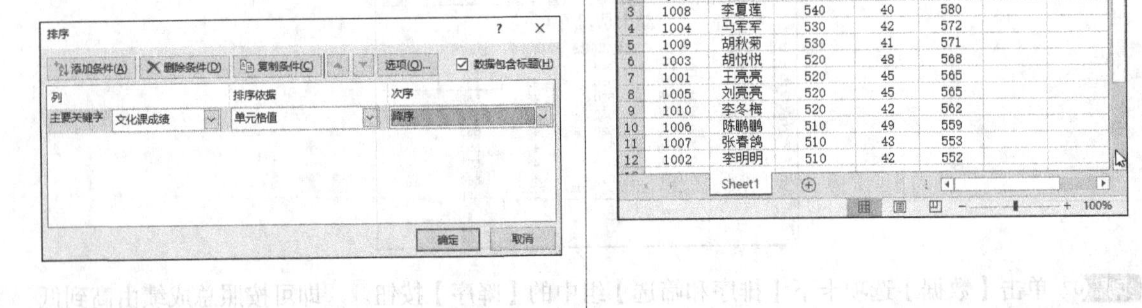

步骤03 单击【添加条件】按钮，新增排序条件，单击【次要关键字】后的下拉按钮，在下拉列表中选择【体育成绩】选项，设置【排序依据】为【数值】，设置【次序】为【降序】，单击【确定】按钮。

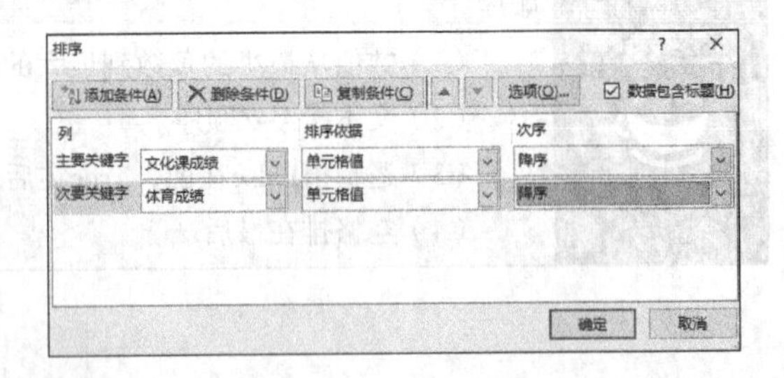

步骤04 返回至工作表，即可看到数据按照文化课成绩由高到低的顺序进行排列，而文化课成绩相等时，则按照体育成绩由高到低进行排列。

11.4.3 自定义排序

Excel具有自定义排序功能，用户可以根据需要设置自定义排序序列。例如按照职位高低进行排序时就可以使用自定义排序的方式。

步骤01 打开“素材\ch11\职务表.xlsx”工作簿，选择任意一个单元格，单击【数据】选项卡下【排序和筛选】组中的【排序】按钮。弹出【排序】对话框，在【主要关键字】下拉列表中选择【职务】选项，在【次序】下拉列表中选择【自定义序列】选项。

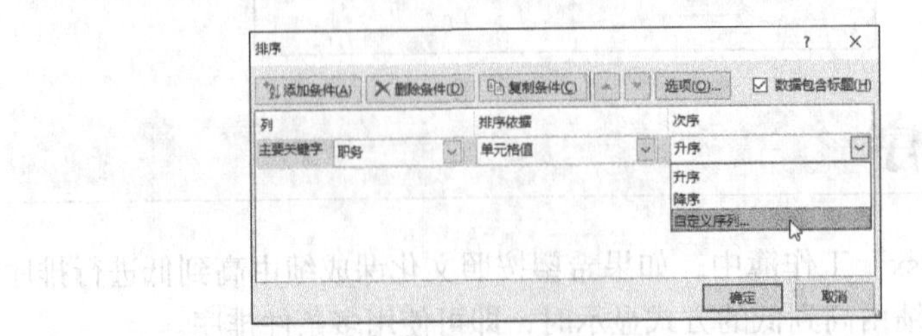

步骤02 弹出【自定义序列】对话框，在【输入序列】列表框中输入“销售总裁”“销售副总裁”“销售经理”“销售助理”和“销售代表”文本，单击【添加】按钮，将自定义序列添加至【自定义序列】列表框，单击【确定】按钮。

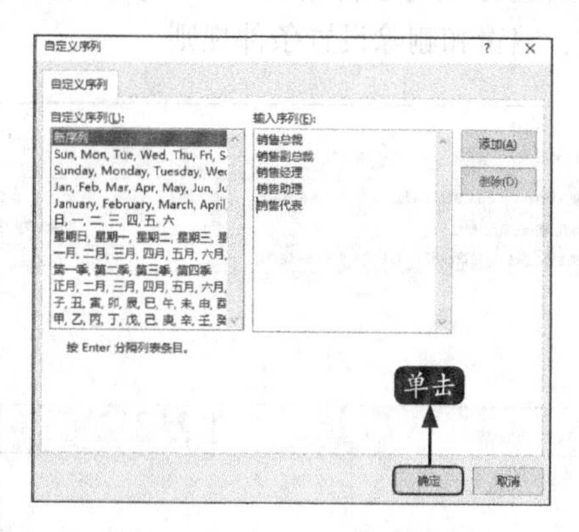

步骤03 返回至【排序】对话框，即可看到【次序】文本框中显示的为自定义的序列，单击【确定】按钮。

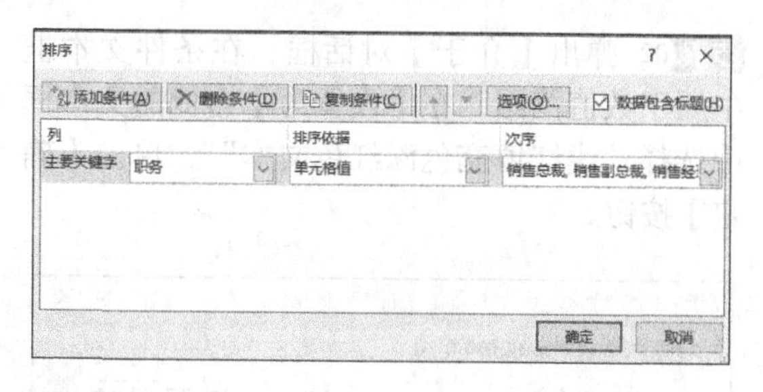

步骤04 即可查看按照自定义排序列表排序后的结果。

职务表			
编号	姓名	职务	基本工资
10222	李献伟	销售总裁	¥8,500
10218	霍庆伟	销售副总裁	¥6,800
10216	郝东升	销售经理	¥5,800
10213	贺双双	销售助理	¥4,800
10215	刘晓坡	销售助理	¥4,200
10217	张可洪	销售助理	¥4,200
10220	范娟娟	销售助理	¥4,600
10211	石向远	销售代表	¥4,500
10212	刘亮亮	销售代表	¥4,200
10214	李洪亮	销售代表	¥4,300
10219	朱明哲	销售代表	¥4,200
10221	马焕平	销售代表	¥4,100

11.5 使用条件格式

在Excel 2019中可以使用条件格式，将符合条件的数据突出显示。

条件格式是指在设定的条件下，Excel自动应用所选单元格的格式（如单元格的底纹或字体颜色），即在所选的单元格中符合条件的以一种格式显示，不符合条件的以另一种格式显示。

设定条件格式可以让用户基于单元格内容有选择地和自动地应用单元格格式。例如，通过设置使区域内的所有负值有一个浅黄色的背景色。当输入或者改变区域中的值时，如果数值为负数背景就变化，否则就不应用任何格式。

对一个单元格区域应用条件格式的步骤如下。

步骤01 打开“素材\ch11\成绩单.xlsx”文件，选择要设置的区域，如选择总成绩区域。单击【开始】选项卡下【样式】选项组中的【条件格式】按钮，选择【突出显示单元格规则】➤【介于】条件规则。

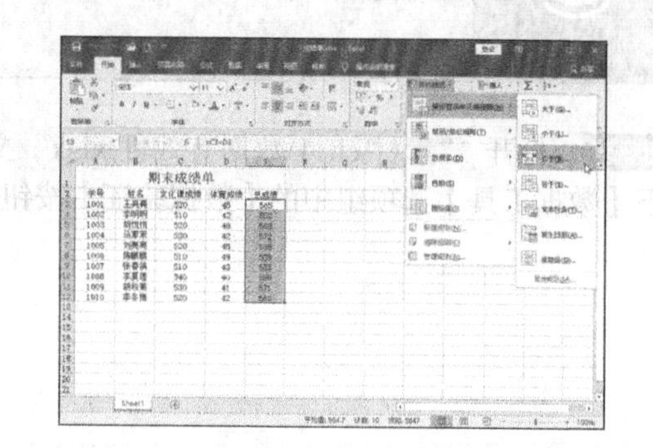

步骤 02 弹出【介于】对话框，在条件文本框中属于数值范围，在【设置为】右侧的文本框中选择“浅红填充色深红色文本”，单击【确定】按钮。

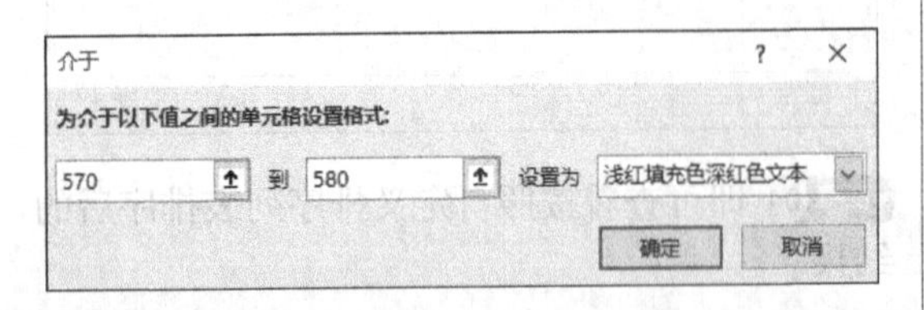

步骤 03 效果如下图所示。

	A	B	C	D	E
1	期末成绩单				
2	学号	姓名	文化课成绩	体育成绩	总成绩
3	1001	王亮亮	520	45	565
4	1002	李明明	510	42	552
5	1003	胡悦悦	520	48	568
6	1004	马军军	530	42	572
7	1005	刘亮亮	520	45	565
8	1006	陈鹏鹏	510	49	559
9	1007	张春鸽	510	43	553
10	1008	李夏莲	540	40	580
11	1009	胡秋菊	530	41	571
12	1010	李冬梅	520	42	562

小提示

单击【新建规则】选项，弹出【新建格式规则】对话框，在此对话框中可以根据自己的需要设定条件规则。

设定条件格式后，可以管理和清除设置的条件格式。

1. 管理条件格式

选择设置条件格式的区域，单击【开始】选项卡下【样式】选项组中的【条件格式】按钮，在弹出的列表中选择【管理规则】选项。弹出【条件格式规则管理器】对话框，在此列出了所选区域的条件格式，可以在此管理器中新建、编辑和删除设置条件规则。

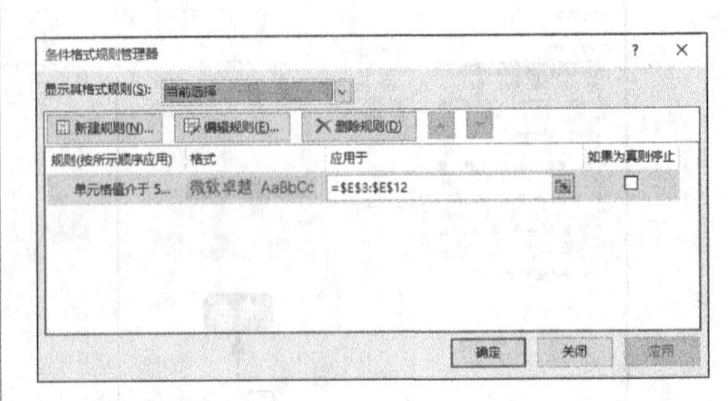

2. 清除条件格式

除使用【条件格式规则管理器】删除规则外，还可以通过以下方式删除。

选择设置条件格式的区域，单击【开始】选项卡下【样式】选项组中的【条件格式】按钮，在弹出的列表中选择【清除规则】➤【清除所选单元格的规则】选项，可清除选择区域中的条件规则；选择【清除规则】➤【清除整个工作表的规则】选项，则清除此工作表中设置的所有条件规则。

11.6 设置数据的有效性

在向工作表中输入数据时，为了防止用户输入错误的数据，可以为单元格设置有效的数据范围，限定用户只能输入指定范围的数据。设置学生学号长度的具体操作步骤如下。

步骤 01 打开“素材\ch11\数据有效性.xlsx”文件。选择单元格区域B2:B8，单击【数据】选项卡下【数据工具】选项组中的【数据验证】按钮，在弹出的下拉列表中选择【数据验证】选项。

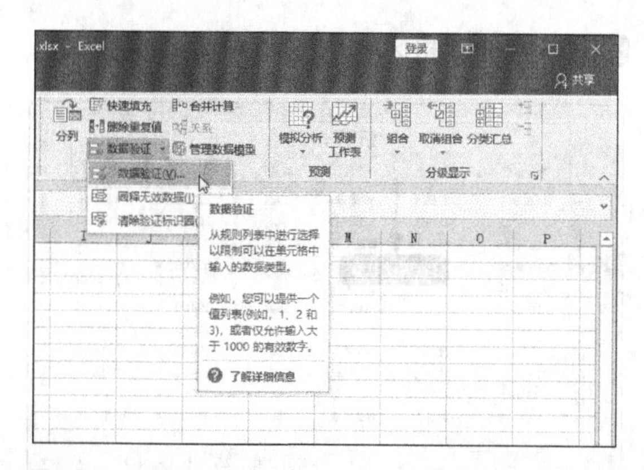

步骤02 弹出【数据验证】对话框，选择【设置】选项卡，在【允许】下拉列表中选择【文本长度】，在【数据】下拉列表中选择【等于】，在【长度】文本框中输入“8”，单击【确定】按钮。

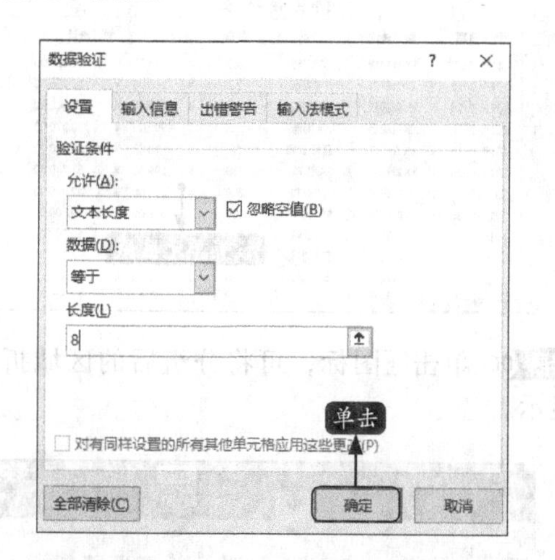

步骤03 返回工作表，在单元格区域B2:B8中输入学号，如果输入小于8位或者大于8 位的学号，即弹出【Microsoft Excel】提示框，提示出错信息。

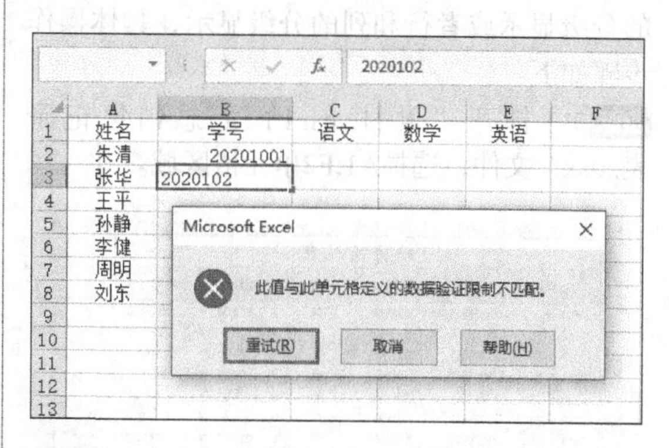

步骤04 只有输入8 位的学号时，才能正确输入，而不会弹出警告。

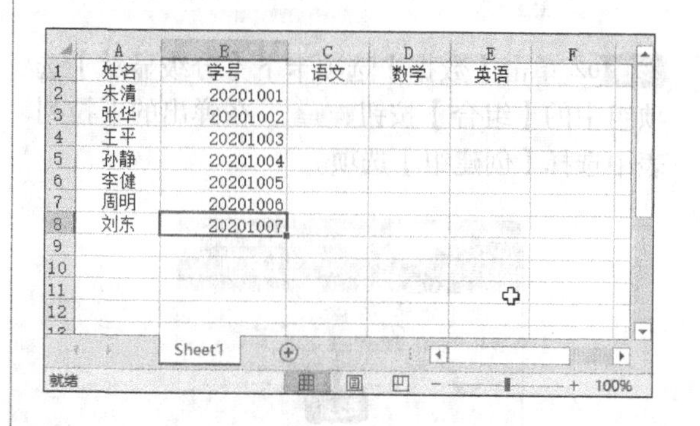

11.7 制作《汇总销售记录表》

分类汇总是对数据清单中的数据进行分类，并在分类的基础上对数据进行汇总。

11.7.1 建立分类显示

为了便于管理Excel中的数据，可以建立分类显示。分级最多为8个级别，每组一级。每个内部级别在分级显示符号中由较大的数字表示，它们分别显示其前一外部级别的明细数据，这些外部级别在分级显示符号中均由较小的数字表示。使用分级显示可以对数据分组并快速显示汇总行或汇总列，或者显示每组的明细数据。可创建行的分级显示（如本节示例所示）、列的分级显示或者行和列的分级显示，具体操作步骤如下。

步骤 01 打开“素材\ch11\汇总销售记录表.xlsx”文件，选择A1:F2单元格区域。

销售情况表					
销售日期	购货单位	产品	数量	单价	合计
2019-9-5	XX数码店	VR眼镜	100	¥ 213.00	¥ 21,300.00
2019-9-15	XX数码店	VR眼镜	50	¥ 213.00	¥ 10,650.00
2019-9-16	XX数码店	智能手表	60	¥ 399.00	¥ 23,940.00
2019-9-30	XX数码店	平衡车	30	¥ 999.00	¥ 29,970.00
2019-9-15	XX数码店	蓝牙音箱	60	¥ 78.00	¥ 4,680.00
2019-9-25	XX数码店	AI音箱	260	¥ 199.00	¥ 51,740.00
2019-9-25	YY数码店	VR眼镜	200	¥ 213.00	¥ 42,600.00
2019-9-30	YY数码店	智能手表	200	¥ 399.00	¥ 79,800.00
2019-9-15	YY数码店	AI音箱	300	¥ 199.00	¥ 59,700.00
2019-9-1	YY数码店	蓝牙音箱	50	¥ 78.00	¥ 3,900.00
2019-9-8	YY数码店	智能手表	150	¥ 399.00	¥ 59,850.00

步骤 02 单击【数据】选项卡下【分级显示】选项组中的【组合】按钮 组合，在弹出的下拉列表中选择【创建组】选项。

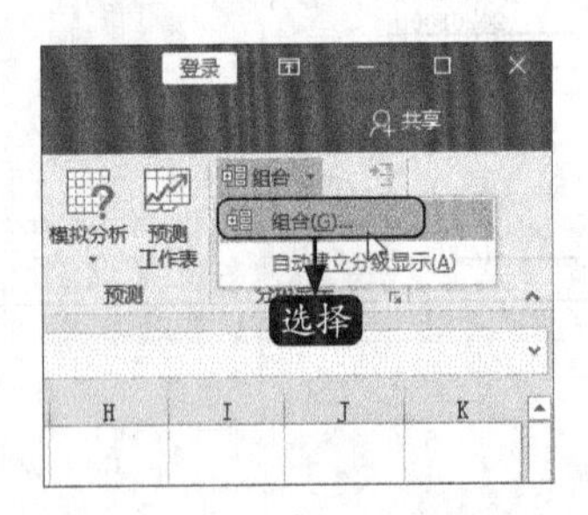

步骤 03 弹出【创建组】对话框，单击选中【行】单选项，单击【确定】按钮。

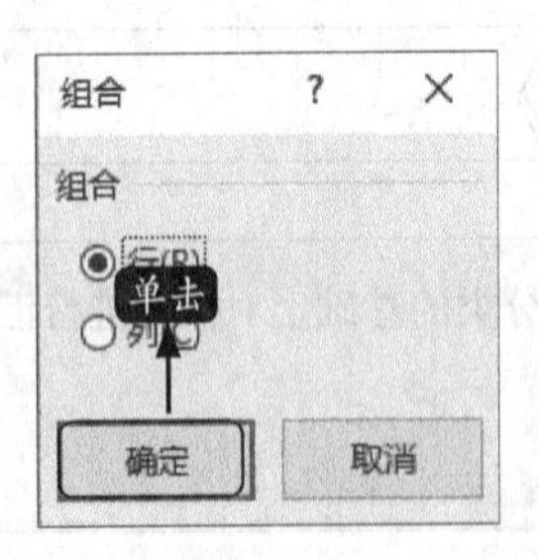

步骤 04 将单元格区域A1:F2设置为一个组类。

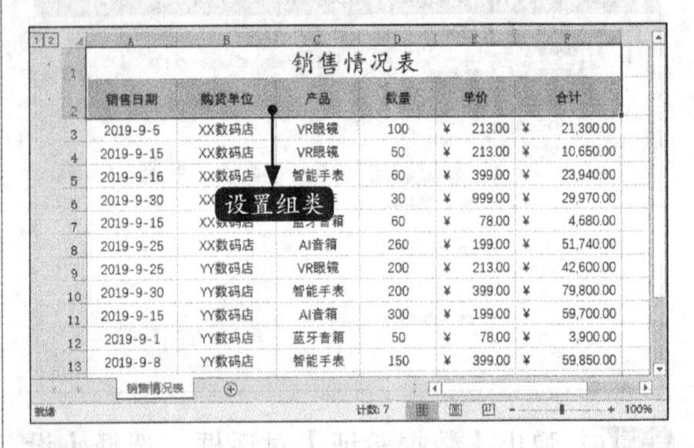

步骤 05 使用同样的方法设置单元格区域A3:F13。

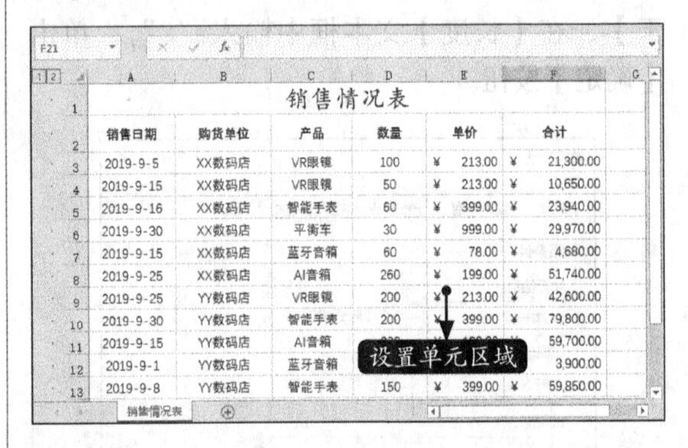

步骤 06 单击 1 图标，可将分组后的区域折叠显示。

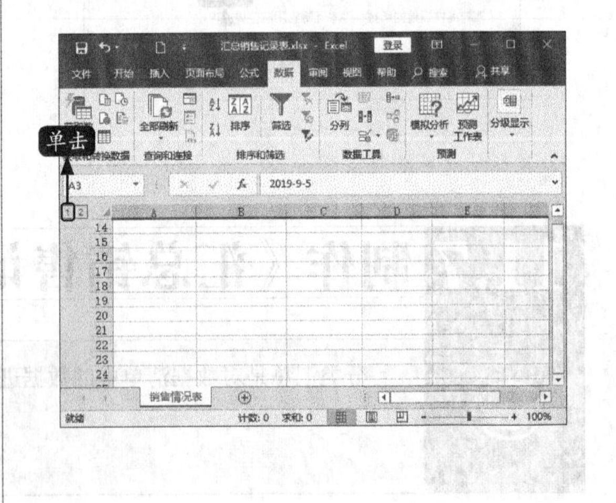

11.7.2 创建简单分类汇总

使用分类汇总的数据列表，每一列数据都要有列标题。Excel使用列标题来决定如何创建数据组以及如何计算总和。在《汇总销售记录表》的制作中，创建简单分类汇总的具体操作步骤如下。

步骤01 打开“素材/ch11/汇总销售记录表.xlsx”文件，单击F列数据区域内任一单元格，单击【数据】选项卡中的【降序】按钮进行排序。

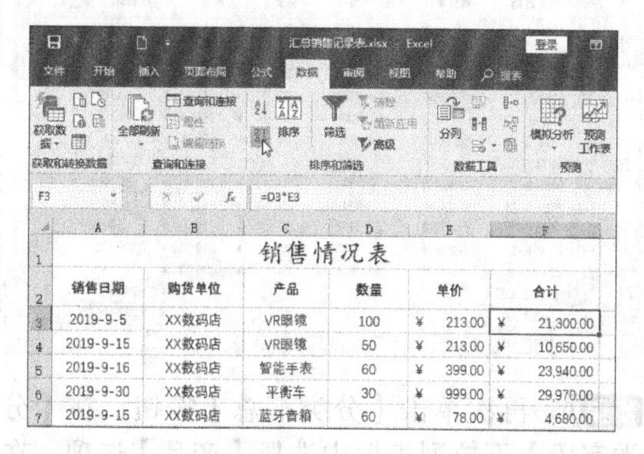

	A	B	C	D	E	F
1	销售情况表					
2	销售日期	购货单位	产品	数量	单价	合计
3	2019-9-5	XX数码店	VR眼镜	100	¥ 213.00	¥ 21,300.00
4	2019-9-15	XX数码店	VR眼镜	50	¥ 213.00	¥ 10,650.00
5	2019-9-16	XX数码店	智能手表	60	¥ 399.00	¥ 23,940.00
6	2019-9-30	XX数码店	平衡车	30	¥ 999.00	¥ 29,970.00
7	2019-9-15	XX数码店	蓝牙音箱	60	¥ 78.00	¥ 4,680.00

步骤02 在【数据】选项卡中，单击【分级显示】选项组中的【分类汇总】按钮，弹出【分类汇总】对话框。

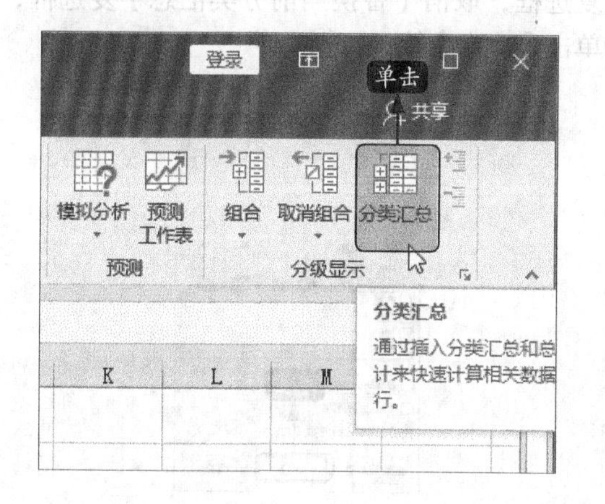

步骤03 在【分类字段】列表框中选择【产品】选项，表示以“产品”字段进行分类汇总，在【汇总方式】列表框中选择【求和】选项，在【选定汇总项】列表框中选择【合计】复选框，并选择【汇总结果显示在数据下方】复选框。

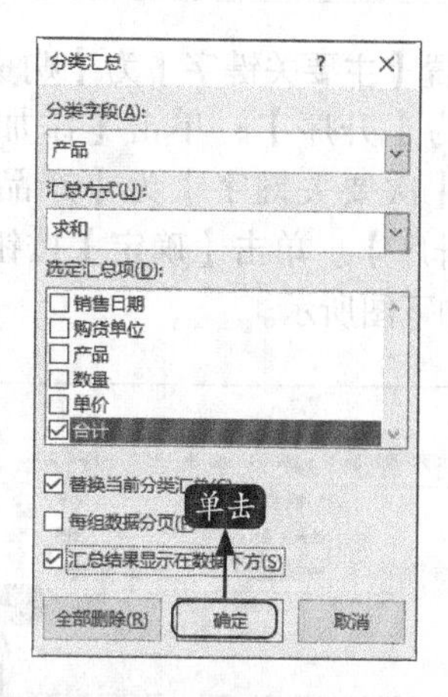

步骤04 单击【确定】按钮。进行分类汇总后的效果如下图所示。

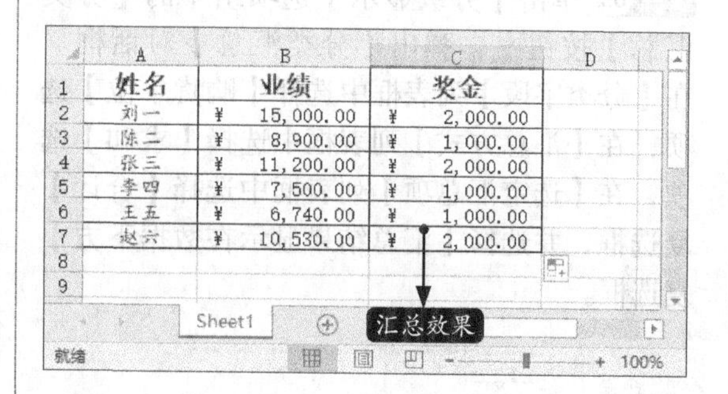

	A	B	C
1	姓名	业绩	奖金
2	刘一	¥ 15,000.00	¥ 2,000.00
3	陈二	¥ 8,900.00	¥ 1,000.00
4	张三	¥ 11,200.00	¥ 2,000.00
5	李四	¥ 7,500.00	¥ 1,000.00
6	王五	¥ 6,740.00	¥ 1,000.00
7	赵六	¥ 10,530.00	¥ 2,000.00

11.7.3 创建多重分类汇总

在Excel中，要根据两个或更多个分类项对工作表中的数据进行分类汇总，可以使用以下方法。

（1）按分类项的优先级对相关字段排序。

（2）按分类项的优先级多次执行分类汇总，后面执行分类汇总时，需撤选对话框中的【替换当前分类汇总】复选框。

步骤01 打开“素材\ch11\汇总销售记录表.xlsx”工作簿，选择数据区域中的任意单元格，单击【数据】选项卡【排序和筛选】选项组中的【排序】按钮，弹出【排序】对话框。

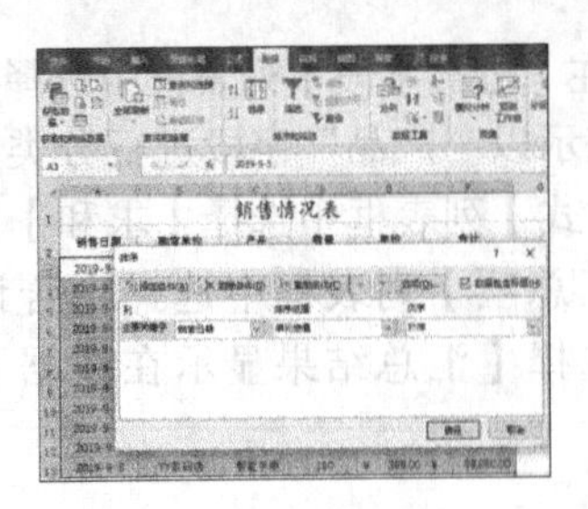

步骤 02 设置【主要关键字】为【购货单位】，【次序】为【升序】；单击【添加条件】按钮，设置【次要关键字】为【产品】，【次序】为【升序】。单击【确定】按钮，排序后的工作表如下图所示。

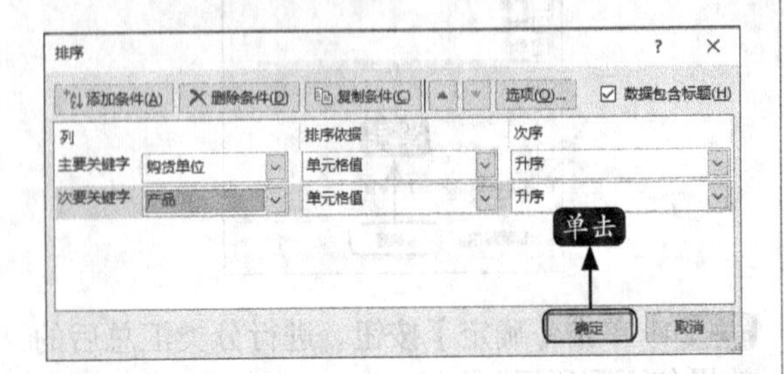

步骤 03 单击【分级显示】选项组中的【分类汇总】按钮，弹出【分类汇总】对话框。在【分类字段】列表框中选择【购货单位】选项，在【汇总方式】列表框中选择【求和】选项，在【选定汇总项】列表框中选择【合计】复选框，并选择【汇总结果显示在数据下方】复选框。

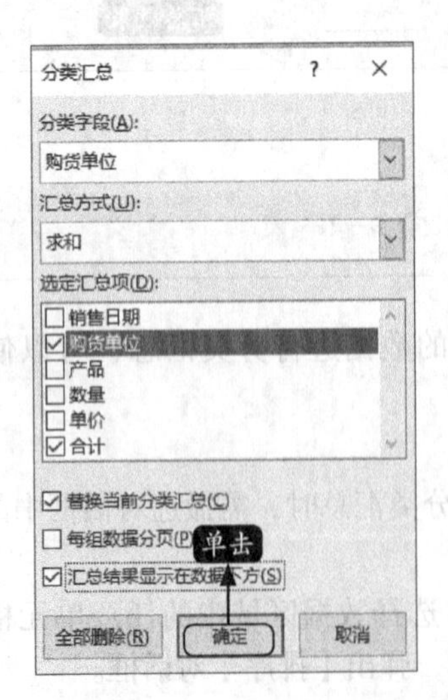

步骤 04 单击【确定】按钮。分类汇总后的工作表如下图所示。

销售情况表

	销售日期	购货单位	产品	数量	单价	合计
3	2019-9-25	XX数码店	AI音箱	260	¥ 199.00	¥ 51,740.00
4	2019-9-5	XX数码店	VR眼镜	100	¥ 213.00	¥ 21,300.00
5	2019-9-15	XX数码店	VR眼镜	50	¥ 213.00	¥ 10,650.00
6	2019-9-15	XX数码店	蓝牙音箱	60	¥ 78.00	¥ 4,680.00
7	2019-9-30	XX数码店	平衡车	30	¥ 999.00	¥ 29,970.00
8	2019-9-16	XX数码店	智能手表	60	¥ 399.00	¥ 23,940.00
9	XX数码店 汇总	0				¥ 142,280.00
10	2019-9-15	YY数码店	AI音箱	300	¥ 199.00	¥ 59,700.00
11	2019-9-25	YY数码店	VR眼镜	200	¥ 213.00	¥ 42,600.00
12	2019-9-1	YY数码店	蓝牙音箱	50	¥ 78.00	¥ 3,900.00
13	2019-9-30	YY数码店	智能手表	200	¥ 399.00	¥ 79,800.00
14	2019-9-8	YY数码店	智能手表	150	¥ 399.00	¥ 59,850.00
15	YY数码店 汇总	0				¥ 245,850.00
16	总计	0				¥ 388,130.00

步骤 05 再次单击【分类汇总】按钮，在【分类字段】下拉列表框中选择【产品】选项，在【汇总方式】下拉列表框中选择【求和】选项，在【选定汇总项】列表框中选择【合计】复选框，取消【替换当前分类汇总】复选框，单击【确定】按钮。

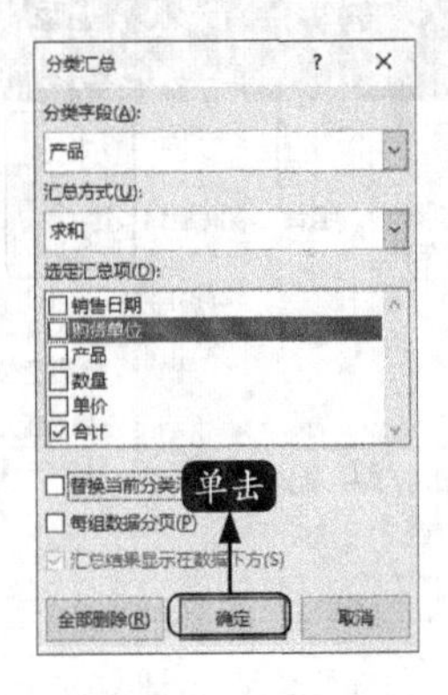

步骤 06 此时，即建立了两重分类汇总。

销售情况表

	销售日期	购货单位	产品	数量	单价	合计
3	2019-9-25	XX数码店	AI音箱	260	¥ 199.00	¥ 51,740.00
4			AI音箱 汇总			¥ 51,740.00
5	2019-9-5	XX数码店	VR眼镜	100	¥ 213.00	¥ 21,300.00
6	2019-9-15	XX数码店	VR眼镜	50	¥ 213.00	¥ 10,650.00
7			VR眼镜 汇总			¥ 31,950.00
8	2019-9-15	XX数码店	蓝牙音箱	60	¥ 78.00	¥ 4,680.00
9			蓝牙音箱 汇总			¥ 4,680.00
10	2019-9-30	XX数码店	平衡车	30	¥ 999.00	¥ 29,970.00
11			平衡车 汇总			¥ 29,970.00
12	2019-9-16	XX数码店	智能手表	60	¥ 399.00	¥ 23,940.00
13			智能手表 汇总			¥ 23,940.00
14	XX数码店 汇总	0				¥ 142,280.00
15	2019-9-15	YY数码店	AI音箱	300	¥ 199.00	¥ 59,700.00
16			AI音箱 汇总			¥ 59,700.00

11.7.4 分级显示数据

在建立的分类汇总工作表中，数据是分级显示的，并在左侧显示级别。如多重分类汇总后的《汇总销售记录表》的左侧列表中就显示了4级分类。

步骤01 单击1按钮，显示一级数据，即汇总项的总和。

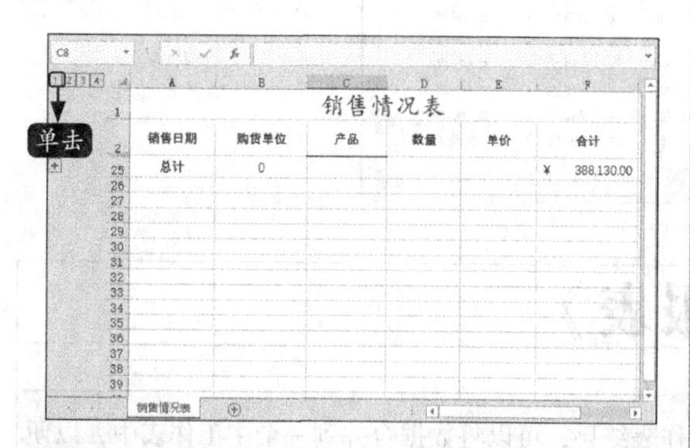

销售情况表

销售日期	购货单位	产品	数量	单价	合计
总计	0				¥ 388,130.00

步骤02 单击2按钮，显示一级和二级数据，即总计和购货单位汇总。

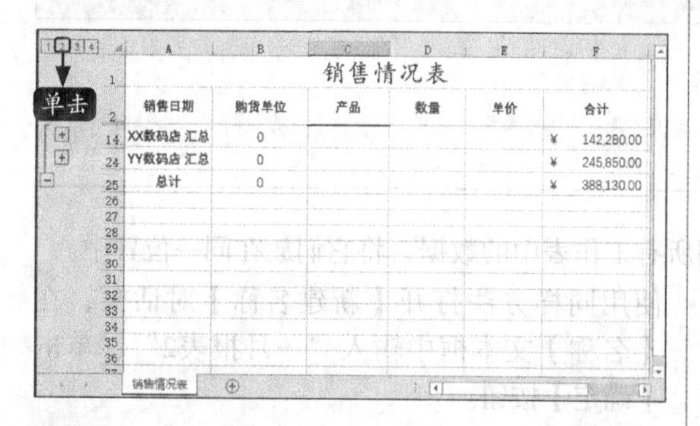

销售情况表

销售日期	购货单位	产品	数量	单价	合计
XX数码店 汇总	0				¥ 142,280.00
YY数码店 汇总	0				¥ 245,850.00
总计	0				¥ 388,130.00

步骤03 单击3按钮，显示一、二、三级数据，即总计、购货单位和产品汇总。

销售情况表

销售日期	购货单位	产品	数量	单价	合计
		AI音箱 汇总			¥ 51,740.00
		VR眼镜 汇总			¥ 31,950.00
		蓝牙音箱 汇总			¥ 4,680.00
		平衡车 汇总			¥ 29,970.00
		智能手表 汇总			¥ 23,940.00
XX数码店 汇总	0				¥ 142,280.00
		AI音箱 汇总			¥ 59,700.00
		VR眼镜 汇总			¥ 42,600.00
		蓝牙音箱 汇总			¥ 3,900.00
		智能手表 汇总			¥ 139,650.00
YY数码店 汇总	0				¥ 245,850.00
总计	0				¥ 388,130.00

步骤04 单击4按钮，显示所有汇总的详细信息。

销售情况表

销售日期	购货单位	产品	数量	单价	合计
2019-9-25	XX数码店	AI音箱	260	¥ 199.00	¥ 51,740.00
		AI音箱 汇总			¥ 51,740.00
2019-9-6	XX数码店	VR眼镜	100	¥ 213.00	¥ 21,300.00
2019-9-16	XX数码店	VR眼镜	50	¥ 213.00	¥ 10,650.00
		VR眼镜 汇总			¥ 31,950.00
2019-9-15	XX数码店	蓝牙音箱	60	¥ 78.00	¥ 4,680.00
		蓝牙音箱 汇总			¥ 4,680.00
2019-9-30	XX数码店	平衡车	30	¥ 999.00	¥ 29,970.00
		平衡车 汇总			¥ 29,970.00
2019-9-16	XX数码店	智能手表	60	¥ 399.00	¥ 23,940.00
		智能手表 汇总			¥ 23,940.00
XX数码店 汇总	0				¥ 142,280.00
2019-9-15	YY数码店	AI音箱	300	¥ 199.00	¥ 59,700.00
		AI音箱 汇总			¥ 59,700.00
2019-9-25	YY数码店	VR眼镜	200	¥ 213.00	¥ 42,600.00
		VR眼镜 汇总			¥ 42,600.00
2019-9-1	YY数码店	蓝牙音箱	50	¥ 78.00	¥ 3,900.00
		蓝牙音箱 汇总			¥ 3,900.00
2019-9-30	YY数码店	智能手表	200	¥ 399.00	¥ 79,800.00
2019-9-6	YY数码店	智能手表	150	¥ 399.00	¥ 59,850.00
		智能手表 汇总			¥ 139,650.00
YY数码店 汇总	0				¥ 245,850.00
总计	0				¥ 388,130.00

11.7.5 清除分类汇总

如果不再需要分类汇总，可以将其清除。清除分类汇总的操作步骤如下。

步骤01 接上一小节的操作，选择分类汇总后工作表数据区域内的任一单元格。在【数据】选项卡中，单击【分级显示】选项组中的【分类汇总】按钮，弹出【分类汇总】对话框。

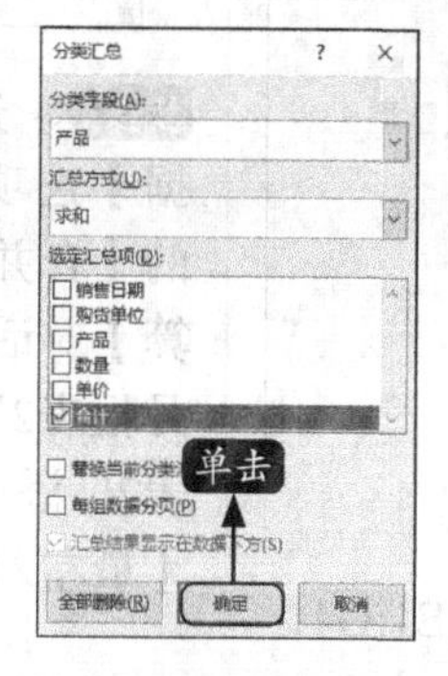

步骤02 在【分类汇总】对话框中，单击【全部删除】按钮清除分类汇总。

销售情况表					
销售日期	购货单位	产品	数量	单价	合计
2019-9-25	XX数码店	AI音箱	260	¥ 199.00	¥ 51,740.00
2019-9-5	XX数码店	VR眼镜	100	¥ 213.00	¥ 21,300.00
2019-9-15	XX数码店	VR眼镜	50	¥ 213.00	¥ 10,650.00
2019-9-15	XX数码店	蓝牙音箱	60	¥ 78.00	¥ 4,680.00
2019-9-30	XX数码店	平衡车	30	¥ 999.00	¥ 29,970.00
2019-9-16	XX数码店	智能手表	60	¥ 399.00	¥ 23,940.00
2019-9-15	YY数码店	AI音箱	300	¥ 199.00	¥ 59,700.00
2019-9-25	YY数码店	VR眼镜	200	¥ 213.00	¥ 42,600.00
2019-9-1	YY数码店	蓝牙音箱	50	¥ 78.00	¥ 3,900.00
2019-9-30	YY数码店	智能手表	200	¥ 399.00	¥ 79,800.00
2019-9-8	YY数码店	智能手表	150	¥ 399.00	¥ 59,850.00

销售情况表

11.8 合并计算《销售报表》

在Excel 2019中，若要汇总多个工作表结果，可以将数据合并到一个主工作表中，以便能够对数据进行更新和汇总。

11.8.1 按照位置合并计算

按位置进行合并计算就是按同样的顺序排列所有工作表中的数据，将它们放在同一位置中。

步骤01 打开“素材\ch11\数码产品销售报表.xlsx”工作簿。选择“一月报表”工作表的A1:C5区域，在【公式】选项卡中，单击【定义的名称】选项组中的【定义名称】按钮 定义名称，弹出【新建名称】对话框，在【名称】文本框中输入“一月报表1”，单击【确定】按钮。

步骤02 选择当前工作表的单元格区域E1:G4，使用同样方法打开【新建名称】对话框，在【名称】文本框中输入“一月报表2”，单击【确定】按钮。

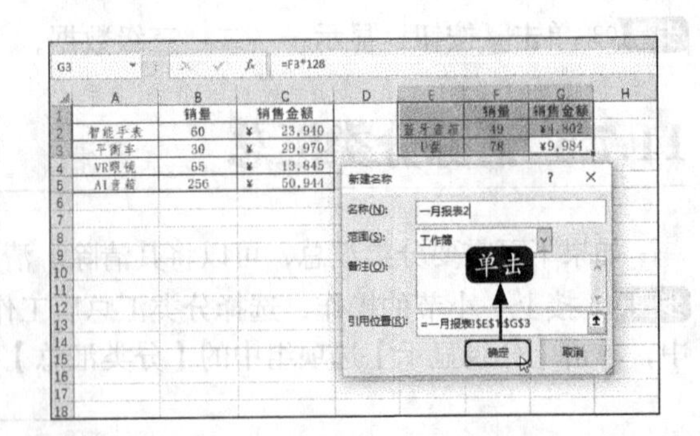

步骤03 选择工作表中的单元格A6，在【数据】选项卡中，单击【数据工具】选项组中的【合并计算】按钮 合并计算，在弹出【合并计算】对话框的【引用位置】文本框中输入“一月报表2”，单击【添加】按钮，把“一月报表2”添加到【所有引用位置】列表框中并勾选【最左列】复选框，单击【确定】按钮。

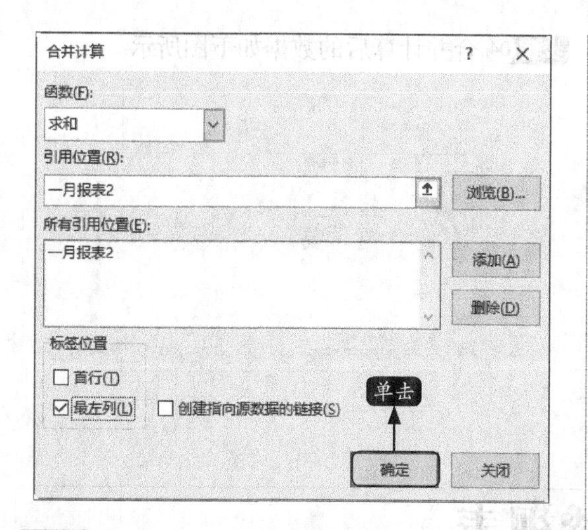

步骤04 此时，即可将名称为“一月报表2”的区域合并到“一月报表1”区域中，如右图所示。

	A	B	C	D	E	F	G
1		销量	销售金额			销量	销售金额
2	智能手表	60	¥ 23,940		蓝牙音箱	49	¥4,802
3	平衡车	30	¥ 29,970		U盘	78	¥9,984
4	VR眼镜	65	¥ 13,845				
5	AI音箱	256	¥ 50,944				
6	蓝牙音箱	49	¥ 4,802				
7	U盘	78	¥ 9,984				

小提示

合并前要确保每个数据区域都采用列表格式，第一行中的每列都具有标签，同一列中包含相似的数据，并且在列表中没有空行或空列。

11.8.2 由多个明细表快速生成汇总表

如果数据分散在各个明细表，需要将这些数据汇总到一个总表中，也可以使用合并计算。具体操作步骤如下。

步骤01 接上一小节的操作，单击“第1季度销售报表”工作表A1单元格。

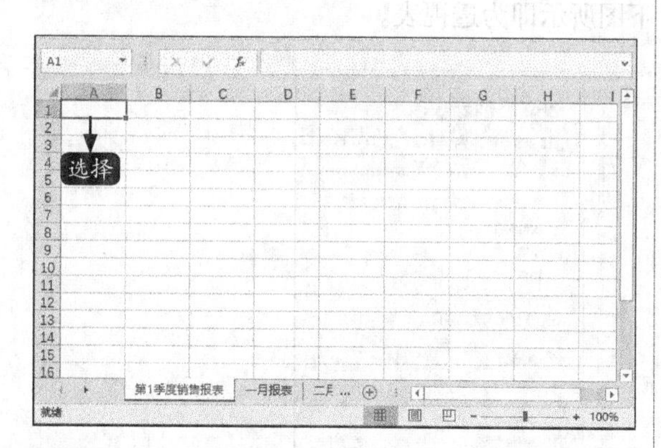

步骤02 在【数据】选项卡中，单击【数据工具】选项组中的【合并计算】按钮，弹出【合并计算】对话框，将光标定位在“引用位置”文本框中，然后选择“一月报表”工作表中的A1:C7，单击【添加】按钮。

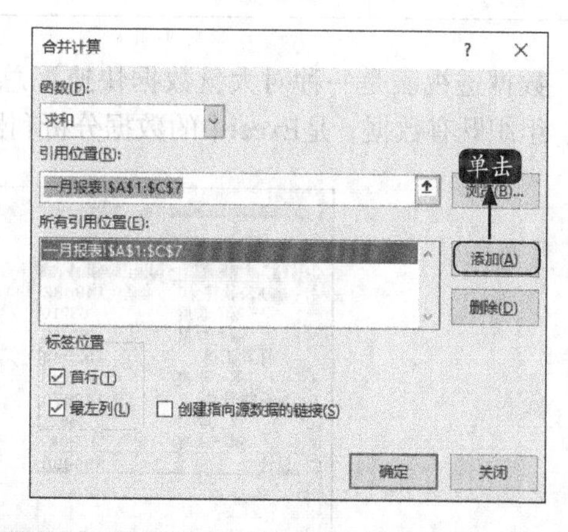

步骤03 重复此操作，依次添加二月、三月报表的数据区域，并选择【首行】【最左列】复选框，单击【确定】按钮。

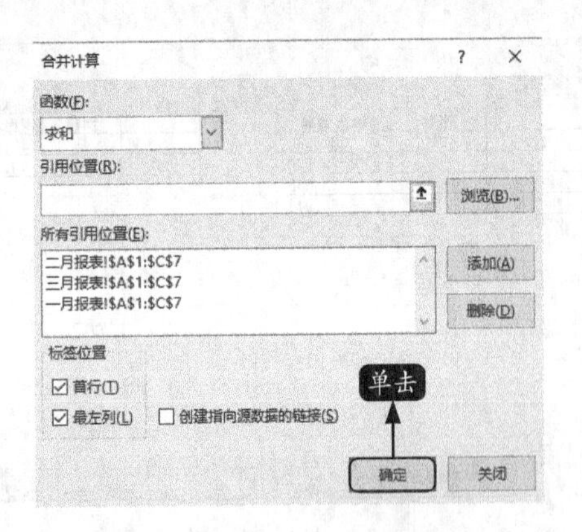

步骤 04 合并计算后的数据如下图所示。

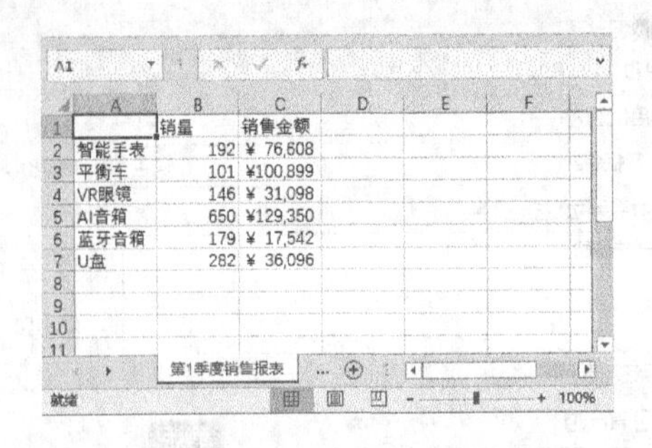

	A	B	C
1		销量	销售金额
2	智能手表	192	¥ 76,608
3	平衡车	101	¥100,899
4	VR眼镜	146	¥ 31,098
5	AI音箱	650	¥129,350
6	蓝牙音箱	179	¥ 17,542
7	U盘	282	¥ 36,096

11.9 制作《销售业绩透视表》

数据透视表实际上是从数据库中生成的动态总结报告，最大的特点就是具有交互性。创建透视表后，可以任意地重新排列数据信息，并且可以根据需要对数据进行分组。

11.9.1 认识数据透视表

数据透视表是一种对大量数据快速汇总和建立交叉列表的交互式动态表格，能帮助用户分析、组织既有数据，是Excel中的数据分析利器。下图所示即为透视表。

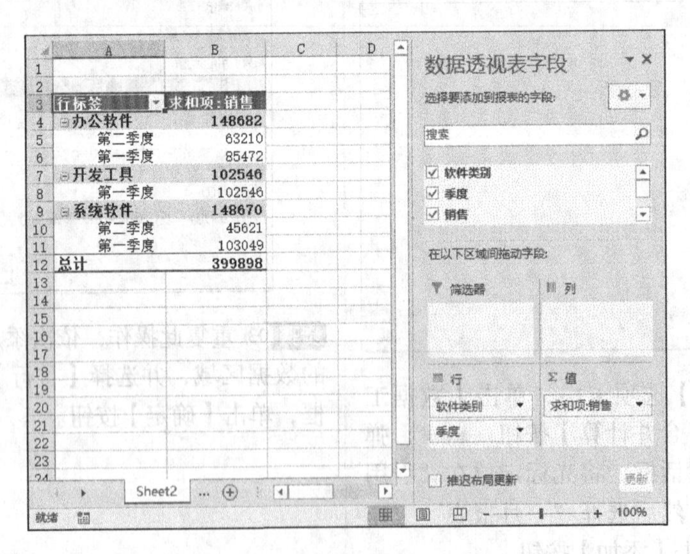

行标签	求和项:销售
办公软件	148682
第二季度	63210
第一季度	85472
开发工具	102546
第一季度	102546
系统软件	148670
第二季度	45621
第一季度	103049
总计	399898

1.数据透视表的用途

数据透视表的主要用途是从数据库的大量数据中生成动态数据报告，对数据进行分类汇总和聚合，帮助用户分析和组织数据。利用数据透视表还可以对记录数量较多、结构复杂的工作表进行筛选、排序、分组和有条件地设置格式，发现数据中的规律。

（1）可以使用多种方式查询大量数据。

（2）按分类和子分类对数据进行分类汇总和计算。

（3）展开或折叠要关注结果的数据级别，查看部分区域汇总数据的明细。

（4）将行移动到列或将列移动到行，以查看源数据的不同汇总方式。

（5）对最有用和最关注的数据子集进行筛选、排序、分组和有条件地设置格式，使用户能够关注所需的信息。

（6）提供简明、有吸引力并且带有批注的联机报表或打印报表。

2.数据透视表的有效数据源

用户可以从4种类型的数据源中组织和创建数据透视表。

（1）Excel数据列表。Excel数据列表是最常用的数据源。如果以Excel数据列表作为数据源，则标题行不能有空白单元格或者合并的单元格，否则不能生成数据透视表，而是出现如下图所示的错误提示。

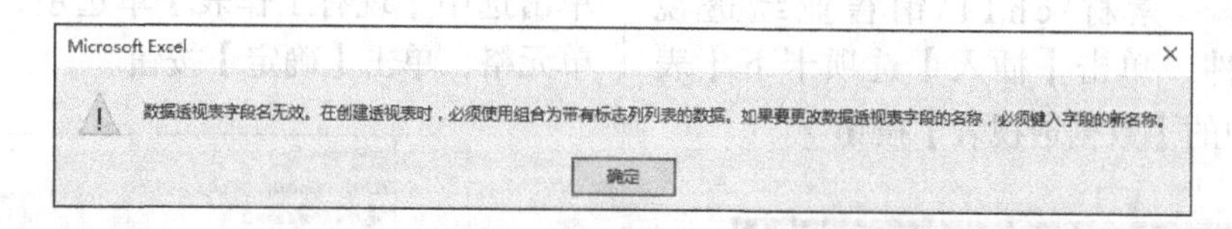

（2）外部数据源。文本文件、Microsoft SQL Server数据库、Microsoft Access数据库、dBase数据库等均可作为数据源。Excel 2000及以上版本还可以利用Microsoft OLAP多维数据集创建数据透视表。

（3）多个独立的Excel数据列表。数据透视表可以将多个独立Excel表格中的数据汇总到一起。

（4）其他数据透视表。创建完成的数据透视表也可以作为数据源来创建另外一个数据透视表。

11.9.2 数据透视表的组成结构

对于任何一个数据透视表，整体结构都可以划分为行区域、列区域、值区域和筛选器四大区域。

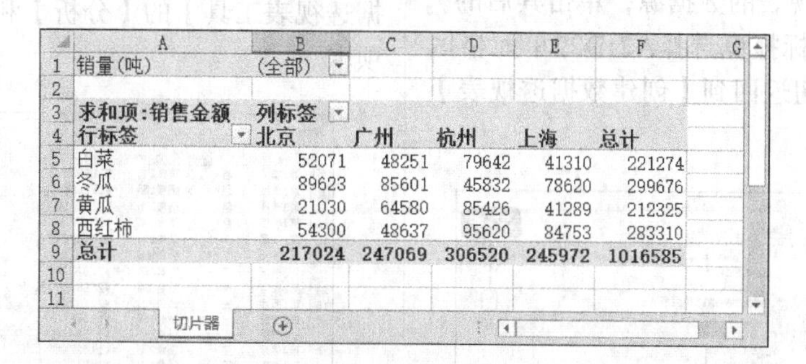

	A	B	C	D	E	F
1	销量(吨)	(全部)				
2						
3	求和项:销售金额	列标签				
4	行标签	北京	广州	杭州	上海	总计
5	白菜	52071	48251	79642	41310	221274
6	冬瓜	89623	85601	45832	78620	299676
7	黄瓜	21030	64580	85426	41289	212325
8	西红柿	54300	48637	95620	84753	283310
9	总计	217024	247069	306520	245972	1016585
10						
11						

切片器

（1）行区域。

行区域位于数据透视表的左侧，每个字段中的每一项都显示在行区域的每一行中。通常在行区域中放置一些可用于进行分组或分类的内容，例如办公软件、开发工具及系统软件等。

（2）列区域。

列区域由数据透视表各列顶端的标题组成。每个字段中的每一项都显示在列区域的每一列中。通常在列区域中放置一些可以随时间变化的内容，例如第一季度和第二季度等，可以很明显地看出数据随时间变化的趋势。

（3）值区域。

在数据透视表中，包含数值的大面积区域就是值区域。值区域中的数据是对数据透视表中行字段和列字段数据的计算和汇总，该区域中的数据一般是可以进行运算的。默认情况下，Excel对数值区域中的数值型数据进行求和，对文本型数据进行计数。

（4）筛选器。

筛选器位于数据透视表的左上方，由一个或多个下拉列表组成，通过选择下拉列表中的选项，可以一次性地对整个数据透视表中的数据进行筛选。

11.9.3 创建数据透视表

创建数据透视表的具体操作步骤如下。

步骤01 打开“素材\ch11\销售业绩透视表.xlsx”文件，单击【插入】选项卡下【表格】选项组中的【数据透视表】按钮。

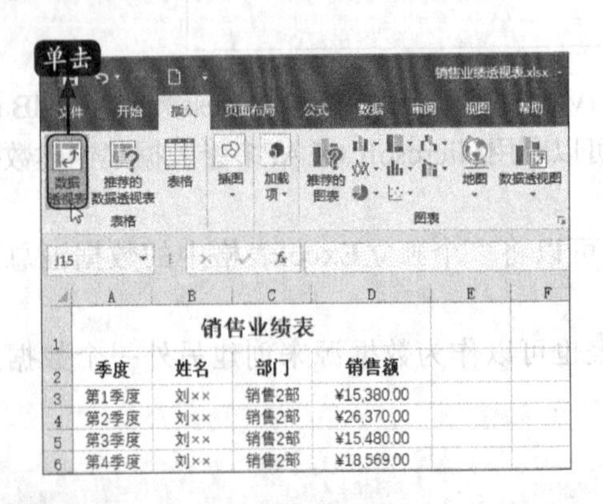

步骤02 弹出【创建数据透视表】对话框，在【请选择要分析的数据】区域单击选中【选择一个表或区域】单选项，在【表/区域】文本框中设置数据透视表的数据源，单击其后的按钮，然后用鼠标拖曳选择A2:D22单元格区域，再单击按钮返回到【创建数据透视表】对话框。

步骤03 在【选择放置数据透视表的位置】区域单击选中【现有工作表】单选项，并选择一个单元格，单击【确定】按钮。

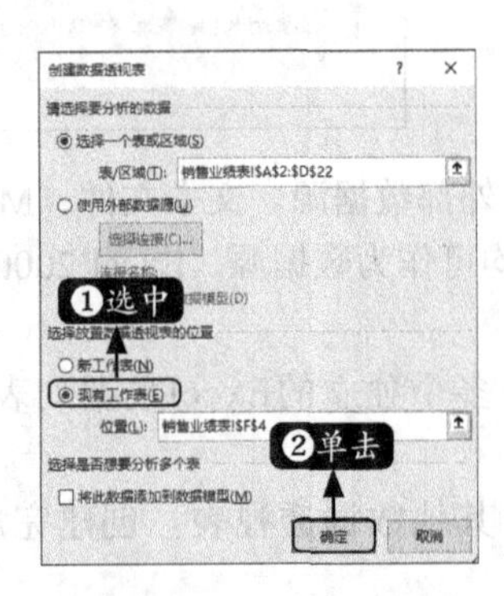

步骤04 弹出数据透视表的编辑界面，工作表中会出现数据透视表，其右侧是【数据透视表字段】任务窗格。在【数据透视表字段】任务窗格中选择要添加到报表的字段，即可完成数据透视表的创建。此外，在功能区会出现【数据透视表工具】的【分析】和【设计】两个选项卡。

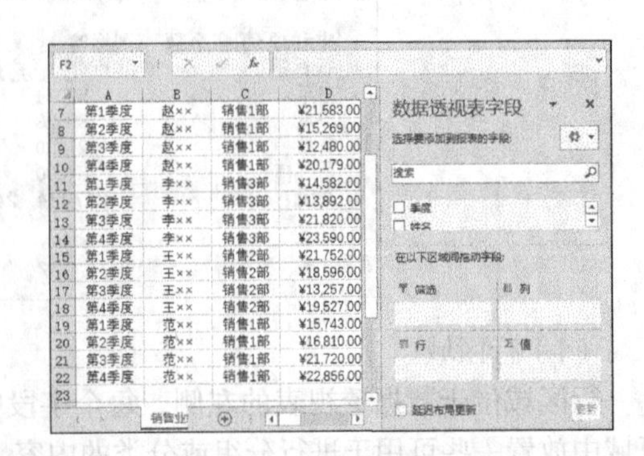

步骤05 将“销售额”字段拖曳到【Σ值】区域，将“季度”拖曳至【列】区域，将“姓名”拖曳至【行】区域，将“部门”拖曳至

【筛选】区域，如下图所示。

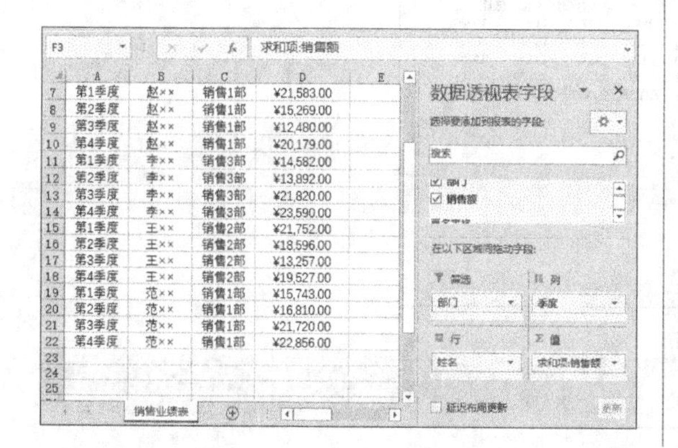

步骤06 创建的数据透视表如下图所示。

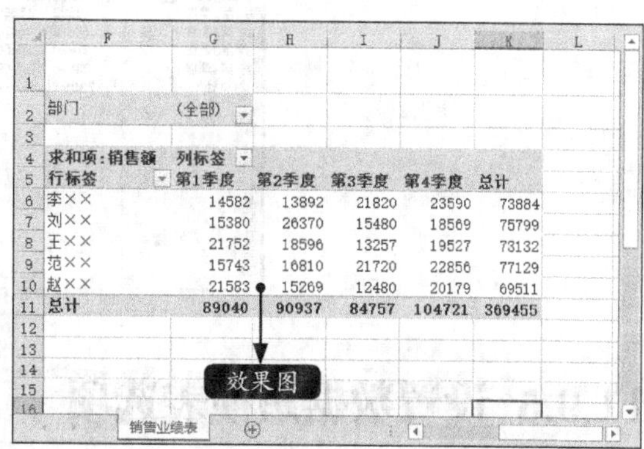

11.9.4 修改数据透视表

创建数据透视表后可以对透视表的行和列进行互换，从而修改数据透视表的布局，重组数据透视表。

步骤01 打开【字段列表】，在右侧的【行】区域单击“季度”并将其拖曳到【行】区域。

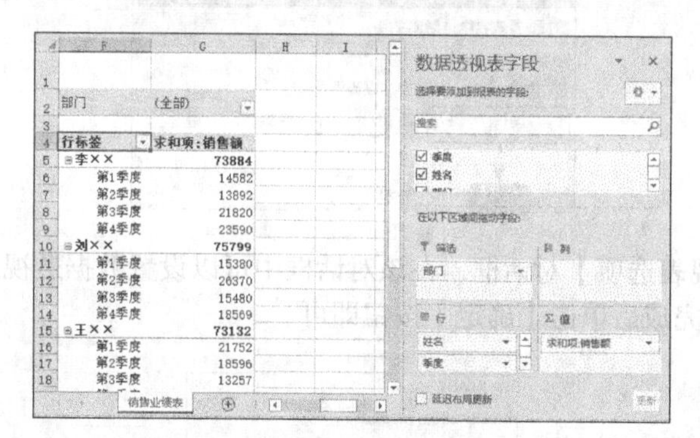

步骤02 此时左侧的透视表如下图所示。

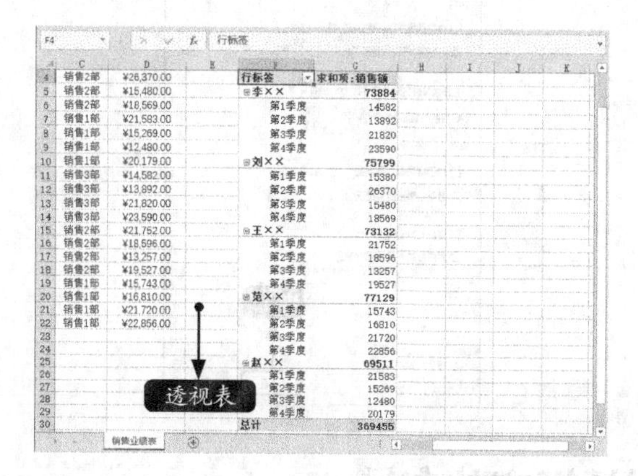

步骤03 将“姓名”拖曳到【列】区域，并将“销售额”拖曳到“季度”上方，此时左侧的透视表如下图所示。

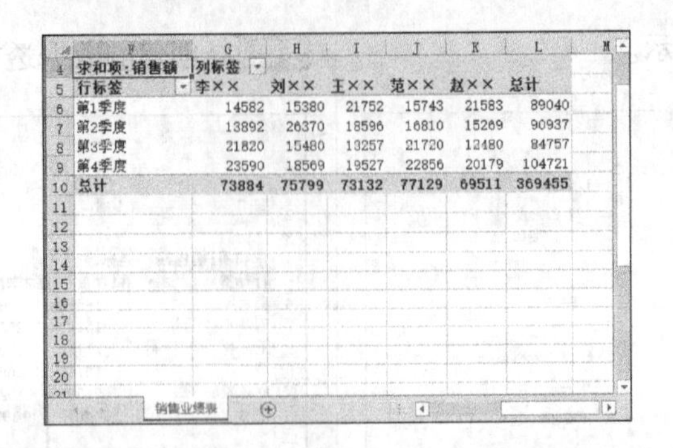

11.9.5 设置数据透视表选项

选择创建的数据透视表，Excel在功能区将自动激活【数据透视表工具】选项组中的【分析】选项卡，用户可以在该选项卡中设置数据透视表选项，具体操作步骤如下。

步骤 01 接上一小节的操作，单击【分析】选项卡下【数据透视表】选项组中【选项】按钮右侧的下拉按钮，在弹出的下拉菜单中，选择【选项】菜单命令。

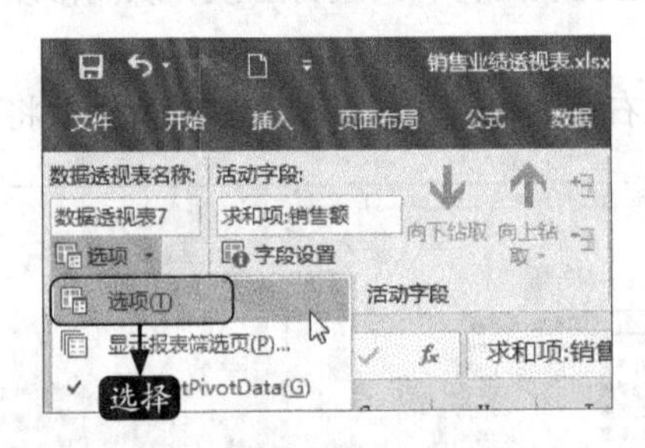

步骤 02 弹出【数据透视表选项】对话框，在该对话框中可以设置数据透视表的布局和格式、汇总和筛选、显示等。设置完成后单击【确定】按钮即可。

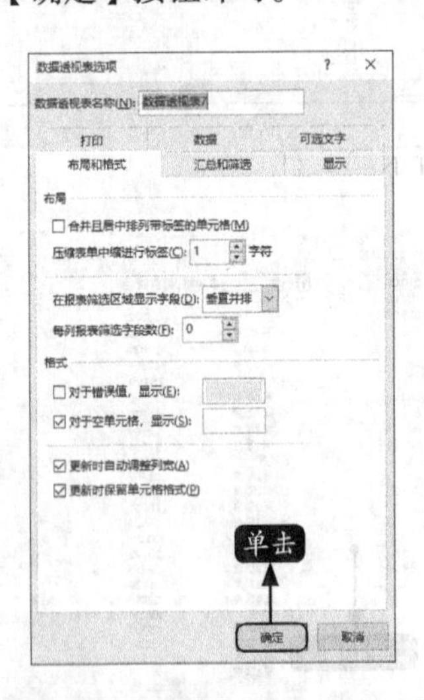

11.9.6 改变数据透视表的布局

改变数据透视表的布局包括设置分类汇总、总计、报表布局和空行等。具体操作步骤如下。

步骤 01 选择上一小节创建的数据透视表，单击【设计】选项卡下【布局】选项组中的【报表布局】按钮，在弹出的下拉列表中选择【以表格形式显示】选项。

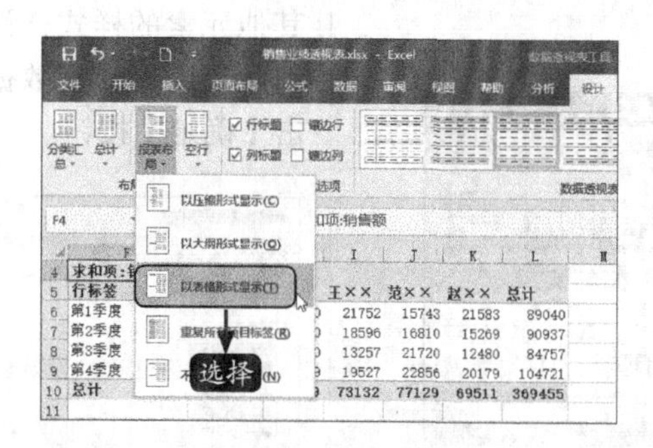

步骤 02 该数据透视表即以表格形式显示，效果如下图所示。

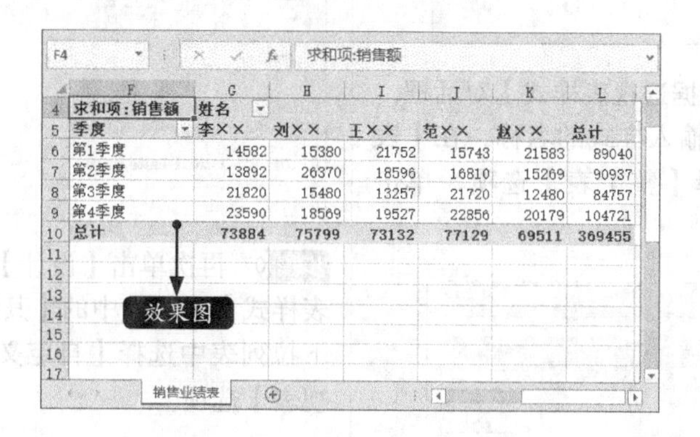

小提示

此外，还可以在下拉列表中选择以压缩形式显示、以大纲形式显示、重复所有项目标签和不重复项目标签等选项。

11.9.7 设置数据透视表的格式

创建数据透视表后，还可以对其格式进行设置，使数据透视表更加美观。

步骤 01 接上一小节的操作，选择透视表区域，单击【设计】选项卡下【数据透视表样式】选项组中的【其他】按钮，在弹出的下拉列表中选择一种样式。

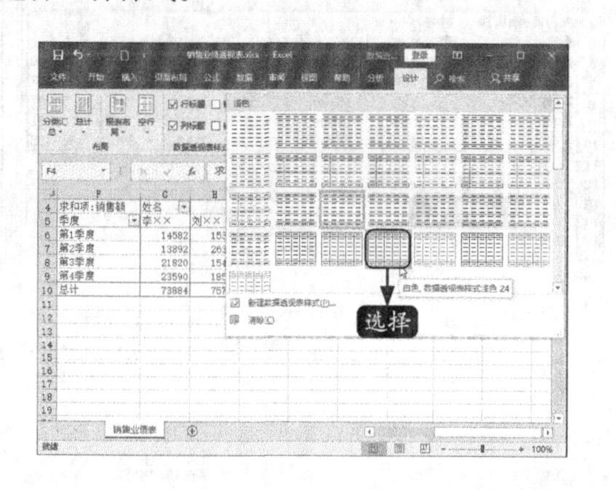

步骤 02 更改数据透视表的样式。

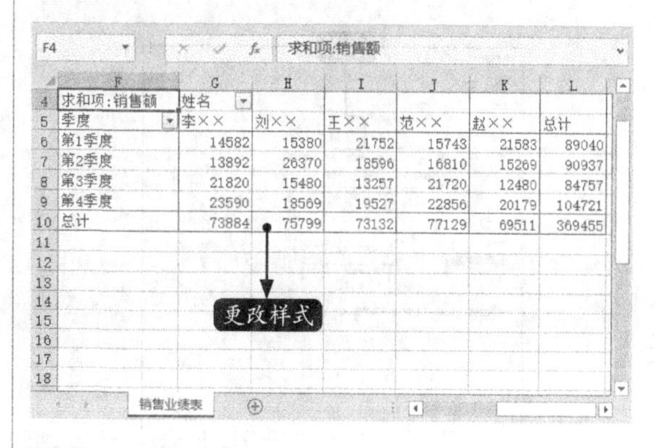

步骤 03 此外，还可以自定义数据透视表样式。选择透视表区域，单击【设计】选项卡下【数据透视表样式】选项组中的【其他】按钮，

在弹出的下拉列表中选择【新建数据透视表样式】选项。

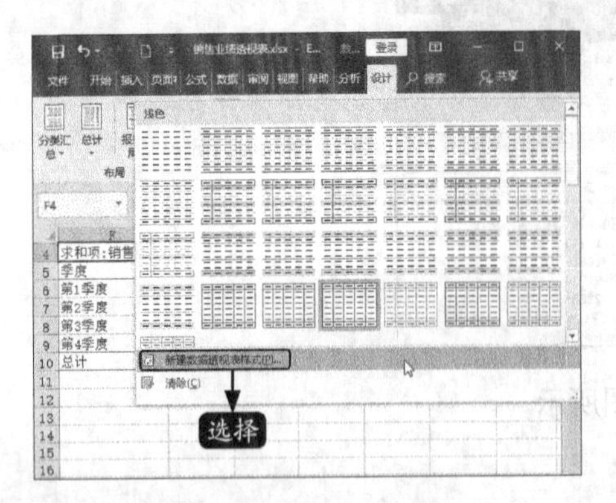

步骤 04 弹出【新建数据透视表样式】对话框，在【名称】文本框中输入样式的名称，在【表元素】列表框中选择【整个表】选项，单击【格式】按钮。

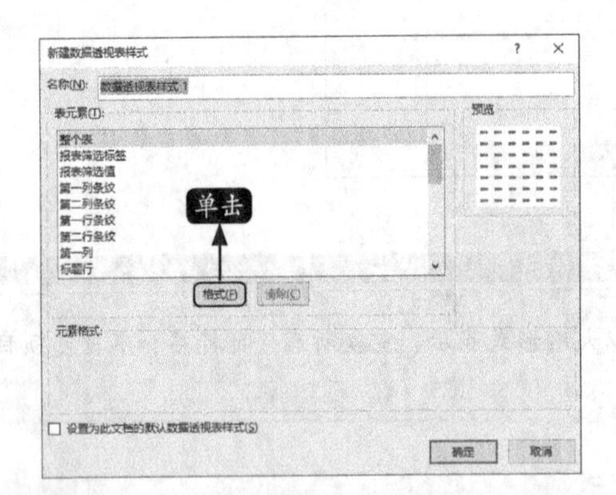

步骤 05 弹出【设置单元格格式】对话框，选择【边框】选项卡，在【样式】列表框中选择一种边框样式，设置边框的颜色为“紫色”，单击【外边框】选项。

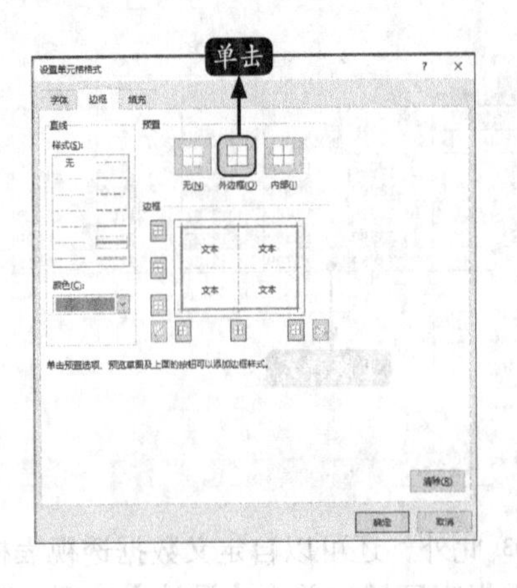

步骤 06 使用同样的方法，继续设置数据透视表其他元素的样式，设置完成后单击【确定】按钮，返回【新建数据透视表样式】对话框，单击【确定】按钮。

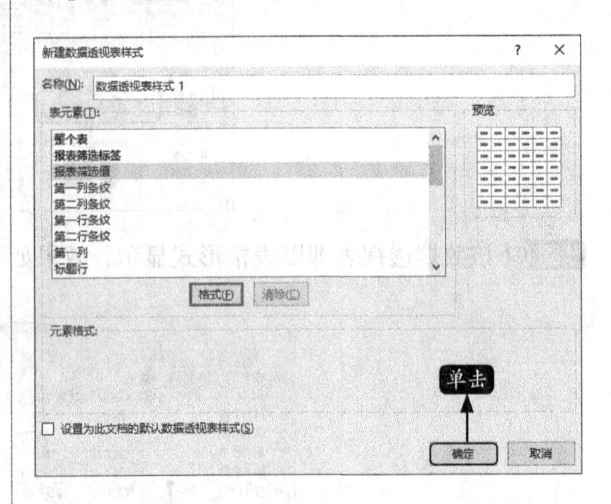

步骤 07 再次单击【设计】选项卡下【数据透视表样式】选项组中的【其他】按钮，在弹出的下拉列表中选择【自定义】中的【销售业绩透视表】选项。

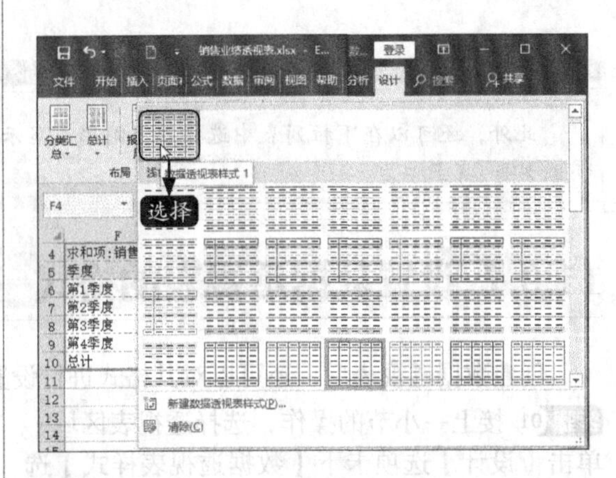

步骤 08 应用自定义样式后的效果如下图所示。

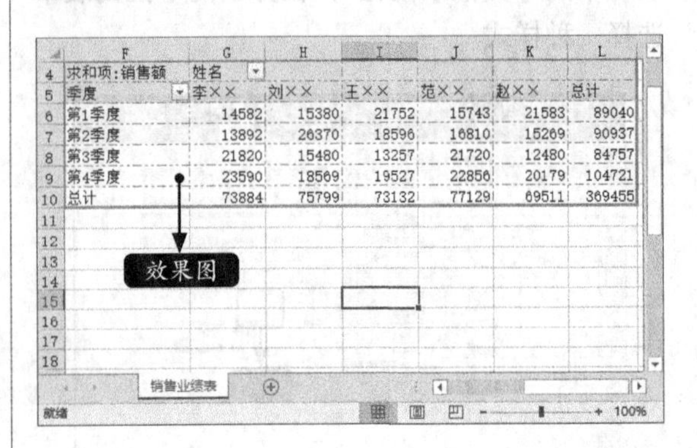

求和项:销售额	姓名					
季度	李××	刘××	王××	范××	赵××	总计
第1季度	14582	15380	21752	15743	21583	89040
第2季度	13892	26370	18596	16810	15269	90937
第3季度	21820	15480	13257	21720	12480	84757
第4季度	23590	18569	19527	22856	20179	104721
总计	73884	75799	73132	77129	69511	369455

11.9.8 数据透视表中的数据操作

修改数据源中的数据时，数据透视表不会自动更新，用户需要执行数据操作才能刷新数据透视表。刷新数据透视表有两种方法。

方法1：单击【分析】选项卡下【数据】选项组中的【刷新】按钮，或在弹出的下拉菜单中选择【刷新】或【全部刷新】选项。

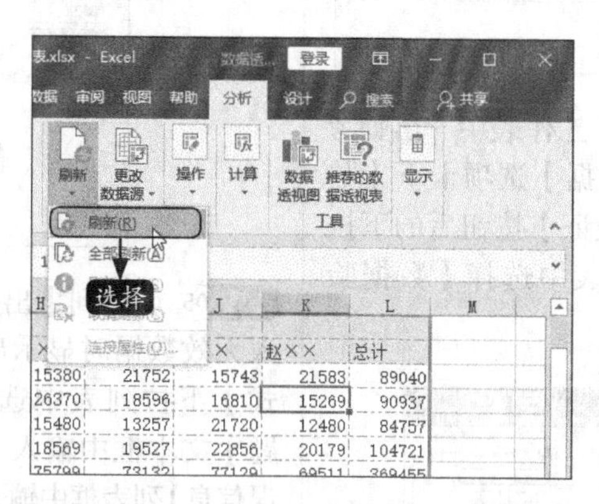

方法2：在数据透视表数据区域的任意一个单元格上单击鼠标右键，在弹出的快捷菜单中选择【刷新】选项。

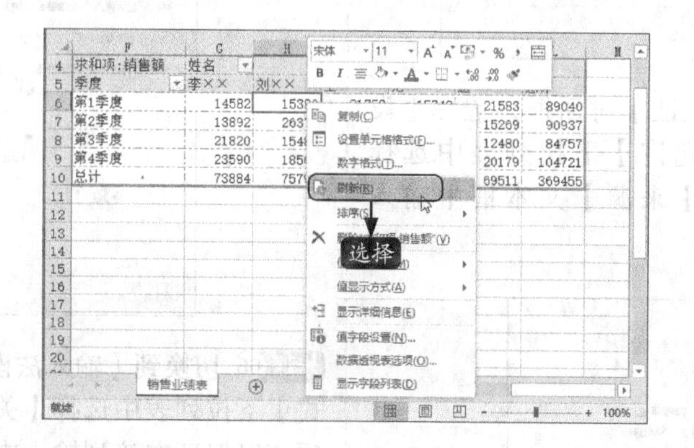

11.10 制作《员工年度考核》系统

人事部门一般会在年终或季度末对员工的表现进行一次考核，这不但可以对员工的工作进行督促和检查，而且可以根据考核的情况发放年终或季度奖金。

11.10.1 设置数据验证

设置数据验证的具体操作步骤如下。

步骤01 打开“素材\ch11\员工年度考核.xlsx”文件，其中包含“年度考核表”和“年度考核奖金标准”两个工作表。

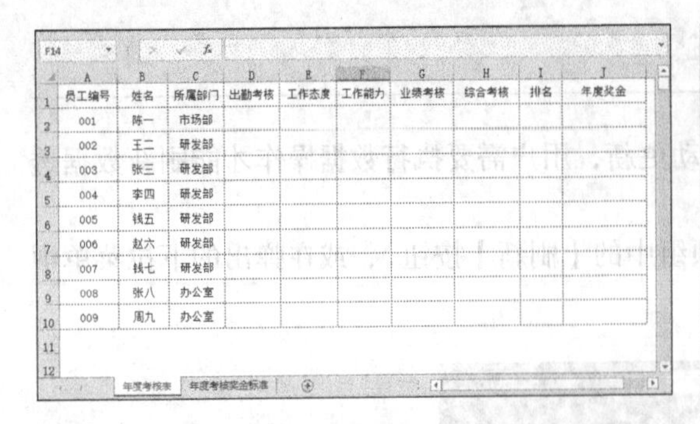

员工编号	姓名	所属部门	出勤考核	工作态度	工作能力	业绩考核	综合考核	排名	年度奖金
001	陈一	市场部							
002	王二	研发部							
003	张三	研发部							
004	李四	研发部							
005	钱五	研发部							
006	赵六	研发部							
007	钱七	研发部							
008	张八	办公室							
009	周九	办公室							

步骤 02 选中“年度考核表”工作表中“出勤考核”所在的D列，单击【数据】选项卡下【数据工具】选项组中【数据验证】按钮后的下拉按钮，在弹出的下拉列表中选择【数据验证】选项。

步骤 03 弹出【数据验证】对话框，选择【设置】选项卡，在【允许】下拉列表中选择【序列】选项，在【来源】文本框中输入“6,5,4,3,2,1”。

小提示

假设企业对员工的考核成绩分为6、5、4、3、2和1共6个等级，从6到1依次降低。在输入“6,5,4,3,2,1”时，中间的逗号要在英文状态下输入。

步骤 04 切换到【输入信息】选项卡，选中【选定单元格时显示输入信息】复选框，在【标题】文本框中输入“请输入考核成绩”，在【输入信息】列表框中输入“可以在下拉列表中选择”。

步骤 05 切换到【出错警告】选项卡，选中【输入无效数据时显示出错警告】复选框，在【样式】下拉列表中选择【停止】选项，在【标题】文本框中输入“考核成绩错误”，在【错误信息】列表框中输入“请到下拉列表中选择!”。

步骤 06 切换到【输入法模式】选项卡，在【模式】下拉列表中选择【关闭（英文模式）】选项，以保证在该列输入内容时始终不是英文输入法，单击【确定】按钮。

步骤 07 完成数据验证的设置。单击单元格D2，将显示黄色的信息框。

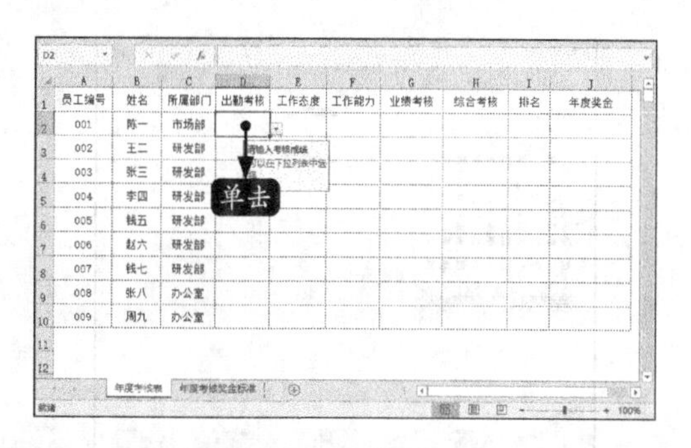

步骤08 在单元格D2中输入“8”，按【Enter】键后弹出【考核成绩错误】提示框。如果单击【重试】按钮，则可重新输入。

步骤09 参照步骤02～步骤06，设置E、F、G等列的数据有效性，并依次输入员工的成绩。

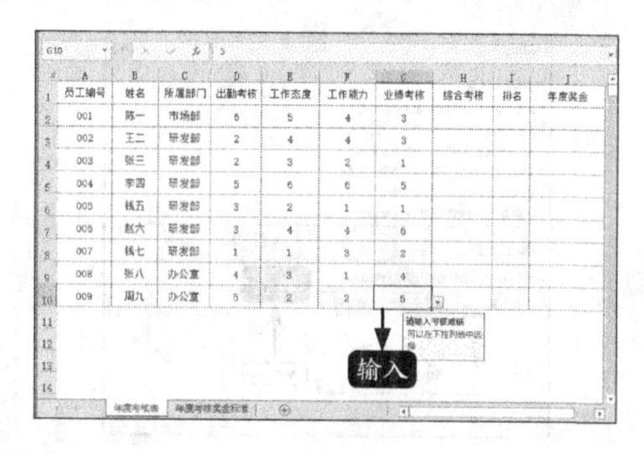

步骤10 计算综合考核成绩。选择H2:H10单元格区域，输入“=SUM(D2:G2)”后按【Ctrl+Enter】组合键确认，即可计算出员工的综合考核成绩。

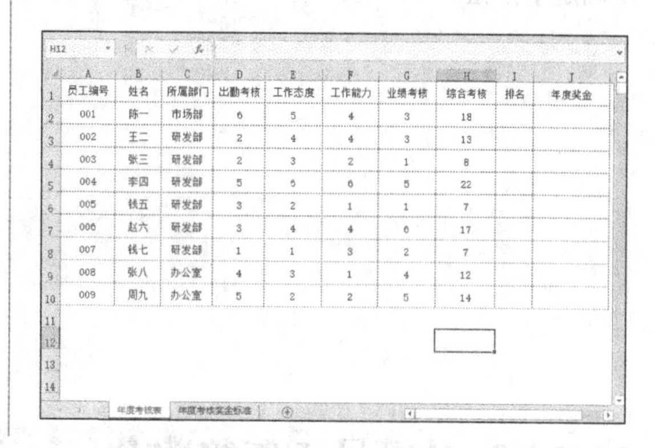

员工编号	姓名	所属部门	出勤考核	工作态度	工作能力	业绩考核	综合考核	排名	年度奖金
001	陈一	市场部	6	5	4	3	18		
002	王二	研发部	2	4	4	3	13		
003	张三	研发部	2	3	2	1	8		
004	李四	研发部	5	6	6	5	22		
005	钱五	研发部	3	2	1	1	7		
006	赵六	研发部	3	4	4	6	17		
007	钱七	研发部	1	1	3	2	7		
008	张八	办公室	4	3	1	4	12		
009	周九	办公室	5	2	2	5	14		

11.10.2 设置条件格式

设置条件格式的具体操作步骤如下。

步骤01 选择单元格区域H2:H10，单击【开始】选项卡下【样式】选项组中的【条件格式】按钮 条件格式，在弹出的下拉菜单中选择【新建规则】菜单项。

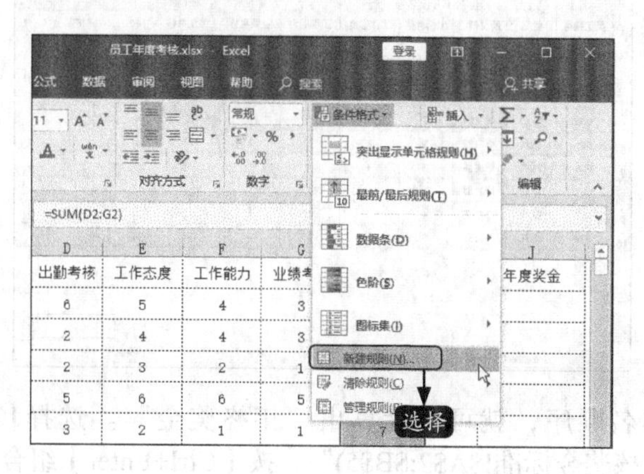

步骤02 弹出【新建格式规则】对话框，在【选择规则类型】列表框中选择【只为包含以下内容的单元格设置格式】选项，在【编辑规则说明】区域的第一个下拉列表中选择【单元格值】选项，在第二个下拉列表中选择【大于或等于】选项，在右侧文本框中输入“18”。然后单击【格式】按钮。

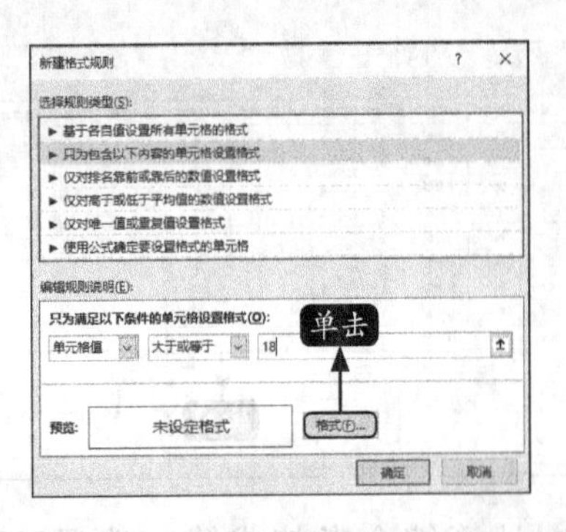

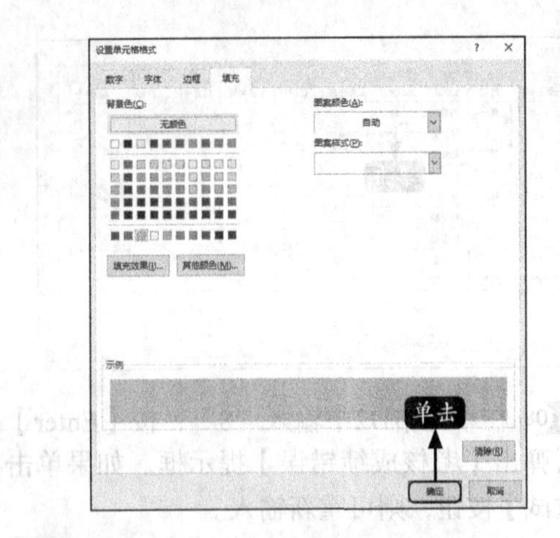

步骤03 打开【设置单元格格式】对话框，选择【填充】选项卡，在【背景色】列表框中选择一种颜色，在【示例】区可以预览效果，单击【确定】按钮。

步骤04 返回【新建格式规则】对话框，单击【确定】按钮。可以看到18分及18分以上的员工的"综合考核"以设置的背景色显示。

员工编号	姓名	所属部门	出勤考核	工作态度	工作能力	业绩考核	综合考核	排名	年度奖金
001	陈一	市场部	6	5	4	3	18		
002	王二	研发部	2	4	4	3	13		
003	张三	研发部	2	3	2	1	8		
004	李四	研发部	5	6	6	5	22		
005	钱五	研发部	3	2	1	1	7		
006	赵六	研发部	3	4	4	6	17		
007	钱七	研发部	1	[illegible]	[illegible]	2	7		
008	张八	办公室	4	[illegible]	[illegible]	4	12		

设置完成

11.10.3 计算员工年终奖金

计算员工年终奖金的具体操作步骤如下。

步骤01 对员工综合考核成绩进行排序。选择I2:I10单元格区域，输入"=RANK(H2,$H$2:$H$10,0)"，按【Ctrl+Enter】组合键确认后可以看到在单元格I2中显示出排名顺序。

员工编号	姓名	所属部门	出勤考核	工作态度	工作能力	业绩考核	综合考核	排名	年度奖金
001	陈一	市场部	6	5	4	3	18	2	
002	王二	研发部	2	4	4	3	13	5	
003	张三	研发部	2	3	2	1	8	7	
004	李四	研发部	5	6	6	5	22	1	
005	钱五	研发部	3	2	1	1	7	8	
006	赵六	研发部	3	4	4	6	17	3	
007	钱七	研发部	1	1	3	2	7	8	
008	张八	办公室	4	3	1	4	12	6	
009	周九	办公室	5	2	2	5	14	4	

步骤02 有了员工的排名顺序，就可以计算出"年终奖金"。选择J2:J10单元格区域输入"=LOOKUP(I2,年度考核奖金标准!$A$2:$B$5)"，按【Ctrl+Enter】组合键确认后可以计算出员工的"年终奖金"。

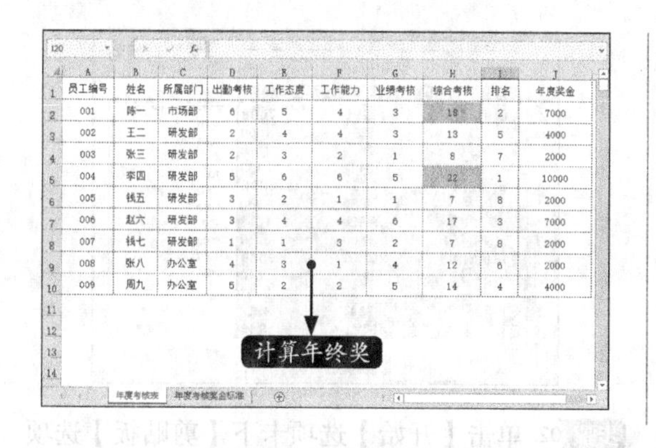

小提示

企业对年度考核排在前几名的员工给予奖金奖励，标准为：第一名奖金10 000元；第二、三名奖金7 000元；第四、五名奖金4 000元；第六至十名奖金2 000元。

至此，完成《员工年度考核》系统的制作，最后只需要将制作完成的工作簿保存即可。

高手支招

技巧1：对同时包含字母和数字的文本进行排序

如果表格中既有字母也有数字，要对该表格区域进行排序，用户可以先按数字排序，再按字母排序，达到最终排序的效果。具体操作步骤如下。

步骤 01 打开“素材\ch11\技巧1.xlsx”工作簿，选择A列任一单元格，在【数据】选项卡的【排序和筛选】组中单击【排序】按钮。

步骤 02 在弹出的【排序】对话框中，单击【主要关键字】后的下拉按钮，在下拉列表中选择【员工编号】选项，设置【排序依据】为【数值】，设置【次序】为【升序】。

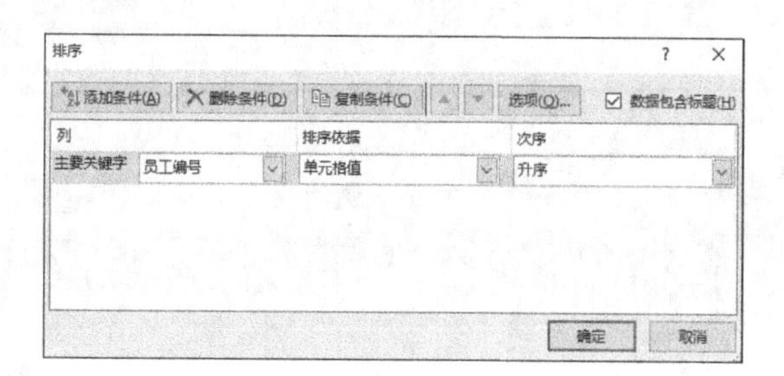

步骤 03 在【排序】对话框中，单击【选项】按钮，打开【排序选项】对话框，选中【字母排序】复选框，然后单击【确定】按钮，返回【排序】对话框，再按【确定】按钮，即可对【员工编号】进行排序。

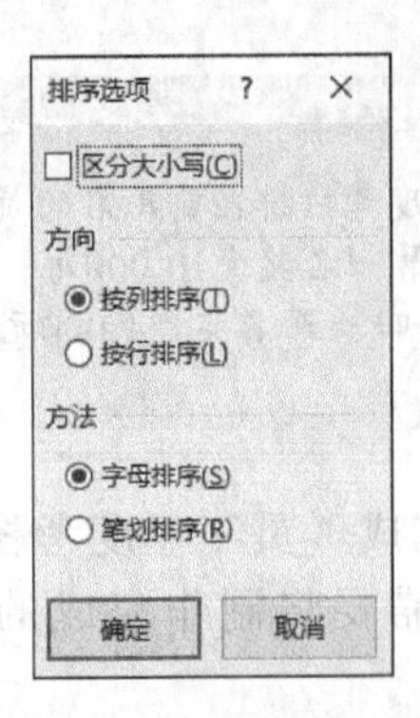

步骤 04 最终排序后的效果如下图所示。

技巧2：将数据透视表转换为静态图片

将数据透视表变为图片，在某些情况下可以发挥特有的作用，例如发布到网页上或者粘贴到PPT中。

步骤 01 选择整个数据透视表，按【Ctrl+C】组合键复制图表。

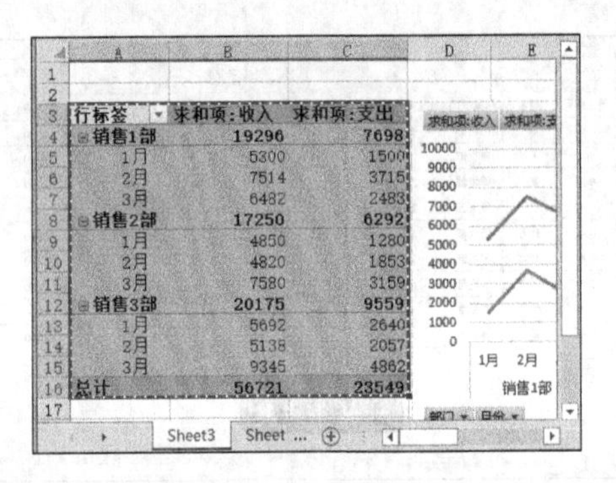

步骤 02 单击【开始】选项卡下【剪贴板】选项组中【粘贴】按钮的下拉按钮，在弹出的列表中选择【图片】选项，将图表以图片的形式粘贴到工作表中，效果如下图所示。

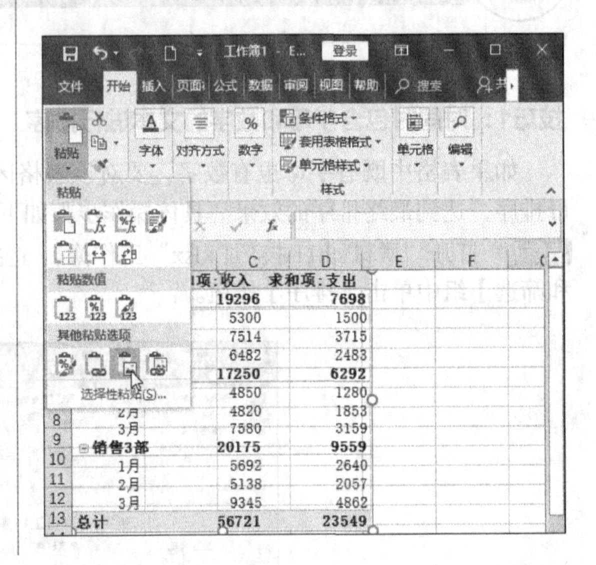

第12章 PPT基本演示文稿的制作

学习目标

外出做报告，展示的不仅是技巧，还是精神面貌。有声有色的报告常常会令听众惊叹，并能使报告达到最佳效果。若要做到这一步，制作一个优秀的幻灯片是基础。本章主要介绍基本演示文稿的制作方法。

12.1 幻灯片的基本操作

在使用PowerPoint 2019创建PPT之前应先掌握幻灯片的基本操作。

12.1.1 创建新的演示文稿

使用PowerPoint 2019不仅可以创建空白演示文稿，而且可以使用模板创建演示文稿。

1. 新建空白演示文稿

启动PowerPoint 2019软件之后，PowerPoint 2019会提示创建什么样的PPT演示文稿，并提供模板供用户选择，单击【空白演示文稿】命令即可创建一个空白演示文稿。

步骤 01 启动PowerPoint 2019，弹出如下图所示PowerPoint界面，单击【空白演示文稿】选项。

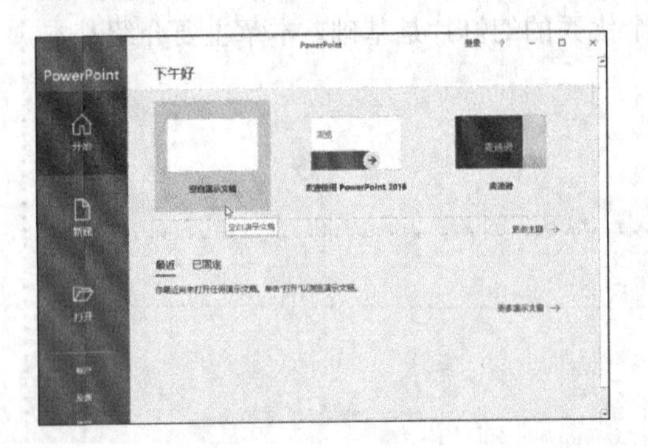

步骤 02 即可新建空白演示文稿。

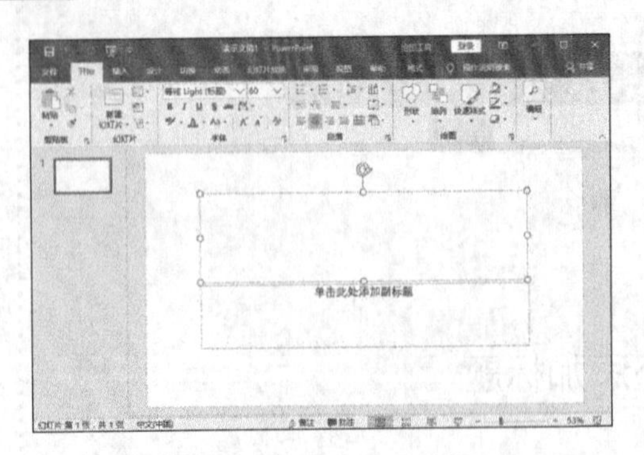

2. 使用模板新建演示文稿

PowerPoint 2019中内置有大量联机模板，可在设计不同类别的演示文稿时选择使用，既可美观漂亮，又可节省大量时间。

步骤 01 在【文件】选项卡下，单击【新建】选项，在右侧【新建】区域显示有多个模板，选择相应的联机模板，即可弹出模板预览界面，如单击【城市单色】模板。

步骤 02 弹出模板的预览界面，单击【创建】按钮。

小提示

用户也可以在“搜索联机模板和主题”文本框中，搜索联机模板样式。

步骤 03 此时即可使用联机模板创建演示文稿，如下图所示。

12.1.2 添加幻灯片

添加幻灯片的常见方法有两种，第一种方法是单击【开始】选项卡【幻灯片】选项组中的【新建幻灯片】按钮，在弹出的列表中选择【标题幻灯片】选项，新建的幻灯片即显示在左侧的【幻灯片】窗格中。

第二种方法是在【幻灯片】窗格中单击鼠标右键，在弹出的快捷菜单中选择【新建幻灯片】菜单命令，即可快速新建幻灯片。

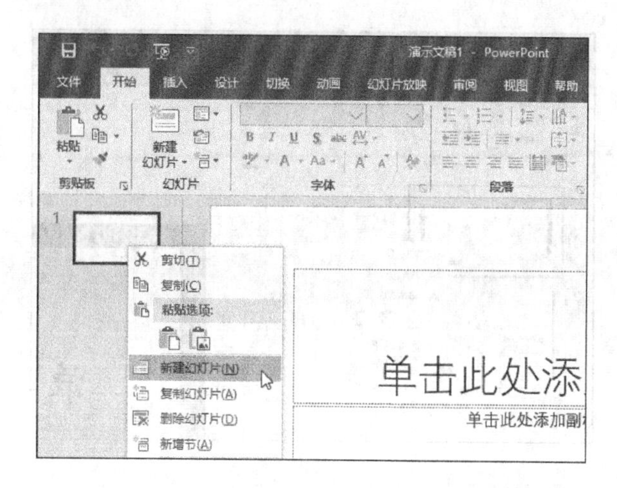

12.1.3 删除幻灯片

在【幻灯片】窗格中选择要删除的幻灯片，按【Delete】键即可快速删除选择的幻灯片页面。也可以选择要删除的幻灯片页面并单击鼠标右键，在弹出的快捷菜单中单击【删除幻灯片】菜单命令。

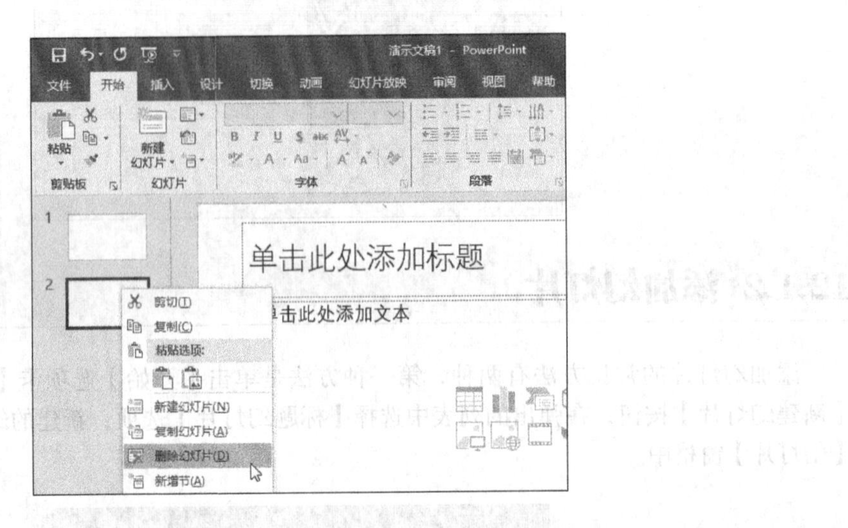

12.1.4 复制幻灯片

用户可以通过以下三种方法复制幻灯片。

1.利用【复制】按钮

选中幻灯片，单击【开始】选项卡下【剪贴板】组中【复制】按钮后的下拉按钮，在弹出的下拉列表中单击【复制】菜单命令，即可复制所选幻灯片。

2.利用【复制幻灯片】菜单命令

在目标幻灯片上单击鼠标右键，在弹出的快捷菜单中单击【复制幻灯片】菜单命令，即可复制所选幻灯片。

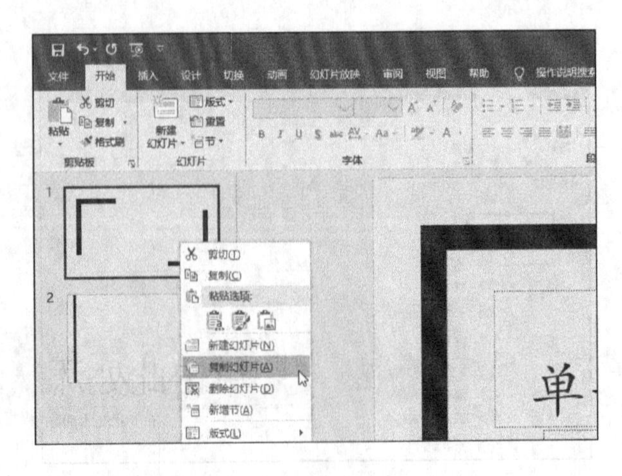

3.快捷方式

按【Ctrl+C】组合键执行复制命令后，按【Ctrl+V】组合键进行粘贴。

12.1.5 移动幻灯片

用户可以通过移动幻灯片的方法改变幻灯片的位置。单击需要移动的幻灯片并按住鼠标左键，拖曳幻灯片至目标位置，松开鼠标左键即可。此外，通过剪切并粘贴的方式也可以移动幻灯片。

12.2 添加和编辑文本

本节主要介绍在PowerPoint中添加和编辑文本的方法。

12.2.1 使用文本框添加文本

幻灯片中【文本占位符】的位置是固定的，如果要在幻灯片的其他位置输入文本，可以通过绘制一个新的文本框来实现。在插入和设置文本框后，就可以在文本框中进行文本的输入。在文本框中输入文本的具体操作方法如下。

步骤01 新建一个演示文稿，将幻灯片中的文本占位符删除，单击【插入】选项卡【文本】组中的【文本框】按钮，在弹出的下拉菜单中选择【横排文本框】选项。

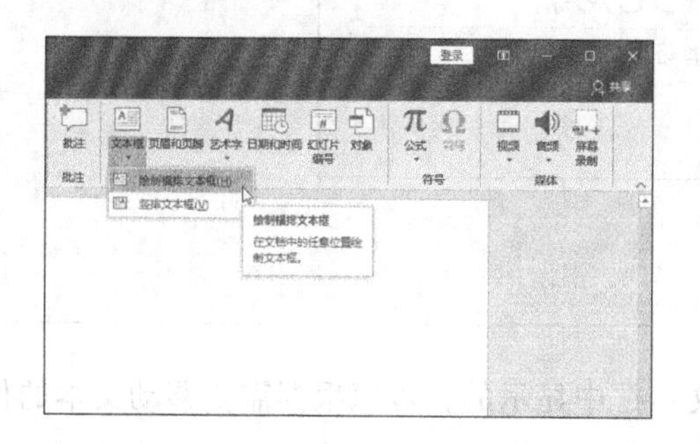

步骤02 将光标移动到幻灯片中，当光标变为向下的箭头时，按住鼠标左键并拖曳即可创建一个文本框。

步骤03 单击文本框即可直接输入文本。这里输入“PowerPoint 2019文本框”。

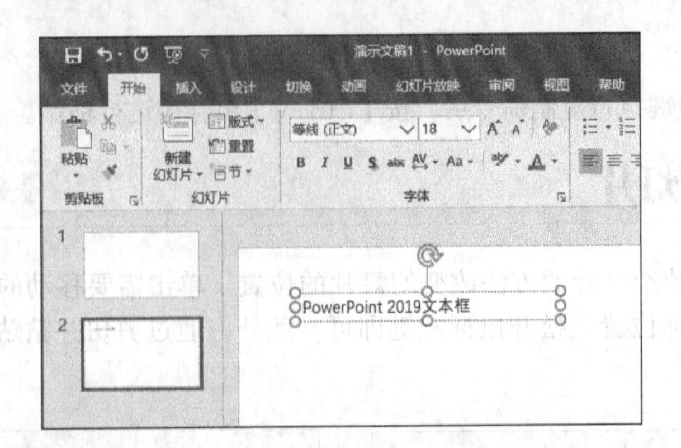

12.2.2 使用占位符添加文本

在普通视图中，幻灯片会出现“单击此处添加标题”或“单击此处添加副标题”等提示文本框。这种文本框统称为文本占位符。

在文本占位符中输入文本是最基本、最方便的一种输入方式。在文本占位符上单击即可输入文本。同时，输入的文本会自动替换文本占位符中的提示性文字。

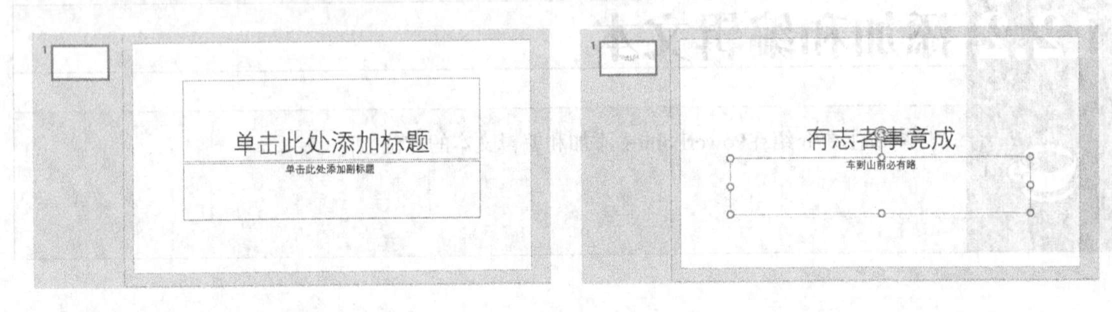

12.2.3 选择文本

如果要更改文本或者设置文本的字体样式，可以选择文本。将鼠标光标定位至要选择文本的起始位置，按住鼠标左键并拖曳鼠标，选择结束，释放鼠标左键即可选择文本。

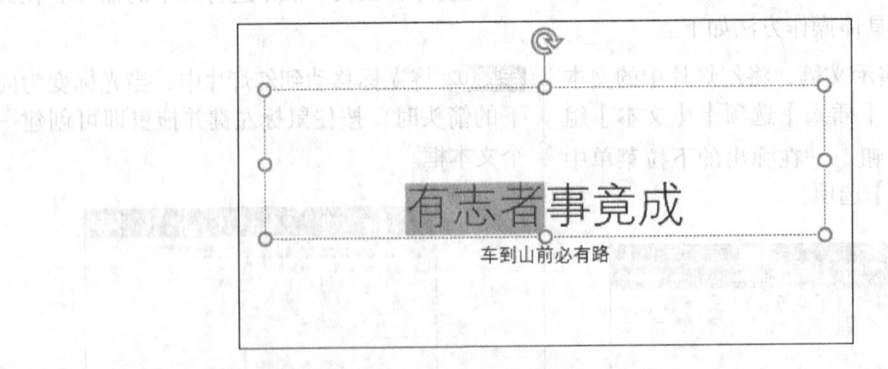

12.2.4 移动文本

在PowerPoint 2019中文本都是在占位符或者文本框中显示的，可以根据需要移动文本的位置。选择要移动文本的占位符或文本框，鼠标光标变为✥，按住鼠标左键并拖曳至合适位置释放鼠标左键，即可完成移动文本的操作。

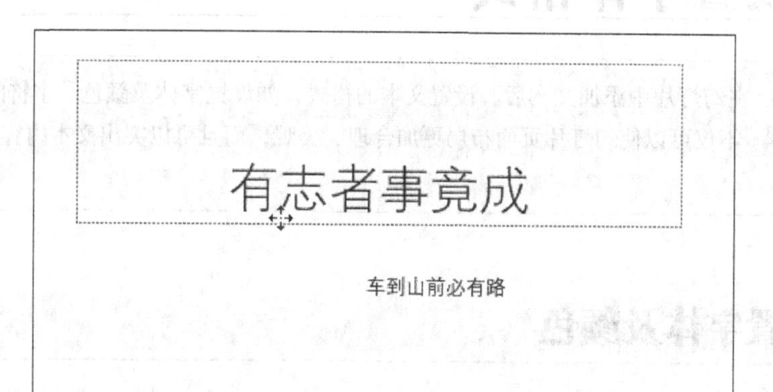

12.2.5 复制、粘贴文本

复制和粘贴文本是常用的文本操作。复制并粘贴文本的具体操作步骤如下。

步骤01 选择要复制的文本。

步骤02 单击【开始】选项卡下【剪贴板】组中【复制】按钮后的下拉按钮，在弹出的下拉列表中单击【复制】菜单命令。

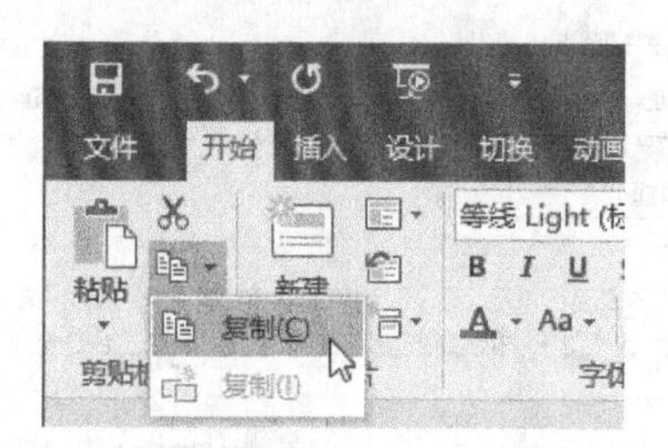

步骤03 选择要粘贴到的幻灯片页面，单击【开始】选项卡下【剪贴板】组中【粘贴】按钮后的下拉按钮，在弹出的下拉列表中单击【保留原格式】菜单命令。

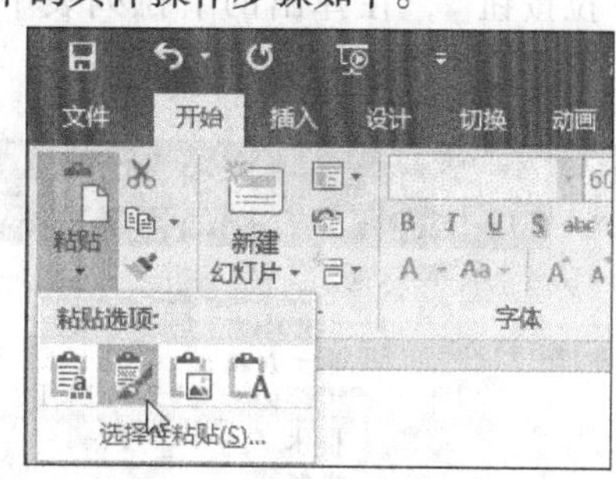

步骤04 即可完成文本的粘贴操作。

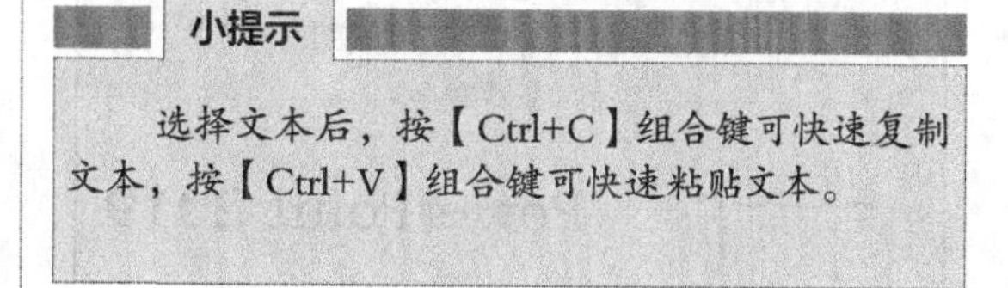

小提示

选择文本后，按【Ctrl+C】组合键可快速复制文本，按【Ctrl+V】组合键可快速粘贴文本。

12.3 设置字体格式

在幻灯片中添加文本后，设置文本的格式，如设置字体及颜色、字符间距、使用艺术字等，不仅可以使幻灯片页面布局更加合理、美观，而且可以突出文本内容。

12.3.1 设置字体及颜色

用户可以根据幻灯片的设计需要，为不同的文本设置不同的字体、不同的字体大小及不同的颜色等，具体步骤如下。

步骤 01 选中修改字体的文本内容，单击【开始】选项卡下【字体】选项组中【字体】按钮的下拉按钮，在弹出的下拉列表中选择字体。

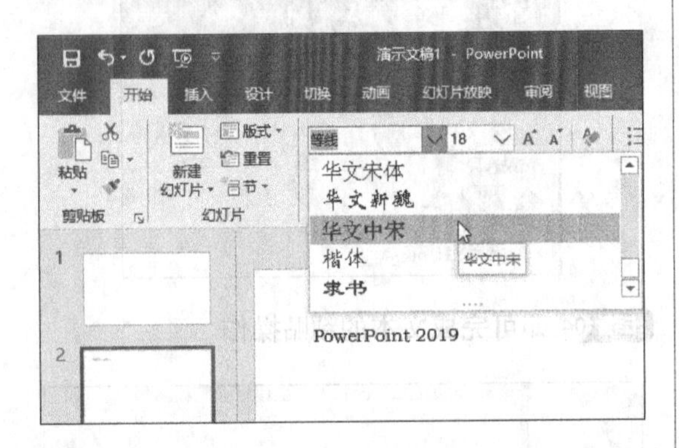

步骤 02 单击【开始】选项卡下【字体】选项组中【字号】按钮的下拉按钮，在弹出的下拉列表中选择字号。

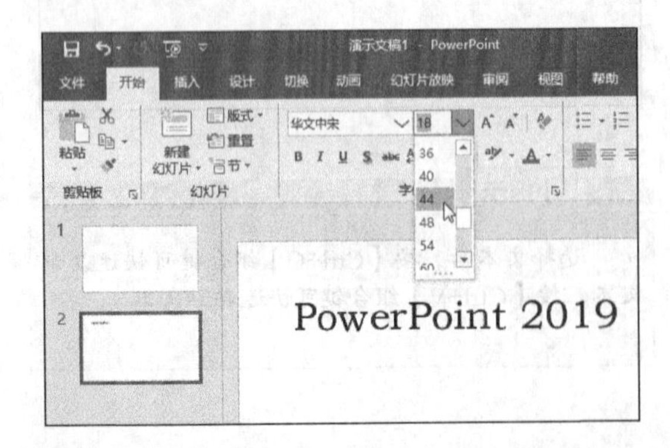

步骤 03 单击【开始】选项卡下【字体】选项组中【字体颜色】按钮的下拉按钮，在弹出的下拉列表中选择颜色。

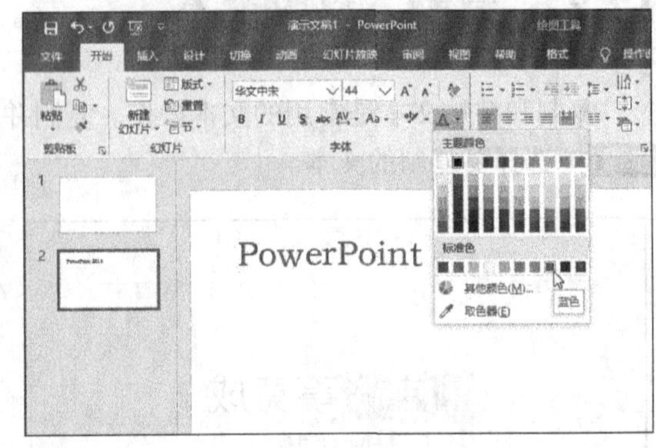

步骤 04 另外，也可以单击【开始】选项卡下【字体】选项组中的【字体】按钮，在弹出的【字体】对话框中也可以设置字体及字体颜色。

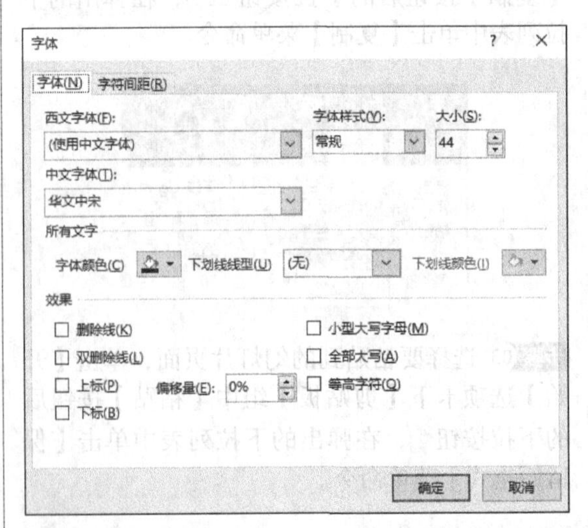

12.3.2 使用艺术字

与普通文字相比，艺术字有更多的颜色和形状可以选择，表现形式多样化，在幻灯片中插入艺术字可以达到锦上添花的效果。利用PowerPoint 2019中的艺术字功能插入装饰文字，可以创建带阴影的、映像的和三维格式等艺术字，也可以按预定义的形状创建文字。

步骤 01 新建演示文稿，删除占位符，单击【插入】选项卡下【文本】选项组中的【艺术字】按钮，在弹出的下拉列表中选择一种艺术字样式。

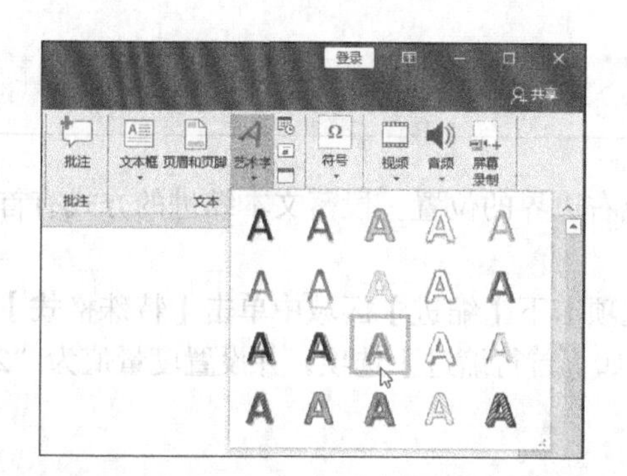

步骤 02 在幻灯片页面中插入【请在此放置您的文字】艺术字文本框。

步骤 03 删除文本框中的文字，输入要设置艺术字的文本。在空白位置处单击即完成艺术字的插入。

步骤 04 选择插入的艺术字，将显示【格式】选项卡，在【形状样式】、【艺术字样式】选项组中可以设置艺术字的样式。

12.4 设置段落格式

本节主要讲述设置段落格式的方法，包括对齐方式、缩进及间距与行距等方面的设置。对段落的设置主要是通过【开始】选项卡【段落】组中的各命令按钮来进行的。

12.4.1 对齐方式

段落对齐方式包括左对齐、右对齐、居中对齐、两端对齐和分散对齐。不同的对齐方式可以达到不同的效果。设置对齐方式，首先选定要设定的段落文本，然后单击【开始】选项卡下【段落】组中的对齐按钮即可。

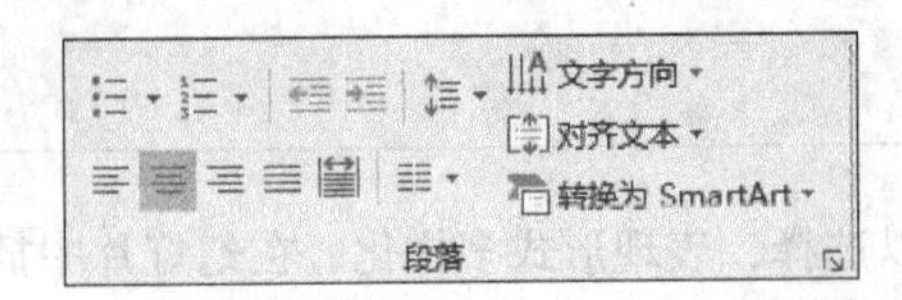

此外，还可以使用【段落】对话框设置对齐方式。将光标定位在段落中，单击【开始】选项卡【段落】选项组中的【段落】按钮，弹出【段落】对话框，在【常规】区域的【对齐方式】下拉列表中选择【分散对齐】选项，单击【确定】按钮。

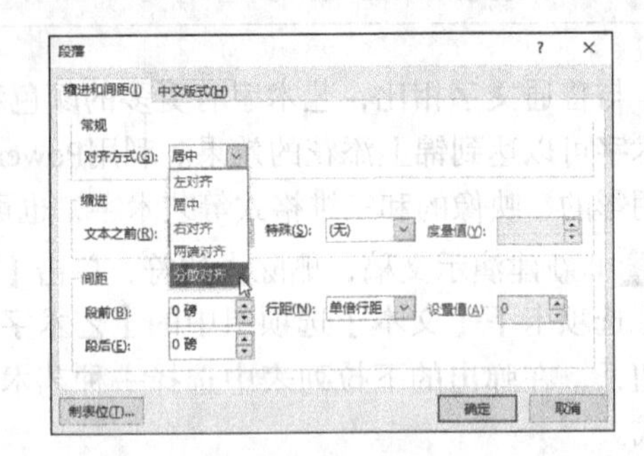

12.4.2 段落文本缩进

段落缩进指的是段落中的行相对于页面左边界或右边界的位置。段落文本缩进的方式有首行缩进、文本之前缩进和悬挂缩进三种。

打开弹出【段落】对话框，在【缩进和间距】选项卡下【缩进】区域中单击【特殊格式】右侧的下拉按钮，在弹出的下拉列表中选择缩进方式，如【首行缩进】选项，并设置度量值为“2厘米”，单击【确定】按钮即可。

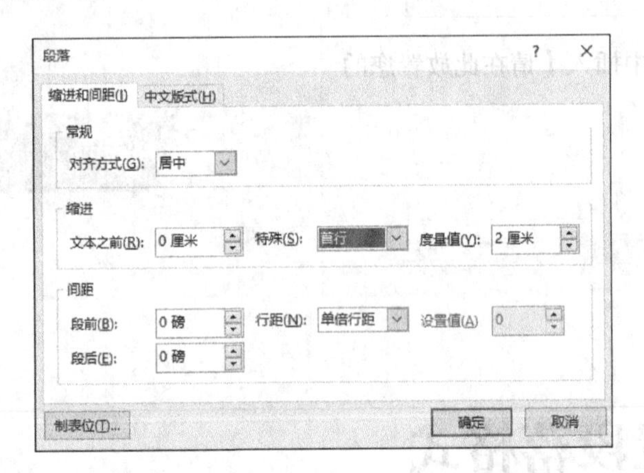

12.5 插入对象

幻灯片中可用的对象包括表格、图片、图表、视频及音频等。本节介绍在PPT中插入对象的方法。

12.5.1 插入表格

在PowerPoint 2019中插入表格的方法有利用菜单命令插入表格、利用对话框插入表格和绘制表格三种。

1.利用菜单命令

利用菜单命令插入表格，是最常用的插入表格的方式。利用菜单命令插入表格的具体操作步骤如下。

步骤01 在演示文稿中选择要添加表格的幻灯片，单击【插入】选项卡下【表格】选项组中的【表格】按钮，在插入表格区域中选择要插入表格的行数和列数。

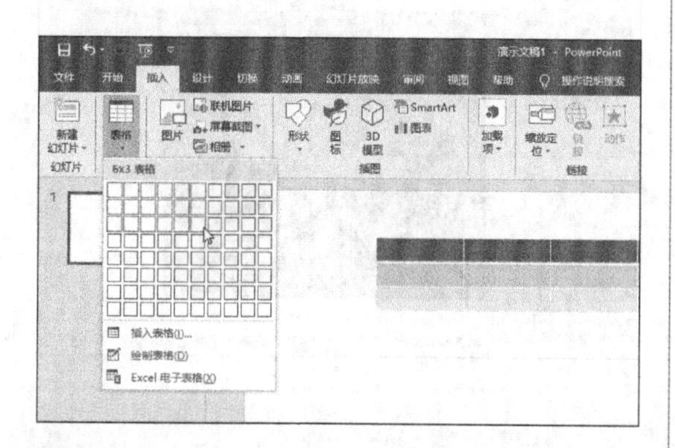

步骤02 释放鼠标左键即可在幻灯片中创建3行6列的表格。

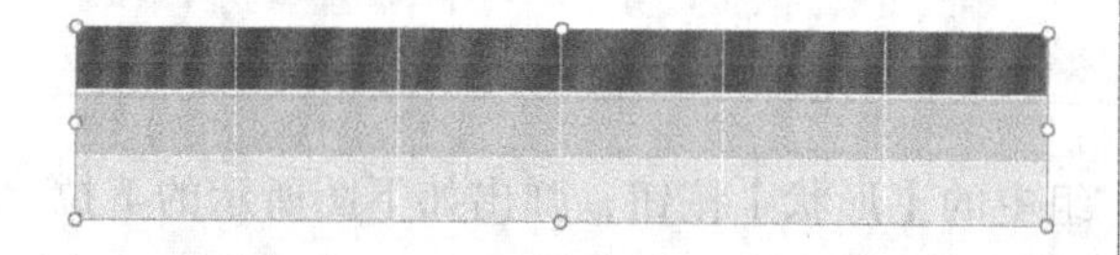

2. 利用【插入表格】对话框

用户还可以利用【插入表格】对话框来插入表格，具体操作步骤如下。

步骤01 将光标定位至需要插入表格的位置，单击【插入】选项卡下【表格】选项组中的【表格】按钮，在弹出的下拉列表中选择【插入表格】选项。

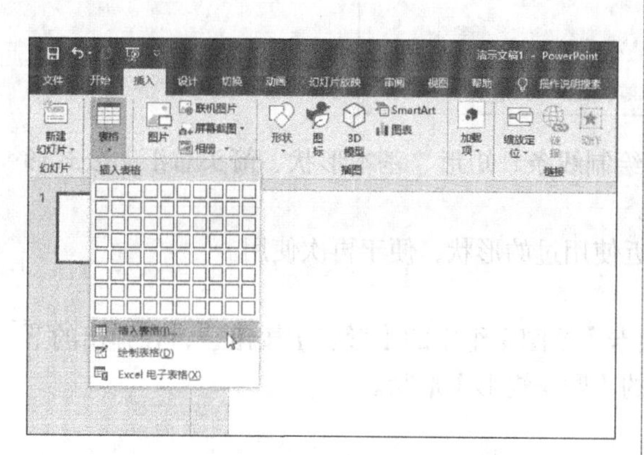

步骤02 弹出【插入表格】对话框，分别在【行数】和【列数】微调框中输入行数和列数，单击【确定】按钮，即可插入一个表格。

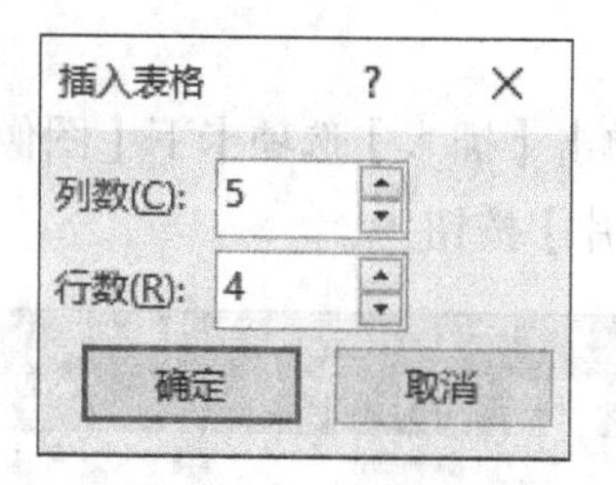

3. 绘制表格

当需要创建不规则的表格时，可以使用表格绘制工具绘制表格，具体操作步骤如下。

步骤01 单击【插入】选项卡下【表格】选项组中 的【表格】按钮，在弹出的下拉列表中选择【绘制表格】选项，此时鼠标指针变为✎形状，在需要绘制表格的地方单击并拖曳鼠标绘制出表格的外边界，形状为矩形。

步骤02 在该矩形中绘制行线、列线或斜线，绘制完成后按【Esc】键退出表格绘制模式。

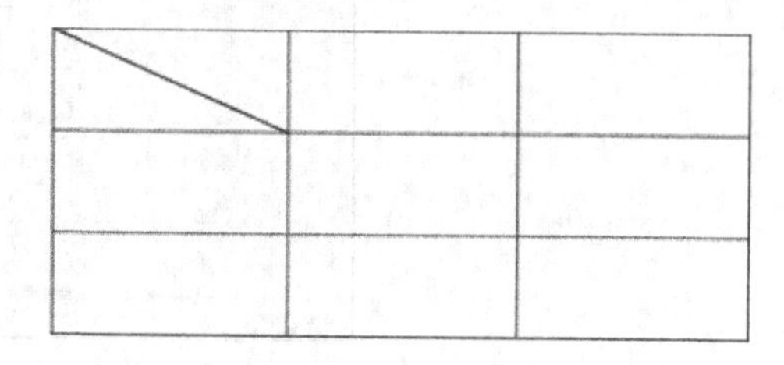

12.5.2 插入图片

在幻灯片中插入适当的图片，可以达到图文并茂的效果。插入图片的具体操作步骤如下。

步骤01 单击【插入】选项卡下【图像】选项组中的【图片】按钮。

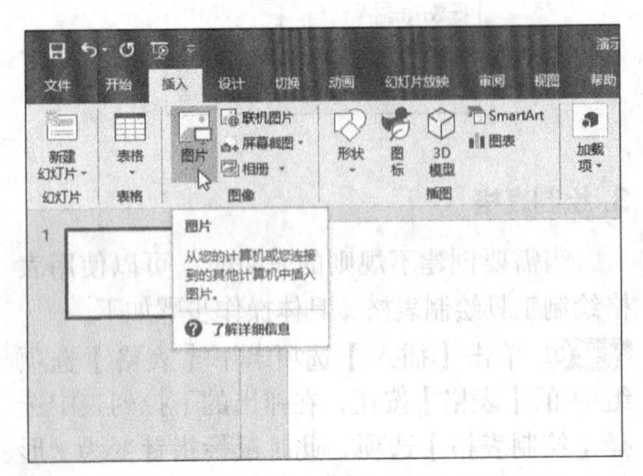

步骤02 弹出【插入图片】对话框，选中需要的图片，单击【插入】按钮，即可将图片插入幻灯片中。

12.5.3 插入自选图形

在幻灯片中，单击【开始】选项卡【绘图】组中的【形状】按钮，弹出如下图所示的下拉菜单。

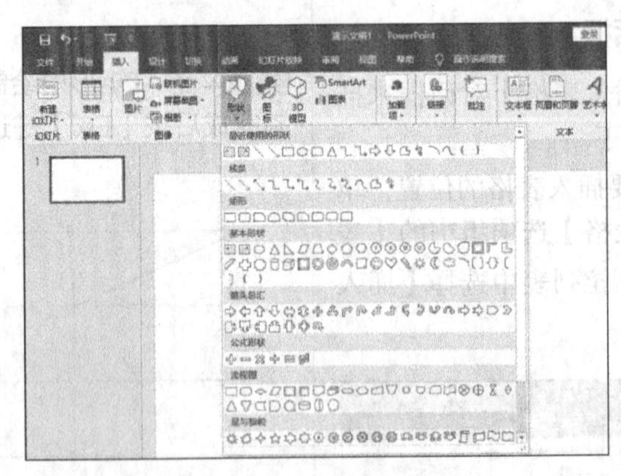

通过该下拉菜单中的选项，可以在幻灯片中绘制线条、矩形、基本形状、箭头总汇、公式形状、流程图、星与旗帜、标注和动作按钮等形状。

在【最近使用的形状】区域可以快速找到最近使用过的形状，便于再次使用。

下面具体介绍绘制形状的具体操作方法。

步骤01 新建一个空白幻灯片，单击【开始】选项卡【绘图】组中的【形状】按钮，在弹出的下拉菜单中选择需要的形状，如单击【矩形】区域的【圆角矩形】形状。

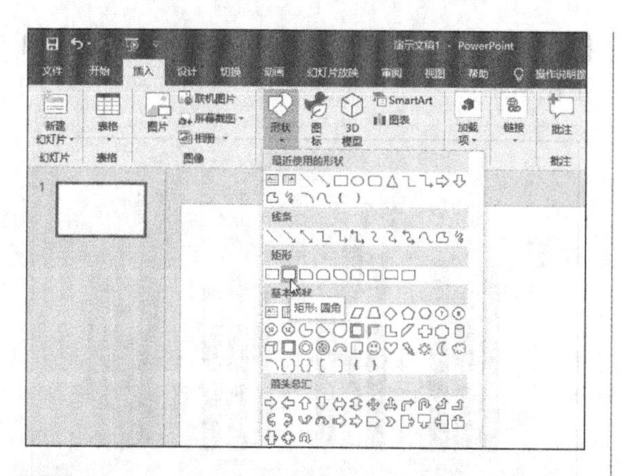

步骤02 此时鼠标指针在幻灯片中的形状显示为十，在幻灯片的空白位置处单击，按住鼠标左键不放并拖动到适当位置处释放鼠标左键。绘制的椭圆形状如下图所示。

步骤03 在幻灯片中，依次绘制其他形状。

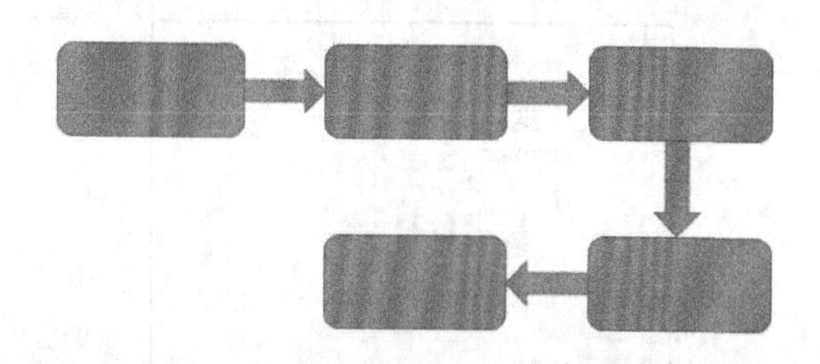

步骤04 绘制完成后，选择绘制的图形，单击【绘图工具】➤【格式】选项卡，在【形状样式】组中可以设置图形样式，也可以在【排列】组中设置图形的排放、对齐和组合等。

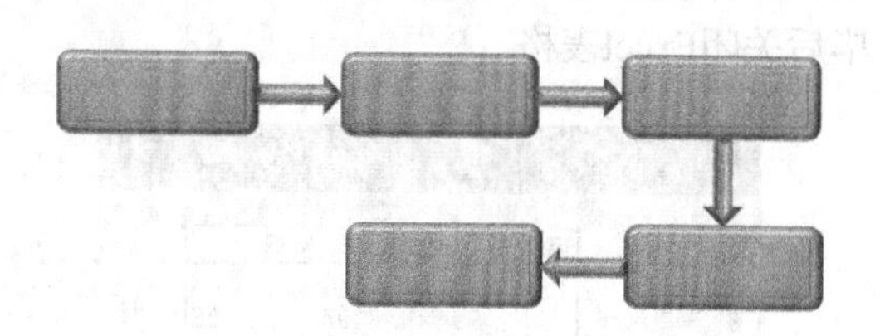

另外，单击【插入】选项卡【插图】组中的【形状】按钮，在弹出的下拉列表中选择所需要的形状，也可以在幻灯片中插入所需要的形状。

12.5.4 插入图表

图表比文字更能直观地显示数据，插入图表的具体操作步骤如下。

步骤01 启动PowerPoint 2019，新建一个空白幻灯片，单击【插入】选项卡下【插图】选项组中的【图表】按钮 。

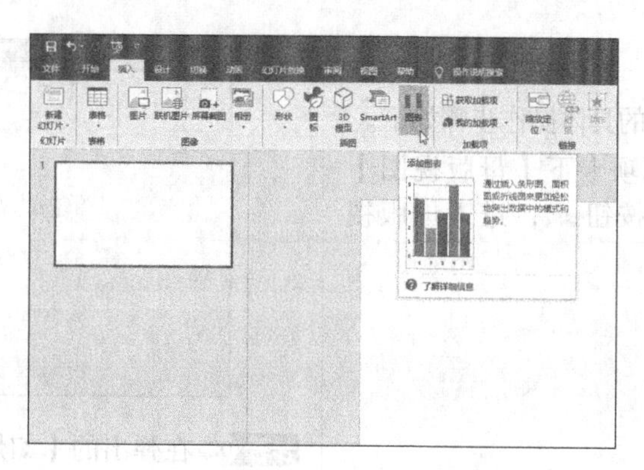

步骤02 弹出【插入图表】对话框，在左侧列表中选择【柱形图】选项下的【簇状柱形图】选项。

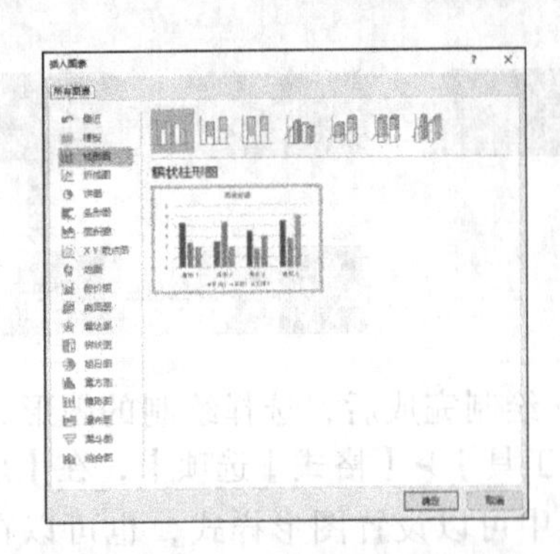

步骤03 单击【确定】按钮，自动弹出Excel 2019的界面，输入所需要显示的数据，输入完毕后关闭Excel表格。

	A	B	C	D
1		语文	数学	英语
2	张三	88	76	88
3	李四	93	97	68
4	王五	79	85	76
5	赵六	90	69	85
6				

步骤04 此时即可在幻灯片中插入一个图表，如下图所示。

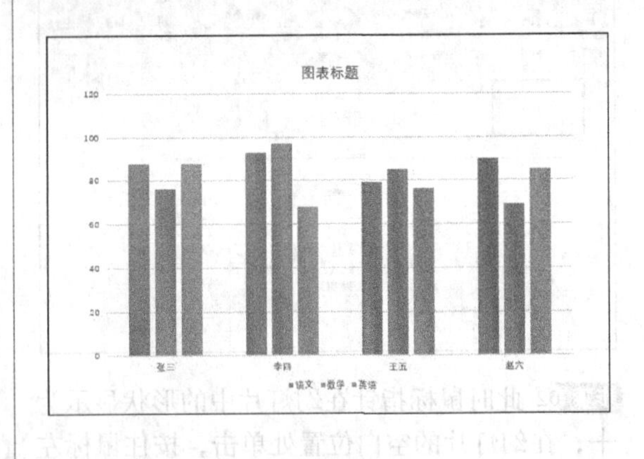

12.6 母版视图

幻灯片母版与幻灯片模板相似，可用于制作演示文稿中的背景、颜色主题和动画等。

在幻灯片母版视图下可以为整个演示文稿设置相同的颜色、字体、背景和效果等。

1.设置幻灯片母版主题

设置幻灯片母版主题的具体操作步骤如下。

步骤01 单击【视图】选项卡下【母版视图】组中的【幻灯片母版】按钮，进入母版视图页面。

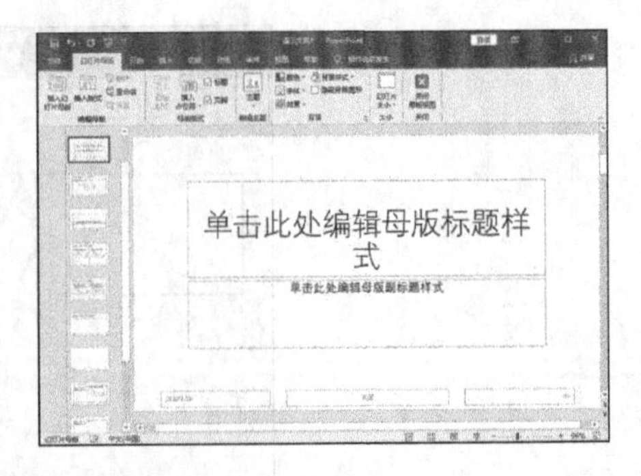

步骤02 在弹出的【幻灯片母版】选项卡中单击【编辑主题】选项组中的【主题】按钮，在弹出的列表中选择一种主题样式。

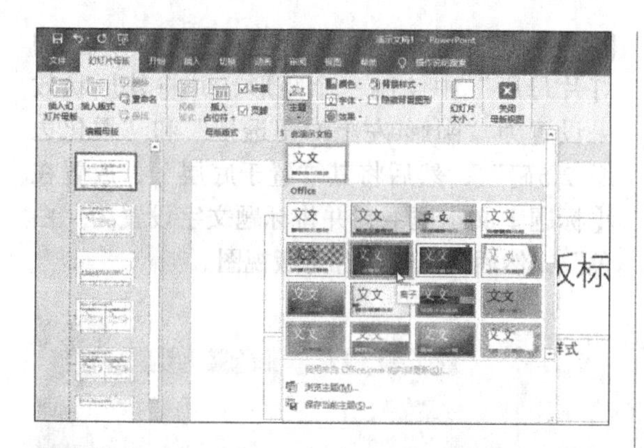

步骤03 设置完成后，可以看到应用的主题效果。单击【幻灯片母版】选项卡下【关闭】选项组中的【关闭母版视图】按钮即可。

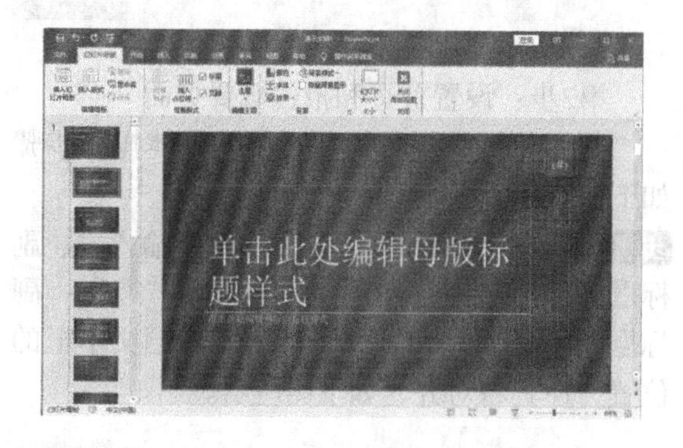

步骤04 此时即会返回普通视图，如下图所示。

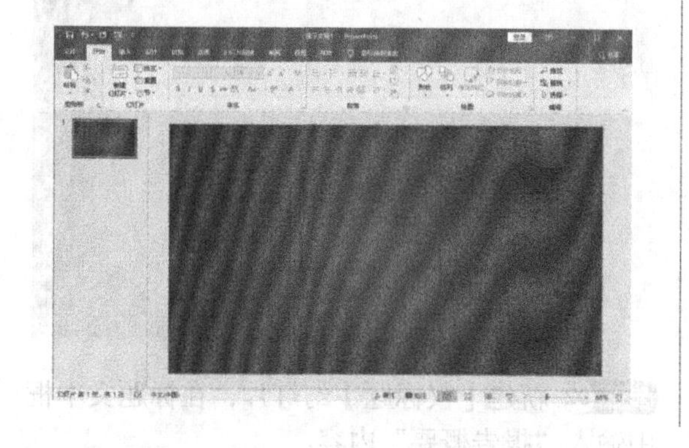

2.设置母版背景

母版背景可以设置为纯色、渐变或图片等效果，具体操作步骤如下。

步骤01 单击【视图】选项卡下【母版视图】组中的【幻灯片母版】按钮，在弹出的【幻灯片母版】选项卡中单击【背景】选项组中的【背景样式】按钮背景样式，在弹出的下拉列表中选择合适的背景样式。

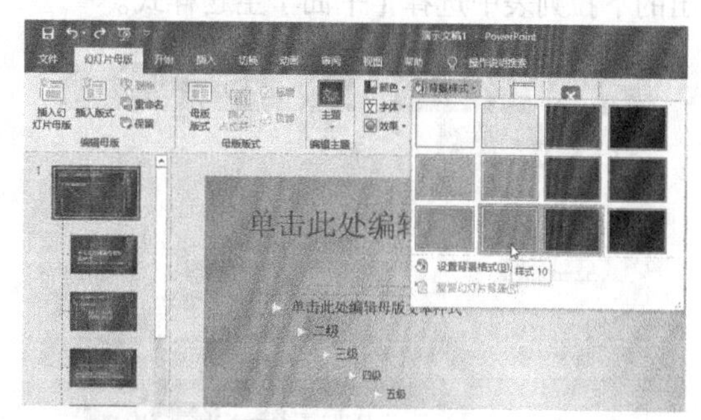

步骤02 此时即将背景样式应用于当前幻灯片。

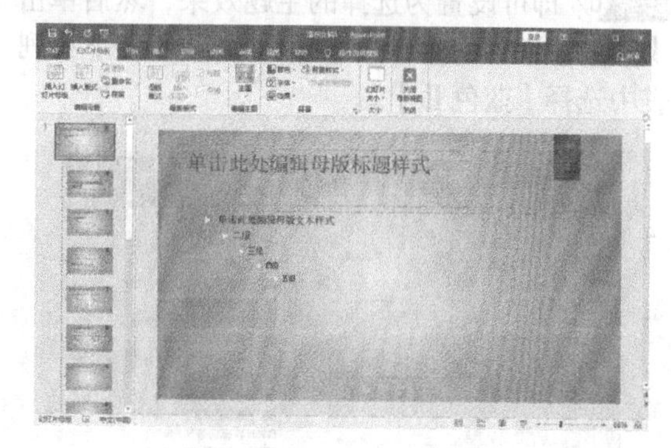

12.7 实战——设计年终总结报告PPT

年终总结报告是人们对一年来的工作、学习进行回顾和分析，从中找出经验和教训，引出规律性认识，用以指导今后工作和实践活动的一种应用文体。年终总结包括一年来的情况概述、成绩和经验、存在的问题和教训、今后努力方向等。一份美观、全面的年终总结报告PPT，既可以提高自己的认识，也可以获得观众的认可。

第1步：设置幻灯片的母版

设计幻灯片主题和首页的具体操作步骤如下。

步骤01 启动PowerPoint 2019，新建一个空白演示文稿，并保存为“年终总结报告.pptx”。单击【视图】➤【母版视图】➤【幻灯片母版】按钮，进入幻灯片母版视图。单击【幻灯片母版】➤【编辑主题】➤【主题】按钮，在弹出的下拉列表中选择【平面】主题样式。

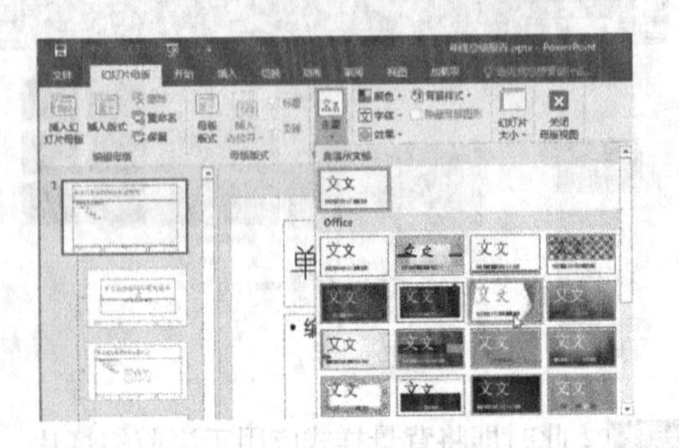

步骤02 即可设置为选择的主题效果，然后单击【背景】组中的【颜色】按钮，在下拉列表中选择【蓝色Ⅱ】。

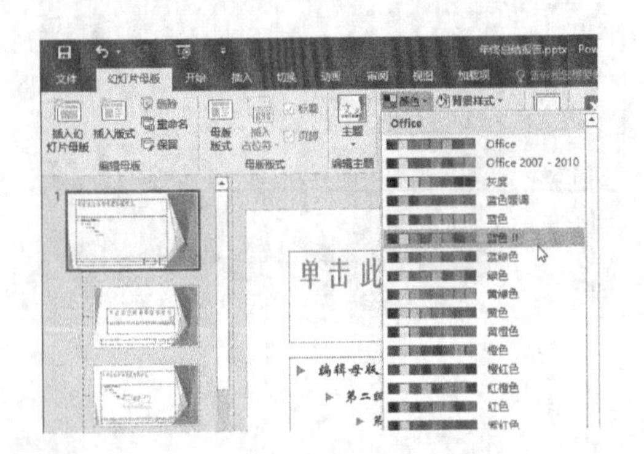

步骤03 单击【背景】组中的【背景样式】按钮，在下拉列表中选择“样式9”，幻灯片效果如下图所示。

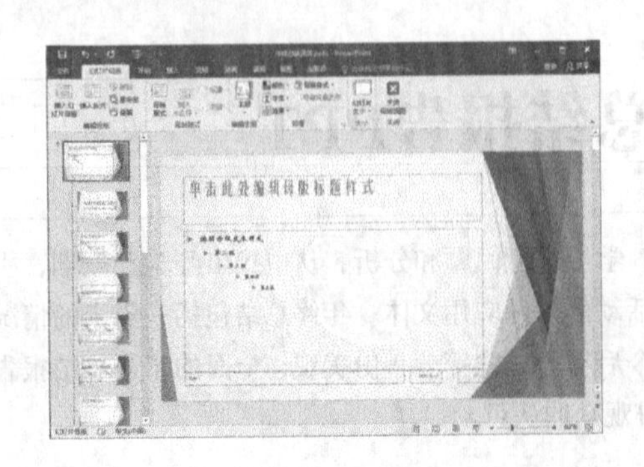

步骤04 使用“圆角矩形”工具，在“平面 幻灯片母版”中绘制一个矩形，并将其形状效果设置为“阴影 左上对角透视”和“柔化边缘 2.5磅”，然后将其“置于底层”，放置在【标题】文本框下，并将标题文字设置为“白色”，然后退出幻灯片母版视图。

第2步：设置首页和报告概要页面

制作首页和报告概要页面的具体操作步骤如下。

步骤01 单击标题和副标题文本框，输入主、副标题。然后将主标题的字号设置为“72”，副标题的字号为“32”，调整主副标题文本框的位置，使其右对齐，如下图所示。

步骤02 新建【仅标题】幻灯片，在标题文本框中输入“报告概要”内容。

步骤03 使用形状工具绘制一个圆形，大小为

“2×2”厘米，并设置填充颜色，然后绘制一条直线，大小为“10厘米”，设置轮廓颜色、线型为“虚线 短划线”，绘制完毕后，选中两个图形，按住【Ctrl】键，复制三个，且设置不同的颜色，排列为“左对齐”，如下图所示。

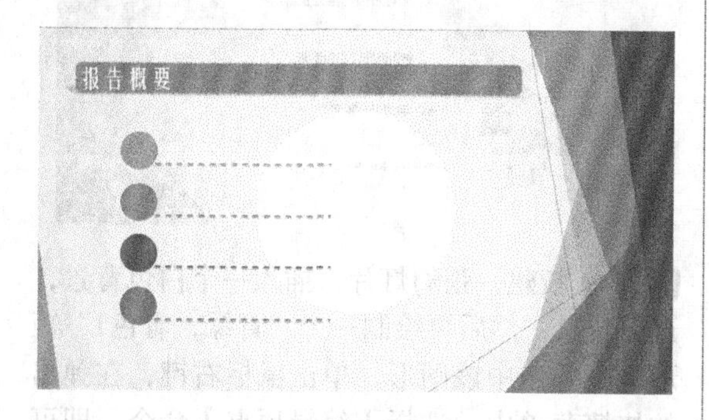

步骤04 在圆形形状上分别编辑序号，字号设置为“32”号，在虚线上插入文本框，输入文本，并设置字号为“32”号，颜色设置为对应的图形颜色，如下图所示。

第3步：制作业绩综述页面

制作业绩综述页面的具体操作步骤如下。

步骤01 新建一张【标题和内容】幻灯片，并输入标题“业绩综述”。

步骤02 单击内容文本框中的【图表】按钮，在弹出的【插入图表】对话框中选择【簇状柱形图】选项，单击【确定】按钮，在打开的Excel工作簿中修改输入下图所示的数据。

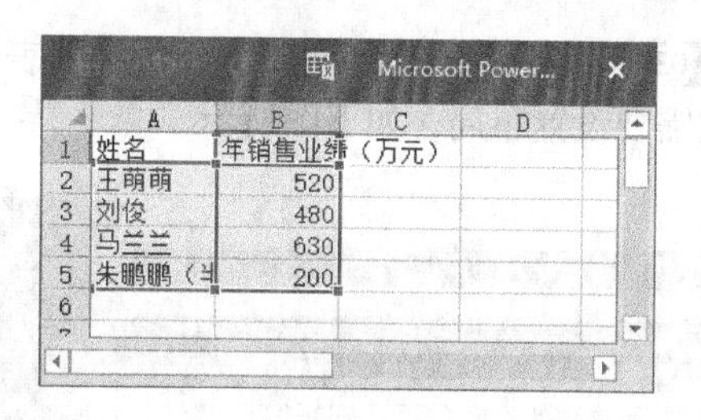

	A	B	C	D
1	姓名	年销售业绩（万元）		
2	王萌萌	520		
3	刘俊	480		
4	马兰兰	630		
5	朱鹏鹏（	200		
6				

步骤03 关闭Excel工作簿，在幻灯片中即可插入相应的图表。然后单击【布局】选项卡下【标签】组中的【数据标签】按钮，在弹出的下拉列表中选择【数据标签外】选项，并根据需要设置图表的格式，最终效果如下图所示。

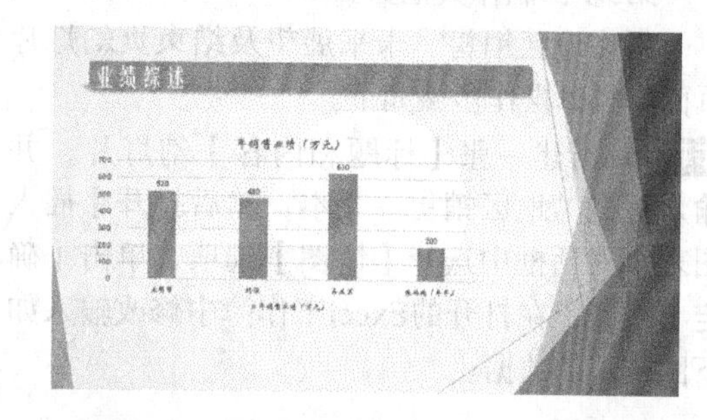

第4步：制作销售列表页面

制作销售列表页面的具体操作步骤如下。

步骤01 新建一张【标题和内容】幻灯片，输入标题“销售列表”文本。

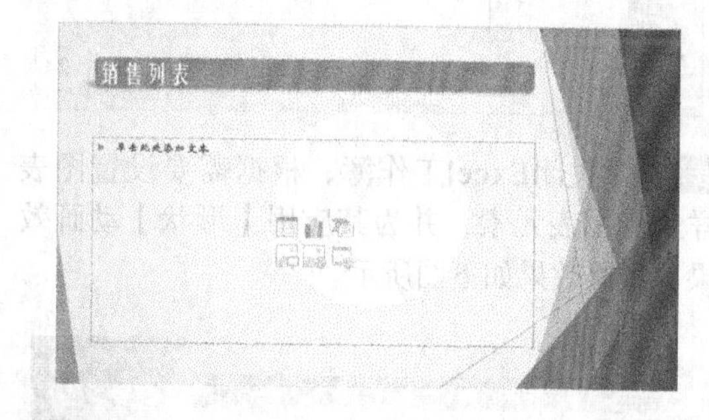

步骤02 单击内容文本框中的【表格】按钮，插入“5×5”表格，然后输入如下图所示的内容。

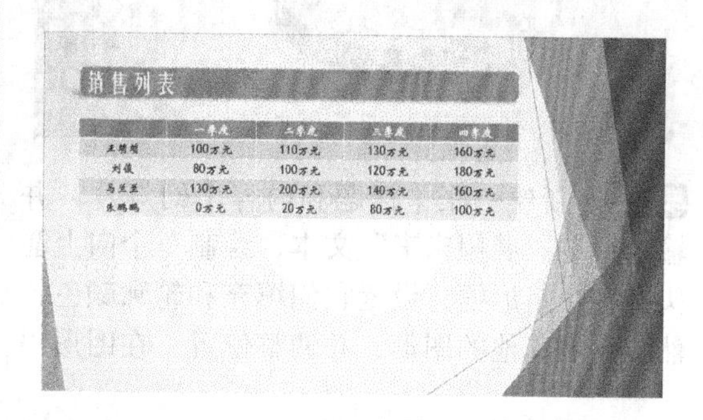

销售列表

	一季度	二季度	三季度	四季度
王萌萌	100万元	110万元	130万元	160万元
刘俊	80万元	100万元	120万元	180万元
马兰兰	130万元	200万元	140万元	160万元
朱鹏鹏	0万元	20万元	80万元	100万元

步骤 03 根据表格内容，创建一个折线图表，并根据需要设置布局，如下图所示。

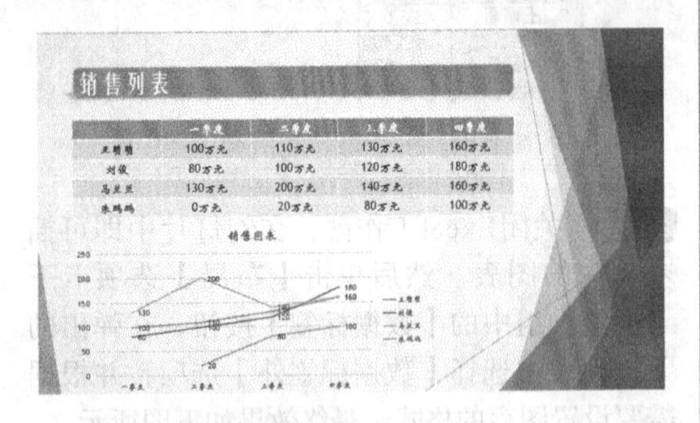

第5步：制作其他页面

制作地区销售、未来展望及结束页幻灯片页面的具体操作步骤如下。

步骤 01 新建一张【标题和内容】幻灯片，并输入标题“地区销售”文本，然后打开【插入图表】对话框中选择【饼图】选项，单击【确定】按钮，在打开的Excel工作簿中修改输入如下图所示的数据。

Microsoft PowerPoint 中的图表

	A	B	C	D	E	F	G
1		销售组成					
2	华北	16%					
3	华南	24%					
4	华中	12%					
5	华东	15%					
6	东北	11%					
7	西南	14%					
8	西北	8%					
9							

步骤 02 关闭Excel工作簿，根据需要设置图表样式和图表元素，并为其应用【形状】动画效果，最终效果如下图所示。

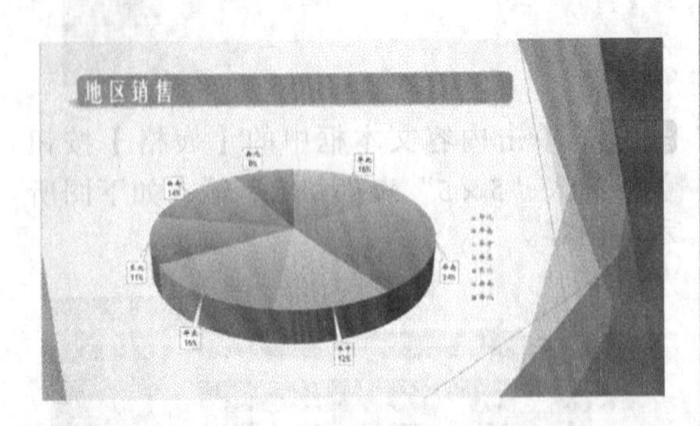

步骤 03 新建一张【标题和内容】幻灯片，并输入标题“展望未来”文本，绘制一个向上箭头和一个矩形框，设置它们填充和轮廓颜色，然后绘制其他的图形，并调整位置，在图形中添加文字，并逐个将其设置为“轮子”动画效果，如下图所示。

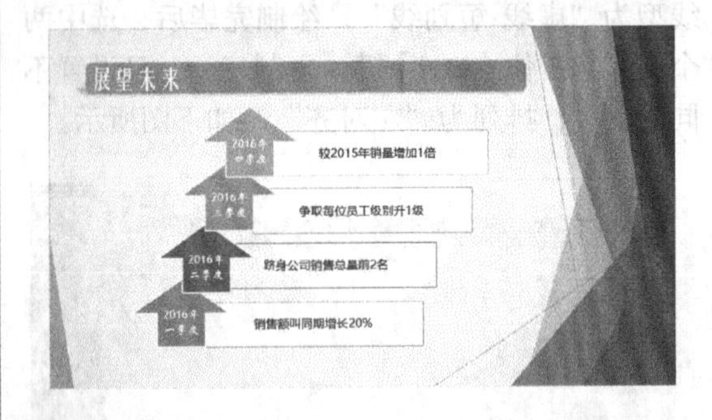

步骤 04 新建一张幻灯片，插入一个白色背景，遮盖背景，然后再绘制一个“青绿，着色1”矩形框，并选中该图形，单击鼠标右键，在弹出的快捷菜单中，选择【编辑顶点】命令，即可拖动4个顶点绘制不规则的图形。

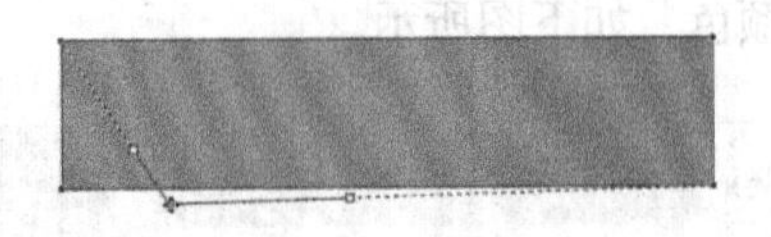

步骤 05 拖动顶点，绘制一个如下图所示的不规则图形。

步骤 06 插入两个“等腰三角形”形状，通过【编辑顶点】命令，绘制如下图所示的两个不规则的三角形。在不规则形状上，插入两个文本框，分别输入结束语和落款，调整字体大小、位置，如下图所示。

至此，年终总结报告PPT设计完成。

高手支招

技巧1：使用取色器为PPT配色

PowerPoint 2019可以对图片的任何颜色进行取色，以更好地搭配文稿颜色。使用取色器配色的具体操作步骤如下。

步骤 01 打开PowerPoint 2019软件，并应用任意一种主题。

步骤 02 在标题文本框输入任意文字，然后单击【开始】➢【字体】组中的【字体颜色】按钮，在弹出的【字体颜色】面板中选择【取色器】选项。

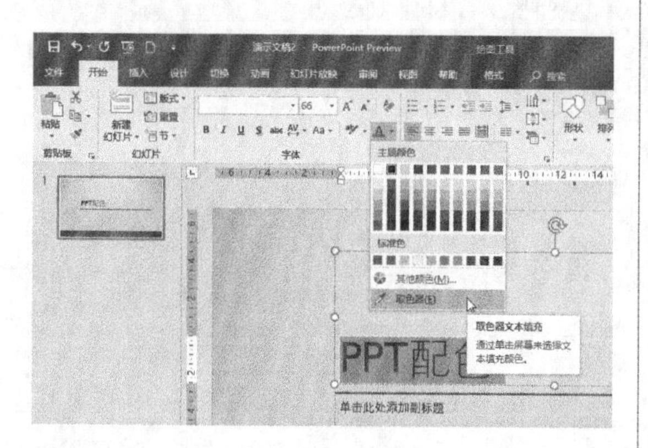

步骤 03 在幻灯片上任意一点单击，即可拾取颜色，并显示其颜色值。

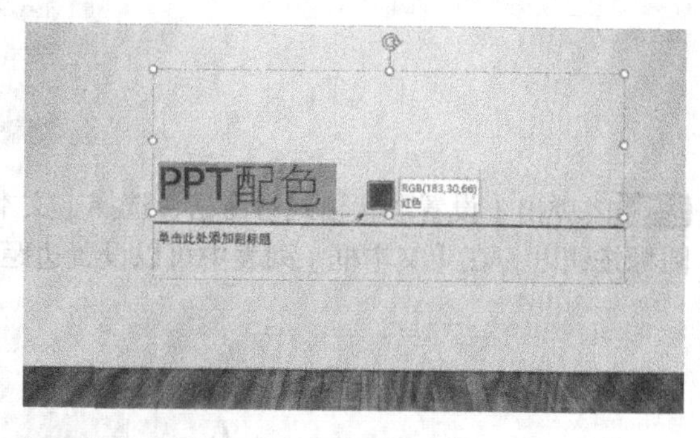

步骤 04 单击即可应用选中的颜色。

另外，在PPT制作中，幻灯片的背景、图形的填充也可以使用取色器进行配色。

技巧2：减少文本框的边空

在幻灯片文本框中输入文字时，文字离文本框上下左右的边空是默认设置好的。其实，可以通过减少文本框的边空来获得更大的设计空间。

步骤 01 选中要减少文本框边空的文本框，然后右键单击文本框的边框，在弹出的快捷菜单中选择【设置形状格式】命令。

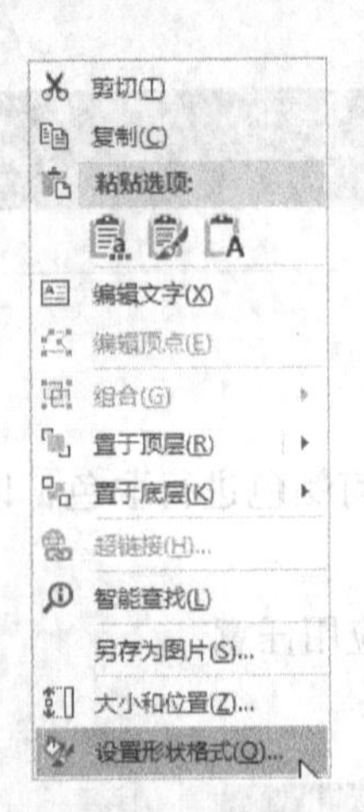

步骤 02 弹出【设置形状格式】窗格，选择【文本选项】选项，单击【文本选项】中的【文本框】图标按钮，在【文本框】列表中可以设置边距的大小。

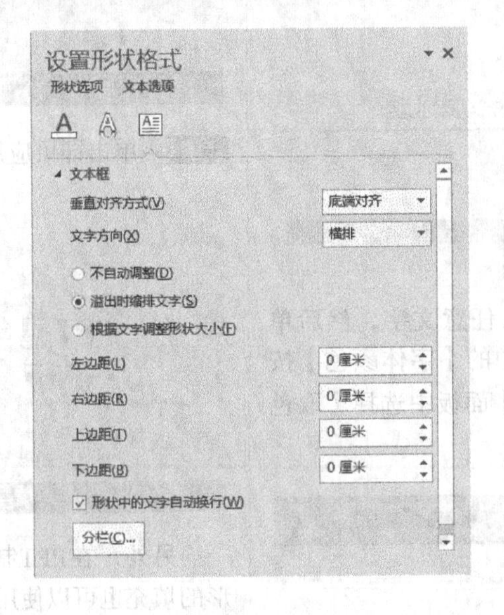

第13章

幻灯片的设计与放映

学习目标

本章主要介绍演示文稿的设计和放映的一些内容，包括设计幻灯片的背景与主题、设置幻灯片的切换和动画效果、设置幻灯片放映及幻灯片的放映与控制等。

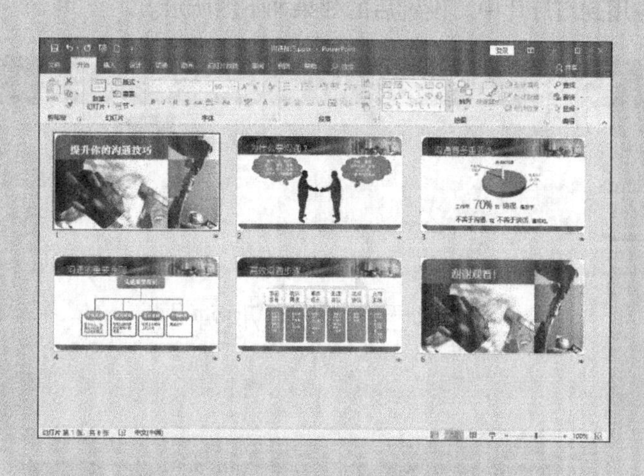

13.1 设计幻灯片的背景与主题

为了使当前演示文稿整体搭配比较合理，用户除需要对演示文稿的整体框架进行搭配外，还需要对演示文稿进行背景、字体和效果等主题的设置。

13.1.1 使用内置主题

PowerPoint 2019内置有30种主题，用户可以根据需要使用这些主题，具体操作步骤如下。

步骤 01 打开PowerPoint 2019，新建一个演示文稿，单击【设计】选项卡【主题】选项组右侧的下拉按钮，在弹出的列表主题样式中任选一种样式，如选择“画廊”主题。

步骤 02 此时主题即可应用到幻灯片中。设置后的效果如下图所示。

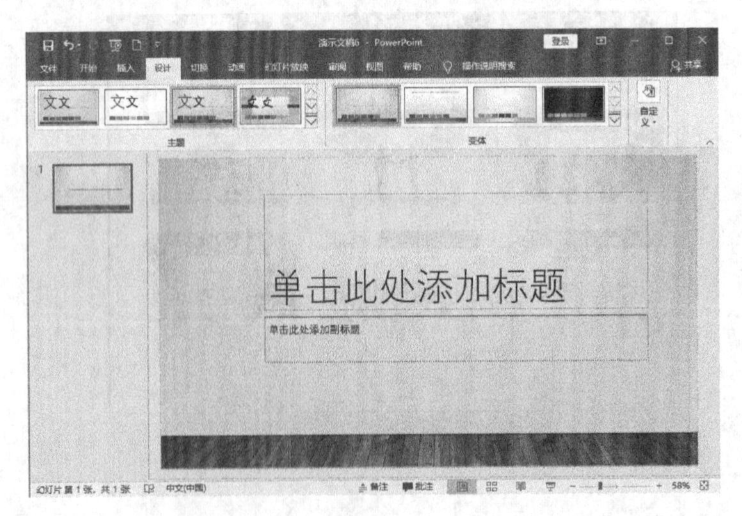

13.1.2 自定义主题

如果对系统自带的主题不满意，用户可以自定义主题。自定义主题的具体操作步骤如下。

步骤01 打开PowerPoint 2019，新建一个演示文稿，单击【设计】选项卡【主题】选项组右侧的下拉按钮，在弹出的列表主题样式中选择【浏览主题】选项。

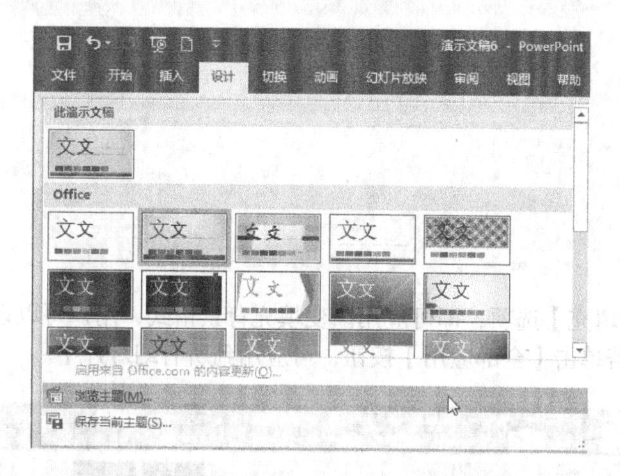

步骤02 在弹出的【选择主题或主题文档】对话框中，选择要应用的主题模板，然后单击【应用】按钮，即可应用自定义的主题，如下图所示。

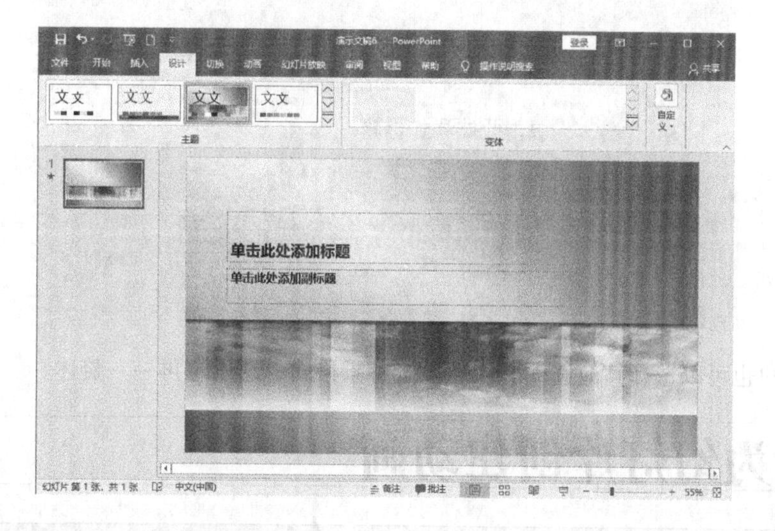

13.1.3 设置幻灯片背景格式

用户可以根据需要对幻灯片的背景进行设置，如纯色背景、渐变填充背景、纹理和图片背景等。

步骤01 打开PowerPoint 2019，新建一个演示文稿，单击【设计】选项卡下【自定义】选项组中的【设置背景格式】按钮，界面右侧弹出【设置背景格式】窗口，在填充下方用户可以选择【纯色填充】【渐变填充】【图片或纹理填充】和【图案填充】4种之一。

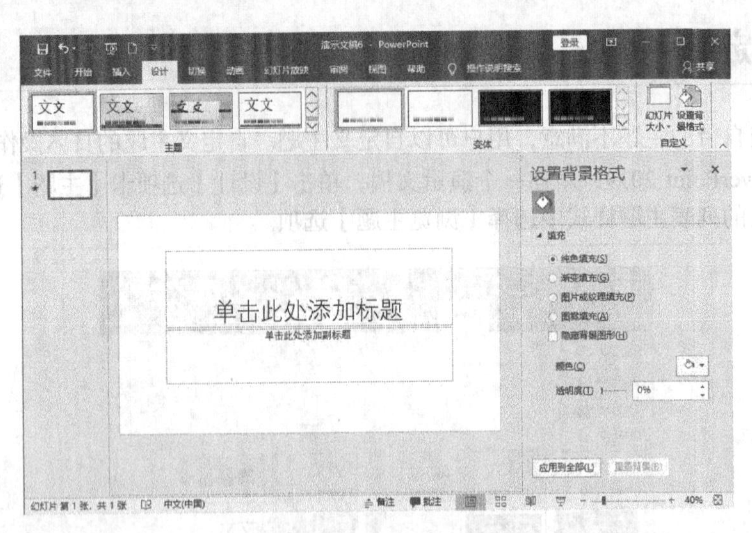

步骤 02 如选择【渐变填充】选项，即可应用渐变填充背景格式，用户可以设置它的渐变样式、类型、方向及颜色等，若单击【全部应用】按钮，可应用到所有幻灯片中。

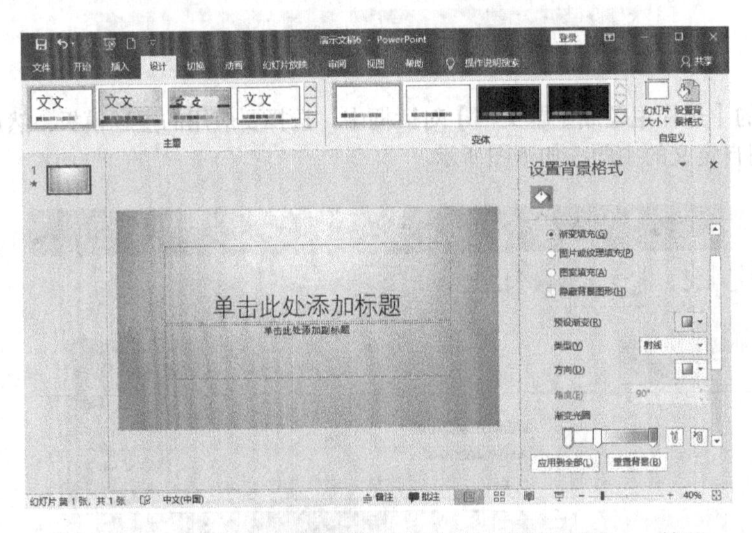

同样，用户也可以选择其他选项，快速设置背景格式，这里不再一一赘述。

13.2 为幻灯片创建动画

使用动画可以让观众将注意力集中在要点和信息流上，还可以提高观众对演示文稿的兴趣。动画效果可以应用于个别幻灯片上的文本或对象、幻灯片母版上的文本或对象，或者自定义幻灯片版式上的占位符。

13.2.1 创建进入动画

可以为对象创建进入动画。例如，使对象从边缘飞入幻灯片或跳入视图中。

步骤 01 打开“素材\ch13\市场季度报告.pptx”文件，如下图所示。

步骤 02 选择第一页幻灯片中要创建进入动画效果的文字，单击【动画】选项卡下【动画】组中的【其他】按钮，弹出动画下拉列表，如下图所示。

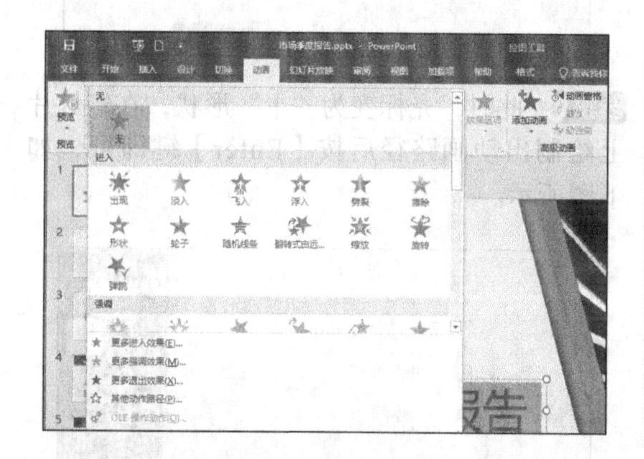

步骤 03 在下拉列表的【进入】区域选择【飞入】选项，创建进入动画效果，如下图所示。

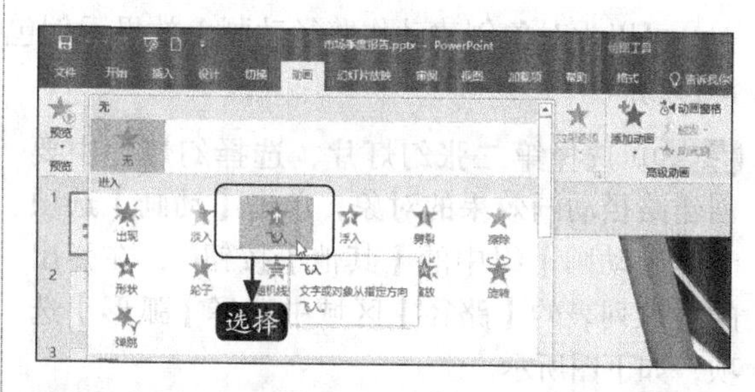

步骤 04 添加动画效果后，文字对象前面将显示一个动画编号标记 1 ，如下图所示。

小提示

创建动画后，幻灯片中的动画编号标记在打印时不会被打印出来。

13.2.2 创建强调动画

可以为对象创建强调动画，效果示例包括使对象缩小或放大、更改颜色或沿着其中心旋转等。

步骤 01 选择幻灯片中要创建强调动画效果的文字"市场部：小小"，如下图所示。

步骤 02 单击【动画】选项卡下【动画】组中的【其他】按钮，在弹出的下拉列表的【强调】区域选择【放大/缩小】选项，即可添加动画，如下图所示。

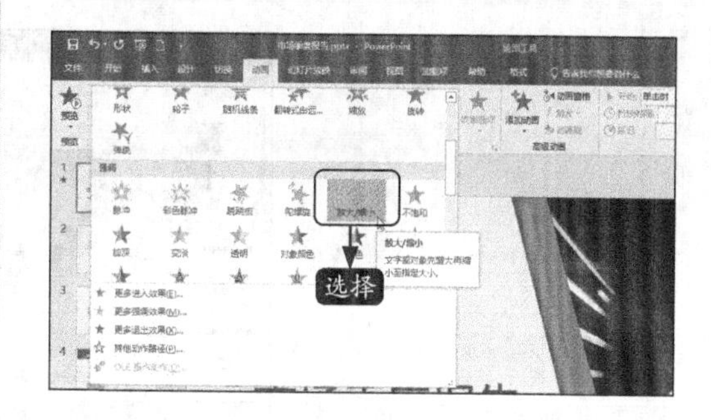

13.2.3 创建路径动画

可以为对象创建动作路径动画，效果示例包括使对象上下、左右移动或者沿着星形、圆形图案移动。

步骤01 选择第二张幻灯片，选择幻灯片中要创建路径动画效果的对象，单击【动画】选项卡下【动画】组中的【其他】按钮，在弹出的下拉列表的【路径】区域中选择【弧形】选项，如下图所示。

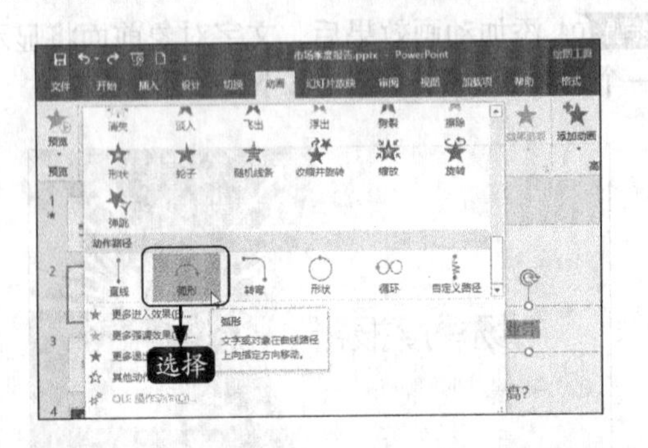

步骤02 为此对象创建“弧形”效果的路径动画，如下图所示。

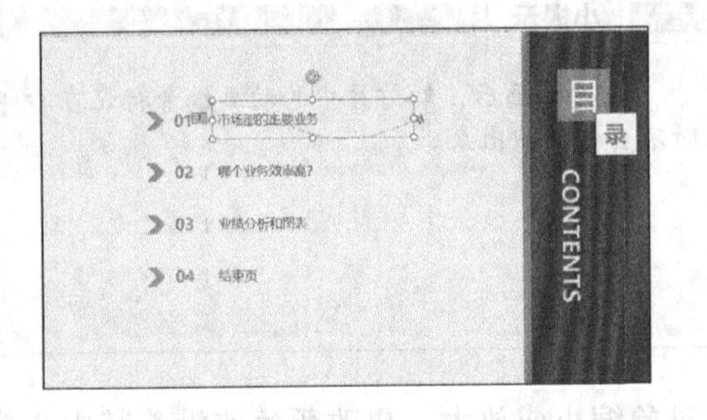

步骤03 选择要自定义路径的文本，然后在动画列表中的【路径】组中单击【自定义路径】按钮，如下图所示。

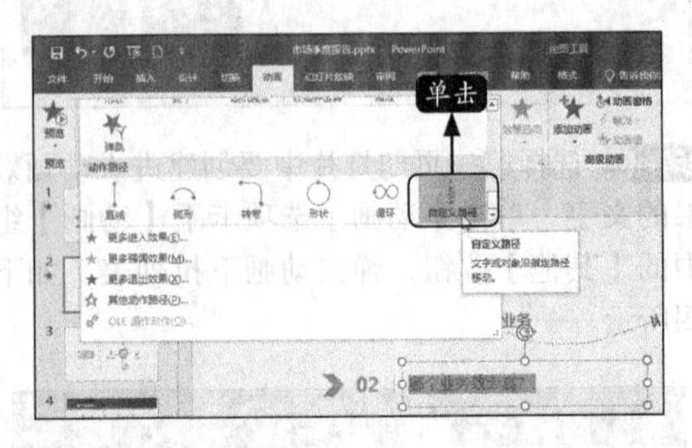

步骤04 此时，光标变为“十”形状，在幻灯片上绘制出动画路径后按【Enter】键即可，如下图所示。

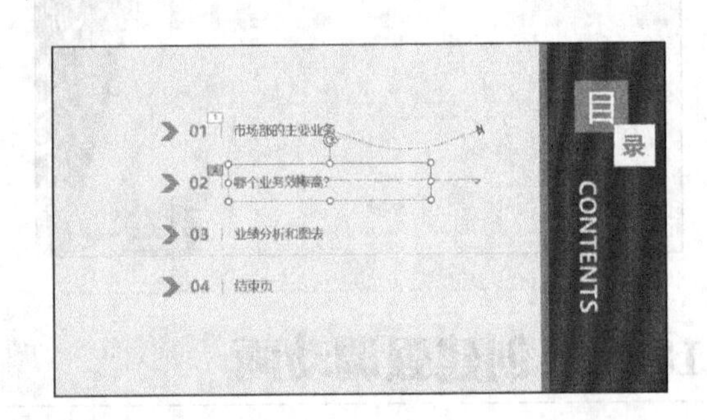

13.2.4 创建退出动画

可以为对象创建退出动画，这些效果包括使对象飞出幻灯片、从视图中消失或者从幻灯片旋出等。

步骤01 切换到第七张幻灯片，选择“THANK”图形对象，如下图所示。

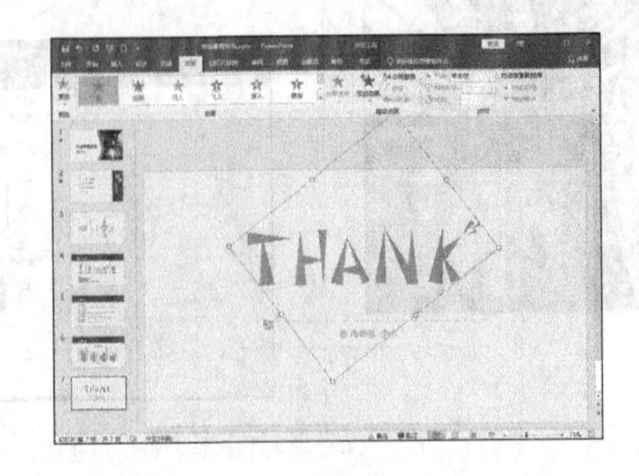

步骤02 单击【动画】选项卡下【动画】组中的【其他】按钮，在弹出的下拉列表的【退出】区域选择【弹跳】选项，即可为对象创建“弹跳”动画效果，如下图所示。

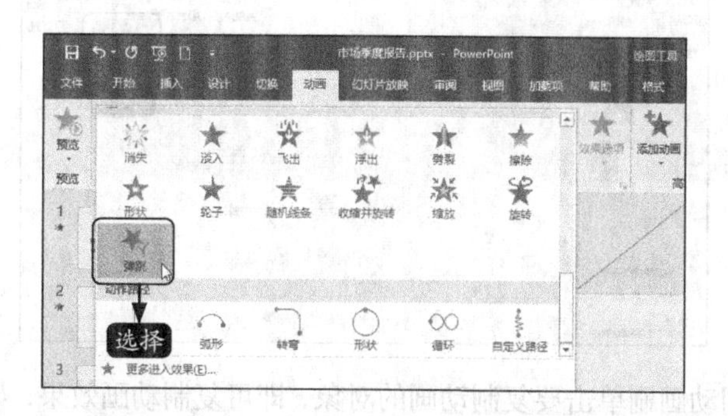

13.2.5 触发动画

触发动画是设置动画的特殊开始条件。

步骤01 选择结束幻灯片的动画，单击【动画】选项卡下【高级动画】组中的【触发】按钮，在弹出的下拉菜单【通过单击】的子菜单中选择【矩形4】选项，如下图所示。

步骤02 创建触发动画后的动画编号变为图标，在放映幻灯片时，用鼠标指针单击设置过动画的对象后，即可显示动画效果，如下图所示。

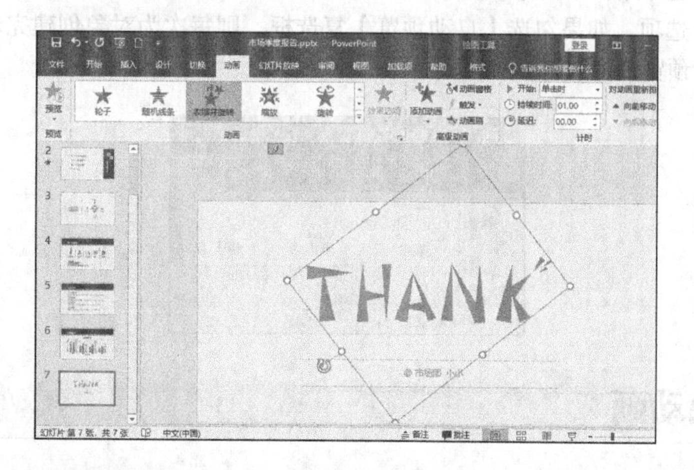

13.2.6 复制动画效果

在PowerPoint 2019中，可以使用动画刷复制一个对象的动画，并将其应用到另一个对象中。

步骤01 选择要复制动画的对象，单击【动画】选项卡下【高级动画】组中的【动画刷】按钮，此时幻灯片中的鼠标指针变为动画刷的形状，如下图所示。

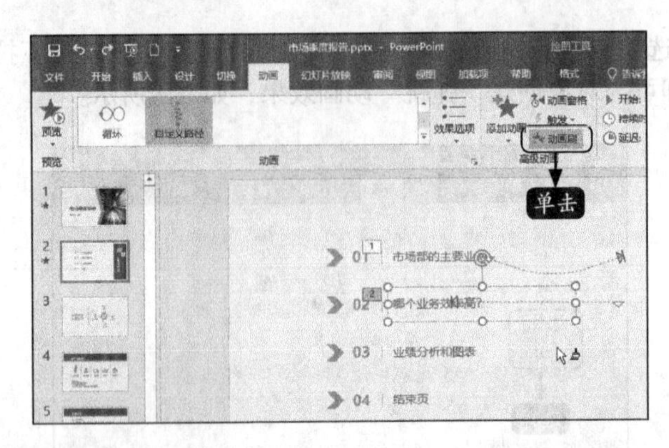

步骤 02 在幻灯片中，用动画刷单击要复制动画的对象，即可复制动画效果，如下图所示。

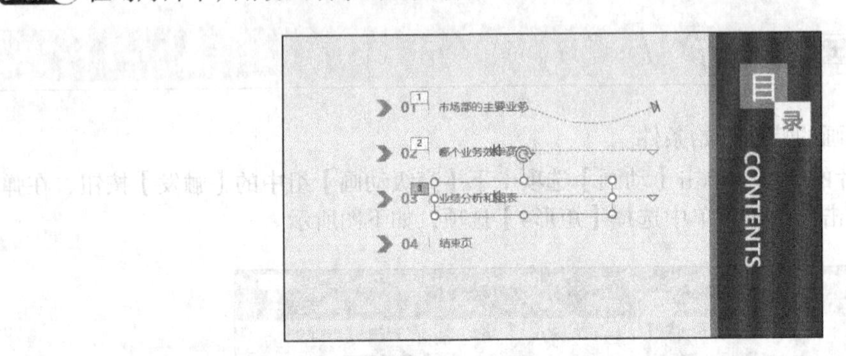

13.2.7 测试动画

为文字或图形对象添加动画效果后，可以单击【动画】选项卡下【预览】组中的【预览】按钮，验证它们是否起作用。单击【预览】按钮下方的下拉按钮，弹出下拉列表，包括【预览】和【自动预览】两个选项。如果勾选【自动预览】复选框，则每次为对象创建完动画，可以自动在【幻灯片】窗格中预览动画效果，如下图所示。

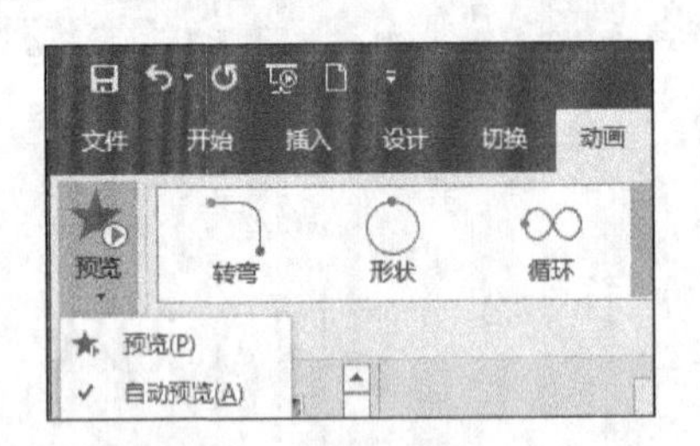

13.2.8 移除动画

为对象创建动画效果后，也可以根据需要删除动画。删除动画的方法有以下三种。

（1）单击【动画】选项卡下【动画】组中的【其他】按钮 ，在弹出的下拉列表的【无】区域选择【无】选项。

（2）单击【动画】选项卡下【高级动画】组中的【动画窗格】按钮，在弹出的【动画窗格】中选择要移除动画的选项，然后单击菜单图标（向下箭头），在弹出的下拉列表中选择【删除】选项即可，如下图所示。

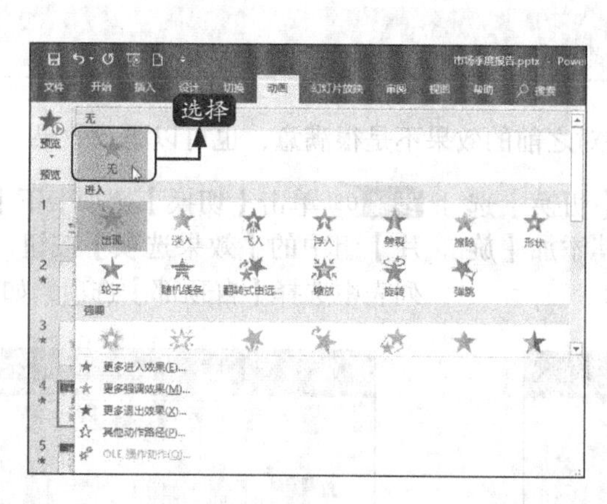

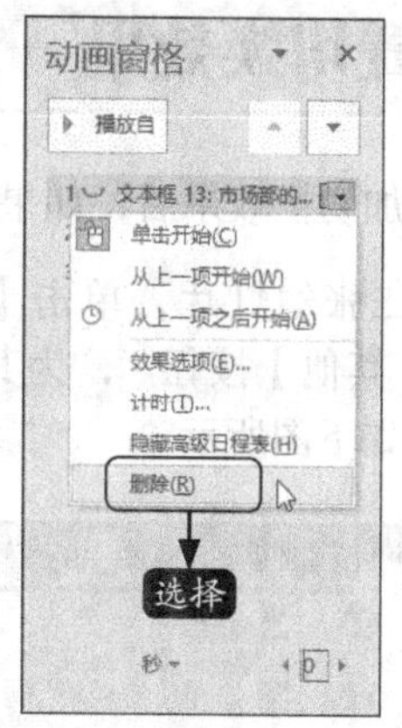

（3）选择添加动画的对象前的图标，按【Delete】键也可删除添加的动画效果。

13.3 为幻灯片添加切换效果

幻灯片切换效果是指在演示期间，从一张幻灯片移到下一张幻灯片时，【幻灯片放映】视图中出现的动画效果。

13.3.1 添加切换效果

幻灯片切换时产生的类似动画的效果，可以使幻灯片在放映时更加生动形象。添加切换效果的具体操作步骤如下。

步骤 01 选择要添加切换效果的幻灯片，单击【切换】选项卡右下侧的【其他】按钮，这里选择文件中的第一张幻灯片，在弹出的下拉列表中选择【百叶窗】切换效果，如下图所示。

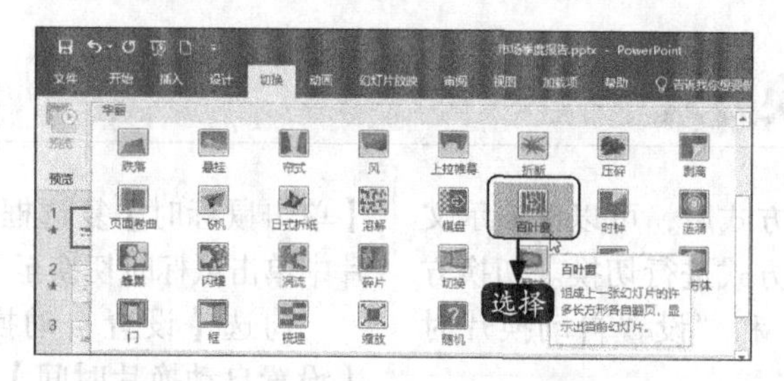

步骤 02 设置完毕，可以预览该效果，如下图所示。

13.3.2 设置切换效果

为幻灯片添加切换效果后，如果对之前的效果不是很满意，也可以更改效果。

步骤 01 选择第二张幻灯片，单击【切换】选项卡右下侧的【其他】按钮，为其添加【旋转】动画效果，如下图所示。

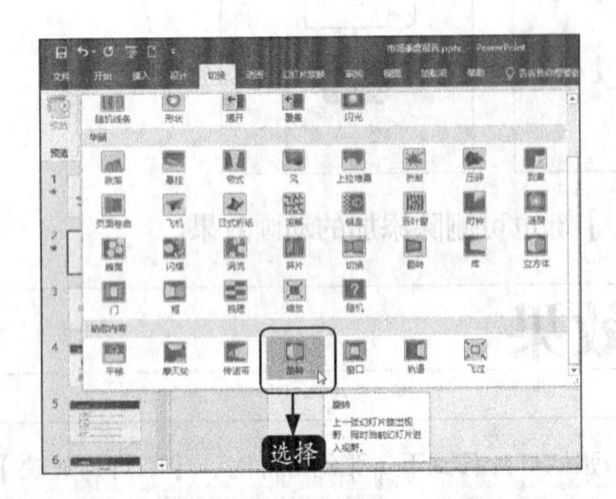

步骤 02 重复步骤 01，这次选择【涡流】选项，即可将切换效果设置为【涡流】，如下图所示。

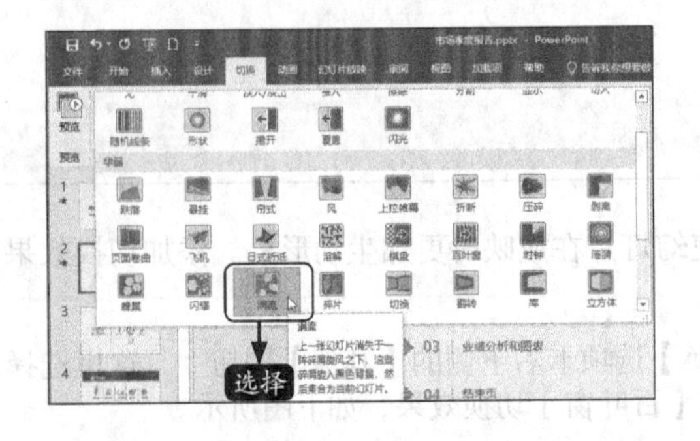

步骤 03 单击【切换】选项卡下【切换到此幻灯片】组中的【效果选项】按钮，在弹出的下拉列表中选择【自顶部】选项，如下图所示。

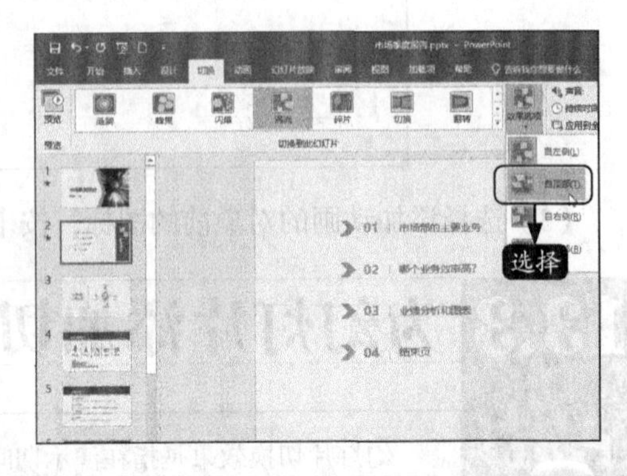

步骤 04 单击【预览】按钮，即可看到设置切换效果后的效果，如下图所示。

13.3.3 添加切换方式

设置幻灯片的切换方式后，可以使演示文稿在放映时按照设置的方式进行切换。切换方式包括“单击鼠标时”和“设置自动换片时间”两种，如下图所示。

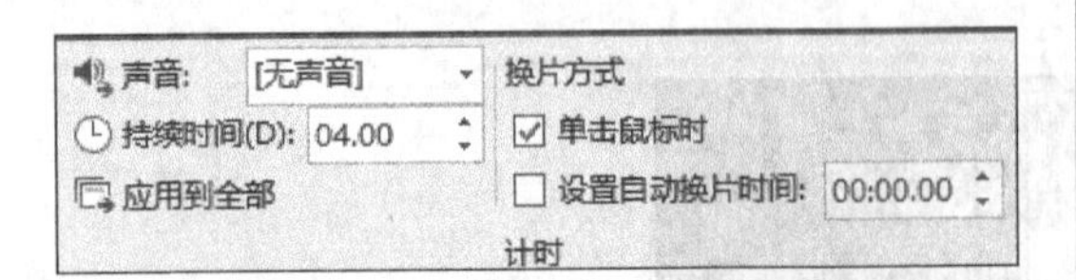

在【切换】选项卡下【计时】组的【换片方式】区域可以设置幻灯片的切换方式。勾选【单击鼠标时】复选框，即可设置在每张幻灯片中单击鼠标时切换至下一张幻灯片。

勾选【设置自动换片时间】复选框，在【设置自动换片时间】文本框中输入自动换片的时间，可以实现幻灯片的自动切换。

小提示

【单击鼠标时】复选框和【设置自动换片时间】复选框可以同时勾选，这样既可以单击鼠标切换，也可以在设置自动换片时间后切换。

13.4 创建超链接和使用动作

使用超链接可以从一张幻灯片转至另一张幻灯片，这里介绍使用创建超链接和创建动作的方法为幻灯片添加超链接。在播放演示文稿时，通过超链接可以将幻灯片快速转至需要的页面。

13.4.1 创建超链接

超链接可以是同一演示文稿中从一张幻灯片到另一张幻灯片的链接，也可以是从一张幻灯片到不同演示文稿中的幻灯片、电子邮件地址、网页或文件的链接。

步骤 01 在普通视图中选择要用作超链接的文本，如选中第二张幻灯片中的文字“市场部的主要业务”，如下图所示。

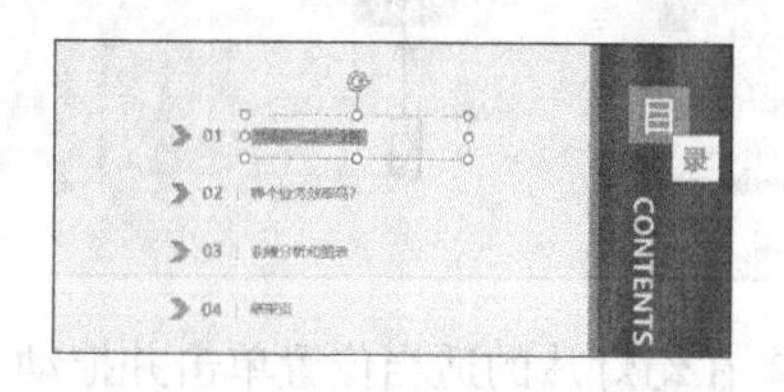

步骤 02 单击【插入】选项卡下【链接】组中的【链接】按钮，如下图所示。

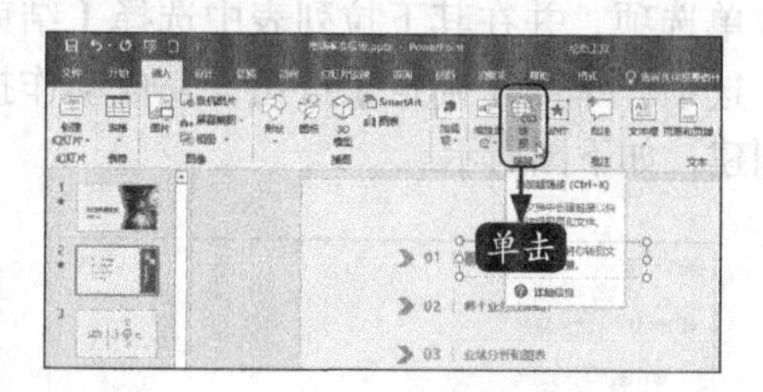

步骤 03 在弹出的【插入超链接】对话框左侧的【链接到】列表框中选择【本文档中的位置】选项，在右侧【请选择文档中的位置】列表中选择【3.幻灯片3】选项，单击【确定】按钮，如下图所示。

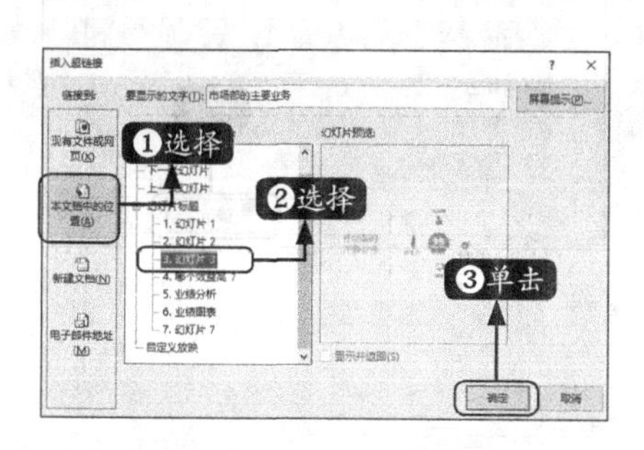

步骤 04 将选中的文档链接到幻灯片中。添加超链接后的文本以不同的颜色、下划线显示，放映幻灯片时，单击添加过超链接的文本即可链接到相应的文件，如下图所示。

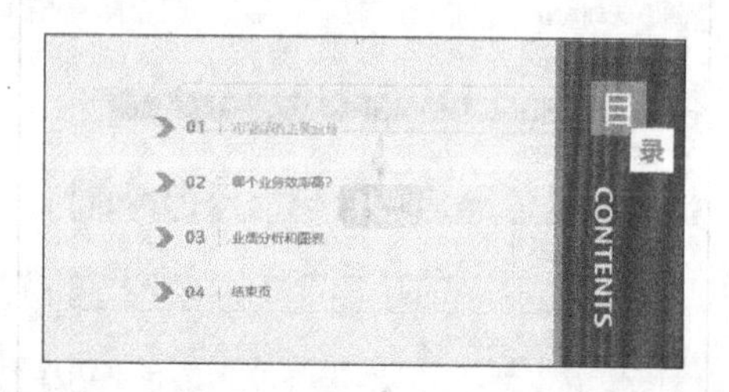

步骤 05 在放映幻灯片时，将鼠标光标放到添加超链接的文本中单击，如下图所示。

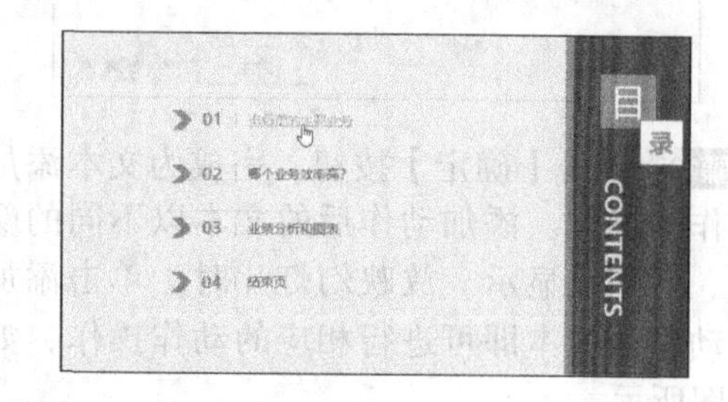

步骤 06 跳转到链接的幻灯片，如下图所示。

13.4.2 创建动作

在PowerPoint中，可以为幻灯片、幻灯片中的文本或对象创建动作。

1. 为文本或图形添加动作

为幻灯片中的文本或图形添加动作的具体操作步骤如下。

步骤01 选择要添加动作的文本，这里选择“销售目标”，单击【插入】选项卡下【链接】组中的【动作】按钮，在弹出的【操作设置】对话框中选择【单击鼠标】选项卡，在【单击鼠标时的动作】区域单击选中【超链接到】单选项，并在其下拉列表中选择【下一张幻灯片】选项，如下图所示。

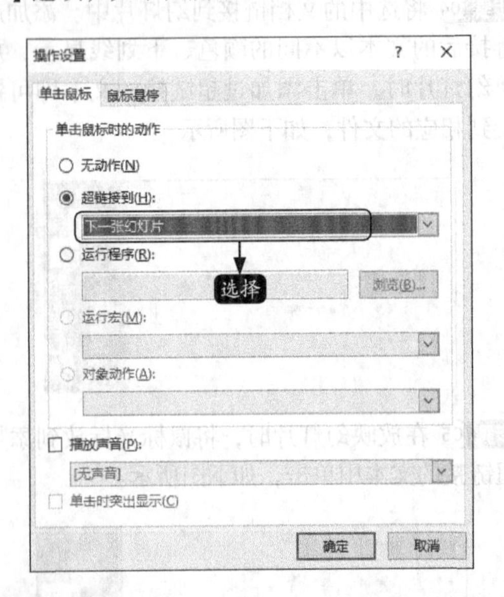

步骤02 单击【确定】按钮，完成为文本添加动作的操作。添加动作后的文本以不同的颜色、下划线显示。放映幻灯片时，单击添加过动作的文本即可进行相应的动作操作，如下图所示。

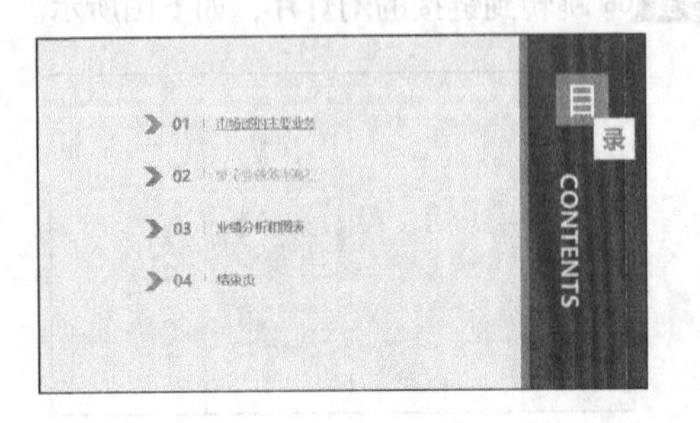

2. 创建动作按钮

向幻灯片中的文本或图形添加动作按钮的具体操作步骤如下。

步骤01 单击【插入】选项卡下【插图】组中的【形状】按钮，在弹出的下拉列表中选择【动作按钮】区域的【动作按钮：转到主页】图标，如下图所示。

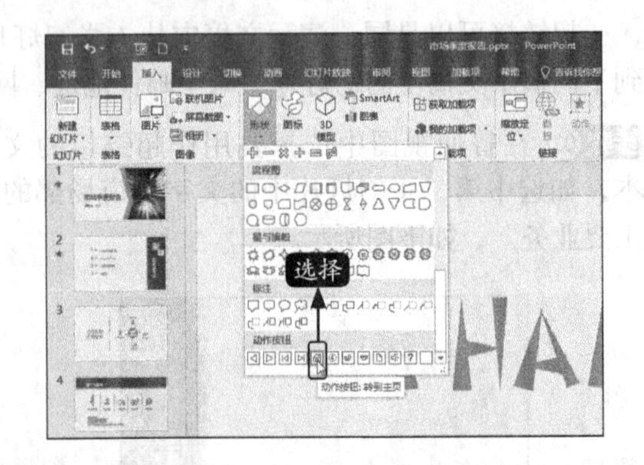

步骤02 在幻灯片的适当位置单击并拖动左键绘制图形，释放左键后，弹出【动作设置】对话框，选择【单击鼠标】选项卡，单击【超链接到】单选项，并在其下拉列表中选择【结束放映】选项，单击【确定】按钮，完成动作按钮的创建，如下图所示。

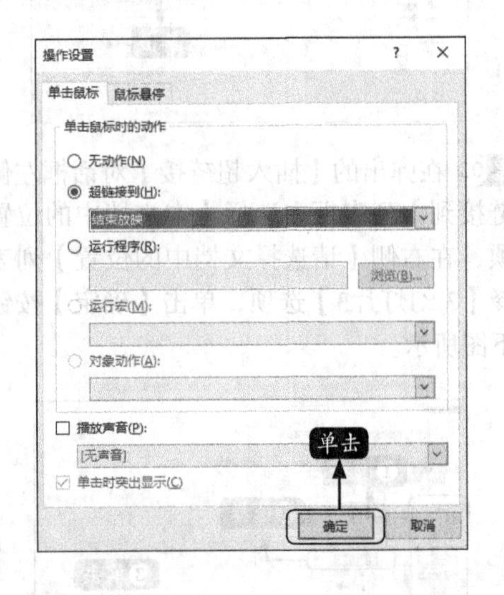

13.5 放映企业宣传片

企业宣传片主要用于介绍企业的文化、背景、成果展示等。PowerPoint 2019为用户提供了更好的放映方法。下面以放映企业宣传片为例介绍幻灯片的放映方法。

13.5.1 浏览幻灯片

用户可以通过缩略图的形式浏览幻灯片，具体操作步骤如下。

步骤 01 打开“素材\ch13\公司宣传片.pptx”演示文稿，单击【视图】选项卡下【演示文稿视图】选项组中的【幻灯片浏览】按钮 幻灯片浏览。

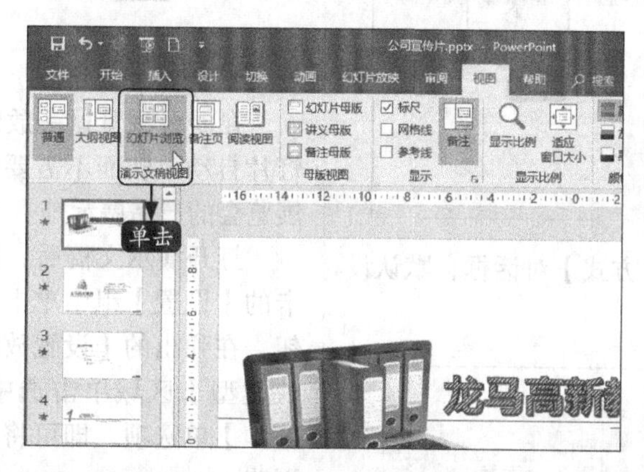

步骤 02 系统自动打开浏览幻灯片视图。

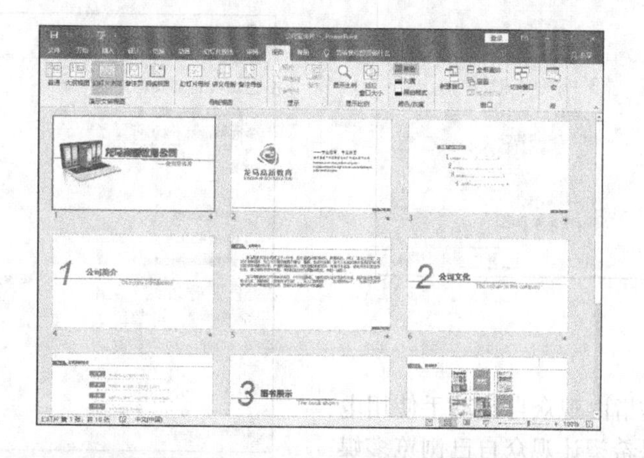

13.5.2 幻灯片的三种放映方式

在PowerPoint 2019中，演示文稿的放映方式包括演讲者放映、观众自行浏览和在展台浏览三种。可以通过单击【幻灯片放映】选项卡下【设置】组中的【设置幻灯片放映】按钮，在弹出的【设置放映方式】对话框中对放映类型、放映选项及换片方式等进行具体设置。

1. 演讲者放映

演示文稿放映方式中的演讲者放映方式是指由演讲者一边讲解一边放映幻灯片，此演示方式一般用于比较正式的场合，如专题讲座、学术报告等。

将演示文稿的放映方式设置为演讲者放映的具体操作方法如下。

步骤 01 单击【幻灯片放映】选项卡下【设置】组中的【设置幻灯片放映】按钮。

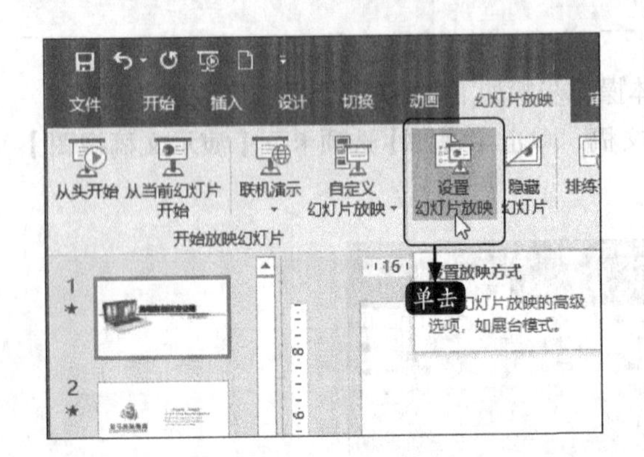

步骤 02 弹出【设置放映方式】对话框，默认设置即为演讲者放映状态。

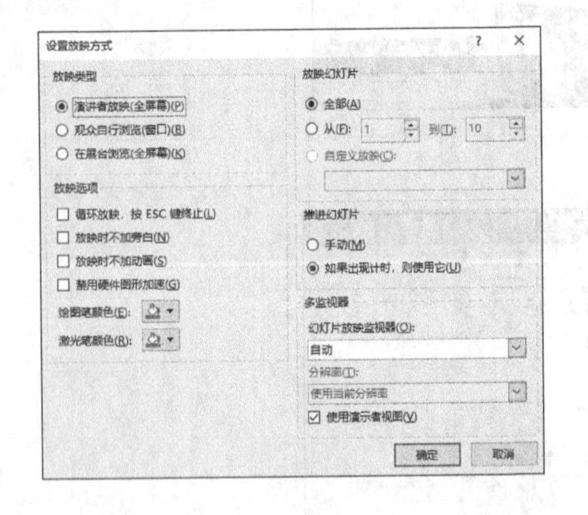

2. 观众自行浏览

观众自行浏览是指由观众自己动手使用电脑观看幻灯片。如果希望让观众自己浏览多媒体幻灯片，可以将多媒体演讲的放映方式设置为观众自行浏览。

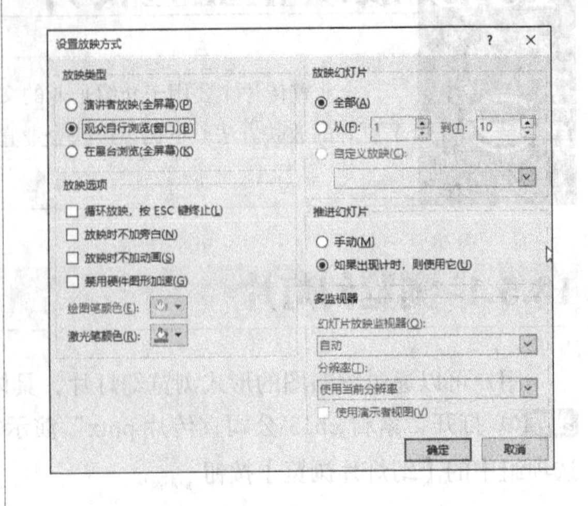

3. 在展台浏览

在展台浏览这一放映方式可以让多媒体幻灯片自动放映而不需要演讲者操作，例如放在展览会的产品展示等。

打开演示文稿后，在【幻灯片放映】选项卡的【设置】组中单击【设置幻灯片放映】按钮，在弹出的【设置放映方式】对话框的【放映类型】区域单击选中【在展台浏览（全屏幕）】单选项，即可将演示方式设置为在展台浏览。

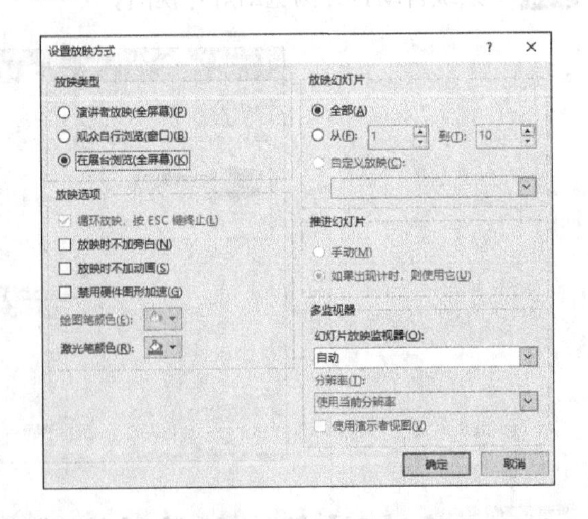

13.5.3 放映幻灯片

默认情况下，幻灯片的放映方式为普通手动放映。用户可以根据实际需要，设置幻灯片的放映方式，如从头开始放映、从当前幻灯片开始放映、联机放映等方式。

1. 从头开始放映

幻灯片一般是从头开始放映的。在【幻灯片放映】选项卡的【开始放映幻灯片】组中单击【从头开始】按钮或按【F5】键，即可从头开始播放幻灯片。

2. 从当前幻灯片开始放映

在放映幻灯片时也可以从选定的当前幻灯片开始放映。在【幻灯片放映】选项卡的【开始放映幻灯片】组中单击【从当前幻灯片开始】按钮或按【Shift+F5】组合键，系统将从当前幻灯片开始播放幻灯片。按【Enter】键或空格键可切换到下一张幻灯片。

3. 联机放映

PowerPoint 2019新增了联机演示功能，只要在有网络连接的条件下，就可以在没有安装PowerPoint的电脑上放映演示文稿，具体操作步骤如下。

步骤 01 单击【幻灯片放映】选项卡下【开始放映幻灯片】选项组中【联机演示】按钮的下拉按钮，在弹出的下拉列表中单击【Office Presentation Service】选项。

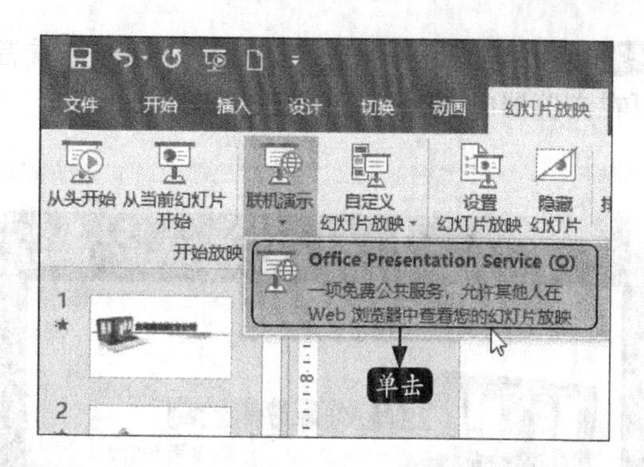

步骤 02 弹出【联机演示】对话框，单击【连接】按钮。

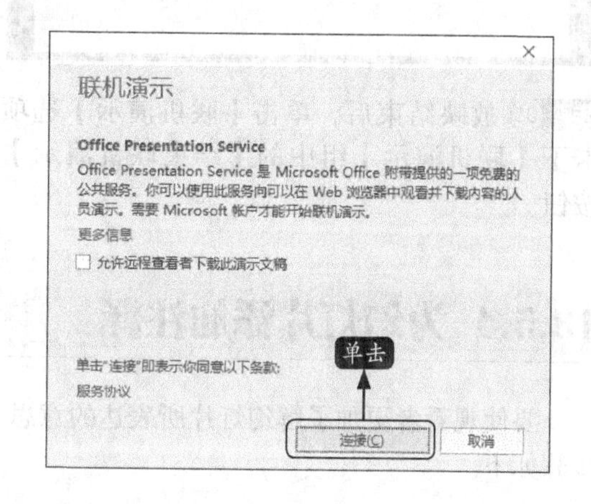

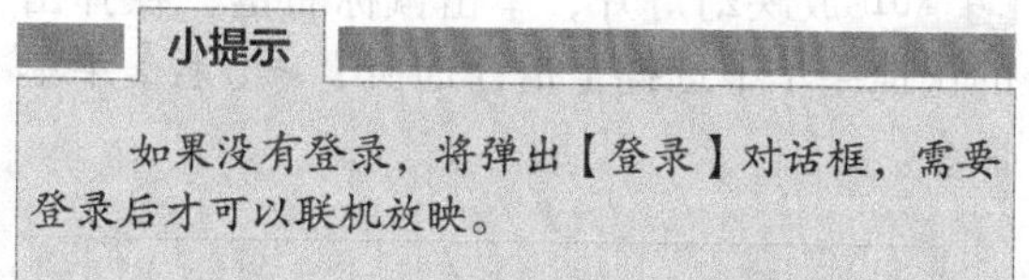

小提示

如果没有登录，将弹出【登录】对话框，需要登录后才可以联机放映。

步骤 03 弹出【联机演示】对话框，单击【复制链接】选项，复制文本框中的链接地址，将其共享给远程查看者，待查看者打开该链接后，单击【开始演示】按钮。

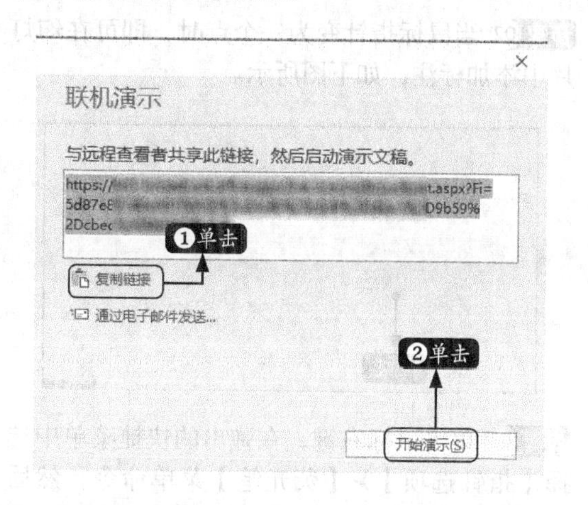

步骤 04 此时即可开始放映幻灯片，远程查看者可在浏览器中同时查看播放的幻灯片。

步骤 05 放映结束后，单击【联机演示】选项卡下【联机演示】组中的【结束联机演示】按钮。

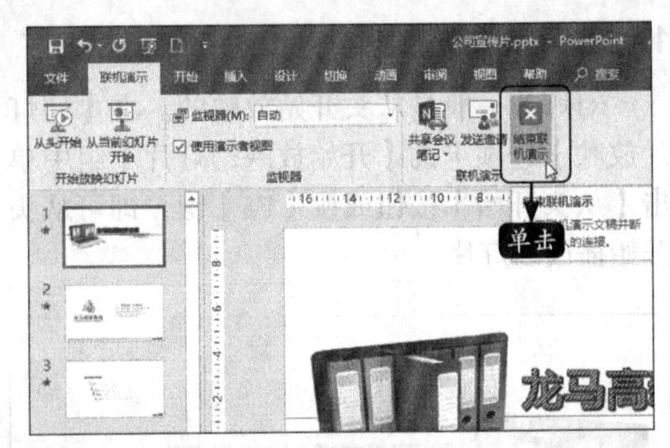

步骤 06 弹出【Microsoft PowerPoint】对话框，单击【结束联机演示】按钮，即可结束联机放映，如下图所示。

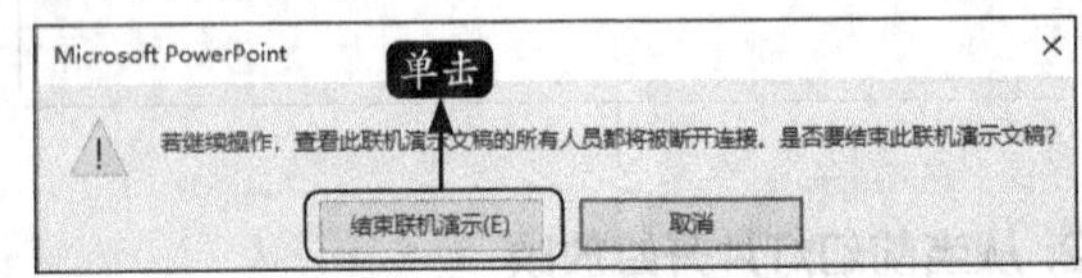

13.5.4 为幻灯片添加注释

要使观看者更加了解幻灯片所表达的意思，可以在幻灯片中添加标注。添加标注的具体操作步骤如下。

步骤 01 放映幻灯片，单击鼠标右键，在弹出的快捷菜单中选择【指针选项】➤【笔】菜单命令。

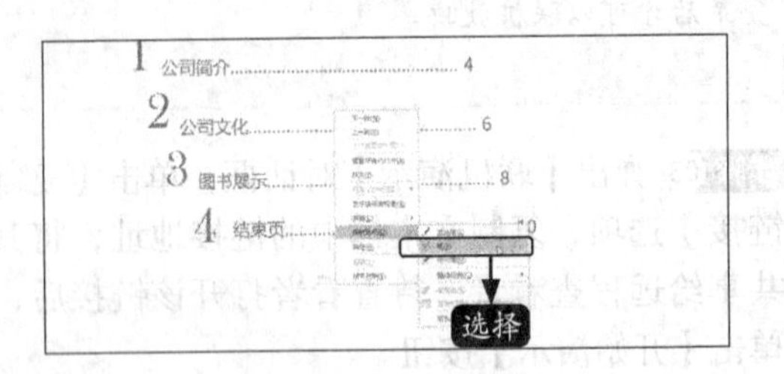

步骤 02 当鼠标指针变为一个点时，即可在幻灯片中添加标注，如下图所示。

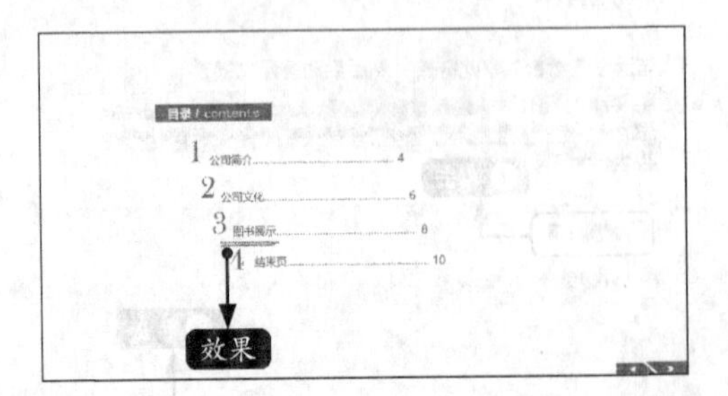

步骤 03 单击鼠标右键，在弹出的快捷菜单中选择【指针选项】➤【荧光笔】菜单命令，然后选择【指针选项】➤【墨迹颜色】菜单命令，在【墨迹颜色】列表中，单击一种颜色，如单击【蓝色】。

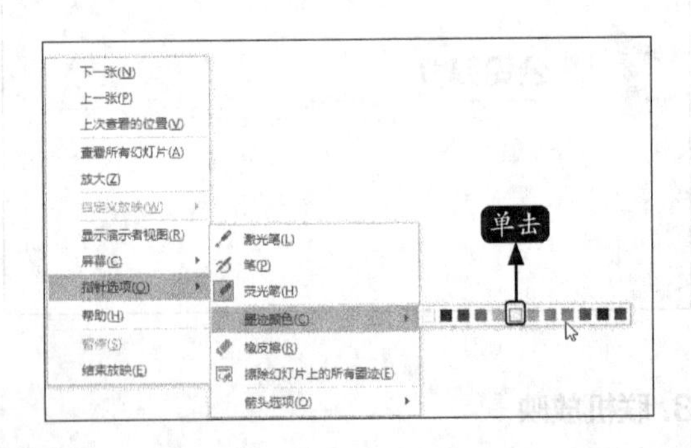

步骤 04 使用绘图笔在幻灯片中标注，此时绘图笔颜色即变为蓝色。

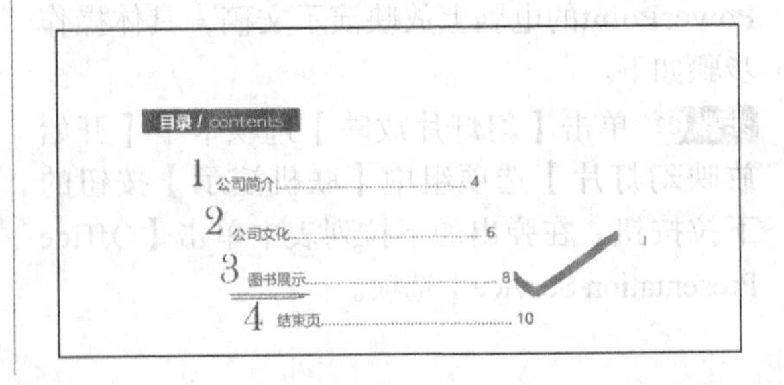

小提示

放映幻灯片时，在添加有标注的幻灯片中，单击鼠标右键，在弹出的快捷菜单中选择【指针选项】➤【橡皮擦】菜单命令，当鼠标指针变为✎时，在幻灯片中有标注的地方，按住鼠标左键拖动，即可擦除标注。

13.6 设计沟通技巧培训PPT

沟通是人与人之间、人与群体之间思想与感情传递和反馈的过程，以求思想达成一致和感情的通畅。沟通是社会交际中必不可少的技能，沟通的成效直接影响工作或事业成功与否。

13.6.1 设计幻灯片母版

此演示文稿中除首页和结束页外，其他所有幻灯片中都需要在标题处放置一个关于沟通交际的图片。为了体现版面的美观，会将四角设置为弧形。设计幻灯片母版的步骤如下。

步骤 01 启动PowerPoint 2019，进入PowerPoint工作界面，将新建文档另存为“沟通技巧.pptx”。

步骤 02 单击【视图】选项卡下【母版视图】组中的【幻灯片母版】按钮，切换到幻灯片母版视图，并在左侧列表中单击第一张幻灯片。

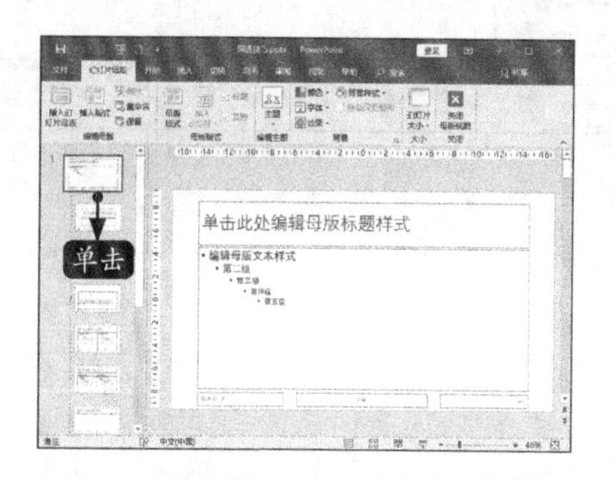

步骤 03 单击【插入】选项卡【图像】组中的【图片】按钮，在弹出的对话框中选择“素材\ch13\背景1.png”文件，单击【插入】按钮。

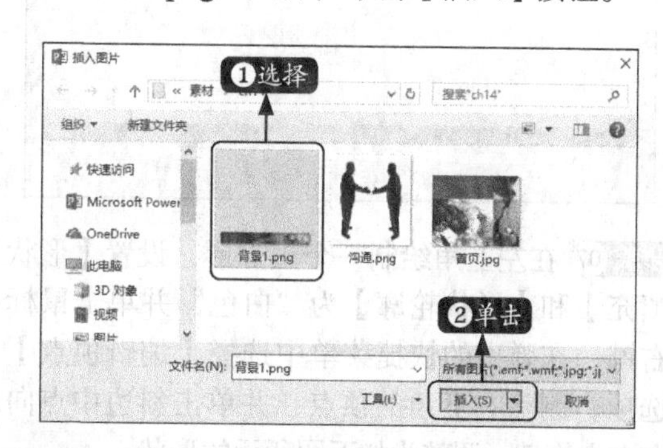

步骤 04 插入图片并调整图片的位置，如下图所示。

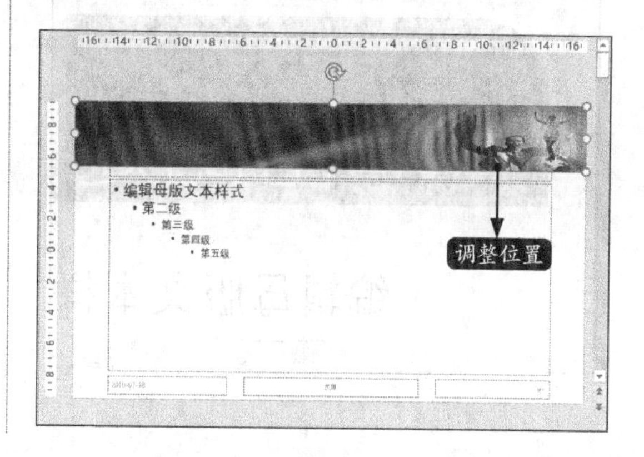

步骤 05 使用形状工具在幻灯片底部绘制一个矩形框，并填充颜色为蓝色（R:29，G:122，B:207）。

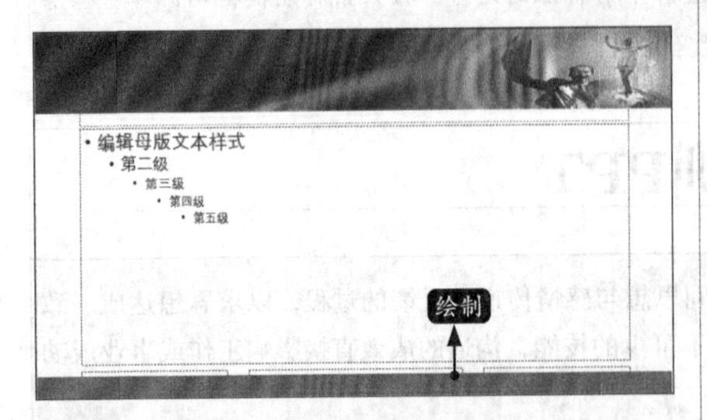

步骤 06 使用形状工具绘制一个圆角矩形，并拖动圆角矩形左上方的黄点，调整圆角角度。设置【形状填充】为“无填充颜色”，设置【形状轮廓】为“白色”、【粗细】为“4.5磅”。

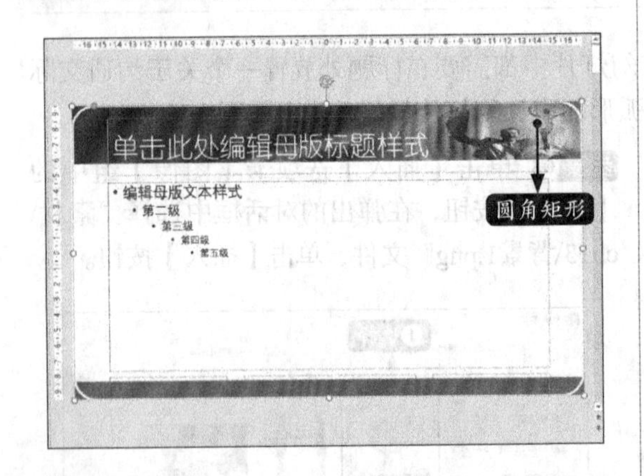

步骤 07 在左上角绘制一个正方形，设置【形状填充】和【形状轮廓】为“白色”并单击鼠标右键，在弹出的快捷菜单中选择【编辑顶点】选项，删除右下角的顶点，并单击斜边中点向左上方拖动，调整为如下图所示的形状。

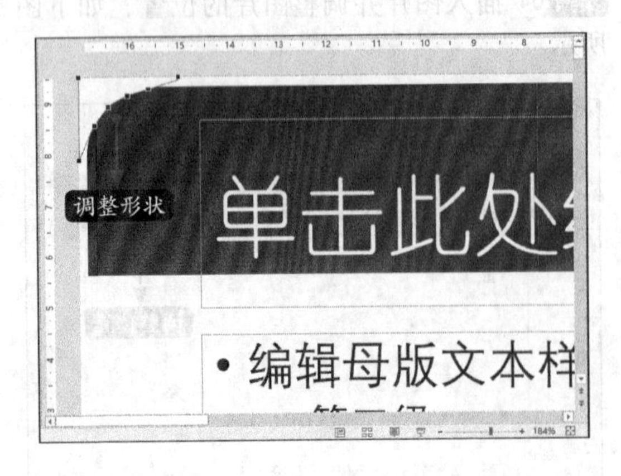

步骤 08 重复上面的操作，绘制并调整幻灯片其他角的形状。

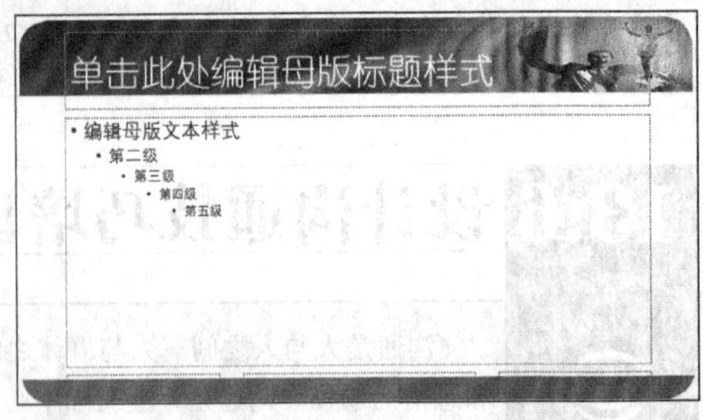

步骤 09 选择步骤 06~步骤 08中绘制的图形，并单击鼠标右键，在弹出的快捷菜单中选择【组合】➤【组合】菜单命令，将图形组合，效果如下图所示。

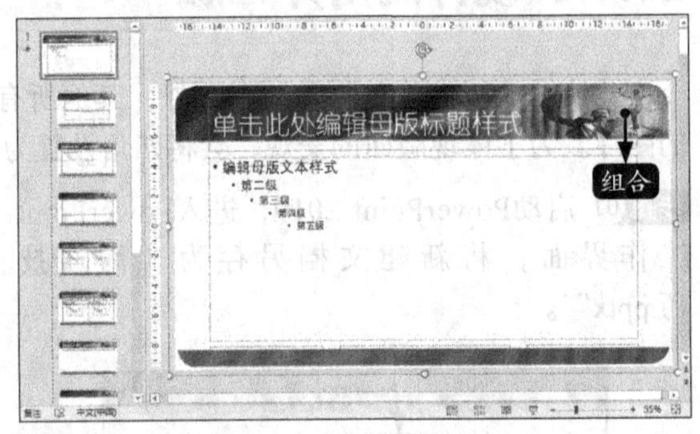

步骤 10 将标题框置于顶层，并设置内容字体为“幼圆”、字号为“50”、颜色为“白色”。

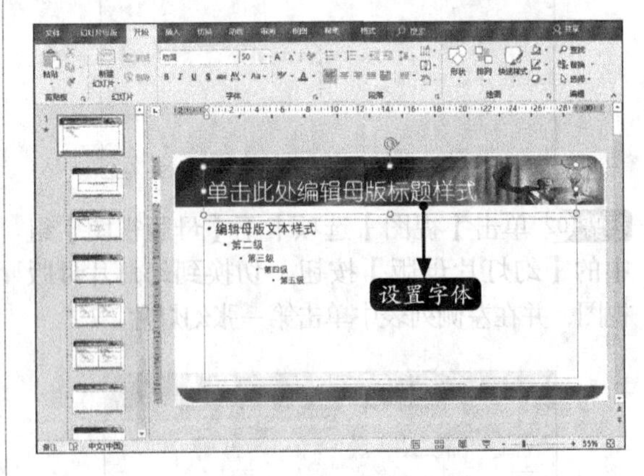

13.6.2 设计幻灯片首页

幻灯片首页由能够体现沟通交际的背景图和标题组成。设计幻灯片首页的具体操作步骤如下。

步骤01 在幻灯片母版视图中选择左侧列表的第二张幻灯片。

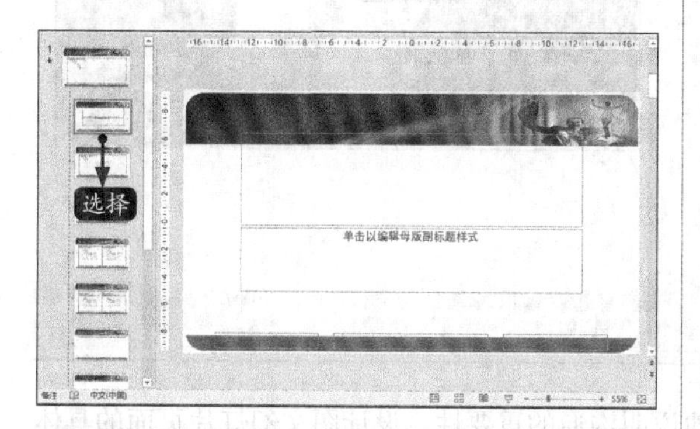

步骤02 选中【幻灯片母版】选项卡【背景】组中的【隐藏背景图形】复选框，将背景隐藏。

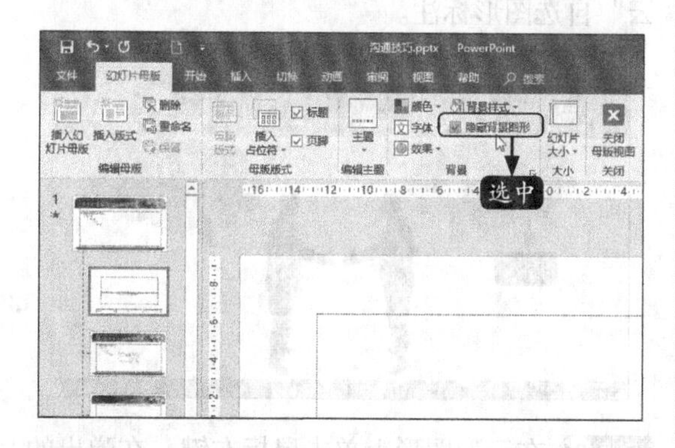

步骤03 单击【背景】选项组右下角的【设置背景格式】按钮，弹出【设置背景格式】窗格，在【填充】区域选择【图片或纹理填充】单选项，并单击【文件】按钮。

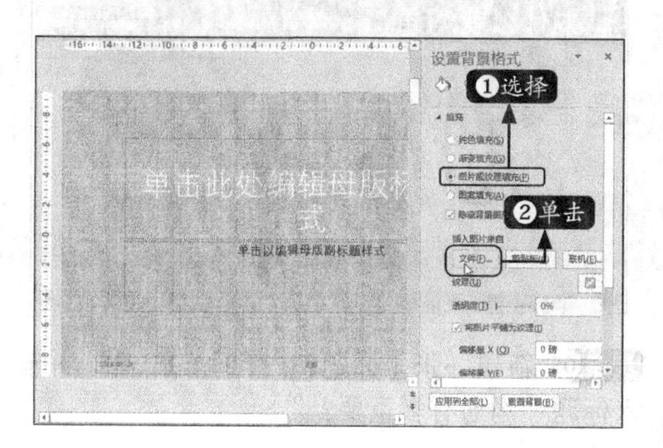

步骤04 在弹出的【插入图片】对话框中选择“素材\ch13\首页.jpg”图片，单击【插入】按钮。

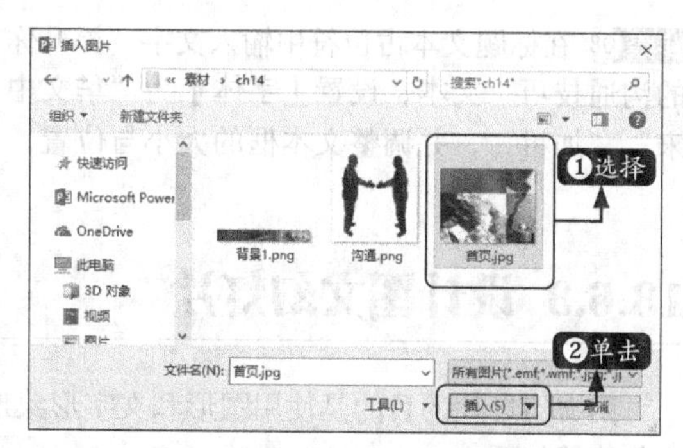

步骤05 设置背景后的幻灯片如下图所示。

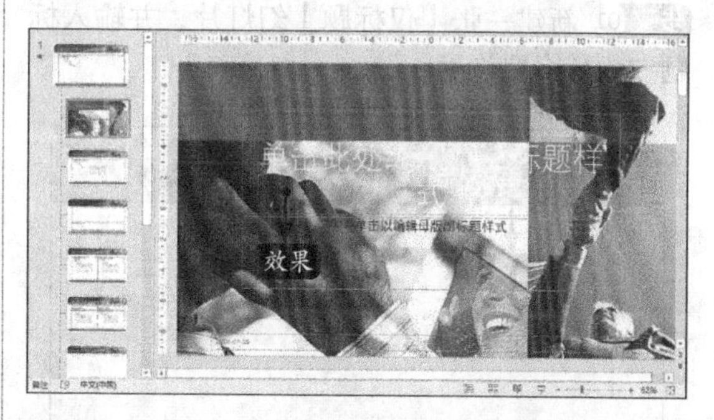

步骤06 按照13.6.1小节步骤06~步骤09的操作绘制图形，并将其组合，效果如下图所示。

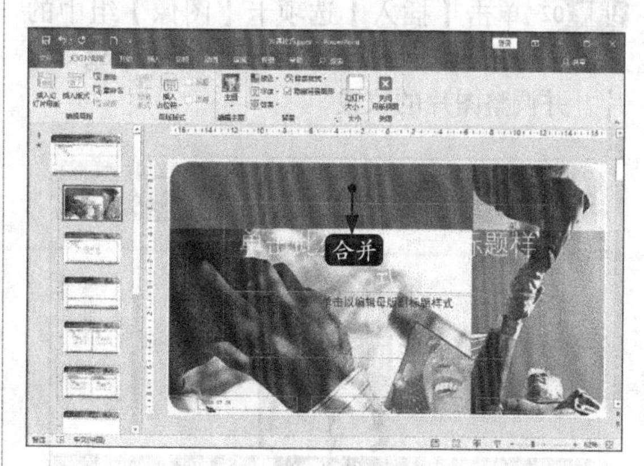

步骤07 单击【关闭母版视图】按钮，返回普通视图。

步骤 08 在标题文本占位符中输入文字“提升你的沟通技巧”文本，设置【字体】为“华文中宋”“加粗”，并调整文本框的大小与位置，删除副标题文本占位符。制作完成的幻灯片首页如下图所示。

13.6.3 设计图文幻灯片

图文幻灯片的目的是使用图形和文字形象地说明沟通的重要性。设计图文幻灯片页面的具体操作步骤如下。

步骤 01 新建一张【仅标题】幻灯片，并输入标题“为什么要沟通？”。

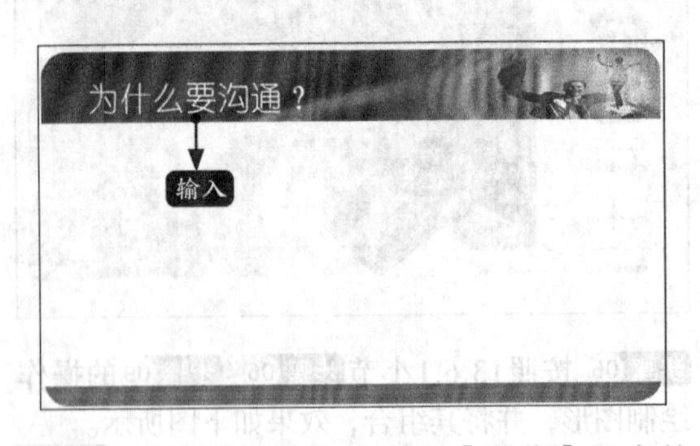

步骤 02 单击【插入】选项卡【图像】组中的【图片】按钮，插入“素材\ch13\沟通.png”图片，并调整图片的位置。

步骤 03 使用形状工具插入两个“思想气泡：云”自选图形标注。

步骤 04 在云形图形上单击鼠标右键，在弹出的快捷菜单中选择【编辑文字】选项，并输入下图中所示文字，然后根据需要设置字体样式。

步骤 05 新建一张【标题和内容】幻灯片，并输入标题“沟通有多重要？”。

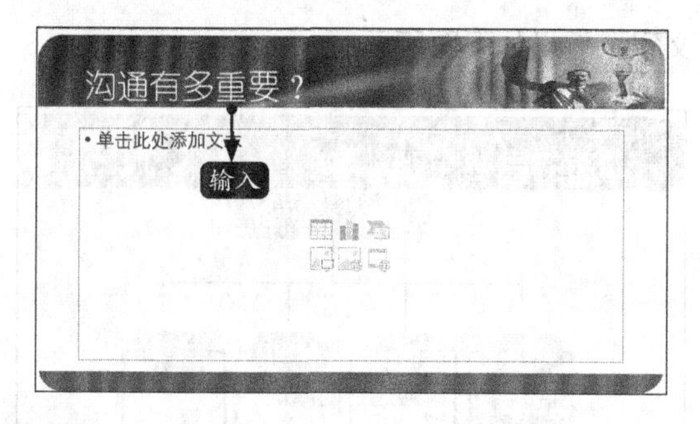

步骤06 单击内容文本框中的图表按钮，在弹出的【插入图表】对话框中选择【饼图】选项，单击【确定】按钮。

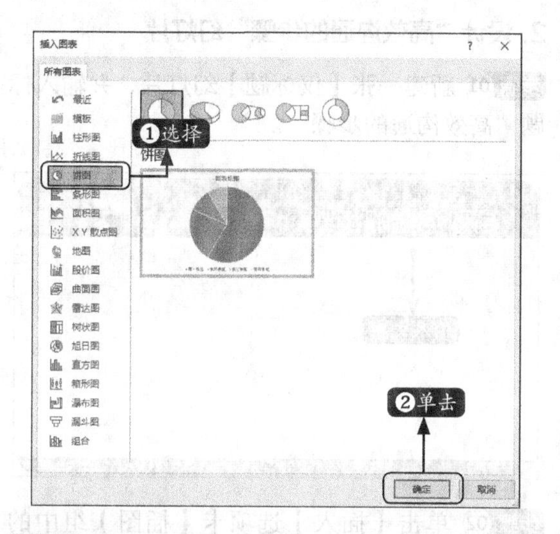

步骤07 在打开的【Microsoft PowerPoint中的图表】工作簿中修改数据，如下图所示。

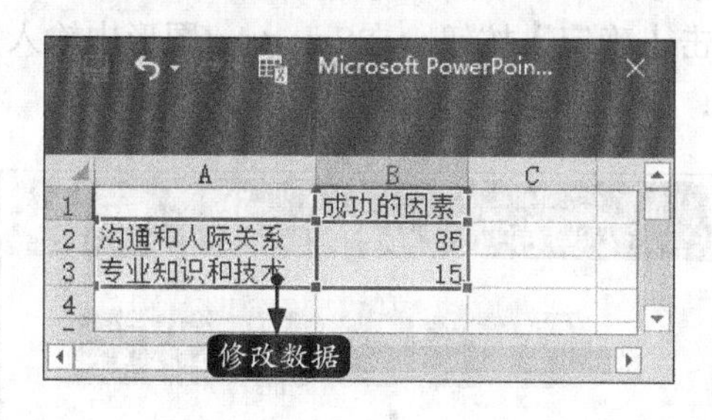

	A	B	C
1		成功的因素	
2	沟通和人际关系	85	
3	专业知识和技术	15	
4			

步骤08 关闭【Microsoft PowerPoint中的图表】工作簿，即可在幻灯片中插入图表。

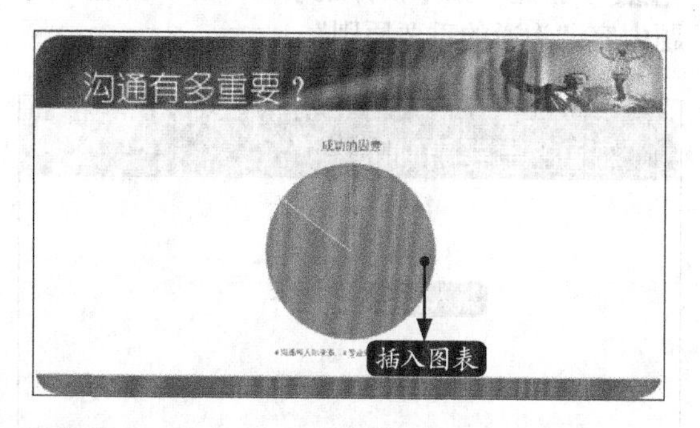

步骤09 根据需要修改图表的样式，效果如下图所示。

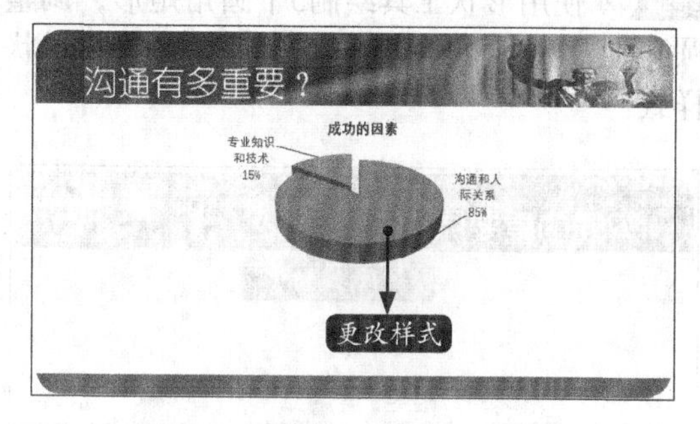

步骤10 在图表下方插入一个文本框，输入内容，并调整文字的字体、字号和颜色，最终效果如下图所示。

13.6.4 设计图形幻灯片

使用各种形状图形和SmartArt图形直观地展示“沟通的重要原则”和“高效沟通的步骤”，具体操作步骤如下。

1. 设计“沟通的重要原则”幻灯片

步骤01 新建一张【仅标题】幻灯片，并输入标题内容“沟通的重要原则”。

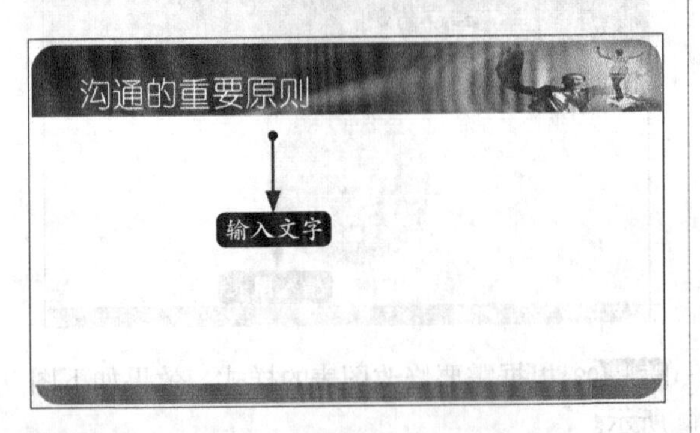

步骤02 使用形状工具绘制5个圆角矩形，调整圆角矩形的圆角角度，并分别应用一种形状样式。

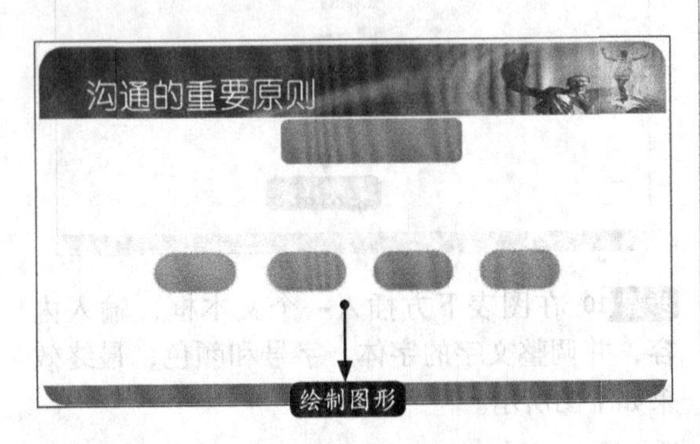

步骤03 再绘制4个圆角矩形，设置【形状填充】为【无填充颜色】，分别设置【形状轮廓】为绿色、红色、蓝色和橙色，并将其置于底层，然后绘制直线将图形连接起来。

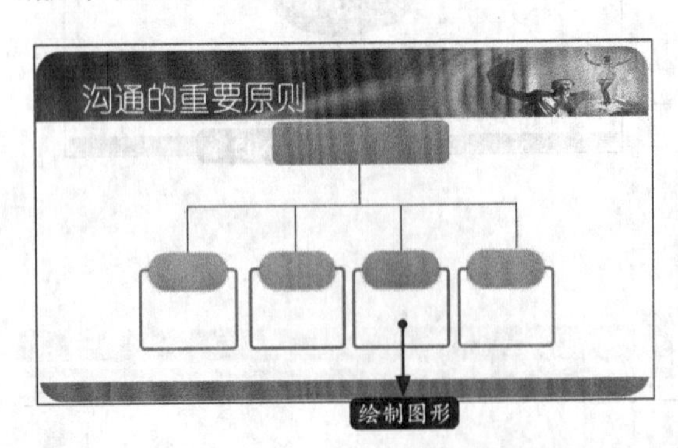

步骤04 在形状上单击鼠标右键，在弹出的快捷菜单中选择【编辑文字】选项，根据需要输入文字，效果如下图所示。

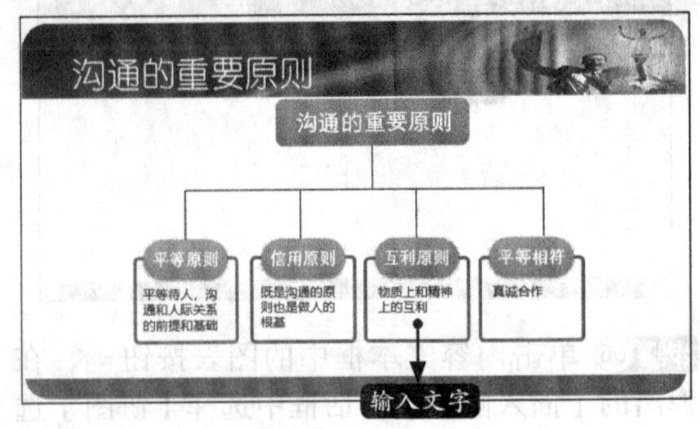

2. 设计“高效沟通的步骤”幻灯片

步骤01 新建一张【仅标题】幻灯片，并输入标题“高效沟通的步骤”。

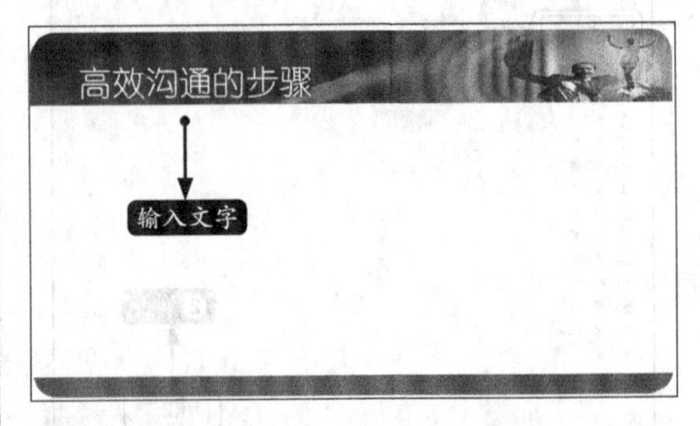

步骤02 单击【插入】选项卡【插图】组中的【SmartArt】按钮，在弹出的【选择SmartArt图形】对话框中选择【连续块状流程】图形，单击【确定】按钮。在SmartArt图形中输入文字，如下图所示。

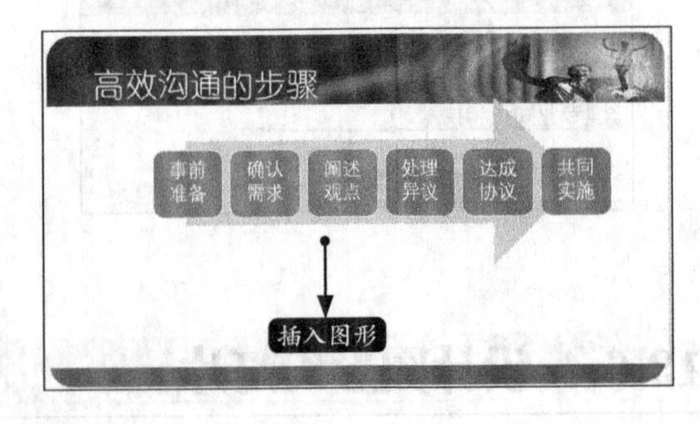

步骤03 选择SmartArt图形，单击【SmartArt工具】➤【设计】选项卡【SmartArt样式】组中的【更改颜色】按钮，在下拉列表中选择【彩色

轮廓—个性色3】选项。

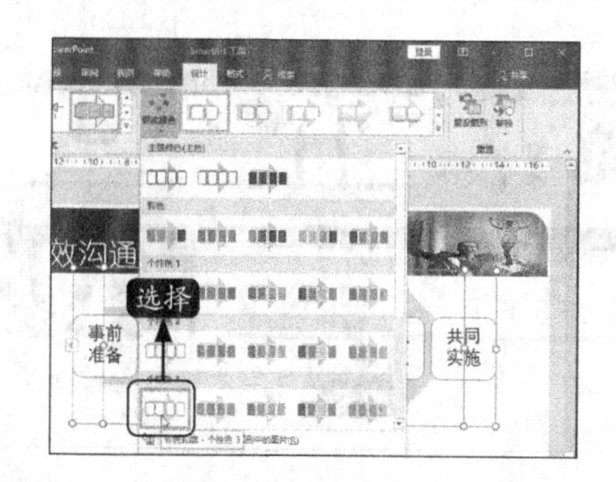

步骤04 单击【SmartArt样式】组中的【其他】按钮，在下拉列表中选择【嵌入】选项。

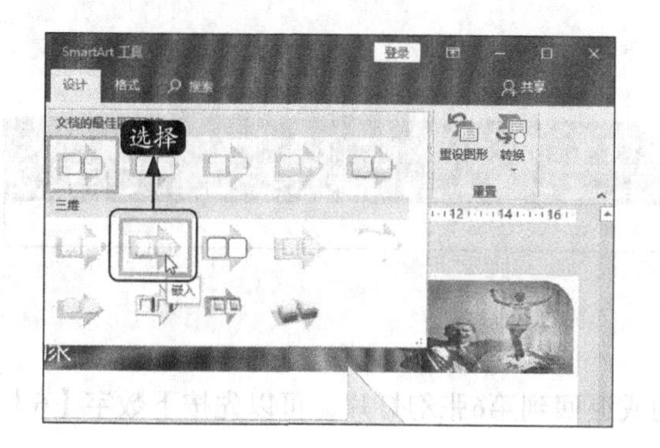

步骤05 在SmartArt图形下方绘制6个圆角矩形，并应用蓝色形状样式。

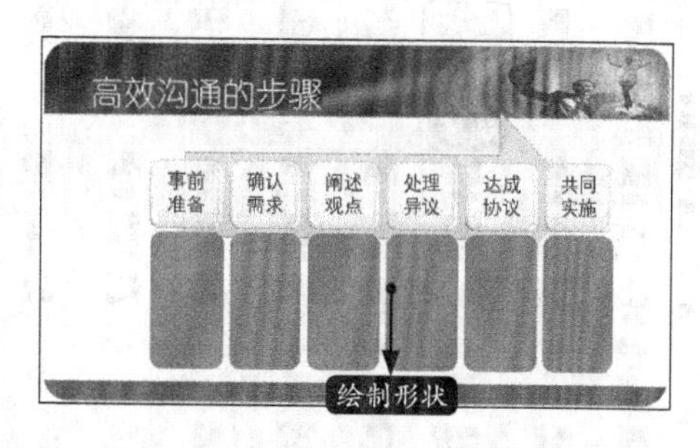

步骤06 在圆角矩形中输入文字，为文字添加"√"形式的项目符号，并设置字体颜色为"白色"，如下图所示。

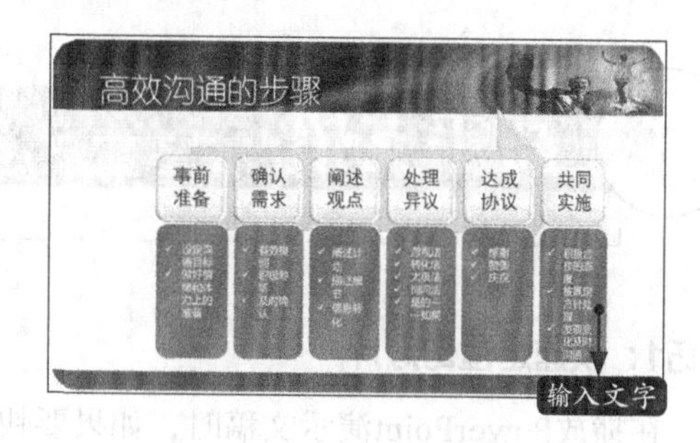

13.6.5 设计幻灯片结束页

结束页幻灯片与首页幻灯片的背景一致，只是标题内容不同。具体操作步骤如下。

步骤01 新建一张【标题幻灯片】，如下图所示。

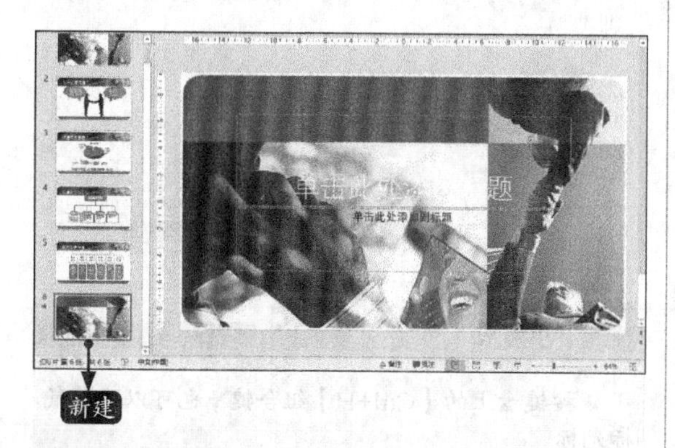

步骤02 在标题文本框中输入"谢谢观看！"，并设置字体和位置。

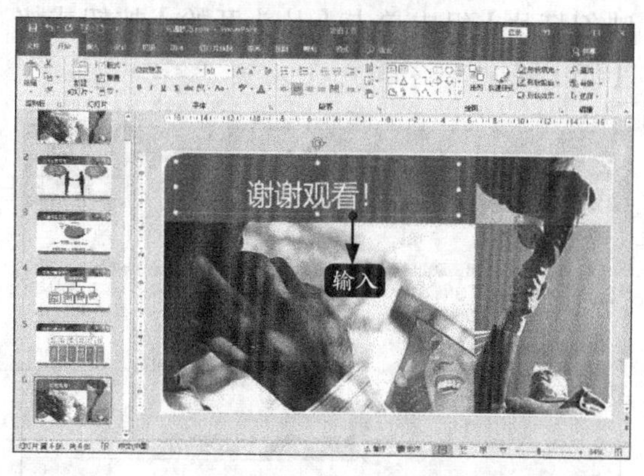

步骤03 选择第一张幻灯片，并单击【切换】选项卡【切换到此幻灯片】组中的【其他】按钮，应用【淡出】效果。

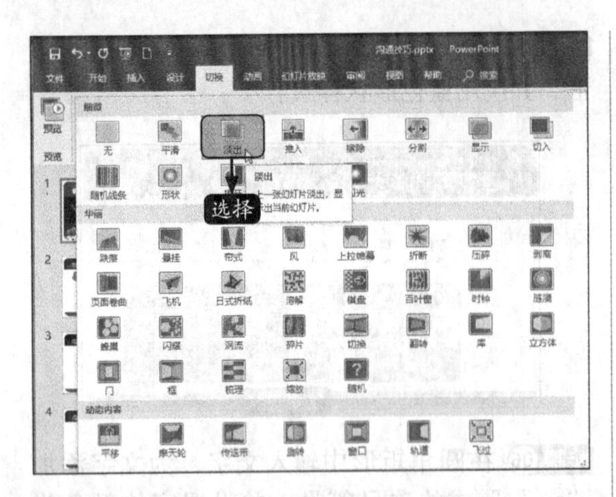

步骤 04 分别为其他幻灯片应用切换效果。

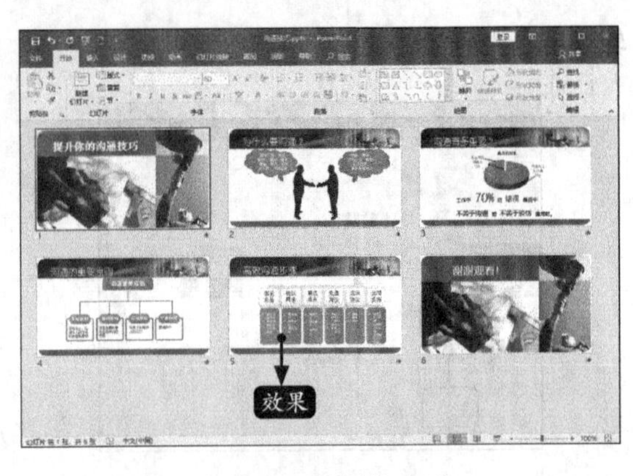

至此，沟通技巧PPT制作完成。

高手支招

技巧1：快速定位幻灯片

在播放PowerPoint演示文稿时，如果要快进到或退回到第6张幻灯片，可以先按下数字【6】键，再按【Enter】键。

技巧2：放映幻灯片时隐藏光标

在放映幻灯片时可以隐藏鼠标光标，具体操作步骤如下。

步骤 01 在【幻灯片放映】选项卡的【开始放映幻灯片】组中单击【从头开始】按钮或按【F5】键。

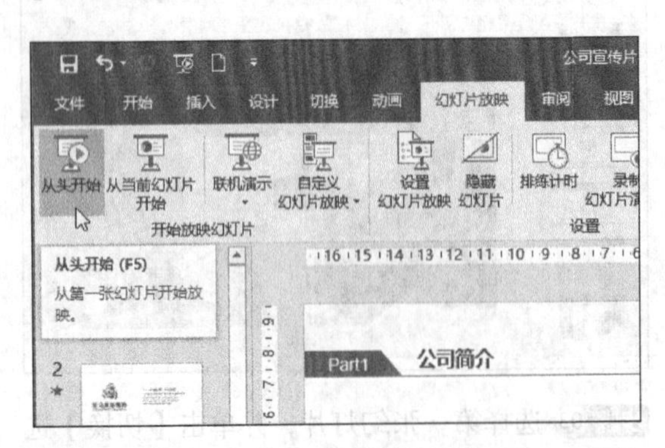

步骤 02 放映幻灯片时，单击鼠标右键，在弹出的快捷菜单中选择【指针选项】➤【箭头选项】➤【永远隐藏】菜单命令，即可在放映幻灯片时隐藏鼠标光标。

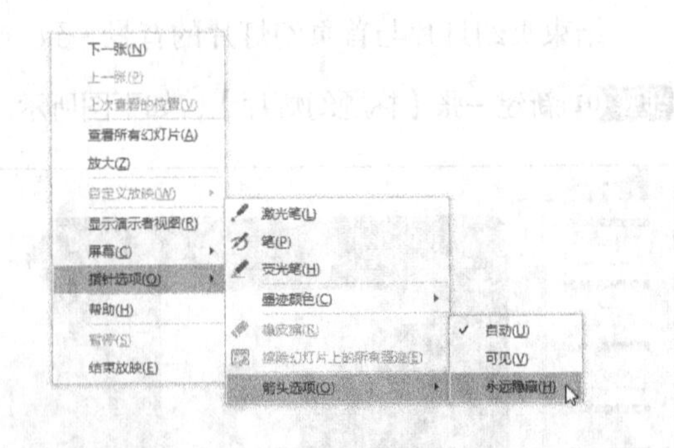

小提示

按键盘上的【Ctrl+H】组合键，也可以隐藏鼠标光标。

第4篇

网络办公篇

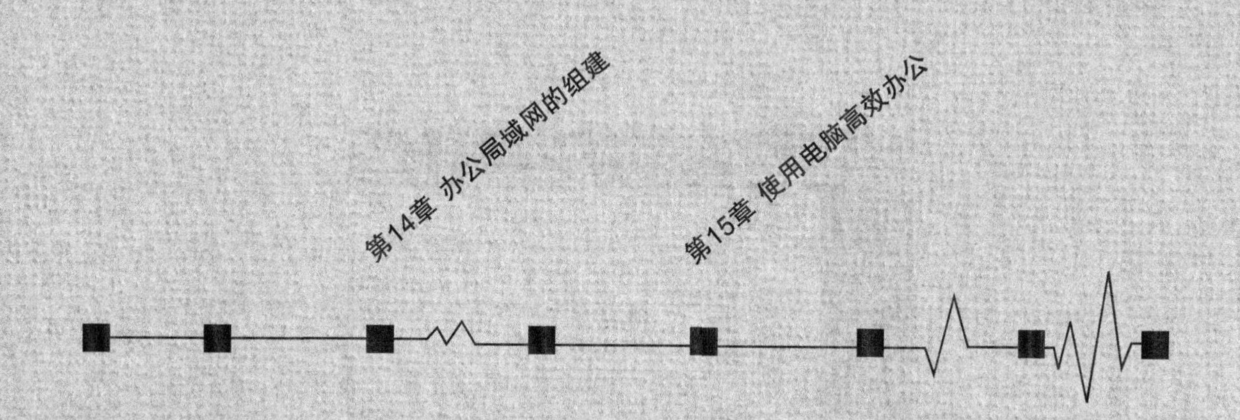

第14章

办公局域网的组建

学习目标

随着科学技术的发展，网络给人们的生活、工作带来了极大的方便。用户要实现网络化协同办公和局域网内资源的共享，首要任务就是组建办公局域网。通过对局域网进行私有和公用资源的分配，可以更合理地利用办公资源，从而节省企业的开支，提高办公的效率。

学习效果

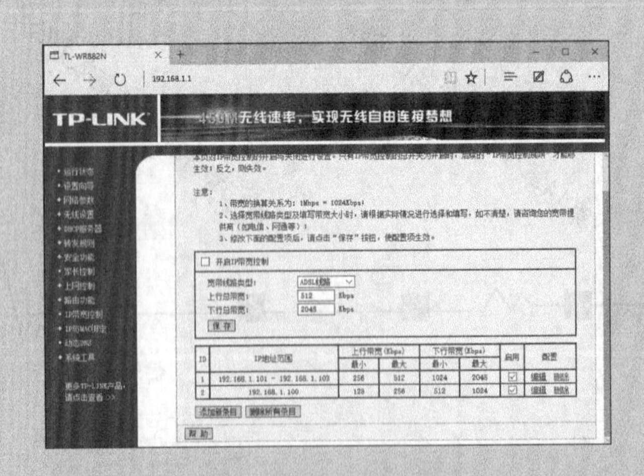

14.1 组建局域网的相关知识

按照网络覆盖地理范围的大小，计算机网络可分为局域网（LAN）、区域网（MAN）、广域网（WAN）、互联网（Internet）4种，每一种网络的覆盖范围和分布距离标准都不一样，如下表所示。

网络种类	分布距离	覆盖范围	特　点
局域网	10m	房间	物理范围小，具有高数据传输速率（10~1000Mbit/s）
	100m	建筑物	
	1000m	校园	
区域网（又称为城域网）	10km	城市	规模较大，可覆盖一个城市； 支持数据和语音传输； 工作范围为160km以内，传输速率为44.736Mbit/s
广域网	100km	国家	物理跨度较大，如一个国家
互联网	1000km	洲或洲际	将局域网通过广域网连接起来，形成互联网

从上表可以看出，局域网就是范围在几米到一公里内，家庭、办公楼群或校园内的计算机相互连接构成的计算机网络。主要应用于连接家庭、公司、校园及工厂等电脑，以利于计算机间共享资源和数据通信，如共享打印机、传输数据等操作。

14.1.1 组建局域网的优点

局域网实现了一定范围内的电脑互连，在不同场合发挥着不同的用途。下面介绍局域网在办公应用中的优点。

1. 文件的共享

在企业内部的局域网内，电脑之间的文件共享可以使日常办公更加方便。通过文件共享，可以把局域网内每台电脑都需要的资料集中存储，不仅方便资料的统一管理，节省存储空间，有效地利用所用的资源，而且可以将重要的资料备份到其他电脑中。

2. 外部设备的共享

通过建立局域网，可以共享任何一台局域网内的外部设备，如打印机、复印机、扫描仪等，从而减少不必要的拆卸移动的麻烦。

3. 提高办公自动化水平

通过建立局域网，企业的管理人员可以登录到企业内部的管理系统，如OA 系统，可以查看每名员工的工作状况，也可以实现用局域网内部的电子邮件传递信息，从而大大提高办公效率。

4. 连接Internet

通过局域网内的Internet共享，可以使网络内的所有电脑接入Internet，随时上网查询信息。

14.1.2 局域网的结构演示

对于组建一般的小型局域网，接入电脑并不多，搭建起来并不复杂。下面介绍局域网的结构构成。

局域网主要由交换机或路由器作为转发媒介，提供大量的端口，供多台电脑和外部设备接入，实现电脑间的连接和共享，如下图所示。

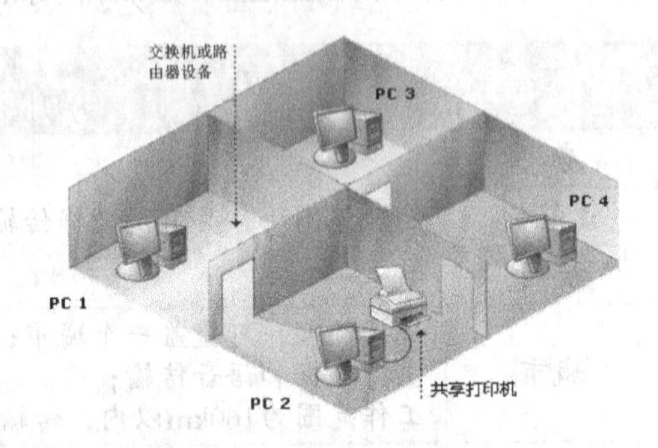

上图只是一个系统的展示，其实构建局域网就是将一个点转发为多个点。下面了解一下不同的接入方式，其连接结构的区别。

1. 通过ADSL建立局域网

下图是一个单台电脑连接的结构图。

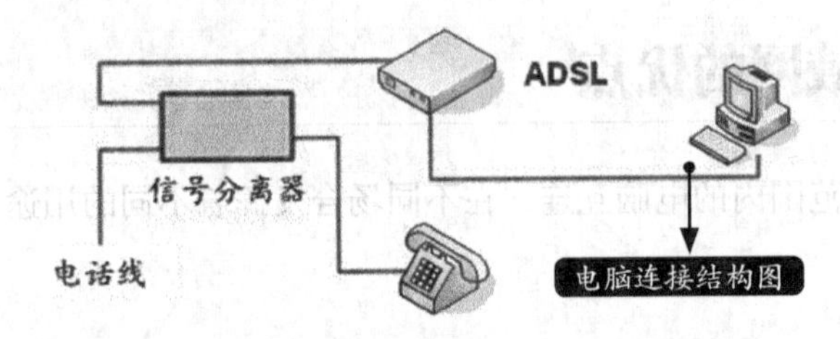

如果多台电脑连接成局域网，其结构图如下图所示。

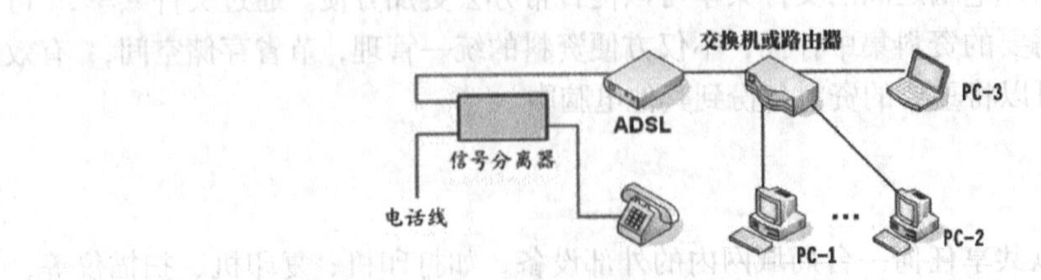

2.通过小区宽带建立局域网

如果是小区宽带上网，在建立局域网时，将接入的网线插入交换机上，再分配给各台电脑即可。

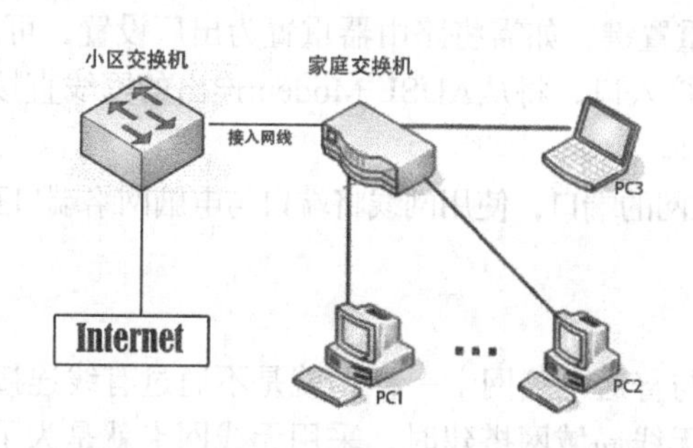

14.2 组建局域网的准备

组建不同的局域网需要不同的硬件设备，下面根据有线局域网和无线局域网的组建特点，介绍这两种组建方式所需要进行的准备。

14.2.1 组建无线局域网的准备

无线局域网目前应用最多的是无线电波传播，覆盖范围广，应用也较广泛。在组建中最重要的设备就是无线路由器和无线网卡。

1. 无线路由器

路由器是用于连接多个逻辑上分开的网络的设备，简单来说就是用来连接多个电脑实现共同上网，且将其连接为一个局域网的设备。

无线路由器则是指带有无线覆盖功能的路由器，主要应用于无线上网，也可将宽带网络信号转发给周围的无线设备使用，如笔记本、手机、平板电脑等。

如下图所示，无线路由器的背面由若干端口构成，通常包括1个WAN口、4个LAN口、1个电源接口和一个【RESET】（复位）键。

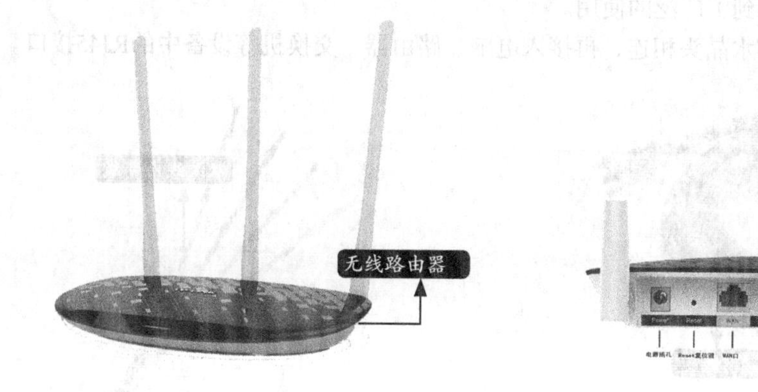

电源接口，是路由器连接电源的插口。

【RESET】键，又称为重置键，如需将路由器重置为出厂设置，可长按该键恢复。

WAN口，是外部网线的接入口，将从ADSL Modem连出的网线直接插入该端口，或者小区宽带用户直接将网线插入该端口。

LAN口，为用来连接局域网的端口，使用网线将端口与电脑网络端口互联，即可实现电脑上网。

2. 无线网卡

无线网卡的作用、功能与普通电脑网卡一样，就是不通过有线连接，采用无线信号连接到局域网上的信号收发装备。在无线局域网搭建时，采用无线网卡就是为了保证台式电脑可以接收无线路由器发送的无线信号，如果电脑自带有无线网卡（如笔记本），则不需要再添置无线网卡。

目前，无线网卡较为常用的是PCI和USB接口两种，如下图所示。

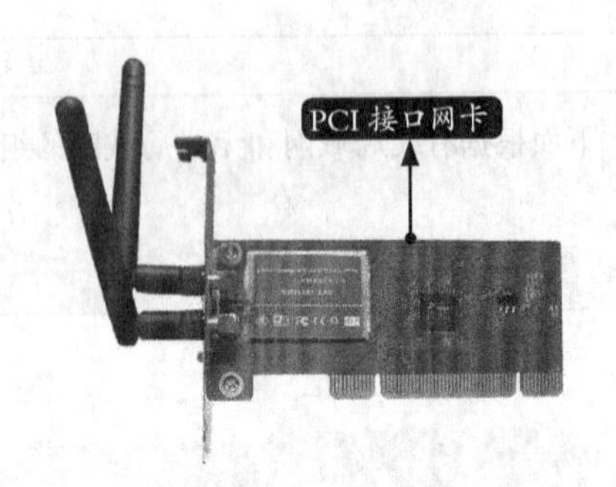

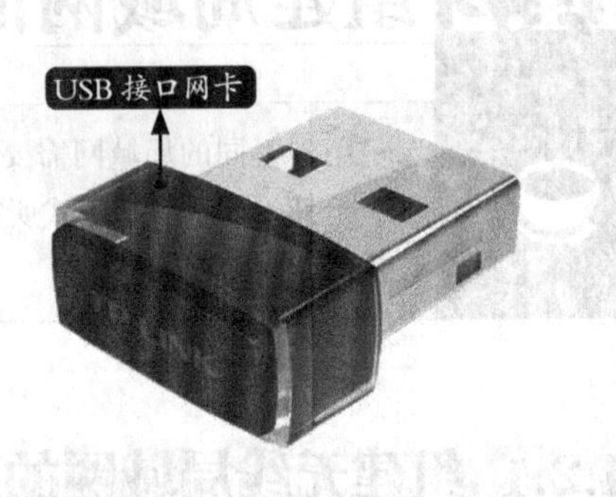

PCI接口无线网卡主要适用于台式电脑，将该网卡插入主板上的网卡槽内即可。PCI接口的网卡信号接收和传输范围广、传输速度快、使用寿命长、稳定性好。

USB接口无线网卡适用于台式电脑和笔记本电脑，即插即用，使用方便，价格便宜。

在选择上，如果考虑到便捷性，可以选择USB接口的无线网卡；如果考虑到使用效果和稳定性、使用寿命等，建议选择PCI接口无线网卡。

3. 网线

网线是连接局域网的重要传输媒体，在局域网中常见的网线有双绞线、同轴电缆、光缆三种，其中使用最为广泛的是双绞线。

双绞线是由一对或多对绝缘铜导线组成的，为了减少信号传输中串扰及电磁干扰影响的程度，通常将这些线按一定的密度互相缠绕在一起。双绞线可以传输模拟信号和数字信号，价格便宜，并且安装简单，所以得到了广泛的使用。

一般使用方法是与RJ45水晶头相连，再接入电脑、路由器、交换机等设备中的RJ45接口。

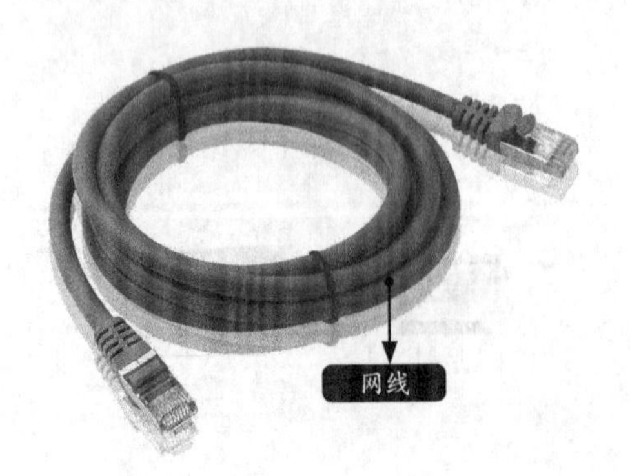

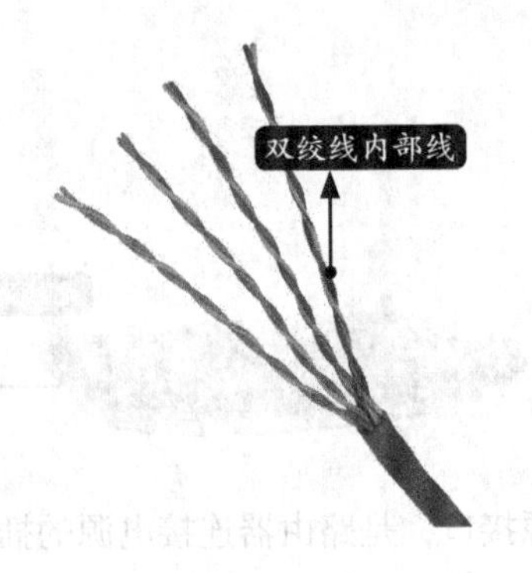

小提示

RJ45接口也就是我们说的网卡接口，常见的RJ45接口有用于以太网网卡、路由器以太网接口等的DTE类型和用于交换机等的DCE类型两类。DTE可以称作“数据终端设备”，DCE可以称作“数据通信设备”。从某种意义来说，DTE设备称为“主动通信设备”，DCE设备称为“被动通信设备”。

通常，在判定双绞线是否通路时，主要使用万用表和网线测试仪测试，其中使用网线测试仪测试是最方便、最普遍的方法。

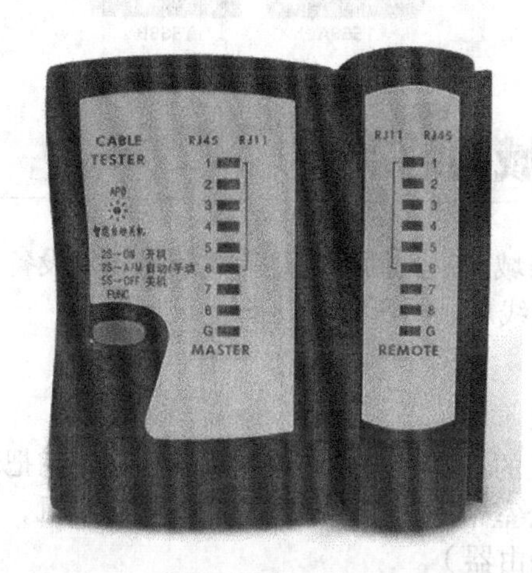

双绞线的测试方法，是将网线两端的水晶头分别插入主机和分机的RJ45接口，然后将开关调制到“ON”位置（“ON”为快速测试，“S”为慢速测试，一般使用快速测试即可），再观察亮灯的顺序。如果主机和分机的指示灯1~8逐一对应闪亮，则表明网线正常。

主机

远程分机

小提示

下表为双绞线对应的位置和颜色。双绞线一端按568A标准制作，另一端按568B标准制作。

引脚	568A定义的色线位置	568B定义的色线位置
1	绿白（W–G）	橙白（W–O）
2	绿（G）	橙（O）
3	橙白（W–O）	绿白（W–G）
4	蓝（BL）	蓝（BL）
5	蓝白（W–BL）	蓝白（W–BL）
6	橙（O）	绿（G）
7	棕白（W–BR）	棕白（W–BR）
8	棕（BR）	棕（BR）

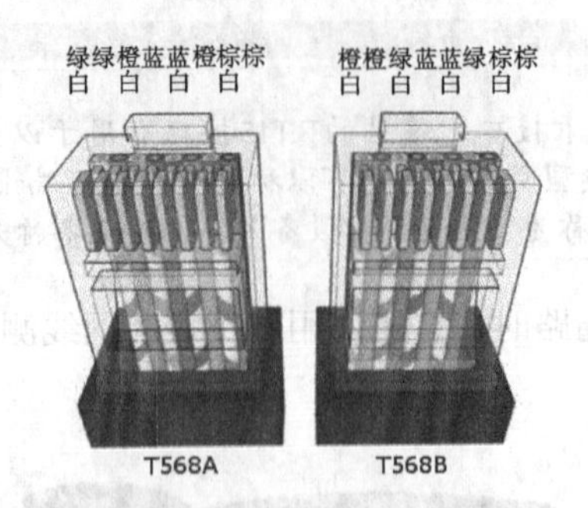

14.2.2 组建有线局域网的准备

组建有线局域网和无线局域网最大的差别是无线信号收发设备上，其主要使用的设备是交换机或路由器。下面介绍组建有线局域网所需的设备。

1. 交换机

交换机是用于电信号转发的设备，可以简单地理解为利用它把若干台电脑连接在一起组成一个局域网。一般在家庭、办公室常用的交换机属于局域网交换机，而小区、一幢大楼等使用的多为企业级的以太网交换机（路由器）。

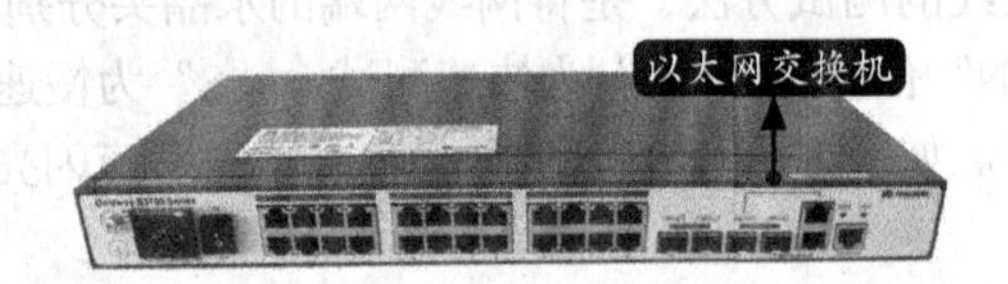

如上图所示，交换机和路由器的外观并无太大差异，路由器上有单独一个WAN 口， 而交换机上全部是LAN 口，另外路由器一般只有4 个LAN 口，而交换机上有4~32 个LAN 口，其实这只是外观的一些对比，二者在本质上有明显的区别。

（1）交换机通过一根网线上网，如果几台电脑上网，是分别拨号，各自使用自己的带宽，互不影响。而路由器自带有虚拟拨号功能，是几台电脑通过一个路由器、一个宽带账号上网，几台电脑之间上网相互影响。

（2）交换机工作是在中继层（数据链路层），是利用MAC 地址寻找转发数据的目的地址，MAC 地址是硬件自带的，也是不可更改的，工作原理相对比较简单。路由器工作是在网络层（第三层），是利用IP 地址寻找转发数据的目的地址，可以获取更多的协议信息，以做出更多的转发决策。通俗地讲，交换机的工作方式相当于要找一个人，知道这个人的电话号码（类似于MAC 地址），于是通过拨打电话与这个人建立连接；路由器的工作方式是，知道这个人的具体住址××省××市××区××街道××号××单元××户（类似于IP 地址），然后根据这个地址，确定最佳的到达路径，再到这个地方找到这个人。

（3）交换机负责配送网络，路由器负责入网。交换机可以使连接它的多态电脑组建成局域网，但是不能自动识别数据包发送和到达地址的功能；路由器则为这些数据包发送和到达的地址指明方向和进行分配。简单说就是，交换机负责开门，路由器给用户找路上网。

（4）路由器具有防火墙功能，不传送不支持路由协议的数据包和未知目标网络数据包的传送，仅支持转发特定地址的数据包，可防止网络风暴。

（5）路由器也是交换机，如果要使用路由器的交换机功能，可以把宽带线插到LAN口上，把WAN 口空起来。

2. 路由器

组建有线局域网时，可不必要求为无线路由器，一般路由器即可使用，主要差别就是无线路由器带有无线信号收发功能，但价格较贵。

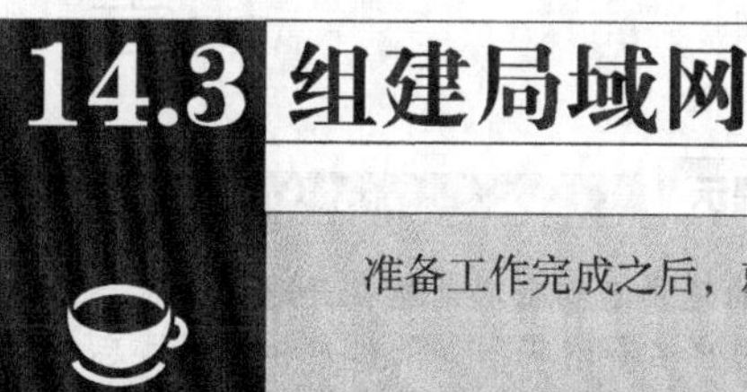

14.3 组建局域网

准备工作完成之后，就可以开始组建局域网。

14.3.1 组建无线局域网

随着笔记本电脑、手机、平板电脑等便携式电子设备的日益普及和发展，有线连接已不能满足工作和家庭需要，无线局域网不需要布置网线就可以将几台设备连接在一起。无线局域网以高速的传输能力、方便性及灵活性，得到广泛应用。组建无线局域网的具体操作步骤如下。

1. 硬件搭建

在组建无线局域网之前，要将硬件设备搭建好。

步骤 01 通过网线将电脑与路由器相连接，将网线一端接入电脑主机后的网孔内，另一端接入路由器的任意一个LAN口内。

步骤 02 通过网线将ADSL Modem 与路由器相连接，将网线一端接入ADSL Modem 的LAN口，另一端接入路由器的WAN口。

步骤 03 将路由器自带的电源插头连接电源，此时即完成硬件搭建工作。

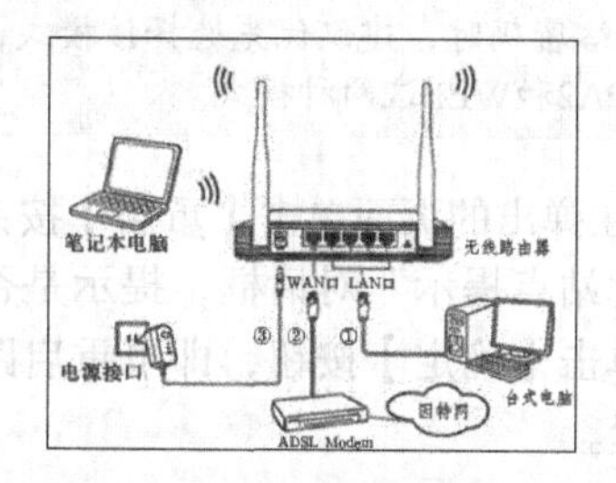

小提示

如果台式电脑要接入无线网，可安装无线网卡，然后将随机光盘中的驱动程序安装在电脑上。

2. 路由器设置

路由器设置主要指在电脑或便携设备端，为路由器配置上网账号、设置无线网络名称、密码等信息。

下面以台式电脑为例，使用TP-LINK路由器，型号为WR882N，在Windows 10操作系统、Microsoft Edge浏览器的软件环境下设置路由器。具体操作步骤如下。

步骤 01 完成硬件搭建后，启动任意一台电脑，打开IE 浏览器，在地址栏中输入“192.168.1.1”，按【Enter】键，进入路由器管理页面。初次使用时，需要设置管理员密码，在文本框中输入密码和确认密码，然后按【确认】按钮完成设置。

小提示

不同路由器的配置地址不同，可以在路由器的背面或说明书中找到对应的配置地址、用户名和密码。部分路由器，输入配置地址后，弹出对话框，要求输入用户名和密码。此时，可以在路由器的背面或说明书中找到，输入即可。

另外，用户名和密码可以在路由器设置界面的【系统工具】➤【修改登录口令】中设置。如果遗忘，可以在路由器开启的状态下，长按【RESET】键恢复出厂设置，登录账户名和密码恢复为原始密码。

步骤 02 进入设置界面，选择左侧的【设置向导】选项，在右侧【设置向导】中单击【下一步】按钮。

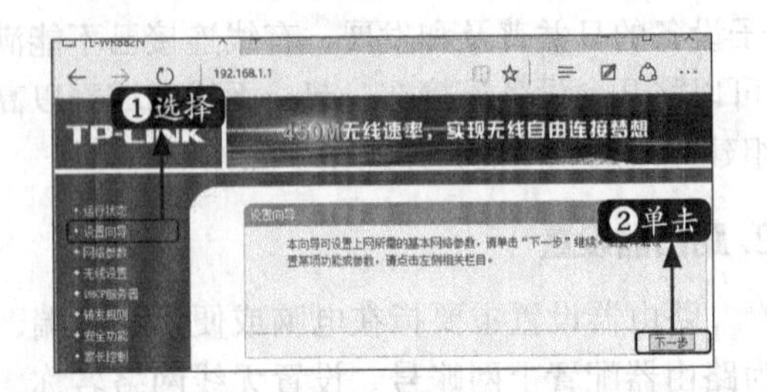

步骤 03 打开【设置向导】对话框选择连接类型，这里单击选中【让路由器自动选择上网方式】单选项，并单击【下一步】按钮。

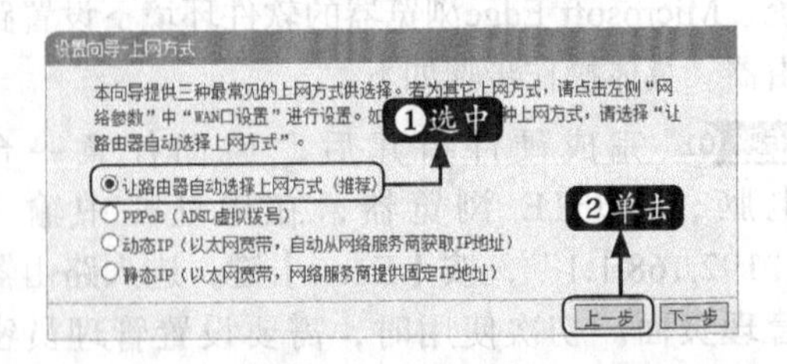

小提示

PPPoE是一种协议，适用于拨号上网；动态IP每连接一次网络，就会自动分配一个IP地址；静态IP是运营商给的固定的IP地址。

步骤 04 如果检测为拨号上网，则输入账号和口令；如果检测为静态IP，则需输入IP地址和子网掩码，然后单击【下一步】按钮；如果检测为动态IP，则无须输入任何内容，直接跳转到下一步操作。

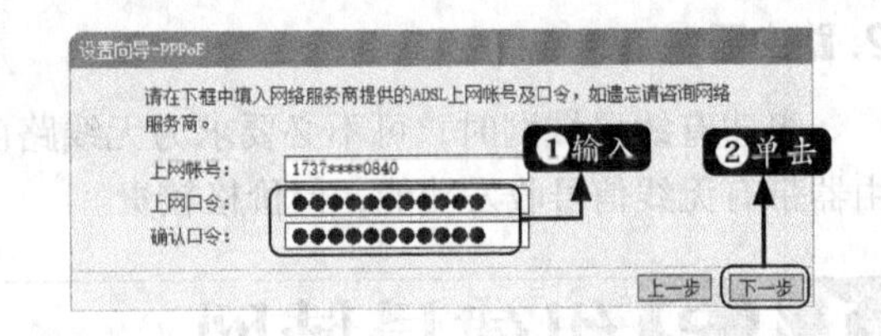

小提示

此处的用户名和密码是指在开通网络时，运营商提供的用户名和密码。如果账户和密码遗忘或需要修改密码，可联系网络运营商找回或修改密码。若选用静态IP，所需的IP地址、子网掩码等都由运营商提供。

步骤 05 在【设置向导-无线设置】页面设置路由器无线网络的基本参数。单击选中【WPA-PSK/WPA2-PSK】单选项，在【PSK密码】文本框中设置PSK密码。单击【下一步】按钮。

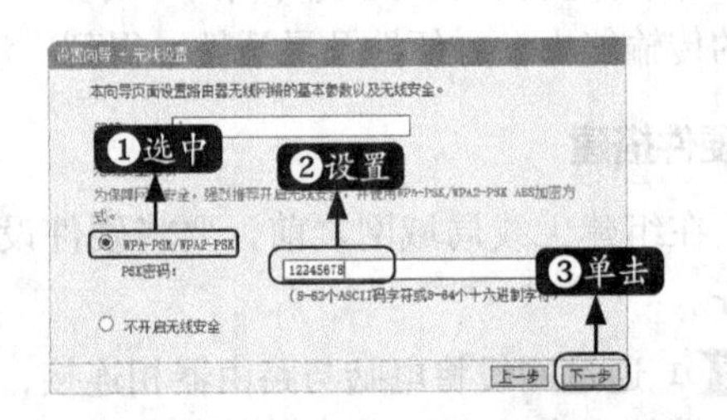

小提示

用户也可以在路由器管理界面，单击【无线设置】选项进行设置。

SSID：是无线网络的名称，用户通过SSID号识别网络并登录。

WPA-PSK/WPA2-PSK：基于共享密钥的WPA模式，使用安全级别较高的加密模式。在设置无线网络密码时，建议优先选择该模式，不选择WPA/WPA2和WEP这两种模式。

步骤 06 在弹出的页面单击【重启】按钮，如果弹出“此站点提示”对话框，提示是否重启路由器，单击【确定】按钮，即可重启路由器，完成设置。

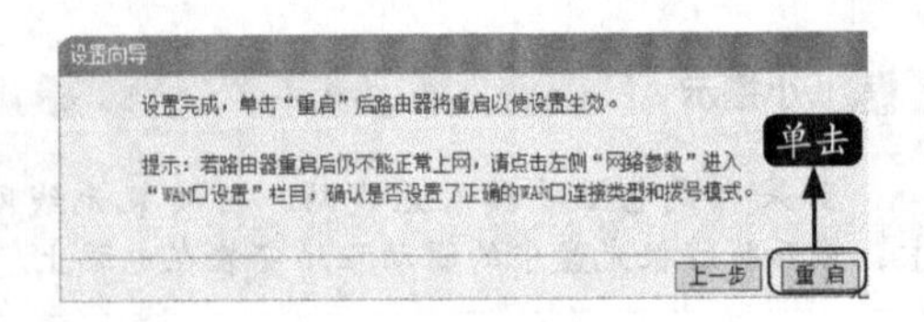

3. 连接上网

无线网络开启并设置成功后，其他电脑需要搜索设置的无线网络名称，然后输入密码，即可连接该网络。具体操作步骤如下所述。

步骤01 单击电脑任务栏中的无线网络图标，在弹出的对话框中会显示无线网络的列表，单击需要连接的网络名称，在展开项中，勾选【自动连接】复选框，方便网络连接，然后单击【连接】按钮。

步骤02 在网络名称下方弹出的【输入网络安全密钥】对话框中，输入在路由器中设置的无线网络密码，单击【下一步】按钮。

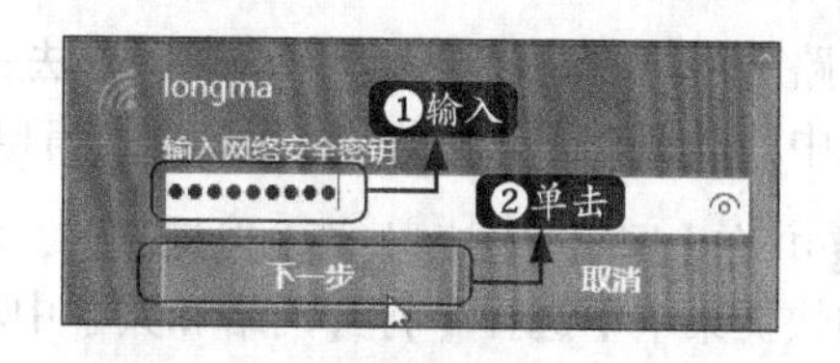

小提示

如果忘记无线网密码，可以登录路由器管理页面进行查看。

步骤03 密钥验证成功后，即可连接网络，该网络名称下，则显示“已连接”字样，任务栏中的网络图标也显示为已连接样式。

14.3.2 组建有线局域网

在日常生活和工作中，组建有线局域网的常用方法是使用路由器搭建和交换机搭建，也可以使用双网卡网络共享的方法搭建。下面主要介绍使用路由器组建有线局域网的方法。

使用路由器组建有线局域网，其中硬件搭建和路由器设置与组件无线局域网基本一致，如果电脑比较多，可以接入交换机，如下图的连接方式。

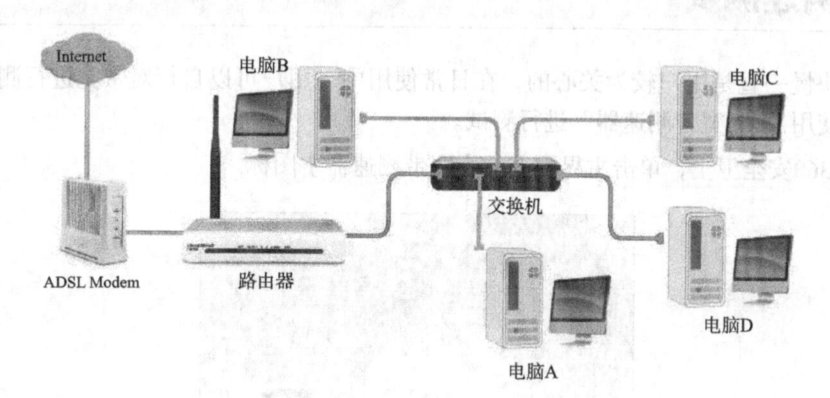

如果一台交换机和路由器的接口还不能够满足电脑的使用，可以在交换机中接出一根线，连接到第二台交换机，利用第二台交换机的其余接口连接其他电脑接口。以此类推，根据电脑数量增加交换机的布控。

路由器端的设置与无线网的设置方法一样，这里不再赘述。为了避免所有电脑不在一个IP区域段中，可以执行下面操作，以确保所有电脑之间的连接。

步骤 01 在【网络】图标上单击鼠标右键，在弹出的快捷菜单中选择【打开网络和共享中心】命令，打开【网络和共享中心】窗口，单击【以太网】超链接。

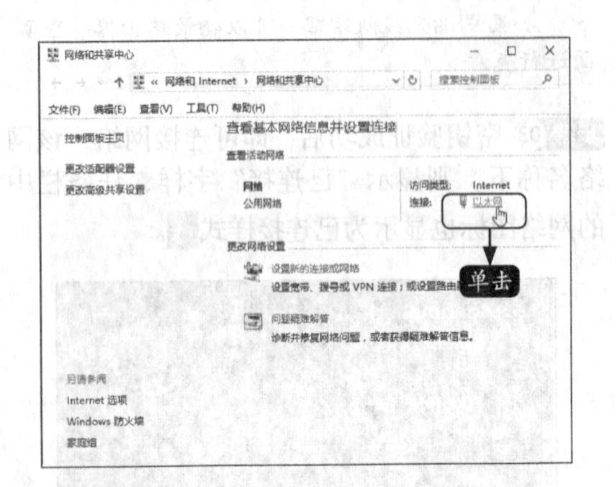

步骤 02 弹出【以太网状态】对话框，单击【属性】按钮，在弹出的对话框列表中选择【Internet协议版本4（TCP/IPv4）】选项，并单击【属性】按钮。在弹出的对话框中，单击选中【自动获取IP地址】和【自动获取DNS服务器地址】单选项，然后单击【确定】按钮。

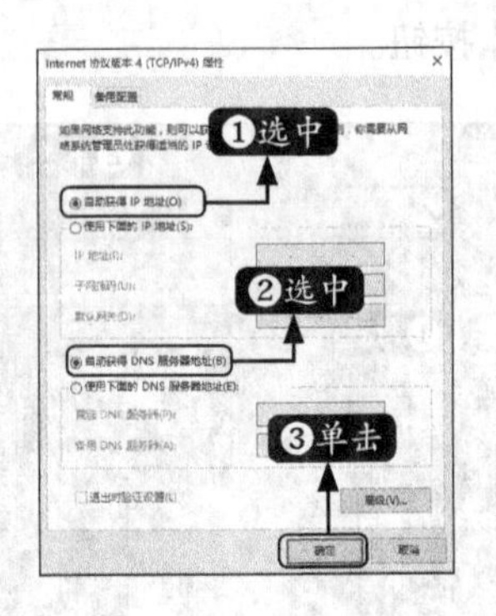

14.4 实战——管理局域网

局域网搭建完成后，如网速情况、无线网密码和名称、带宽控制等都可能需要进行管理，以满足企业的使用。本节主要介绍一些常用的局域网管理内容。

14.4.1 网速测试

网速的快慢一直是用户较为关心的，在日常使用中，用户可以自行对带宽进行测试。以下主要介绍如何使用“360宽带测速器”进行测试。

步骤 01 打开360安全卫士，单击主界面上的【宽带测速器】图标。

小提示

如果软件主界面上无该图标，可单击【更多】超链接，进入【全部工具】界面下载。

步骤02 打开【360宽带测速器】工具，软件自动进行宽带测速，如下图所示。

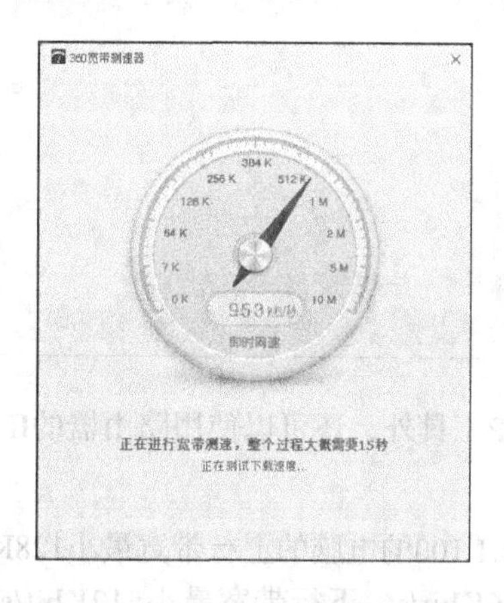

步骤03 测试完毕后，软件会显示网络的接入速度。用户还可以依次测试长途网络速度、网页打开速度等。

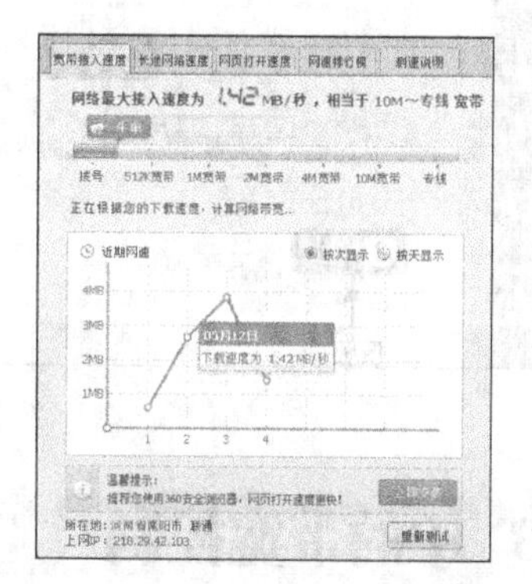

小提示

如果个别宽带服务商采用域名劫持、下载缓存等技术方法，测试值可能高于实际网速。

14.4.2 修改无线网络名称和密码

经常更换无线网名称有助于保护用户的无线网络安全，防止别人蹭取。下面以TP-Link路由器为例，介绍修改的具体步骤。

步骤01 打开浏览器，在地址栏中输入路由器的管理地址，如http://192.168.1.1，按【Enter】键，进入路由器登录界面，并输入管理员密码，单击【确认】按钮。

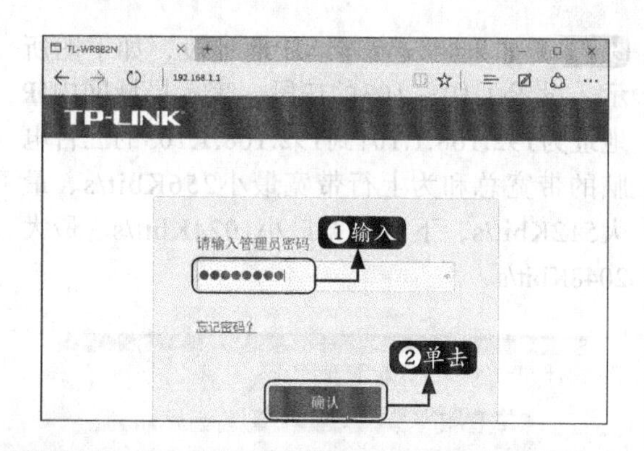

步骤02 单击【无线设置】➢【基本设置】命令，进入无线网络基本设置界面，在SSID号文本框中输入新的网络名称，单击【保存】按钮。

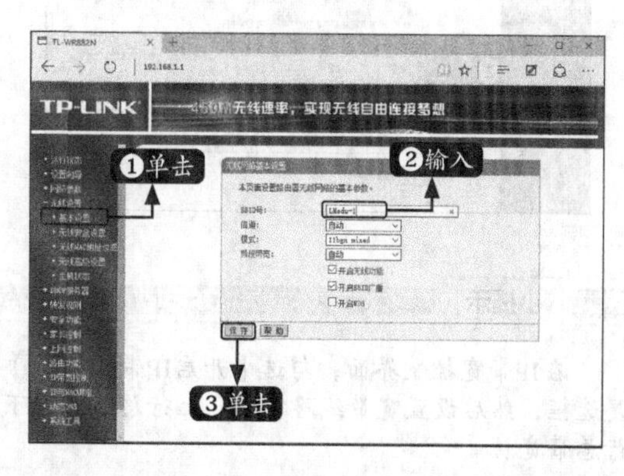

小提示

如果仅修改网络名称，单击【保存】按钮后，根据提示重启路由器即可。

步骤03 单击左侧【无线安全设置】超链接进入无线网络安全设置界面，在“WPA-PSK/WPA2-PSK”下的【PSK密码】文本框中输入新密码，单击【保存】按钮，然后单击按钮上方出现的【重启】超链接。

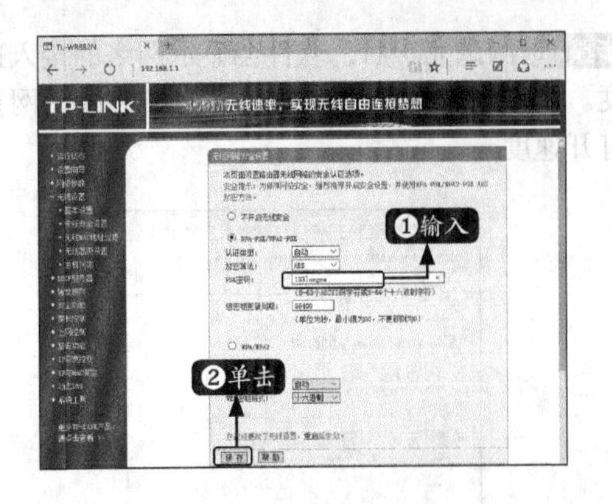

步骤04 进入【重启路由器】界面，单击【重启路由器】按钮，将路由器重启。

14.4.3 IP的带宽控制

在局域网中，如果希望限制其他IP的网速，除使用P2P工具外，还可以使用路由器的IP流量控制功能来管控。

步骤01 打开浏览器，进入路由器后台管理界面，单击左侧的【IP带宽控制】超链接，单击【添加新条目】按钮。

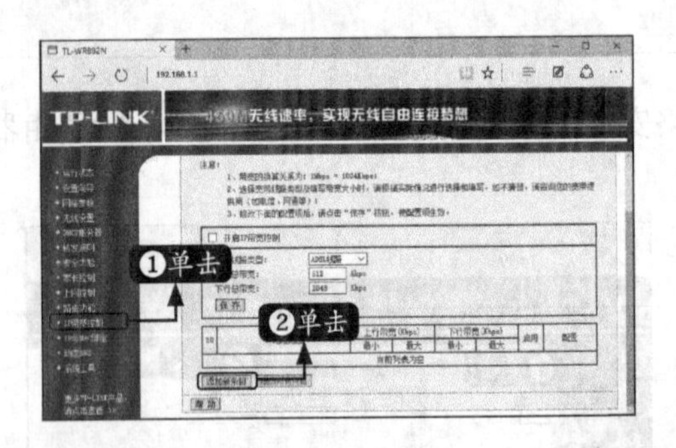

> **小提示**
>
> 在IP带宽控制界面，勾选【开启IP带宽控制】复选框，然后设置宽带线路类型、上行总带宽和下行总带宽。

宽带线路类型，如果上网方式为ADSL宽带上网，选择【ADSL线路】选项即可，否则选择【其他线路】选项。下行总带宽是通过WAN口可以提供的下载速度，上行总带宽是通过WAN口可以提供的上传速度。

步骤02 进入【条目规则配置】界面，在IP地址范围中设置IP地址段、上行带宽和下行带宽，如下图设置表示分配给局域网内IP地址为192.168.1.100的电脑的上行带宽最小128Kbit/s、最大256Kbit/s，下行带宽最小512Kbit/s、最大1024Kbit/s。设置完毕后，单击【保存】按钮。

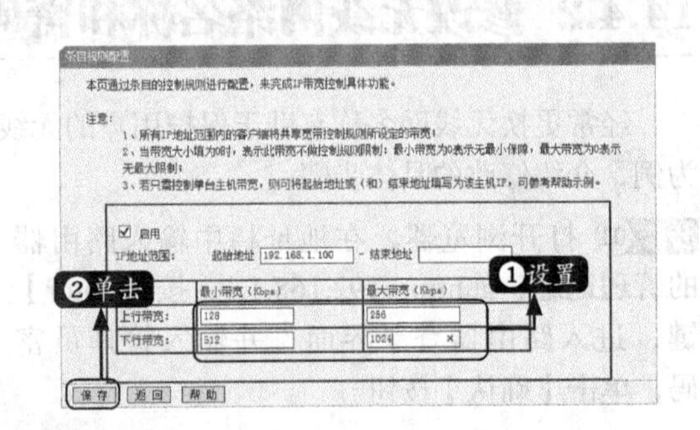

步骤03 如果要设置连续IP地址段，如下图所示，设置了101~103的IP段，表示局域网内IP地址为192.168.1.101到192.168.1.103的三台电脑的带宽总和为上行带宽最小256Kbit/s、最大512Kbit/s，下行带宽最小1024Kbit/s、最大2048Kbit/s。

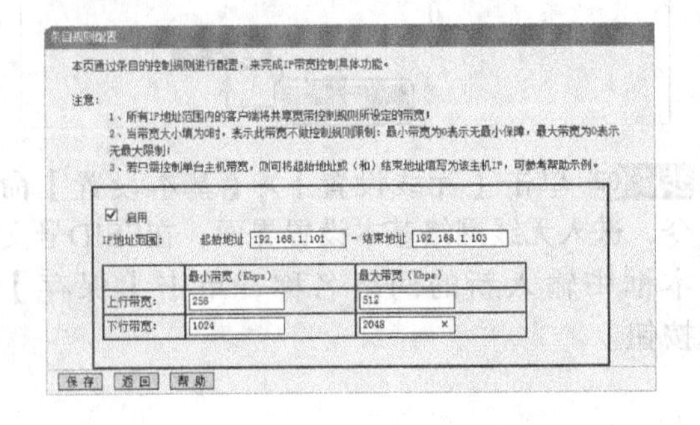

步骤04 返回IP宽带控制界面，即可看到添加的IP地址段。

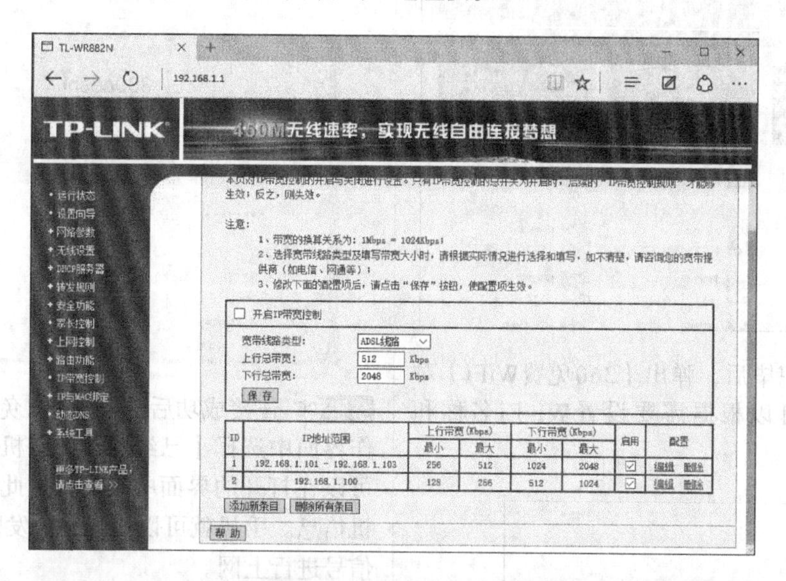

高手支招

技巧1：安全使用免费Wi-Fi

黑客可以利用虚假Wi-Fi盗取手机系统、品牌型号、自拍照片、邮箱账号密码等各类隐私数据，类似的事件不胜枚举，尤其是盗号的，窃取银行卡、支付宝信息的，植入病毒等。在使用免费Wi-Fi时，建议注意以下几点。

在公共场所使用免费Wi-Fi时，不要进行网购、银行支付，尽量使用手机流量进行支付。

警惕同一地方出现多个相同的Wi-Fi，很有可能是诱骗用户信息的钓鱼Wi-Fi。

在购物进行网上银行支付时，尽量使用安全键盘，不要使用网页之类的。

在上网时，如果弹出不明网页，让输入个人私密信息时，应谨慎，及时关闭WLAN功能。

技巧2：将电脑转变为无线路由器

如果电脑可以上网，即使没有无线路由器，也可以通过简单的设置将电脑的有线网络转为无线网络，但是前提是台式电脑必须装有无线网卡（笔记本电脑自带有无线网卡）。如果准备好后，可以参照以下操作，创建Wi-Fi，实现网络共享。

步骤01 打开360安全卫士主界面，然后单击【更多】超链接。

步骤02 在打开的界面中，单击【360免费WiFi】图标按钮，进行工具添加。

步骤03 添加完毕后，弹出【360免费WiFi】对话框，用户可以根据需要设置Wi-Fi名称和密码。

步骤04 打开手机的WLAN搜索功能，可以看到搜索出来的Wi-Fi名称，如这里是“360ceshi”。

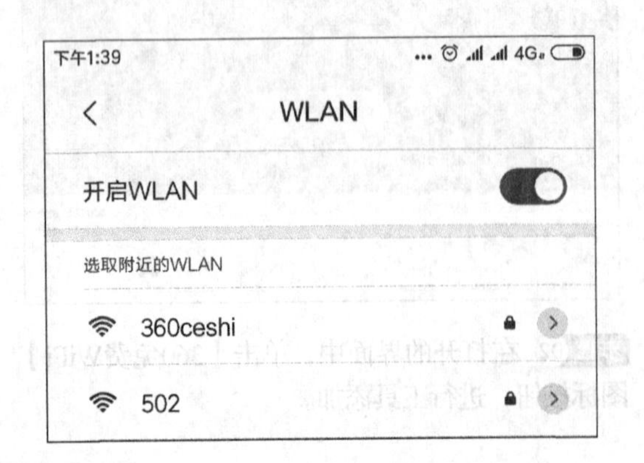

步骤05 在打开的Wi-Fi连接界面，输入密码后单击【连接】按钮。

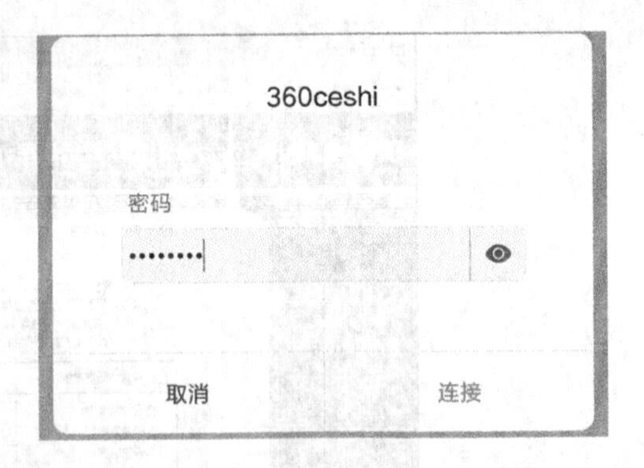

步骤06 连接成功后，在【360 免费WiFi】的工作界面中选择【已经连接的手机】选项卡，则可以在打开的界面中查看通过此电脑上网的手机信息。手机就可以通过电脑发射出来的Wi-Fi信号进行上网。

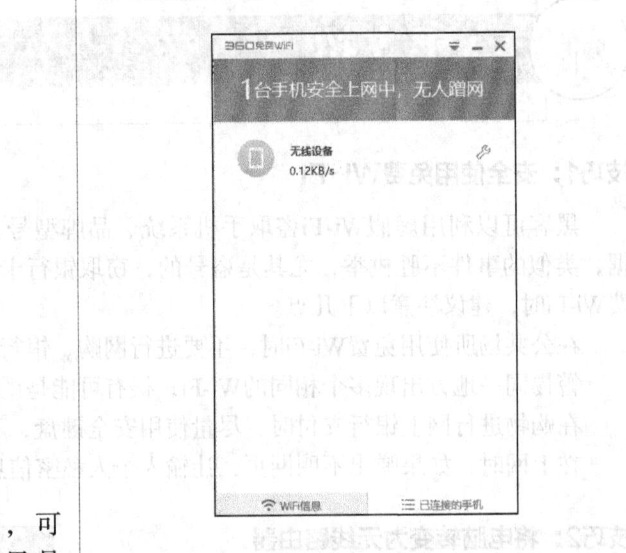

小提示

单击按钮，可以设置黑名单、网络限速及管理手机等。

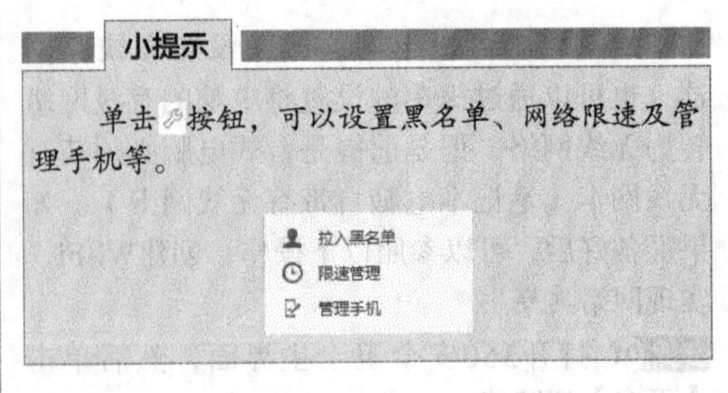

第15章

使用电脑高效办公

学习目标

在电脑办公中，不仅要熟练掌握办公软件的使用，而且要懂得办公技巧，以提高工作的效率。本章主要介绍部分高效办公的知识，如收/发邮件、下载资料、文件的共享、使用云盘等。

学习效果

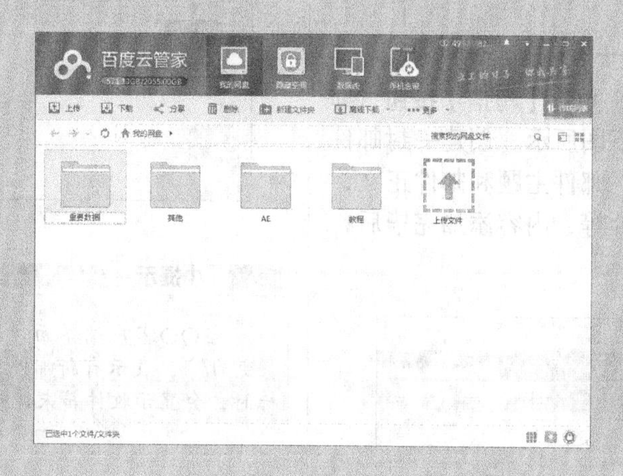

15.1 实战——收/发邮件

邮件是电脑办公中使用最为广泛的网络沟通方式之一，可以将文字、图像、声音等多种内容形式发送给对方。本节主要介绍QQ邮件的使用方法。

步骤 01 在QQ客户端界面，单击顶端的【QQ邮箱】图标。

步骤 02 此时，即可启动默认浏览器，并进入QQ邮箱界面，如下图所示。

步骤 03 如要发送邮件，单击【写信】按钮，即可进入写信界面，如下图所示。创建一封邮件时，需要包含收件人、邮件主题和邮件正文，还可以添加附件、图片等，内容添加完毕后，单击【发送】按钮。

步骤 04 此时，即可发送邮件如果发送成功，则提示“您的邮件已发送”信息，如下图所示。

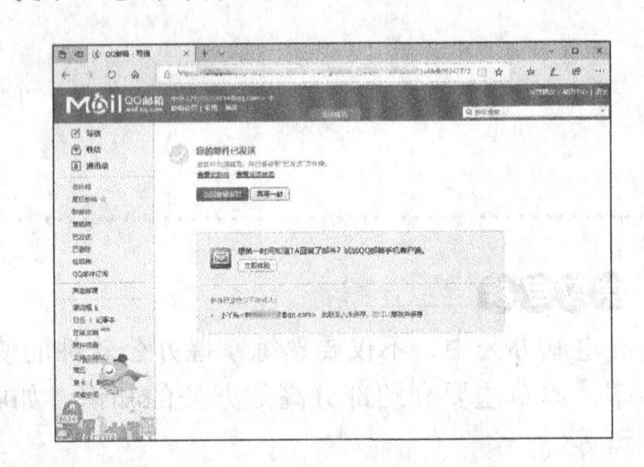

步骤 05 如果接收和回复邮件，可以单击【收信】或【收件箱】查看接收到的邮件。在邮箱列表中，选择要阅读的邮件。

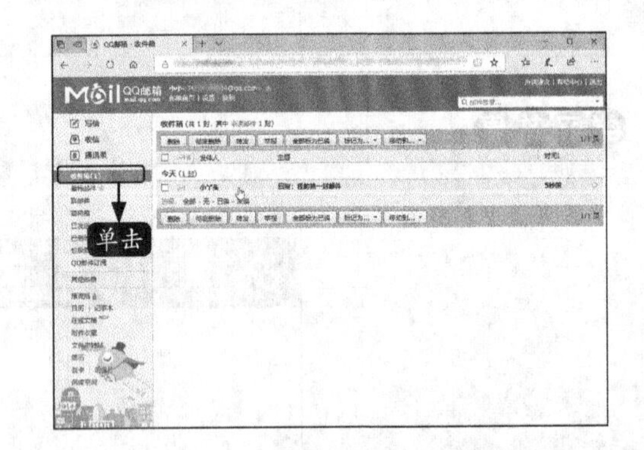

小提示

当QQ客户端界面顶端的【QQ邮箱】图标由变为，表示有新邮件待阅读，将鼠标指向该图标时，会显示收件箱未读邮件的数量。

步骤 06 此时，即可打开该邮件显示详细邮件内容。若要回复邮件，可以按【回复】按钮进入写信页面，并且“收件人”及“主题”已自动输入，编辑好正文内容，单击【发送】按钮即可。另外，也可以通过【返回】【删除】【转发】等按钮管理邮件。

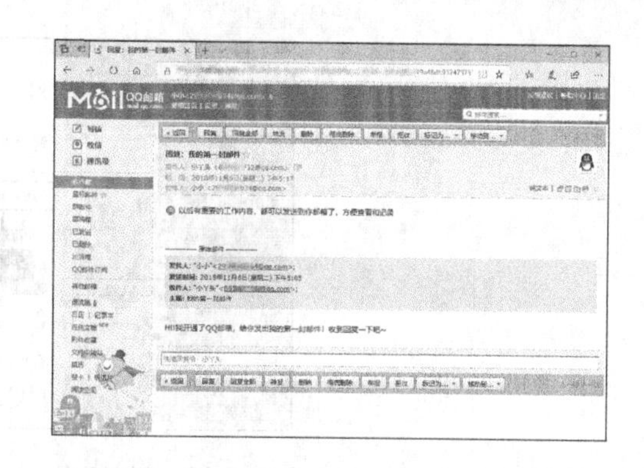

15.2 实战——使用个人智能助理Cortana

Cortana（小娜）是Windows 10中集成的一个程序，它不仅是语音助手，而且可以根据用户的喜好和习惯，帮助用户进行日程安排、回答问题和推送关注信息等。如果能够熟练使用，可以帮助用户提高工作效率。本节主要介绍如何使用Cortana。

1.启用并唤醒Cortana

在初次使用时，Cortana是关闭的，如果要启用Cortana，需要登录Microsoft账户，并单击任务栏中的搜索框，启动Cortana设置向导，并根据提示设置允许显示提醒、启用声音唤醒、使用名称或昵称等，设置完成后，即可使用Cortana。

虽然通过上面的设置启用了Cortana，但是在使用时，需要唤醒Cortana。用户可以单击麦克风图标，唤醒Cortana至聆听状态，然后即可使用麦克风与它对话。

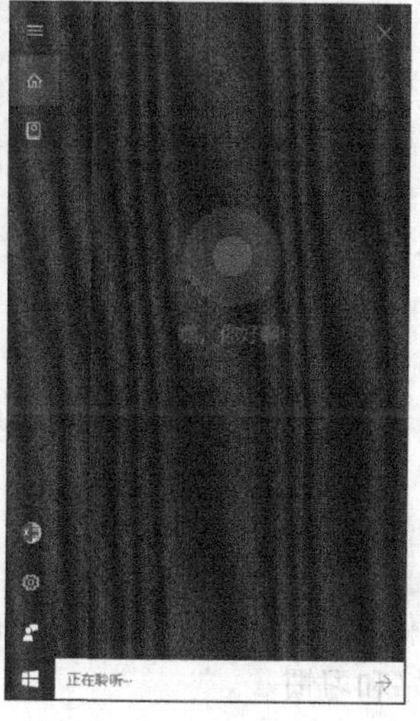

另外，用户可以打开【设置】面板，单击【Cortana】➤【对Cortana说话】选项，在【键盘快捷方式】将按钮设置为“开”，如下图所示。

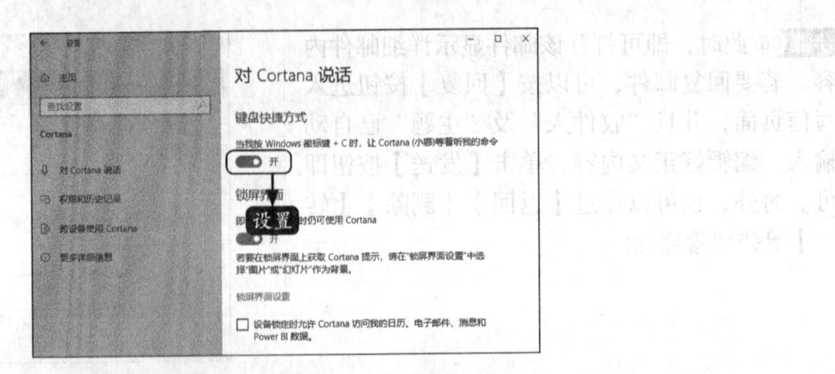

然后按【Windows+C】组合键，唤醒Cortana至迷你版聆听状态。

2.设置Cortana

Cortana界面简洁，主要包含主页和笔记本两个选项。打开Cortana主页，单击【笔记本】选项，查找和编辑 Cortana 为你保存的列表和提醒。在【管理技能】选项卡下可以添加或删除兴趣，并发现新技能。

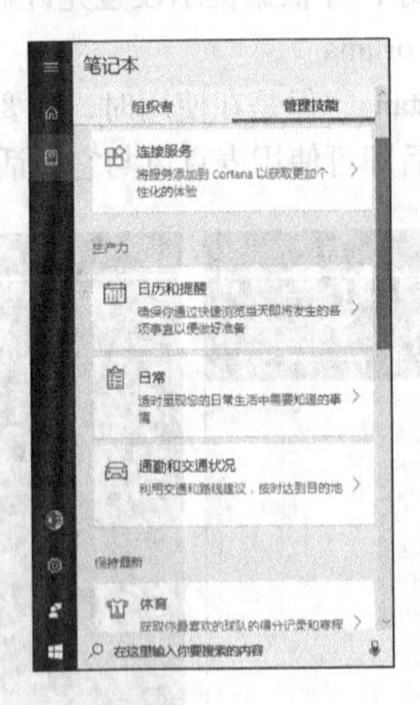

3.使用Cortana

使用Cortana可以做很多事，如打开应用、查看天气、安排日程、快递跟踪等，用户还可以在“笔记本”中设置喜好和习惯。

Cortana的语音功能，十分好用。唤醒Cortana后，如对麦克风讲“明天会下雨吗”，Cortana会聆听并识别语音信息，准确识别后，即可显示第二天的天气情况。如果不能回答用户的问题，Cortana会自动触发浏览器并搜索相关内容。

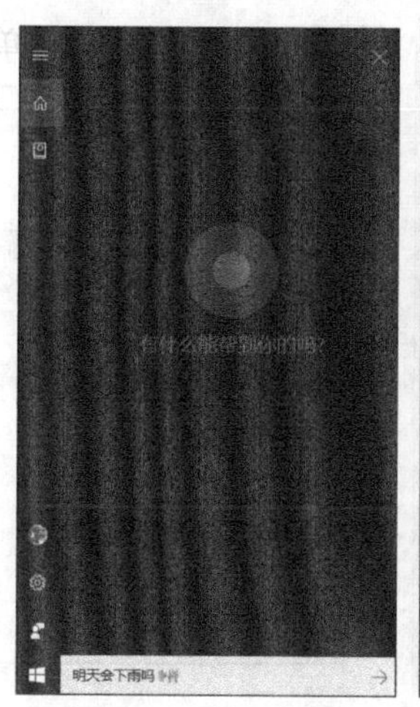

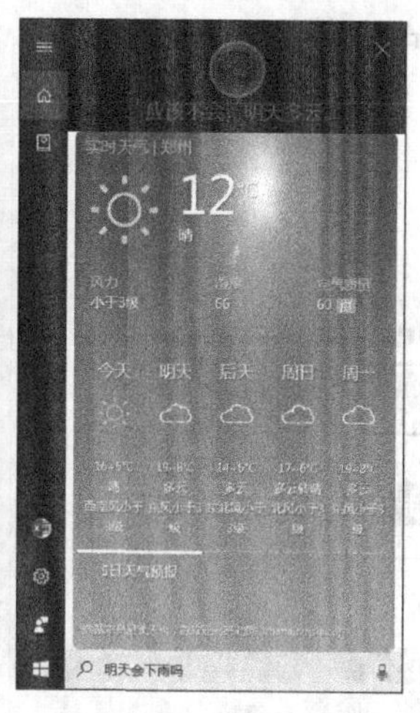

15.3 实战——文档的下载

在生活和工作中，我们经常需要搜索并下载一些资料或文档，如Word、Excel或PPT模板等。下面以百度文库为例，介绍如何搜索并下载文档。

步骤 01 打开百度文库页面，单击【登录】超链接，登录百度账号。如果没有账号，可单击【注册】超链接，根据提示注册。

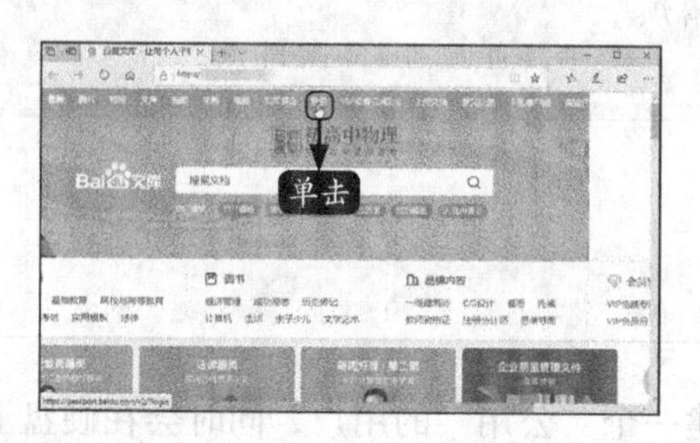

步骤 02 在搜索框中输入要搜索的文档关键字，然后单击【百度一下】按钮。

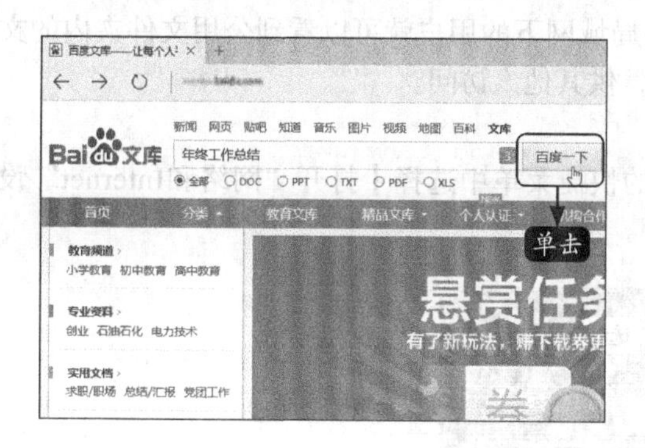

步骤 03 在搜索结果中，可以筛选文档的类型、排序等，然后单击文档名称超链接，进行查看。

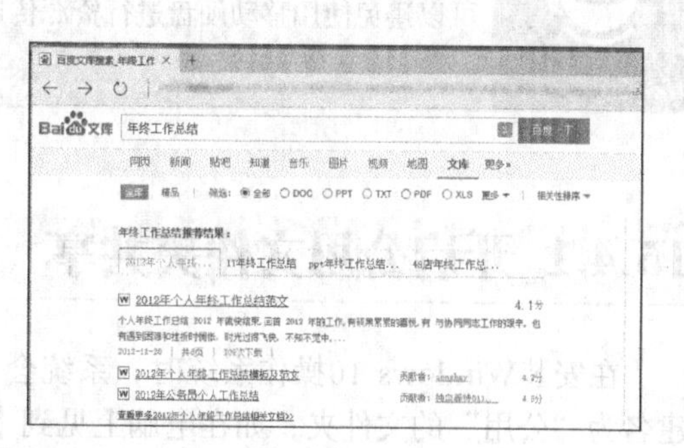

步骤 04 打开文档，如果需要下载，可以单击【下载】按钮。

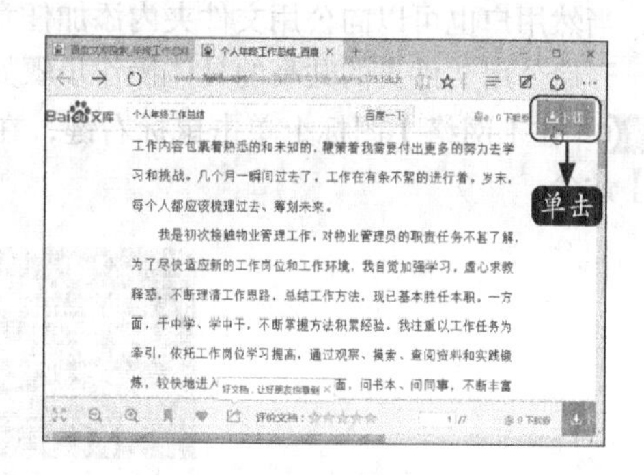

步骤05 在弹出的对话框中，单击【立即下载】按钮。

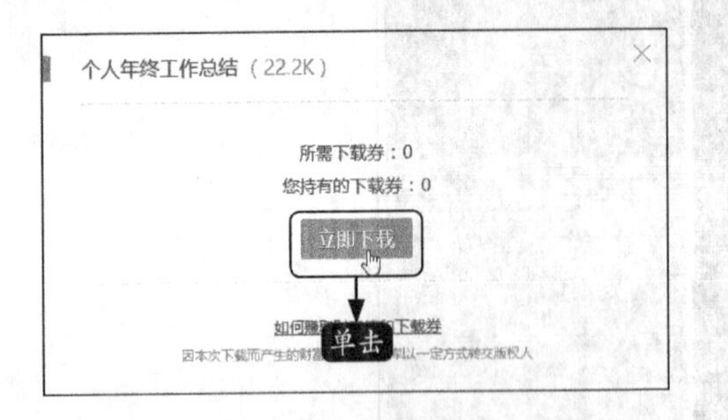

小提示

有些文档下载需要财富值和下载券，用户可通过完成网站任务的方式获得财富值或下载券后再下载文档。

步骤06 下载完成后，单击【打开】按钮，打开文档，或单击【查看下载】按钮，查看下载列表。

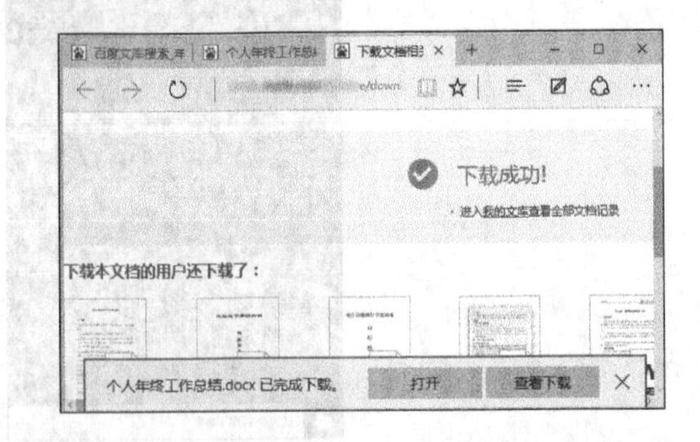

小提示

如果没有弹出该对话框，仅提示下载成功，可进入【我的文库】页面进行保存。

15.4 实战——局域网内文件的共享

组建局域网，无论是什么规模什么性质的，最重要的就是实现资源的共享与传送，这样可以避免使用移动硬盘进行资源传递带来的麻烦。

15.4.1 开启公用文件夹共享

在安装Windows 10操作系统时，系统会自动创建一个“公用”的用户，同时会在硬盘上创建名为“公用”的文件夹，如在电脑上见到【Administrator】文件夹内的【视频】、【图片】、【文档】、【下载】、【音乐】文件夹。公用文件夹主要用于不同用户间的文件共享以及网络资源的共享。如果开启了公用文件夹的共享，在同一局域网下的用户就可以看到公用文件夹内的文件，当然用户也可以向公用文件夹内添加任意文件，供其他人访问。

开启公用文件夹的共享的具体操作步骤如下。

步骤01 在【网络】图标上单击鼠标右键，在弹出的快捷菜单中选择【打开“网络和Internet”设置】命令。

步骤 02 打开【网络和Internet】设置界面，单击【以太网】选项卡，并在右侧区域单击【更改高级共享设置】超链接。

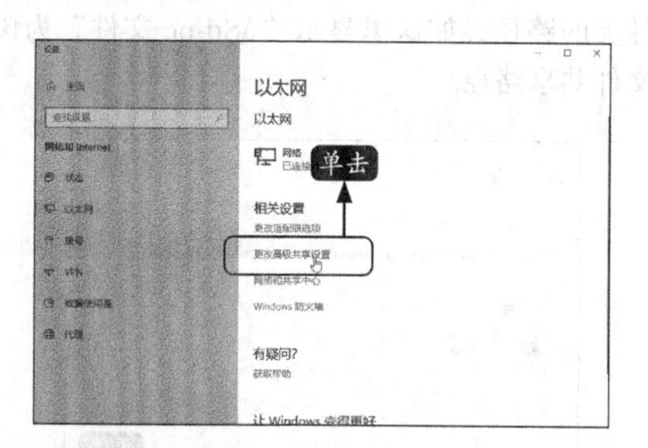

步骤 03 弹出【高级共享设置】窗口，分别选中【启用网络发现】、【启用文件和打印机共享】、【启动共享以便可以访问网络的用户可以读取和写入公用文件夹中的文件】、【关闭密码保护共享】单选按钮，然后单击【保存更改】按钮，开启公用文件夹的共享。

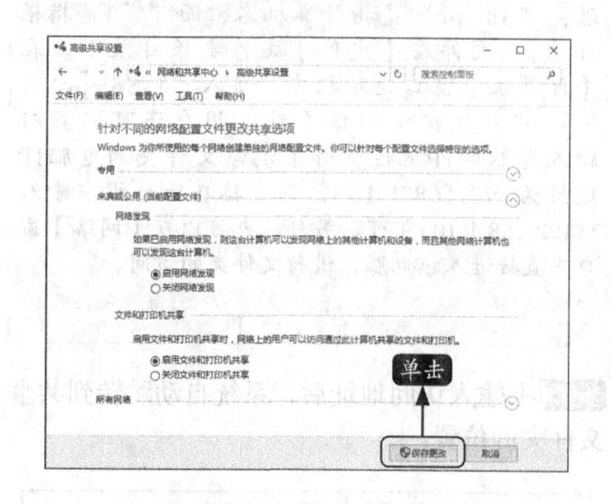

步骤 04 单击电脑桌面的【网络】图标，打开【网络】窗口可以看到局域网内共享的电脑，单击电脑名称即可查看。

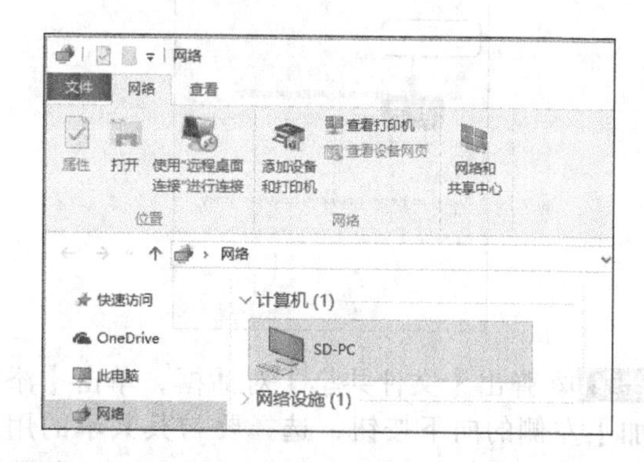

步骤 05 此时，可看到该电脑下共享的文件夹，也可在电脑用户路径下查看公用文件夹。

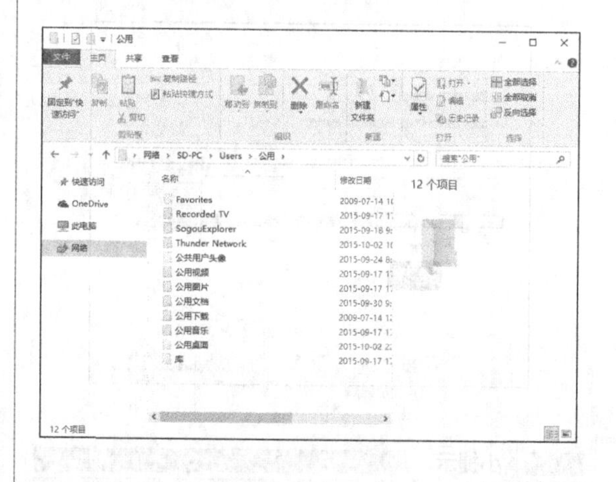

15.4.2 共享任意文件夹

公用文件夹的共享，只能共享公用文件夹内的文件，如果需要共享其他文件，用户需要将文件复制到公用文件夹下，供其他人访问，操作相对比较繁琐。此时，我们完全可以将该文件夹设置为共享文件，同一局域网的其他用户可直接访问该文件。

共享任意文件夹的具体操作步骤如下。

步骤 01 选择需要共享的文件夹，单击鼠标右键并在弹出的快捷菜单中选择【属性】菜单命令，弹出属性】对话框，选择【共享】选项卡，单击【共享】按钮。

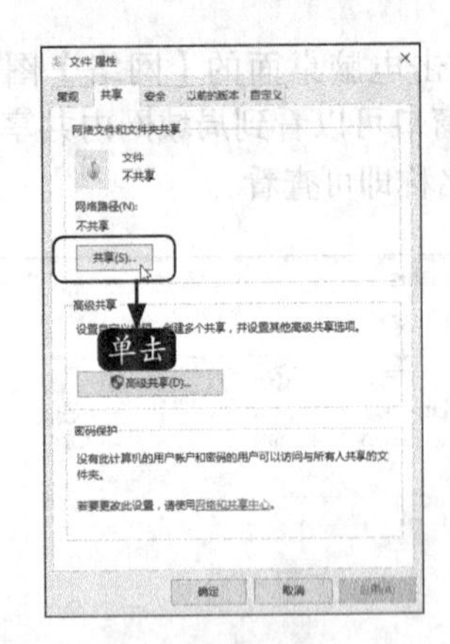

步骤 02 弹出【文件共享】对话框，单击【添加】左侧的向下按钮，选择要与其共享的用户，本实例选择每一个用户“Everyone”选项，然后单击【添加】按钮和【共享】按钮。

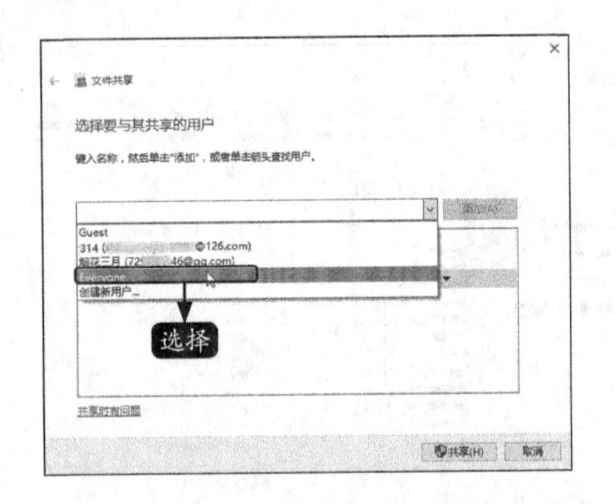

小提示

文件夹共享之后，局域网内的其他用户可以访问该文件夹，并能够打开共享文件夹内部的文件。此时，其他用户只能读取文件，不能对文件进行修改，如果希望同一局域网内的用户可以修改共享文件夹中文件的内容，可以在添加用户后，选择该组用户并且单击鼠标右键，在弹出的快捷菜单中选择【读取/写入】选项。

步骤 03 提示“您的文件夹已共享”信息，单击【完成】按钮，成功将文件夹设为共享文件夹。在【各个项目】区域中，可以看到共享文件夹的路径，如这里显示“\\Sd-pc\文件”为该文件共享路径。

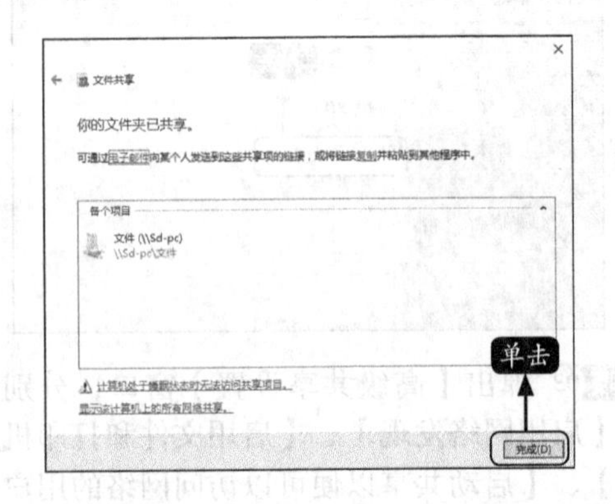

小提示

\\Sd-pc\文件中，“\\”是指路径引用的意思，“Sd-pc”是指计算机名，而“\”是指根目录，\文件在【文件】文件夹根目录下。在【计算机】窗口地址栏中，输入“\\Sd-pc\文件”可以直接访问该文件。用户还可以直接输入电脑的IP地址，如果共享文件夹的电脑IP地址为192.168.1.105，则直接在地址栏中输入\\192.168.1.105即可。另外，也可以在【网络】窗口中直接进入该电脑，进行文件夹的访问。

步骤 04 输入访问地址后，系统自动跳转到共享文件夹的位置。

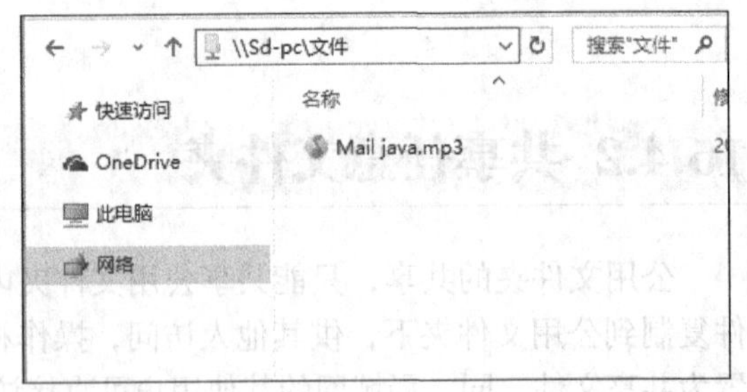

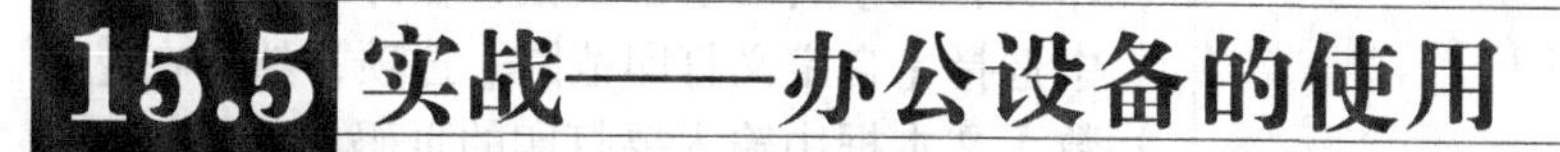

15.5 实战——办公设备的使用

办公设备是自动化办公中不可缺少的组成部分，熟练操作常用的办公器材，例如打印机、复印机和扫描仪等，是十分必要的。

15.5.1 使用打印机打印文件

在日常办公中，我们主要使用打印机打印一些办公文档，如Word文档、Excel工作表、PPT演示文稿及图片等。使用打印机的方法基本是打开要打印的文件，按【Ctrl+P】组合键，进行打印。下面主要具体介绍Office文件的打印方法。

1. 打印预览

在进行文档打印之前，最好先使用打印预览功能查看即将打印文档的效果，以免出现错误，浪费纸张。在需要打印的文档、工作簿或演示文稿中查看打印效果的方法类似，这里以Word 2019为例。

在打开的Word文档中，单击【文件】选项卡，在弹出的界面左侧选择【打印】选项，在右侧即可显示打印预览效果。

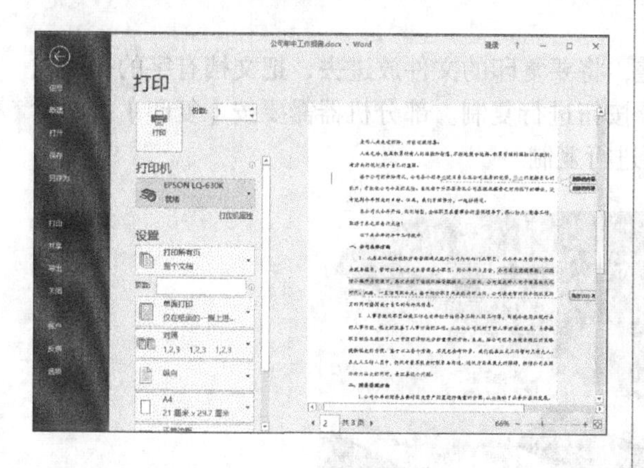

2. 打印当前文档

当用户在打印预览中对所打印文档的效果感到满意时，就可以对文档进行打印。具体方法是，单击【文件】选项卡，在弹出的界面左侧选择【打印】选项，在右侧【打印机】下拉列表中选择打印机。在【份数】微调框中设置需要打印的份数，如这里输入“3”，然后单击【打印】按钮。

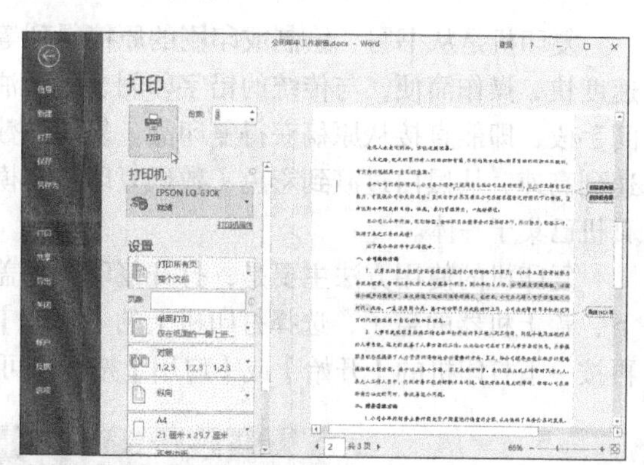

3. 打印当前页面

打印当前页面是指打印目前正在浏览的页面。具体方法是，单击【文件】选项卡，在【打印】区域的【设置】组下单击【打印所有页】后的下拉按钮，在弹出的下拉列表中选择【打印当前页面】选项，然后单击【打印】按钮。

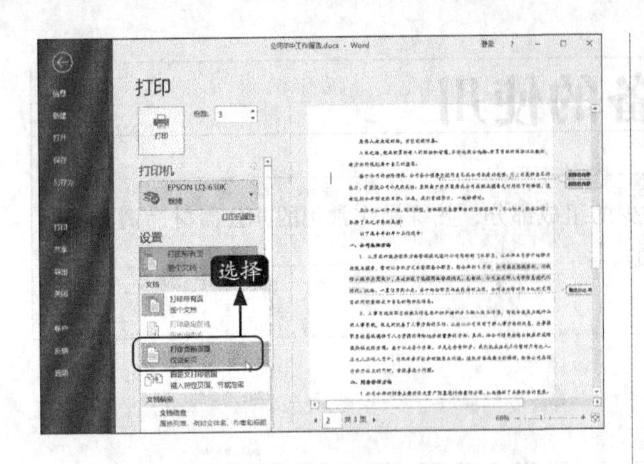

4.自定义打印范围

用户可以自定义打印的页码范围，有目的性地打印。具体方法是，单击【文件】选项卡，在【打印】区域的【设置】组下单击【打印所有页】后的下拉按钮，在弹出的下拉列表中选择【自定义打印范围】选项，然后在【页数】文本框中输入要打印的页码，如输入“2-3”，则表示打印第2页到第3页内容；如输入“1,3”，则表示打印第1页和第3页内容，最后单击【打印】按钮。

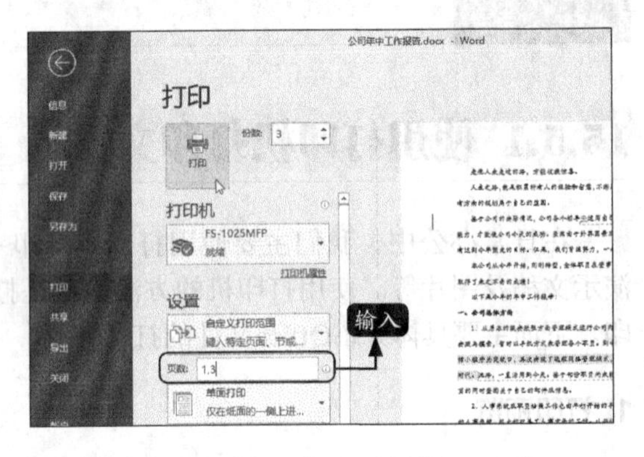

15.5.2 复印机的使用

复印机是从书写、绘制或印刷的原稿得到等倍、放大或缩小的复印品的设备。复印机复印的速度快，操作简便，与传统的铅字印刷、蜡纸油印、胶印等的主要区别是无须经过其他制版等中间手段，即能直接从原稿获得复印品。复印份数不多时较为经济。复印机发展的总体趋势是从低速到高速、从黑白过渡到彩色（数码复印机与模拟复印机的对比），至今，复印机、打印机、传真机已集于一体。

复印机的使用方法主要是，打开复印机翻盖，将要复印的文件放进去，把文档有字的一面向下，盖上机器的盖子，选择打印机上的【复印】按钮进行复制。部分机器需要按【复印】按钮后再按一下打印机的【开始】或【启用】按钮才可进行复制。

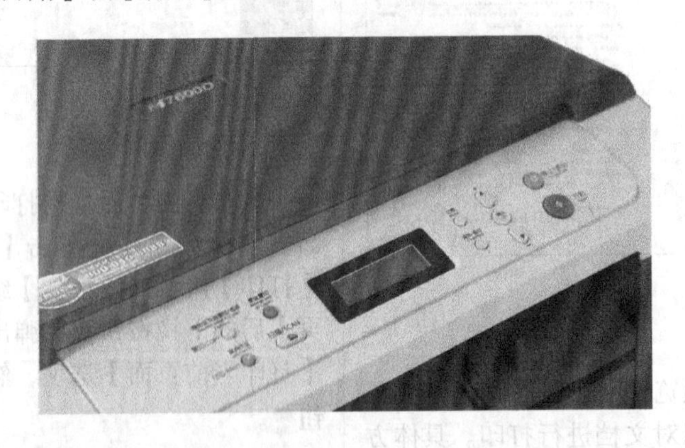

15.5.3 扫描仪的使用

在日常办公中，使用扫描仪可以很方便地把纸上的文件扫描至电脑中。

目前，大多数办公用的扫描仪是一体式机器，包含了打印、复印和扫描三种功能，可以最大化地节约成本和办公空间。不管是一体机还是独立的扫描仪，其安装方法与打印机相同，将机器与电脑相连，并将附带的驱动程序安装到电脑上即可使用。下面主要介绍如何扫描文件。

步骤01 将需要扫描的文件放入扫描仪中，要扫描的一面向下，运行扫描仪程序，扫描仪会提示设置，如下图所示，用户可以对扫描保存的文件类型、路径、分辨率、扫描类型、文档尺寸等进行设置，然后单击【扫描】按钮。

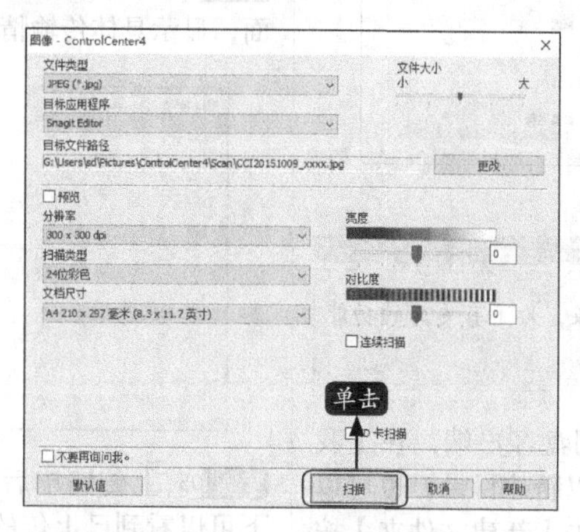

步骤02 扫描仪即会扫描，扫描完成后会自动打开扫描的文件，如下图所示。

15.6 实战——使用云盘保护重要资料

随着云技术的快速发展，云盘应时而生，不仅功能强大，而且具备很好的用户体验。上传、分享和下载是各类云盘最主要的功能，用户可以将重要数据文件上传到云盘空间，可以将其分享给其他人，也可以在不同的客户端下载云盘空间上的数据，方便不同用户、不同客户端之间的交互。下面介绍百度网盘如何上传、分享和下载文件。

步骤01 下载并安装【百度网盘】客户端后，在【此电脑】中双击“设备和驱动器”列表中的【百度网盘】图标，打开该软件。

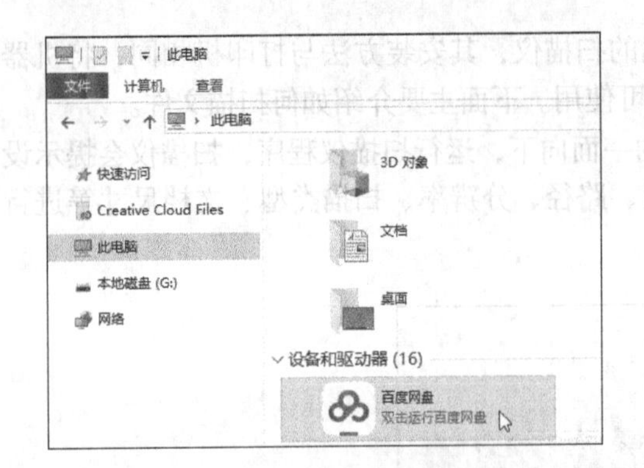

小提示

百度网盘同时支持网页版，为了有更好的功能体验，建议安装PC客户端版。

步骤 02 打开并登录百度网盘客户端，在【我的网盘】界面中，用户可以新建目录，也可以直接上传文件，如这里单击【新建文件夹】按钮，新建一个分类的目录，并命名为“重要备份”。

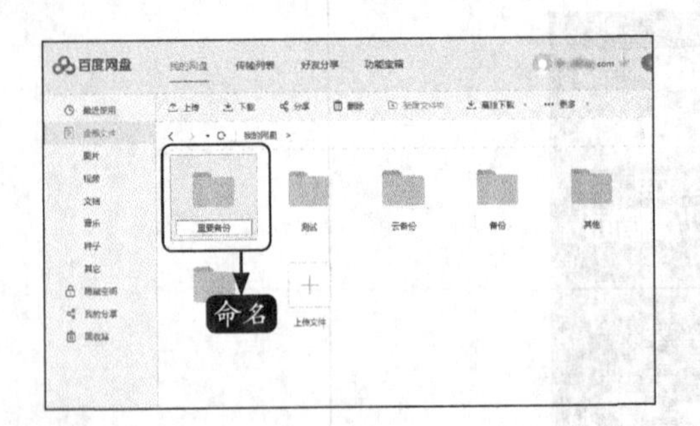

步骤 03 打开新建目录文件夹，选择要上传的重要资料并将其拖曳到客户端界面上。

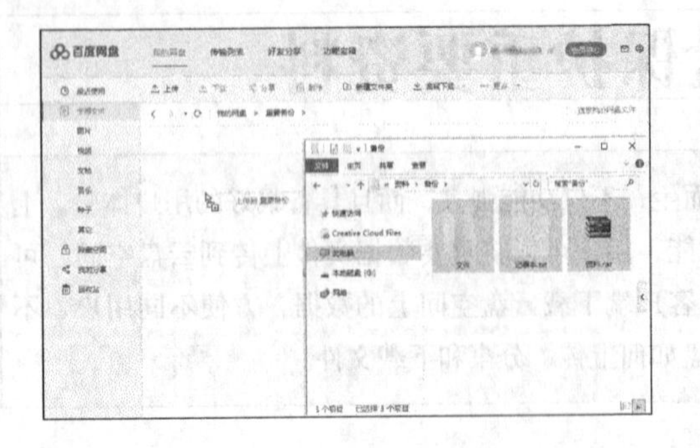

小提示

用户也可以单击【上传】按钮，通过选择路径的方式上传资料。

步骤 04 此时，会自动跳转至【传输列表】界面，显示具体传输情况。

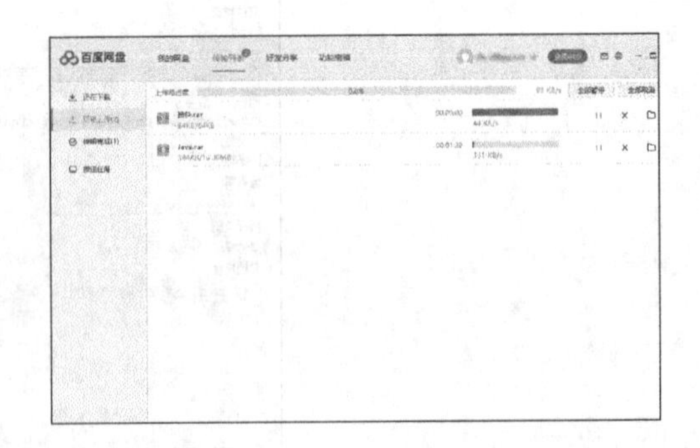

步骤 05 上传完毕后，返回创建的文件夹类目下可以看到已上传的文件。用户可以通过上方的控制按钮，进行相应操作。如这里选择单击【分享】按钮。

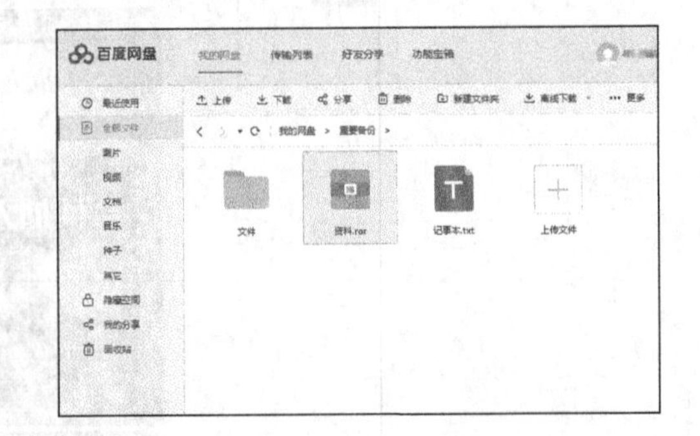

小提示

如单击【上传】按钮，可以向该文件夹上传文件；单击【下载】按钮，可以将所选文件下载到电脑中；单击【分享】按钮，可以生成分享链接，供他人下载；单击【新建文件夹】按钮，可以在当前位置新建一个文件夹；单击【离线下载】按钮，可以通过文件链接下载到网盘中；单击【更多】按钮，可以执行移动、移入隐藏空间、推送到设备等操作。

步骤 06 弹出分享文件对话框，显示了分享的链接分享和发给好友两种方式。其中链接分享，可以创建加密和公开两种形式，如果创建公开分享，该文件则会显示在分享主页，其他人都可下载；私密分享，系统会自动为每个分享链接生成一个提取码，只有获取提取码的人才能通过链接查看并下载私密共享的文件。如这里单击【加密】单选项，并将有效期设置为“永久有效”，然后单击【创建链接】按钮。

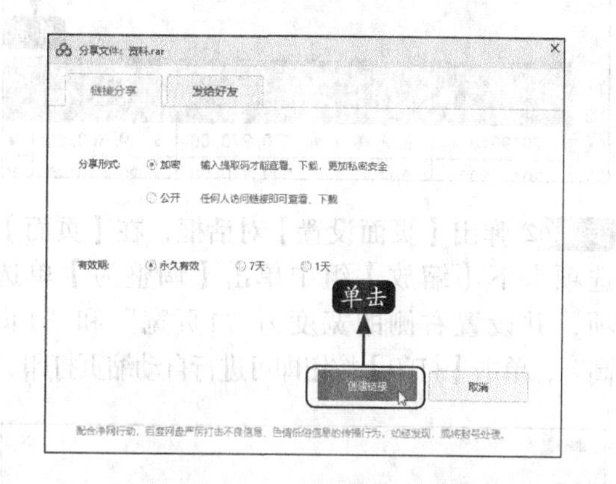

小提示

【发送好友】分享方式，主要是直接将文件发送给百度网盘好友。

步骤 07 此时，可以看到生成的链接和提取码，单击【复制链接及提取码】按钮，可以将复制的内容发送给好友进行查看。

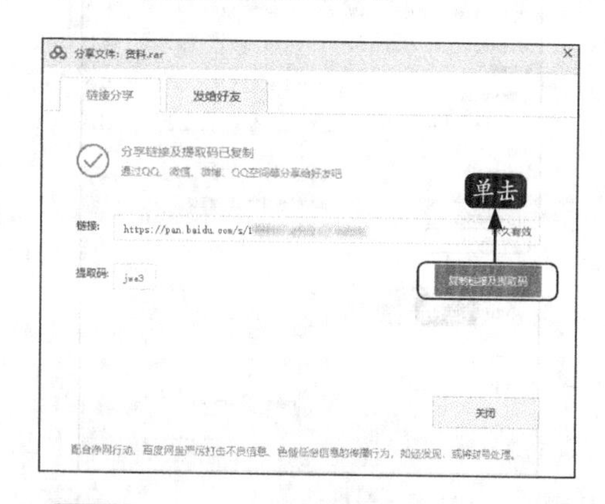

步骤 08 在【百度网盘】界面单击左侧弹出的分类菜单【我的分享】选项，进入【我的分享】界面，可看到列出了当前分享的文件。带有🔒标识，则表示为私密分享文件，否则为公开分享文件。勾选分享的文件，然后单击【取消分享】按钮，即可取消分享的文件。

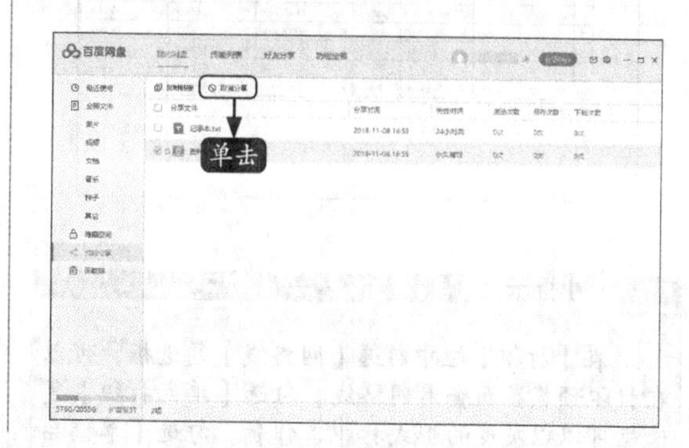

高手支招

技巧1：打印行号、列标

在打印Excel表格时可以根据需要将行号和列标打印出来，具体操作步骤如下。

步骤 01 在Excel 2019中，单击【页面布局】选项卡下【页面设置】组中的【打印标题】按钮，弹出【页面设置】对话框，在【工作表】选项卡下【打印】组中单击【行和列标题】单选项，单击【打印预览】按钮。

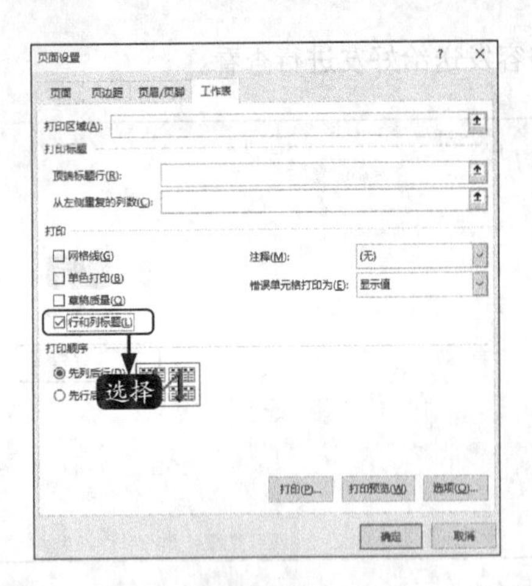

步骤 02 此时即可查看显示行号列标后的打印预览效果。

	A	B	C	D	E	F	G
1	员工编号	姓名	销售业绩额	奖金比例	累计业绩额	基本业绩奖金	累计业绩奖金
2	20190101	张光辉	¥ 78,000.00	7%	¥ 670,970.00	¥ 5,460.00	¥ 18,000.0
3	20190102	李明明	¥ 66,000.00	7%	¥ 399,310.00	¥ 4,620.00	¥ 5,000.
4	20190103	胡亮亮	¥ 82,700.00	10%	¥ 590,750.00	¥ 8,270.00	¥ 5,000.
5	20190104	周广俊	¥ 64,800.00	7%	¥ 697,650.00	¥ 4,536.00	¥ 18,000.0
6	20190105	刘大鹏	¥ 157,640.00	15%	¥ 843,700.00	¥ 23,646.00	¥ 18,000.0
7	20190106	王冬梅	¥ 21,500.00	0%	¥ 890,820.00	¥ -	¥ 18,000.0
8	20190107	胡秋菊	¥ 39,600.00	3%	¥ 681,770.00	¥ 1,188.00	¥ 18,000.0
9	20190108	李夏雨	¥ 52,040.00	7%	¥ 686,500.00	¥ 3,642.80	¥ 18,000.0
10	20190109	张春秋	¥ 70,640.00	7%	¥ 588,500.00	¥ 4,944.80	¥ 5,000.

小提示

在【打印】组中勾选【网格线】复选框，可以在打印预览界面查看网格线。勾选【单色打印】复选框可以以灰度的形式打印工作表。勾选【草稿品质】复选框可以节约耗材、提高打印速度，但打印质量会降低。

技巧2：打印时让文档自动缩页

为了节约成本，可以设置文档在打印时自动缩页。

步骤 01 在打开的工作簿中，单击【页面布局】选项卡下【页面设置】组中的【页面设置】按钮 ↘。

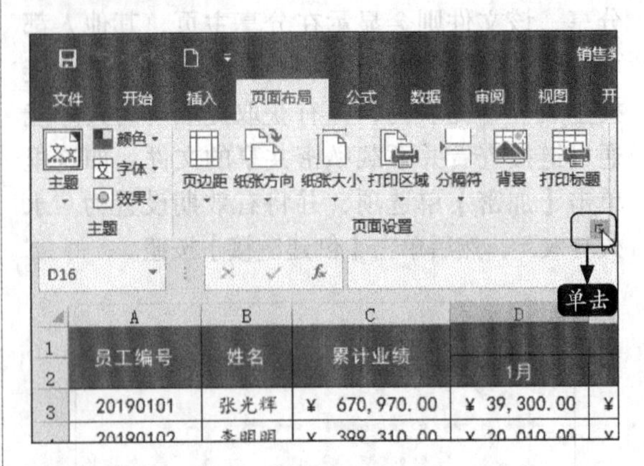

步骤 02 弹出【页面设置】对话框，在【页面】选项卡下【缩放】组中单击【调整为】单选项，并设置右侧的宽度为“1页宽”和“1页高”，单击【打印】按钮即可进行自动缩页打印。

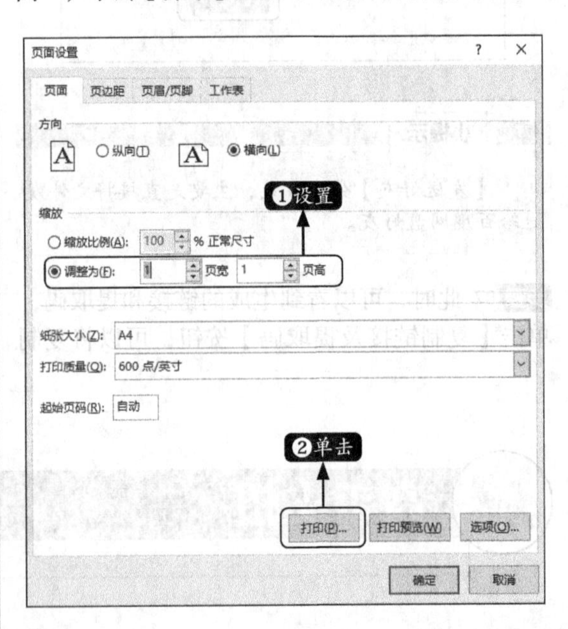

第5篇

高手办公篇

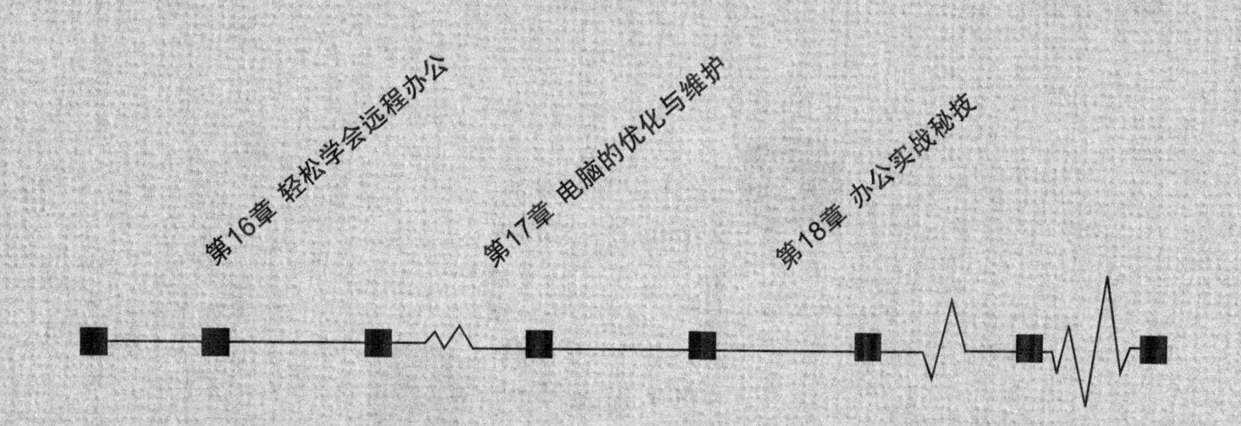

第16章

轻松学会远程办公

学习目标

随着信息技术的迅猛发展，经济全球化浪潮呼啸而来，越来越多的企业为了适应新经济时代的生存环境，积极精简机构、提高工作效率、降低办公成本，远程办公将越来越普及。

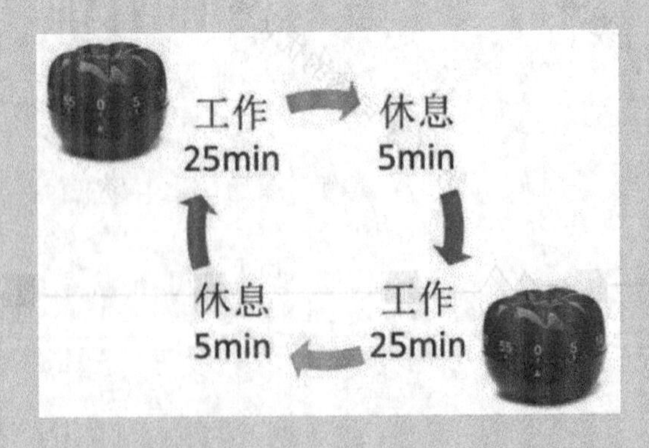

16.1 在家办公，如何远程打卡

当员工在家进行远程办公时，企业协同方面的问题如何处理？比如上传下达消息遇到瓶颈怎么办？如何保障团队的日常同步，团队沟通找不人该怎么办？

针对这类的问题，就需要确保员工在家办公期间都能准确到岗，进行远程打卡就是一种方式。钉钉办公软件为大家提供了一种方案。

16.1.1 使用外勤打卡

很多员工上班时会打卡上下班进行考勤，有的企业可能会利用钉钉进行打卡考勤，但是如果远程办公时，该如何用钉钉进行外勤打卡呢？

1. 外勤打卡

在手机上登录钉钉，进行外勤打卡具体操作步骤如下。

步骤 01 登录钉钉，单击底部【工作】，进入工作台页面。

步骤 02 选择【考勤打卡】或者【智能人事】下方的【考勤打卡】。

步骤 03 进入企业的考勤打卡页面。由于系统检测手机所在地不是指定的考勤打卡地点，就会自动显示为“外勤打卡”字样，单击【外勤打卡】按钮。

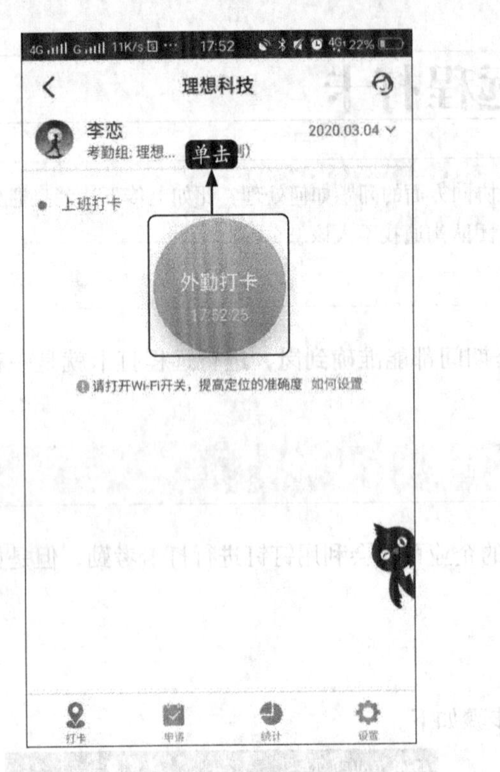

步骤04 进入打卡页面，系统将根据外出地点显示，模糊定位，单击底部【外勤打卡】按钮。

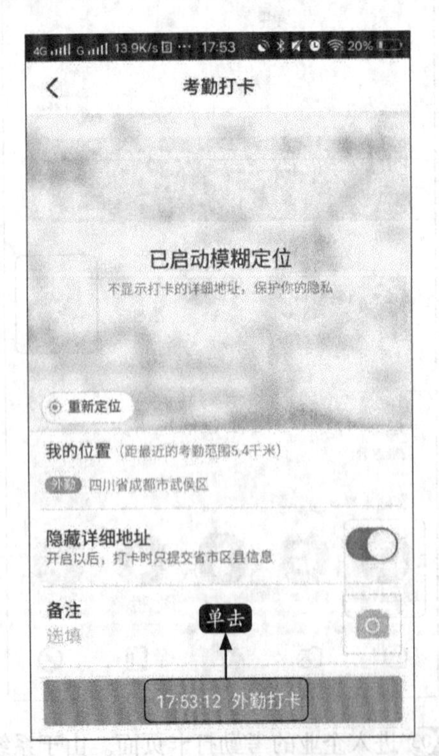

步骤05 记录已经显示在页面记录上，表示打卡已经成功。

2. 设置外勤打卡

必须有企业具有管理权限的人事人员或管理员进行外勤的设置，员工所进行的外勤打卡才能被系统默认正常考勤记录，否则将作为不在排班之内的考勤，不便于考勤人员的统计。进行外勤设置具体操作步骤如下。

步骤01 单击【工作】进入工作台页面，选择【考勤打卡】。

步骤02 进入企业打卡页面，单击底部【设置】按钮。

步骤03 进入【设置】页面，下拉菜单至【外勤打卡设置】，单击进入【外勤打卡设置】。

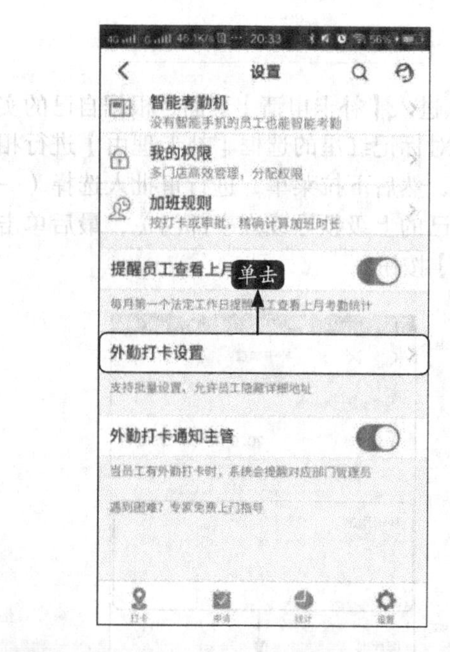

步骤04 进入【外勤打卡批量设置】页面，单击打开【允许外勤打卡】按钮，根据使用需要，选择打开【允许员工隐藏详细地址】按钮，最后单击【保存】按钮。

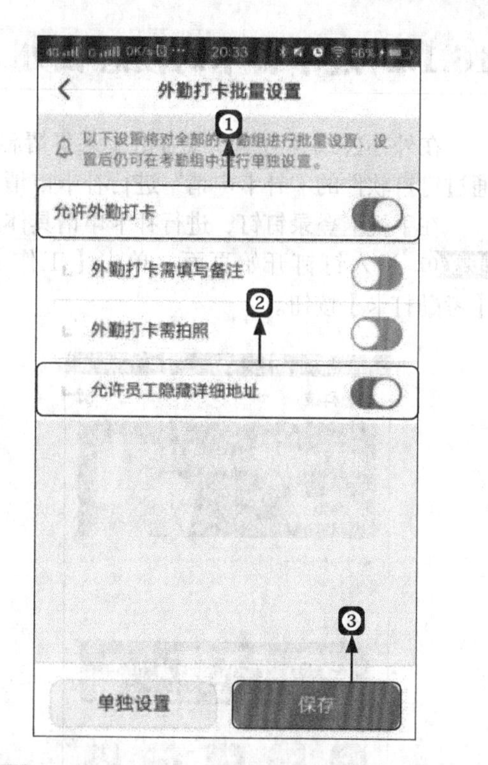

步骤05 弹出对话框，询问“该设置将应用于全部考勤组，请确认是否提交”，根据需要，单击【确认】提交。这就设定了将外勤打卡设为正常考勤规则。

16.1.2 过了打卡时段怎么办

在外办公或者出差，或者由于某事情忘记、耽误了考勤打卡，过了打卡时段怎么办呢？可以通过钉钉软件的“补卡申请”进行补卡申请。

在手机上登录钉钉，进行补卡申请具体操作步骤如下。

步骤 01 进入钉钉开始页面，单击【工作】➤【考勤打卡】按钮。

步骤 02 进入企业考勤打卡页面，单击底部【申请】按钮。

步骤 03 进入【申请】页面，选择左上角【补卡申请】按钮。

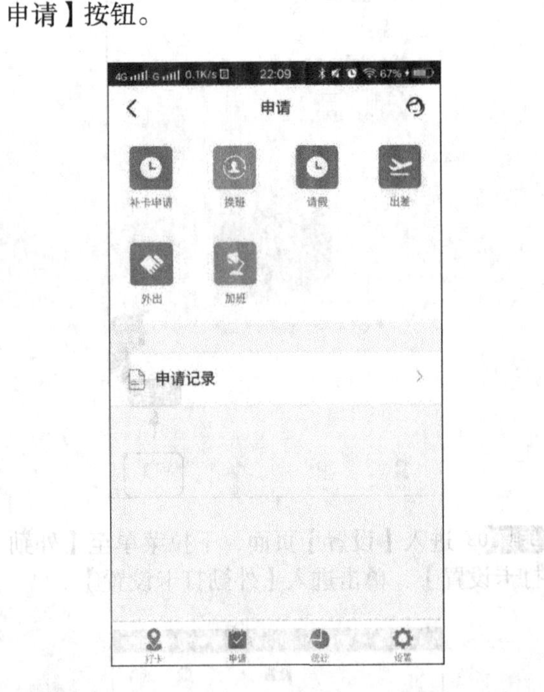

步骤 04 进入【补卡申请】页面，根据自己的实际情况对标记红星的选框【补卡理由】进行相关输入，然后下拉菜单，进行审批人选择（一般为自己的上级领导或人事部门），最后单击【提交】按钮。

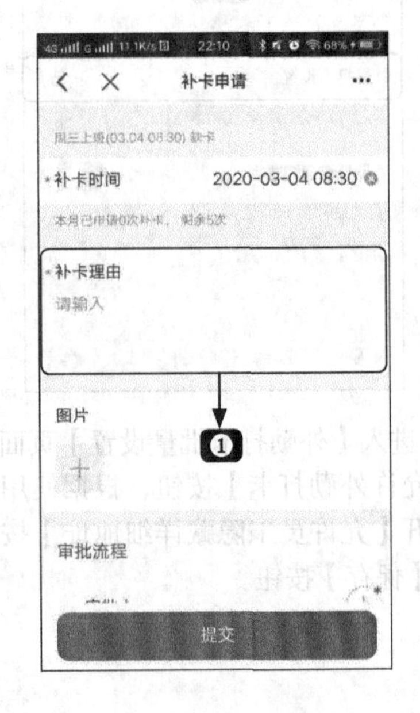

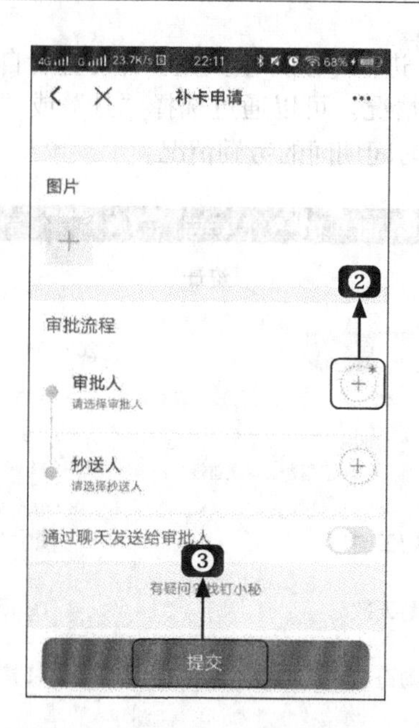

步骤 05 返回可以看到【补卡申请】页面，等审批人审批通过，该补卡申请就完成了。

步骤 06 待审批人审批通过后，通过钉钉的工作通知就可以看到相关考勤已经记录为正常。

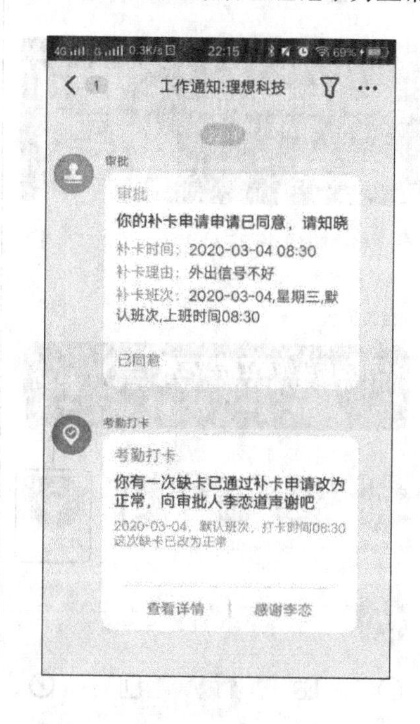

16.1.3 查看自己的考勤统计情况

如果要了解自己当月的考勤情况，如何查看自己的考勤统计情况呢？

在手机上登录钉钉，查看自己的考勤统计情况的具体操作步骤如下。

步骤 01 进入钉钉开始页面，单击【工作】>【考勤打卡】按钮。

步骤 02 进入企业考勤打开页面，单击底部【统计】按钮。

步骤 03 进入【统计】页面，即可查看自己的考勤统计情况。可以通过选择“月”或“周”查看不同时间期间的考勤情况。

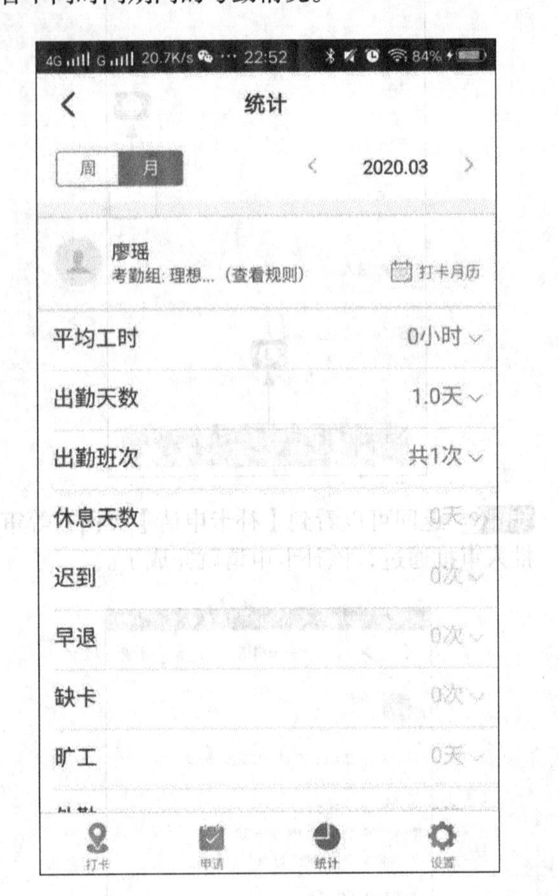

16.2 远程办公如何开展项目

远程办公的时候，开展项目工作，如何远程分配工作任务，追踪项目进度呢？远程办公无法进行面对面沟通，使用钉钉项目群安全沟通，创建和分配工作任务，追踪任务完成情况，可以实现事事有着落，件件有回响。

1. 创建项目

如果需要创建新项目，可以通过钉钉新建项目群，后台会自动创建项目并关联该群。创建项目的具体操作步骤如下。

步骤01 在手机登录钉钉软件，进入首页，单击右上角“+”号图标。

步骤02 弹出下拉菜单，选择【发起群聊】选项。

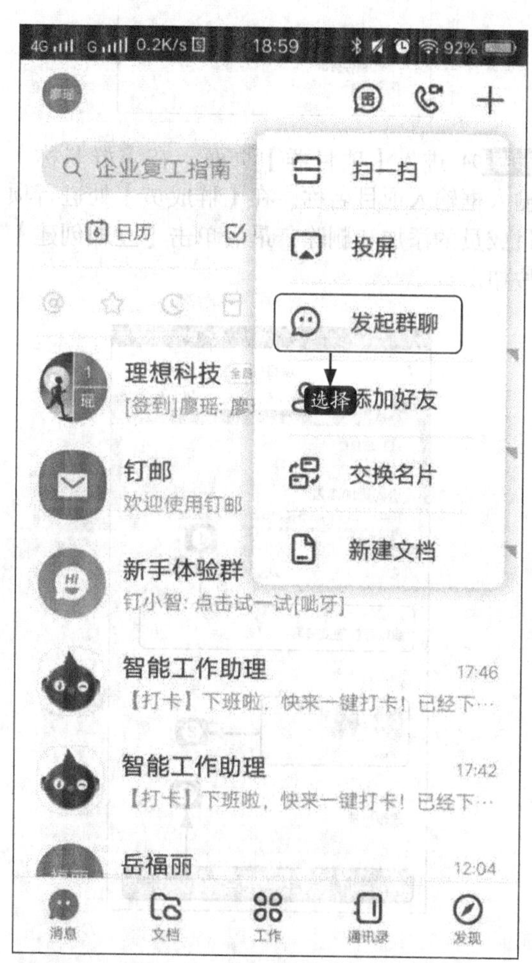

步骤03 进入【发起群聊】页面，在【场景群】选项下单击【项目群】按钮。

步骤 04 进入【项目群】页面，在【群名称】输入框输入项目名称，在【群成员】处进行项目成员的添加和删除，最后单击【立即创建】按钮。

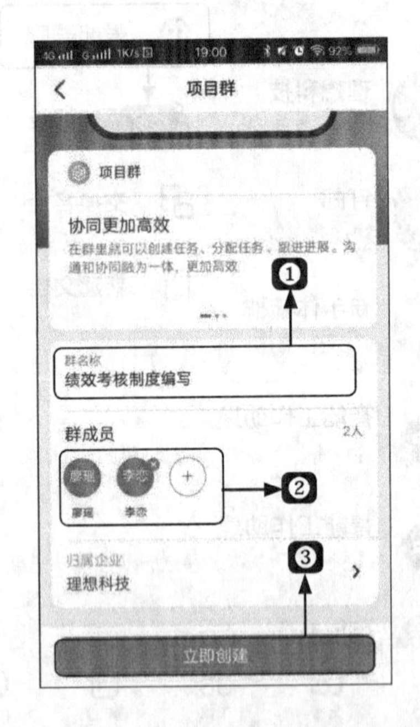

小提示

如果创建人拥有多家企业成员身份，还需要注意在创建项目群时，要在【归属企业】处进行企业的选择。

步骤 05 进入所创建项目群页面，可以进行项目任务的其他设置。

小提示

用钉钉新建项目，还有一种方式，就是直接创建项目，后台自动关联或创建项目群。通过进入【通讯录】➤【项目】进行新项目的创建。该方式需要创建人通过个人实名认证才可以进行。

2. 查看项目概况

创建完项目后，项目成员可以进行项目内容的查看，具体操作步骤如下。

步骤 01 登录钉钉，进入首页，单击底部【通讯录】按钮。

步骤 02 进入【通讯录】页面，选择【项目】选项。

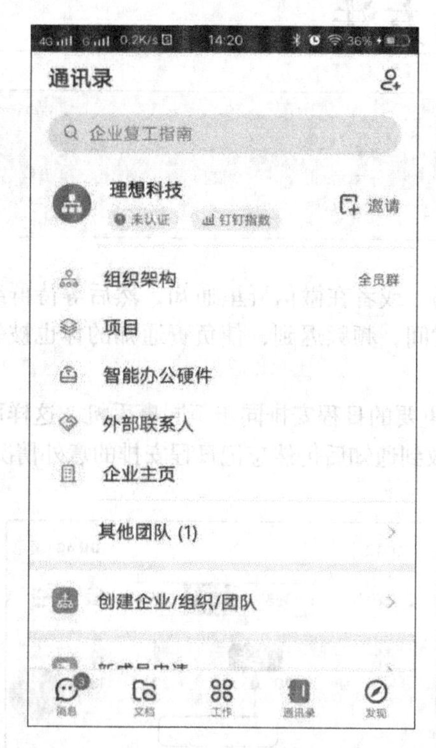

步骤 03 进入项目页面，底部选择【项目】选项查看，可以看到所参加的项目组，单击项目组名称进入。

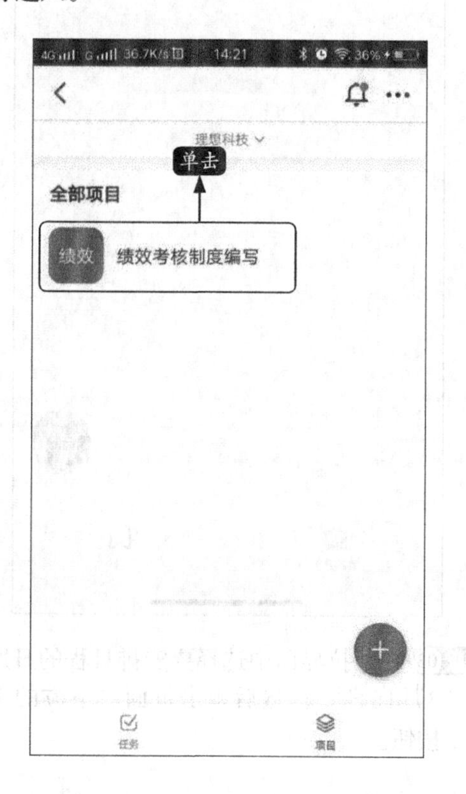

步骤 04 进入该项目组具体详情页面，可以查看该项目进展情况。

小提示

创建的项目组根据实际情况，可以关联多个项目群进行沟通。同样，查看项目概况，也可以登录钉钉后，直接通过首页进入项目群查看。

16.3 把日程同步给同事的方法

你的工作团队通知开会时间还在用电子邮件通知吗？或者在微信群里通知，然后等待群组成员逐个确认收到通知呢？通知后，依然有人忘记开会时间，频频迟到，使负责通知的你也被领导责骂一顿？

或许我们应该试试远程办公中的日程同步，一键把重要的日程安排同步至同事手机，这样可以免去逐个通知逐个确认的繁琐流程，还可以避免同事们收到通知后仍然忘记日程安排的意外情况。

使用【钉钉】软件同步日程的具体操作如下。

步骤 01 打开钉钉软件，单击首页页面上方的【日历】按钮。

步骤 02 进入【日历】界面，默认显示当日日程，单击日期下方的下拉按钮，可选择其他日期。

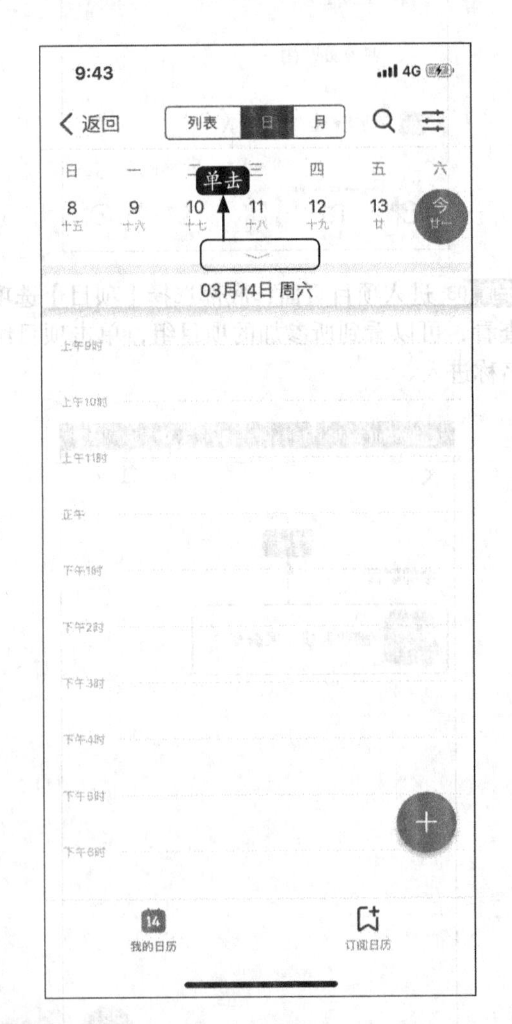

步骤 03 在下拉界面中选择要安排日程的日期，如“3月16日”，然后单击页面右下方的【添加】按钮。

步骤04 进入【新建日程】界面，依次填写【日程标题】➢【会议时间】➢【日程地点】，然后单击【邀请参与人】一栏。

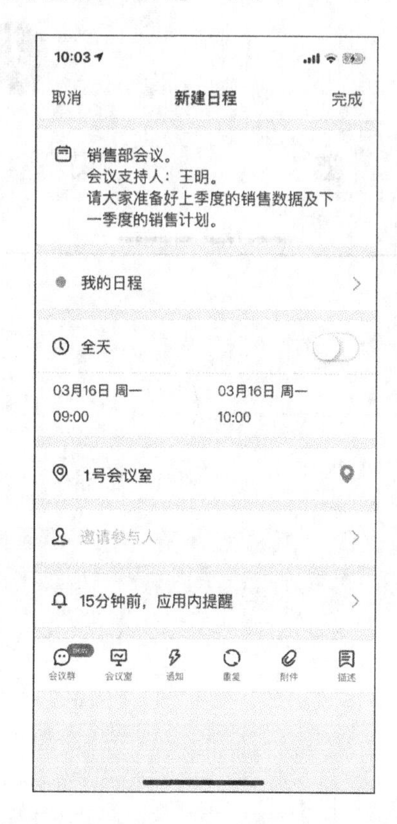

步骤05 进入【选择接收人】界面，单击选择【新的接收人】或【从群聊中选择】选项。

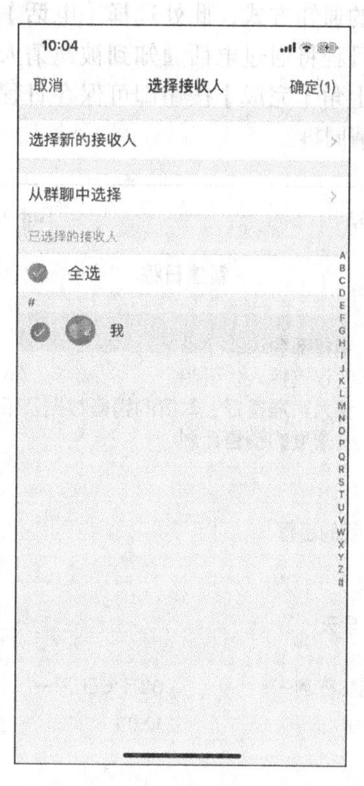

步骤06 以选择单击【从群聊中选择】为例，进入到群聊成员列表，单击选择要同步日程的同事，然后单击右下角的【确定】按钮。

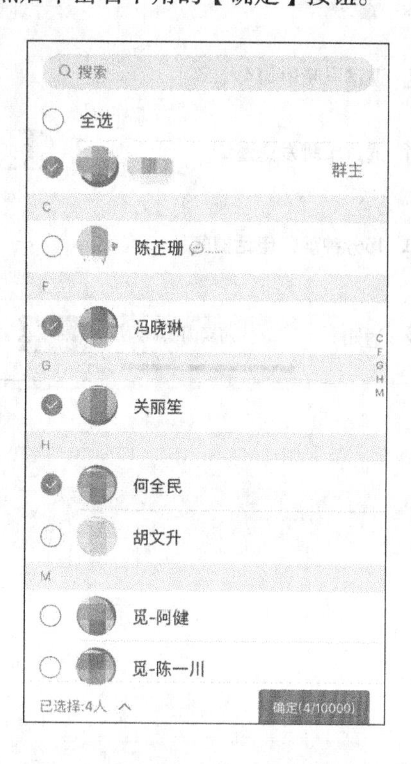

步骤07 回到【新建日程】的界面，单击打开【通过单聊发送邀请】按钮，并在通知一栏选择合适的通知方式，此处选择【电话】选项，表示该日程将通过电话通知到被邀请人。最后单击右上角【完成】按钮即可保存日程并发送给被邀请同事。

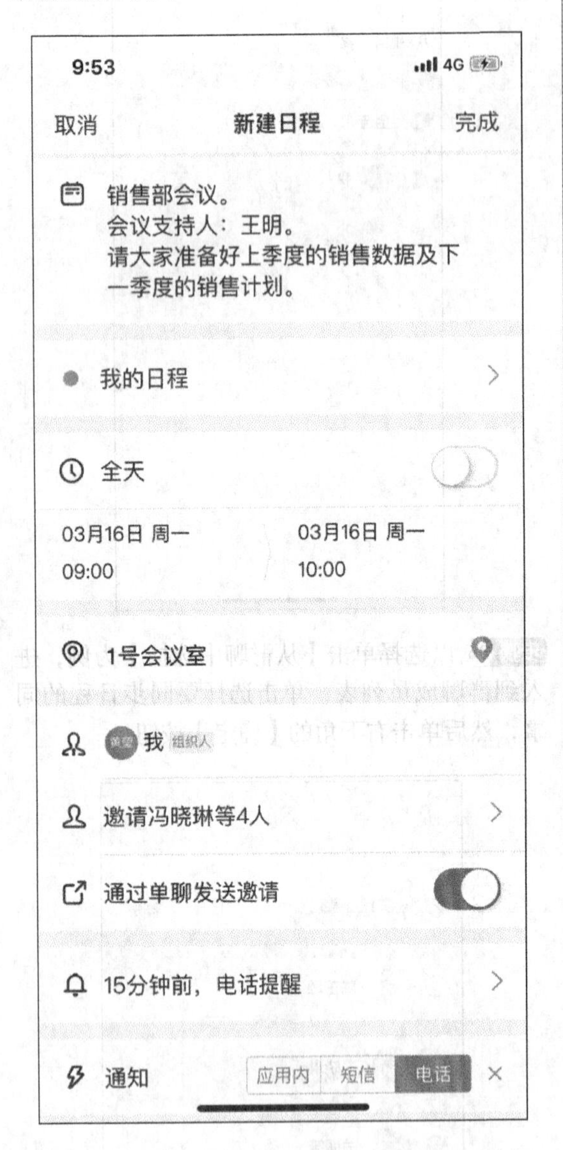

步骤08 在日历中检查日程是否保存成功。

16.4 让工作高效起来——番茄工作法和任务清单

为保持工作的高效性，可以使用最近广为流传的番茄工作法，这样才能在远程工作时保证工作的高效率，同时也不会很累。

1. 什么是番茄工作法

番茄工作法是1922年由意大利的弗朗西斯科 · 西里洛创立的。弗朗西斯科曾经是一个重度拖延症患者，他在大学的时候就一度苦于学习效率低下，于是就做了个简单的实验，专注10分钟。他找来了厨房里的一个形状像番茄的厨房定时器，调到了10分钟来敦促自己专注，后来经过方法的改进，番茄工作法就被发明了出来。

番茄工作法的理念是把整块的时间以120分钟为标准分成若干个大包，在大包里又按照每30分钟分为4个小包。具体的操作规则如下。

一个番茄时间共30分钟，25分钟工作，5分钟休息。

一个番茄时间是不可分割的。

每4个番茄时间后，停止工作，进行一次较长时间的休息，大约15到30分钟。

完成一个任务，划掉一个。

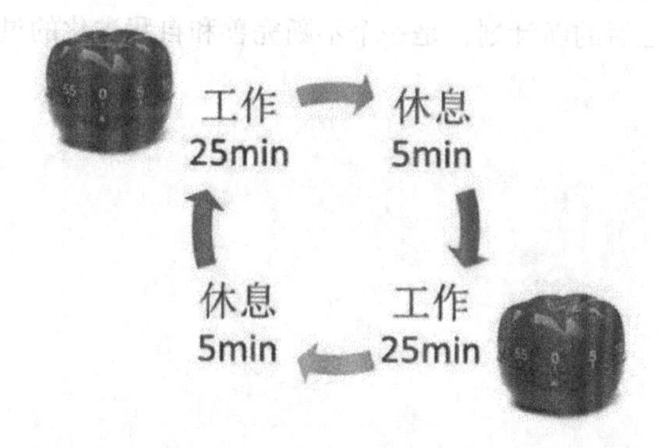

其实番茄工作法就是列出每天的工作任务，并分解成为一个个25分钟的任务，然后再逐个完成。

番茄工作法有两个作用：第一个作用是可以让人们更加高效地完成任务，减少拖延，从而更好地掌握时间；第二个作用是可以帮助人们专注完成当下的任务，也就是可以帮助人们掌控生活。

2. 怎样执行番茄工作法

番茄工作法的前期准备有两件事，一个是列出当天必须完成的任务，另一个是预估每个任务要花费的番茄钟的数量。

需要做两张计划表，一张待办任务清单表，一张番茄钟任务表，待办任务清单上记录下脑海中所有要做的任务，清空大脑，番茄钟工作表则专门列出当天要完成的任务。

番茄工作法要求的工作计划表与传统的表格有两个差别，第一个差别是以往的计划表是一张，而番茄工作法要求两张，第二个差别是推进的标志以往是完成单独的任务，而番茄工作法则是一整个番茄钟为标志。

以番茄钟为标准有两个好处，第一个是将大个的任务拆解为番茄钟，可有效化解大任务给我们带来的压迫感，从而缓解拖延症，第二个是以番茄钟计时，能建立完成一个任务花费的时间概念，从而有效反馈工作效率。

番茄工作法的执行需要专注工作，无论在一个番茄钟内有内部打断还是外部打断，都要强调保证在25分钟的时间里只专注做同一件事情。

所谓的打断，分为内部打断和外部打断两种。内部打断是被自己的想法打断，解决的办法是将想法写进待办清单，而不是立即做；外部打断是被外界的因素打断，解决办法是告知、协商、计划、答复。

当完成25分钟的番茄钟之后，一定要进入5分钟的休息时间，在番茄工作法中，休息的作用是很大的，学会休息才会形成工作休息的节奏感，保证后续的番茄钟能够高效执行，休息的时候尽量不用脑力思考，可选择冥想、睡觉或者喝咖啡等。

进行完几个番茄钟，可以将预估的工作时长和实际使用的番茄钟的数量进行对比，从而找出预估好实际的差距和原因，将经验总结应用到下一次的番茄工作法中，进行持续的改进升级。

3. 番茄工作法的原理

从设计上看，用25分钟倒计时的方法，可以调动人们的紧迫感，从而提升专注力，从学习周期来看，一个倒计时番茄钟时间和一段休息时间的配合，有助于大脑的专注思维和发散思维的交替使用，从学习来看，番茄工作法的原理来自戴明环理论。

戴明环理论是被用于改善产品质量的过程，是一种不断制定计划、实施计划、反馈检查、改进完善，最后在制定改进之后的新计划，是一个不断完善和自我进化的过程。

第17章

电脑的优化与维护

学习目标

在使用电脑过程中，不仅需要对电脑的性能进行优化，而且需要对病毒木马进行防范、对电脑系统进行维护等，以确保电脑的正常使用。本章主要介绍对电脑的优化和维护知识，包括系统安全与防护、优化电脑、备份与还原系统和重新安装系统等。

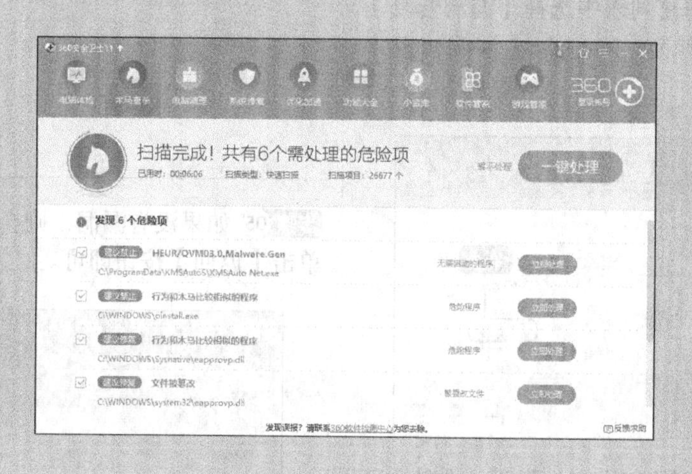

17.1 实战——系统安全与防护

当前，电脑病毒十分猖獗，而且更具有破坏性、潜伏性。电脑染上病毒，不但会影响电脑的正常运行，使机器速度变慢，严重的时候还会造成整个电脑的彻底崩溃。本节主要介绍系统漏洞的修补与查杀病毒的方法。

17.1.1 修补系统漏洞

系统本身的漏洞是重大隐患之一，用户必须及时修复系统的漏洞。下面以360安全卫士修复系统漏洞为例进行介绍。

步骤 01 打开360安全卫士软件，在主界面单击【系统修复】图标按钮。

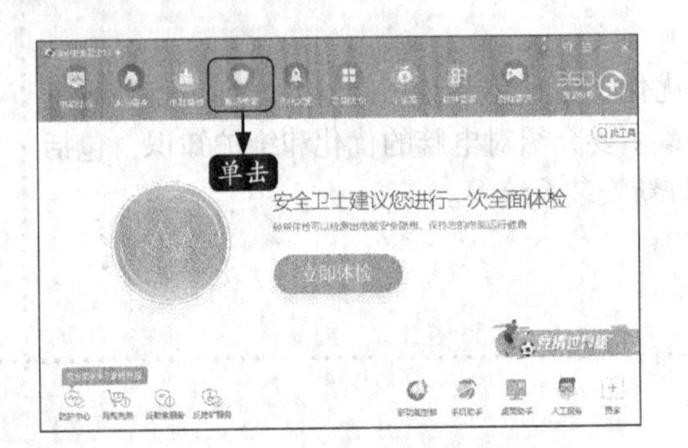

步骤 02 打开如下工作界面，可以单击【全面修复】按钮，修复电脑的漏洞、软件、驱动等。也可以在右侧的修复列表中选择【漏洞修复】选项，进行单项修复。如选择【漏洞修复】选项。

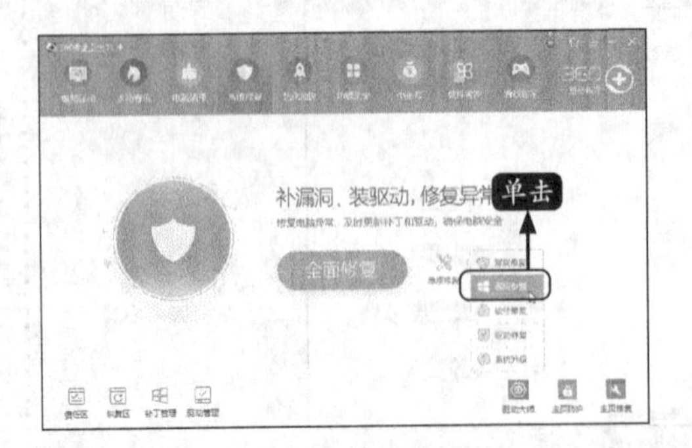

步骤 03 打开【漏洞修复】工作界面，在其中开始扫描系统中存在的漏洞。

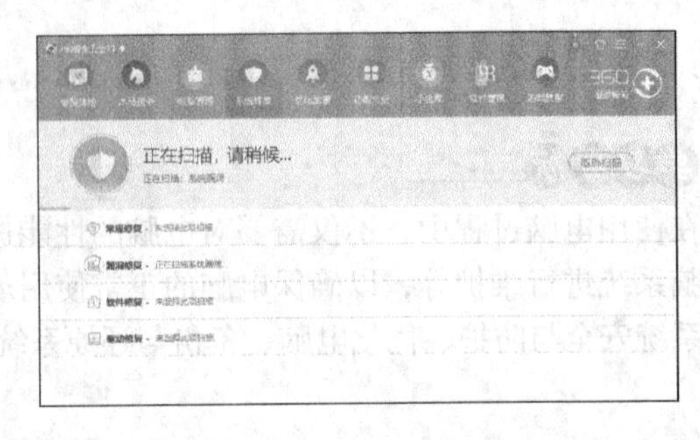

步骤 04 如果存在漏洞，按照软件指示进行修复即可。

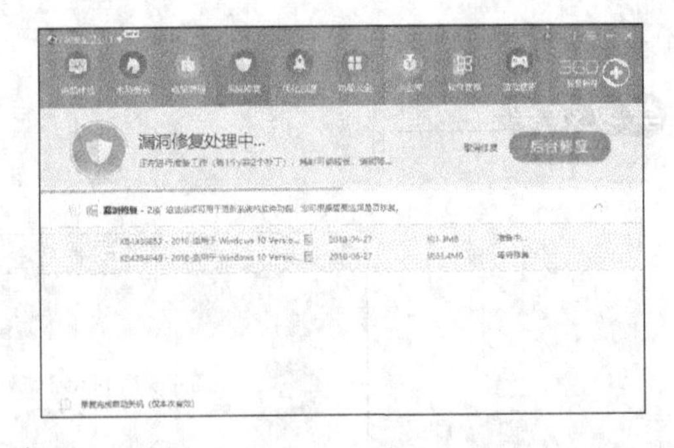

步骤 05 如果没有漏洞，则会显示为如下界面，单击【返回】按钮即可。

17.1.2 查杀电脑中的病毒

电脑感染病毒是很常见的，但是当遇到电脑故障时，很多用户不知道电脑是否是感染病毒，即便知道了是病毒故障，也不知道该如何查杀病毒。下面以“360安全卫士”软件为例介绍查杀电脑中的病毒。

步骤01 打开360安全卫士，单击【木马查杀】图标，进入该界面，单击【快速查杀】按钮。

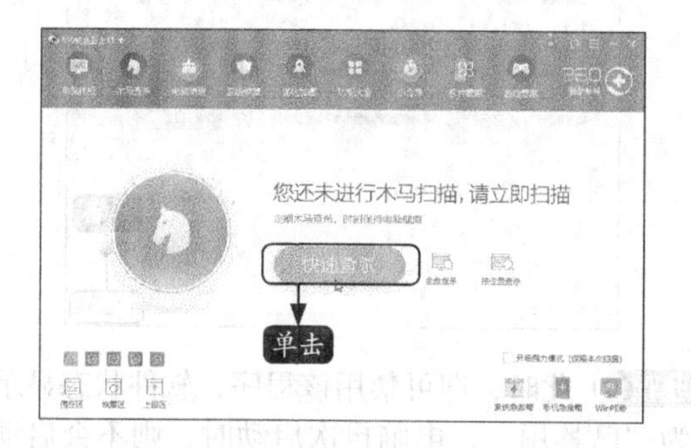

小提示

用户可以单击【全盘查杀】按钮，查杀整个硬盘；也可以单击【按位置查杀】按钮，查杀指定位置。

步骤02 软件即可进行系统设置以及常用软件、内存及关键系统位置等的病毒查杀。

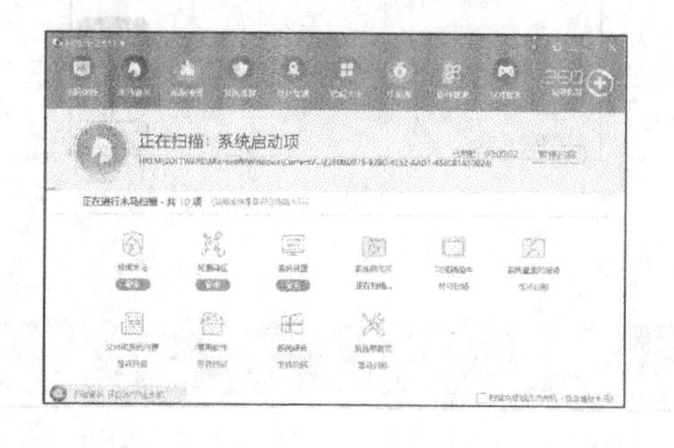

步骤03 扫描完成后，如果发现病毒或者危险项，即会显示相关列表，用户可以逐个处理，也可以单击【一键处理】按钮，进行全部处理。

步骤04 处理成功后，软件会根据情况询问用户是否重启电脑，根据提示操作即可。

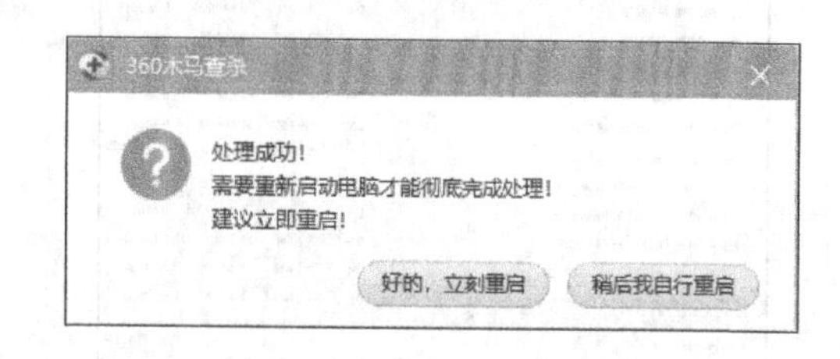

17.2 实战——优化电脑的开机和运行速度

电脑开机启动项过多，就会影响电脑的开机速度。此外，系统、网络和硬盘等都会影响电脑运行速度。为了能够更好地使用电脑，我们需要定时对电脑进行优化。

17.2.1 使用“任务管理器”进行启动优化

Windows 10自带的【任务管理器】，不仅可以查看系统进程、性能、应用历史记录等，而且可以查看启动项，并对其进行管理。具体操作步骤如下。

步骤01 在空白任务栏任意处，单击鼠标右键，在弹出菜单中，单击【任务管理器】命令。

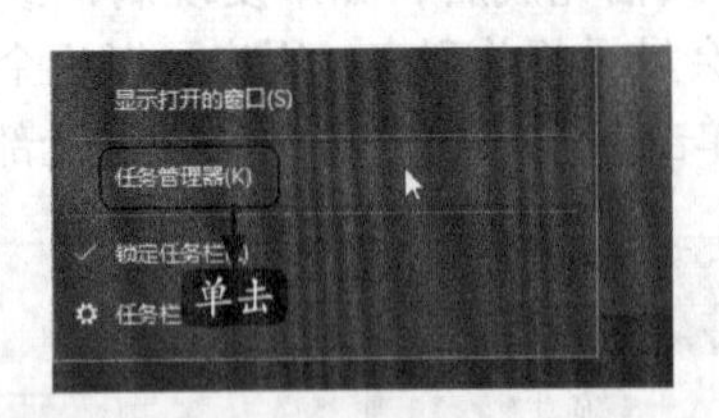

步骤02 此时，即可打开【任务管理器】对话框，如下图所示。默认选择【进程】选项卡，显示程序进度情况。

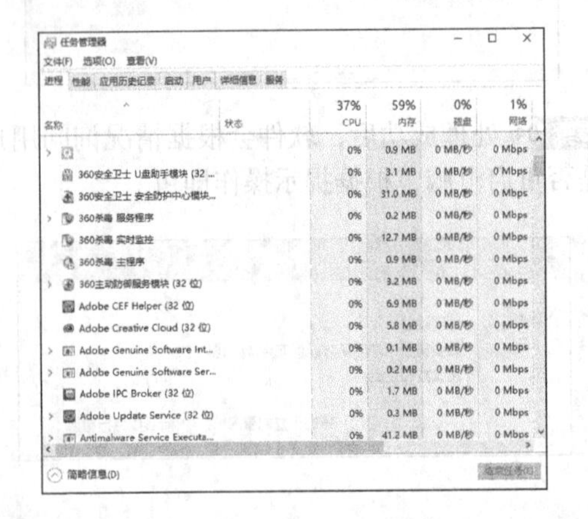

步骤03 单击【启动】选项卡，选择要禁止的启动项，单击【禁用】按钮。

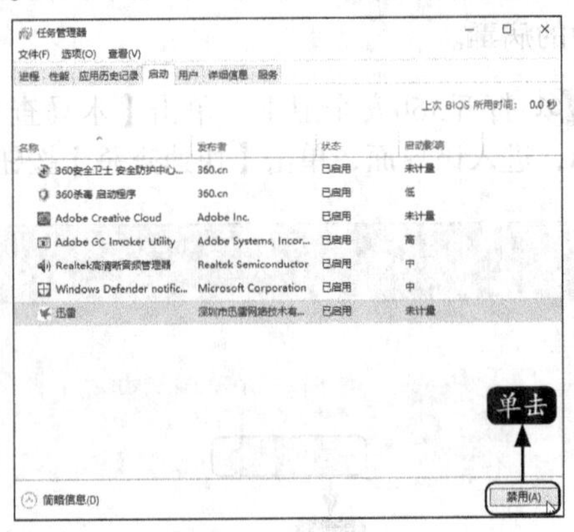

步骤04 此时，即可禁用该程序，软件状态显示为“已禁用”，电脑再次启动时，则不会启动该软件。当希望启动时，单击【启用】按钮即可。

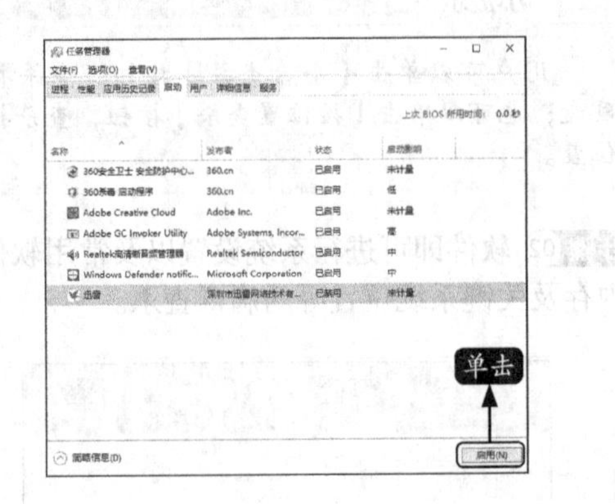

17.2.2 使用360安全卫士进行优化

除上述方法外，还可以使用360安全卫士的优化加速功能可以提升开机速度、系统速度、上网速度和硬盘速度。具体操作步骤如下。

步骤01 打开【360安全卫士】界面，单击【优化加速】图标，进入该界面，单击【全面加速】按钮。

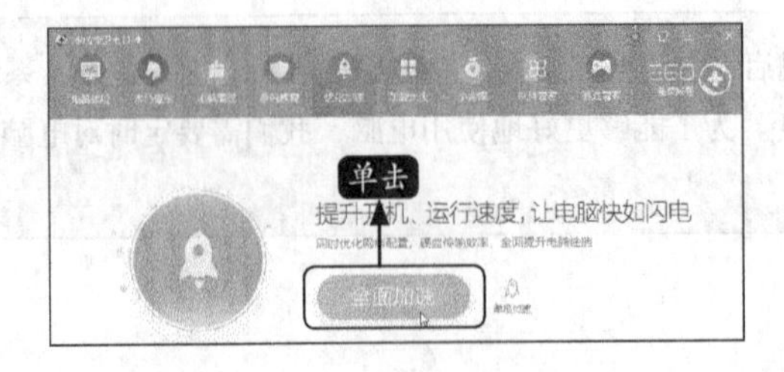

步骤 02 软件即会对电脑进行扫描，如下图所示。

步骤 03 扫描完成后，会显示可优化项，单击【立即优化】按钮。

步骤 04 弹出【一键优化提醒】对话框，勾选需要优化的选项。如需全部优化，单击【全选】按钮；如需进行部分优化，在需要优化的项目前，勾选该复选框。然后单击【确认优化】按钮。

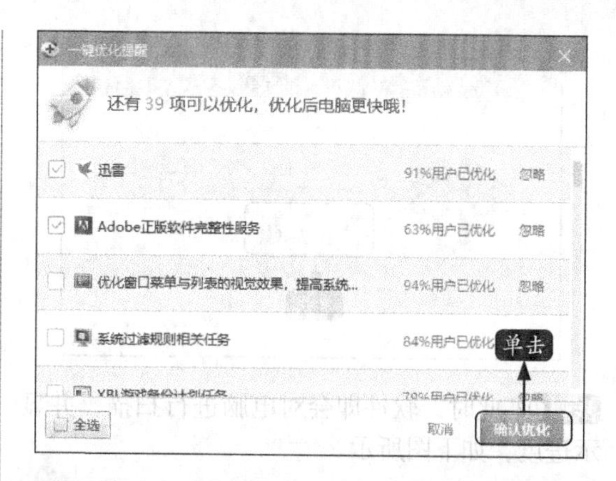

步骤 05 对所选项目优化完成后，即可提示优化的项目及优化提升效果，单击【完成】按钮即可。

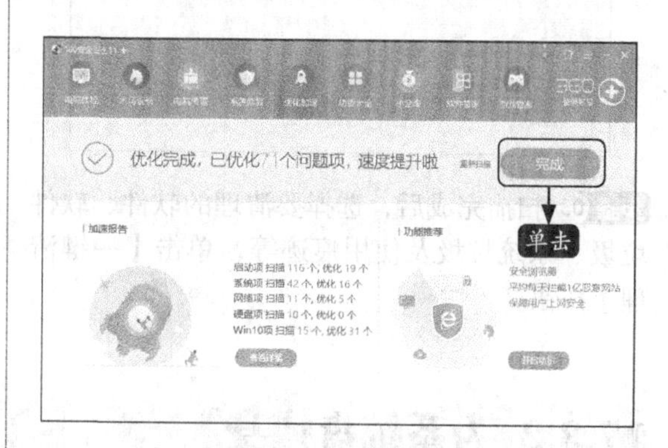

17.3 实战——硬盘的优化与管理

硬盘是存储系统和文件的重要位置，它时刻影响着电脑的正常运行。下面讲述如何优化和管理硬盘。

17.3.1 对电脑进行清理

电脑使用时间长了，就会产生冗余文件，不仅影响电脑运行速度，而且占用磁盘空间。下面以“360安全卫士”为例，介绍如何对电脑进行清理。

步骤 01 打开360安全卫士界面，单击【电脑清理】图标，进入如下图所示界面，单击【全面清理】按钮。

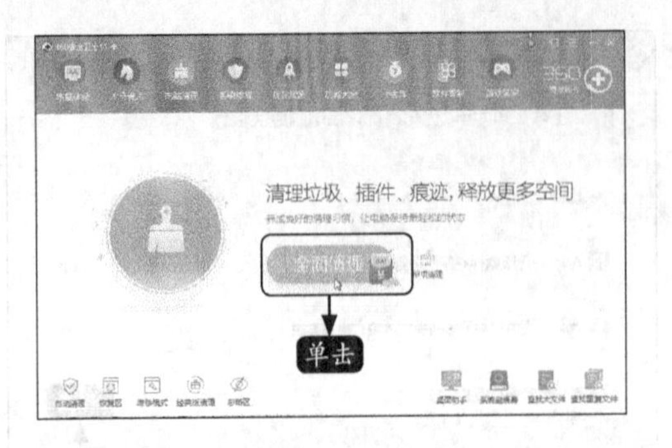

步骤02 此时，软件即会对电脑进行扫描，并显示进度，如下图所示。

步骤03 扫描完成后，选择要清理的软件、软件垃圾、系统垃圾及使用痕迹等，单击【一键清理】按钮。

步骤04 清理完成后，即可显示清理结果，如下图所示。如果要清理更多垃圾，单击【深度清理】按钮即可。

17.3.2 为系统盘瘦身

如果系统盘可用空间太小，则会影响系统的正常运行。下面讲述使用360安全卫士的【系统盘瘦身】功能释放系统盘空间。

步骤01 打开【360安全卫士】界面，单击【功能大全】图标，进入如下图所示界面，然后单击【系统工具】选项中的【系统盘瘦身】图标。

步骤02 初次使用需要进行添加，添加完成后，打开【系统盘瘦身】工具，工具会自动扫描系统盘。此时，单击【立即瘦身】按钮，即可进行优化。

步骤03 完成后，可以看到释放的磁盘空间。由于部分文件需要重启电脑后才能生效，所以单击【立即重启】按钮重启电脑。

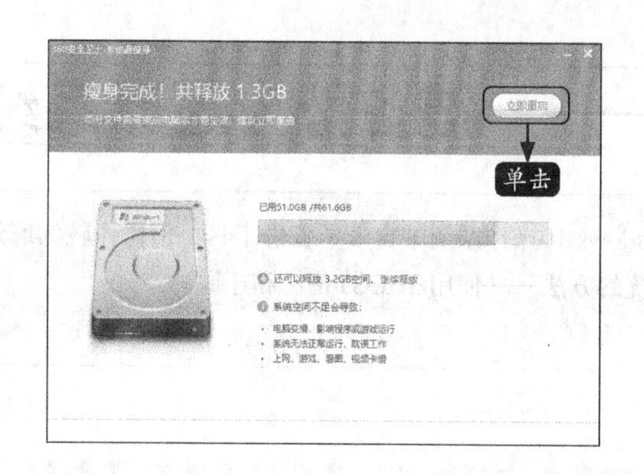

17.3.3 开启和使用存储感知

存储感知是Windows 10版本中推出的一个新功能，可以利用存储感知从电脑中删除不需要的文件或临时文件，以达到释放磁盘空间的目的。

步骤01 按【Windows+I】组合键，打开【设置】面板，并单击【系统】图标选项。

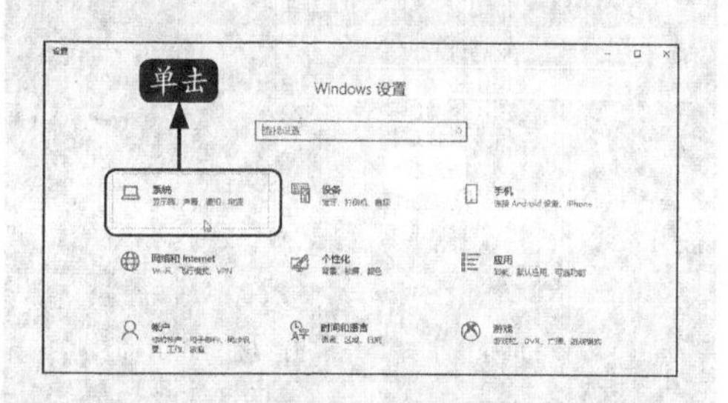

步骤02 进入【系统】面板页面，单击左侧【存储】选项，在【存储感知】区域将其按钮设置为“开”，开启该功能。

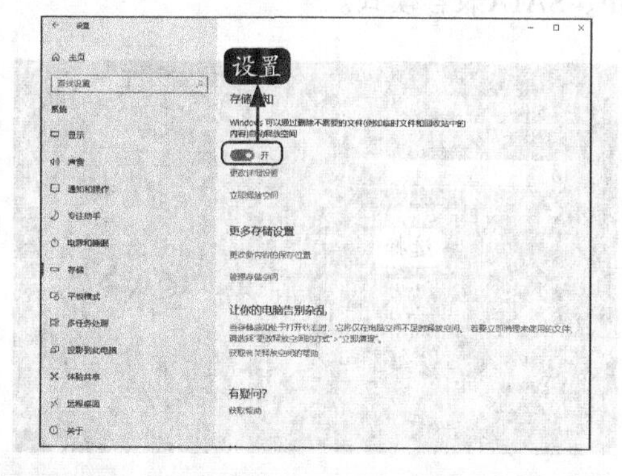

步骤03 单击【更改详细设置】选项，进入该页面。用户可以设置“运行存储感知”的时间，还可以设置“临时文件”的删除文件规则，如下图所示。

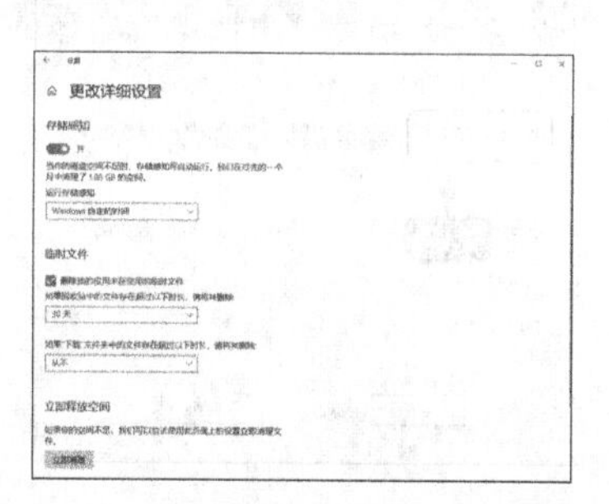

步骤04 单击【立即清理】按钮，扫描可以删除的文件，如下图所示。勾选要删除的文件，单击【删除文件】按钮，即可清理所选文件。

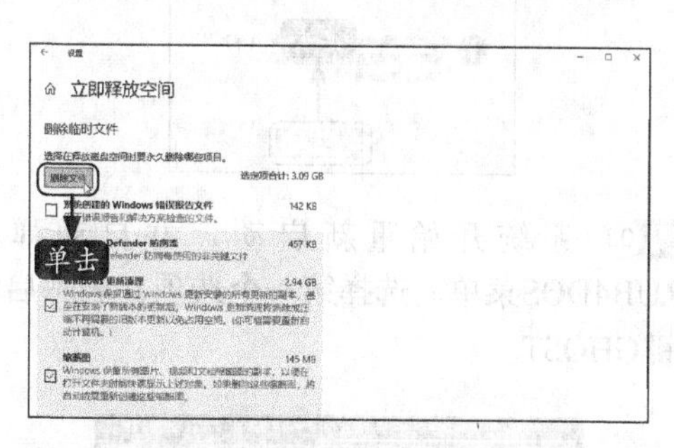

17.4 实战——一键备份与还原系统

虽然Windows 10操作系统中自带了备份工具，但操作较为麻烦。下面介绍一种快捷的备份和还原系统的方法——使用GHOST备份和还原。

17.4.1 一键备份系统

使用一键GHOST备份系统的操作步骤如下。

步骤 01 下载并安装一键GHOST后，打开【一键恢复系统】对话框，一键GHOST开始初始化。初始化完毕后，将自动选中【一键备份系统】单选项，单击【备份】按钮。

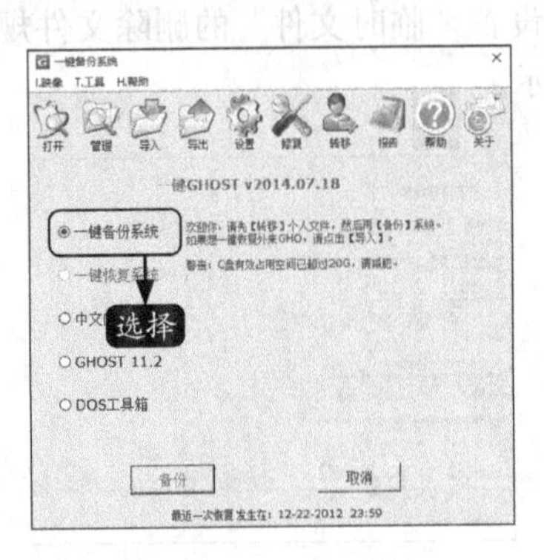

步骤 02 打开【一键Ghost】提示框，单击【确定】按钮。

步骤 03 系统开始重新启动，并自动弹出GRUB4DOS菜单。选择第一个选项，表示启动一键GHOST。

步骤 04 系统自动选择完毕后，接下来会弹出【MS-DOS一级菜单】界面，选择第一个选项，表示在DOS安全模式下运行GHOST 11.2。

步骤 05 选择完毕后，接下来会弹出【MS-DOS二级菜单】界面，选择第一个选项，表示支持IDE、SATA兼容模式。

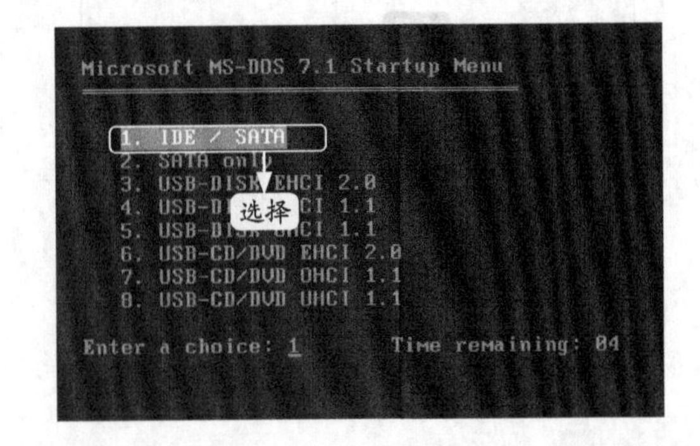

步骤 06 根据磁盘是否存在映像文件，将会从主窗口自动进入【一键备份系统】警告窗口，提示用户开始备份系统。选择【备份】按钮。

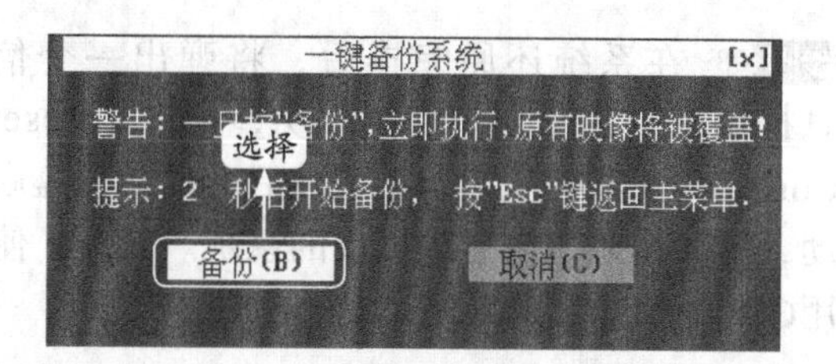

步骤07 开始备份系统，如右图所示。

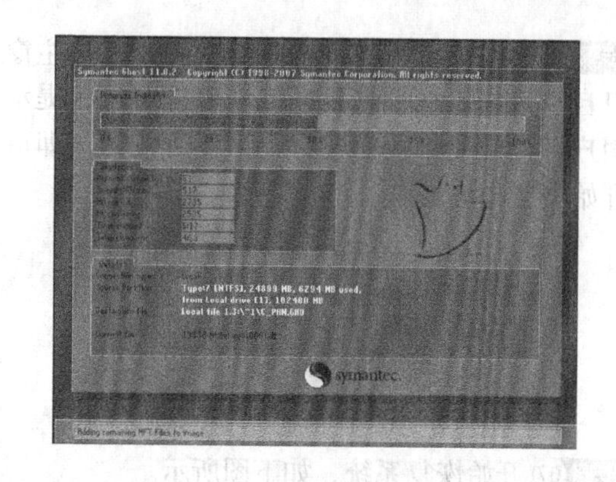

17.4.2 一键还原系统

使用一键GHOST还原系统的操作步骤如下。

步骤01 打开【一键GHOST】对话框，单击【恢复】按钮。

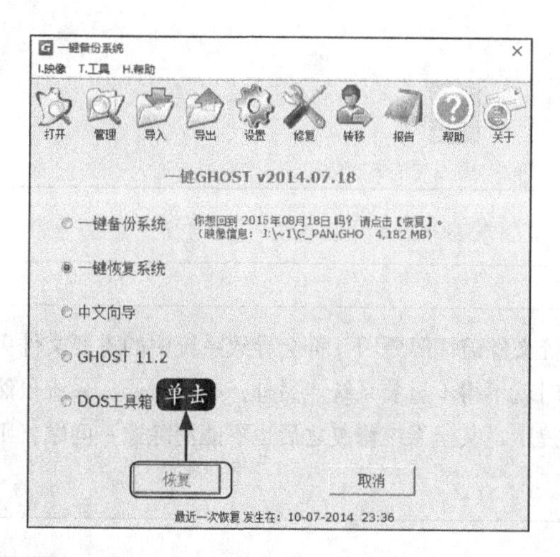

步骤02 打开【一键GHOST】对话框，提示用户"电脑必须重新启动，才能运行【恢复】程序"。单击【确定】按钮。

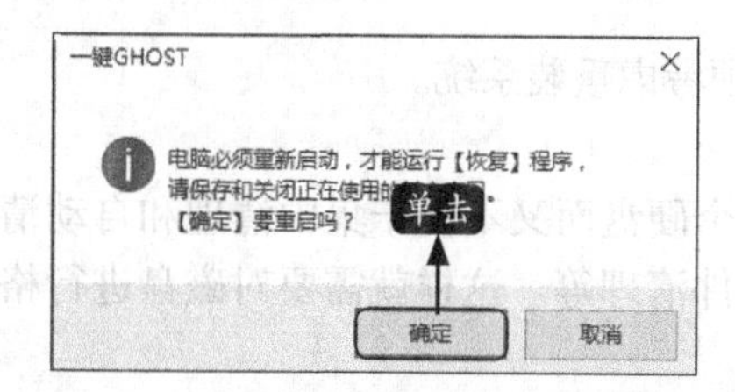

步骤03 系统开始重新启动，并自动弹出GRUB4DOS菜单，选择第一个选项，表示启动一键GHOST。

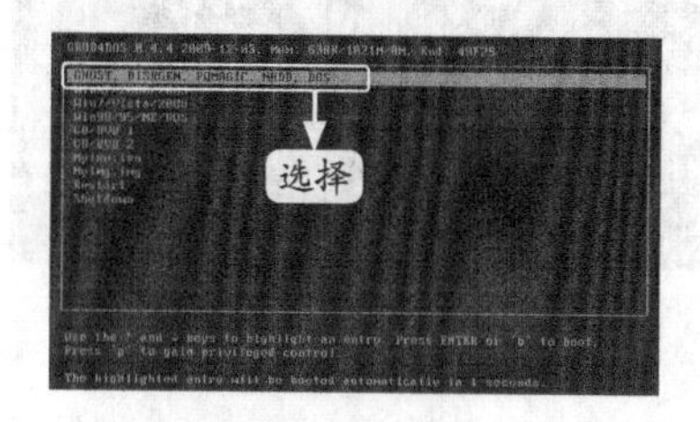

步骤04 系统自动选择完毕后，接下来会弹出【MS-DOS一级菜单】界面，选择第一个选项，表示在DOS安全模式下运行GHOST 11.2。

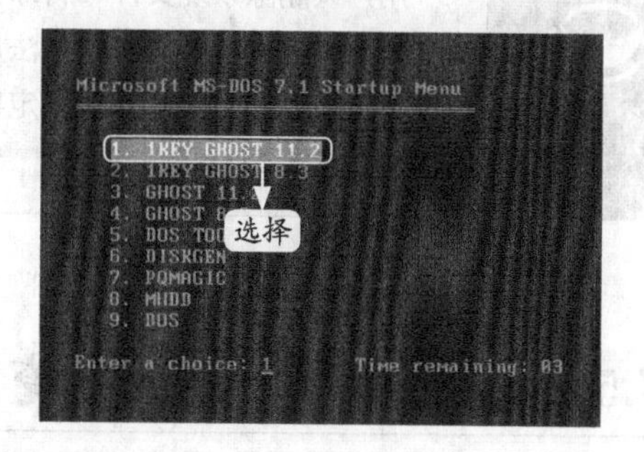

步骤05 选择完毕后，接下来会弹出【MS-DOS二级菜单】界面，选择第一个选项，表示支持IDE、SATA兼容模式。

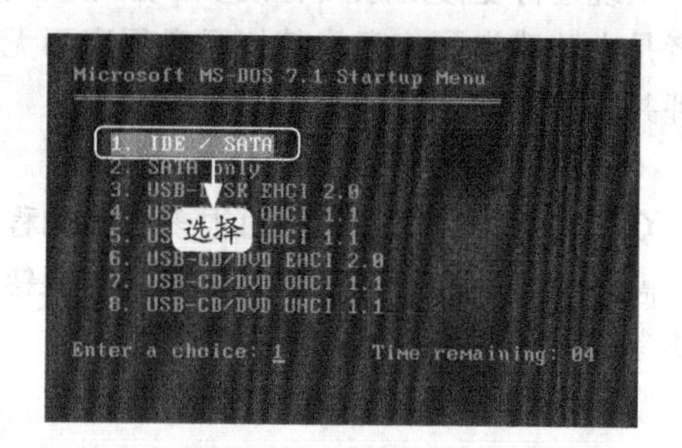

步骤06 根据磁盘是否存在映像文件，将从主窗口自动进入【一键恢复系统】警告窗口，提示用户开始恢复系统。选择【恢复】按钮，即可开始恢复系统。

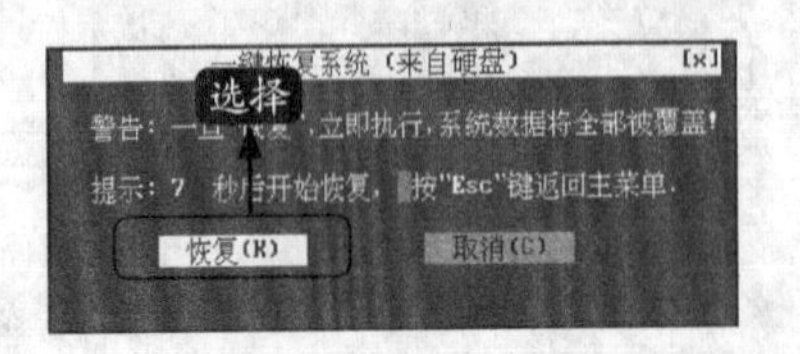

步骤07 开始恢复系统，如下图所示。

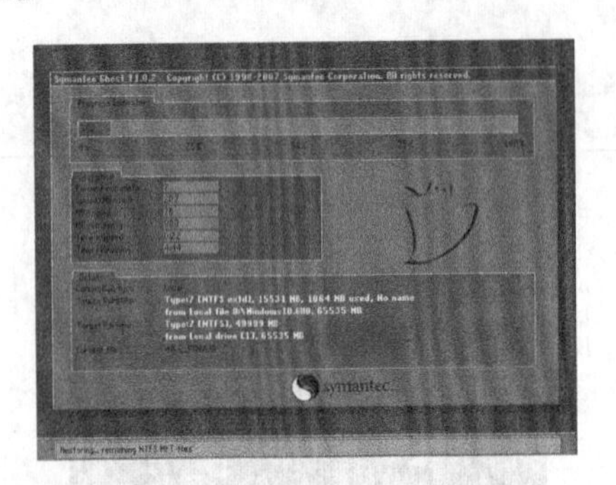

步骤08 在系统还原完毕后，将弹出一个信息提示框，提示用户恢复成功，单击【Reset Computer】按钮重启电脑，然后选择从硬盘启动，即可将系统恢复到以前的系统。至此，使用GHOST工具还原系统的操作完成。

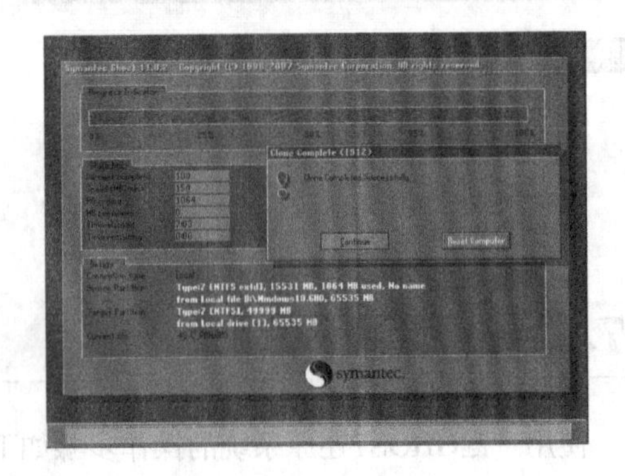

17.5 实战——重装系统

用户误删除系统文件、病毒程序将系统文件破坏等原因，都会导致系统中的重要文件丢失或受损，甚至使系统崩溃无法启动，此时就不得不重装系统。另外，有些时候，系统虽然能正常运行，但是经常出现不定期的错误提示，甚至系统修复之后也不能消除这一问题，则也必须重装系统。

17.5.1 什么情况下重装系统

具体来讲，当系统出现以下三种情况之一时，就必须考虑重装系统。

（1）系统运行变慢。

系统运行变慢的原因有很多，如垃圾文件分布于整个硬盘而又不便于集中清理和自动清理，或者是电脑感染了病毒或其他恶意程序而无法被杀毒软件清理等。这样就需要对磁盘进行格式化处理并重装系统。

（2）系统频繁出错。

众所周知，操作系统是由很多代码和程序组成的，在操作过程中可能由于误删除某个文件或者被恶意代码改写等原因，致使系统出现错误，此时如果该故障不便于准确定位或轻易解决，就需要考虑重装系统。

（3）系统无法启动。

导致系统无法启动的原因很多，如DOS引导出现错误、目录表被损坏或系统文件“Nyfs.sys”丢失等。如果无法查找出系统不能启动的原因或无法修复系统以解决这一问题时，就需要重装系统。

另外，一些电脑爱好者为了能使电脑在最优的环境下工作，也会经常定期重装系统，这样就可以为系统减肥。但是，不管是哪种情况下重装系统，重装系统的方式都分为两种，一种是覆盖式重装，另一种是全新重装。前者是在原操作系统的基础上进行重装，优点是可以保留原系统的设置，缺点是无法彻底解决系统中存在的问题；后者是对系统所在的分区重新格式化，优点是彻底解决系统的问题。因此，在重装系统时，建议选择全新重装。

17.5.2 重装前应注意的事项

在重装系统之前，用户需要做好充分的准备，以避免重装之后造成数据丢失等严重后果。那么在重装系统之前应该注意哪些事项呢？

（1）备份数据。

在因系统崩溃或出现故障而准备重装系统前，首先应该想到的是备份好自己的数据。这时，一定要静下心来，仔细罗列硬盘中需要备份的资料，把它们一项一项地写在一张纸上，然后逐一对照进行备份。如果硬盘不能启动，这时需要考虑用其他启动盘启动系统，然后拷贝自己的数据，或将硬盘挂接到其他电脑上进行备份。但是，最好的办法是在平时就养成备份重要数据的习惯，这样可以有效避免硬盘数据不能恢复的现象。

（2）格式化磁盘。

重装系统时，格式化磁盘是解决系统问题最有效的办法，尤其是在系统感染病毒后，最好不要只格式化C盘，如果有条件将硬盘中的数据全部备份或转移，尽量将整个硬盘都进行格式化，以保证新系统的安全。

（3）牢记安装序列号。

安装序列号相当于一个人的身份证号，标识这个安装程序的身份。如果不小心丢掉自己的安装序列号，那么在重装系统时，如果采用的是全新安装，安装过程将无法进行。正规的安装光盘的序列号会在软件说明书中或光盘封套的某个位置上。但是，如果用的是某些软件合集光盘中提供的测试版系统，这些序列号可能是存在于安装目录中的某个说明文本中，如SN.txt等文件。因此，在重装系统之前，首先应将序列号读出并记录下来以备稍后使用。

17.5.3 重新安装系统

如果系统不能正常运行，就需要重新安装系统，重装系统就是重新将系统安装一遍。下面以Windows 10为例，简单介绍重装的方法。

步骤01 直接运行目录中的setup.exe文件，在许可协议界面，勾选【我接受许可条款】复选框，并单击【接受】按钮。

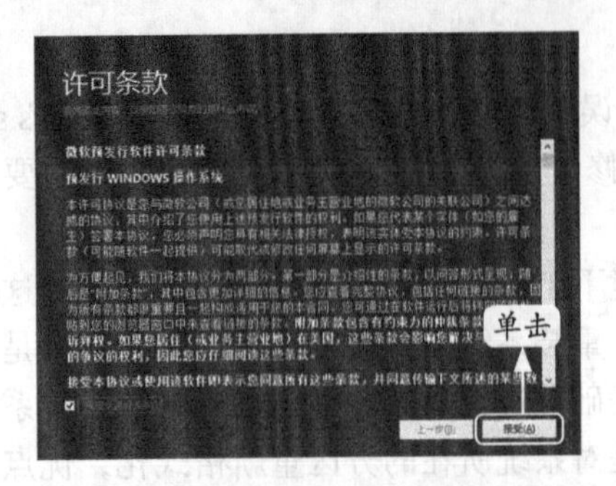

步骤 02 进入【正在确保你已准备好进行安装】界面，检查安装环境界面，检测完成，单击【下一步】按钮。

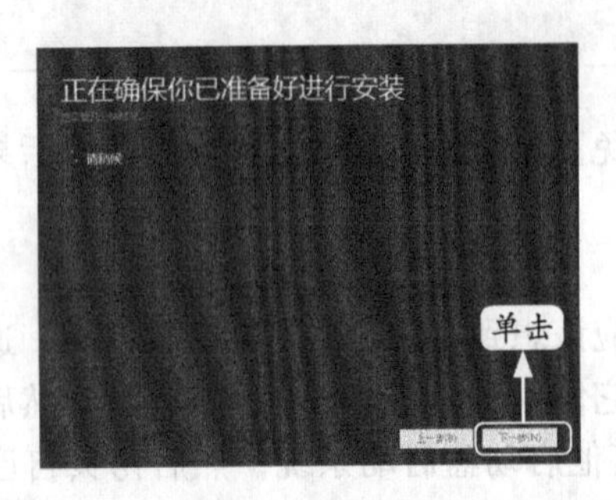

步骤 03 进入【你需要关注的事项】界面，在显示结果界面即可看到注意事项，单击【确认】按钮，然后单击【下一步】按钮。

步骤 04 如果没有需要注意的事项，则会出现下图所示界面，单击【安装】按钮即可。

小提示

如果要更改升级后需要保留的内容，可以单击【更改要保留的内容】链接，在下图所示的窗口中进行设置。

步骤 05 开始重装Windows 10，显示【安装Windows 10】界面。

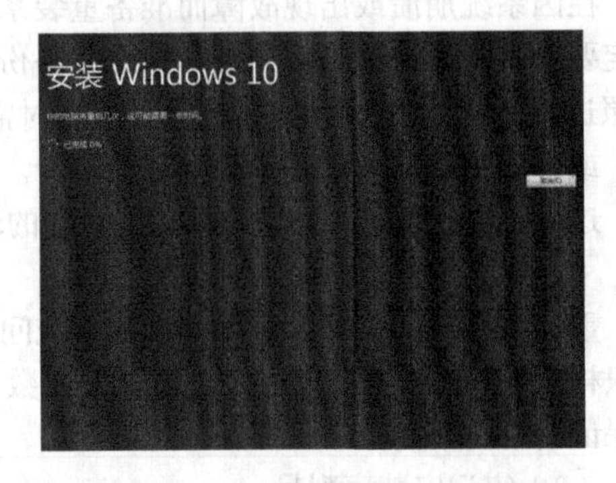

步骤 06 电脑重启几次后，进入Windows 10界面，表示完成重装。

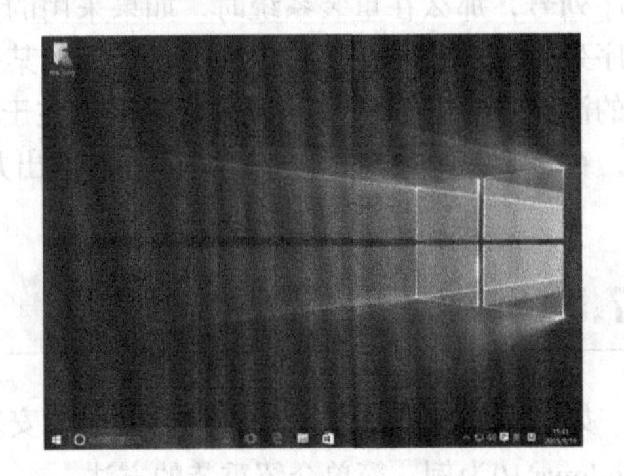

高手支招

技巧：更改新内容的保存位置

在安装新应用，下载文档、音乐时，用户可以针对不同的文件类型，指定不同的保存位置。下面介绍如何更改新内容的保存位置。

步骤 01 打开【设置—系统】界面，单击【存储】选项，在右侧区域单击【更改新内容的保存位置】选项。

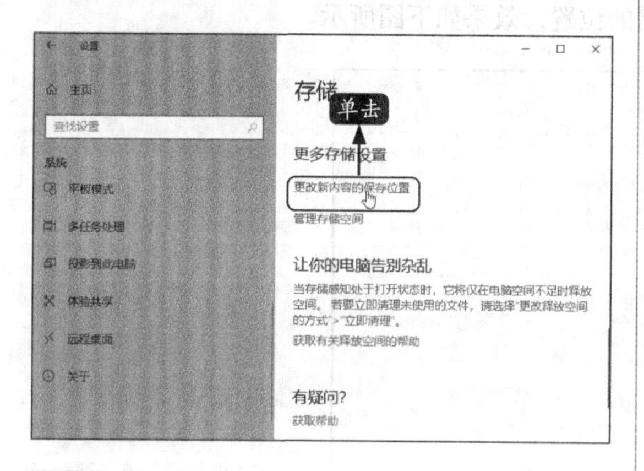

步骤 02 进入【更改新内容的保存位置】界面，可以看到应用、文档、音乐、图片等的默认保存位置。

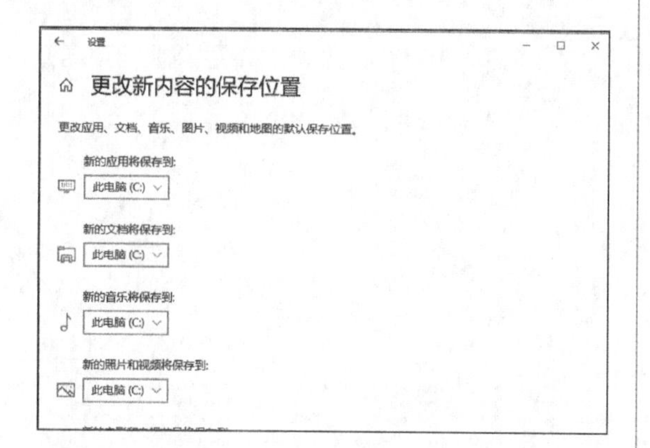

步骤 03 如果要更改某个类型文件的存储位置，可以单击下方的下拉按钮，在弹出的磁盘列表中选择要存储的磁盘。

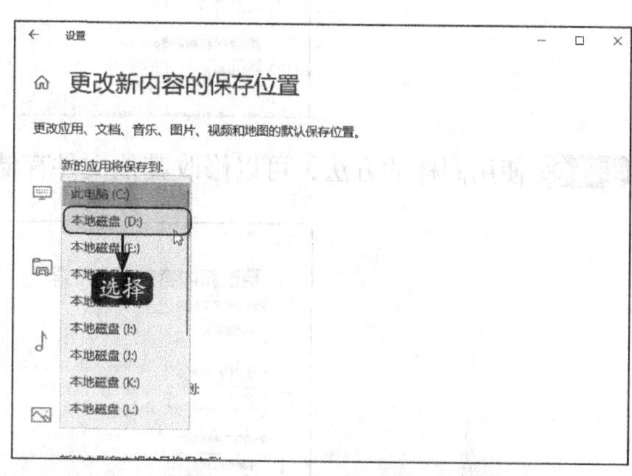

步骤 04 选择磁盘后，单击右侧显示的【应用】按钮。

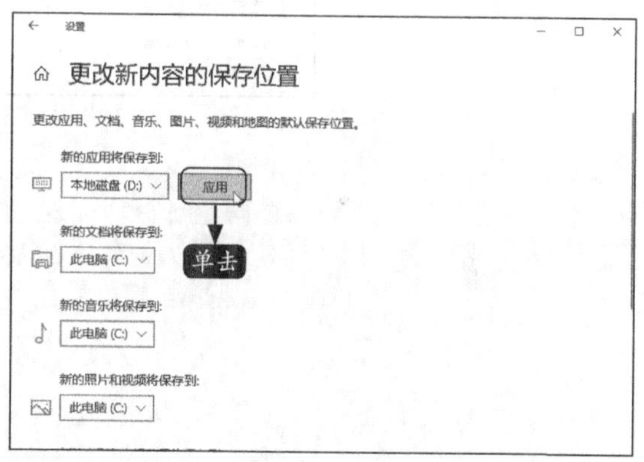

步骤 05 此时，即可更改成功，如下图所示。

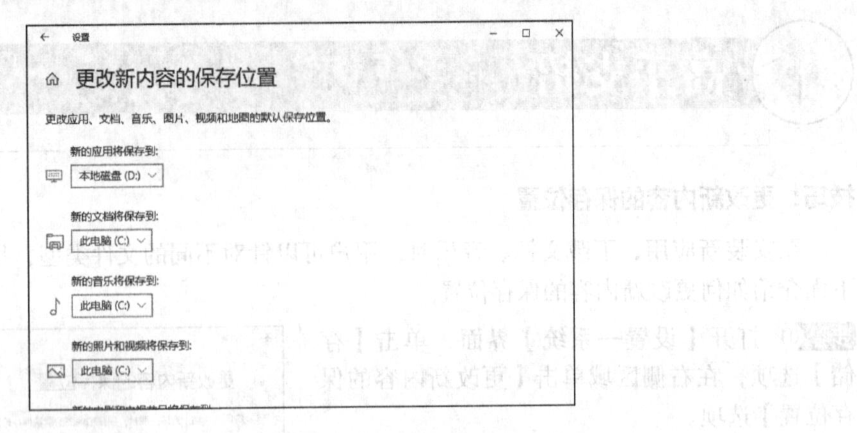

步骤 06 使用同样的方法，可以修改其他文件存储的位置，效果如下图所示。

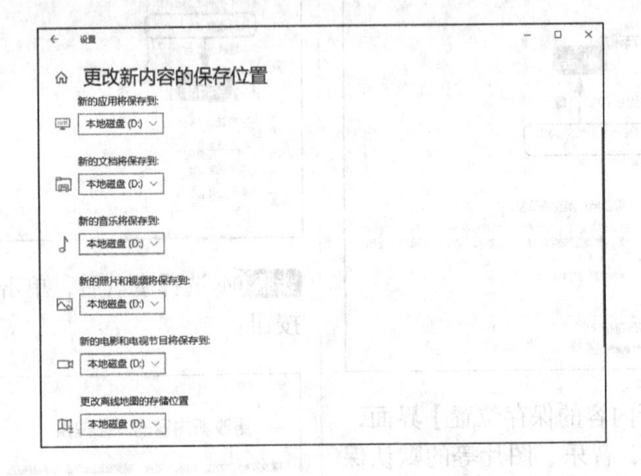

第18章

办公实战秘技

学习目标

学习了前面内容后，读者已经可以掌握电脑办公的主要知识，通过后续工作中的使用与积累，将更为熟练。本书的最后，为读者提供几个办公实战秘技，以丰富读者知识。

学习效果

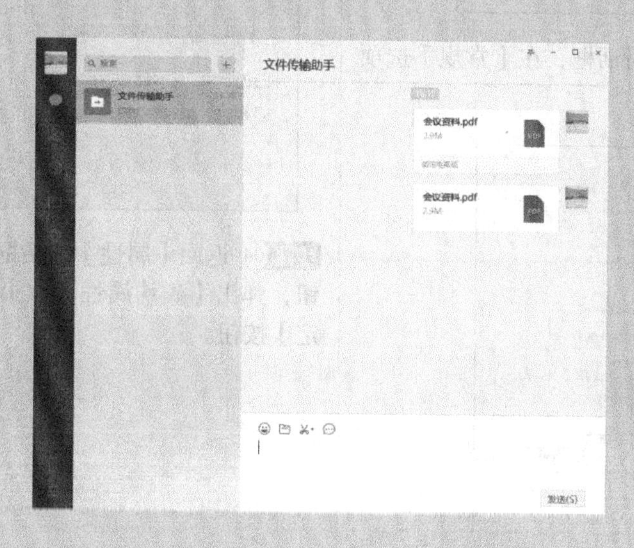

18.1 数据的加密与解密

要成为Windows 10操作系统高手，就必须保证电脑中重要或隐私数据不泄露。保证数据安全的常用方法是加密与解密数据。

18.1.1 简单的加密与解密

为重要文件夹加密是保护数据安全最简单的方法。下面介绍在Windows 10操作系统中为文件夹加密与解密的方法。

1. 加密文件夹

加密文件夹可以保证文件夹内的数据文件不被他人窃取。为文件夹加密的具体操作步骤如下。

步骤 01 在要加密的文件夹上单击鼠标右键，在弹出的快捷菜单中选择【属性】菜单命令。

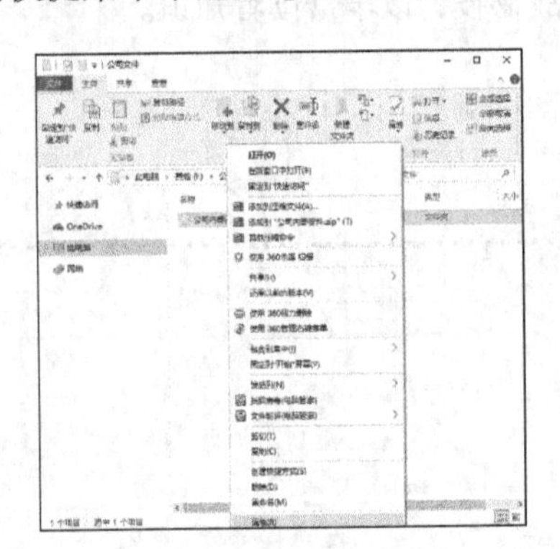

步骤 02 弹出【属性】对话框，在【常规】选项卡下单击【高级】按钮。

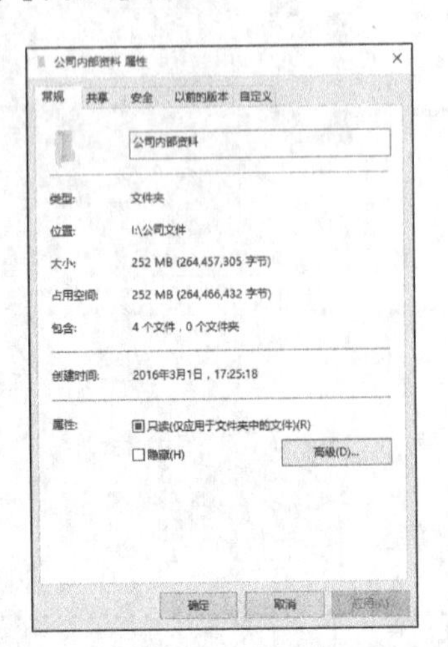

步骤 03 弹出【高级属性】对话框，单击选中【压缩或加密属性】组下的【加密内容以便保护数据】复选框，单击【确定】按钮。

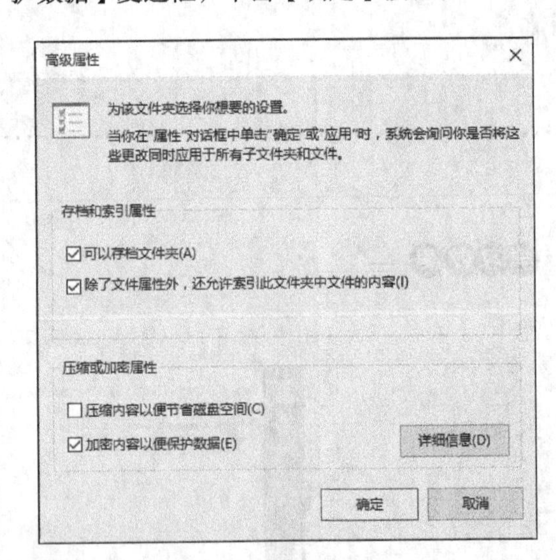

步骤 04 返回【属性】对话框，单击【应用】按钮，弹出【确认属性更改】对话框，单击【确定】按钮。

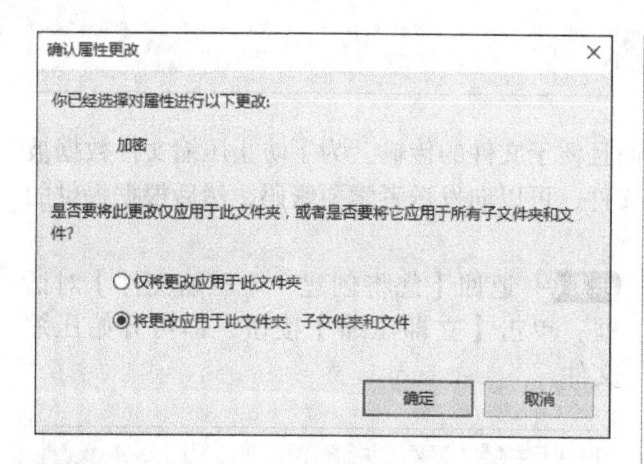

步骤05 即可显示【应用属性】提示框，显示应用进度。

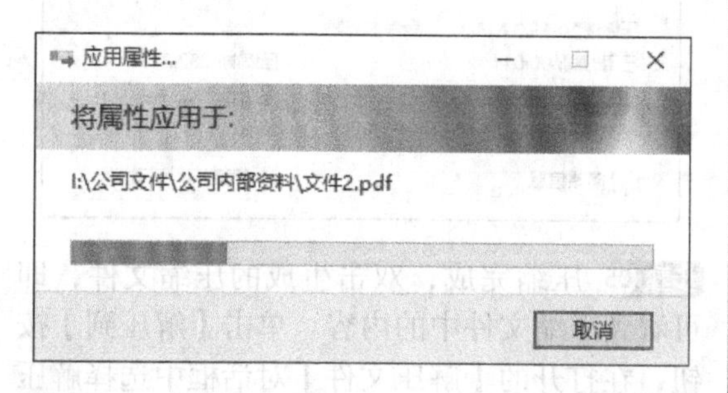

步骤06 应用完成，单击【属性】对话框的【确定】按钮，即可看到设置加密后的文件夹名称以绿色字体显示。此时，电脑上其他的用户就无法查看该文件夹。

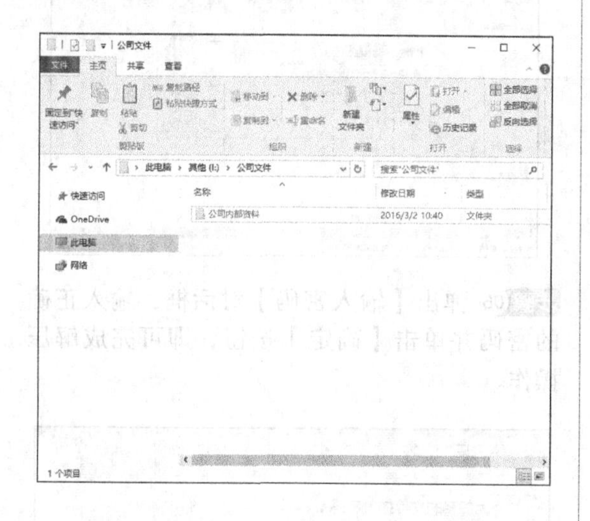

2. 解密文件夹

如果要取消文件夹的加密状态，可以为加密后的文件夹进行解密操作。解密文件夹的具体操作步骤如下。

步骤01 重复加密文件夹时的操作。打开【高级属性】对话框，取消选中【压缩或加密属性】组下的【加密内容以便保护数据】复选框，单击【确定】按钮。

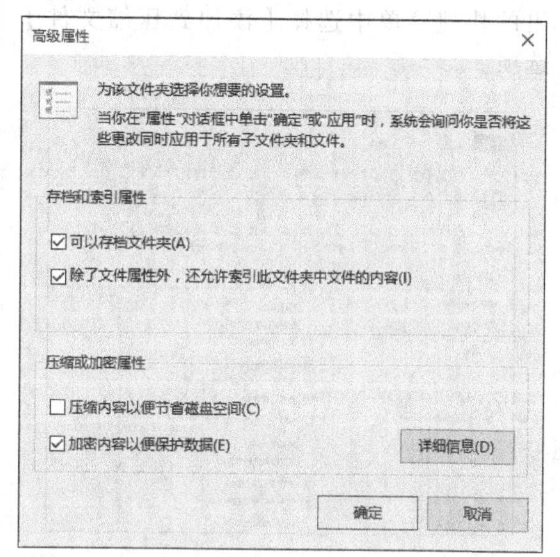

步骤02 返回【属性】对话框，单击【确定】按钮，即可将设置的属性应用至所选文件夹，取消对文件夹的加密。

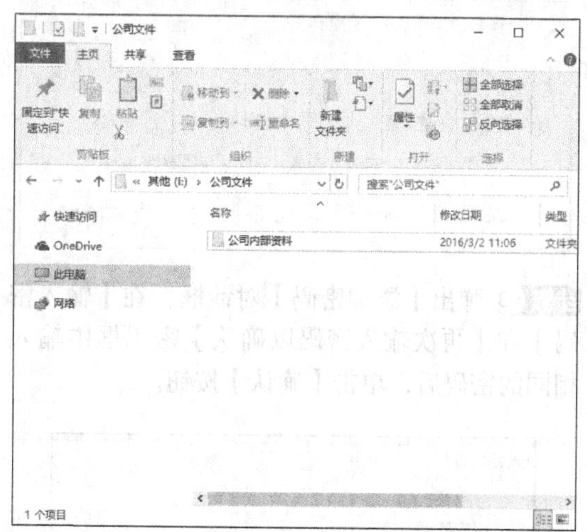

18.1.2 压缩文件的加密与解密

将文件压缩不仅能够减小文件的存储空间，而且便于文件的传输。为了防止压缩文件数据被盗用，可以为压缩文件加密。收到加密后的压缩文件，可以向发送者索要密码，然后根据提供的密码解密压缩文件。

步骤01 在要压缩的文件上单击鼠标右键，在弹出的快捷菜单中选择【添加到压缩文件】选项。

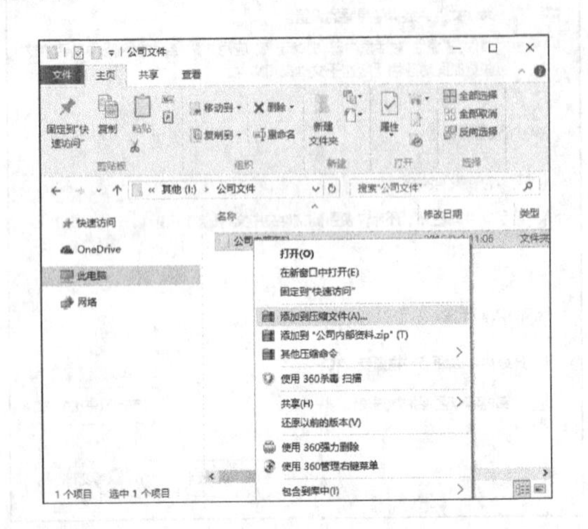

步骤02 弹出【您将创建一个压缩文件】对话框。设置压缩文件的名称，单击左下角的【添加密码】按钮。

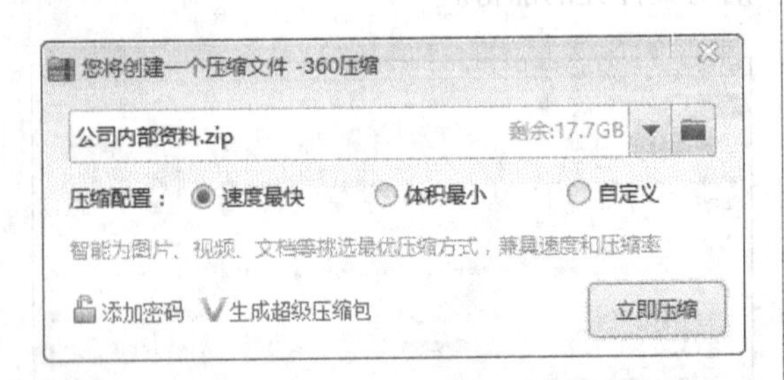

步骤03 弹出【添加密码】对话框，在【输入密码】和【再次输入密码以确认】密码框中输入相同的密码后，单击【确认】按钮。

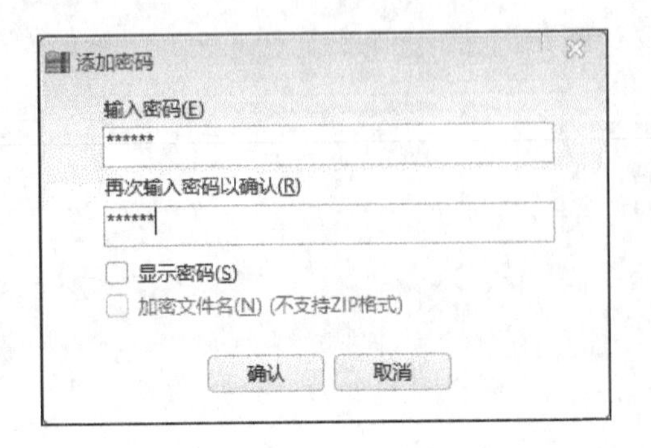

步骤04 返回【您将创建一个压缩文件】对话框，单击【立即压缩】按钮，即可开始压缩文件。

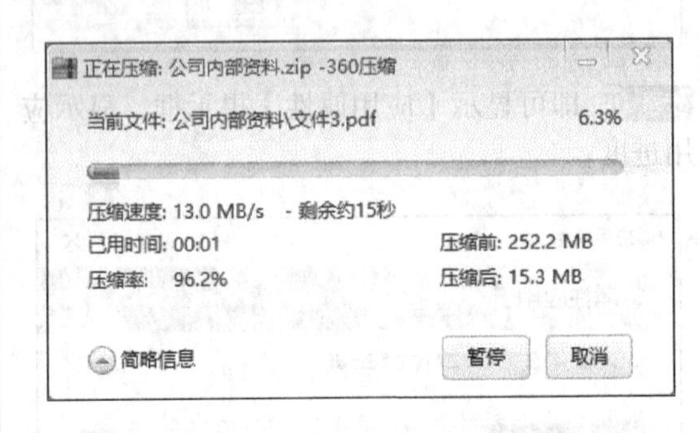

步骤05 压缩完成，双击生成的压缩文件，即可看到压缩文件中的内容。单击【解压到】按钮，在打开的【解压文件】对话框中选择解压到的位置，单击【立即解压】按钮。

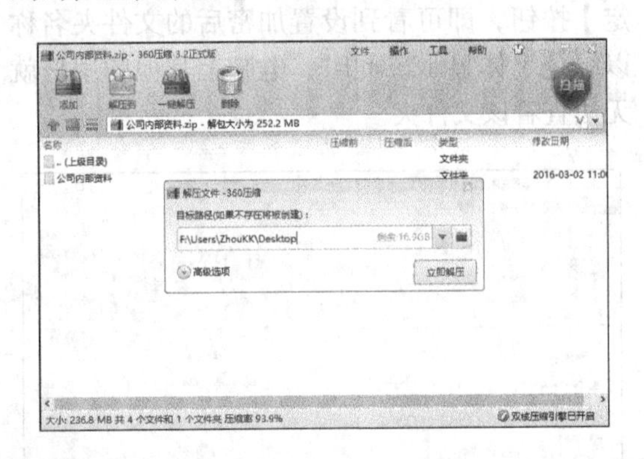

步骤06 弹出【输入密码】对话框，输入正确的密码并单击【确定】按钮，即可完成解压操作。

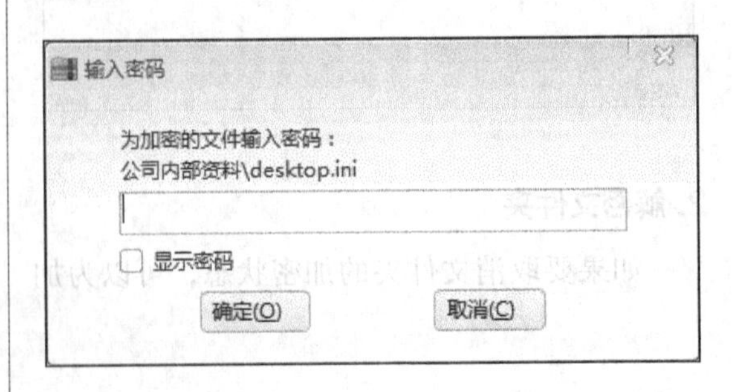

18.1.3 办公文档的加密与解密

加密数据时需要对整个文件夹进行加密，而不能对单个文件加密。但如Word、Excel、PowerPoint等办公文档提供了加密办公文档的功能，可以为单个办公文件进行加密。下面以加密和解密Word 2019软件为例介绍办公文档的加密与解密操作。

步骤 01 打开电脑中存储的任意一个Word 2019文档，选择【文件】选项卡，在【信息】区域单击【保护文档】按钮，在弹出的下拉列表中选择【用密码进行加密】选项。

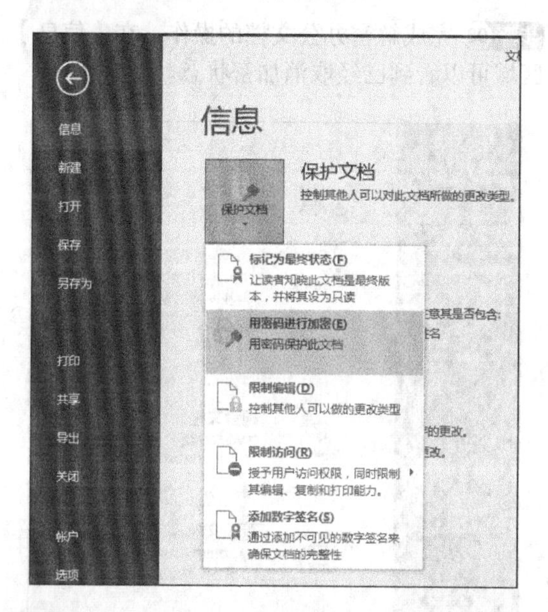

步骤 02 弹出【加密文档】对话框，在【密码】密码框中输入要设置的密码，单击【确定】按钮。

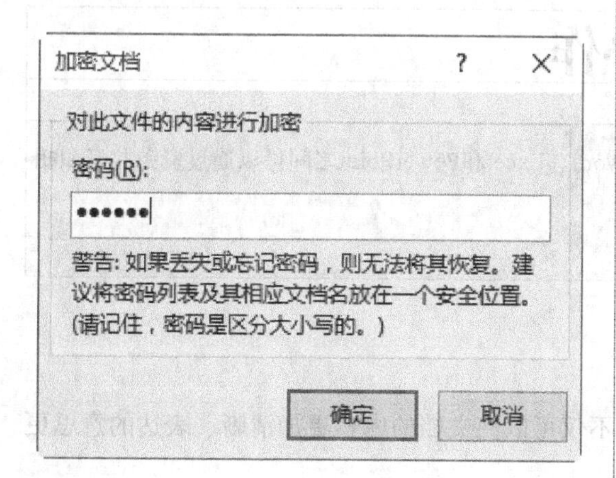

步骤 03 弹出【确认密码】对话框，在【重新输入密码】密码框中再次输入设置的密码后，单击【确定】按钮。

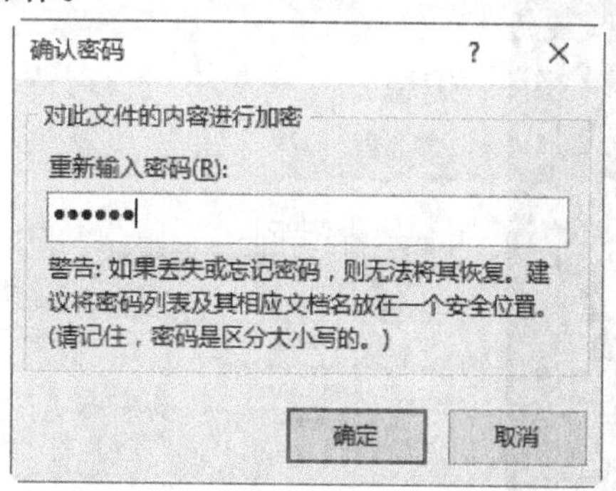

步骤 04 至此，加密办公文档的操作完成。在【信息】区域可以看到提示"必须提供密码才能打开此文档。"

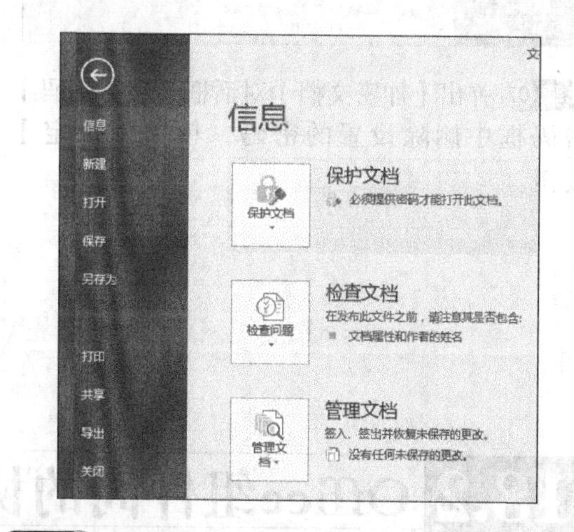

步骤 05 保存文档，并再次打开该文档时，将打开【密码】对话框，输入正确的密码并单击【确定】按钮后，才能打开文档。

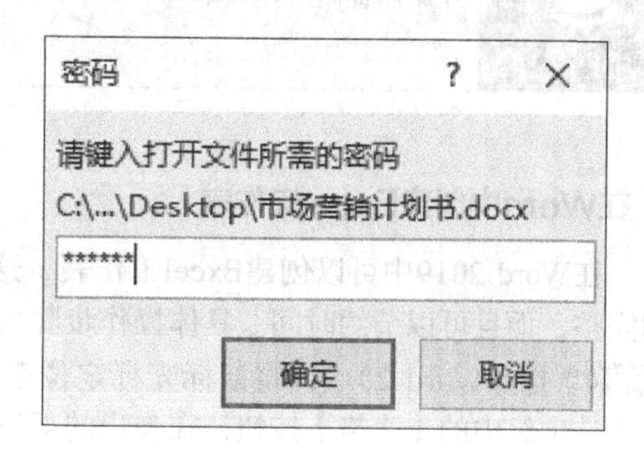

步骤 06 如果要取消办公文档的加密，可在打开加密的文档后，选择【文件】选项卡，在【信息】区域单击【保护文档】按钮，在弹出的下拉列表中选择【用密码进行加密】选项。

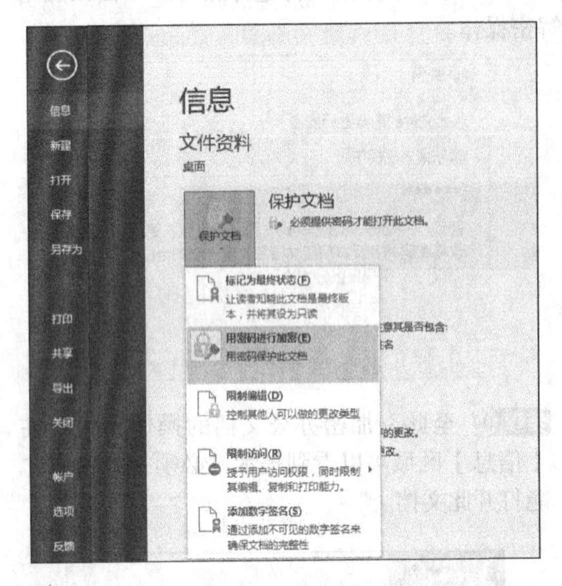

步骤 07 弹出【加密文档】对话框，在【密码】密码框中删除设置的密码，单击【确定】按钮。

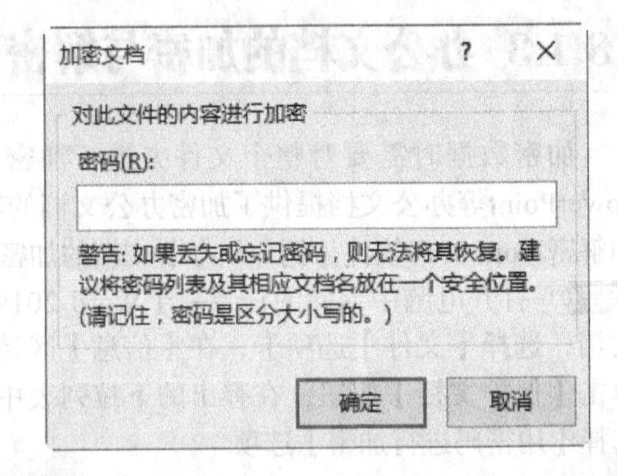

步骤 08 完成解密办公文档的操作。在【信息】区域可以看到已经取消加密状态。

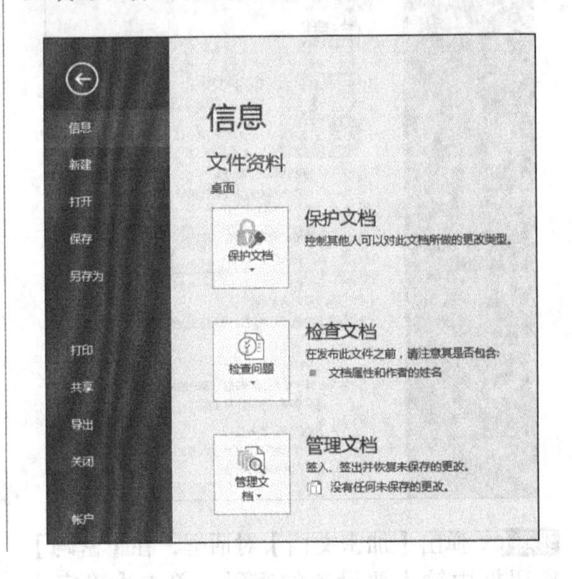

18.2 Office组件间的协作

在使用比较频繁的办公软件中，Word、Excel和PowerPoint之间可以通过资源共享和相互调用提高工作效率。

1. 在Word中创建Excel工作表

在Word 2019中可以创建Excel工作表，这样不仅可以使文档的内容更加清晰、表达的意思更加完整，而且可以节约时间。具体操作步骤如下。

步骤 01 打开Word 2019，将鼠标光标定位至需要插入表格的位置，单击【插入】选项卡下【表格】选项组中的【表格】按钮，在弹出的下拉列表中选择【Excel电子表格】选项。

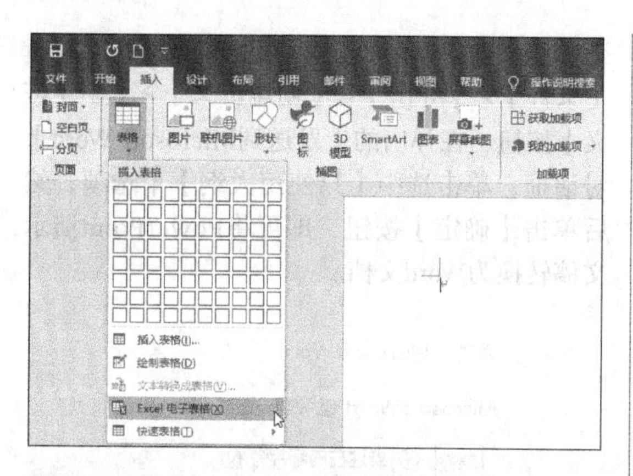

步骤02 返回Word文档，可以看到插入的Excel电子表格，双击插入的电子表格即可进入工作表的编辑状态，在Excel电子表格中输入如下图所示数据。

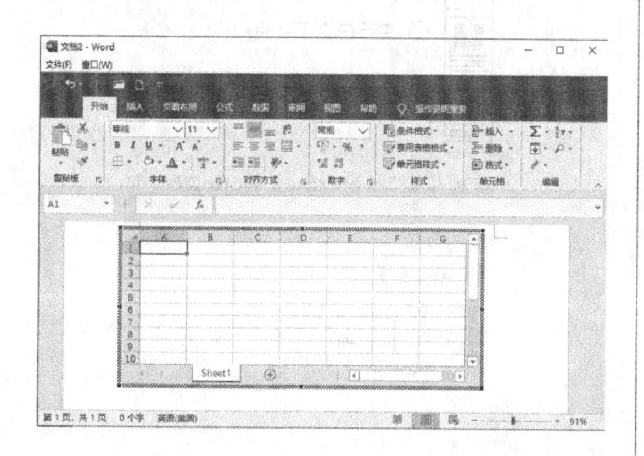

2. 在Word中调用PowerPoint演示文稿

在Word中不仅可以直接调用PowerPoint演示文稿，而且可以在Word中播放演示文稿。具体操作步骤如下。

步骤01 打开Word 2019，将鼠标光标定位在要插入演示文稿的位置，单击【插入】选项卡下【文本】选项组中【对象】按钮对象右侧的下拉按钮，在弹出列表中选择【对象】选项。

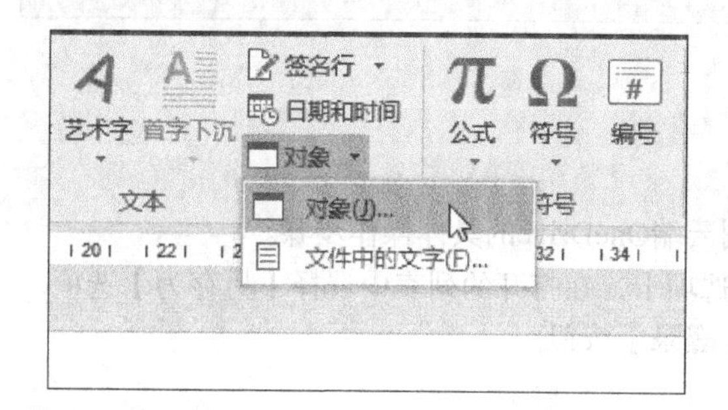

步骤02 弹出【对象】对话框，选择【由文件创建】选项卡，单击【浏览】按钮，即可添加本地的PPT。

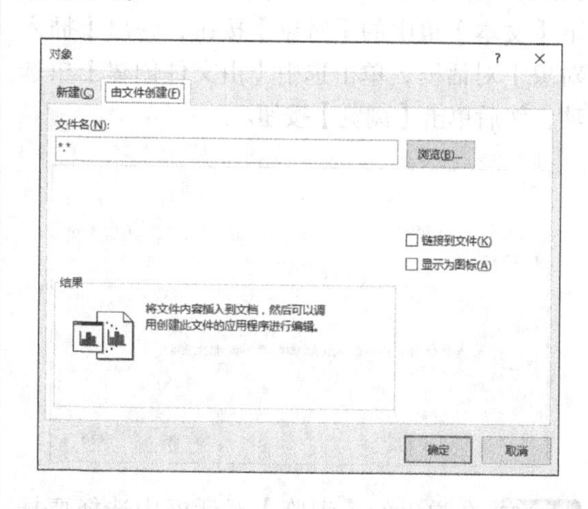

小提示

插入PowerPoint演示文稿后，在演示文稿中单击鼠标右键，在弹出的快捷菜单中选择【“演示文稿”对象】➢【显示】选项，弹出【Microsoft PowerPoint】对话框，单击【确定】按钮，即可播放幻灯片。

3. 在Excel中调用PowerPoint演示文稿

在Excel 2019中调用PowerPoint演示文稿的具体操作步骤如下 。

步骤01 新建一个Excel工作表，单击【插入】选项卡下【文本】选项组中的【对象】按钮。

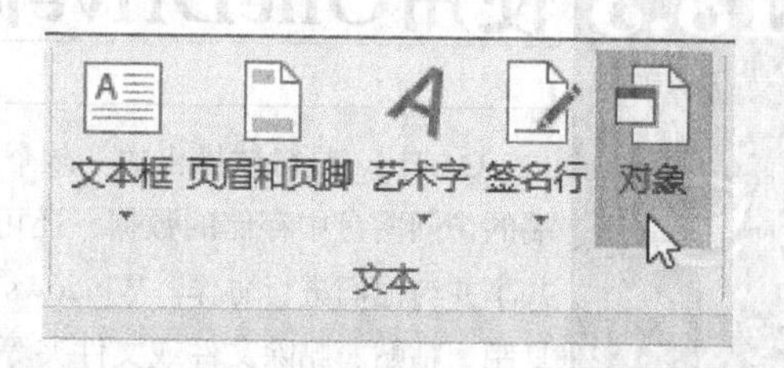

步骤02 弹出【对象】对话框，选择【由文件创建】选项卡，单击【浏览】按钮，选择将要插入的PowerPoint演示文稿。插入PowerPoint演示文稿后，双击插入的演示文稿，即可播放插入的演示文稿。

4. 在PowerPoint中调用Excel工作表

在Excel 2019中调用PowerPoint演示文稿的具体操作步骤如下 。

步骤01 打开PowerPoint 2019，选择要调用Excel工作表的幻灯片，单击【插入】选项卡下【文本】组中的【对象】按钮，弹出【插入对象】对话框，单击选中【由文件创建】单选项，然后单击【浏览】按钮。

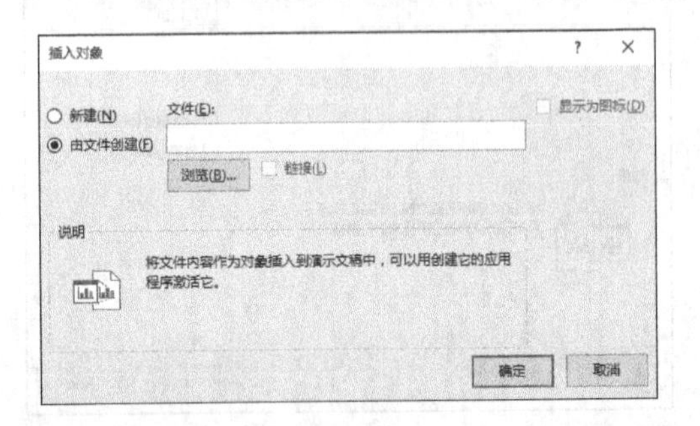

步骤02 在弹出的【浏览】对话框中选择要插入的Excel工作簿，然后单击【确定】按钮，返回【插入对象】对话框，单击【确定】按钮。此时就在演示文稿中插入了Excel表格，双击表格，进入Excel工作表的编辑状态，调整表格的大小。

5. 将PowerPoint演示文稿转换为Word文档

用户可以将PowerPoint演示文稿中的内容转化到Word文档中，以方便阅读、打印和检查。在打开的PowerPoint演示文稿中，单击【文件】➤【导出】➤【创建讲义】➤【创建讲义】按钮，在弹出的【发送到Microsoft Word】对话框，单击选中【只使用大纲】单选项，然后单击【确定】按钮，即可将PowerPoint演示文稿转换为Word文档。

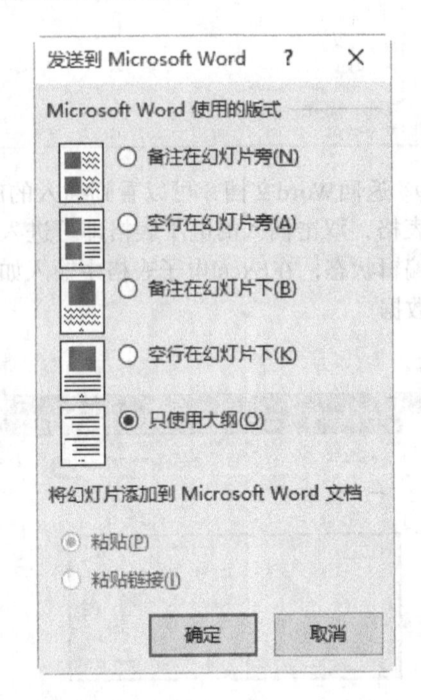

18.3 使用OneDrive同步数据

OneDrive是微软推出的一款个人文件存储工具，也叫网盘，支持电脑端、网页版和移动端的访问网盘中存储的数据，还可以借助OneDrive for Business将用户的工作文件与其他人共享并与他们进行协作。Windows 10操作系统中集成了桌面版OneDrive，可以方便地上传、复制、粘贴、删除文件或文件夹等操作。

1.将文档另存至云端OneDrive

下面以PowerPoint 2019为例介绍将文档保存到云端OneDrive的具体操作步骤。

步骤01 打开要保存到云端的文件。单击【文件】选项卡，在打开的列表中选择【另存为】选项，在【另存为】区域选择【OneDrive】选项，单击【登录】按钮。

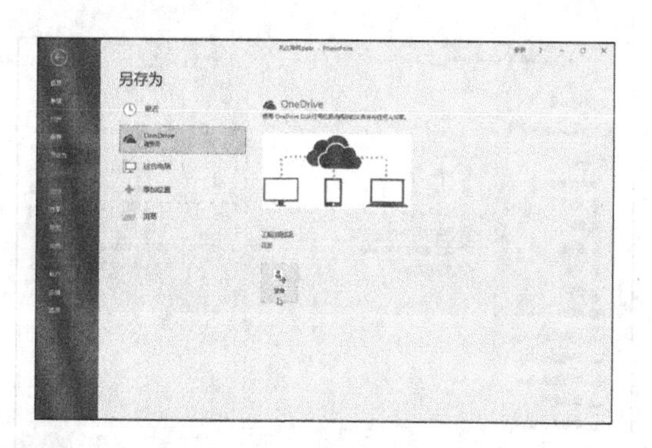

步骤02 弹出【登录】对话框，输入与Office一起使用的账户的电子邮箱地址，单击【下一步】按钮，根据提示登录。

步骤03 登录成功后，在PowerPoint的右上角显示登录的账号名，在【另存为】区域单击【OneDrive-个人】选项。

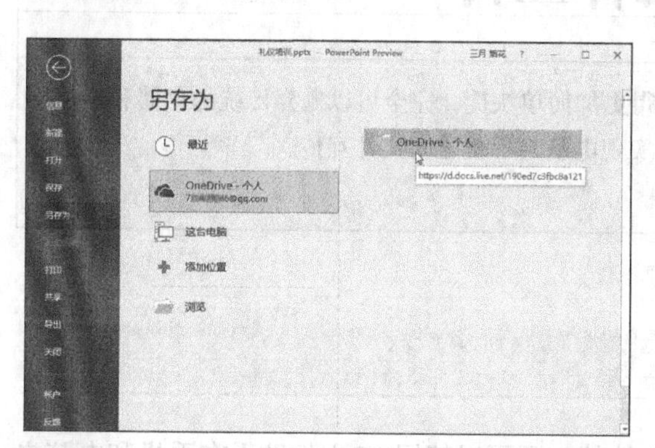

步骤04 弹出【另存为】对话框，在对话框中选择文件要保存的位置，这里选择保存在OneDrive的【文档】目录下，单击【保存】按钮。

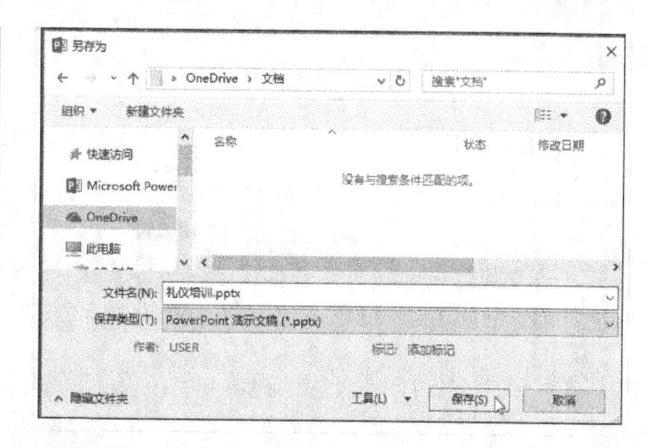

步骤05 返回PowerPoint界面，在界面下方显示“正在等待上载”字样。上载完毕后即可将文档保存到OneDrive中。

步骤06 打开电脑上的OneDrive文件夹，可以看到保存的文件。

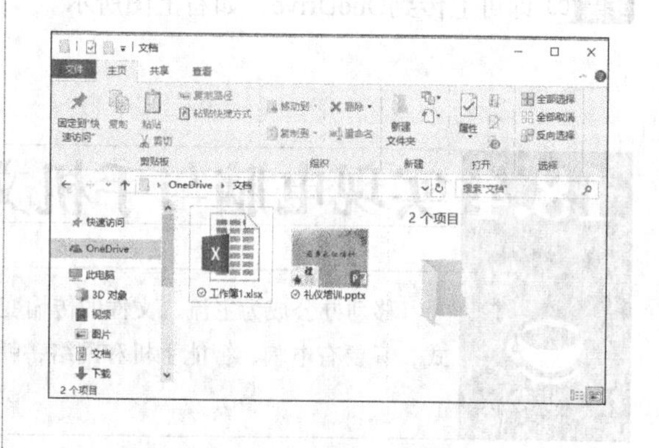

2. 在电脑中将文档上传至OneDrive

用户可以直接打开【OneDrive】窗口上传文档，具体操作步骤如下。

步骤01 在【此电脑】窗口中选择【OneDrive】选项，或者在任务栏的【OneDrive】图标上单击鼠标右键，在弹出的快捷菜单中选择【打开你的OneDrive文件夹】选项，都可以打开【OneDrive】窗口。

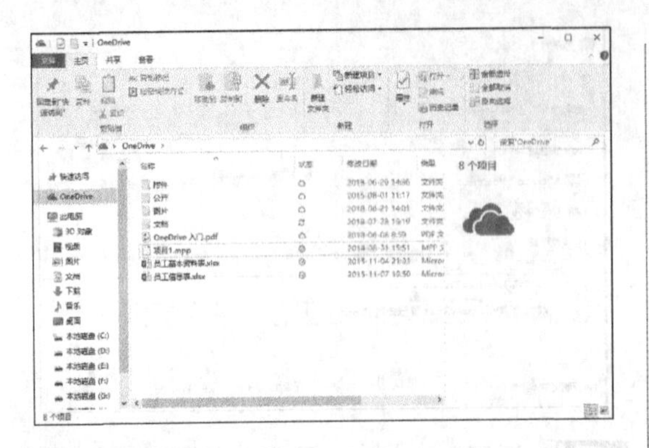

步骤 02 选择要上传的文件，将其复制并粘贴至【OneDrive】文件夹或者直接拖曳文件至【文档】文件夹中。

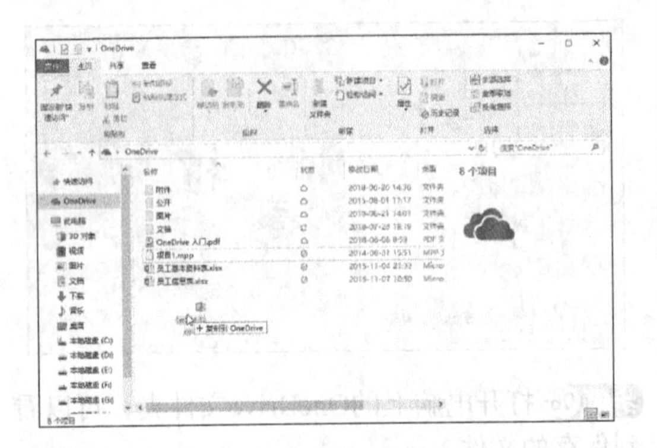

步骤 03 即可上传到OneDrive，如右上图所示。

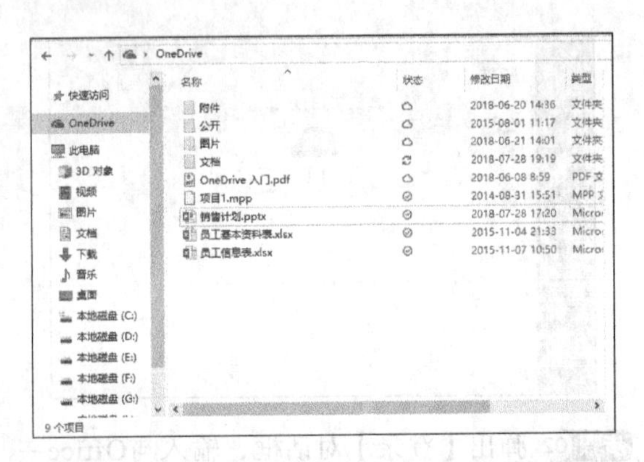

步骤 04 在任务栏单击【OneDirve】图标，可以打开OneDrive窗口查看使用记录。

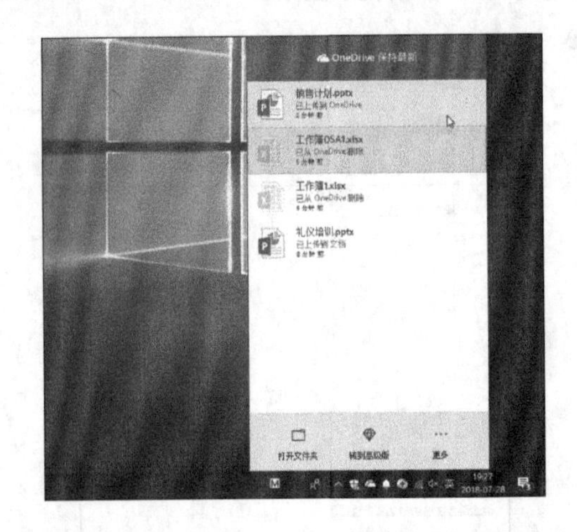

18.4 实现电脑与手机文件互传

移动办公成为主流，文件的传输变得更加简单快捷，完全可以抛弃传统的存储和传输模式，只要有电脑、智能手机和网络，就实现电脑与手机之间文件互传。

18.4.1 使用QQ文件助手

QQ的使用比较广泛，除通过QQ给好友发送文件外，还可以使用QQ文件助手在手机和电脑之间传输文件。使用QQ在手机和电脑间传递文件需要注意以下几点。

（1）在手机和电脑之间通过QQ互传文件，必须使用同一个QQ账号。

（2）如果手机和电脑同时登录同一个QQ账号时，互传的文件可直接接收到；如果仅在手机或电脑中登录QQ账号，发送文件后，使用另一个设备登录同一个账号，即可接收文件。

（3）在同一Wi-Fi环境下进行文件传输时，可以大大提高传输速度。

小提示

使用QQ在电脑和手机之间传送文件时，可传送单独的文件，不能传送文件夹。如果要传送文件夹，可将文件夹压缩后传送。

1. 电脑传送文件至手机

在电脑中编辑文件后，可通过QQ将文件发送到手机中。下面以Android设备为例，介绍将电脑中的文件传送到手机的方法。

步骤01 在电脑中打开QQ界面，双击【联系人】➤【我的设备】➤【我的Android手机】选项。

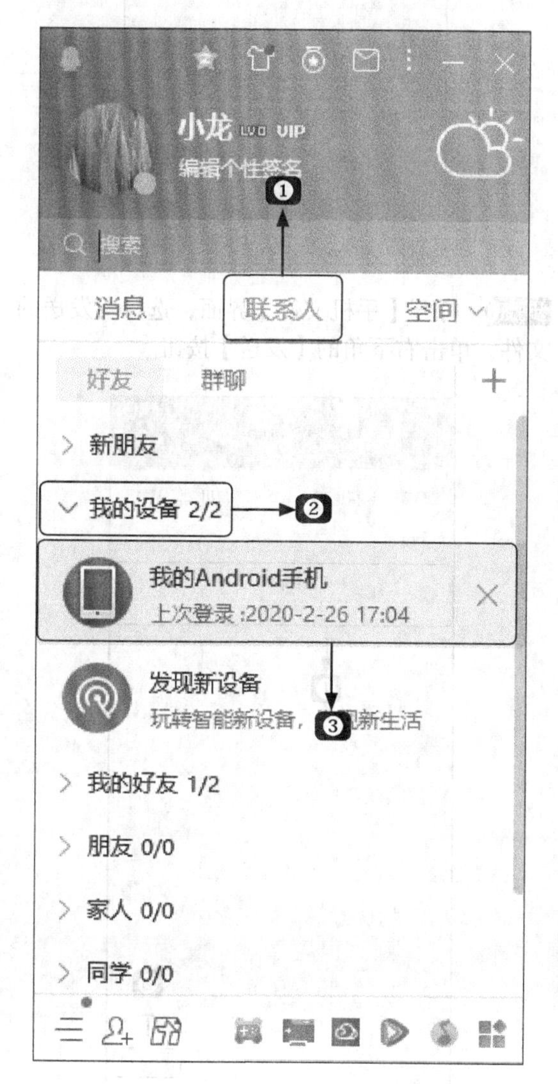

步骤02 打开【我的Android手机】界面，单击【传送文件】按钮。

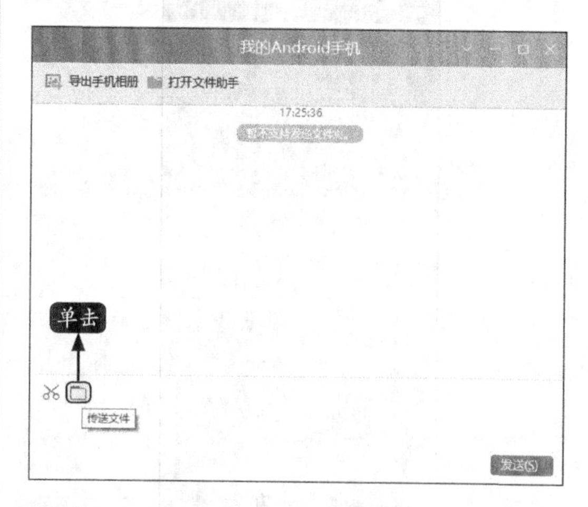

步骤03 在弹出的【打开】对话框中，选择要传送的文件后，单击【打开】按钮。

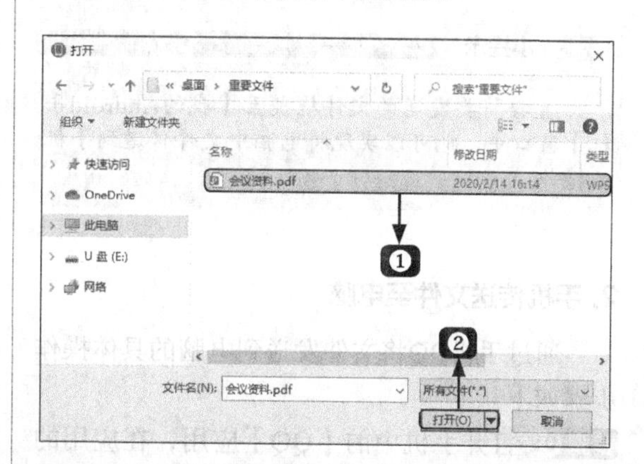

步骤04 即可完成将电脑中的文件传送到手机的操作。

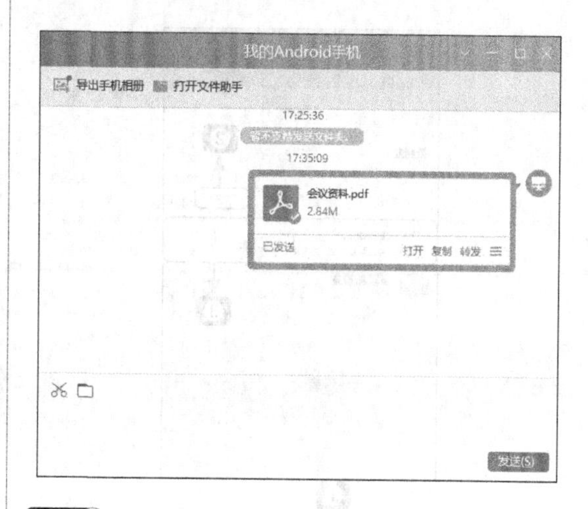

步骤05 打开手机QQ，可以看到电脑传送的文件，并可以进行查看、转发及编辑等操作。

小提示

直接将要发送的文件拖曳至【我的Android手机】窗口中，也可以实现将电脑中文件传送到手机的操作。

2. 手机传送文件至电脑

通过手机QQ将文件发送到电脑的具体操作步骤如下。

步骤 01 打开手机中的【QQ】应用，在应用的主界面依次单击【联系人】➤【我的设备】➤【我的电脑】按钮。

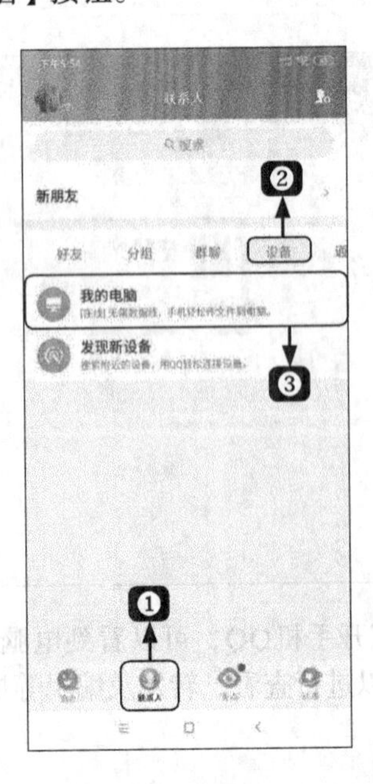

步骤 02 打开【我的电脑】界面，单击下方的【手机文件】按钮。

步骤 03 打开【手机文件】界面，选择要发送的文件，单击右下角的【发送】按钮。

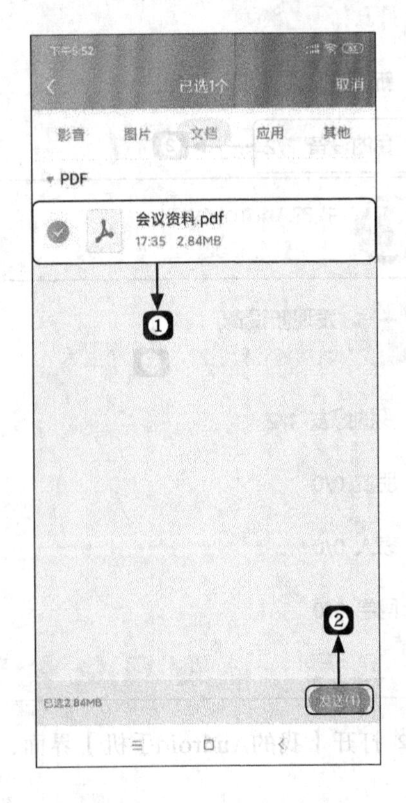

步骤04 即可完成将手机中的文件发送到电脑的操作。

步骤05 在电脑端即可接收文件，并执行打开、复制及转发等操作。

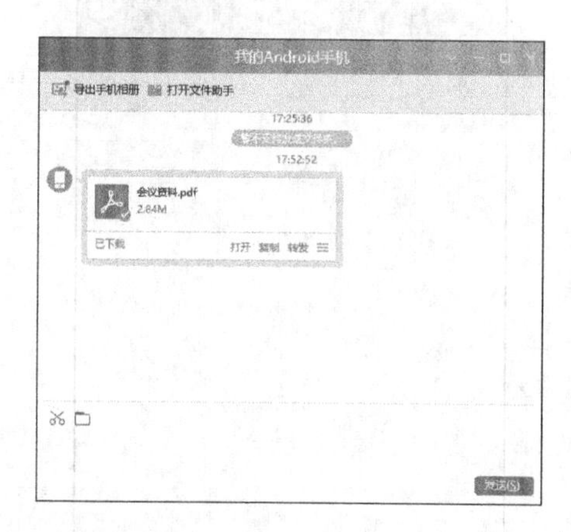

3. 通过手机QQ查看并发送电脑中的文件

如果在家办公时，需要使用电脑中的文件，而在办公室的同事又找不到文件的位置，就可以通过在手机和电脑中同时登录QQ，并使用手机QQ查看电脑中的文件，然后将文件发送至【我的电脑】，这样即可通过手机QQ的消息记录打开文件，从而实现电脑与手机间文件的传送。具体操作步骤如下。

步骤01 打开手机QQ应用，在应用的主界面依次单击【联系人】➤【我的设备】➤【我的电脑】按钮，打开【我的电脑】界面，单击下方的【我的电脑】按钮。

步骤02 打开【电脑文件】界面，单击下方的【申请授权】按钮。

步骤03 电脑端将打开【权限请求】窗口，输入QQ密码两次，单击【授权】按钮。

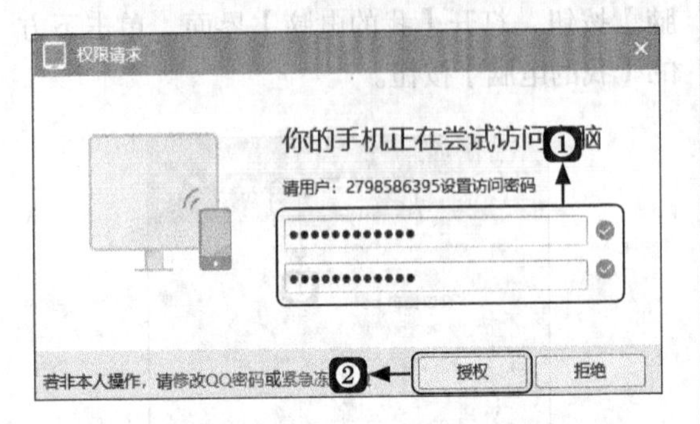

步骤04 在手机QQ中再次输入QQ密码，单击【确定】按钮。

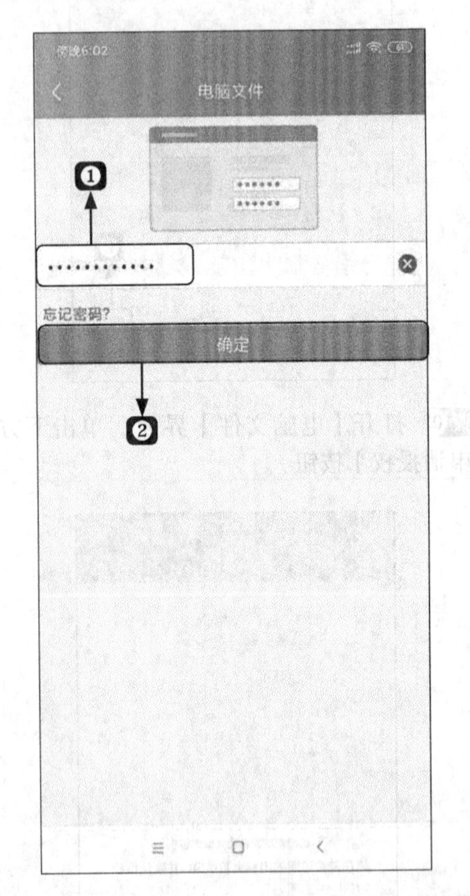

步骤05 即可在手机QQ中显示出电脑信息，如右上图所示。

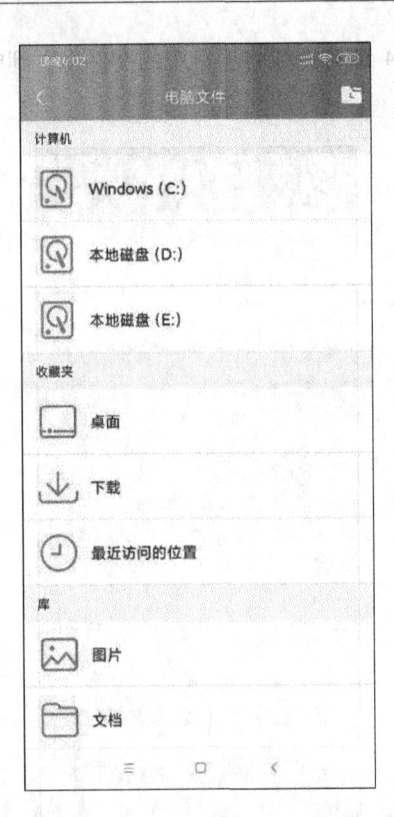

步骤06 选择要传送文件的位置，并单击该文件。

步骤07 即可在手机QQ中打开文件，单击右上角的【更多】按钮，在下方弹出的界面单击

【发给电脑】按钮。

步骤08 返回至【我的电脑】界面，即可在消息窗口中看到发送的文件，这时可以通过消息记录查看并转发该文件，如下图所示。

18.4.2 使用微信文档助手

微信是大多数人常用的社交程序，可通过手机版、网页版和电脑版三种形式登录使用，也提供有移动办公功能，不仅能随时与他人沟通，而且通过微信的文档助手还可以实现电脑与手机互传文件的操作。

小提示

微信与QQ的使用方法类似，传送文件时，需要使用同一账号登录电脑端和手机端微信。

1. 电脑传送文件至手机

通过微信文档助手可以将电脑中的文件发送到手机中，具体操作步骤如下。

步骤01 通过手机微信扫描二维码登录电脑端微信，单击【手机】➢【文件传输助手】选项。

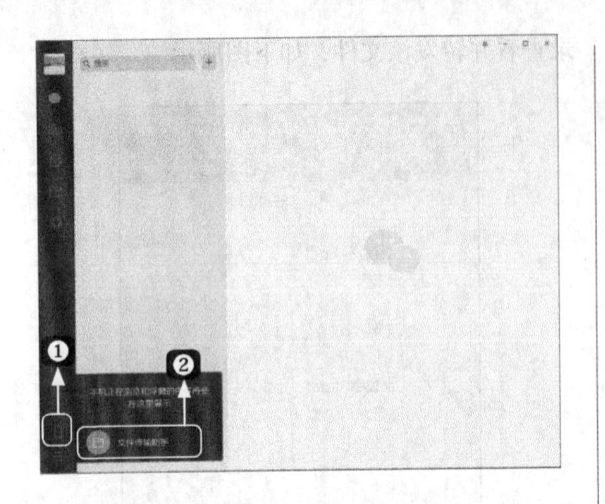

小提示

如果微信窗口中找不到【文件传输助手】选项，可以通过搜索功能搜索【文件传输助手】并单击搜索的结果，进入【文件传输助手】界面。

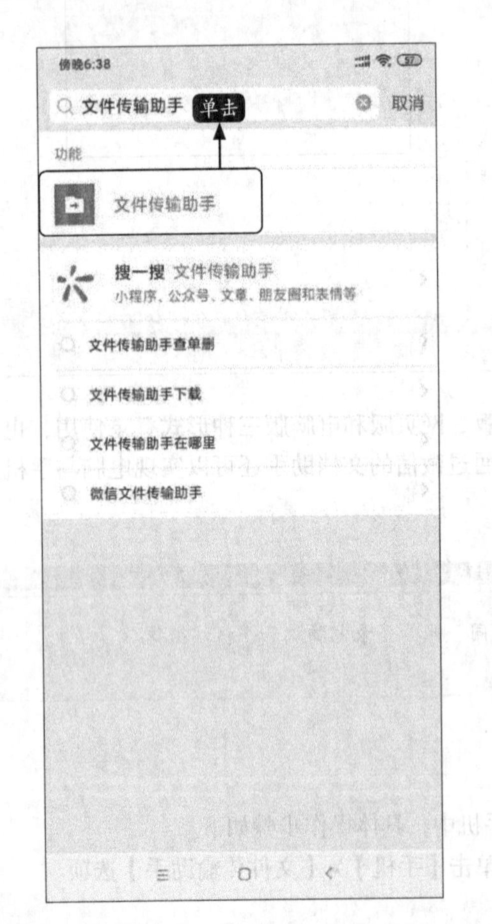

步骤 02 打开【文件传输助手】窗口，单击【文件】按钮。

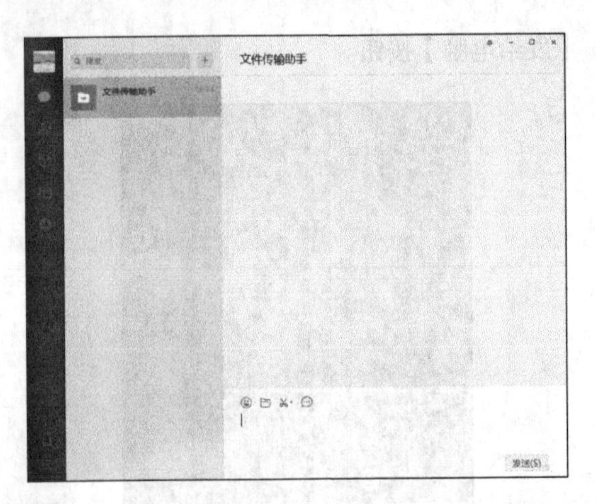

步骤 03 在弹出的【打开】对话框中，选择要传送的文件，单击【打开】按钮。

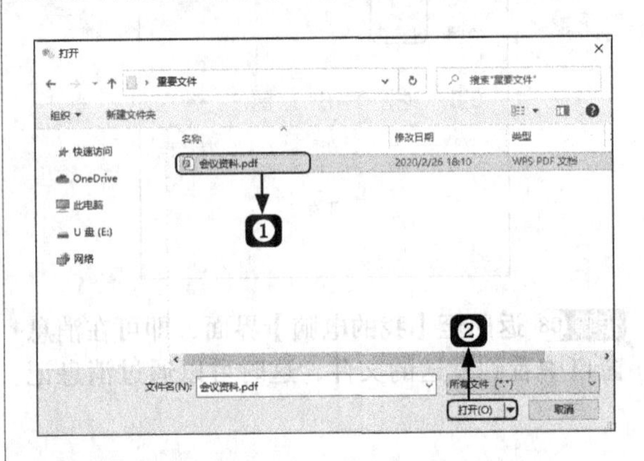

步骤 04 将选择的文件添加至聊天窗口中，单击【发送】按钮。

小提示

也可以直接将要发送的文件拖曳至【文件传输助手】窗口中，单击【发送】按钮，实现将电脑中的文件传送到手机。

步骤05 完成文件的传送，效果如下图所示。

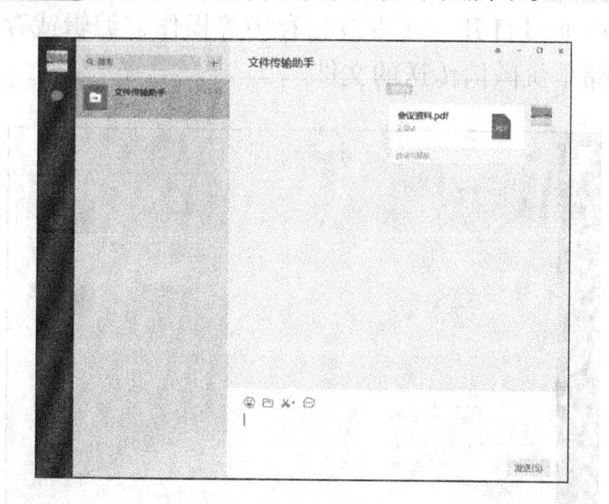

步骤06 打开手机微信，可以看到电脑传送的文件，之后可以进行查看及转发等操作。

2. 手机传送文件至电脑

通过手机微信将文件发送到电脑的具体操作步骤如下。

步骤01 打开手机微信，进入【文件传输助手】界面，单击【添加】➢【文件】按钮。

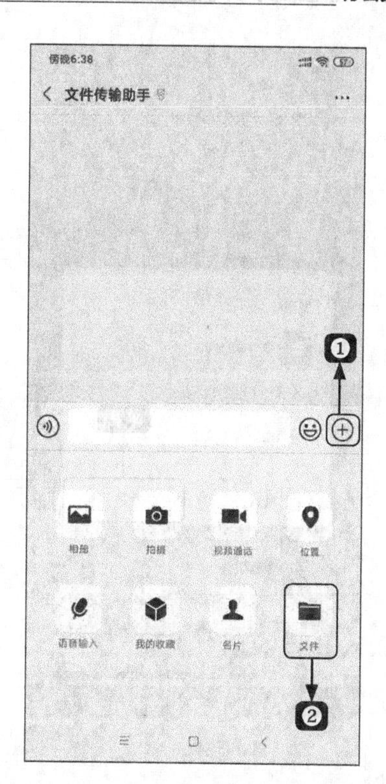

步骤02 打开【微信文件】界面，选择要发送至电脑的文件，单击右上角的【发送】按钮。

步骤03 打开【发送给】提示界面，如果需要留言，可在下方输入留言内容，单击【发送】按钮。

步骤 04 完成使用微信将手机中的文件发送到电脑的操作。

步骤 05 在微信电脑端可以接收到文件，之后可以通过打开、转发及另存为等操作，编辑或存储手机微信传送的文件。

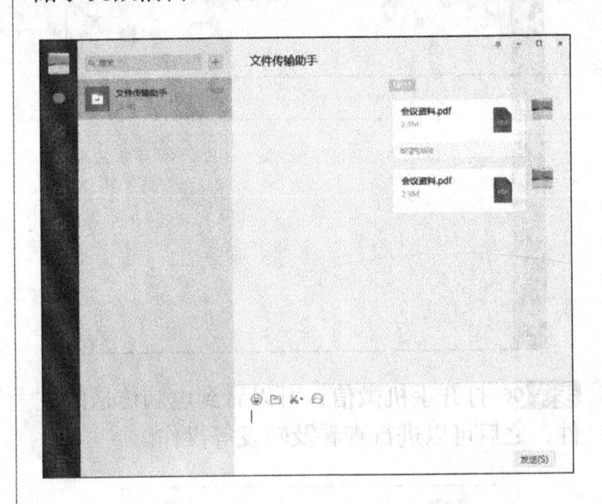